“双一流”高校建设“十四五”规划系列教材
全国普通高等学校优秀教材

Unit Operations of Chemical Engineering（Ⅰ）

化工原理（上册）

第3版

夏清 马红钦 主编

天津大学出版社
TIANJIN UNIVERSITY PRESS

内容提要

本书重点介绍化工单元操作的基本原理、典型设备的结构，以及工艺计算方法、设备选型等。全书分为上、下两册。上册包括绪论、流体流动、流体输送机械、非均相物系的分离和固体流态化、传热、蒸发及附录。本书对基本概念的阐述力求严谨，注重理论联系实际，并突出工程观点，每章均编入较多的例题，章末有习题及思考题，并增加了综合练习题（标注*的习题），以培养学生分析问题和解决问题的能力。书中还以二维码形式融入了课程思政元素，增加了与之配套的数字化资源。

本书专业适用面宽，可作为高等院校“化工原理”课程的教材，也可作为从事科研、设计和生产的相关技术人员的参考书。

图书在版编目(CIP)数据

化工原理. 上册 / 夏清, 马红钦主编. -- 3版. -- 天津：天津大学出版社, 2024.3（2025.2重印）
“双一流”高校建设“十四五”规划系列教材
ISBN 978-7-5618-7666-4

Ⅰ. ①化… Ⅱ. ①夏… ②马… Ⅲ. ①化工原理—高等学校—教材 Ⅳ. ①TQ02

中国国家版本馆CIP数据核字(2024)第042824号

HUAGONG YUANLI

出版发行 天津大学出版社
地　　址 天津市卫津路92号天津大学内（邮编:300072）
电　　话 发行部:022-27403647
网　　址 www.tjupress.com.cn
印　　刷 天津泰宇印务有限公司
经　　销 全国各地新华书店
开　　本 787mm×1092mm　1/16
印　　张 25
字　　数 616千
版　　次 2005年1月第1版　2024年3月第3版
印　　次 2025年2月第2次
定　　价 49.00元

第3版前言

本教材自问世以来，已经多次再版，具有广泛的读者群，受到广大师生和相关科技人员的厚爱，曾在 2002 年获评教育部全国普通高等学校优秀教材。“化工原理”课程重点介绍化工单元操作的基本原理与工艺计算，以及主要设备类型、设计和选型，是化工及其相近专业的重要基础课程。党的二十大报告指出，“培养造就大批德才兼备的高素质人才，是国家和民族长远发展大计”，应该“引导广大人才爱党报国、敬业奉献、服务人民”。为契合时代发展的需要，培养德才兼备的复合型和创新型人才，教材在编写中除力求基本概念阐述科学严谨，内容编排系统完整外，还特别注重理论联系实际，在例题、习题中强调工程观点，希望学生在解决问题的过程中深化对知识的理解，培养学生的工程师素养，提高学生的综合素质。本次修订在保持原教材总体结构和风格的基础上，对部分内容进行了更新和调整。第 3 版教材主要修订内容如下。

（1）根据近年来的教学实践，对部分内容进行增删与调整，力求反映化工领域的新进展、新成果，进一步提高教材的严谨性和科学性，更便于教与学。

（2）每章前增加“本章学习指导”，简要阐述本章应重点掌握的内容和一般了解的内容，学习中的难点和应注意的问题，特别指出完成本章学习后应具有的能力，方便学生学习。

（3）对各章的例题、习题做适当调整，习题中增加综合性练习题（题号右上角标注 *），在例题和习题中注重结合工程实际，将节能降碳、绿色低碳的理念融入其中，以培养学生的家国情怀和社会责任感，使其成为建设祖国的高技能人才。

本教材分上、下两册出版，参与上册修订工作的具体人员及其分工为：柴诚敬（绪论、非均相物系的分离和固体流态化），夏清（流体流动、蒸发、附录），马红钦（流体输送机械），张缨、王军（传热），姜峰（蒸发）。夏清、马红钦担任主编。本教材的修订得到天津大学化工学院有关教师的大力帮助和支持，在此表示衷心感谢。

本教材承蒙天津大学贾绍义教授审阅，对书稿提出许多宝贵意见，在此致以诚挚的谢意。

感谢选用本教材的全国各高校的师生，读者的支持是我们持续改进的动力。由于水平有限，书中疏漏与错误在所难免，欢迎批评指正，以使本教材日臻完善。

编者

2023 年 8 月

目 录

Chapter 0
绪论

Chapter 1
第1章 流体流动

Chapter 2

第 2 章

流体输送机械

Chapter 3
第3章 非均相物系的分离和固体流态化

Chapter 4
第4章 传热

Appendix 附录

Reference 参考书目

Chapter 0

绪论

演示文稿

0.1　化工原理课程的内容和教学要求

“化工原理”课程是化工、石油、轻工、食品、材料、制药、生物、环境等类专业的一门主干课。它是综合运用数学、物理、化学、计算技术等基础知识，分析和解决化工类型生产过程中各种物理操作问题的技术基础课。在化工类专业创新人才培养中，它承担着工程科学与工程技术的双重教育任务。

0.1.1　课程的基本内容

1. 化工生产过程与单元操作

化工生产过程泛指对原料进行化学与物理加工，最终获得有价值产品的生产过程。由于原料、产品的多样性及生产过程的复杂性，形成了数以万计的化工生产工艺。纵观纷杂众多的化工生产过程，都是由化学(生物)反应及若干物理操作有机组合而成。其中，化学(生物)反应及反应器是化工生产的核心，该部分内容由“反应工程”课程来研究。物理过程则起到为化学(生物)反应准备适宜的反应条件及将反应物分离提纯而获得最终产品的作用。构成多种化工产品生产的物理过程按其原理都可归纳为几个基本过程。这些基本的物理操作统称为化工单元操作，简称为单元操作。只有对各种不同的化工生产中的单元操作进行研究，才能揭示其共性的本质、原理和规律。化工原理的基本内容就是阐述各单元操作的基本原理、过程计算及典型设备。

“化工原理”是沿用 1923 年世界上第一部系统阐述单元操作物理化学原理及定量计算方法的著作“Principles of Chemical Engineering”的名称。从以产品来划分的化工生产工艺中抽象出单元操作，是认识上的一个飞跃，从而奠定了化学工程作为一门独立工程学科的基础。化学工程是研究化学工业和其他过程工业生产中所进行的化学过程和物理过程共同规律的一门工程学科。20 世纪初，对于化学工程的认识仅限于单元操作。

我国于 20 世纪 20 年代开办了化学工程系，也开出了化工原理课程。新中国成立以后，我国先后出版了以单元操作为主线的《化工原理》《化工过程及设备》《化工操作过程原理与设备》等教科书。至今仍沿用“化工原理”这个名称。

2. 单元操作的分类和特点

各种单元操作依据不同的物理化学原理，采用相应的设备，达到各自的工艺目的。对于单元操作，可从不同角度加以分类。根据各单元操作所遵循的基本规律，将其划分为表 0-1 所列的几种类型。

表 0-1 化工中常用单元操作

类别	单元操作	目　的	原　理	传递过程
流体动力过程	流体输送	液体、气体的输送	输入机械能	动量传递
	沉　降	非均相混合物分离	密度差引起的相对运动	
	过　滤	非均相混合物分离	介质对不同尺寸颗粒的截留	
	搅　拌	混合或分散	输入机械能	
传热过程	换　热	加热、冷却或变相态	利用温度差交换热量	热量传递
	蒸　发	溶剂与不挥发溶质分离	供热汽化溶剂，并将其及时移除	
传质过程	蒸(精)馏	液态均相混合物分离	各组分挥发度的差异	质量传递
	气体吸收	气体均相混合物分离	各组分在溶剂中溶解度不同	
	萃　取	液态均相混合物分离	各组分在萃取剂中溶解度不同	
	浸　取	用溶剂从固体中提取物料	固体中组分在溶剂中溶解度不同	
	吸　附	流体均相混合物分离	固体吸附剂对组分吸附力不同	
	离子交换	从液体中提取某些离子	离子交换剂对不同离子结合力的差异	
	膜 分 离	流体均相混合物分离	固体或液体膜对组分的渗透性差异	
热质传递过程	干　燥	固体物料去湿	供热汽化液体，并将其及时移除	热质同时传递
	增、减湿	调节控制气体中水汽含量	气体与不同温度的水接触	
	结　晶	从溶液中析出溶质晶体	利用物质溶解度的差异	

另外，还有热力过程(制冷)、粉体工程(粉碎、颗粒分级、流态化)等单元操作。

需要强调指出，随着生产发展和技术进步，许多单元操作中利用到化学反应，如化学吸收、反应精馏、反应萃取等，从而使得过程速率提高，设备台数减少，生产工艺流程缩短。

单元操作研究物理过程，其内容包括“过程”和“设备”两个方面，故单元操作又称化工过程和设备。一方面，同一单元操作在不同的化工生产中虽然遵循相同的过程规律，但在操作条件及设备类型(或结构)方面会有很大差别。另一方面，对于同样的工程目的，可采用不同的单元操作来实现。例如一种液态均相混合物，既可用蒸馏方法分离，也可用萃取方法，还可用结晶或膜分离方法，究竟哪种单元操作最适宜，需要根据工艺特点、物系特性，通过综合技术经济分析作出选择。

3. 单元操作的进展

随着新产品、新工艺的开发或为实现以低碳、可持续发展为目标的绿色化工生产，对物理过程提出了一些特殊要求，又不断地发展出新的单元操作或化工技术，如膜分离、参数泵分离、电磁分离、超临界技术等。同时，以节约能耗、提高效率、洁净无污染生产为特点的集成化工艺(如反应精馏、反应膜分离、萃取精馏、多塔精馏系统的优化热集成等)将是未来的发展趋势。

0.1.2　联系各单元操作的两条主线

1.“三传理论”

随着对单元操作研究的不断深入，人们逐渐发现若干个单元操作之间存在着共性。从本质上讲，所有的单元操作都可分解为动量传递、热量传递、质量传递这三种传递过程或它们的结合。前述的四大类单元操作可分别用动量、热量、质量传递的理论（“三传理论”）进行研究。三种传递现象中存在着类似的规律和内在联系，可用相类似的数学模型进行描述，并可归结为速率问题进行综合研究。“三传理论”的建立，是单元操作在理论上的进一步发展和深化，构成了联系各种单元操作的一条主线。

2. 研究工程问题的方法论

本课程是一门实践性很强的工程学科，在其长期的发展过程中，形成了以下两种基本研究方法。

(1)实验研究方法(经验法)　该方法一般以量纲分析和相似论为指导，依靠实验来确定过程变量之间的关系，通常用量纲为 1 数群(或称准数)构成的关系来表达。实验研究方法避免了数学方程的建立，是一种工程上通用的基本方法。

(2)数学模型法　该方法是在对实际过程的机理深入分析的基础上，在抓住过程本质的前提下，作出某些合理简化，建立物理模型，进行数学描述，得出数学模型，再通过实验确定模型参数。

如果一个物理过程的影响因素较少，各参数之间的关系比较简单，能够建立数学方程并能直接求解，则称之为解析方法。

值得指出的是，尽管计算机模拟技术在化工领域中的应用发展很快，但实验研究方法仍不失其重要性，因为即使是可以采用数学模型法，但模型参数还需通过实验来确定。

0.1.3　化工过程计算的基本关系

化工过程计算可分为设计型计算和操作型计算两类，其在不同计算中的处理方法各有特点。但是不管何种计算，都是以质量守恒、能量守恒、平衡关系、速率关系和技术经济分析为基础的。上述关系的具体计算和应用将在有关章详细介绍。

0.1.4　本课程体系的教学要求

本课程体系是“科学”与“技术”的有机融合，在教学环节安排上包括理论教学、课程实验、企业实习和课程设计等完整模块。在课程教学的全过程中，强调理论联系实际，注重对学生工程观点、定量运算、实验技能、设计能力、安全理念、技术经济评价等综合能力的培养，提高其创新意识和创新能力。

具体地说，学生在学习本课程体系时，应注意以下几个方面能力的培养。

(1)单元操作和设备选择的能力　根据生产工艺要求和物料特性，合理地选择单元操作及相应的设备。

（2）工程设计的能力　学习工艺过程计算和设备设计。当缺乏现成数据时，能够从网格或资料中查取、通过实验测取或到生产现场查定。

（3）操作和调节生产过程的能力　学习如何操作和调节生产过程，使之达到整体优化。

（4）过程开发或科学研究的能力　学习运用物理或物理化学原理去选择或开发单元操作，进而组织一个生产工艺过程。

（5）实验能力　学习试验设计、单元操作实验、数据处理、误差分析方法，提高动手能力和实验技能。

应予指出，将可能变为现实，实现工程目的，这是综合创造能力的体现。为此，学完每一章（或单元操作）后，希望能从如下三个方面进行总结，即基础理论（原理及规律）、实验技术（理论及技能）及工程应用（工程方法及应用实例），以达到巩固知识、提高能力的效果。

0.2　物理量的单位和单位换算

演示文稿

0.2.1　物理量的单位

任何物理量都是用数字和单位联合表达的，二者缺一不可。一般先选几个独立的物理量，如长度、时间等，并以使用方便为原则规定它们的单位。这些物理量称为基本量，其单位称为基本单位。其他的物理量，如速度、加速度等的单位则根据其本身的物理意义，由有关基本单位组合构成，这种单位称为导出单位。

由于历史、地区及各个学科的要求不同，对基本量及其单位的选择有所不同，因而产生了多种不同的单位制度。目前，国际上逐渐统一采用国际单位制（SI）；我国采用中华人民共和国法定计量单位（简称法定单位）。

0.2.2　单位换算

当前，各学科领域都有采用国际单位制的趋势，但要在全球全面推广尚需一段时间，况且，过去文献资料中的数据又是多种单位制并存，这就需要掌握不同单位制之间的换算方法。

1. 物理量的单位换算

同一物理量，若单位不同其数值就不同，例如重力加速度在法定单位制中的单位为 m/s^2，数值约为 9.81；在物理单位制（CGS 制）中的单位为 cm/s^2，数值约为 981。二者包括单位在内的比值称为换算因子。例如重力加速度在 CGS 制与法定单位制间的换算因子为

$$\frac{981\ cm/s^2}{9.81\ m/s^2}=100\ cm/m$$

任何单位换算因子都是两个相等量之比，所以包括单位在内的任何换算因子在本质上都是纯数 1，任何物理量乘以或除以单位换算因子，都不会改变原量的大小。化工中常用的

单位换算关系列于附录 1 中。

【例 0-1】 从已有资料中查出常温下苯的导热系数 λ 为 0.091 9 Btu/(ft · h · °F)(Btu 为英制单位中热量单位的代号),试从基本单位换算开始,将苯的导热系数单位换算为W/(m · ℃)。

解: 单位换算时,一般首先从附录中查出原单位与要换算的新单位之间的关系,即定出换算因子,用换算因子与各基本量相除或相乘,以消去原单位而引入新单位,即可得到要换算的数值。

新单位 W/(m · ℃)也可写为 J/(m · s · ℃)。

从附录查出:

长度　　1 m = 3.280 8 ft

热量　　1 J = 9.485×10^{-4} Btu

温度差　1 ℃ = 1.8 °F

时间　　1 h = 3 600 s

以上 4 个物理量在不同单位制中的换算因子分别为 3.280 8 ft/m、J/(9.485×10^{-4} Btu)、1.8°F/℃及 h/(3 600 s)。

苯的导热系数为

$$\lambda = 0.0919\ \mathrm{Btu/(ft\cdot h\cdot{}^\circ F)}$$

$$= \left(0.0919\,\frac{\mathrm{Btu}}{\mathrm{ft\cdot h\cdot{}^\circ F}}\right)\left(3.2808\,\frac{\mathrm{ft}}{\mathrm{m}}\right)\left(\frac{\mathrm{J}}{9.485\times10^{-4}\ \mathrm{Btu}}\right)\left(1.8\,\frac{{}^\circ\mathrm{F}}{℃}\right)\left(\frac{\mathrm{h}}{3600\ \mathrm{s}}\right)$$

↑ 原有的数值与单位　↑ 引入 m,消去 ft　↑ 引入 J,消去 Btu　↑ 引入℃,消去°F　↑ 引入 s,消去 h

$$= 0.1589\ \mathrm{J/(m\cdot s\cdot ℃)} = 0.1589\ \mathrm{W/(m\cdot ℃)}$$

为了让读者练习单位换算方法,本题要求从基本单位开始进行换算。实际上可以从附录直接查出:

$$1\ \mathrm{W/(m\cdot ℃)} = 0.578\ \mathrm{Btu/(ft\cdot h\cdot{}^\circ F)}$$

所以 $$0.0919\ \mathrm{Btu/(ft\cdot h\cdot{}^\circ F)} = \frac{0.0919}{0.578} = 0.159\ \mathrm{W/(m\cdot ℃)}$$

熟悉单位换算方法后,不必在式子中间写出单位。

2. 经验公式(或数字公式)的换算

工程中遇到的公式有两大类。一类是反映物理量之间关系的物理方程,它是根据物理规律建立起来的,例如牛顿第二运动定律式为

$$F = ma \tag{0-1}$$

式中 F——作用在物体上的力;

m——物体的质量;

a——物体在作用力方向上的加速度。

式(0-1)中各物理量的单位可以任选一种单位制度,但同一式中绝不允许同时采用两种单位制度,因此物理方程又称单位一致性或量纲一致性方程。另一类是根据实验数据整理而成的经验公式,式中各符号只代表物理量数字部分,它们的单位必须采用指定的单位,故经验公式又称数字公式。若计算过程中已知物理量的单位与公式中规定的不相符,则应先将已知数据换算成经验公式中指定的单位所对应的数据后才能进行运算。若经验公式要经常使用,则应将公式加以变换,使式中各符号都采用计算所需的单位,这就是经验公式的换算,换算方法见例 0-2。

【例 0-2】 管壁对周围空气的对流传热系数经验公式为

$$\alpha = 0.026 G^{0.6} D^{-0.4}$$

式中 α——管壁对周围空气的对流传热系数,Btu/(h · ft² · °F);

G——空气的质量速度,lb/(ft² · h)(lb 为英制中质量单位磅的符号);

D——管子外径,ft。

试对上式进行换算,将 α 的单位改为 W/(m² · ℃)、G 的单位改为 kg/(m² · s)、D 的单位改为 m。

解:从附录查出或算出以下有关物理量单位之间的关系为

$$1\ \frac{\text{Btu}}{\text{h}\cdot\text{ft}^2\cdot{}^\circ\text{F}} = 5.678\ \text{W/(m}^2\cdot{}^\circ\text{C)}$$

$$1\ \text{kg} = 2.204\ 62\ \text{lb}$$

$$1\ \text{h} = 3\ 600\ \text{s}$$

$$1\ \text{ft} = 0.304\ 8\ \text{m}$$

所以 $$1\ \frac{\text{lb}}{\text{ft}^2\cdot\text{h}} = 1\ \frac{\text{lb}}{\text{ft}^2\cdot\text{h}} \times \frac{\text{kg}}{2.204\ 62\ \text{lb}} \times \frac{\text{ft}^2}{(0.304\ 8\ \text{m})^2} \times \frac{\text{h}}{3\ 600\ \text{s}} = 0.001\ 356\ \text{kg/(m}^2\cdot\text{s)}$$

将式中各物理量加上标“′”,以代表采用新单位时的物理量,新、旧单位的物理量间的关系为

对流传热系数 $$\alpha = \frac{\alpha'}{5.678}$$

质量速度 $$G = \frac{G'}{0.001\ 356}$$

直径 $$D = \frac{D'}{0.304\ 8}$$

将以上关系代入原式,得

$$\frac{\alpha'}{5.678} = 0.026\left(\frac{G'}{0.001\ 356}\right)^{0.6}\left(\frac{D'}{0.304\ 8}\right)^{-0.4}$$

整理上式并略去符号的上标,得到换算后的经验公式为

$$\alpha = 4.824 G^{0.6} D^{-0.4}$$

习 题

1. 热空气与冷水间的总传热系数 K 值约为 42. 99 kcal/(m^2 · h · ℃),试从基本单位换算开始,将 K 值的单位改为 W/(m^2 · ℃)。〔答: $K=50$ W/(m^2 · ℃)〕

2. 从基本单位换算入手,将下列物理量的单位换算为国际单位制:

(1)常温下水的密度 $\rho=101.9\ \mathrm{kgf\cdot s^2/m^4}$;

(2)在 30 ℃水的黏度 $\mu=0.008\ 01\ \mathrm{g/(cm\cdot s)}$;

(3)定压比热容　$C_p=0.42\ \mathrm{Btu/(lb\cdot {}^\circ F)}$;

(4)传质系数　$K_G=30.6\ \mathrm{kmol/(m^2\cdot h\cdot atm)}$;

(5)表面张力　$\sigma=71.0\ \mathrm{dyn/cm}$。

〔答:(1) $\rho=999.6\ \mathrm{kg/m^3}$　(2) $\mu=8.01\times10^{-4}\ \mathrm{Pa\cdot s}$　(3) $C_p=1.758\ \dfrac{\mathrm{kJ}}{\mathrm{kg\cdot ℃}}$　(4) $K_G=8.391\ \dfrac{\mathrm{kmol}}{\mathrm{m^2\cdot s\cdot kPa}}$　(5) $\sigma=7.1\times10^{-2}\ \mathrm{N/m}$〕

3. 甲烷的饱和蒸气压与温度的关系符合下面经验公式:

$$\lg p=6.421-\frac{352}{t+261}$$

式中　p——饱和蒸气压,mmHg;

t——温度,℃。

今需将式中 p 的单位改为 Pa,温度单位改为 K,试对该式加以变换。〔答: $\lg p=8.546-\dfrac{352}{T-12}$〕

4. 清水在圆管内被加热。水对管壁的强制对流传热系数 α 随温度的变化可用下面经验公式来表示,即

$$\alpha=210(1+2.93\times10^{-3}\ T)u^{0.8}/d^{0.2}$$

式中　α——对流传热系数,Btu/(ft^2 · h · °F);

T——热力学温度,K;

u——水的流速,ft/s;

d——圆管内径,in。

试将式中各物理量单位换算为国际单位制,即 α 为 W/(m^2 · K); T 为 K; u 为 m/s; d 为 m。

〔答: $\alpha=1\ 480(1+2.93\times10^{-3}\ T)u^{0.8}d^{-0.2}$〕

思考题

1. 何谓单元操作?有何特点?如何分类?
2. 联系各单元操作的两条主线是什么?
3. 比较实验研究方法和数学模型法的区别和内在联系。
4. 何谓单位换算因子?

Chapter 1

第1章　流体流动

本章符号说明

英文字母

a——加速度，m/s^2；

A——截面积，m^2；

C——系数；

C_0、C_V——流量系数；

d——管道直径，m；

d_e——当量直径，m；

d_o——孔径，m；

e——涡流黏度，Pa · s；

E——1 kg 流体所具有的总机械能，J/kg；

f——范宁摩擦系数，量纲为 1；

F——流体的内摩擦力，N；

g——重力加速度，m/s^2；

G——质量流速，$kg/(m^2 \cdot s)$；

h——高度，m；

h_f——1 kg 流体流动时为克服流动阻力而损失的机械能，简称机械能损失或阻力损失，J/kg；

h_f'——局部阻力损失，J/kg；

H_e——输送设备对 1 N 流体提供的有效压头，m；

H_f——压头损失，m；

K——系数；

l——长度，m；

l_e——当量长度，m；

m——质量，kg；

M——摩尔质量，kg/kmol；

n——指数；

N——轴功率，kW；

N_e——有效功率，kW；

p——压力，Pa；

Δp_f——1 m^3 流体流动时损失的机械能，或因克服流动阻力而引起的压力降，Pa；

P——总压力，N；

r——半径，m；

$\dot{r}$——剪切速率，s^{-1}；

r_H——水力半径，m；

R——气体常数，J/(kmol · K)；

R——液柱压差计读数，或管道半径，m；

S——两流体层间的接触面积，m^2；

T——热力学温度，K；

u——流速，m/s；

u'——脉动速度，m/s；

$\bar{u}$——时均速度,m/s;

u_{max}——流动截面上的最大速度,m/s;

u_z——流动截面上某点的局部速度,m/s;

U——1 kg 流体的内能,J/kg;

v——比容,m^3/kg;

V——体积,m^3;

V_s——体积流量,m^3/s;

w_s——质量流量,kg/s;

W_e——1 kg 流体通过输送设备获得的能量,或输送设备对 1 kg 流体所做的有效功,J/kg;

x_0——稳定段长度,m;

x_V——体积分数;

x_w——质量分数;

y——气体混合物中组分的摩尔分数;

Z——1 kg 流体具有的位能,m。

希腊字母

α——倾斜角;

δ——流动边界层厚度,m;

δ_b——滞流内层厚度,m;

ε——绝对粗糙度,mm;

ε_κ——体积膨胀系数;

ζ——阻力系数;

η——效率;

η_0——刚性系数,Pa·s;

κ——绝热指数;

λ——摩擦系数,量纲为 1;

μ——黏度,Pa·s 或 cP;

μ_a——表观黏度,Pa·s;

ν——运动黏度,m^2/s 或 cSt;

Π——润湿周边,m;

ρ——密度,kg/m^3;

τ——内摩擦应力,Pa;

τ_0——屈服应力,Pa。

本章学习指导

通过本章的学习,应掌握流体在管内流动过程的基本原理和规律,并能够运用这些原理和规律分析和计算流体流动过程中的有关问题。

本章应重点掌握流体物性(密度、黏度)的获取方法;流体的流动类型,层流和湍流的本质区别,*Re* 的含义;流体静力学基本方程及其应用;连续性方程、机械能衡算方程及其应用;直管阻力和局部阻力产生的机理和计算方法;简单管路和复杂管路的计算;流速或流量的测量仪表。

掌握管内速度分布、摩擦系数的求解方法以及边界层的概念。

了解量纲分析方法和非牛顿型流体的特性。

本章是化工原理课程的重要基础,后续各个单元操作都会用到本章学到的知识,机械能衡算方程的应用是本章的重点和难点,同时,建立工程观点,学习处理复杂工程问题的方法和思路是本章的另一重点、难点,学习过程中要注重理论联系实际,将知识的学习落实到解决实际问题上。

通过本章的学习，应能够根据流体输送要求选择合适的管路直径，根据输送流量选择合适的流量计，对简单管路系统进行设计型和校核型计算。

液体和气体统称为流体。流体抗剪和抗张的能力很小，在外力作用下，流体内部会发生相对运动，使流体变形，这种连续不断的变形就形成流动，即流体具有流动性。

流体由分子组成，分子间有一定的间距，并且分子都处于无规则的随机运动中，因此从分子角度而言，描述流体的物理量在空间和时间上的分布是不连续的。但在工程技术领域中人们感兴趣的是流体的宏观性质，即大量分子的统计平均特性，而不是单个分子的微观运动，因此提出了流体的连续介质模型，即将流体视为由无数分子集团组成的连续介质，每个分子集团称为质点，其大小与容器或管路相比是微不足道的。质点在流体内部一个紧挨一个，它们之间没有任何空隙，即可认为流体充满其所占据的空间。把流体视为连续介质，目的是摆脱复杂的分子运动，从宏观的角度来研究流体的流动规律。当然，并不是在任何情况下都可以把流体视为连续介质，如高度真空下的气体就不能再视为连续介质了。

化工过程中流体流动问题占有非常重要的地位，因为化工生产中的原料及产品大多数是流体，生产工艺的设计经常需要应用流体流动的基本原理，具体如下。

(1)流体的输送　通常设备之间是用管道连接的，欲把流体按规定的条件，从一个设备送到另一个设备，就需要选择适宜的流动速度，以确定输送管路的直径。在流体的输送过程中，常常要采用输送设备，因此需要计算流体在流动过程中应加入的外功，为选用输送设备提供依据。这些都要应用流体流动规律的数学表达式进行计算。

(2)压力、流速和流量的测量　为了了解和控制生产过程，需测定管路或设备内的压力、流速及流量等参数，因此需要合理地选用和安装测量仪表，而这些测量仪表的操作原理又多以流体的静止或流动规律为依据。

(3)为强化设备提供适宜的流动条件　化工生产的传热、传质等过程，都是在流体流动的情况下进行的，设备的操作效率与流体流动状况密切相关。因此，研究流体流动对寻找设备的强化途径具有重要意义。

本章着重讨论流体流动过程的基本原理及流体在管内的流动规律，并运用这些原理与规律去分析和计算流体的输送问题。

1.1　流体的物理性质

演示文稿

本节仅讨论与流体流动有关的流体的物理性质，包括密度、黏度等。

1.1.1　流体的密度

单位体积流体具有的质量称为流体的密度，其表达式为

$$\rho = \lim_{\Delta V \to 0} \frac{\Delta m}{\Delta V} = \frac{dm}{dV} \tag{1-1}$$

式中 ρ——流体的密度，kg/m^3；

m——流体的质量，kg；

V——流体的体积，m^3。

流体的密度一般可在物理化学手册或有关资料中查得，本教材附录中也列有某些常见气体和液体的密度数值。

密度是物体的重要物理性质，对一定的流体，其密度随温度、压力的变化而变。根据流体密度随温度、压力变化的程度，可将流体分为可压缩流体和不可压缩流体，密度随温度、压力变化很小的流体称为不可压缩流体，反之，密度随温度、压力变化显著的流体称为可压缩流体。液体的密度基本上不随压力变化（极高压力除外），但随温度略有改变；气体的密度随温度、压力变化较大，因此在工程上，通常将液体视为不可压缩流体，将气体视为可压缩流体。由于气体的可压缩性，气体的密度必须标明其状态。

一般当压力不太高，温度不太低时，气体可按理想气体处理，其密度可用理想气体状态方程计算，即

$$\rho = \frac{pM}{RT} \tag{1-2}$$

或

$$\rho = \frac{MT_0 p}{22.4 T p_0} \tag{1-2a}$$

式中 M——气体的摩尔质量，kg/kmol；

R——气体常数，其值为 8.315×10^3 J/(kmol·K)；

p——气体的绝对压力，Pa；

T——气体的热力学温度，K；

下标“0”表示标准状态。

在化工生产中所遇到的流体，往往是含有几个组分的混合物。混合物的平均密度 ρ_m 可通过以下公式进行计算。

对于液体混合物，各组分的组成常用质量分数表示。现以 1 kg 混合液体为基准，若各组分在混合前后体积不变，则 1 kg 混合液体的体积等于各组分单独存在时的体积之和，即

$$\frac{1}{\rho_m} = \frac{x_{wA}}{\rho_A} + \frac{x_{wB}}{\rho_B} + \cdots\cdots + \frac{x_{wn}}{\rho_n} \tag{1-3}$$

式中 $\rho_A, \rho_B, \cdots, \rho_n$——液体混合物中各纯组分的密度，$kg/m^3$；

$x_{wA}, x_{wB}, \cdots, x_{wn}$——液体混合物中各组分的质量分数。

对于气体混合物，各组分的组成常用体积分数表示。现以 1 m^3 混合气体为基准，若各组分在混合前后质量不变，则 1 m^3 混合气体的质量等于各组分的质量之和，即

$$\rho_m = \rho_A x_{VA} + \rho_B x_{VB} + \cdots + \rho_n x_{Vn} \tag{1-4}$$

式中 $x_{VA}, x_{VB}, \cdots, x_{Vn}$——气体混合物中各组分的体积分数。

气体混合物的平均密度 ρ_m 也可按式(1-2)或式(1-2a)计算,此时应以气体混合物的平均摩尔质量 M_m 代替式中的气体摩尔质量 M。气体混合物的平均摩尔质量 M_m 可按下式计算,即

$$M_m = M_A y_A + M_B y_B + \cdots + M_n y_n \tag{1-5}$$

式中 $M_A, M_B, \cdots, M_n$——气体混合物中各组分的摩尔质量,kg/kmol;

$y_A, y_B, \cdots, y_n$——气体混合物中各组分的摩尔分数。

1.1.2 流体的黏性

1. 牛顿黏性定律

前已述及,流体具有流动性,即没有固定形状,在外力作用下其内部产生相对运动。另一方面,在运动的状态下,流体还有一种抗拒内在的向前运动的特性,称为黏性。黏性是流动性的反面。

以水在管内流动为例,管内任一截面上各点的速度并不相同,中心处的速度最大,愈靠近管壁速度愈小,在管壁处水的质点附于管壁上,其速度为零。其他流体在管内流动时也有类似的规律。所以,流体在圆管内流动时,实际上是被分割成无数极薄的圆筒层,一层套着一层,各层以不同的速度向前运动,如图1-1所示。由于各层速度不同,层与层之间发生了相对运动。速度快的流体层对相邻的速度较慢的流体层产生了一个推动其向前运动的力;同时,速度慢的流体层对速度快的流体层也作用一个大小相等、方向相反的力,从而阻碍较快的流体层向前运动。这种运动着的流体内部相邻两流体层间的相互作用力,称为流体的内摩擦力或剪切力。它是流体黏性的表现,又称为黏滞力或黏性摩擦力。流体流动时的内摩擦,是流动阻力产生的依据,流体流动时必须克服内摩擦力而做功,从而流体的一部分机械能转变为热而损失掉。

流体流动时的内摩擦力大小与哪些因素有关?可通过下面的情况加以说明。

如图1-2所示,设有上下两块平行放置且面积很大而相距很近的平板,板间充满了某种液体。若将下板固定,对上板施加一个恒定的外力,上板就以恒定的速度 u 沿 x 方向运动。此时,两板间的液体就会分成无数平行的薄层而运动,黏附在上板底面的一薄层液体也以速度 u 随上板运动,其下各层液体的速度依次降低,黏附在下板表面的液层速度为零。

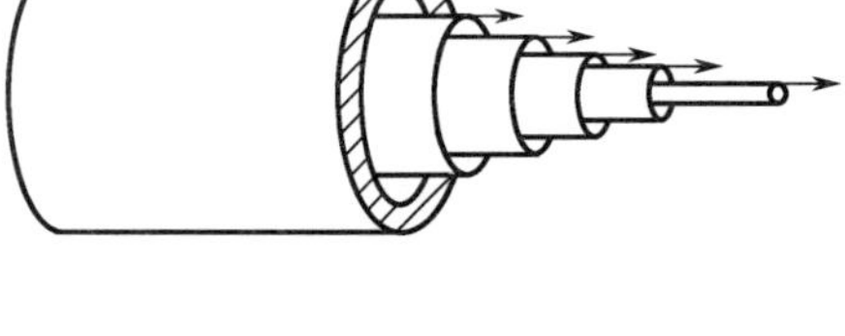

图1-1 流体在圆管内分层流动示意图

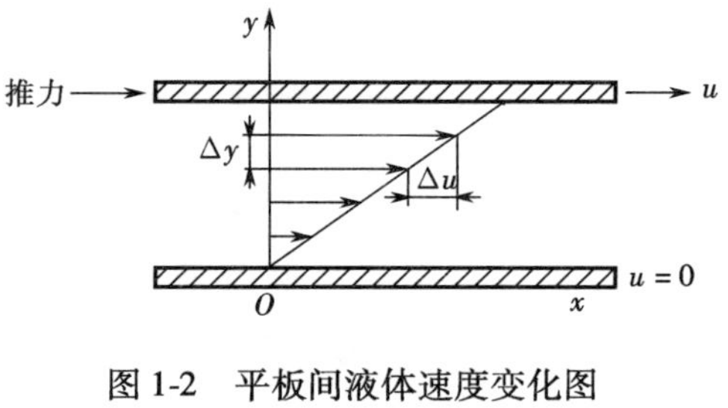

图1-2 平板间液体速度变化图

从图1-2中看到,两相邻流体层之间的速度差为 Δu,两层之间的垂直距离为 Δy,则定义速度梯度为

$$\frac{\mathrm{d}u}{\mathrm{d}y}=\lim_{\Delta y\to 0}\frac{\Delta u}{\Delta y} \tag{1-6}$$

式中 $\frac{\mathrm{d}u}{\mathrm{d}y}$——速度梯度，即在与流动方向相垂直的 y 方向上速度的变化率。

实验证明，对一定的流体，内摩擦力 F 与速度梯度成正比，与两层之间的接触面积成正比，即

$$F=\mu\frac{\mathrm{d}u}{\mathrm{d}y}S \tag{1-7}$$

或写成

$$\tau=\frac{F}{S}=\mu\frac{\mathrm{d}u}{\mathrm{d}y} \tag{1-7a}$$

式中 τ——单位面积上的内摩擦力，称为内摩擦应力或剪应力，$\mathrm{N/m^2}$；

μ——比例系数，称为黏滞系数或动力黏度，简称黏度。

式(1-7)或式(1-7a)所显示的关系，称为牛顿黏性定律。

凡遵循牛顿黏性定律的流体称为牛顿型流体，否则为非牛顿型流体。所有气体和大多数液体均属牛顿型流体；而某些高分子溶液、油漆、血液等则属于非牛顿型流体。本章主要讨论牛顿型流体，对非牛顿型流体，将在下一节作简单介绍，详细的论述可参阅有关著作。

2. 流体的黏度

式(1-7a)可改写成

$$\mu=\frac{\tau}{\frac{\mathrm{d}u}{\mathrm{d}y}} \tag{1-7b}$$

所以黏度的物理意义是促使流体流动产生单位速度梯度的剪应力。由上式可知，速度梯度最大之处剪应力亦最大，速度梯度为零之处剪应力亦为零。黏度总是与速度梯度相联系，只有在运动时才显现出来。分析静止流体的规律时就不用考虑黏度这个因素。

黏度是流体的重要物理性质之一，其值由实验测定。常用流体的黏度可以从本教材附录或有关手册中查取。液体的黏度随温度升高而减小，基本不随压力变化；气体的黏度则随温度升高而增大，随压力变化很小，在一般工程计算范围内，可忽略压力对气体黏度的影响，只有在极高和极低压力下，才需考虑其影响，如在临界点附近，气体黏度随压力增大而增大。

在国际单位制中，黏度的单位为 Pa · s，即 kg/(m · s)，黏度还有一些常用单位，如 P（泊），即 g/(cm · s)，cP(厘泊)等，其换算关系为

$$1\ \mathrm{cP}=0.01\ \mathrm{P}=0.001\ \mathrm{Pa\cdot s}=1\ \mathrm{mPa\cdot s}$$

此外，流体的黏性还可用黏度 μ 与密度 ρ 的比值来表示。这个比值称为运动黏度，以 ν 表示，即

$$\nu=\frac{\mu}{\rho} \tag{1-8}$$

运动黏度在法定单位制中的单位为 $\mathrm{m^2/s}$；在物理单位制中的单位为 $\mathrm{cm^2/s}$，称为斯托克斯，简称为斯，以 St 表示，$1\ \mathrm{St}=100\ \mathrm{cSt}$(厘斯) $=10^{-4}\mathrm{m^2/s}$。

在工业生产中常遇到各种流体的混合物。对混合物的黏度,如缺乏实验数据,可参阅有关资料,选用适当的经验公式进行估算。如对于常压气体混合物的黏度,可采用下式计算,即

$$\mu_m = \frac{\sum y_i \mu_i M_i^{\frac{1}{2}}}{\sum y_i M_i^{\frac{1}{2}}} \tag{1-9}$$

式中 μ_m——常压下混合气体的黏度;

y——气体混合物中组分的摩尔分数;

μ——与气体混合物同温下组分的黏度;

M——气体混合物中组分的摩尔质量,kg/kmol;

下标 i 表示组分的序号。

对非缔合液体混合物的黏度,可采用下式计算,即

$$\lg \mu_m = \sum x_i \lg \mu_i \tag{1-10}$$

式中 μ_m——液体混合物的黏度;

x——液体混合物中组分的摩尔分数;

μ——与液体混合物同温下组分的黏度;

下标 i 表示组分的序号。

3. 理想流体

黏度为零的流体称为理想流体。实际上自然界中并不存在理想流体,真实流体运动时都会表现出黏性。引入理想流体的概念,对研究实际流体有着很重要的作用。因为影响黏度的因素很多,给实际流体运动规律的数学描述及处理带来很大困难,故为简化问题,往往先将实际流体视为理想流体,找出规律后,再考虑黏度的影响,将理想流体的分析结果加以修正后应用于实际流体。另外,在某些场合下,黏性不起主导作用,可将实际流体按理想流体来处理。

【例 1-1】 已知水在40℃时的黏度为0.656 cP(厘泊),密度为992.2 kg/m³,试将黏度单位换算成Pa·s,并求运动黏度。

解: $1\ \text{cP} = 0.01\ \text{P} = 0.01\ \frac{\text{dyn}\cdot\text{s}}{\text{cm}^2} = \frac{1}{100} \times \frac{\frac{1}{100\ 000}\text{N}\cdot\text{s}}{\left(\frac{1}{100}\right)^2 \text{m}^2} = \frac{1}{1\ 000}\frac{\text{N}\cdot\text{s}}{\text{m}^2} = \frac{1}{1\ 000}\ \text{Pa}\cdot\text{s}$

或 $1\ \text{Pa}\cdot\text{s} = 1\ 000\ \text{cP}$

则 $\mu = 0.656\ \text{cP} = 6.56 \times 10^{-4}\ \text{Pa}\cdot\text{s}$

运动黏度 $\nu = \frac{\mu}{\rho} = \frac{6.56 \times 10^{-4}}{992.2} = 6.61 \times 10^{-7}\ \text{m}^2/\text{s} = 6.61 \times 10^{-3}\ \text{St} = 0.661\ \text{cSt}$

1.1.3 非牛顿型流体简介

由前已知,牛顿黏性定律的表达式为

$$\tau = \mu \frac{\mathrm{d}u}{\mathrm{d}y} \tag{1-7a}$$

根据速度的定义，可将速度梯度改写为

$$\frac{\mathrm{d}u}{\mathrm{d}y} = \frac{\mathrm{d}x/\mathrm{d}\theta}{\mathrm{d}y} = \frac{\mathrm{d}x/\mathrm{d}y}{\mathrm{d}\theta}$$

上式中 $\mathrm{d}x/\mathrm{d}y$ 表示剪切程度的大小，$\frac{\mathrm{d}x/\mathrm{d}y}{\mathrm{d}\theta}$为剪切速率，以 $\dot{\gamma}$ 表示，于是牛顿黏性定律可改写为

$$\tau = \mu\dot{\gamma} \tag{1-7c}$$

上式称为流变方程，在直角坐标图上标绘 τ 对 $\mathrm{d}u/\mathrm{d}y$（或 $\dot{\gamma}$）的关系可得如图 1-3 所示的图，该图称为流变图。对牛顿型流体可得一条通过原点的直线，如图 1-3 中的 a 线所示。

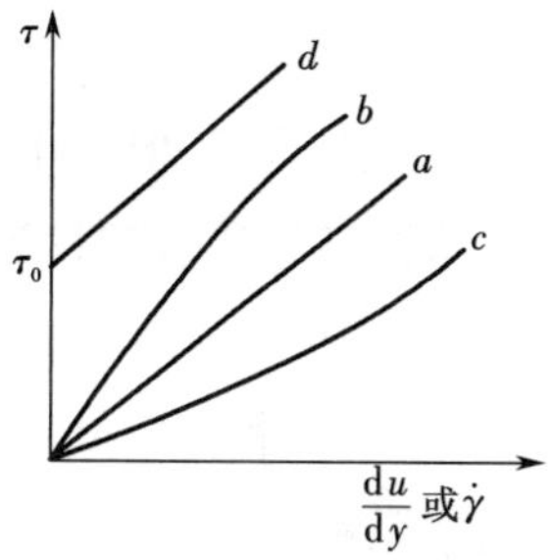

图 1-3　牛顿型流体与非牛顿型流体的流变图

a—牛顿型流体　b—假塑性流体

c—胀塑性流体　d—宾汉塑性流体

凡不遵循牛顿黏性定律的流体，统称为非牛顿型流体。非牛顿型流体在化工过程中亦属常见，这里仅简述非牛顿型流体的分类和特性，更多的内容可参阅有关方面的专著。

根据流体的流变方程或流变图，可将非牛顿型流体分类如下：

- 非牛顿型流体
  - 黏性流体
    - 与时间无关
      - 无屈服应力
        - 假塑性流体
        - 胀塑性流体
      - 有屈服应力——宾汉塑性流体
    - 与时间有关
      - 触变性流体
      - 流凝性（负触变性）流体
  - 黏弹性流体

下面按上述分类次序扼要介绍各种非牛顿型流体。

1. 与时间无关的黏性流体

对于与时间无关的黏性流体，在流变图上可见 τ 对 $\mathrm{d}u/\mathrm{d}y$ 关系曲线或是通过原点的曲线，或是不通过原点的直线，如图 1-3 中的 b、c、d 诸线所示。这些关系曲线的斜率是变化的。因此，对与时间无关的黏性流体来说，黏度一词便失去意义。但是，这些关系曲线在任一特定点上也有一定的斜率，故与时间无关的黏性流体在指定的剪切速率下，有一个相应的表观黏度值，即

$$\mu_a = \frac{\tau}{\dot{\gamma}} \tag{1-11}$$

图 1-3 中 b、c、d 曲线所代表的流体，其表观黏度 μ_a 都只随剪切速率而变，和剪切力作用持续的时间无关，故称为与时间无关的黏性流体，其又可分为下面 3 种。

（1）假塑性（pseudoplastic）流体　如图 1-3 中曲线 b 所示，这种流体的表观黏度随剪切速率的增大而减小，τ 对 $\dot{\gamma}$ 的关系为一向下弯的曲线，该曲线可用指数方程来表示：

$$\tau = -K\left(\frac{\mathrm{d}u}{\mathrm{d}y}\right)^n \tag{1-12}$$

式中 K——稠度系数，$Pa \cdot s^n$；

n——流性指数，量纲为1，对于假塑性流体，$n<1$。

大多数与时间无关的黏性流体属于此类型，其中包括聚合物溶液或熔融体、油脂、淀粉悬浮液、蛋黄浆和油漆等。

（2）涨塑性（dilatant）流体　与假塑性流体相反，这种流体的表观黏度随剪切速率的增大而增大，τ 对 $\dot{\gamma}$ 的关系为一向上弯的曲线，如图1-3中曲线 c 所示。该曲线的方程式仍可用式（1-12）来表示，但式中的 $n>1$。

涨塑性流体比假塑性流体少得多，如玉米粉、糖溶液、湿沙和某些高浓度的粉末悬浮液等均属此类流体。

（3）宾汉塑性（Bingham plastic）流体　这种流体的 $\tau-\dot{\gamma}$ 关系如图1-3中的直线 d 所示，它的斜率固定，但不通过原点，该线的截距 τ_0 称为屈服应力。这种流体的特性是，当剪应力超过屈服应力之后才开始流动，开始流动之后其性能像牛顿型流体一样。属于此类的流体有纸浆、牙膏和肥皂等。

宾汉塑性流体的流变特性可表示为

$$\tau=\tau_0+\eta_0\frac{du}{dy} \tag{1-13}$$

式中 τ_0——屈服应力，Pa；

η_0——刚性系数，$Pa \cdot s$。

2. 与时间有关的黏性流体

在一定剪切速率下，表观黏度随剪切力作用时间的延长而减小或增大的流体，则为与时间有关的黏性流体。它可分为下面2种。

（1）触变性（thixotropic）流体　这种流体的表观黏度随剪切力作用时间的延长而减小，属于此类流体的如某些高聚物溶液、某些食品和油漆等。

（2）流凝性（rheopectic）流体　这种流体的表观黏度随剪切力作用时间的延长而增大，此类流体如某些溶胶和石膏悬浮液等。

3. 黏弹性（viscoelastic）流体

此类流体介于黏性流体和弹性固体之间，同时表现出黏性和弹性。在不超过屈服强度的条件下，剪应力除去以后，其变形能部分地复原。属于此种流体的有面粉团、凝固汽油和沥青等。

1.2 流体静力学

演示文稿

流体静力学研究流体在外力作用下达到平衡时各物理量的变化规律。在工程实际中，流体的平衡规律应用很广，如流体在设备或管道内压力的变化与测量、液体在贮罐内液位的测量、设备的液封等均以这一规律为依据。

1.2.1 静止流体的压力

静止流体中，在某一点处单位面积上所受的压力，称为静压力，简称压力。流体的静压力具有如下两个特性。

①在静止流体内部，任一点的静压力方向均与作用面相垂直，并指向该作用面。

②静压力的大小与作用面的方位无关，同一点处各个方向作用的静压力相等，即静压力是各向同性的，只与所处位置有关。

在国际单位制中，压力的单位是 Pa，称为帕斯卡。但习惯上还采用其他单位，如 atm（标准大气压）、某流体柱高度、bar（巴）或 kgf/cm^2 等，它们之间的换算关系为

$$1\ atm = 1.033\ kgf/cm^2 = 760\ mmHg = 10.33\ mH_2O = 1.0133\ bar = 1.0133 \times 10^5\ Pa$$

工程上为了使用和换算方便，常将 1 kgf/cm^2 近似地作为 1 个大气压，称为 1 工程大气压（at）。于是

$$1\ at = 1\ kgf/cm^2 = 735.6\ mmHg = 10\ mH_2O = 0.9807\ bar = 9.807 \times 10^4\ Pa$$

流体的压力除用不同的单位计量外，还可以用不同的方法表示。

以绝对零压作起点计算的压力，称为绝对压力，简称绝压，是流体的真实压力。

流体的压力可用测压仪表来测量。当被测流体的绝压大于外界大气压时，所用的测压仪表称为压力表。压力表上的读数表示被测流体的绝压比大气压高出的数值，称为表压力，简称表压，即

$$表压 = 绝压 - 大气压$$

当被测流体的绝压小于外界大气压时，所用测压仪表称为真空表。真空表上的读数表示被测流体的绝压低于大气压的数值，称为真空度，即

$$真空度 = 大气压 - 绝压$$

显然，设备内流体的绝压愈低，则它的真空度就愈高。

大气压和绝压、表压（或真空度）之间的关系，可以用图 1-4 表示。

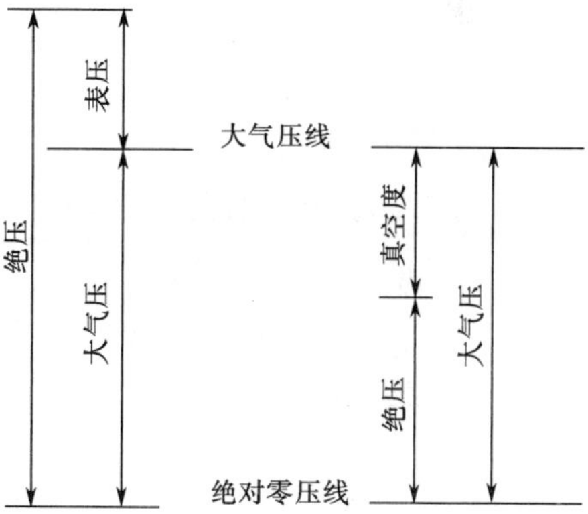

图 1-4 大气压和绝压、表压（或真空度）之间的关系

应当指出，外界大气压随大气的温度、湿度和所在地区的海拔高度而变。为了避免绝压、表压、真空度三者相互混淆，在以后的讨论中规定，对表压和真空度均加以标注，如 2×10^3 Pa（表压）、4×10^3 Pa（真空度）等。

【例 1-2】 在兰州操作的苯乙烯真空蒸馏塔顶的真空表读数为 8.0×10^4 Pa。在天津操作时，若要求塔内维持相同的绝压，真空表的读数应为多少？兰州地区的平均大气压为 8.53×10^4 Pa，天津地区的平均大气压为 1.0133×10^5 Pa。

解：根据兰州地区的大气压条件，可求得操作时塔顶的绝压为

绝压 = 大气压 - 真空度 = 85 300 - 80 000 = 5 300 Pa

在天津操作时,要求塔内维持相同的绝压,由于大气压与兰州的不同,则塔顶的真空度也不相同,其值为

真空度 = 大气压 - 绝压 = 101 330 - 5 300 = 96 030 Pa

1.2.2 流体静力学基本方程

现讨论流体在重力和压力作用下的平衡规律,这时流体处于相对静止状态。由于重力可以看作是不变的,起变化的是压力。所以实际上是讨论静止流体内部压力变化的规律。描述这一规律的数学表达式,称为流体静力学基本方程。

在密度为 ρ 的静止流体中,取一微元立方体,其边长分别为 dx、dy、dz,它们并分别与 x、y、z 轴平行,如图 1-5 所示。

由于流体处于静止状态,因此所有作用于该立方体上的力在坐标轴上的投影之代数和应等于零。

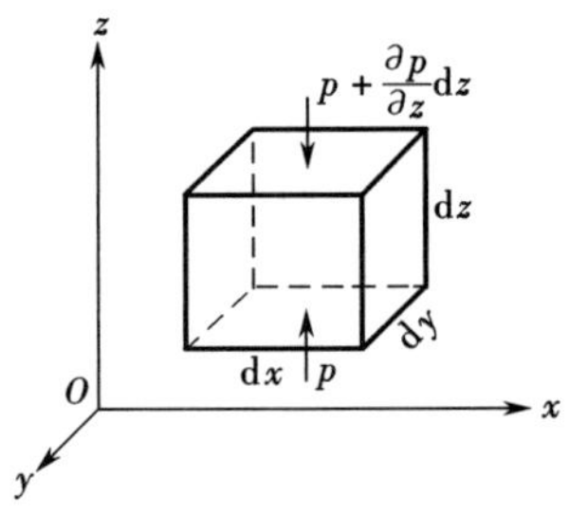

图 1-5 微元流体的静力平衡

对于 z 轴,作用于该立方体上的力有:

①作用于下底面的总压力为 $p\,dx\,dy$;

②作用于上底面的总压力为 $-\left(p+\frac{\partial p}{\partial z}dz\right)dx\,dy$;

③作用于整个立方体的重力为 $-\rho g\,dx\,dy\,dz$。

z 轴方向力的平衡式可写成

$$p\,dx\,dy-\left(p+\frac{\partial p}{\partial z}dz\right)dx\,dy-\rho g\,dx\,dy\,dz=0$$

即

$$-\frac{\partial p}{\partial z}dx\,dy\,dz-\rho g\,dx\,dy\,dz=0$$

上式各项除以 $dx\,dy\,dz$,则 z 轴方向力的平衡式可简化为

$$\frac{\partial p}{\partial z}+\rho g=0 \tag{1-14}$$

对于 x、y 轴,作用于该立方体的力仅有压力,亦可写出其相应的力的平衡式,简化后得

x 轴
$$\frac{\partial p}{\partial x}=0 \tag{1-14a}$$

y 轴
$$\frac{\partial p}{\partial y}=0 \tag{1-14b}$$

式(1-14)、式(1-14a)、式(1-14b)称为流体平衡微分方程,对该微分方程组积分,可得到流体静力学基本方程。

将式(1-14)、式(1-14a)、式(1-14b)分别乘以 dz、dx、dy 并相加后得

$$\frac{\partial p}{\partial x}dx+\frac{\partial p}{\partial y}dy+\frac{\partial p}{\partial z}dz=-\rho g\,dz \tag{1-15}$$

上式等号的左侧即为压力的全微分 dp,于是

$$dp+\rho g\,dz=0 \tag{1-15a}$$

对于不可压缩流体，ρ = 常数，对上式积分，得

$$\frac{p}{\rho}+gz=\text{常数} \tag{1-16}$$

液体可视为不可压缩的流体，在静止液体中取任意两点，如图 1-6 所示，则有

$$\frac{p_1}{\rho}+gz_1=\frac{p_2}{\rho}+gz_2 \tag{1-17}$$

或

$$p_2=p_1+\rho g(z_1-z_2) \tag{1-17a}$$

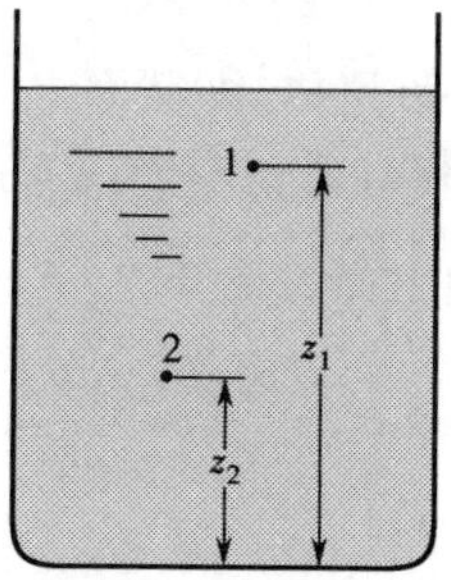

图 1-6 静止液体内的压力分布

若点 1 处于容器的液面上，设液面上方的压力为 p_0，距液面 h 处的点 2 压力为 p，式(1-17a)可改写为

$$p=p_0+\rho gh \tag{1-17b}$$

式(1-17)、式(1-17a)及式(1-17b)称为不可压缩流体的静力学基本方程，反映在重力场作用下，静止液体内部压力的变化规律。由式(1-17b)可见以下规律。

①当容器液面上方的压力 p_0 一定时，静止液体内部任一点压力 p 的大小与液体本身的密度 ρ 和该点距液面的深度 h 有关。因此，在静止的、连续的同一液体内，处于同一水平面上各点的压力都相等。

②当液面上方的压力 p_0 有改变时，液体内部各点的压力 p 也发生同样大小的改变。

③式(1-17b)可改写为 $\frac{p-p_0}{\rho g}=h$。

上式说明，压力差的大小可以用一定高度的液体柱表示。当用液柱高度来表示压力或压力差时，必须注明是何种液体，否则就失去了意义，如表述为 mmHg、mH_2O 等。

式(1-16)、式(1-17)是针对不可压缩流体(ρ 为常数)推导得出的。液体通常可视为不可压缩流体，适用上述公式。气体则需具体情况具体分析，若温度、压力变化不大，密度可近似视为常数，上述公式仍然适用；但对温度、压力变化较大的场合，上述公式不再适用。

式(1-17)中各项的单位均为 J/kg，其中 gz 为单位质量流体所具有的位能，$\frac{p}{\rho}$ 为单位质量流体所具有的静压能(或压力能)，位能和压力能都是势能，因此，式(1-17)表明，在重力作用下的静止流体内部，位能和压力能之间可以相互转换，但总势能保持不变。

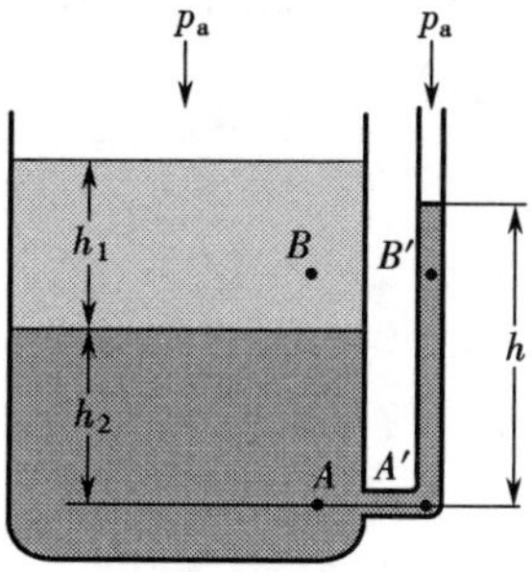

例 1-3 附图

【例 1-3】 本例附图所示的开口容器内盛有油和水。油层高度 $h_1=0.7$ m、密度 $\rho_1=800$ kg/m^3，水层高度 $h_2=0.6$ m、密度 $\rho_2=1\ 000$ kg/m^3。

(1)判断下列两关系是否成立，即

$$p_A=p_A', \quad p_B=p_B'$$

(2)计算水在玻璃管内的高度 h。

解：(1)判断题给两关系式是否成立

$p_A=p_A'$ 的关系成立。因 A 及 A' 两点在静止的连通着的同一种流体内，并在同一水平面上。所以截面 A—A' 称为等压面。

$p_B = p_B'$的关系不能成立。因 B 及 B'两点虽在静止流体的同一水平面上，但不是连通着的同一种流体，即截面 $B—B'$不是等压面。

(2)计算玻璃管内水的高度 h

由上面讨论知，$p_A = p_A'$，而 p_A 与 p_A'都可以用流体静力学基本方程计算，即

$$p_A = p_a + \rho_1 g h_1 + \rho_2 g h_2$$

$$p_A' = p_a + \rho_2 g h$$

于是 $$p_a + \rho_1 g h_1 + \rho_2 g h_2 = p_a + \rho_2 g h$$

简化上式并将已知值代入，得

$$800 \times 0.7 + 1\ 000 \times 0.6 = 1\ 000h$$

解得 $$h = 1.16\ \text{m}$$

1.2.3 流体静力学基本方程的应用

1. 压力与压力差的测量

测量压力的仪表很多，现仅介绍以流体静力学基本方程为依据的测压仪器。这种测压仪器统称为液柱压差计，可用来测量流体的压力或压力差。常见的液柱压差计有以下几种。

1)U 管压差计

U 管压差计的结构如图 1-7 所示，它是一根 U 形玻璃管，内装有液体作为指示液。指示液要与被测流体不互溶，不起化学反应，且其密度应大于被测流体的密度。

当测量管道中 1—1′与 2—2′两截面处流体的压力差时，可将 U 管的两端分别与 1—1′及 2—2′两截面测压口相连通。由于两截面的压力 p_1 和 p_2 不相等，所以在 U 管的两侧便出现指示液面的高度差 R。R 称为压差计的读数，其数大小反映 1—1′与 2—2′两截面间的压力差 $p_1 - p_2$的大小。$p_1 - p_2$ 与 R 的关系式，可根据流体静力学基本方程进行推导。

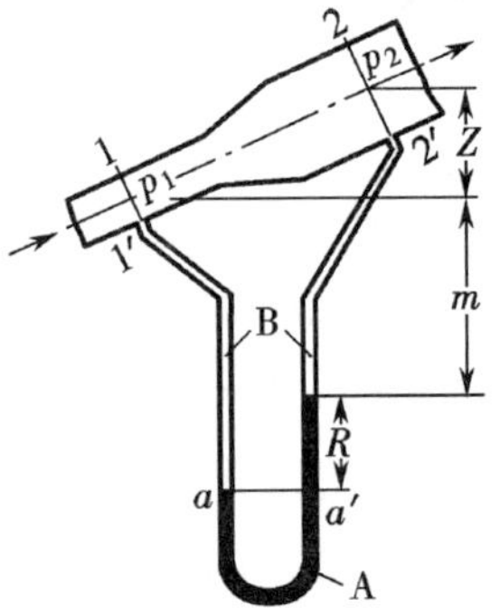

图 1-7 U 管压差计

图 1-7 所示的 U 管底部装有指示液 A，其密度为 ρ_A，U 管两侧臂上部及连接管内均充满待测流体 B，其密度为 ρ_B。图中 a、a'两点在连通着的同一种静止流体内，并且在同一水平面上，所以这两点的静压力相等，即 $p_a = p_{a'}$。根据流体静力学基本方程，可得

$$p_a = p_1 + \rho_B g(m + R)$$

$$p_{a'} = p_2 + \rho_B g(Z + m) + \rho_A g R$$

于是 $$p_1 + \rho_B g(m + R) = p_2 + \rho_B g(Z + m) + \rho_A g R$$

整理上式，得压力差 $p_1 - p_2$ 的计算式为

$$p_1 - p_2 = (\rho_A - \rho_B) g R + \rho_B g Z \tag{1-18}$$

当被测管段水平放置时，$Z = 0$，则上式可简化为

$$p_1 - p_2 = (\rho_A - \rho_B) g R \tag{1-18a}$$

U 管压差计不但可用来测量流体的压力差，也可测量流体在任一处的压力。若 U 管一端与设备或管道某一截面连接，另一端与大气相通，这时读数 R 所反映的是管道中某截面处流体的绝压与大气压之差，即为表压。

2）倾斜液柱压差计

当被测系统压力差很小时，为了提高读数的精度，可将液柱压差计倾斜。倾斜液柱（或称斜管）压差计如图 1-8 所示。此压差计的读数 R' 与 U 管压差计的读数 R 的关系为

$$R' = R/\sin\alpha \tag{1-19}$$

式中 α 为倾斜角，对同样的 R，α 值越小，R' 值越大。

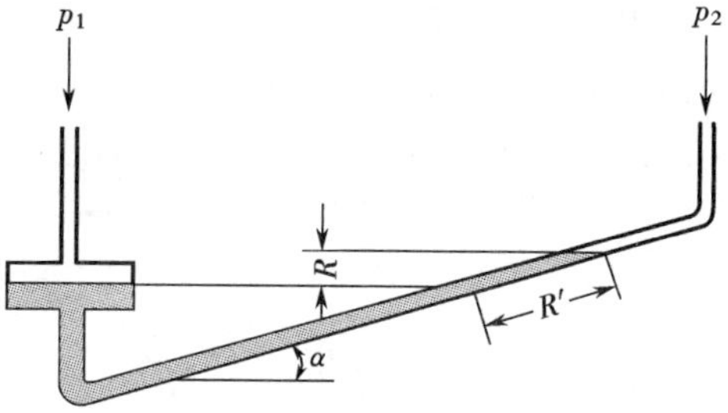

图 1-8　倾斜液柱压差计

3）微差压差计

由式（1-18a）可以看出，若被测压力差很小，U 管压差计的读数 R 也就很小，有时难以准确读出 R 值。为把读数 R 放大，除了在选用指示液时尽可能地使其密度 ρ_A 与被测流体的密度 ρ_B 相接近外，还可采用图 1-9 所示的微差压差计，其特点如下。

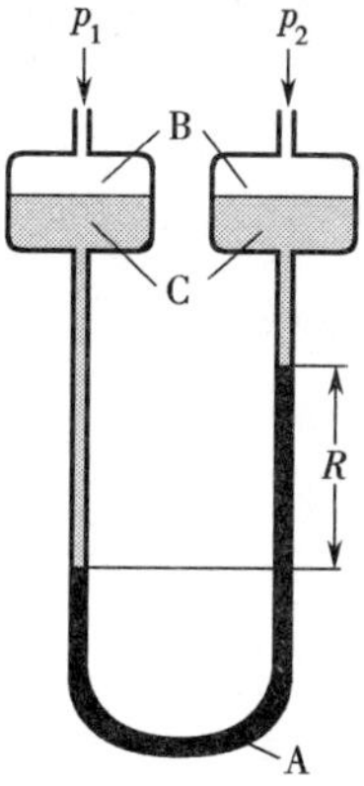

图 1-9　微差压差计

①压差计内装有两种密度相近且不互溶的指示液 A 和 C，而指示液 C 与被测流体 B 亦应不互溶。

②为了读数方便，U 管的两侧臂顶端各装有扩大室，俗称为"水库"。扩大室的截面积要比 U 管的截面积大很多，使 U 管内指示液 A 的液面差 R 很大，但两扩大室内的指示液 C 的液面变化却很微小，可以认为维持等高。

于是压力差 $p_1 - p_2$ 便可用下式计算，即

$$p_1 - p_2 = (\rho_A - \rho_C)gR \tag{1-20}$$

上式中的 $\rho_A - \rho_C$ 是两种指示液的密度差，而式（1-18a）中的 $\rho_A - \rho_B$ 是指示液与被测流体的密度差。

【例 1-4】 在本例附图所示的实验装置中，水在管内流动，于异径水平管段两截面（1—1′、2—2′）连一倒置 U 管压差计，压差计读数 $R = 200$ mm。试求两截面间的压力差。

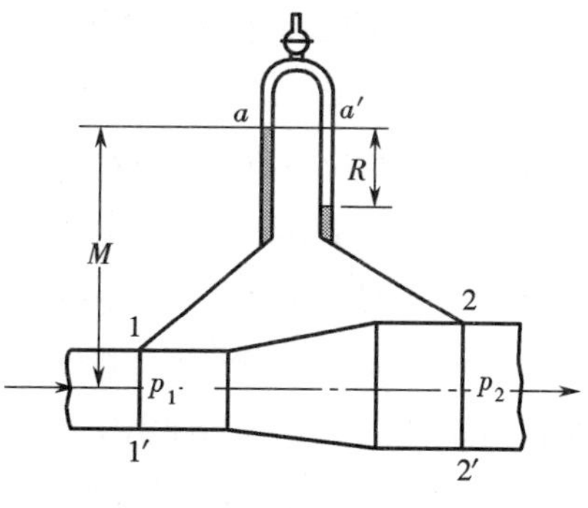

例 1-4 附图

解：对倒置 U 管压差计，其指示液为管内流体，本例中即为水。设空气和水的密度分别为 ρ_g 与 ρ，根据流体静力学基本原理，截面 a—a' 为等压面，则

$$p_a = p_{a'}$$

又由流体静力学基本方程可得

$$p_a = p_1 - \rho g M$$

$$p_{a'} = p_2 - \rho g(M - R) - \rho_g gR$$

联立以上三式，并整理得

$$p_1-p_2=(\rho-\rho_g)gR$$

由于$\rho_g\ll\rho$，上式可简化为

$$p_1-p_2\approx\rho gR$$

所以 $p_1-p_2\approx 1\ 000\times 9.81\times 0.2=1\ 962\ \text{Pa}$

【例1-5】 采用如本例附图所示的复式U形管压差计测定设备内C点的压力，压差计中的指示液为汞。两U管间的连接管内充满了被测流体——水。两U形水银测压计中汞柱的读数分别为$R_1=0.3\ \text{m}$，$R_2=0.6\ \text{m}$。指示液的其他液面与设备内C点的垂直距离为$h_1=0.35\ \text{m}$，$h_2=0.24\ \text{m}$，试求设备内C点的压力。

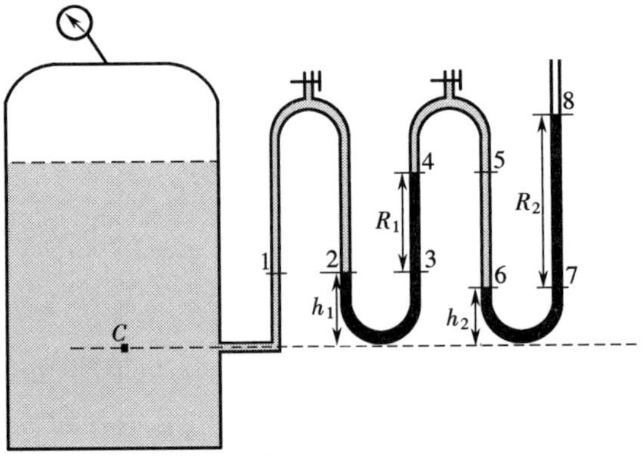

例1-5附图

解：根据流体静力学基本原理，设大气压为p_a，则

$$p_7=p_a+R_2\rho_{Hg}g$$

$$p_6=p_7$$

又 $$p_5+(R_1+h_1-h_2)\rho_{H_2O}g=p_6$$

$$p_4=p_5$$

$$p_4+R_1\rho_{Hg}g=p_3$$

$$p_1=p_2=p_3$$

$$p_C=p_1+h_1\rho_{H_2O}g$$

整理，得

$$\begin{aligned}p_C&=p_4+R_1\rho_{Hg}g+h_1\rho_{H_2O}g\\&=p_6-(R_1+h_1-h_2)\rho_{H_2O}g+R_1\rho_{Hg}g+h_1\rho_{H_2O}g\\&=p_a+R_2\rho_{Hg}g-(R_1+h_1-h_2)\rho_{H_2O}g+R_1\rho_{Hg}g+h_1\rho_{H_2O}g\\&=p_a+(R_1+R_2)\rho_{Hg}g-(R_1-h_2)\rho_{H_2O}g\end{aligned}$$

将数据代入，得

$$\begin{aligned}p_C&=101\ 330+(0.3+0.6)\times 13\ 600\times 9.81-(0.3-0.24)\times 1\ 000\times 9.81\\&=220\ 815\ \text{Pa}(\text{绝压})\end{aligned}$$

2. 液位的测量

化工厂中经常要了解容器里物料的贮存量，或要控制设备里的液面，因此要进行液位的测量。大多数液位计的作用原理均遵循静止液体内部压力变化的规律。

最原始的液位计是于容器底部器壁及液面上方器壁处各开一小孔，两孔间用玻璃管相连。玻璃管内所示的液面高度即为容器内的液面高度。这种构造易于破损，而且不便于远处观测。下面介绍两种利用液柱压差计测量液位的方法。

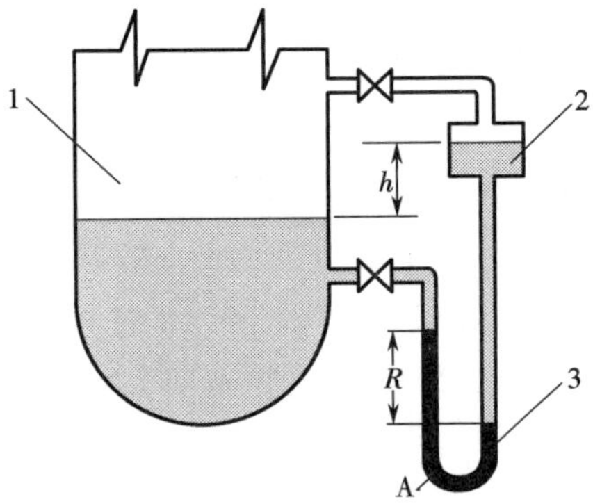

图1-10 压差法测量液位

1—容器 2—平衡器 3—U管压差计

如图1-10所示，于容器或设备1外边设一个称为平衡器的小室2，用一装有指示液A（密度ρ_A）

的U管压差计3把容器与平衡器连通起来，小室内装的液体与容器里的相同（密度ρ），其液面的高度维持在容器液面允许达到的最大高度处。

根据流体静力学基本方程，可知液面高度与压差计读数的关系为

$$h=\frac{\rho_A-\rho}{\rho}R \tag{1-21}$$

由式(1-21)可以看出，容器里的液面达到最大高度时，压差计读数为零，液面愈低，压差计的读数愈大。

若容器离操作室较远或埋在地面以下，要测量其液位可采用例1-6附图所示的装置。

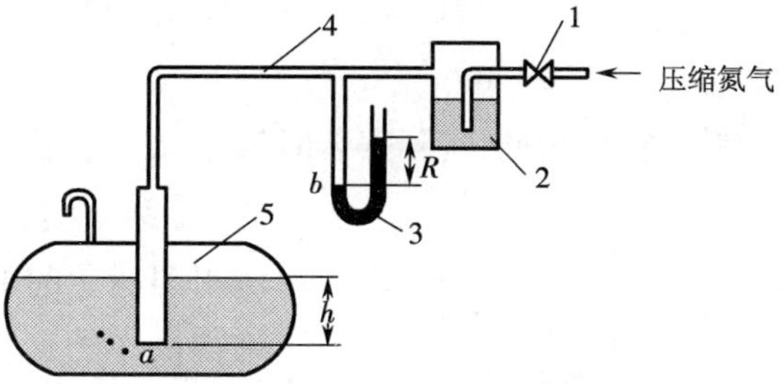

例1-6 附图

1—调节阀　2—鼓泡观察器　3—U管压差计

4—吹气管　5—贮罐

【例1-6】 用远距离测量液位的装置来测量贮罐内对硝基氯苯的液位，其流程如本例附图所示。自管口通入压缩氮气，用调节阀1调节其流量。管内氮气的流速控制得很小，只要在鼓泡观察器2内看出有气泡缓慢逸出即可。因此，气体通过吹气管4的流动阻力可以忽略不计。管内某截面上的压力用U管压差计3测量。压差计读数R的大小反映贮罐5内液面的高度。

现已知U管压差计的指示液为水银，其读数$R=100\ \text{mm}$，罐内对硝基氯苯的密度$\rho=1\ 250\ \text{kg/m}^3$，贮罐上方与大气相通，试求贮罐中液面离吹气管出口的距离h。

解：由于吹气管内氮气的流速很小，且管内不能存有液体，故可以认为管子出口a处与U管压差计b处的压力近似相等，即$p_a\approx p_b$。

若p_a与p_b均用表压表示，根据流体静力学基本方程得

$$p_a=\rho gh,p_b=\rho_{Hg}gR$$

所以　$$h=\rho_{Hg}R/\rho=13\ 600\times0.1/1\ 250=1.09\ \text{m}$$

3. 液封高度的计算

在化工生产中常遇到设备的液封问题，可根据流体静力学基本方程确定液封的高度。设备内操作条件不同，采用液封的目的也就不同，现通过例1-7与例1-8来说明。

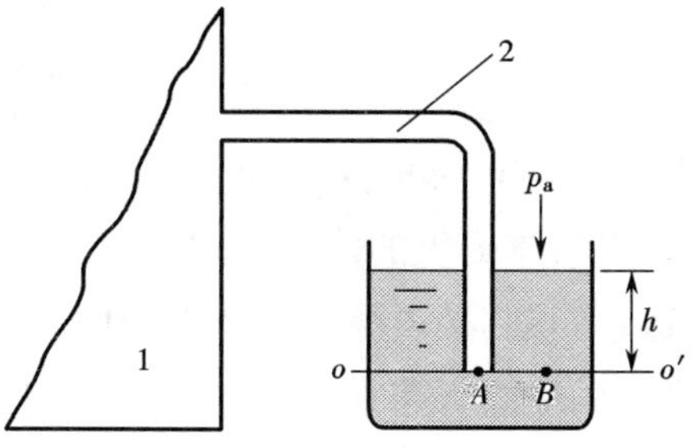

例1-7 附图

1—乙炔发生炉　2—液封管

【例1-7】 如本例附图所示，某厂为了控制乙炔发生炉1内的压力不超过1.07×10^4 Pa（表压），需在炉外装有安全液封（又称水封）装置，其作用是当炉内压力超过规定值时，气体就从液封管2中排出。试求此炉的安全液封管应插入槽内水面下的深度h。

解：当炉内压力超过规定值时，气体将由液封

管排出，故先按炉内允许的最高压力计算液封管插入槽内水面下的深度。

过液封管口作等压面 $o—o'$，在其上取 A、B 两点。其中

$$p_A = 炉内压力 = p_a + 1.07 \times 10^4\ \mathrm{Pa}$$

$$p_B = p_a + \rho g h$$

因 $$p_A = p_B$$

故 $$p_a + 1.07 \times 10^4 = p_a + 1\,000 \times 9.81h$$

解得 $$h = 1.09\ \mathrm{m}$$

为了安全起见，实际安装时管子插入水面下的深度应略小于 1.09 m。

【例 1-8】 真空蒸发操作中产生的水蒸气，往往送入本例附图所示的混合冷凝器中与冷水直接接触而冷凝。为了维持操作的真空度，冷凝器上方与真空泵相通，不时将器内的不凝性气体（空气）抽走。同时为了防止外界空气由气压管 4 漏入，致使设备内真空度降低，气压管必须插入液封槽 5 中，水即在管内上升一定的高度 h，这种措施称为液封。若真空表的读数为 8.0×10^4 Pa，当地大气压为 100 kPa，试求气压管中水上升的高度 h。

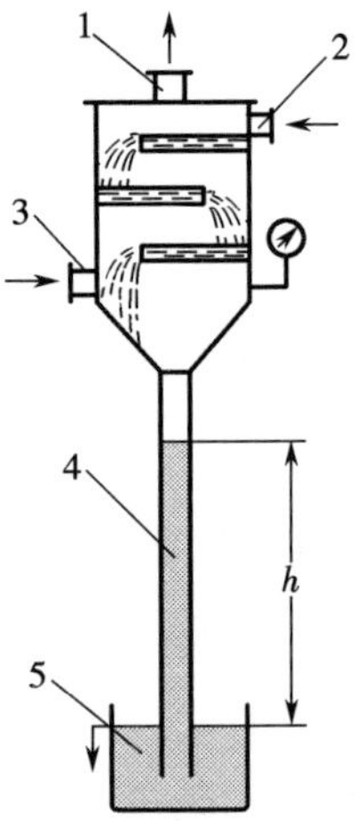

例 1-8 附图

1—与真空泵相通的不凝性气体出口

2—冷水进口　3—水蒸气进口

4—气压管　5—液封槽

解：设气压管内水面上方的绝压为 p，作用于液封槽内水面上的压力为大气压 p_a，根据流体静力学基本方程知

$$p_a = p + \rho g h$$

于是 $$h = \frac{p_a - p}{\rho g}$$

式中 $$p_a - p = 真空度 = 8.0 \times 10^4\ \mathrm{Pa}$$

$$p = p_a - 80\ \mathrm{kPa} = 100 - 80 = 20\ \mathrm{kPa}$$

其为水的饱和蒸汽压，由此可查得水的温度为 60.1 ℃、密度为 983 kg/m^3。

所以 $$h = \frac{8.0 \times 10^4}{983 \times 9.81} = 8.30\ \mathrm{m}$$

1.3　流体流动的基本方程

演示文稿

在流体输送过程中常常遇到一些问题，如：流动着的流体内部的压力变化的规律；液体从低位流到高位或从低压处流到高压处，需要输送设备对液体提供的能量；从高位槽向设备输送一定量的料液时，高位槽安装的位置等。要解决这些问题，必须找出流体在管内的流动规律。反映流体流动规律的基本方程有连续性方程式与机械能衡算方程。

1.3.1　流量与流速

单位时间内流过管道任一截面的流体量，称为流量。若流量用体积来计算，则称为体积

流量，以 V_s 表示，其单位为 m^3/s；若流量用质量来计算，则称为质量流量，以 w_s 表示，其单位为 kg/s。体积流量和质量流量的关系为

$$w_s = \rho V_s \tag{1-22}$$

单位时间内流体在流动方向上所流过的距离，称为流速，以 u 表示，其单位为 m/s。实验表明，流体流经管道时，在任一截面上各点的流速沿管径变化，即管截面中心处流速最大，越靠近管壁流速越小，在管壁处流速为零。流体在管截面上的速度分布规律较为复杂，在工程计算上为方便起见，流体的流速通常指整个管截面上的平均流速，其表达式为

$$u = \frac{V_s}{A} \tag{1-23}$$

式中　A——与流动方向相垂直的管道截面积，m^2。

由式(1-22)与式(1-23)可得流量与流速的关系，即

$$w_s = \rho V_s = \rho u A \tag{1-24}$$

由于气体的体积流量随温度和压力而变化，显然气体的流速亦随之而变，因此，采用质量流速就较为方便。质量流速的定义是单位时间内流体流过单位管截面积的质量，亦称为质量通量，以 G 表示，其表达式为

$$G = \frac{w_s}{A} = \frac{\rho V_s}{A} = \rho u \tag{1-25}$$

式中 G 的单位为 $kg/(m^2 \cdot s)$。

一般管道的截面均为圆形，若以 d 表示管道内径，则式(1-23)可变为

$$u = \frac{V_s}{\frac{\pi}{4}d^2}$$

于是

$$d = \sqrt{\frac{4V_s}{\pi u}} \tag{1-26}$$

流体输送管路的直径可根据流量和流速用式(1-26)计算，流量一般由生产任务决定，所以关键在于选择合适的流速。若流速选得太大，管径虽然可以减小，但流体流过管道的阻力增大，消耗的动力就大，操作费随之增加；反之，流速选得太小，操作费可以相应减少，但管径增大，管路的基建费随之增加。所以当流体以大流量在长距离的管路中输送时，需根据具体情况在操作费与基建费之间通过经济权衡来确定适宜的流速。车间内部的工艺管线通常较短，管内流速可选用经验数据。某些流体在管道中的常用流速范围列于表 1-1 中。

表 1-1　某些流体在管道中的常用流速范围

流体的类别及情况	流速范围/(m/s)	流体的类别及情况	流速范围/(m/s)
自来水(3×10^5Pa 左右)	1~1.5	一般气体(常压)	10~20
水及低黏度液体(1×10^5~1×10^6Pa)	1.5~3.0	鼓风机吸入管	10~15
高黏度液体	0.5~1.0	鼓风机排出管	15~20
工业供水(8×10^5Pa 以下)	1.5~3.0	离心泵吸入管(水一类液体)	1.5~2.0

续表

流体的类别及情况	流速范围/(m/s)	流体的类别及情况	流速范围/(m/s)
锅炉供水(8×10^5 Pa以下)	>3.0	离心泵排出管(水一类液体)	2.5~3.0
饱和蒸汽	20~40	往复泵吸入管(水一类液体)	0.75~1.0
过热蒸汽	30~50	往复泵排出管(水一类液体)	1.0~2.0
蛇管、螺旋管内的冷却水	<1.0	液体自流(冷凝水等)	0.5
低压空气	12~15	真空操作下气体	<10
高压空气	15~25		

从表1-1可以看出,流体在管道中适宜流速的大小与流体的性质及操作条件有关。通常,液体流速取0.5~3.0 m/s,气体流速取10~30 m/s。

应用式(1-26)算出管径后,还需从有关手册或本教材附录中选用标准管径。

【例1-9】 某厂精馏塔进料量为50 000 kg/h,料液的性质和水相近,密度为960 kg/m^3,试选择进料管的管径。

解:根据式(1-26)计算管径,即

$$d=\sqrt{\frac{4V_s}{\pi u}}$$

式中 $V_s=\frac{w_s}{\rho}=\frac{50\ 000}{3\ 600\times960}=0.014\ 5\ m^3/s$

因料液的性质与水相近,参考表1-1,选取 $u=1.8$ m/s,故

$$d=\sqrt{\frac{4\times0.014\ 5}{\pi\times1.8}}=0.101\ m$$

根据附录中的管子规格,选用 $\phi108$ mm×4 mm 的无缝钢管,其内径为

$$d=108-4\times2=100\ mm=0.1\ m$$

重新核算流速,即

$$u=\frac{4\times0.014\ 5}{\pi\times0.1^2}=1.85\ m/s$$

1.3.2 稳态流动与非稳态流动

在流动系统中,若各截面上流体的流速、压力、密度等有关物理量仅随位置而变化,不随时间而变,这种流动称为稳态流动;若流体在各截面上的有关物理量既随位置而变,又随时间而变,则称为非稳态流动。

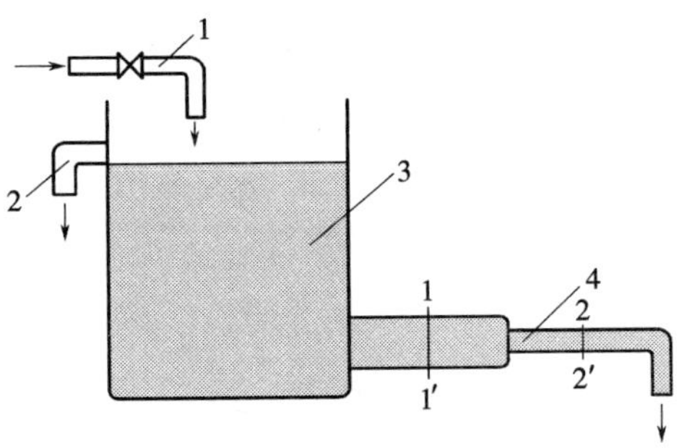

图1-11 流动情况示意图

1—进水管 2—溢流管 3—水箱 4—排水管

如图1-11所示,水箱3上部不断地有水从进水管1注入,从下部排水管4不断地排出,且在单位时间内,进水量总是大于排水量,多余的水由水箱上方溢流管2溢出,以维持箱内水位恒定不变。若在流动系统中,任意取两个截面

1—1′及 2—2′,经测定发现,这两个截面上的流速和压力虽然不相等,即 $u_1 \neq u_2$,$p_1 \neq p_2$,但每一截面上的流速和压力并不随时间而变化,这种流动情况属于稳态流动。若将图中进水管的阀门关闭,箱内的水仍由排水管不断排出,由于箱内无水补充,则水位逐渐下降,各截面上水的流速与压力也随之而降低,此时各截面上水的流速与压力不但随位置而变,还随时间而变,这种流动情况属于非稳态流动。

化工生产中多属于连续稳态过程,所以本章着重介绍稳态流动的问题。

1.3.3 连续性方程

连续性方程实际上是流动物系的物料衡算式。

对于如图 1-12 所示的一个稳态流动系统,在截面 1—1′与 2—2′间作物料衡算,由于稳态流动系统内任一位置处均无物料积累,所以物料衡算的基本关系仍为输入量等于输出量,即单位时间进入截面 1—1′的流体质量与流出截面 2—2′的流体质量相等。若以 1 s 为基准,则物料衡算式为 $w_{s1} = w_{s2}$。

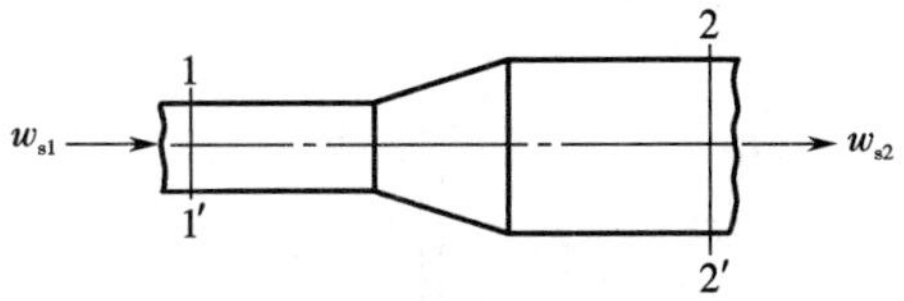

图 1-12 连续性方程的推导

因 $w_s = \rho u A$,故上式可写成

$$w_s = \rho_1 u_1 A_1 = \rho_2 u_2 A_2 \tag{1-27}$$

若上式推广到管路上任何一个截面,则

$$w_s = \rho_1 u_1 A_1 = \rho_2 u_2 A_2 = \cdots = \rho u A = \text{常数} \tag{1-27a}$$

式(1-27a)表示在稳态流动系统中,流体流经各截面的质量流量不变,而流速 u 随管道截面积 A 及流体的密度 ρ 而变化。

若流体可视为不可压缩的流体,即 ρ = 常数,则式(1-27a)可改写为

$$V_s = u_1 A_1 = u_2 A_2 = \cdots = uA = \text{常数} \tag{1-27b}$$

式(1-27b)说明不可压缩流体不仅流经各截面的质量流量相等,它们的体积流量也相等。

式(1-27)至式(1-27b)都称为管内稳态流动的连续性方程。它们反映了在稳态流动系统中,流量一定时,管路各截面上流速的变化规律。此规律与管路的安排以及管路上是否装有管件、阀门或输送设备等无关。

【例 1-10】 在稳态流动系统中,水连续地从粗管流入细管。粗管内径为细管的两倍,求细管内水的流速是粗管内的多少倍。

解:以下标 1 及 2 分别表示粗管和细管。不可压缩流体的连续性方程为

$$u_1 A_1 = u_2 A_2$$

圆管的截面积 $A = \frac{\pi}{4} d^2$,于是上式可写成

$$u_1 \frac{\pi}{4} d_1^{\,2} = u_2 \frac{\pi}{4} d_2^{\,2}$$

由此得 $\frac{u_2}{u_1}=\left(\frac{d_1}{d_2}\right)^2$，因 $d_1=2d_2$，所以

$$\frac{u_2}{u_1}=\left(\frac{2d_2}{d_2}\right)^2=4$$

由此解可见，体积流量一定时，流速与管径的平方成反比。这种关系虽简单，但对分析流体流动问题是很有用的。

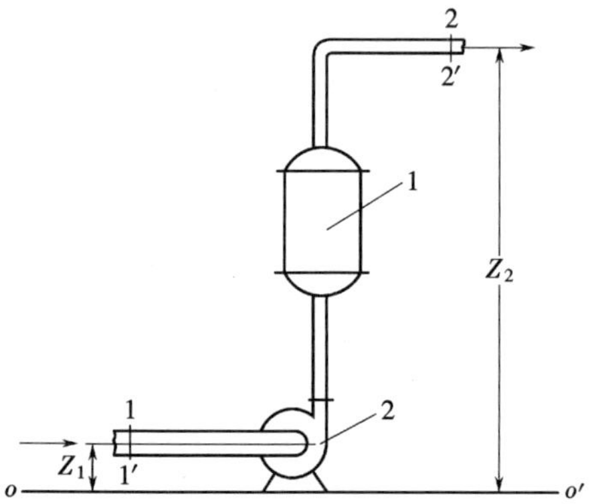

图1-13 机械能衡算方程的推导

1—换热器 2—泵

1.3.4 机械能衡算方程

课程思政

1. 流动系统的总能量衡算

在图1-13所示的稳态流动系统中，流体从截面1—1′流入，经粗细不同的管道，从截面2—2′流出。管路上装有对流体做功的泵2及向流体输入或从流体取出热量的换热器1。

衡算范围：内壁面、1—1′与2—2′截面间。

衡算基准：1 kg流体。

基准水平面：o—o'平面。

令 u_1、u_2——流体分别在截面1—1′与2—2′处的流速，m/s；

p_1、p_2——流体分别在截面1—1′与2—2′处的压力，Pa；

Z_1、Z_2——截面1—1′与2—2′的中心至基准水平面o—o'的垂直距离，m；

A_1、A_2——截面1—1′与2—2′的面积，m^2；

v_1、v_2——流体分别在截面1—1′与2—2′处的比容，m^3/kg。

1 kg流体进、出系统时输入和输出的能量有下面各项。

(1)内能 物质内部能量的总和称为内能。1 kg流体输入与输出的内能分别以U_1和U_2表示，其单位为J/kg。

(2)位能 流体因受重力的作用，在不同的高度处具有不同的位能，相当于质量为m的流体自基准水平面升举到某高度Z所做的功，即

$$位能=mgZ$$

1 kg流体输入与输出的位能分别为gZ_1与gZ_2，其单位为J/kg。位能是个相对值，随所选的基准水平面位置而定，在基准水平面以上的位能为正值，以下的为负值。

(3)动能 质量为m、流速为u的流体所具有的动能为

$$动能=\frac{1}{2}mu^2$$

1 kg流体输入与输出的动能分别为$\frac{1}{2}u_1^{\ 2}$与$\frac{1}{2}u_2^{\ 2}$，其单位为J/kg。

(4)静压能 静止流体内部任一处都有一定的静压力。流动着的流体内部任何位置也都有一定的静压力。如果在内部有液体流动的管壁上开孔，并与一根垂直的玻璃管相接，液

体便会在玻璃管内上升，上升的液柱高度便是运动着的流体在该截面处的静压力的表现。对于图 1-13 所示的流动系统，流体通过截面 1—1′时，由于该截面处液体具有一定的压力，这就需要对流体做相应的功，以克服这个压力，才能把流体推进系统中去。于是通过截面 1—1′的流体必定要带着与所需的功相当的能量进入系统，流体所具有的这种能量称为静压能或流动功。

设质量为 m、体积为 V_1 的流体通过截面 1—1′，把该流体推进此截面所需的作用力为 p_1A_1，而流体通过此截面所走的距离为$\frac{V_1}{A_1}$，则流体带入系统的静压能为

$$\text{输入的静压能} = p_1A_1\frac{V_1}{A_1} = p_1V_1$$

对 1kg 流体，输入的静压能 $=\frac{p_1V_1}{m}=p_1v_1$

同理，1 kg 流体离开系统时输出的静压能为 p_2v_2，其单位为 J/kg。

图 1-13 所示的稳态流动系统中，流体只能从截面 1—1′流入，从截面 2—2′流出，因此上述输入与输出系统的四项能量，实际上就是流体在截面 1—1′及 2—2′上所具有的各种能量，其中位能、动能及静压能均属于机械能，三者之和称为总机械能。

此外，在图 1-13 中的管路上还安装有换热器和泵，则进、出该系统的能量还有如下几项。

(1)热　设换热器向 1 kg 流体供应的或从 1 kg 流体取出的热量为 Q_e，其单位为 J/kg。若换热器对所衡算的流体加热，则 Q_e 为从外界向系统输入的能量；若换热器对所衡算的流体冷却，则 Q_e 为系统向外界输出的能量。

(2)外功　1 kg 流体从泵(或其他输送设备)所获得的能量，称为外功或有效功，以 W_e 表示，其单位为 J/kg。

根据能量守恒定律，连续稳态流动系统的能量衡算是以输入的总能量等于输出的总能量为依据的，于是便可列出以 1kg 流体为基准的能量衡算式，即

$$U_1 + gZ_1 + \frac{u_1^2}{2} + p_1v_2 + Q_e + W_e = U_2 + gZ_2 + \frac{u_2^2}{2} + p_2v_2 \tag{1-28}$$

令　$\Delta U = U_2 - U_1$，　$g\Delta Z = gZ_2 - gZ_1$，　$\Delta\frac{u^2}{2} = \frac{u_2^2}{2} - \frac{u_1^2}{2}$，　$\Delta(pv) = p_2v_2 - p_1v_1$

式(1-28)又可写成

$$\Delta U + g\Delta Z + \Delta\frac{u^2}{2} + \Delta(pv) = Q_e + W_e \tag{1-28a}$$

式(1-28)与式(1-28a)是稳态流动过程的总能量衡算式，也是流动系统中热力学第一定律的表达式。方程式所包括的能量项目较多，可根据具体情况进行简化。

2. 流动系统的机械能衡算方程与伯努利(Bernoulli)方程

1)流动系统的机械能衡算方程

在流体输送过程中，主要考虑各种形式机械能的转换。为便于使用式(1-28)或式

(1-28a),可把 ΔU 和 Q_e 从式中消去,从而得到适用于计算流体输送系统的机械能变化的关系式。因图 1-13 中的换热器按加热器来考虑,则根据热力学第一定律知:

$$\Delta U = Q_e' - \int_{v_1}^{v_2} p\mathrm{d}v \tag{1-29}$$

式中 $\int_{v_1}^{v_2} p\mathrm{d}v$——1 kg 流体从截面 1—1′流到截面 2—2′的过程中,因被加热而引起体积膨胀所做的功,J/kg;

Q_e'——1 kg 流体在截面 1—1′与 2—2′之间所获得的热,J/kg。

实际上,Q_e'应当由两部分组成:一部分是流体与环境所交换的热,即图 1-13 中换热器所提供的热量 Q_e;另一部分是由于液体在截面 1—1′或 2—2′间流动时,为克服流动阻力而消耗的一部分机械能,这部分机械能转变成热,致使流体的温度略微升高,而不能直接用于流体的输送,从实用上说,这部分机械能是损失掉了。设 1 kg 流体在系统中流动,因克服流动阻力而损失的机械能为$\sum h_f$,或称阻力损失,其单位为 J/kg,则

$$Q_e' = Q_e + \sum h_f$$

则式(1-29)可写成

$$\Delta U = Q_e + \sum h_f - \int_{v_1}^{v_2} p\mathrm{d}v \tag{1-29a}$$

将式(1-29a)代入式(1-28a),得

$$g\Delta Z + \Delta \frac{u^2}{2} + \Delta(pv) - \int_{v_1}^{v_2} p\mathrm{d}v = W_e - \sum h_f \tag{1-30}$$

因为 $\Delta(pv) = \int_1^2 \mathrm{d}(pv) = \int_{v_1}^{v_2} p\mathrm{d}v + \int_{p_1}^{p_2} v\mathrm{d}p$

把上式代入式(1-30)中,可得

$$g\Delta Z + \Delta \frac{u^2}{2} + \int_{p_1}^{p_2} v\mathrm{d}p = W_e - \sum h_f \tag{1-31}$$

式(1-31)表示 1 kg 流体流动时的机械能的变化关系,称为流体稳态流动时的机械能衡算方程,对可压缩流体与不可压缩流体均适用。对于可压缩流体,式中$\int_{p_1}^{p_2} v\mathrm{d}p$ 一项应根据过程的不同(等温、绝热或多变),按照热力学方法处理。由于一般输送过程中的流体在多数情况下都可按不可压缩流体来考虑,因此,后面着重讨论这个公式应用于不可压缩流体时的情况。

不可压缩流体的比容 v 或密度 ρ 为常数,故式(1-31)中的积分项变为

$$\int_{p_1}^{p_2} v\mathrm{d}p = v(p_2 - p_1) = \frac{\Delta p}{\rho}$$

于是式(1-31)可以改写成

$$g\Delta Z + \Delta \frac{u^2}{2} + \frac{\Delta p}{\rho} = W_e - \sum h_f \tag{1-32}$$

或

$$gZ_1 + \frac{u_1^{\ 2}}{2} + \frac{p_1}{\rho} + W_e = gZ_2 + \frac{u_2^{\ 2}}{2} + \frac{p_2}{\rho} + \sum h_f \tag{1-32a}$$

式(1-32)和(1-32a)为不可压缩流体稳态流动时的机械能衡算方程。

2)伯努利方程

若流体流动时不产生流动阻力,则流体的机械能损失 $\sum h_f = 0$,这种流体称为理想流体。实际上并不存在真正的理想流体,而是一种设想,但这种设想对解决工程实际问题具有重要意义。对于理想流体又没有外功加入,即 $\sum h_f = 0$ 及 $W_e = 0$ 时,式(1-32a)便可简化为

$$gZ_1 + \frac{u_1^2}{2} + \frac{p_1}{\rho} = gZ_2 + \frac{u_2^2}{2} + \frac{p_2}{\rho} \tag{1-33}$$

式(1-33)称为伯努利方程,式(1-32)及式(1-32a)是伯努利方程的引申,习惯上也称为伯努利方程。

3. 伯努利方程的讨论

1)稳态流动的流体

式(1-33)表示理想流体在管道内作稳态流动而又没有外功加入时,在任一截面上单位质量流体所具有的位能、动能、静压能之和为一常数,即总机械能(以 E 表示,单位为 J/kg)为常数,意味着 1 kg 理想流体在各截面上所具有的总机械能相等,而每一种形式的机械能不一定相等,但各种形式的机械能可以相互转换。例如,某种理想流体在水平管道中稳态流动,若在某处管道的截面积缩小时,则流速增加,因总机械能为常数,静压能就要相应降低,即一部分静压能转变为动能;反之,当另一处管道的截面积增大时,流速减小,动能减小,则静压能增加。因此,式(1-33)也表示了理想流体流动过程中各种形式的机械能相互转换的数量关系。

对实际流体的稳态流动过程,应由式(1-32)或式(1-32a)描述。

2)单位质量流体具有的能量

式(1-32a)中各项单位为 J/kg,表示单位质量流体所具有的能量。应注意 gZ、$\frac{u^2}{2}$、$\frac{p}{\rho}$ 与 W_e、$\sum h_f$ 的区别。前 3 项是指在某截面上流体本身所具有的能量,后 2 项是指流体在两截面之间所获得和所消耗的能量。

W_e 是输送设备对单位质量流体所做的有效功,是选择流体输送设备的重要依据。单位时间输送设备所做的有效功称为有效功率,以 N_e 表示,即

$$N_e = w_s W_e \tag{1-34}$$

式中 w_s 为流体的质量流量,所以 N_e 的单位为 J/s 或 W。

3)可压缩流体

对于可压缩流体的流动,若所取系统两截面间的绝对压力变化小于原来绝对压力的 20% $\left(即\frac{p_1 - p_2}{p_1} < 20\%\right)$,仍可用式(1-32)与式(1-33)进行计算,但此时式中的流体密度 ρ 应以两截面间流体的平均密度 ρ_m 代替。这种处理方法所导致的误差,在工程计算上是允许的。

4)非稳态流动的流体

对于非稳态流动系统的任一瞬间,伯努利方程仍成立。

5)静止的流体

如果系统里的流体是静止的,则 $u=0$;没有运动,自然没有阻力,即 $\sum h_f=0$;由于流体保持静止状态,也就不会有外功加入,即 $W_e=0$,于是式(1-32a)变成

$$gZ_1+\frac{p_1}{\rho}=gZ_2+\frac{p_2}{\rho}$$

上式与流体静力学基本方程无异。由此可见,伯努利方程除表示流体的流动规律外,还表示了流体静止状态的规律,而流体的静止状态只不过是流动状态的一种特殊形式。

6)不同衡算基准下的伯努利方程

如果流体的衡算基准不同,式(1-32a)可写成不同形式。

①以单位重量流体为衡算基准。将式(1-32a)各项除以 g,则得

$$Z_1+\frac{u_1^2}{2g}+\frac{p_1}{\rho g}+\frac{W_e}{g}=Z_2+\frac{u_2^2}{2g}+\frac{p_2}{\rho g}+\frac{\sum h_f}{g}$$

令 $$H_e=\frac{W_e}{g},H_f=\frac{\sum h_f}{g}$$

则 $$Z_1+\frac{u_1^2}{2g}+\frac{p_1}{\rho g}+H_e=Z_2+\frac{u_2^2}{2g}+\frac{p_2}{\rho g}+H_f \tag{1-32b}$$

上式各项的单位为J/N,表示单位重量的流体所具有的能量,其可简化为m,m虽是一个长度单位,但在这里却反映了一定物理意义,它表示单位重量流体所具有的机械能可以把自身从基准水平面升举的高度。常把 Z、$\frac{u^2}{2g}$、$\frac{p}{\rho g}$ 与 H_f 分别称为位压头、动压头、静压头与压头损失,H_e 则称为输送设备对流体所提供的有效压头。

②以单位体积流体为衡算基准。将式(1-32a)各项乘以流体密度 ρ,则

$$Z_1\rho g+\frac{u_1^2}{2}\rho+p_1+W_e\rho=Z_2\rho g+\frac{u_2^2}{2}\rho+p_2+\rho\sum h_f \tag{1-32c}$$

上式各项的单位为 J/m^3,表示单位体积流体所具有的能量,简化后即为压力的单位Pa。

采用不同衡算基准的伯努利方程(1-32b)与式(1-32c),将在后面的“流体输送机械”一章中应用。

1.3.5 机械能衡算方程的应用

1. 应用机械能衡算方程解题要点

(1)确定衡算范围　根据题意定出上、下游截面,明确流动系统的衡算范围。

(2)截面的选取　所选取的上、下游截面应与流体流动方向相垂直,并且流体在两截面间是连续的。上、下游截面必须选在均匀流段,而上、下游截面之间可以有非均匀流段,如图1-14所示,截面1—1′、2—2′、B、D、F 为均匀流段,而截面 A、C、E 和 G 为非均匀流段。即截面不能选在管件、阀门、突然扩大或突然缩小管段附近。

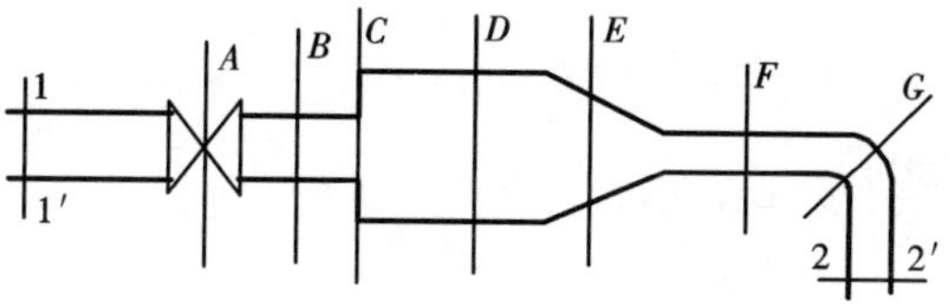

图 1-14 流体在管路中的流动

(3)基准水平面的选取 选取基准水平面的目的是确定流体位能的大小，实际上在伯努利方程中所反映的是位能差($\Delta Z = Z_2 - Z_1$)的数值。所以，基准水平面可以任意选取，但必须与地面平行。Z 值是指截面中心点与基准水平面间的垂直距离。为了计算方便，通常取基准水平面通过衡算范围的两个截面中的任一个截面。如该截面与地面平行，则基准水平面与该截面重合，$Z=0$；如衡算系统为水平管道，则基准水平面通过管道的中心线，$\Delta Z=0$。

(4)两截面上的压力 两截面的压力除要求单位一致外，还要求表示方法一致。从伯努利方程的推导过程得知，式中两截面的压力应为绝压，但由于式中所反映的是压力差($\Delta p = p_2 - p_1$)的数值，且绝压 = 大气压 + 表压，因此两截面的压力也可以同时用表压表示。

(5)单位必须一致 在用伯努利方程之前，应把有关物理量换算成一致的单位，然后进行计算。

2. 机械能衡算方程的应用示例

1)确定管道中流体的流量

【例 1-11】 水在如本例附图(图中单位为 mm)所示的管道内由下向上自粗管流入细管。已测得图中 1—1′及 2—2′截面处的静压力分别为 1.69×10^5 Pa 及 1.4×10^5 Pa(均为表压)，流体流过两截面之间管路的阻力损失为 10.6 J/kg，试求水在管道中的质量流量(kg/h)。

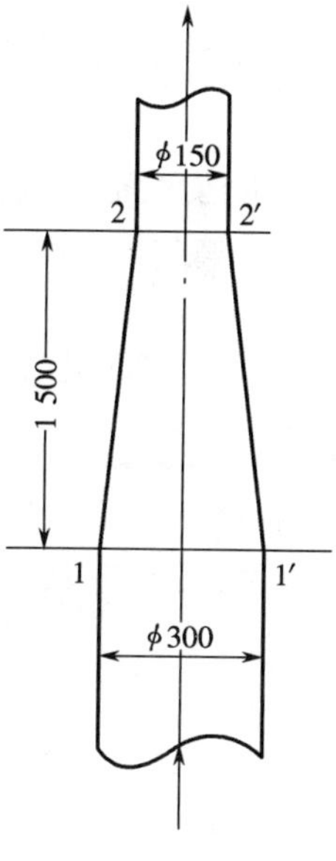

例 1-11 附图

解：取 1—1′截面为基准水平面，在 1—1′及 2—2′截面间列伯努利方程

$$Z_1 g + \frac{u_1^2}{2} + \frac{p_1}{\rho} + W_e = Z_2 g + \frac{u_2^2}{2} + \frac{p_2}{\rho} + \sum h_f$$

由于 1—1′与 2—2′间无外功加入，故 $W_e = 0$。

取 1—1′截面为基准水平面，所以 $Z_1 = 0$。

将 $Z_2 = 1.5$ m，$p_1 = 1.69\times10^5$ Pa，$p_2 = 1.4\times10^5$ Pa，$\sum h_f = 10.6$ J/kg 代入上式中，取水的密度 $\rho = 1\ 000$ kg/m^3，得

$$\frac{u_1^2}{2} + \frac{1.69\times10^5}{1\ 000} = 1.5\times9.81 + \frac{u_2^2}{2} + \frac{1.4\times10^5}{1\ 000} + 10.6$$

u_1、u_2 均未知，但由连续性方程可得，不可压缩流体在圆管内作稳态流动时，流速与管径平方成反比，即

$$\frac{u_1}{u_2}=\left(\frac{d_2}{d_1}\right)^2$$

所以 $u_1=u_2\left(\frac{d_2}{d_1}\right)^2=\left(\frac{150}{300}\right)^2u_2=0.25u_2$

代入方程：

$$\frac{(0.25u_2)^2}{2}+\frac{1.69\times10^5}{1\ 000}=1.5\times9.81+\frac{u_2^2}{2}+\frac{1.4\times10^5}{1\ 000}+10.6$$

解得 $u_2=2.804\ \mathrm{m/s}$

则 $w_s=\frac{\pi}{4}d_2{}^2u_2\rho=\frac{\pi}{4}\times0.15^2\times2.804\times1\ 000=49.55\ \mathrm{kg/s}=1.78\times10^5\ \mathrm{kg/h}$

注意本例题中1—1′为上游截面，2—2′为下游截面，上、下游截面是由流体流动方向决定的。

2）确定设备间的相对位置

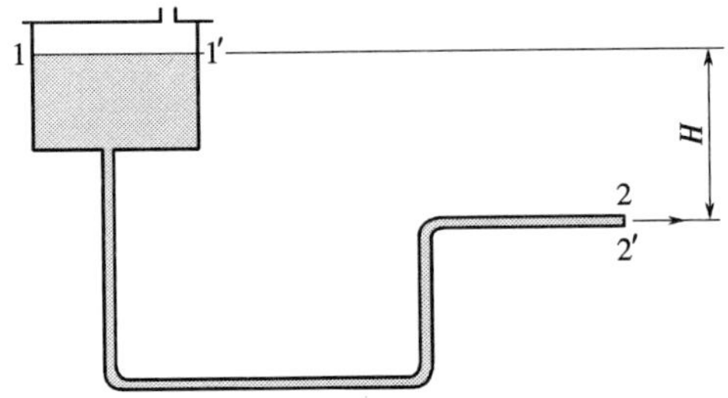

例1-12 附图

【例1-12】 有一输水系统，如本例附图所示，水箱内水面维持恒定，输水管直径为 $\phi60\ \mathrm{mm}\times3\ \mathrm{mm}$，输水量为 $18.3\ \mathrm{m^3/h}$，水流经全部管道（不包括排出口）的机械能损失可按 $\sum h_f=15u^2$ 计算，式中 u 为管道内水的流速（m/s）。试求：（1）水箱中水面必须高于排出口的高度 H；（2）若输水量增加5%，管路的直径及其布置不变，管路的机械能损失仍可按上述公式计算，则水箱内的水面需升高多少米？

解：（1）水箱中水面高于排出口的高度 H

取水箱水面为上游截面1—1′，排出口内侧为下游截面2—2′，并以截面2—2′的中心线为基准水平面。在两截面间列伯努利方程，即

$$gZ_1+\frac{u_1^2}{2}+\frac{p_1}{\rho}=gZ_2+\frac{u_2^2}{2}+\frac{p_2}{\rho}+\sum h_f$$

式中 $Z_1=H,Z_2=0,p_1=p_2=0$（表压）

因水箱截面比管道截面大得多，在体积流量相同的情况下，水箱内水的流速比管内流速就小得多，故水箱内水的流速可忽略不计，即 $u_1\approx0$，而

$$u_2=\frac{V_s}{A}=\frac{V_s}{\frac{\pi}{4}d^2}=\frac{18.3}{3\ 600\times\frac{\pi}{4}\times0.054^2}=2.22\ \mathrm{m/s}$$

$$\sum h_f=15u^2=15\times2.22^2=73.93\ \mathrm{J/kg}$$

将上式数值代入伯努利方程，并整理得

$$H=\left(\frac{2.22^2}{2}+73.93\right)\Big/9.81=7.79\ \mathrm{m}$$

（2）输水量增加后，水箱内水面上升高度

若输水量增加5%，而管径不变，则管内水的流速也相应增大5%，故流量增加后的流速 u_2' 为

$$u_2{'} = 1.05u_2 = 1.05 \times 2.22 = 2.33 \text{ m/s}$$

根据伯努利方程并整理,可得输水量增加后水箱内水面高于排出口的高度为

$$H' = \left(\frac{u_2'^2}{2} + \sum h_f{'}\right)\Big/ g$$

因 $\sum h_f{'} = 15u_2'^2 = 15 \times 2.33^2 = 81.43 \text{ J/kg}$

则 $H' = \left(\frac{2.33^2}{2} + 81.43\right)\Big/ 9.81 = 8.58 \text{ m}$

即当输水量增加5%时,水箱内水面需要升高 8.58 − 7.79 = 0.79 m。

值得注意的是,本题下游截面2—2′必须要选在管子出口内侧,这样才能与题给的不包括出口损失的总机械能损失相适应。

3)确定输送设备的有效功率

【例1-13】 用泵将贮槽中常温下的水送至吸收塔顶部,贮槽水面维持恒定,各部分的相对位置如本例附图所示。输水管直径为 ϕ76 mm × 3 mm,排水管出口喷头连接处的压力为 6.15×10^4 Pa(表压),送水量为 34.5 m^3/h,水流经全部管道(不包括喷头)的机械能损失为 160 J/kg,试求泵的有效功率。

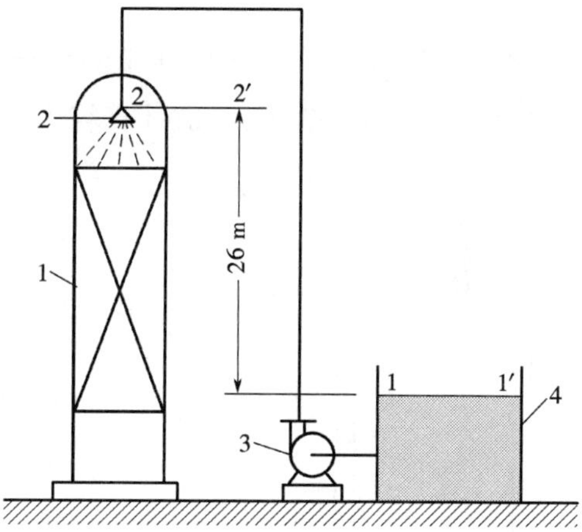

例1-13 附图

1—吸收塔 2—喷头 3—泵 4—开口贮槽

解:以贮槽的水面为上游截面1—1′,排水管出口与喷头连接处为下游截面2—2′,并以1—1′为基准水平面。在两截面间列伯努利方程,即

$$gZ_1 + \frac{u_1^2}{2} + \frac{p_1}{\rho} + W_e = gZ_2 + \frac{u_2^2}{2} + \frac{p_2}{\rho} + \sum h_f$$

或 $$W_e = (Z_2 - Z_1)g + \frac{u_2^2 - u_1^2}{2} + \frac{p_2 - p_1}{\rho} + \sum h_f \qquad \text{(a)}$$

式中 $Z_1 = 0$,$Z_2 = 26$ m,$p_1 = 0$(表压),$p_2 = 6.15 \times 10^4$ Pa(表压)。

因贮槽的截面比管道截面大得多,故池内水的流速可忽略不计,即 $u_1 \approx 0$。

$$u_2 = \frac{V_s}{A} = \frac{34.5}{3\,600 \times \frac{\pi}{4} \times 0.07^2} = 2.49 \text{ m/s}$$

$$\sum h_f = 160 \text{ J/kg}$$

将以上各项数值代入式(a),并取水的密度 $\rho = 1\,000 \text{ kg/m}^3$,得

$$W_e = 26 \times 9.81 + \frac{2.49^2}{2} + \frac{6.15 \times 10^4}{1\,000} + 160 = 479.7 \text{ J/kg}$$

根据式(1-34)计算泵的有效功率,即

$$N_e = w_s W_e$$

式中 $w_s=\rho V_s=\dfrac{34.5\times1\ 000}{3\ 600}=9.58\ \text{kg/s}$

所以 $N_e=479.7\times9.58=4\ 596\text{W}\approx4.60\ \text{kW}$

实际上泵所做的功并不是全部有效的。若考虑泵的效率 η，则泵轴消耗的功率（简称轴功率）为

$$N=N_e/\eta$$

设本题泵的效率为0.65，则泵的轴功率为

$$N=4\ 596/0.65=7\ 071\ \text{W}\approx7.07\ \text{kW}$$

从以上计算结果看出，泵提供给单位质量流体的有效功 W_e 主要用于增加流体的位能、克服流动阻力以及提高压力能，流体的动能变化并不大。

4）确定管路中流体的压力

【例1-14】 水在本例附图所示的虹吸管内作稳态流动，管路直径没有变化，水流经管路的机械能损失可以忽略不计，试计算管内流速及截面2—2′、3—3′、4—4′和5—5′处的压力。大气压为 $1.013\ 3\times10^5$ Pa。图中所标注的尺寸均以mm计。

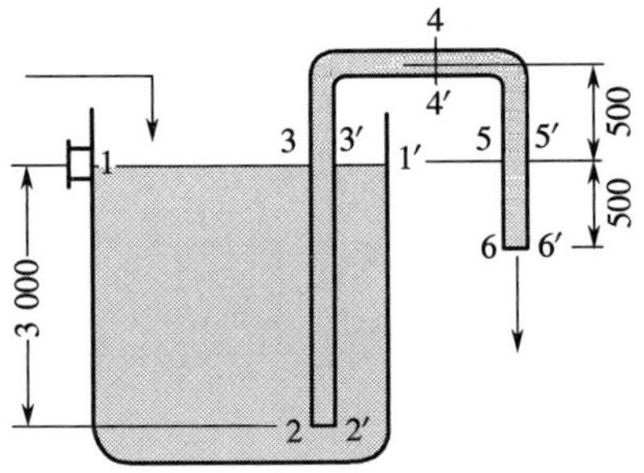

例1-14 附图

解：为计算管内各截面的压力，应首先计算管内水的流速。先在贮槽水面1—1′及管子出口内侧截面6—6′间列伯努利方程，并以截面6—6′为基准水平面。由于管路的机械能损失忽略不计，即 $\sum h_f=0$，故伯努利方程可写为

$$gZ_1+\frac{u_1^2}{2}+\frac{p_1}{\rho}=gZ_6+\frac{u_6^2}{2}+\frac{p_6}{\rho}$$

式中 $Z_1=1$ m，$Z_6=0$，$p_1=0$（表压），$p_6=0$（表压），$u_1\approx0$。将上列数值代入上式，并简化得

$$9.81\times0.5=\frac{u_6^2}{2}$$

解得 $u_6=3.13$ m/s

由于管路直径无变化，故管路各截面面积相等。根据连续性方程知 $V_s=uA=$ 常数，故管内各截面的流速不变，即

$$u_2=u_3=u_4=u_5=u_6=3.13\ \text{m/s}$$

因流动系统的机械能损失可忽略不计，故水可视为理想流体，则系统内各截面上流体的总机械能 E 相等，即

$$E=gZ+\frac{u^2}{2}+\frac{p}{\rho}=\text{常数}$$

本题中虹吸管直径无变化，管路上各截面的流速不变。因此可进一步简化为虹吸管内各截面上位能和静压能之和不变。

$$gZ_2+\frac{p_2}{\rho}=gZ_3+\frac{p_3}{\rho}=gZ_4+\frac{p_4}{\rho}=gZ_5+\frac{p_5}{\rho}=gZ_6+\frac{p_6}{\rho}$$

仍以截面6—6′为基准面，求出

$$gZ_6+\frac{p_6}{\rho}=\frac{101\ 330}{1\ 000}=101.33\ \text{J/kg}$$

利用上式，代入各截面的位能，即可求出各截面压力。

截面2—2′的压力

$$p_2=(101.33-gZ_2)\rho=[101.33-(-2.5)\times 9.81]\times 1\ 000=1.259\times 10^5\ \text{Pa}$$

截面3—3′的压力

$$p_3=(101.33-gZ_3)\rho=(101.33-0.5\times 9.81)\times 1\ 000=9.643\times 10^4\ \text{Pa}$$

截面4—4′的压力

$$p_4=(101.33-gZ_4)\rho=(101.33-1\times 9.81)\times 1\ 000=9.152\times 10^4\ \text{Pa}$$

截面5—5′的压力

$$p_5=(101.33-gZ_5)\rho=(101.33-0.5\times 9.81)\times 1\ 000=9.643\times 10^4\ \text{Pa}$$

从以上计算结果可以看出：$p_2>p_3>p_4$，而 $p_4<p_5<p_6$，这是由于流体在管内流动时，位能与静压能反复转换的结果。

5）非稳态流动系统的计算

【例 1-15】 本例附图所示的开口贮槽内液面与排液管出口间的竖直距离 h_1 为9 m，贮槽的内径 D 为3 m，排液管的内径 d_0 为0.04 m；液体流过该系统的机械能损失可按 $\sum h_f=40u^2$ 计算，式中 u 为流体在管内的流速。试求经4 h后贮槽内液面下降的高度。

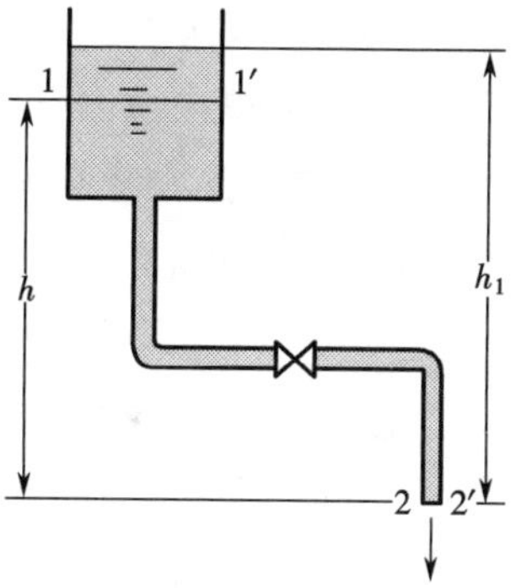

例1-15附图

解：本例属于非稳态流动问题。经4 h后贮槽内液面下降的高度可通过微分时间内的物料衡算式和瞬间的伯努利方程求解。

在 dθ 时间内对系统作物料衡算。设 F' 为瞬时进料流量；D'为瞬时出料流量；dA'为在 dθ 时间内的积累量，则在 dθ 时间内物料衡算式为

$$F'\mathrm{d}\theta-D'\mathrm{d}\theta=\mathrm{d}A'$$

又设在 dθ 时间内，槽内液面下降 dh，液体在管内瞬间流速为 u，故由题意知

$$F'=0,\quad D'=\frac{\pi}{4}d_0^2u,\quad \mathrm{d}A'=\frac{\pi}{4}D^2\mathrm{d}h$$

则物料衡算式变为

$$-\frac{\pi}{4}d_0^2u\mathrm{d}\theta=\frac{\pi}{4}D^2\mathrm{d}h$$

$$\mathrm{d}\theta=-\left(\frac{D}{d_0}\right)^2\frac{\mathrm{d}h}{u} \tag{a}$$

式(a)中瞬时液面高度 h（以排液管出口为基准）与瞬时速度 u 的关系，可由瞬时伯努利方程获得。

在瞬间液面1—1′与管子出口内侧截面2—2′间列伯努利方程，并以截面2—2′为基准水平面，得

$$gZ_1+\frac{u_1^2}{2}+\frac{p_1}{\rho}=gZ_2+\frac{u_2^2}{2}+\frac{p_2}{\rho}+\sum h_f$$

式中 $Z_1=h$，$Z_2=0$，$u_1\approx 0$，$u_2=u$，$p_1=p_2$，$\sum h_f=40u^2$。

上式可简化为 $9.81h=40.5u^2$，则

$$u=0.492\sqrt{h} \tag{b}$$

将式(b)代入式(a)，得

$$d\theta=-\left(\frac{D}{d_0}\right)^2\frac{dh}{0.492\sqrt{h}}=-\left(\frac{3}{0.04}\right)^2\frac{dh}{0.492\sqrt{h}}=-11\ 433\frac{dh}{\sqrt{h}}$$

在下列边界条件下对上式积分，即

$$\theta_1=0, h_1=9\ \text{m}, \theta_2=4\times 3\ 600\ \text{s}, h_2=h$$

$$\int_{\theta_1}^{\theta_2}d\theta=-11\ 433\int_{h_1}^{h_2}\frac{dh}{\sqrt{h}}$$

$$4\times 3\ 600=-11\ 433\times 2\sqrt{h}\Big|_{h_1}^{h_2}=-11\ 433\times 2(\sqrt{h}-\sqrt{9})$$

解得 $h=5.62$ m

所以经4h后贮槽内液面下降高度为 $9-5.62=3.38$ m。

伯努利方程是在稳态流动下导出的，但对于非稳态流动的任一瞬时，伯努利方程仍然适用。将伯努利方程和微分物料衡算式联立，即可求解非稳态流动问题。

1.4 流体流动现象

演示文稿

前一节中依据稳态流动系统的物料衡算和能量衡算关系得到了连续性方程式和伯努利方程式，从而可以预测和计算流动过程中的有关参数。但前面的讨论并没有涉及流体流动中内部质点的运动规律。流体质点的运动方式，影响着流体的速度分布、流动阻力的计算以及流体中的热量传递和质量传递过程。流动现象是非常复杂的，涉及面很广，本节仅作简要介绍。

1.4.1 流动类型与雷诺数

课程思政

1. 雷诺实验与雷诺数

为了直接观察流体流动时内部质点的运动情况及各种因素对流动状况的影响，可安排如图1-15所示的实验。这个实验称为雷诺实验。在水箱3内装有溢流装置6，以维持水位恒定。箱的底部接一段直径相同的水平玻璃管4，管出口处有阀门5调节流量。水箱上方有装有带颜色液体的小瓶1，有色液体可经过细管2注入玻璃管内。在水流经玻璃管过程中，同时把有色液体送到玻璃管入口以后的管中心位置上。

实验时可以观察到，当玻璃管内水流的速度不大时，从细管引到水流中心的有色液体成

一直线平稳地流过整根玻璃管，与玻璃管内的水并不相混杂，如图1-16(a)所示。这种现象表明玻璃管内水的质点是沿着与管轴平行的方向作直线运动。若把水流速度逐渐提高到一定数值，有色液体的细线开始出现波浪形，速度再增，细线便完全消失，有色液体流出细管后随即散开，与水完全混合在一起，使整根玻璃管中的水呈现均匀的颜色，如图1-16(b)所示。这种现象表明，水的质点除了沿管道向前运动外，各质点还作不规则的杂乱运动，且彼此相互碰撞并相互混合。质点速度的大小和方向随时发生变化。

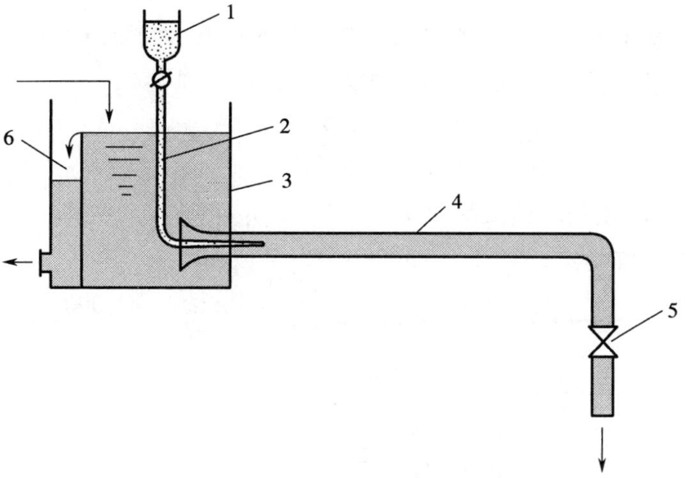

图1-15　雷诺实验装置

1—小瓶　2—细管　3—水箱　4—水平玻璃管　5—阀门　6—溢流装置

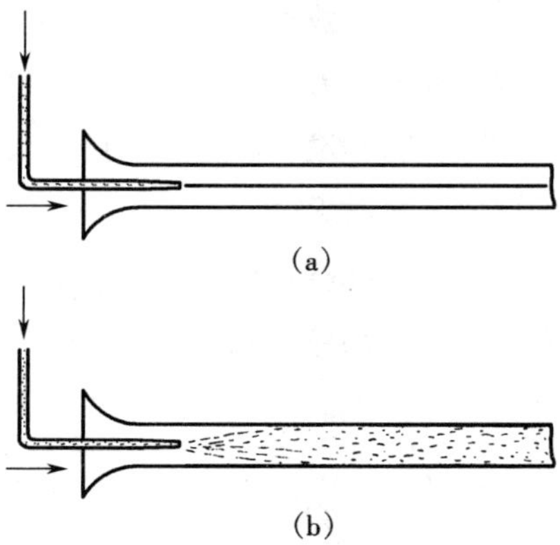

图1-16　两种流动类型

(a)层流或滞流　(b)湍流或紊流

这个实验显示出流体流动的两种截然不同的类型。一种是如图1-16(a)所示的流动，称为层流或滞流；另一种是如图1-16(b)所示的流动，称为湍流或紊流。

若采用不同的管径和不同的流体分别进行实验，可以发现，不仅流速 u 能引起流动状况改变，而且管径 d、流体的黏度 μ 和密度 ρ 也都能引起流动状况的改变。可见，流体的流动状况是由多方面因素决定的。通过进一步分析研究，可以把这些影响因素组合成为$\frac{du\rho}{\mu}$的形式。$\frac{du\rho}{\mu}$称为雷诺(Reynolds)数，以 Re 表示。可根据 Re 的数值来分析流动状态。

Re 是一个量纲为1的数群。用符号[　]表示物理量的量纲。例如长度 l、时间 θ 和质量 m 的量纲分别表示为 $[l]=\mathrm{L}$，$[\theta]=\mathrm{T}$，$[m]=\mathrm{M}$，则速度 u 的量纲为 $[u]=\mathrm{L/T}$。注意量纲和单位不同，长度的单位可以是m、cm、mm，但长度的量纲总是 $[l]=\mathrm{L}$。分析 Re 的量纲如下

$$[Re]=\left[\frac{du\rho}{\mu}\right]=\frac{\mathrm{L}\cdot\frac{\mathrm{L}}{\mathrm{T}}\cdot\frac{\mathrm{M}}{\mathrm{L}^3}}{\frac{\mathrm{M}}{\mathrm{L}\cdot\mathrm{T}}}=\mathrm{L}^0\cdot\mathrm{M}^0\cdot\mathrm{T}^0$$

【例1-16】　20 ℃的水在内径为50 mm的管内流动，流速为2 m/s。试分别用法定单位制和物理单位制计算 Re 的数值。

解：(1)用法定单位制计算

从本教材附录中查得水在20 ℃时 $\rho = 998.2\ kg/m^3$，$\mu = 1.005\ mPa \cdot s$。

已知：管径 $d = 0.05\ m$，流速 $u = 2\ m/s$，则

$$Re = \frac{du\rho}{\mu} = \frac{0.05 \times 2 \times 998.2}{1.005 \times 10^{-3}} = 99\ 323$$

(2)用物理单位制计算

已查得 $\rho = 998.2\ kg/m^3 = 0.998\ 2\ g/cm^3$

$$\mu = 1.005 \times 10^{-3}\ Pa \cdot s = \frac{1.005 \times 10^{-3} \times 1\ 000}{100} P = 1.005 \times 10^{-2} g/(cm \cdot s)$$

$$u = 2\ m/s = 200\ cm/s, d = 5\ cm$$

所以
$$Re = \frac{5 \times 200 \times 0.998\ 2}{1.005 \times 10^{-2}} = 99\ 323$$

由此例可见，无论采用何种单位制，只要数群中各物理量采用相同单位制中的单位，计算出的 Re 都是量纲为1的，并且数值相等。

凡是几个有内在联系的物理量按量纲为1条件组合起来的数群，称为特征数或量纲为1数群。这种组合并非是任意拼凑的，一般都是在大量实践的基础上，对影响某一现象或过程的各种因素有一定认识之后，再用物理分析、数学推演或二者相结合的方法确定。它既反映所包含的各物理量的内在关系，又能说明某一现象或过程的一些本质。

Re 实际上反映了流体流动中惯性力与黏滞力的比。ρu 代表单位时间通过单位截面积流体的质量，则 ρu^2 表示单位时间通过单位截面积流体的动量，它与单位截面积上的惯性力成正比；而 u/d 反映了流体内部的速度梯度，$\mu u/d$ 与流体内的黏滞力成正比。所以 $\rho u^2/(\mu u/d) = \frac{du\rho}{\mu} = Re$，即 Re 为惯性力与黏滞力之比。当惯性力较大时，Re 较大；当黏滞力较大时，Re 较小。

2. 层流与湍流

流体的流动类型可用雷诺数来判断。实验证明，流体在直管内流动，当 $Re \leqslant 2\ 000$ 时，流体的流动类型属于层流；当 $Re \geqslant 4\ 000$ 时，流动类型属于湍流；而 Re 值为2 000～4 000时，可能是层流，也可能是湍流，若受外界条件的影响，如管道直径或方向的改变，外来的轻微震动，都易促成湍流的发生，所以将这一范围称为不稳定的过渡区。在生产操作条件下，常将 $Re > 3\ 000$ 的情况按湍流考虑。

层流与湍流的本质区别是两种流型的质点运动方式不同。

流体在管内作层流流动时，其质点沿管轴作有规则的平行运动，各质点互不碰撞，互不混合。

流体在管内作湍流流动时，其质点作不规则的杂乱运动并相互碰撞，产生大大小小的旋涡。由于质点碰撞而产生的附加阻力较由黏性所产生的阻力大得多，所以碰撞将使流体的流动阻力急剧增大。

管道截面上某一固定的流体质点在沿管轴向前运动的同时，还有径向运动，而径向速度

的大小和方向是不断变化的，从而引起轴向速度的大小和方向也随时而变。即在湍流中，流体质点的不规则运动，造成质点在主运动之外还有附加的脉动。质点的脉动是湍流运动的最基本特点。图 1-17 所示为截面上某一点 i 的流体质点的速度脉动曲线。同样，点 i 的流体质点的压力也是脉动的，可见湍流实际上是一种非稳态的流动。

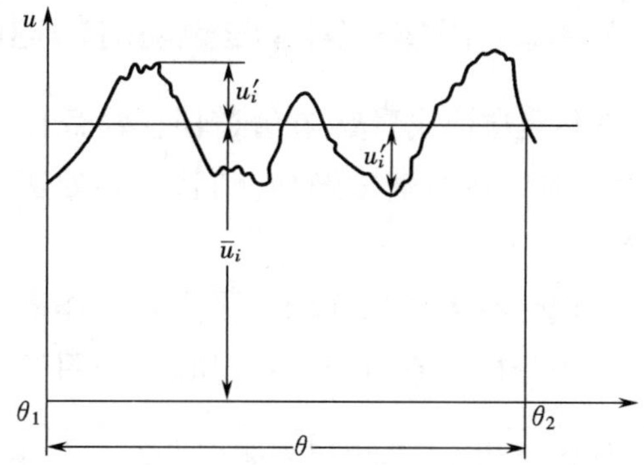

图 1-17　点 i 的流体质点的速度脉动曲线示意图

尽管在湍流中，流体质点的速度和压力是脉动的，但由实验发现，管截面上任一点的速度和压力始终是围绕着某一个“平均值”上下变动。如图 1-17 所示，在时间间隔 θ 内，点 i 的瞬时速度 u_i 的值总是在平均值上下变动。平均值 $\bar{u}_i$ 为在某一段时间 θ 内流体质点经过点 i 的瞬时速度的平均值，称为时均速度，即

$$\bar{u}_i \approx \frac{1}{\theta}\int_{\theta_1}^{\theta_2} u_i \mathrm{d}\theta \tag{1-35}$$

由图 1-17 可知

$$u_i = \bar{u}_i + u_i' \tag{1-36}$$

式中　u_i——瞬时速度，表示在某时刻，管道截面上任一点 i 的真实速度，m/s；

u_i'——脉动速度，表示在同一时刻，管道截面上任一点 i 的瞬时速度与时均速度的差值，m/s。

在稳态系统中，流体作湍流流动时，管道截面上任一点的时均速度不随时间而改变。

在湍流运动中，因质点碰撞而产生的附加阻力的计算是很复杂的，但引入脉动与时均值的概念，可以简化复杂的湍流运动，为研究带来一定的方便，有关这一内容已超越本教材的范围。

3. 涡流黏度

湍流流动时，由于流体质点的不规则迁移、脉动和碰撞，使流体质点间的动量变化非常剧烈，产生了前已述及的附加阻力，又称为湍流切应力，简称为湍流应力（或雷诺应力）。所以湍流流动中的总阻力包括由黏性产生的内摩擦应力和湍流应力，而且在湍流状态下，湍流应力比内摩擦应力大得多。可仿照牛顿黏性定律，将湍流应力写成与速度梯度成正比，则总摩擦应力为

$$\tau = (\mu + e)\frac{\mathrm{d}u}{\mathrm{d}y} \tag{1-37}$$

式中的 e 称为涡流黏度，其单位与黏度 μ 的单位一致，Pa · s。

涡流黏度不是流体的物理性质，其值不仅与流体的物性有关，而且与流体的流动状况有关。它反映湍流流动中流体的脉动特性，管内不同位置或不同的管内速度分布都将影响 e 值。

1.4.2 流体在圆管内流动时的速度分布

无论是层流或湍流,在管道任意截面上,流体质点的速度均沿管径而变化,管壁处速度为零,离开管壁以后速度渐增,到管中心处速度最大。速度在管道截面上的分布规律因流型而异。

设流体在半径为 R 的水平直管内作稳态流动,于管轴心处取一半径为 r、长度为 l 的流体柱作为分析对象,如图 1-18 所示,作用于流体柱两端面的压力分别为 p_1 和 p_2,距管中心 r 处流体流速为 u_z,两相邻流体层所产生的剪应力为 τ_r,速度梯度为 $\frac{du_r}{dr}$。分析此流体柱的受力情况,作用在流体柱上的推动力为

$$(p_1 - p_2)\pi r^2 = \Delta p \pi r^2$$

作用于此流体柱上的阻力为剪应力引起的内摩擦阻力 $\tau_r 2\pi rl$,在稳态流动的情况下,流体作等速运动,处于受力平衡状态,推动力与阻力大小相等,方向相反,即

$$(p_1 - p_2)\pi r^2 = \Delta p \pi r^2 = \tau_r 2\pi rl$$

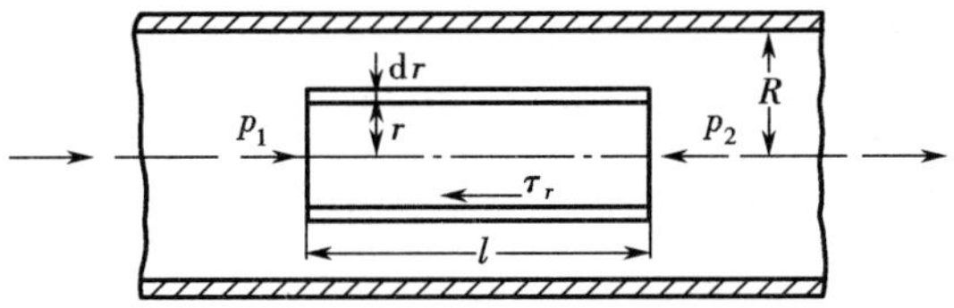

图 1-18 作用于圆管中流体上的力

整理得 $$\tau_r = \frac{\Delta p}{2l} r \tag{1-38}$$

式(1-38)表明,流体在管内流动时,内摩擦应力随半径呈线性变化,管中心处内摩擦应力为零,管壁处内摩擦应力最大。这一规律对层流和湍流均适用。

1. 流体在圆管内作层流流动时的速度分布

层流流动时,流体层之间的剪应力可用牛顿黏性定律描述,据此管内的速度分布可由理论分析推导得到。

层流时剪应力服从牛顿黏性定律,即

$$\tau_r = -\mu \frac{du_z}{dr}$$

将上式代入式(1-38)并整理,得

$$du_z = -\frac{\Delta p}{2\mu l} r dr$$

积分上式的边界条件:当 $r=r$ 时,$u_z = u_z$;当 $r=R$(在管壁处)时,$u_z=0$。故上式的积分形式为

$$\int_0^{u_z} du_z = -\frac{\Delta p}{2\mu l}\int_R^r r dr$$

积分并整理得

$$u_z = \frac{\Delta p}{4\mu l}(R^2 - r^2) \tag{1-39}$$

式(1-39)是流体在圆管内作层流流动时的速度分布表达式。它表示在某一压力差 Δp 之下,

u_z 与 r 的关系为抛物线方程。

工程中常以管截面的平均流速来计算流动阻力所引起的压力差，故须把式(1-39)变换成 Δp 与平均速度 u 的关系才便于应用。

由图 1-18 可知，厚度为 $\mathrm{d}r$ 的环形截面积 $\mathrm{d}A=2\pi r\mathrm{d}r$，由于 $\mathrm{d}r$ 很小，可近似地取流体在 $\mathrm{d}r$ 层内的流速为 u_z，则通过此截面的体积流量为 $\mathrm{d}V_s=u_z\mathrm{d}A=u_z(2\pi r\mathrm{d}r)$。当 $r=0$ 时，$V_s=0$；$r=R$ 时，$V_s=V_s$。所以整个管截面的体积流量为

$$V_s=\int_0^R 2\pi u_z r\mathrm{d}r$$

由于管截面的平均流速可写成 $u=V_s/A$，于是

$$u=\frac{1}{\pi R^2}\int_0^R 2\pi u_z r\mathrm{d}r=\frac{2}{R^2}\int_0^R u_z r\mathrm{d}r$$

将式(1-39)代入上式，进行积分并整理，得管截面平均流速为

$$u=\frac{\Delta p}{2\mu lR^2}\int_0^R (R^2-r^2)r\mathrm{d}r=\frac{\Delta p}{8\mu l}R^2 \tag{1-40}$$

另外，根据流体在圆管内作层流流动的速度分布式(1-39)知，当 $r=0$ 时，管中心处的速度为最大流速，即

$$u_{\max}=\frac{\Delta p}{4\mu l}R^2 \tag{1-41}$$

将这个结果与式(1-40)比较，层流时圆管截面平均速度与最大速度的关系为

$$u_{\max}=2u$$

将式(1-41)代入式(1-39)，速度分布又可写成

$$u_z=u_{\max}\left[1-\left(\frac{r}{R}\right)^2\right] \tag{1-42}$$

层流时速度沿管径的分布为一抛物线，如图 1-19(a)所示。

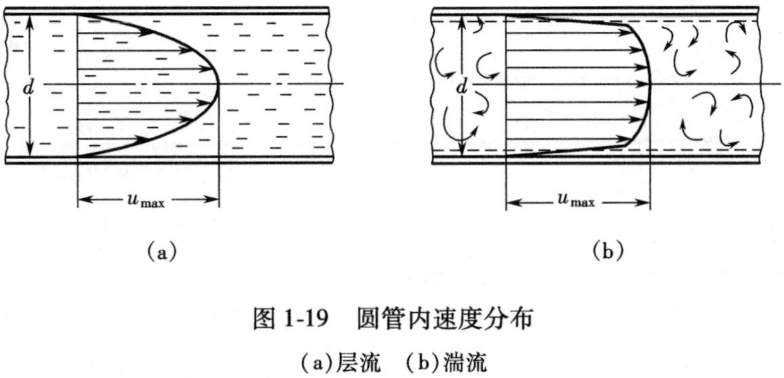

图 1-19　圆管内速度分布

(a)层流　(b)湍流

2. 流体在圆管内作湍流流动时的速度分布

湍流时，流体质点的运动情况比较复杂，目前还不能完全采用理论方法得出湍流时的速度分布规律。经实验测定，湍流时圆管内的速度分布曲线如图 1-19(b)所示。由于流体质点的强烈分离与混合，使截面上靠管中心部分各点速度彼此扯平，速度分布比较均匀，所以速

度分布曲线不再是严格的抛物线。实验证明，当 Re 值愈大时，曲线顶部的区域就愈广阔平坦，但靠管壁处质点的速度骤然下降，曲线较陡。u 与 u_{max} 的比值随 Re 而变化，如图 1-20 所示。图中 Re 与 Re_{max} 是分别以平均速度 u 及管中心处最大速度 u_{max} 计算的雷诺数。

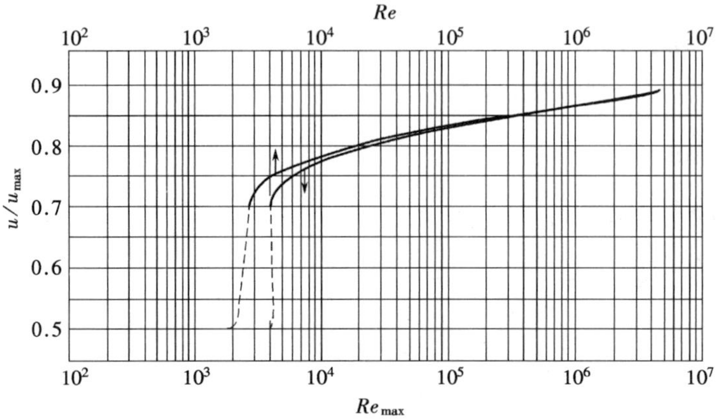

图 1-20 u/u_{max} 与 Re、Re_{max} 的关系

既然湍流时管壁处的速度也等于零，则靠近管壁的流体仍处于层流流动，这一层流流动的流体薄层称为层流内层或层流底层。自层流内层往管中心推移，速度逐渐增大，出现了既非层流流动亦非完全湍流流动的区域，这一区域称为缓冲层或过渡层，再往中心才是湍流主体。层流内层的厚度随 Re 值的增大而减小。层流内层的存在对传热与传质过程都有重大影响，这方面的问题将在后面有关章节中讨论。

上述速度分布曲线仅在管内流动达到平稳时才成立。在管入口附近处，外来的影响还未消失，同时管路拐弯、分支处和阀门附近的流动也受到干扰，这些区域的速度分布就不符合上述规律。此外，流体作湍流流动时，质点发生脉动现象，所以湍流的速度分布曲线应根据截面上各点的时均速度来标绘。

1.4.3 边界层的概念

1. 边界层的形成

为便于说明问题，以流体沿固定平板的流动为例，如图 1-21 所示。在平板前缘处流体以均匀一致的流速 u_s 流动，当流到平板壁面时，由于流体具有黏性又能完全润湿壁面，则黏附在壁面上静止的流体层与其相邻的流体层间产生内摩擦应力，使相邻流体层的速度减慢。这种减速作用，由附着于壁面的流体层开始依次向流体内部传递，离壁面愈远，减速作用愈小。实验证明，减速作用并不遍及整个流动区域，而是离壁面一定距离($y=\delta$)后，流体的速度渐渐接近于未受壁面影响时的流速 u_s。靠近壁面流体的速度分布情况如图 1-21 所示。图中各速度分布曲线应与 x 相对应。x 为距平板前缘的

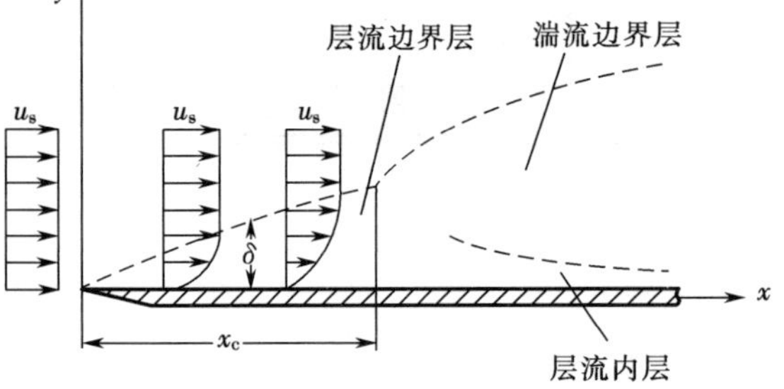

图 1-21 平板上的流动边界层

距离。

由上述情况可知，当流体流经固体壁面时，由于流体具有黏性，在垂直于流体流动方向上便产生了速度梯度。在壁面附近存在着较大速度梯度的流体层，称为流动边界层，简称边界层，如图1-21中虚线所示。边界层以外，黏性不起作用，即速度梯度可视为零的区域，称为流体的外流区或主流区。对于流体在平板上的流动，主流区的流速应与未受壁面影响的流速相等，所以主流区的流速仍用 u_s 表示。δ 为边界层的厚度，等于由壁面至速度达到主流速度的点之间的距离，但由于边界层内的减速作用是逐渐消失的，所以边界层的界限应延伸至距壁面无穷远处。工程上一般规定边界层外缘的流速 $u=0.99u_s$，而将该条件下边界层外缘与壁面间的垂直距离定为边界层厚度，这种人为的规定对解决实际问题所引起的误差可以忽略不计。应指出，边界层的厚度 δ 与从平板前缘算起的距离 x 相比是很小的。

由于边界层的形成，把沿壁面的流动简化成两个区域，即边界层区与主流区。在边界层区内，垂直于流动方向上存在着显著的速度梯度 $\mathrm{d}u/\mathrm{d}y$，即使黏度 μ 很小，摩擦应力 $\tau=\mu\dfrac{\mathrm{d}u}{\mathrm{d}y}$ 仍然相当大，不可忽视；在主流区内，$\mathrm{d}u/\mathrm{d}y\approx0$，摩擦应力可忽略不计，此区流体可视为理想流体。

应用边界层的概念研究实际流体的流动，将使问题得到简化，从而可以用理论的方法来解决比较复杂的流动问题。边界层概念的提出对传热与传质过程的研究亦具有重要意义。

2. 边界层的发展

1）流体在平板上的流动

如图1-21所示，随着流体向前运动，摩擦力对外流区流体持续作用，促使更多的流体层速度减慢，从而使边界层的厚度 δ 随距平板前缘的距离 x 的增长而逐渐变厚，这种现象说明边界层在平板前缘后的一定距离内是发展的。在边界层的发展过程中，边界层内流体的流型可能是层流，也可能是由层流转变为湍流。如图1-21所示，在平板的前缘处，边界层较薄，流体的流动总是层流，这种边界层称为层流边界层。在距平板前缘某临界距离 x_c 处，边界层内的流动由层流转变为湍流，此后的边界层称为湍流边界层。但在湍流边界层内，靠近平板的极薄一层流体仍维持层流，即前述的层流内层或层流底层。层流内层与湍流层之间还存在过渡层或缓冲层，其流动类型不稳定，可能是层流，也可能是湍流。

以距平板前缘的距离 x 作为几何尺寸定义的雷诺数为 $Re_x=\dfrac{u_s x\rho}{\mu}$，$u_s$ 为主流区的流速。边界层内流体的流型可由 Re_x 值确定，对于光滑的平板壁面，当 $Re_x\leqslant2\times10^5$ 时，边界层内的流动为层流；当 $Re_x\geqslant3\times10^6$ 时，为湍流；Re_x 值为 $2\times10^5\sim3\times10^6$ 时，可能是层流，也可能是湍流。

2）流体在圆形直管的进口段内的流动

在化工生产中，常遇到流体在管内流动的情况。上面讨论了沿平板流动时的边界层，有助于对管内流动边界层的理解，因为它们都有相类似的地方。

图1-22表示流体在圆形直管进口段内流动时，层流边界层内速度分布侧形的发展情

况。流体在进入圆管前,以均匀的流速流动。进管之初速度分布比较均匀,仅在靠管壁处形成很薄的边界层。在黏性的影响下,随着流体向前流动,边界层逐渐增厚,而边界层内流速逐渐减小。由于管内流体的总流量维持不变,所以使管中心部分的流速增加,速度分布侧形随之而变。在距管入口处 x_0 的地方,管壁上已经形成的边界层在管的中心线上汇合,此后边界层占据整个圆管的截面,其厚度维持不变,等于管子半径。距管进口的距离 x_0 称为稳定段长度或进口段长度。在稳定段以后,各截面速度分布曲线形状不随 x 而变,称为完全发展了的流动。

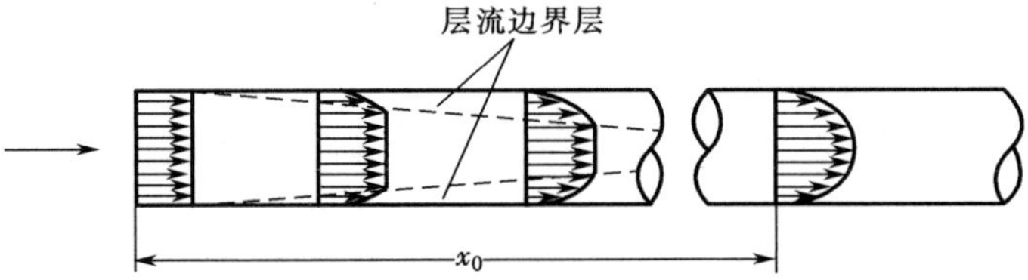

图 1-22　圆管进口段层流边界层内速度分布侧形的发展

图 1-23(a)表示了层流时流动边界层厚度的变化情况。当 $x=0$ 时,$\delta=0$;随着 x 的增加,δ 增加;当 $x=x_0$ 时,$\delta=R$。对于层流流动,稳定段长度 x_0 与圆管直径 d 及雷诺数 Re 的关系如下:

$$\frac{x_0}{d}=0.0575Re \tag{1-43}$$

式中 $Re=\dfrac{du\rho}{\mu}$,u 为管截面的平均流速。

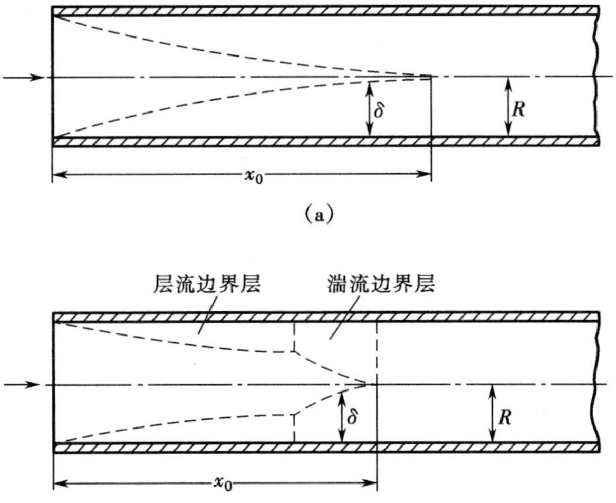

图 1-23　圆管进口段流动边界层厚度的变化

(a)层流边界层　(b)层流与湍流边界层

与平板一样,流体在管内流动的边界层可以从层流转变为湍流。如图 1-23(b)所示,流体经过一定长度后,边界层由层流发展为湍流,并在 x_0 处于管中心线上相汇合。

在完全发展了的流动开始之时，若边界层内为层流，则管内流动仍保持为层流；若边界层内为湍流，则管内的流动仍保持为湍流。圆管内边界层外缘的流速即为管中心的流速，无论是层流或湍流都是最大流速 u_{max}。

在圆管内，即使是湍流边界层，在靠管壁处仍存在一极薄的层流内层。湍流时圆管中的层流内层厚度 δ_b 可采用半理论半经验公式计算。例如，流体在光滑管内作湍流流动，层流内层厚度可用下式估算，即

$$\frac{\delta_b}{d}=\frac{61.5}{Re^{7/8}} \tag{1-44}$$

式中系数在不同文献中会有所不同，主要是因公式推导过程中，假设管截面平均流速 u 与管中心最大流速 u_{max} 的比值不同而引起的。当 $u/u_{max}=0.81$ 时，系数为 61.5。

由式(1-44)可知，Re 值愈大，层流内层厚度愈薄。如在内径 d 为 100 mm 的导管中，$Re=1\times10^4$ 时，$\delta_b=1.95$ mm；当 $Re=1\times10^5$ 时，$\delta_b=0.26$ mm。说明 Re 值增大时，层流内层厚度 δ_b 显著下降。层流内层的厚度显然极薄，但由于此层内的流动是层流，它对于传热及传质过程的影响都不可忽视。

最后应该指出，流体在圆形直管内稳态流动时，在稳定段以后，管内各截面上的流速分布和流型保持不变，因此在测定圆管内截面上流体的速度分布曲线时，测定地点必须选在圆管中流体速度分布保持不变的平直部分，即此处到入口或转弯等处的距离应大于 x_0。其他测量仪表在管道上的安装位置也应如此。层流时，通常取稳定段长度 $x_0=(50\sim100)d$。湍流的稳定段长度一般比层流的要短些。

3. 边界层的分离

流体流过平板或在直径相同的管道中流动时，流动边界层是紧贴在壁面上的。如果流体流过曲面，如球体、圆柱体或其他几何形状物体的表面时，所形成的边界层还有一个极其重要的特点，即无论是层流还是湍流，在一定条件下都将会产生边界层与固体表面脱离的现象，并在脱离处产生旋涡，加剧流体质点间的相互碰撞，造成流体的能量损失。

下面对流体流过曲面时产生的边界层分离现象进行分析。如图 1-24 所示，液体以均匀的流速垂直流过一无限长的圆柱体表面（以圆柱体上半部为例）。由于流体具有黏性，在壁面上形成边界层，其厚度随流过距离的增加而增加。液体的流速与压力沿圆柱周边而变化，当液体到达点 A 时，受到壁面的阻滞，流速为零，点 A 称为停滞点或驻点。在点 A 处，液体的压力最大，后继而来的液体在高压作用下被迫改变原

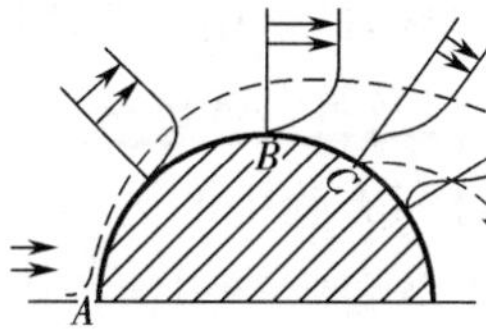

图 1-24　流体流过圆柱体表面的边界层分离

来的运动方向，由点 A 绕圆柱表面而流动。在点 A 至点 B 间，因流通截面逐渐减小，边界层内流动处于加速减压的情况之下，所减小的压力能，一部分转变为动能，另一部分消耗于克服流体内摩擦引起的流动阻力（摩擦阻力）。在点 B 处流速最大而压力最低。过点 B 以后，随流通截面的逐渐增大，液体又处于减速增压的情况，所减小的动能，一部分转变为压力能，另一部分消耗于克服摩擦阻力。此后，动能随流动过程继续减小，譬如说，到达点 C 时，其动

能消耗殆尽，则点 C 的流速为零，压力为最大，形成了新的停滞点，后继而来的液体在高压作用下被迫离开壁面，沿新的流动方向前进，故点 C 称为分离点。这种边界层脱离壁面的现象，称为边界层分离。

由于边界层自点 C 开始脱离壁面，所以在点 C 的下游形成了液体的空白区，后面的液体必然倒流回来以填充空白区，此时点 C 下游的壁面附近产生了流向相反的两股液体。两股液体的交界面称为分离面，如图 1-24 中曲面 CD 所示。分离面与壁面之间有流体回流而产生旋涡，成为涡流区。其中流体质点进行着强烈的碰撞与混合而消耗能量。这部分能量损耗是由于固体表面形状而造成边界层分离所引起的，称为形体阻力。

边界层分离通常发生在流速的大小和方向发生剧烈变化的情况下，例如流体在流经管件、阀门、管子进出口等局部地方时，由于流动方向和流道截面积的突然改变，会发生边界层分离，产生形体阻力。边界层分离造成额外的机械能损失，在流体流动和输送过程中应尽量避免；但在传热、传质过程中，流体质点的剧烈碰撞和混合可强化热量传递、质量传递，因此是可以加以利用的。

1.5 流体在管内的流动阻力

演示文稿

在 1.3 节的例题中应用伯努利方程时，对机械能损失 $\sum h_f$ 一项，不是给出了数值就是忽略不计，这样做是因为还没有介绍 $\sum h_f$ 的计算。流体在流动过程中要消耗能量以克服流动阻力，因此流动阻力的计算颇为重要。

根据 1.4 节的讨论，可以将流动阻力产生的原因与影响因素归纳为：流体具有黏性，流动时存在着内摩擦，是流动阻力产生的根源；固定的管壁或其他形状固体壁面，促使流动的流体内部发生相对运动，为流动阻力的产生提供了条件。所以流动阻力的大小与流体本身的物理性质、流动状况及流道的形状及尺寸等因素有关。

流体在管路中流动时的阻力可分为直管阻力和局部阻力两种。直管阻力是流体流经一定管径的直管时，由于流体内摩擦而产生的阻力。局部阻力主要是由于流体流经管路中的管件、阀门及管截面的突然扩大或缩小等局部地方所引起的阻力。

伯努利方程中的 $\sum h_f$ 项是指所研究管路系统的总机械能损失（或称阻力损失），它既包括系统中各段直管阻力损失 h_f，也包括系统中各种局部阻力损失 h_f'，即

$$\sum h_f = h_f + h_f' \tag{1-45}$$

在 1.3 节中曾指出，流体的衡算基准不同，伯努利方程可写成不同形式。衡算系统的机械能损失既是伯努利方程中的一项，因此它也可用不同的方法来表示。由式(1-32a)、式(1-32b)及式(1-32c)可知：

$\sum h_f$ 是指单位质量流体流动时所损失的机械能，单位为 J/kg；

$\dfrac{\sum h_f}{g}$ 是指单位重量流体流动时所损失的机械能，单位为 J/N = m；

$\rho \sum h_f$ 是指单位体积流体流动时所损失的机械能，以 Δp_f 表示，即 $\Delta p_f = \rho \sum h_f$，$\Delta p_f$ 的单

位为 $J/m^3=Pa$。

由于 Δp_f 的单位可简化为压力的单位,故常称 Δp_f 为流动阻力引起的压力降。

值得强调的是,Δp_f 与伯努利方程中两截面间的压力差是两个截然不同的概念,初学者常常产生误会。将(1-32c)式整理后,可得

$$\Delta p=p_2-p_1=\rho W_e-\rho g\Delta Z-\rho\Delta\frac{u^2}{2}-\rho\sum h_f$$

上式说明,因流动阻力而引起的压力降 Δp_f 并不是两截面间的压力差 Δp。应指出,Δp_f 是一个符号,此处 Δ 并不代表数学中的增量。而两截面间的压力差 Δp 是由多方面因素而引起的,如各种不同形式机械能的相互转换都会使两截面压力差发生变化,此处 Δ 表示增量。在一般情况下,Δp 与 Δp_f 在数值上不相等,只有当流体在一段既无外功加入、直径又相同的水平管内流动时,因 $W_e=0$、$\Delta Z=0$、$\Delta\frac{u^2}{2}=0$,才能得出两截面间的压力差 Δp 与压力降 Δp_f 在绝对数值上相等。

1.5.1 流体在直管中的流动阻力

1. 计算圆形直管阻力的通式

流体在管内以一定速度流动时,有两个方向相反的力相互作用着。一个是促使流动的推动力,其方向和流动方向一致;另一个是由内摩擦而引起的摩擦阻力,其起到阻止流体运动的作用,方向与流体的流动方向相反。只有在推动力与阻力达到平衡时,流动速度才能维持不变,即达到稳态流动。

如图 1-25 所示,流体以速度 u 在一段水平直管内作稳态流动,对于不可压缩流体,在截面 1—1′与 2—2′间列伯努利方程可得

$$gZ_1+\frac{u_1^2}{2}+\frac{p_1}{\rho}=gZ_2+\frac{u_2^2}{2}+\frac{p_2}{\rho}+h_f$$

因是直径相同的水平管,所以 $Z_1=Z_2$,$u_1=u_2=u$,上式可简化为

$$p_1-p_2=\rho h_f=\Delta p_f$$

此段流体(直径为 d,长度为 l)的受力分析与 1.4.2 节相同,因此,将式(1-38)应用于管壁处,可得

$$\tau=\frac{\Delta p}{2l}\frac{d}{2} \qquad (1\text{-}38a)$$

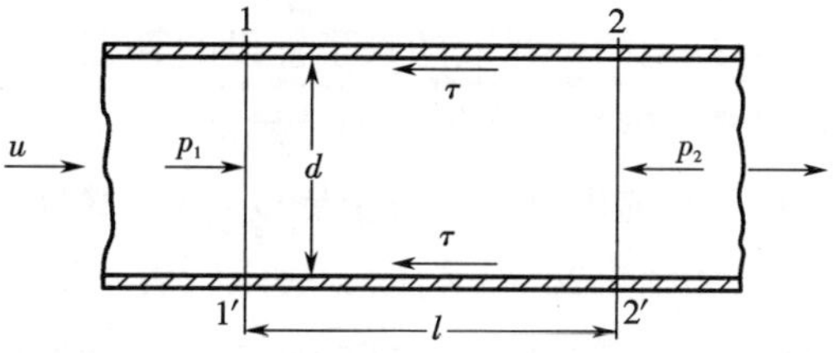

图 1-25 直管阻力通式的推导

式中 τ 为管壁处的内摩擦应力。

将 $p_1-p_2=\rho h_f$ 代入上式,并整理得

$$h_f=\frac{4l}{\rho d}\tau \qquad (1\text{-}46)$$

上式就是流体在圆形直管内流动时摩擦阻力所造成的机械能损失 h_f 与内摩擦应力 τ 之间的关系式,但还不能直接用来计算 h_f。因为内摩擦应力所遵循的规律因流体流动类型而

异，直接用 τ 计算 h_f 有困难，且在连续性方程及伯努利方程中均无此项，故式(1-46)直接应用于管路的计算很不方便。下面将式(1-46)作进一步变换，以消去式中的内摩擦应力 τ。

由实验得知，流体只有在流动情况下才产生阻力。在流体物理性质、管径与管长相同情况下，流速增大，机械能损失也随之增加，可见流动阻力与流速有关。由于动能 $u^2/2$ 与 h_f 的单位相同，均为 J/kg，因此经常把机械能损失 h_f 表示为动能 $u^2/2$ 的函数。于是可将式(1-46)改写成

$$h_f = \frac{4\tau}{\rho} \times \frac{2}{u^2} \times \frac{l}{d} \times \frac{u^2}{2}$$

令 $$\lambda = \frac{8\tau}{\rho u^2}, \quad f = \frac{2\tau}{\rho u^2} \tag{1-47}$$

即 $$\lambda = 4f$$

则上式整理为 $$h_f = \lambda \frac{l}{d} \times \frac{u^2}{2} = 4f \frac{l}{d} \times \frac{u^2}{2} \tag{1-48}$$

或 $$\Delta p_f = \rho h_f = \lambda \frac{l}{d} \frac{\rho u^2}{2} = 4f \frac{l}{d} \frac{\rho u^2}{2} \tag{1-48a}$$

式(1-48)与式(1-48a)是计算圆形直管阻力损失的通式，称为范宁(Fanning)公式，此式对于层流和湍流均适用，式中 λ 是量纲为1的系数，称为摩擦系数，f 亦是量纲为1的系数，称为范宁摩擦系数。

应用式(1-48)与式(1-48a)计算直管阻力损失时，关键是求出 λ(或 f)值，根据式(1-47)，λ(或 f)与壁面处的内摩擦应力 τ 有关，而 τ 所遵循的规律因流型而异，因此 λ 值也随流型而变，是 Re 的函数，且对层流和湍流要分别讨论。此外，管壁粗糙度对 λ 的影响程度也与流型有关，因此，下面先讨论管壁粗糙度对 λ 的影响，再分别针对层流和湍流找出 λ 的计算式。

2. 管壁粗糙度对摩擦系数的影响

化工生产中所铺设的管道，按其材料的性质和加工情况，大致可分为光滑管与粗糙管两大类。通常把玻璃管、黄铜管、塑料管等列为光滑管；把钢管和铸铁管等列为粗糙管。实际上，即使是用同一材质的管子铺设的管道，由于使用时间的长短，腐蚀与结垢的程度不同，管壁的粗糙程度也会有很大的差异。

管壁粗糙度可用绝对粗糙度与相对粗糙度来表示。绝对粗糙度是指壁面凸出部分的平均高度，如图1-26所示，以 ε 表示。表1-2列出某些工业管道的绝对粗糙度的经验值。在选取管壁的绝对粗糙度 ε 值时，必须考虑到流体对管壁的腐蚀性，流体中的固体杂质是否会黏附在壁面上以及使用情况等因素。

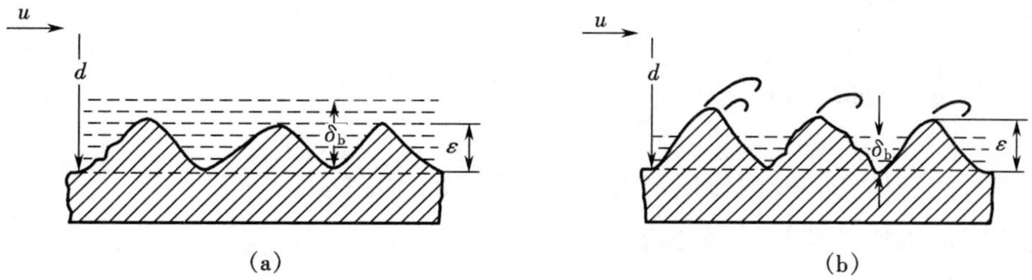

图 1-26 流体流过管壁面的情况

(a)$\delta_b > \varepsilon$ (b)$\delta_b < \varepsilon$

表 1-2 某些工业管道的绝对粗糙度

金属管	绝对粗糙度/mm	非金属管	绝对粗糙度/mm
无缝黄铜管、铜管及铝管	0.01～0.05	干净玻璃管	0.001 5～0.01
新的无缝钢管或镀锌铁管	0.1～0.2	橡皮软管	0.01～0.03
新的铸铁管	0.3	木管道	0.25～1.25
具有轻度腐蚀的无缝钢管	0.2～0.3	陶土排水管	0.45～6.0
具有显著腐蚀的无缝钢管	0.5 以上	很好整平的水泥管	0.33
旧的铸铁管	0.85 以上	石棉水泥管	0.03～0.8

相对粗糙度是指绝对粗糙度与管道直径的比值,即 ε/d。管壁粗糙度对摩擦系数 λ 的影响程度与管径的大小有关,如对于绝对粗糙度相同的管道,直径不同,对 λ 的影响就不同,对直径小的影响较大。所以在流动阻力的计算中不但要考虑绝对粗糙度的大小,还要考虑相对粗糙度的大小。

流体作层流流动时,管壁上凹凸不平的地方都被层流的流体层覆盖,而流动速度又比较缓慢,流体质点对管壁凸出部分不会有碰撞作用。所以,在层流时,摩擦系数与管壁粗糙度无关。当流体作湍流流动时,靠管壁处总是存在着一层层流内层,如果层流内层的厚度 δ_b 大于壁面的绝对粗糙度,即 $\delta_b > \varepsilon$,如图 1-26(a)所示,此时管壁粗糙度对摩擦系数的影响与层流相近。随着 Re 数的增加,层流内层的厚度逐渐变薄,当 $\delta_b < \varepsilon$ 时,如图 1-26(b)所示,壁面凸出部分便伸入湍流区内与流体质点发生碰撞,使湍动加剧,此时壁面粗糙度对摩擦系数的影响便成为重要的因素。Re 值愈大,层流内层愈薄,这种影响愈显著。

由上面的分析可知,湍流流动时,摩擦系数 λ 是雷诺数 Re 和管壁粗糙度的函数;层流流动时,摩擦系数只是雷诺数 Re 的函数,而与管壁粗糙度无关。

3. 层流时的摩擦系数

利用 1.4.2 中推出的层流流动时管截面上的平均速度,将 $R = d/2$ 代入式(1-40)中,并应用水平管路的关系式 $p_1 - p_2 = \rho h_f = \Delta p_f$,可得

$$\Delta p_f = \frac{32\mu l u}{d^2} \tag{1-49}$$

式(1-49)为流体在圆管内作层流流动时的直管阻力损失计算式,称为哈根—泊谡叶(Hagen-Poiseuille)公式。由此可以看出,层流时 Δp_f 与 u 的一次方成正比。将式(1-49)与式

(1-48a)相比较,便知

$$\lambda = \frac{64\mu}{du\rho} = \frac{64}{\frac{du\rho}{\mu}} = \frac{64}{Re} \tag{1-50}$$

式(1-50)为流体在圆管内作层流流动时 λ 与 Re 的关系式。

4. 湍流时的摩擦系数与量纲分析

湍流时流体质点运动情况复杂,虽然可以仿照牛顿黏性定律写出式(1-37),但涡流黏度 e 不是流体物性常数,与流体的流动状态密切相关,目前还不能用理论分析法推导出涡流黏度 e 的计算式,因此,不能像层流那样,用严格的理论方法求解湍流时的摩擦系数,只能通过经验方法,先找出湍流时影响摩擦系数 λ 的所有因素,用量纲分析法将这些影响因素组合成若干个量纲为1数群,再通过实验研究量纲为1数群之间的关系,得到计算湍流时摩擦系数的经验关联式。

工程技术中常会遇到所研究的现象过于复杂的情况,虽然已知其影响因素,但还不能建立数学表达式,或者虽然建立了数学表达式,但无法用数学方法求解。因此,常须通过实验建立经验关系式。在进行实验时,每次只能改变一个影响因素,即变量,而把其他变量固定。若过程牵涉的变量很多,实验工作量必然很大,同时要把实验结果关联成一个便于应用的简单公式,往往也是很困难的,若利用量纲分析的方法,可将几个变量组合成一个量纲为1的数群,例如雷诺数 Re 就是由 d、u、ρ 和 μ 所组成的量纲为1的数群。这样用量纲为1的数群代替个别的变量进行实验。数群的数目总是比变量的数目少,实验次数就可以大大减少,关联数据的工作也会有所简化。

量纲分析的基础是量纲一致性的原则和所谓的 π 定理。量纲一致性的原则表明:凡是根据基本物理规律导出的物理方程,其中各项的量纲必然相同。例如,表示以等加速度 a 运动的物体在 θ 时间内所走过的距离 l 的公式为

$$l = u_0\theta + \frac{1}{2}a\theta^2 \tag{1-51}$$

式中 u_0——物体的初速度。

上式的量纲公式可写成

$$\mathrm{L} = (\mathrm{LT^{-1}})\mathrm{T} + (\mathrm{LT^{-2}})\mathrm{T^2}$$

式中L和T分别为长度和时间的量纲,而上式中各项的量纲均为长度的量纲L。

对于量纲一致的物理方程式,只要把式中各项都除以其中任一项,均可得到以量纲为1的数群表示的关系式。以式(1-51)为例,如果各项均除以 l,便得

$$\frac{u_0\theta}{l} + \frac{a\theta^2}{2l} - 1 = 0 \tag{1-51a}$$

根据白金汉(Buckingham)所提出的 π 定理,任何量纲一致的物理方程都可以表示为一组量纲为1数群的零函数,即

$$f(\pi_1, \pi_2, \cdots, \pi_i) = 0 \tag{1-52}$$

方程式(1-51a)可以写成

$$f\left(\frac{u_0\theta}{l},\frac{a\theta^2}{2l}\right)=0 \tag{1-53}$$

可见，式(1-51a)的物理方程可以表示成量纲为1的数群$\frac{u_0\theta}{l}$和$\frac{a\theta^2}{2l}$的零函数。

π 定理还指出：量纲为1的数群 π_1、π_2…的数目 i 等于影响该过程的物理量数目 n 减去这些物理量所包含的基本量纲的数目 m，即

$$i=n-m \tag{1-54}$$

至于 π 定理的证明已超越本教材的范围。

由于式(1-51)中的物理量数目 $n=4$，即 l、u_0、θ 及 a；基本量纲数 $m=2$，即 L 及 T。所以量纲为1数群的数目 $i=4-2=2$，即$\frac{u_0\theta}{l}$及$\frac{a\theta^2}{2l}$。

应指出，只有在微分方程不能积分时，才采用量纲分析法。因上面例子极其简单，故只借以说明寻求量纲为1数群的途径。

若过程比较复杂，仅知道影响某一过程的物理量，而不能列出该过程的微分方程，则常用雷莱(Lord Rylegh)指数法将影响过程的因素组成量纲为1的数群。下面用湍流时的流动阻力问题来说明雷莱指数法的用法。

根据对湍流时流动阻力性质的理解以及所进行的实验研究综合分析，可以得知，为克服流动阻力所引起的能量损失 Δp_f，应与流体流过的管径 d、管长 l、流速 u、流体的密度 ρ 及黏度 μ、管壁的粗糙度 ε 有关。据此可以写成一般的不定函数形式，即

$$\Delta p_f=\phi(d,l,u,\rho,\mu,\varepsilon) \tag{1-55}$$

上面的关系也可以用幂函数来表示，即

$$\Delta p_f=K\,d^a\,l^b\,u^c\,\rho^j\,\mu^k\,\varepsilon^q \tag{1-55a}$$

式中的常数 K 和指数 a、b、c…等均为待定值。各物理量的量纲是：

$$[\Delta p_f]=MT^{-2}L^{-1},[d]=[l]=[\varepsilon]=L,[u]=LT^{-1},$$

$$[\rho]=ML^{-3},[\mu]=ML^{-1}T^{-1}$$

把各物理量的量纲代入式(1-55a)，则两端的量纲为

$$MT^{-2}L^{-1}=(L)^a(L)^b(LT^{-1})^c(ML^{-3})^j(ML^{-1}T^{-1})^k(L)^q$$

即 $$MT^{-2}L^{-1}=M^{j+k}T^{-c-k}L^{a+b+c-3j-k+q}$$

根据量纲一致性原则，上式等号两侧各量纲的指数必然相等，所以

对于量纲 M： $j+k=1$

对于量纲 T： $-c-k=-2$

对于量纲 L： $a+b+c-3j-k+q=-1$

这里方程式只有3个，而未知数却有6个，自然不能联立解出各未知数的数值。为此，只能把其中的3个表示为另3个的函数来处理。将 a、c、j 表示为 b、k、q 的函数，则联解得

$$a=-b-k-q,c=2-k,j=1-k$$

将 a、c、j 值代入式(1-55a)，得

$$\Delta p_f=Kd^{-b-k-q}l^bu^{2-k}\rho^{1-k}\mu^k\varepsilon^q=Kd^{-b}d^{-k}d^{-q}l^bu^2u^{-k}\rho\rho^{-k}\mu^k\varepsilon^q$$

把指数相同的物理量合并在一起，即得

$$\left(\frac{\Delta p_{f}}{\rho u^{2}}\right)=K\left(\frac{l}{d}\right)^{b}\left(\frac{du\rho}{\mu}\right)^{-k}\left(\frac{\varepsilon}{d}\right)^{q} \tag{1-56}$$

上式括号中所示者均为量纲为1的数群。$\frac{du\rho}{\mu}$就是前面所提到的雷诺数 Re；$\frac{\Delta p_{f}}{\rho u^{2}}$称为欧拉(Euler)数，通常以 Eu 表示，其中包含需要计算的参数 Δp_{f}；$\frac{l}{d}$及$\frac{\varepsilon}{d}$均为简单的量纲为1的比值，前者与管子的几何尺寸有关，后者与管壁的绝对粗糙度 ε 有关。

把式(1-56)中的量纲为1的数群作为影响湍流时流动阻力的因素，则变量只有4个，而式(1-55)却包括7个变量。所以，按式(1-56)比按式(1-55)进行实验要简单得多。

根据 π 定理可进一步证明本例中量纲为1的数群的数目为4。与上述过程有关的物理量数目 $n=7$，表示这些物理量的基本量纲数 $m=3$，所以量纲为1的数群的数目 $i=7-3=4$。

以上通过实例，一方面对量纲分析法的运用作了非常简略的介绍，另一方面也找出了影响直管阻力的量纲为1数群的函数式。在此，须明确下列两点。

①量纲分析法只是从物理量的量纲着手，即把以物理量表达的一般函数式演变为以量纲为1的数群表达的函数式。它并不能说明一个物理现象中的各影响因素之间的关系。在组合数群之前，必须通过一定的实验，对所要解决的问题作一番详尽的考察，定出与所研究对象有关的物理量。如果遗漏了必要的物理量，或把不相干的物理量列进去，都会导致错误的结论，所以量纲分析法的运用，必须与实践密切结合，才能得到有实际意义的结果。

②经过量纲分析得到量纲为1数群的函数式后，具体函数关系，如式(1-56)中的系数 K 与指数 b、k、q 仍须通过实验才能确定。

将通过实验定出的 K、b、k 及 q 值代入式(1-56)，再与式(1-48a)相比较，便可得出摩擦系数 λ 的计算式。这个公式通常称为经验关联式或半理论公式。

湍流时，在不同 Re 值范围内，对于不同的管材，λ 的表达式亦不相同，下面列举几种。

1)光滑管

(1)柏拉修斯(Blasius)公式

$$\lambda=\frac{0.3164}{Re^{0.25}} \tag{1-57}$$

上式适用范围为 $Re=3\times10^{3}\sim1\times10^{5}$。

(2)顾毓珍公式

$$\lambda=0.0056+\frac{0.500}{Re^{0.32}} \tag{1-58}$$

上式适用范围为 $Re=3\times10^{3}\sim3\times10^{6}$。

2)粗糙管

(1)柯尔布鲁克(Colebrook)公式

$$\frac{1}{\sqrt{\lambda}}=2\lg\frac{d}{\varepsilon}+1.14-2\lg\left(1+9.35\frac{d/\varepsilon}{Re\sqrt{\lambda}}\right) \tag{1-59}$$

上式适用于$\frac{d/\varepsilon}{Re\sqrt{\lambda}}>0.005$。

(2)尼库拉则(Nikuradse)与卡门(Karman)公式

$$\frac{1}{\sqrt{\lambda}}=2\lg\frac{d}{\varepsilon}+1.14 \tag{1-60}$$

上式适用于$\frac{d/\varepsilon}{Re\sqrt{\lambda}}<0.005$。

计算 λ 的关系式还有许多,但都比较复杂,用起来很不方便。在工程计算中,一般将实验数据进行综合整理,以 ε/d 为参数,在对数坐标上标绘 Re 与 λ 关系,称为莫迪(Moody)摩擦系数图,如图 1-27 所示。这样,便可根据 Re 与 ε/d 值从图 1-27 中查得 λ 值。

由图 1-27 可以看出有 4 个不同的区域。

①层流区,$Re\leqslant 2\ 000$。λ 与管壁粗糙度无关,和 Re 成直线关系。表达这一直线的方程即为式(1-50)。

②过渡区,$Re=2\ 000\sim4\ 000$。在此区域内层流或湍流的 $\lambda-Re$ 曲线均可应用。为安全起见,对于流动阻力的计算,一般将湍流时的曲线延伸,以查取 λ 值。

③湍流区,$Re\geqslant 4\ 000$ 及虚线以下的区域。这个区的特点是摩擦系数 λ 与 Re 及相对粗糙度 ε/d 都有关。当 ε/d 一定时,λ 随 Re 数的增大而减小,Re 值增至某一数值后 λ 值下降缓慢;当 Re 值一定时,λ 随 ε/d 的增加而增大。

④完全湍流区,图中虚线以上的区域。此区内的各 $\lambda-Re$ 曲线趋于水平线,即摩擦系数 λ 只与 ε/d 有关,与 Re 无关。直管流动阻力通式(1-48)为 $h_f=\lambda\frac{l}{d}\frac{u^2}{2}$,而 $\varepsilon/d=$ 常数时,此区内 $\lambda=$ 常数;若 l/d 为一定值时,则流动阻力所引起的机械能损失 h_f 与 u^2 成正比,所以此区又称为阻力平方区。相对粗糙度 ε/d 愈大的管道,达到阻力平方区的 Re 值愈低。

5. 流体在非圆形直管内的流动阻力

前面所讨论的都是流体在圆管内的流动。在化工生产中,还会遇到非圆形管道或设备。例如有些气体管道是方形的,有时流体也会在两根成同心圆的套管之间的环形通道内流过。前面计算 Re 及阻力损失 h_f 或 Δp_f 的式中的 d 是圆管直径,对于非圆形管如何解决呢?一般来讲,截面形状对速度分布及流动阻力的大小都会有影响。实验表明,在湍流情况下,对非圆形截面的通道,可以找到一个与圆形管直径 d 相当的“直径”来代替。为此,引进了水力半径 r_H 的概念。水力半径的定义是,流体在流道内的流通截面 A 与润湿周边长 Π 之比,即

$$r_H=\frac{A}{\Pi} \tag{1-61}$$

对于直径为 d 的圆形管子,流通截面积 $A=\frac{\pi}{4}d^2$,润湿周边长度 $\Pi=\pi d$,故

$$r_H=\frac{\frac{\pi}{4}d^2}{\pi d}=\frac{d}{4}$$

或 $$d=4r_H$$

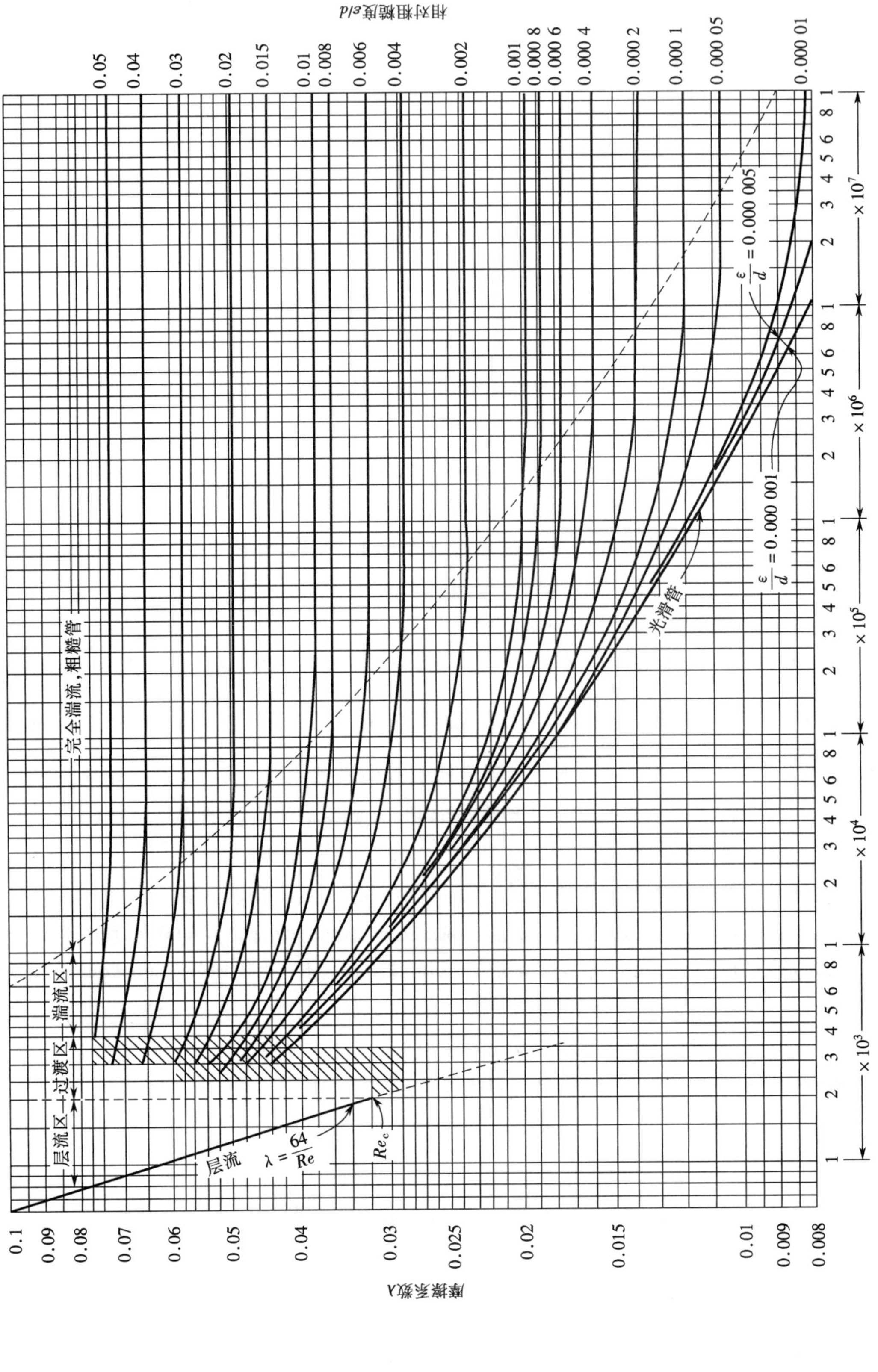

图1-27 摩擦系数与雷诺数及相对粗糙度的关系

即圆形管的直径为其水力半径的4倍。把这个概念推广到非圆形管，即非圆形管的“直径”也采用4倍的水力半径来代替，称为当量直径，以 d_e 表示，即

$$d_e = 4r_H \tag{1-62}$$

所以，流体在非圆形直管内作湍流流动时，其阻力损失仍可用式(1-48)及式(1-48a)计算，但应将式中及 Re 中的圆管直径 d 以当量直径 d_e 来代替。

有些研究结果表明，当量直径用于湍流情况下的阻力计算比较可靠。用于矩形管时，其截面的长宽之比不能超过3:1；用于环形截面时，其可靠性较差。层流时应用当量直径计算阻力的误差就更大，若必须采用式(1-61)及式(1-62)时，除将式(1-48)及式(1-48a)中的 d 换成 d_e 外，还须对层流时摩擦系数 λ 的计算式(1-50)进行修正，即

$$\lambda = \frac{C}{Re} \tag{1-63}$$

式中 C 为量纲为1的系数，一些非圆形管的系数 C 值见表1-3。

表1-3 某些非圆形管的系数 C 值

非圆形管的截面形状	正方形	等边三角形	环 形	长方形 长:宽=2:1	长方形 长:宽=4:1
系数 C	57	53	96	62	73

应予指出，不能用当量直径来计算流体通过的截面积、流速和流量，即式(1-48)、式(1-48a)及 Re 中的流速 u 是指流体的真实流速，不能用当量直径 d_e 来计算。

【例1-17】 一套管换热器的内管与外管均为光滑管，直径分别为 ϕ30 mm×2.5 mm 与 ϕ56 mm×3 mm。平均温度为40 ℃的水以10 m^3/h 的流量流过套管的环隙。试估算水通过环隙时每米管长的压力降。

解：设套管的外管内径为 d_1，内管外径为 d_2。水通过环隙的流速为

$$u = \frac{V_s}{A}$$

水的流通截面 $A = \frac{\pi}{4}d_1^2 - \frac{\pi}{4}d_2^2 = \frac{\pi}{4}(d_1^2 - d_2^2) = \frac{\pi}{4}(0.05^2 - 0.03^2) = 0.001\ 26\ \text{m}^2$

所以 $$u = \frac{10}{3\ 600 \times 0.001\ 26} = 2.2\ \text{m/s}$$

环隙的当量直径为 $d_e = 4r_H$

$$r_H = \frac{A}{\Pi} = \frac{\frac{\pi}{4}(d_1^2 - d_2^2)}{\pi(d_1 + d_2)} = \frac{d_1 - d_2}{4}$$

所以 $$d_e = 4 \times \frac{d_1 - d_2}{4} = d_1 - d_2 = 0.05 - 0.03 = 0.02\ \text{m}$$

由本教材附录查得水在40 ℃时，$\rho \approx 992\ \text{kg/m}^3$，$\mu = 65.6 \times 10^{-5}\ \text{Pa} \cdot \text{s}$，所以

$$Re = \frac{d_e u \rho}{\mu} = \frac{0.02 \times 2.2 \times 992}{65.6 \times 10^{-5}} = 6.65 \times 10^4$$

从计算结果可知流体流动属湍流。从图1-27光滑管的曲线上查得，在此 Re 值下，$\lambda=0.0196$。

根据式(1-48a)得水通过环隙时每米管长的压力降为

$$\frac{\Delta p_{\mathrm{f}}}{l}=\frac{\lambda}{d_{\mathrm{e}}}\frac{\rho u^2}{2}=\frac{0.019\,6}{0.02}\times\frac{992\times 2.2^2}{2}=2\ 353\ \mathrm{Pa/m}$$

1.5.2 管路上的局部阻力

流体在管路的进口、出口、弯头、阀门、扩大、缩小等局部位置流过时，其流速大小和方向都发生了变化，且流体受到干扰或冲击，使涡流现象加剧而消耗能量。由实验测知，流体即使在直管中为层流流动，但流过管件或阀门时也容易变为湍流。在湍流情况下，为克服局部阻力所引起的机械能损失有两种计算方法。

1. 阻力系数法

将克服局部阻力所引起的机械能损失表示成动能 $u^2/2$ 的一个函数，即

$$h_{\mathrm{f}}'=\zeta\frac{u^2}{2} \tag{1-64}$$

或

$$\Delta p_{\mathrm{f}}'=\zeta\frac{\rho u^2}{2} \tag{1-64a}$$

式中 ζ 称为局部阻力系数，一般由实验测定。因局部阻力的形式很多，为明确起见，常对 ζ 加注相应的下标。下面列举几种常用的局部阻力系数的求法。

1）突然扩大与突然缩小

管路由于直径改变而突然扩大或缩小所产生的能量损失，按式(1-64)及(1-64a)计算。式中的流速 u 均以小管的流速为准，局部阻力系数可根据小管与大管的截面积之比从图1-28所示的曲线上查得。

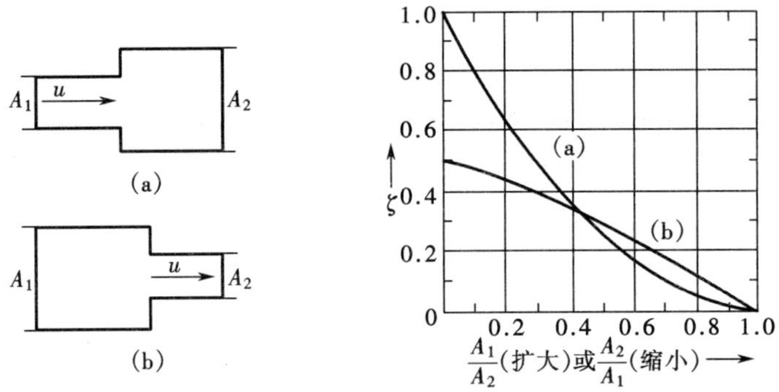

图1-28 突然扩大和突然缩小的局部阻力系数

(a)突然扩大 (b)突然缩小

2）进口与出口

流体自容器进入管内，可看做从很大的截面 A_1 突然进入很小的截面 A_2，即 $A_2/A_1\approx 0$。根据图1-28的曲线(b)，查出局部阻力系数 $\zeta_{\mathrm{c}}=0.5$。这种损失常称为进口损失，相应的系数 ζ_{c} 又称

为进口阻力系数。若管口圆滑或呈喇叭状,则局部阻力系数相应减小,为0.25~0.05。

流体自管子进入容器或从管子直接排放到管外空间,可看做自很小的截面 A_1 突然扩大到很大的截面 A_2,即 $A_1/A_2 \approx 0$。从图1-28中曲线(a),查出局部阻力系数 $\zeta_e = 1$。这种损失常称为出口损失,相应的阻力系数 ζ_e 又称为出口阻力系数。

流体从管子直接排放到管外空间时,管子出口内侧截面上的压力可取管外空间的压力。应指出,若出口截面选在管子出口的内侧,表示流体未离开管路,截面上仍具有动能,出口损失不应计入系统的总机械能损失 $\sum h_f$;若截面选在管子出口的外侧,表示流体已离开管路,截面上的动能为零,出口损失应计入系统的总机械能损失。

3)管件与阀门

管路上的配件如弯头、三通、活接头等总称为管件。常用管件或阀门的局部阻力系数见表1-4。

表1-4 常用管件和阀门的局部阻力系数

名称	局部阻力系数	名称	局部阻力系数
弯头45°	0.35	截止阀(全开)	6
弯头90°	0.75	截止阀(半开)	9.5
回弯头	1	角阀(全开)	2
管接头	0.04	止逆阀(球式)	70
活接头	0.04	止逆阀(摇板式)	2
闸阀(全开)	0.17	水表(盘式)	7
闸阀(半开)	4.5		

2. 当量长度法

流体流经管件、阀门等局部管路所引起的机械能损失,可仿照式(1-48)及式(1-48a)写成如下形式:

$$h_f' = \lambda \frac{l_e}{d}\frac{u^2}{2} \quad 或 \quad \Delta p'_f = \lambda \frac{l_e}{d}\frac{\rho u^2}{2} \tag{1-65}$$

式中 l_e 称为管件或阀门的当量长度,其单位为m,表示流体流过某一管件或阀门的局部阻力,相当于流过一段与其具有相同直径、长度为 l_e 之直管阻力。实际上是为了便于管路计算,把局部阻力折算成一定长度直管的阻力。

管件或阀门的当量长度数值都是由实验确定的。在湍流情况下,某些管件与阀门的当量长度可从图1-29所示的共线图查得。先于图左侧的竖直线上找出与所求管件或阀门相应的点,再在图右侧的标尺上定出与管内径相当的一点,两点连一直线与图中间的标尺相交,交点在标尺上的读数就是所求的当量长度。

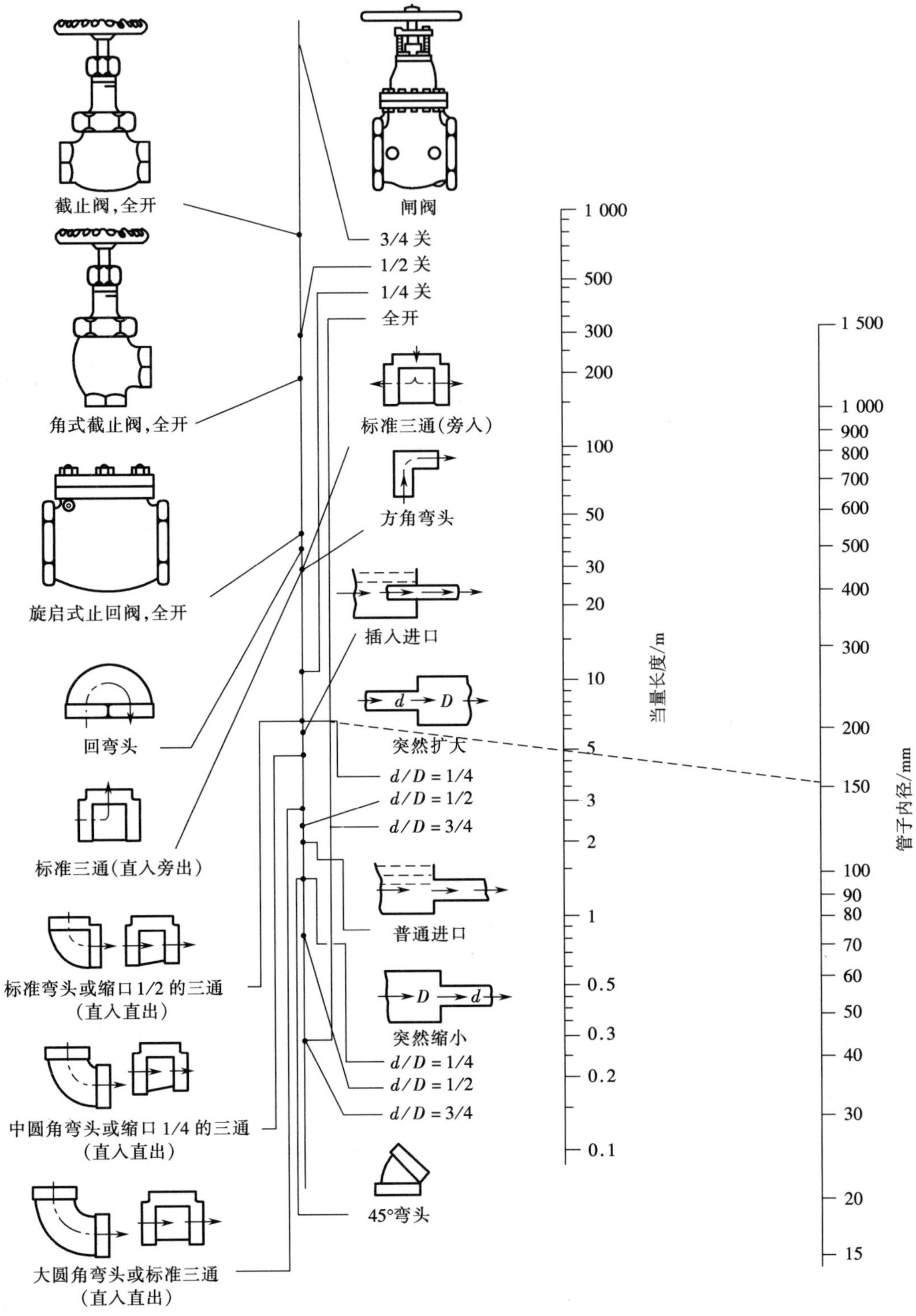

图 1-29 管件与阀门的当量长度共线图

有时用管道直径的倍数来表示局部阻力的当量长度。如对直径为9.5～63.5 mm 的90°弯头，l_e/d 的值约为30，由此对一定直径的弯头，即可求出其相应的当量长度。l_e/d 值由实验测出，各管件的 l_e/d 值可以从化工手册中查到。

管件、阀门等构造细节与加工精度往往差别很大，从手册中查得的 l_e 或 ζ 值只是约略值，局部阻力的计算也只是一种估算。

1.5.3 管路系统中的总机械能损失

管路系统中的总机械能损失常称为总阻力损失，是管路上全部直管阻力与局部阻力之和。这些阻力可以分别用有关公式进行计算。当流体流经直径不变的管路时，如果把局部阻力的一部分用当量长度法，而另一部分用局部阻力系数法来表示，则管路的总机械能损失为

$$\sum h_f = \left(\lambda \frac{\sum l_i + \sum l_e}{d} + \sum \zeta_j\right)\frac{u^2}{2} \tag{1-66}$$

式中 $\sum h_f$——管路系统中的总机械能损失，J/kg；

$\sum l_i$——管路系统中各段直管的总长度，m；

$\sum l_e$——管路系统一部分管件与阀门等的当量长度之和，m；

$\sum \zeta_j$——管路系统中另一部分管件等的局部阻力系数之和，量纲为1；

u——流体在管路中的流速，m/s；

其他符号的意义与式(1-48)相同。

应注意，上式适用于直径相同的管段或管路系统的计算，式中的流速 u 是指管段或管路系统的流速，由于管径相同，所以 u 可按任一管截面来计算。伯努利方程式中动能$\frac{u^2}{2}$项中的流速 u 是指相应的衡算截面处的流速。

另外，管件、阀门等的局部阻力可用两种方法计算。若用当量长度法，应包含在$\sum l_e$ 内；若用阻力系数法，则应包含在$\sum \zeta_j$，注意不要重复计算。

当管路由若干段直径不同的管段组成时，由于各段流速不同，管路的总机械能损失应分段计算，然后再求其总和。

【例1-18】 用泵把20℃的苯从地下贮罐送到高位槽，流量为300 L/min。泵吸入管用 ϕ89 mm×4 mm 的无缝钢管，直管长为15 m，管路上装有1个底阀(可粗略地按旋启式止回阀全开时计)、1个标准弯头；泵排出管用 ϕ57 mm×3.5 mm 的无缝钢管，直管长度为50 m，管路上装有1个全开的闸阀、1个全开的截止阀和3个标准弯头。贮罐及高位槽液面上方均为大气压。设贮罐及高位槽液面维持恒定。试求吸入管路和排出管路的阻力损失。

解：根据题意，画出流程示意图，如本例附图所示。

(1)吸入管路上的阻力损失$\sum h_{f,a}$

$$\sum h_{f,a} = h_{f,a} + h'_{f,a} = \left(\lambda_a \frac{l_a + \sum l_{e,a}}{d_a} + \zeta_c\right)\frac{u_a^2}{2}$$

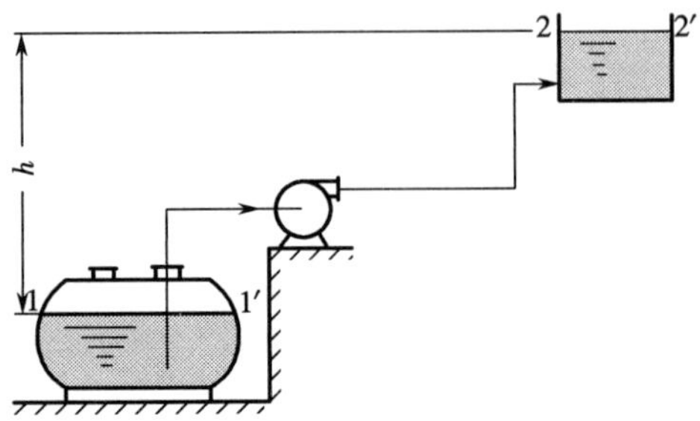

例1-18附图

式中$d_a=89-2\times4=81\ \text{mm}=0.081\ \text{m}, l_a=15\ \text{m}$。

由图1-29查出的管件、阀门的当量长度分别为：

底阀(按旋启式止回阀全开时计) 6.3 m

标准弯头 2.7 m

故 $\sum l_{e,a}=6.3+2.7=9\ \text{m}$

进口阻力系数$\zeta_c=0.5$。

$$u_a=\frac{300}{1\,000\times60\times\frac{\pi}{4}\times0.081^2}=0.97\ \text{m/s}$$

从本教材附录查得20℃时，苯的密度为879 kg/m³，黏度为7.37×10^{-4} Pa·s。

$$Re_a=\frac{d_au_a\rho}{\mu}=\frac{0.081\times0.97\times879}{7.37\times10^{-4}}=9.37\times10^4$$

参考表1-2，取管壁的绝对粗糙度$\varepsilon=0.3$ mm，$\varepsilon/d=0.3/81=0.003\,7$，由图1-27查得$\lambda=0.03$。故

$$\sum h_{f,a}=\left(0.03\times\frac{15+9}{0.081}+0.5\right)\times\frac{0.97^2}{2}=4.42\ \text{J/kg}$$

(2)排出管路上的阻力损失$\sum h_{f,b}$

排出管路的局部阻力损失采用阻力系数法计算

$$\sum h_{f,b}=\left(\lambda_b\frac{l_b}{d_b}+\sum\zeta_b+\zeta_e\right)\frac{u_b^2}{2}$$

式中$d_b=57-2\times3.5=50\ \text{mm}=0.05\ \text{m}, l_b=50\ \text{m}$

由表1-4查出管件、阀门的局部阻力系数分别为：

全开闸阀 0.17

全开截止阀 6

三个标准弯头 $3\times0.75=2.25$

故 $\sum\zeta_b=0.17+6+2.25=8.42$

出口阻力系数$\zeta_e=1$

$$u_b=\frac{300}{1\,000\times60\times\frac{\pi}{4}\times0.05^2}=2.55\ \text{m/s}$$

$$Re=\frac{0.05\times2.55\times879}{7.37\times10^{-4}}=1.52\times10^5$$

仍取管壁绝对粗糙度为$\varepsilon=0.3$ mm，$\varepsilon/d=0.3/50=0.006$，由图1-27查得$\lambda=0.032$

故 $$\sum h_{f,b}=\left(0.032\times\frac{50}{0.05}+8.42+1\right)\frac{2.55^2}{2}=134.67\ \text{J/kg}$$

局部阻力的计算可采用当量长度法，也可采用阻力系数法，由于管件、阀门的当量长度和局部阻力系数都是经验值，用不同的方法计算结果会有一定的偏差。

1.6 管路计算

演示文稿

管路计算实际上是连续性方程、伯努利方程与机械能损失计算式的具体运用。管路计算可以分为设计型计算和操作型计算。设计型计算是给定流体输送任务，要求设计者计算所需管长和管径，选择经济合理的管路及输送设备。操作型计算是对指定的管路系统，核算是否能够完成输送任务，或者核算当某些操作参数改变时，原有管路系统能否完成输送任务。在实际工作中常遇到的管路计算问题，归纳起来有以下 3 种情况。

①已知管径、管长、管件和阀门的设置及流体的输送量，求流体通过管路系统的机械能损失，以便进一步确定输送设备所加入的外功、设备内的压力或设备间的相对位置等。这一类计算比较容易。

②已知管径、管长、管件和阀门的设置及允许的能量损失，求流体的流速或流量。

③已知管长、管件或阀门的当量长度、流体的流量及允许的能量损失，求管径。

后两种情况都存在着共同性问题，即流速 u 或管径 d 未知，因此不能计算 Re 值，则无法判断流体的流型，所以亦不能确定摩擦系数 λ。在这种情况下，工程计算常采用试差法或其他方法来求解。

化工管路按其连接和配置的情况，又可以分为两类，一类为简单管路，另一类为复杂管路。简单管路是指流体从入口到出口始终在一条管路中流动，可能管路有直径的变化，但没有管路的分支或汇合。复杂管路包括并联管路和分支管路。下面通过例题来介绍各类管路的计算。

1.6.1 简单管路

【例 1-19】 在例 1-18 的管路系统中，若高位槽液面比贮罐液面高 10 m，泵的效率为 70%。试求泵的轴功率。

解：取贮罐液面为上游截面 1—1′，高位槽液面为下游截面 2—2′，并以截面 1—1′为基准面，在两截面间列伯努利方程，即

$$gZ_1 + \frac{u_1^2}{2} + \frac{p_1}{\rho} + W_e = gZ_2 + \frac{u_2^2}{2} + \frac{p_2}{\rho} + \sum h_f$$

式中 $Z_1 = 0, Z_2 = 10\ \text{m}, p_1 = p_2$。

因贮罐和高位槽的截面与管道相比都很大，故 $u_1 \approx 0, u_2 \approx 0$。因此，伯努利方程可以简化为

$$W_e = 9.81 \times 10 + \sum h_f = 98.1 + \sum h_f$$

一般泵的进、出口以及泵体内的能量损失均考虑在泵的效率内。

例 1-18 中已求出管路系统的总机械能损失为

$$\sum h_f = \sum h_{f,a} + \sum h_{f,b} = 4.42 + 134.67 = 139.09\ \text{J/kg}$$

所以 $$W_e = 98.1 + 139.09 = 237.19\ \text{J/kg}$$

苯的质量流量为

$$w_s = V_s\rho = \frac{300}{1\ 000\times 60}\times 879 = 4.40\ \text{kg/s}$$

泵的有效功率为

$$N_e = W_e w_s = 237.19\times 4.40 = 1\ 043.6\ \text{W} \approx 1.04\ \text{kW}$$

泵的轴功率为

$$N = N_e/\eta = 1.04/0.7 = 1.49\ \text{kW}$$

从本例计算结果看，外加输送机械（泵）所做的功，大部分用于克服管路的阻力损失，工程上，在设计这样的管路系统时，应尽可能减小管路阻力损失，从而降低输送机械能耗。

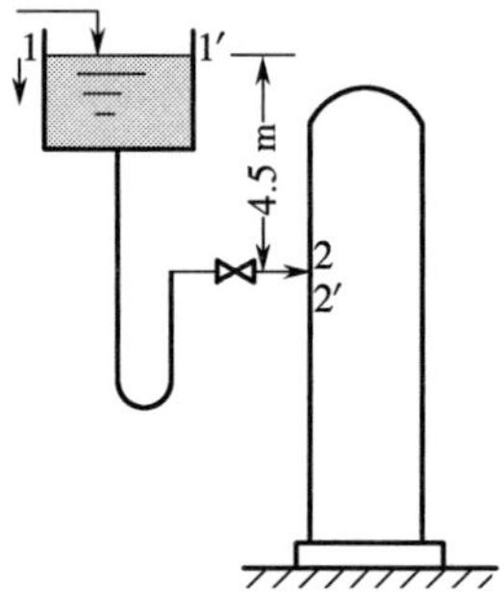

例1-20 附图1

【例1-20】 如本例附图1所示，密度为950 kg/m^3、黏度为1.24 mPa·s的料液从高位槽送入塔中，高位槽内的液面维持恒定，并高于塔的进料口4.5 m，塔内表压力为3.82×10^3 Pa。送液管道的直径为ϕ45 mm×2.5 mm，长为35 m（包括管件及阀门的当量长度，但不包括进、出口损失），管壁的绝对粗糙度为0.2 mm。试求输送料液流量（m^3/h）。

解：以高位槽液面为上游截面1—1′，输液管出口内侧为下游截面2—2′，并以截面2—2′的管中心线所在的水平面为基准面。在两截面间列伯努利方程，即

$$gZ_1 + \frac{u_1^2}{2} + \frac{p_1}{\rho} = gZ_2 + \frac{u_2^2}{2} + \frac{p_2}{\rho} + \sum h_f$$

式中 $Z_1 = 4.5\text{m}, Z_2 = 0, u_1 \approx 0, u_2 = u, p_1 = 0$（表压），$p_2 = 3.82\times 10^3\text{Pa}$（表压）

$$\sum h_f = \left(\lambda\frac{l+\sum l_e}{d} + \zeta_c\right)\frac{u^2}{2} = \left(\lambda\frac{35}{0.04} + 0.5\right)\frac{u^2}{2}$$

将以上各值代入伯努利方程，并整理得出管内料液的流速为

$$u = \sqrt{\frac{2\left(9.81\times 4.5 - \dfrac{3.82\times 10^3}{950}\right)}{\lambda\dfrac{35}{0.04} + 1.5}} = \sqrt{\frac{80.25}{875\lambda + 1.5}} \tag{a}$$

而 $$\lambda = f(Re, \varepsilon/d) = \phi(u) \tag{b}$$

上两式中虽只有两个未知数λ与u，但还不能对u进行求解。由于式（b）的具体函数关系与流体的流型有关，现u为未知，故不能计算Re值，也就无法判断流型。在化工生产中黏性不大的流体在管内流动时多为湍流。在湍流情况下，不同Re范围，式（b）的具体关系不同，即使可推测出Re的大致范围，将相应的式（b）具体关系代入式（a），往往得到难解的复杂方程式，故经常采用试差法求算u。即假设一个λ值，代入式（a）算出u值，利用此u值计算Re。根据算出的Re值及ε/d值，从图1-27查出λ'值。若查得λ'值与假设值相符或接近，则假设的数值可接受；如不相符，需另设一λ值，重复上面计算，直至所设λ值与查出的λ'值相符或接近为止。一般情况下要求$\left|\dfrac{\lambda'-\lambda}{\lambda}\right| \leqslant 3\%$。

λ 的初值可暂取流动已进入阻力平方区时的数值。根据 $\varepsilon/d=0.2/40=0.005$，从图 1-27 查得 $\lambda=0.03$，故设 $\lambda=0.03$，代入式(a)，得

$$u=\sqrt{\frac{80.25}{875\times0.03+1.5}}=1.70\ \text{m/s}$$

于是 $$Re=\frac{du\rho}{\mu}=\frac{0.04\times1.70\times950}{1.24\times10^{-3}}=5.21\times10^4$$

根据 Re 及 ε/d 值从图 1-27 查得 $\lambda'=0.032$。查出的 λ'值与假设的 λ 值不相符，故应进行第二次试算。重设 $\lambda=0.032$，代入式(a)，解得 $u=1.65\text{m/s}$。由此 u 值算出 $Re=5.06\times10^4$，在图 1-27 中查得 $\lambda'=0.0322$。查出的 λ'值与所设 λ 值基本相符，故根据第二次试算的结果知 $u=1.65\ \text{m/s}$。输液流量为

$$V_h=3\,600\times\frac{\pi}{4}d^2u=3\,600\times\frac{\pi}{4}\times0.04^2\times1.65=7.46\ \text{m}^3/\text{h}$$

上面用试差法求算流速时，也可先假设 u 值而由式(a)算出 λ 值，再以所假设的 u 算出 Re 值，并根据 Re 及 ε/d 从图 1-27 查出 λ 值，将此值与由式(a)解出的 λ 值相比较，从而判断所设之 u 值是否合适。

本例试差计算步骤可用框图(本例附图 2)来表示。

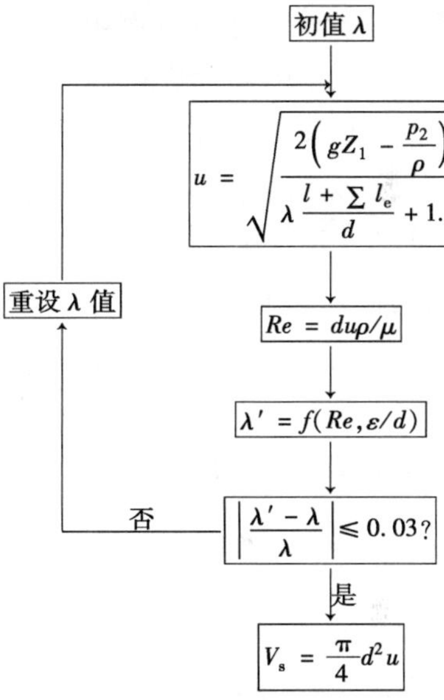

例 1-20 附图 2

应予指出，试差法不但可用于管路计算，而且在以后一些章节中经常会用到。试差法并不是用一个方程解两个未知数，它仍然遵循有几个未知数就应有几个方程来求解的原则，只是其中一些方程式比较复杂，或具体函数关系为未知，仅给出变量关系曲线图，这时可借助试差法。在试算之前，对所要解决的问题应作一番了解，才能避免反复试算。例如，对于管路的计算，流速 u 初值的选取可参考表 1-1 的经验数据，而摩擦系数 λ 的初值可采用流动已进入阻力平方区时的数值。

1.6.2 复杂管路

复杂管路如图 1-30 所示，其中图 1-30(a)为并联管路，即在主管 A 处分为两支或多支的支管，然后在 B 处又汇合起来。图 1-30(b)为分支管路，在主管 C 处有分支，但最终不再汇合。

并联管路与分支管路中各支管的流量彼此影响，相互制约。它们的流动情况虽比简单管路复杂，但仍然遵循能量衡算与质量衡算的原则。

并联管路与分支管路的计算内容有：

①已知总流量和各支管的尺寸，要求计算各支管的流量；

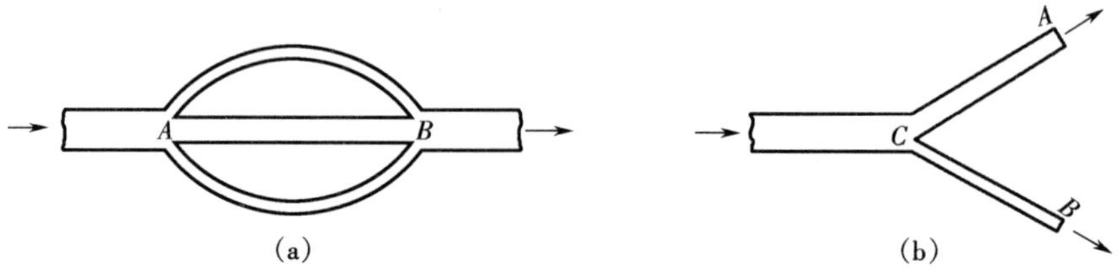

图 1-30 并联管路与分支管路示意图

②已知各支管的流量、管长及管件、阀门的设置，要求选择合适的管径；

③在已知的输送条件下，计算输送设备应提供的功率。

下面通过例题来说明复杂管路中的流动规律及计算方法。

【例 1-21】 如本例附图所示的并联管路中：支管 1 直径为 ϕ56 mm×2 mm，其长度为 30 m；支管 2 直径为 ϕ85 mm×2.5 mm，其长度为 50 m。总管路中水的流量为 60 m^3/h，试求水在两支管中的流量。

各支管的长度均包括局部阻力的当量长度。为了略去试差法的计算内容，取两支管的摩擦系数 λ 相等。

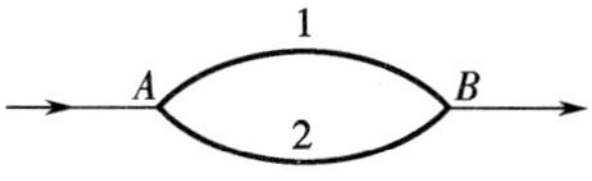

例 1-21 附图

解：在 A、B 两截面间列伯努利方程，即

$$gZ_A + \frac{u_A^2}{2} + \frac{p_A}{\rho} = gZ_B + \frac{u_B^2}{2} + \frac{p_B}{\rho} + \sum h_{f,A-B}$$

对于支管 1，可写为

$$gZ_A + \frac{u_A^2}{2} + \frac{p_A}{\rho} = gZ_B + \frac{u_B^2}{2} + \frac{p_B}{\rho} + \sum h_{f,1}$$

对于支管 2，可写为

$$gZ_A + \frac{u_A^2}{2} + \frac{p_A}{\rho} = gZ_B + \frac{u_B^2}{2} + \frac{p_B}{\rho} + \sum h_{f,2}$$

比较以上三式，得

$$\sum h_{f,A-B} = \sum h_{f,1} = \sum h_{f,2} \tag{a}$$

上式表示并联管路中各支管的阻力损失相等。

另外，主管中的流量必等于各支管流量之和，即

$$V_s = V_{s,1} + V_{s,2} = 60/3\ 600 = 0.016\ 7\ \text{m}^3/\text{s} \tag{b}$$

上两式为并联管路的流动规律，尽管各支管的长度、直径相差悬殊，但单位质量的流体流经两支管的机械能损失必然相等，因此流经各支管的流量或流速受式(a)及式(b)所约束。

对于支管 1

$$\sum h_{f,1} = \lambda_1 \frac{l_1 + \sum l_{e,1}}{d_1}\frac{u_1^2}{2} = \lambda_1 \frac{l_1 + \sum l_{e,1}}{d_1}\frac{\left(\dfrac{V_{s,1}}{\dfrac{\pi}{4}d_1^2}\right)^2}{2}$$

对于支管 2

$$\sum h_{f,2}=\lambda_2\frac{l_2+\sum l_{e,2}}{d_2}\frac{u_2^2}{2}=\lambda_2\frac{l_2+\sum l_{e,2}}{d_2}\frac{\left(\frac{V_{s,2}}{\frac{\pi}{4}d_2^2}\right)^2}{2}$$

将以上两式代入式(a),即

$$\lambda_1\frac{l_1+\sum l_{e,1}}{2d_1}\frac{V_{s,1}^2}{\left(\frac{\pi}{4}d_1^2\right)^2}=\lambda_2\frac{l_2+\sum l_{e,2}}{2d_2}\frac{V_{s,2}^2}{\left(\frac{\pi}{4}d_2^2\right)^2}$$

由于 $\lambda_1=\lambda_2$,则上式简化为

$$\frac{l_1+\sum l_{e,1}}{d_1^5}V_{s,1}^2=\frac{l_2+\sum l_{e,2}}{d_2^5}V_{s,2}^2$$

所以 $$V_{s,1}=V_{s,2}\sqrt{\frac{l_2+\sum l_{e,2}}{l_1+\sum l_{e,1}}\left(\frac{d_1}{d_2}\right)^5}=V_{s,2}\sqrt{\frac{50}{30}\left(\frac{0.052}{0.08}\right)^5}=0.44V_{s,2}$$

上式与式(b)联立,解得

$V_{s,1}=0.005\ 1\ \mathrm{m^3/s}=18.36\ \mathrm{m^3/h}$,$V_{s,2}=0.011\ 6\ \mathrm{m^3/s}=41.76\ \mathrm{m^3/h}$

本例为并联管路的操作型计算,题目中假设两支管的摩擦系数相等,简化了计算。实际上,由于两支管流量不同,管径不同,使得 *Re* 不等,所以两支管的摩擦系数应不等,严格计算需要试差。

【例 1-22】 12 ℃的水在本例附图所示的管路系统中流动。已知左侧支管的直径为 ϕ70 mm×2 mm,直管长度及管件、阀门的当量长度之和为 42 m;右侧支管的直径为 ϕ76 mm×2 mm,直管长度及管件、阀门的当量长度之和为 84 m。管路摩擦系数 λ 为 0.027,连接两支管的三通及管路出口的局部阻力可以忽略不计,并且 *a*、*b* 两槽的水面维持恒定。若总流量为 55 m³/h,试求流向两槽的流量。

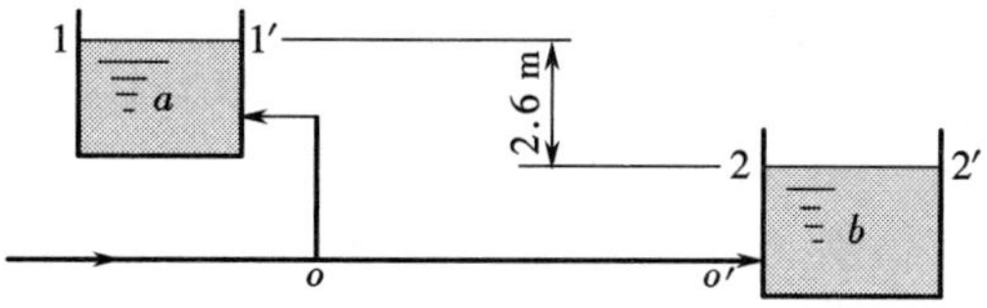

例 1-22 附图

解:设 *a*、*b* 两槽的水面分别为截面 1—1′与 2—2′,分叉处的截面为 *o*—*o*′(三通上游),分别在截面 *o*—*o*′与 1—1′间、*o*—*o*′与 2—2′间列伯努利方程,得

$$gZ_o+\frac{u_o^2}{2}+\frac{p_o}{\rho}=gZ_1+\frac{u_1^2}{2}+\frac{p_1}{\rho}+\sum h_{f,o-1}$$

$$gZ_o+\frac{u_o^2}{2}+\frac{p_o}{\rho}=gZ_2+\frac{u_2^2}{2}+\frac{p_2}{\rho}+\sum h_{f,o-2}$$

上两式等号左侧都代表单位质量流体在截面 *o*—*o*′处的总机械能,故两式的等号右侧必相等,即

$$gZ_1+\frac{u_1^2}{2}+\frac{p_1}{\rho}+\sum h_{f,o-1}=gZ_2+\frac{u_2^2}{2}+\frac{p_2}{\rho}+\sum h_{f,o-2} \tag{a}$$

同时,主管流量等于各支管流量之和,即

$$V_s=V_{s,a}+V_{s,b} \tag{b}$$

式(a)及式(b)为流体在分支管路内的流动规律。式(a)表明,尽管 a、b 槽的位置、槽内液面上方压力不同,各支管的长度、直径以及支管内液体流速也有差异,但单位质量流体在各支管流动终了时的总机械能与流体流经支管的机械能损失之和必相等。

本例中,因 a、b 两槽均为敞口,故 $p_1=p_2$;两槽截面比管截面大得多,故 $u_1\approx 0$,$u_2\approx 0$;若以截面 2—2′为基准水平面,则 $Z_1=2.6\ \text{m}$,$Z_2=0$。两支管的阻力损失为

$$\sum h_{f,o-1}=\lambda_a\frac{l_a+\sum l_{e,a}}{d_a}\frac{u_a^2}{2}=0.027\frac{42}{0.066}\times\frac{u_a^2}{2}=8.591u_a^2$$

$$\sum h_{f,o-2}=\lambda_b\frac{l_b+\sum l_{e,b}}{d_b}\frac{u_b^2}{2}=0.027\frac{84}{0.072}\times\frac{u_a^2}{2}=15.75u_b^2$$

下标 a、b 分别表示通往 a 槽和 b 槽的支管

故式(a)可简化为

$$9.81\times 2.6+8.591u_a^2=15.75u_b^2 \tag{c}$$

同样,整理(b)式,可得

$$\frac{55}{3\ 600}=\frac{\pi}{4}\times 0.066^2u_a+\frac{\pi}{4}\times 0.072^2u_b \tag{d}$$

联立求解式(c)与式(d),得到

$$u_a=2.088\ \text{m/s},u_b=1.999\ \text{m/s}$$

所以,两支管流量为

$$V_a=\frac{\pi}{4}\times 0.066^2\times 2.088\times 3\ 600=25.70\ \text{m}^3/\text{h}$$

$$V_b=\frac{\pi}{4}\times 0.072^2\times 1.999\times 3\ 600=29.29\ \text{m}^3/\text{h}$$

【例 1-23】 如本例附图所示,用泵输送密度为 710 kg/m^3 的油品,从贮槽输送到泵出口以后分成两支路,一支路送到 A 塔顶部,2-3 段管路尺寸为 $\phi 57\ \text{mm}\times 3\ \text{mm}$,$A$ 塔顶部压力为 9.8×10^5 Pa(表);另一支路送到 B 塔中部,2—4 段管路尺寸为 $\phi 42\ \text{mm}\times 2.5\ \text{mm}$,$B$ 塔中部压力为 1.08×10^6 Pa(表)。贮槽 C 内液面维持恒定,液面上方压力为 4.9×10^4 Pa(表),1-2 段管路尺寸为 $\phi 83\ \text{mm}\times 3.5\ \text{mm}$。油品流经各管段的阻力损失分别为:由截面 1—1′至截面 2—2′(三通上游)为 $8u^2$,由截面 2—2′至截面 3—3′(管出口内侧)为 $23u^2$,由截面 2—2′至截面 4—4′(管出口内侧)为 $11u^2$,其中 u 为管路内流速。各截面离地面的距离如本例附图所示。泵的效率为60%,已测得由泵经 2—4 管路输送到 B 塔的流量为 7 m^3/h,试求:

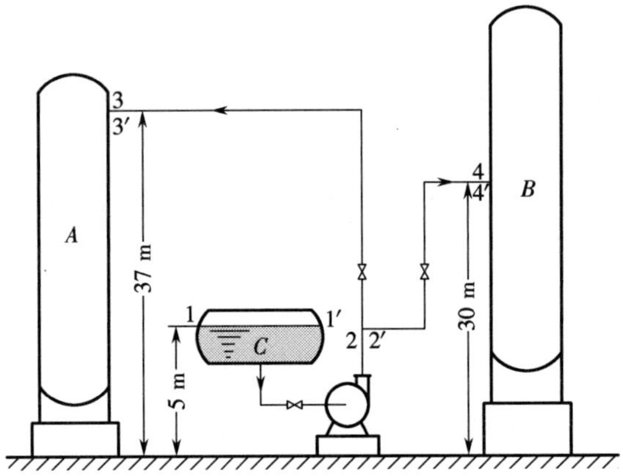

例 1-23 附图

(1)泵的轴功率,kW;

(2)现希望将输送至 B 塔的流量提高到 9 m^3/h,而输送至 A 塔的流量不变,泵的轴功率需增加到多少?应如何调节管路。

解:(1)为求泵的轴功率,需计算出泵对 1 kg 油品所提供的有效能量 W_e 和经过泵的流量,先利用分支管路特性求 2—3 支管流量,列出方程如下:

$$Z_3g+\frac{u_3^2}{2}+\frac{p_3}{\rho}+\sum h_{f,2-3}=Z_4g+\frac{u_4^2}{2}+\frac{p_4}{\rho}+\sum h_{f,2-4}$$

式中 $Z_3=37\ \text{m}, Z_4=30\ \text{m}, p_3=9.8\times10^5\ \text{Pa}, p_4=1.08\times10^6\ \text{Pa}, \sum h_{f,2-3}=23u_3^2, \sum h_{f,2-4}=11u_4^2$

$$u_4=\frac{7\times4}{3\ 600\pi\times0.037^2}=1.809\ \text{m/s}$$

代入上式,得

$$37\times9.81+\frac{u_3^2}{2}+\frac{9.8\times10^5}{710}+23u_3^2=30\times9.81+\frac{1.809^2}{2}+\frac{1.08\times10^6}{710}+11\times1.809^2$$

解得 $u_3=2.162\ \text{m/s}$

2—3 支管流量 $V_{s3}=\frac{\pi}{4}\times0.051^2\times2.162=0.004\ 414\ \text{m}^3/\text{s}=15.89\ \text{m}^3/\text{h}$

总流量 $V_s=15.89+7=22.89\ \text{m}^3/\text{h}$

主管内流速 $u_2=\frac{22.89\times4}{3\ 600\pi\times0.076^2}=1.402\ \text{m/s}$

在截面 1—1′与 4—4′间列伯努利方程,并以地面为基准水平面

$$Z_1g+\frac{u_1^2}{2}+\frac{p_1}{\rho}+W_e=Z_4g+\frac{u_4^2}{2}+\frac{p_4}{\rho}+\sum h_{f,1-2}+\sum h_{f,2-4}$$

式中 $Z_1=5\ \text{m}, Z_4=30\ \text{m}, p_1=4.9\times10^4\ \text{Pa}, p_4=1.08\times10^6\ \text{Pa}, \sum h_{f,1-2}=8u_2^2, \sum h_{f,2-4}=11u_4^2$

代入上式,得

$$5\times9.81+\frac{4.9\times10^4}{710}+W_e=30\times9.81+\frac{1.08\times10^6}{710}+8\times1.402^2+11.5\times1.809^2$$

解得 $W_e=1\ 750.72\ \text{J/kg}$

质量流量 $w_s=22.89\times710/3\ 600=4.514\ \text{kg/s}$,则

$$N=\frac{W_ew_s}{\eta}=\frac{1\ 750.72\times4.514}{0.6}=13\ 171.25\ \text{W}=13.17\ \text{kW}$$

(2)流量增大后 2—4 支管的流速为 $u_4=\frac{9\times4}{3\ 600\pi\times0.037^2}=2.326\ \text{m/s}$

2—3 支管流量不变,即 $V_{s3}=15.89\ \text{m}^3/\text{h}$

总流量 $V_s=15.89+9=24.89\ \text{m}^3/\text{h}$

主管内流速 $u_2=\frac{24.89\times4}{3\ 600\pi\times0.076^2}=1.525\ \text{m/s}$

同样在截面 1—1′与 4—4′间列伯努利方程,并以地面为基准水平面

$$Z_1g+\frac{u_1^2}{2}+\frac{p_1}{\rho}+W_e=Z_4g+\frac{u_4^2}{2}+\frac{p_4}{\rho}+\sum h_{f,1-2}+\sum h_{f,2-4}$$

式中 $Z_1=5\ \text{m}, Z_4=30\ \text{m}, p_1=4.9\times10^4\ \text{Pa}, p_4=1.08\times10^6\ \text{Pa}, \sum h_{f,1-2}=8u_2^2, \sum h_{f,2-4}=11u_4^2$

代入上式，得

$$5\times9.81+\frac{4.9\times10^4}{710}+W_e=30\times9.81+\frac{1.08\times10^6}{710}+8\times1.525^2+11.5\times2.326^2$$

解得 $W_e=1\ 778.19\ \text{J/kg}$

质量流量 $w_s=24.89\times710/3\ 600=4.909\ \text{kg/s}$，则

$$N=\frac{W_e w_s}{\eta}=\frac{1\ 778.19\times4.909}{0.6}=1\ 4548.56\ \text{W}=14.55\ \text{kW}$$

根据分支管路特性，当支管2—4流量增大时，2—3管路流量也会增大，若想维持2—3管路流量不变，需将2—3管路上的阀门关小，若关小阀门产生的阻力损失用$\zeta\frac{u^2}{2}$表示，则

$$Z_3g+\frac{u_3^2}{2}+\frac{p_3}{\rho}+\zeta\frac{u_3^2}{2}+23u_3^2=Z_4g+\frac{u_4^2}{2}+\frac{p_4}{\rho}+11u_4^2$$

式中2—4支管的流速为$u_4=2.326\ \text{m/s}$，2—3支管流速不变，即$u_3=2.162\ \text{m/s}$，代入数据得

$$37\times9.81+\frac{9.8\times10^5}{710}+\zeta\frac{2.162^2}{2}+23.5\times2.162^2=30\times9.81+\frac{1.08\times10^6}{710}+11.5\times2.326^2$$

解出 $\zeta=10.50$

从上面的计算可以看出，由于2—4支管的流量提高，需要提高泵的轴功率以满足输送要求，但这时2—3支管的流量也增大了，操作时要将2—3支管上的阀门关小，使流量降到原来的数值。关小阀门使阀门的局部阻力系数增大，额外产生的机械能损失为$10.50\times\frac{2.162^2}{2}=24.54\ \text{J/kg}$。

工程案例

1.7 流量测量

演示文稿

流体的流量是化工生产过程中的重要参数之一，为了控制生产过程能稳态进行，就必须经常了解操作条件，如压力、流量等，并加以调节和控制。进行科学实验时，也往往需要准确测定流体的流量。测量流量的仪表是多种多样的，下面仅介绍几种根据流体流动时各种机械能相互转换关系而设计的流速计与流量计。

1.7.1 测速管

测速管又称皮托(Pitot)管，如图1-31所示。它由两根弯成直角的同心套管所组成，外管的管口是封闭的，在外管前端壁面四周开有若干测压小孔，为了减小误差，测速管的前端经常做成半球形以减少涡流。测量时，测速管可以放在管截面的任一位置上，并使管口正对着管道中流体的流动方向，外管与内管的末端分别与液柱压差计的两臂相连接。

根据上述情况，测速管的内管所感应的为管口所在位置的局部流体的动压$\rho u_r^2/2$与静压p之和，称为冲压，即

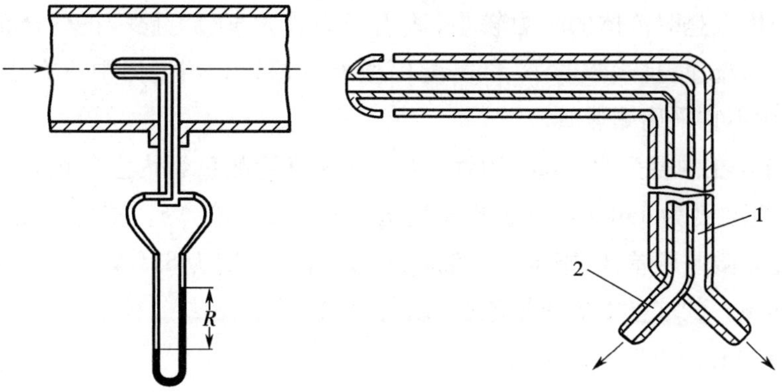

图 1-31 测速管

1—静压管 2—冲压管

$$p_A = \frac{\rho u_r^2}{2} + p$$

式中 u_r——流体在测量点处的局部流速，m/s。

由于测速管外管前端壁面四周的测压孔口截面与管道中流体的流动方向相平行，故侧面测压孔所感应的只能是流体的静压 p，即

$$p_B = p$$

测量点处的冲压与静压之差 Δp 为

$$\Delta p = p_A - p_B = \frac{\rho u_r^2}{2}$$

于是测量点处局部流速为

$$u_r = \sqrt{2\Delta p/\rho} \tag{1-67}$$

式中 Δp 值由液柱压差计的读数 R 来确定。Δp 与 R 的关系式随所用的液柱压差计的形式而异，可根据流体静力学基本方程进行推导。

测速管只能测出流体在管道截面上某一点处的局部流速，称为点速度。欲得到管截面上的平均流速，可将测速管口置于管道的中心线上，以测量流体的最大流速 u_{max}，然后利用图 1-20 的 u/u_{max} 与按最大流速计算的雷诺数 Re_{max} 的关系曲线，计算管截面的平均流速 u。图中的 $Re_{max} = du_{max}\rho/\mu$，$d$ 为管道内径。

这里应注意，图 1-20 所表示的 u/u_{max} 与 Re_{max} 的关系，是在经过稳定段之后才出现的。因此用测速管测量流速时，测量点应在稳定段以后。一般要求测速管的外管直径不大于被测流体流动管道内径的 1/50。

测速管的制造精度影响测量的准确度，故严格说来，式(1-67)的等号右边应乘以一校正系数 C，即

$$u_r = C\sqrt{2\Delta p/\rho} \tag{1-67a}$$

对于标准的测速管，$C=1$；通常取 $C=0.98 \sim 1.00$。可见 C 值很接近于1，故实际使用时

常常也可不进行校正。

测速管的优点是对流体的阻力较小，适用于测量大直径管路中的气体流速。测速管不能直接测出平均流速，且读数较小，常需配用微差压差计。当流体中含有固体杂质时，会将测压孔堵塞，故不宜采用测速管。

【例1-24】 在内径为300 mm的管道中，以测速管测量管内空气的流量。测量点处的温度为20℃，真空度为490 Pa，当地的大气压为 9.866×10^4 Pa。测速管插至管道的中心线处。测压装置为微差压差计，指示液是油和水，其密度分别为835 kg/m³和998 kg/m³，测得的读数为80 mm。试求空气的质量流量（以每小时计）。

解：(1)管中心处空气的最大流速

根据式(1-67)知，管中心处的流速为

$$u_{max}=\sqrt{2\Delta p/\rho}$$

用 ρ_A 和 ρ_C 分别表示水和油的密度，对于微差压差计，上式中

$$\Delta p=gR(\rho_A-\rho_C)$$

所以

$$u_{max}=\sqrt{\frac{2gR(\rho_A-\rho_C)}{\rho}} \tag{a}$$

式中 ρ 为空气的密度，可根据测量点处温度和压力计算。

空气在测量点处的压力 = 98 660 − 490 = 98 170 Pa，则

$$\rho=\frac{29}{22.4}\times\frac{273}{273+20}\times\frac{98\ 170}{101\ 330}=1.17\ \text{kg/m}^3$$

将已知值代入式(a)，得

$$u_{max}=\sqrt{\frac{2\times9.81\times0.08\times(998-835)}{1.17}}=14.8\ \text{m/s}$$

(2)测量点处管截面的空气平均速度

由本教材附录查得20℃时空气的黏度为 1.81×10^{-5} Pa·s，则按最大速度计算的雷诺数 Re_{max} 为

$$Re_{max}=\frac{du_{max}\rho}{\mu}=\frac{0.3\times14.8\times1.17}{1.81\times10^{-5}}=2.87\times10^5$$

由图1-20查得，当 $Re_{max}=2.87\times10^5$ 时，$u/u_{max}=0.84$，故空气的平均流速为

$$u=0.84u_{max}=0.84\times14.8=12.4\ \text{m/s}$$

(3)空气的质量流量

$$w_h=3\ 600\times\frac{\pi}{4}d^2u\rho=3\ 600\times\frac{\pi}{4}\times0.3^2\times12.4\times1.17=3\ 690\ \text{kg/h}$$

1.7.2 孔板流量计

在管道里插入一片与管轴垂直并通常带有圆孔的金属板，孔的中心位于管道的中心线上，如图1-32所示。这样构成的装置，称为孔板流量计。孔板称为节流元件。

当流体流过小孔以后，由于惯性作用，流动截面并不立即扩大到与管截面相等，而是继

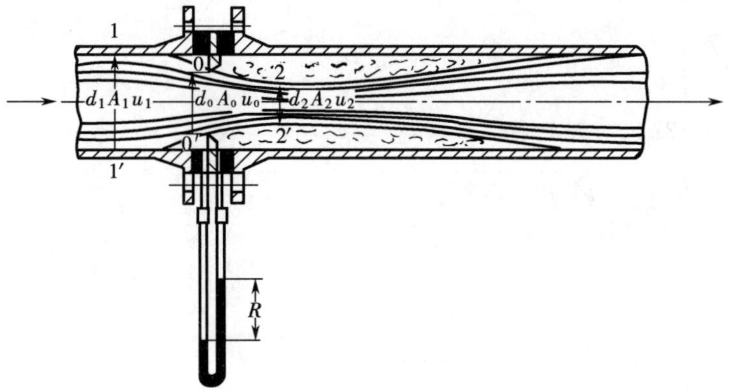

图 1-32 孔板流量计

续收缩一定距离后才逐渐扩大到整个管截面。流动截面最小处(如图中截面 2—2′)称为缩脉。流体在缩脉处的流速最高,即动能最大,而相应的静压力就最低。因此,当流体以一定的流量流经小孔时,就产生一定的压力差,流量愈大,所产生的压力差也就愈大。所以可利用测量压力差的方法来度量流体流量。

设不可压缩流体在水平管内流动,取孔板上游流体流动截面尚未收缩处为截面 1—1′,下游截面应取在缩脉处,以便测得最大的压力差读数,但由于缩脉的位置及其截面积难以确定,故以孔板孔口处为下游截面 0—0′。在截面 1—1′与 0—0′间列伯努利方程,并暂时略去两截面间的机械能损失,得

$$gZ_1+\frac{u_1^2}{2}+\frac{p_1}{\rho}=gZ_0+\frac{u_0^2}{2}+\frac{p_0}{\rho}$$

对于水平管,$Z_1=Z_0$,简化上式并整理后得

$$\sqrt{u_0^2-u_1^2}=\sqrt{\frac{2(p_1-p_0)}{\rho}} \tag{1-68}$$

推导上式时,暂时略去两截面间的机械能损失。实际上,流体流经孔板的机械能损失不能忽略,故式(1-68)应引进一校正系数 C_1,用来校正因忽略机械能损失所引起的误差,即

$$\sqrt{u_0^2-u_1^2}=C_1\sqrt{\frac{2(p_1-p_0)}{\rho}} \tag{1-68a}$$

此外,由于孔板的厚度很小,如标准孔板的厚度≤$0.05d_1$,而测压孔的直径≤$0.08d_1$,一般为 6~12 mm,所以不能把下游测压口正好装在孔板上。比较常用的一种方法是把上、下游两个测压口装在紧靠着孔板前后的位置上,如图 1-32 所示。这种测压方法称为角接取压法,所测出的压力差便与式(1-68a)中的 p_1-p_0 有区别。若以 p_a-p_b 表示角接取压法所测得的孔板前后的压力差,并以其代替式中的 p_1-p_0,则应引进一校正系数 C_2,用来校正上、下游测压口的位置,于是式(1-68a)可写成

$$\sqrt{u_0^2-u_1^2}=C_1C_2\sqrt{\frac{2(p_a-p_b)}{\rho}} \tag{1-68b}$$

以 A_1、A_0 分别代表管道与孔板小孔的截面积,根据连续性方程,对不可压缩流体则有 $u_1A_1=$

u_0A_0，则

$$u_1^2=u_0^2\left(\frac{A_0}{A_1}\right)^2$$

将上式代入(1-68b)，并整理得

$$u_0=\frac{C_1C_2}{\sqrt{1-\left(\frac{A_0}{A_1}\right)^2}}\sqrt{\frac{2(p_a-p_b)}{\rho}}$$

令
$$C_0=\frac{C_1C_2}{\sqrt{1-\left(\frac{A_0}{A_1}\right)^2}}$$

则
$$u_0=C_0\sqrt{\frac{2(p_a-p_b)}{\rho}} \tag{1-69}$$

式(1-69)就是用孔板前后压力的变化来计算孔板小孔流速 u_0 的公式。若以体积或质量流量表达，则为

$$V_s=A_0u_0=C_0A_0\sqrt{\frac{2(p_a-p_b)}{\rho}} \tag{1-70}$$

$$w_s=A_0u_0\rho=C_0A_0\sqrt{2\rho(p_a-p_b)} \tag{1-71}$$

上列各式中 p_a-p_b 可由孔板前、后测压口所连接的压差计测得。若采用的是U管压差计，其上读数为 R，指示液的密度为 ρ_A，则

$$p_a-p_b=gR(\rho_A-\rho)$$

所以式(1-70)及式(1-71)又可写成

$$V_s=C_0A_0\sqrt{\frac{2gR(\rho_A-\rho)}{\rho}} \tag{1-70a}$$

$$w_s=C_0A_0\sqrt{2gR\rho(\rho_A-\rho)} \tag{1-71a}$$

各式中的 C_0 为流量系数或孔流系数，量纲为1。从以上推导过程中可以看出：C_0 与流体流经孔板的机械能损失有关，即与 Re 有关，还与取压法和面积比 A_0/A_1 有关。

C_0 与这些变量间的关系由实验测定。用角接取压法安装的孔板流量计，其 C_0 与 Re、A_0/A_1 的关系如图1-33所示。图中的 Re 为$\frac{d_1u_1\rho}{\mu}$，其中的 d_1 与 u_1 是管道内径和流体在管道内的平均流速。由图可见，对于某一 A_0/A_1 值，当 Re 值超过某一限度值 Re_c 时，C_0 就不再改变而为定值。流量计所测的流量范围，最好是落在 C_0 为定值的区域里，这时流量 V_s（或 w_s）便与压力差 p_a-p_b（或压差计读数 R）的平方根成正比。设计合适的孔板流量计，其 C_0 值为0.6~0.7。

用式(1-70)与式(1-71)计算流体的流量时，必须先确定流量系数 C_0 的数值，但是 C_0 与 Re 有关，而管道中的流体流速 u_1 又未知，故无法计算 Re 值。在这种情况，可采用试差法，具体步骤见例1-25。

孔板流量计已在某些仪表厂成批生产，其系列规格可查阅有关手册。当管径较小或有其他特殊要求时，孔板流量计也可自行设计加工。按照标准图纸加工出来的孔板流量计，在保持清洁并不受腐蚀的情况下，直接用式(1-70)或式(1-71)算出的流量，误差仅为1% ~2%。否则要用称量法或用标准流量计加以校核，作出这个流量计专用的流量与压差计读数的关系曲线。这曲线称为校正曲线，供实验或生产操作时使用。

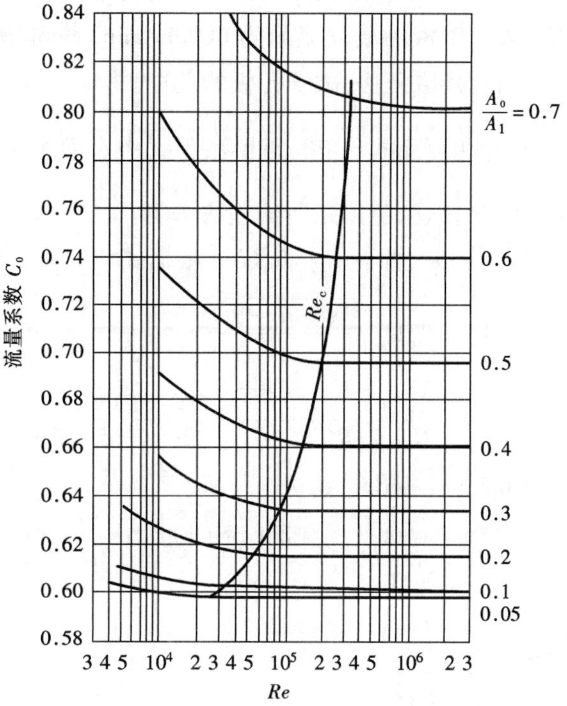

图 1-33 孔板流量计的 C_0 与 Re、$\frac{A_0}{A_1}$的关系曲线

在测量气体或蒸气的流量时，若孔板前、后的压力差较大，当$\frac{p_a-p_b}{p_a}\geqslant$ 20%（p 是指绝对压力）时，须考虑气体密度的变化，在式(1-70)中应加入一校正系数 ε_κ 并应以流体的平均密度 ρ_m 代替式中的 ρ，则式(1-70)可改写成

$$V_s = C_0 A_0 \varepsilon_\kappa \sqrt{\frac{2(p_a-p_b)}{\rho_m}} \tag{1-70b}$$

式中 ε_κ 为体积膨胀系数，量纲为1。它是绝热指数 κ、压差比值$\frac{p_a-p_b}{p_a}$、面积比 A_0/A_1 的函数。ε_κ 值可从手册中查到。

孔板流量计安装位置的上、下游都要有一段内径不变的直管，以保证流体通过孔板之前的速度分布稳定。若孔板上游不远处装有弯头、阀门等，流量计读数的精确性和重现性都会受到影响。通常要求上游直管长度为 $10d_1$，下游直管长度为 $5d_1$。若 A_0/A_1 较小，则这段长度可缩短一些。

孔板流量计是一种容易制造的简单装置。当流量有较大变化时，为了调整测量条件，调换孔板亦很方便。它的主要缺点是流体经过孔板后能量损失较大，并随 A_0/A_1 的减小而加大。而且孔口边缘容易腐蚀和磨损，所以流量计应定期进行校正。

孔板流量计的能量损失（或称永久损失）可按下式估算：

$$h_f' = \frac{\Delta p_f'}{\rho} = \frac{p_a-p_b}{\rho}\left(1-1.1\frac{A_0}{A_1}\right) \tag{1-72}$$

【例1-25】 密度为1 600 kg/m^3、黏度为1.5×10^{-3} Pa·s的溶液流经 ϕ80 mm×2.5 mm

的钢管。为了测定流量，于管路中装有标准孔板流量计，以U管水银压差计测量孔板前、后的压力差。溶液的最大流量为600 L/min，并希望在最大流量下压差计的读数不超过600 mm，采用角接取压法，试求孔板的孔径。

解：此题可用式(1-70a)计算，但式中有两个未知数 C_0 及 A_0，而 C_0 与 Re 及$\frac{A_0}{A_1}$的关系只能用曲线来描述，所以采用试差法求解。

设 $Re > Re_c$，并设 $C_0 = 0.65$。根据式(1-70a)，即

$$V_s = C_0 A_0 \sqrt{\frac{2gR(\rho_A - \rho)}{\rho}}$$

则
$$A_0 = \frac{V_s}{C_0\sqrt{\frac{2gR(\rho_A-\rho)}{\rho}}} = \frac{600\times10^{-3}}{60\times0.65\sqrt{\frac{2\times9.81\times0.6\times(13\,600-1\,600)}{1\,600}}} = 0.001\,64\ \mathrm{m^2}$$

所以，相应的孔板孔径 d_0 为

$$d_0 = \sqrt{\frac{4A_0}{\pi}} = \sqrt{\frac{4\times0.001\,64}{\pi}} = 0.045\,7\ \mathrm{m} = 45.7\ \mathrm{mm}$$

于是
$$\frac{A_0}{A_1} = \left(\frac{d_0}{d_1}\right)^2 = \left(\frac{45.7}{75}\right)^2 = 0.37$$

校核 Re 值是否大于 Re_c。

$$u_1 = \frac{V_s}{A_1} = \frac{600\times10^{-3}}{60\times\frac{\pi}{4}\times0.075^2} = 2.26\ \mathrm{m/s}$$

则
$$Re = \frac{d_1 u_1 \rho}{\mu} = \frac{0.075\times2.26\times1\,600}{1.5\times10^{-3}} = 1.81\times10^5$$

由图1-33可知，当 $A_0/A_1 = 0.37$ 时，上述的 $Re > Re_c$，即 C_0 确为常数，其值仅由$\frac{A_0}{A_1}$决定，从图上亦可查得 $C_0 = 0.65$，与假设相符。因此，孔板的孔径应为45.7 mm。

此题亦可根据所设 $Re > Re_c$ 及 C_0，直接由图1-33查出$\frac{A_0}{A_1}$值，从而算出 A_0，不必用式(1-70a)计算 A_0，校核步骤与上面相同。

1.7.3 文丘里(Venturi)流量计

为了减少流体流经节流元件时的能量损失，可以用一段渐缩、渐扩管代替孔板，这样构成的流量计称为文丘里流量计或文氏流量计，如图1-34所示。

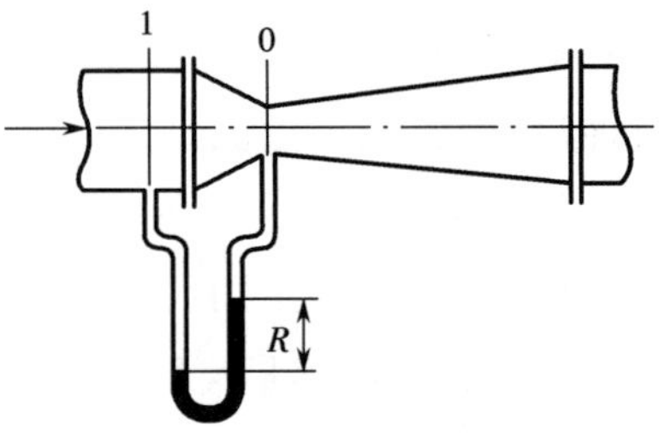

图1-34 文丘里流量计

文丘里流量计上游的测压口(截面1处)距管径开始收缩处的距离至少应为二分之一管径，下游测压口设在最小流通截面0处(称为文氏喉)。由于有渐缩段和渐扩段，流体在其内的流速改变平缓，涡流较少，喉管处增加的动能可于其后渐扩的

过程中大部分转回成静压能，所以能量损失就比孔板大大减少。

文丘里流量计的流量计算式与孔板流量计相类似，即

$$V_s = C_V A_0 \sqrt{\frac{2(p_a - p_0)}{\rho}} \tag{1-73}$$

式中 C_V——文丘里流量计流量系数，量纲为1，其值可由实验测定或从仪表手册中查得；

$p_1 - p_0$——截面1与截面0间的压力差，单位为Pa，其值大小由压差计读数 R 来确定；

A_0——喉管的截面积，m^2；

ρ——被测流体的密度，kg/m^3。

文丘里流量计能量损失小，为其优点，但各部分尺寸要求严格，需要精细加工，所以造价较高。

【例1-26】 20℃的空气在直径为80 mm的水平管流过。现于管路中接一文丘里管，如本例附图所示。文丘里管的上游接一水银U管压差计，在直径为20 mm的喉颈处接一细管，其下部插入水槽中。空气流过文丘里管的能量损失可忽略不计。当U管压差计读数 $R=25$ mm、$h=0.5$ m时，试求此时空气的流量为多少（m^3/h）。当地大气压为 $1.013\,3\times10^5$ Pa。

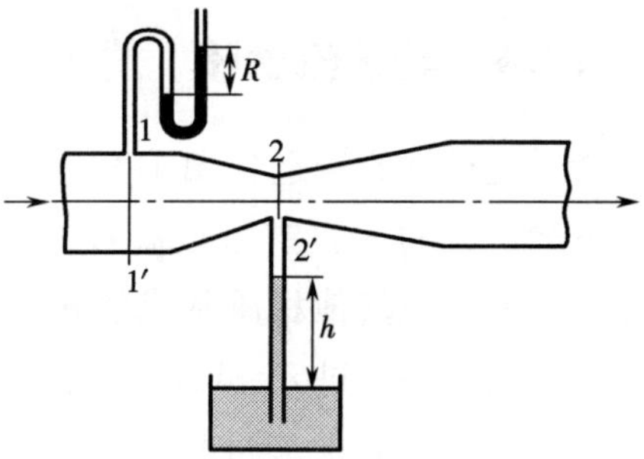

例1-26附图

解：文丘里管上游测压口处的压力为

$$p_1 = \rho_{Hg} gR = 13\,600\times9.81\times0.025 = 3\,335 \text{ Pa(表压)}$$

喉颈处的压力为

$$p_2 = -\rho gh = -1\,000\times9.81\times0.5 = -4\,905 \text{ Pa(表压)}$$

空气流经截面1—1′与2—2′的压力变化为

$$\frac{p_1 - p_2}{p_1} = \frac{(101\,330+3\,335)-(101\,330-4\,905)}{10\,133+3\,335} = 0.079 = 7.9\% < 20\%$$

故可按不可压缩流体来处理。

在截面1—1′与2—2′之间列伯努利方程，以管道中心线作基准水平面。两截面间无外功加入，即 $W_e=0$；机械能损失可忽略，即 $\sum h_f = 0$。据此，伯努利方程可写为

$$gZ_1 + \frac{u_1^2}{2} + \frac{p_1}{\rho} = gZ_2 + \frac{u_2^2}{2} + \frac{p_2}{\rho}$$

式中 $Z_1 = Z_2 = 0$。

取空气的平均摩尔质量为29 kg/kmol，两截面间的空气平均密度为

$$\rho = \rho_m = \frac{M}{22.4}\frac{T_0 p_m}{T p_0} = \frac{29}{22.4}\times\frac{273\times\left[101\,330+\frac{1}{2}\times(3\,335-4\,905)\right]}{293\times101\,330} = 1.20 \text{ kg/m}^3$$

所以 $\frac{u_1^2}{2}+\frac{3\ 335}{1.2}=\frac{u_2^2}{2}-\frac{4\ 905}{1.2}$

简化得 $u_2^2-u_1^2=13\ 733$ (a)

式(a)中有两个未知数,须利用连续性方程定出 u_1 与 u_2 的另一关系,即

$$u_1A_1=u_2A_2$$

$$u_2=u_1\frac{A_1}{A_2}=u_1\left(\frac{d_1}{d_2}\right)^2=u_1\left(\frac{0.08}{0.02}\right)^2=16u_1 \tag{b}$$

将式(b)代入式(a),即 $(16u_1)^2-u_1^2=13\ 733$

解得 $u_1=7.34\ \mathrm{m/s}$

空气的流量为

$$V_h=3\ 600\times\frac{\pi}{4}d_1^2u_1=3\ 600\times\frac{\pi}{4}\times0.08^2\times7.34=132.8\ \mathrm{m^3/h}$$

1.7.4 转子流量计

转子流量计的构造如图1-35所示,在一根截面积自下而上逐渐扩大的垂直锥形玻璃管1内,装有一个能够旋转自如的由金属或其他材质制成的转子2(或称浮子)。被测流体从玻璃管底部进入,从顶部流出。

当流体自下而上流过竖直的锥形管时,转子受到两个力的作用:一是竖直向下的重力,对于特定的转子,重力为定值;二是竖直向上的推动力,它等于流体流经转子与锥形管的环形截面所产生的压力差,当流量加大,压力差大于转子的重力时,转子就上升;当流量减小,压力差小于转子的重力时,转子就下降;当压力差等于转子的重力时,转子处于受力平衡状态,会停留在一定位置上。在玻璃管外表面上刻上读数,根据转子的停留位置,即可读出被测流体的流量。

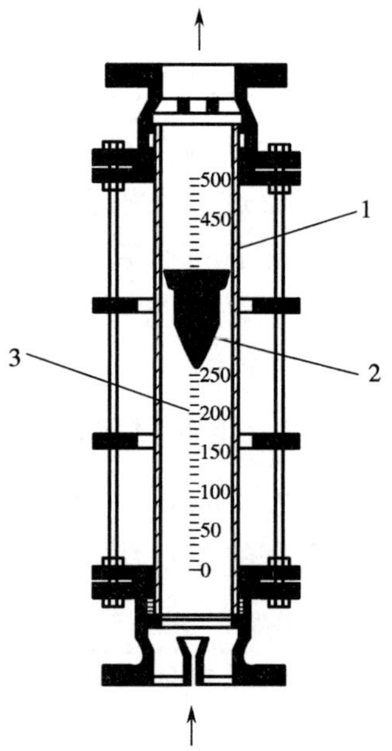

图1-35 转子流量计

1—锥形玻璃管 2—转子 3—刻度

设转子的体积为 V_f,最大部分的截面积为 A_f,密度为 ρ_f,被测流体的密度为 ρ。若在转子的上下端面处分别选取上游截面为1—1′和下游截面为2—2′,如图1-36所示,则流体流经转子上、下游截面所产生的压力差为 $(p_1-p_2)A_f$,则平衡时

$$(p_1-p_2)A_f=\rho_fV_fg \tag{1-74}$$

或写成

$$p_1-p_2=\frac{\rho_fV_fg}{A_f} \tag{1-74a}$$

在图1-36所示的1—1′截面和2—2′截面间列伯努利方程,并暂时略去两截面间的机械能损失,可得

$$Z_1g+\frac{p_1}{\rho}+\frac{u_1^2}{2}=Z_2g+\frac{p_2}{\rho}+\frac{u_2^2}{2}$$

用转子与锥形管环隙处的流速 u_0 代替下游截面流速 u_2，并整理上式，可得

$$p_1-p_2=(Z_2-Z_1)\rho g+\left(\frac{u_0^2}{2}-\frac{u_1^2}{2}\right)\rho \tag{1-75}$$

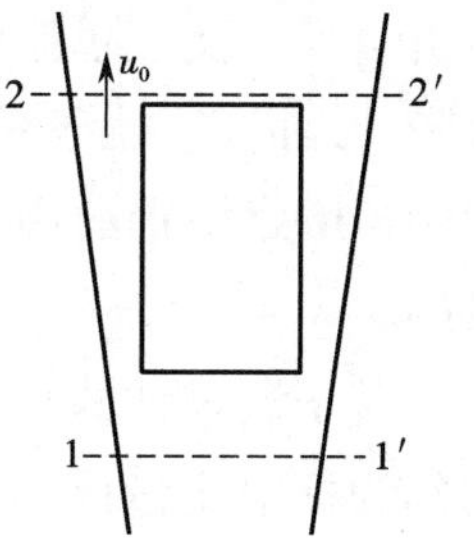

图 1-36 转子的受力分析

式(1-75)表明，形成转子上下端面处压差的原因有两个：一是两截面的位差；二是两截面由于流通截面的变化引起速度变化而形成的动能差。

将式(1-75)两侧各项都乘以转子截面积 A_f，可得

$$(p_1-p_2)A_f=A_f(Z_2-Z_1)\rho g+A_f\left(\frac{u_0^2}{2}-\frac{u_1^2}{2}\right)\rho \tag{1-75a}$$

式(1-75a)左侧为流体作用于转子的力，与式(1-74)左侧相同；右侧第一项为浮力，$A_f(Z_2-Z_1)\rho g=V_f\rho g$，即因位差形成的压差而作用于转子的力。

设 1—1′截面处锥形管截面积为 A_1，转子与锥形管环隙处截面积为 A_R，则有 $u_1=u_0A_R/A_1$，代入式(1-75a)并整理得

$$(p_1-p_2)A_f=V_f\rho g+\left[1-\left(\frac{A_R}{A_1}\right)^2\right]\frac{u_0^2}{2}A_f\rho$$

将式(1-74)代入上式，得

$$u_0=\frac{1}{\sqrt{1-(A_R/A_1)^2}}\sqrt{\frac{2V_f(\rho_f-\rho)g}{A_f\rho}} \tag{1-76}$$

若考虑机械能损失和转子形状的影响，在式(1-76)中引入校正系数 C_1，即

$$u_0=\frac{C_1}{\sqrt{1-(A_R/A_1)^2}}\sqrt{\frac{2V_f(\rho_f-\rho)g}{A_f\rho}}$$

合并系数，令 $C_R=\dfrac{C_1}{\sqrt{1-(A_R/A_1)^2}}$，则

$$u_0=C_R\sqrt{\frac{2V_f(\rho_f-\rho)g}{A_f\rho}} \tag{1-77}$$

式中 C_R 为转子流量计的流量系数，量纲为 1，其值与 Re 及转子形状有关，由实验测定或从有关仪表手册中查得。

转子流量计的体积流量为

$$V_s=C_RA_R\sqrt{\frac{2V_f(\rho_f-\rho)g}{A_f\rho}} \tag{1-78}$$

由式(1-77)可知，对于某一转子流量计，如果在所测量的流率范围内，流量系数 C_R 不变，则不论流量大小，转子与锥形管环隙处的流速 u_0 都是不变的。依据受力平衡式(1-74a)，转子上下端面的压力差也为常数，不随流量变化，所以转子流量计与前面介绍的孔

板流量计和文丘里流量计不同，不是依据压差变化来测定流量。从式(1-78)可以看出，流量仅随 A_R 而变。由于玻璃管为上大下小的锥体，所以 A_R 值的大小随转子所处的位置而变，因而转子所处位置的高低反映了流量的大小。转子流量计是依据流通截面的变化来测定流量的。

转子流量计的刻度与被测流体的密度有关。通常流量计在出厂之前，选用水和空气分别作为标定流量计刻度的介质。当应用于测量其他流体时，需要对原有的刻度加以校正。

假定出厂标定时所用液体与实际工作时的液体的流量系数相等，并忽略黏度变化的影响，根据式(1-78)，在同一刻度下，两种液体的流量关系为

$$\frac{V_{s,2}}{V_{s,1}}=\sqrt{\frac{\rho_1(\rho_f-\rho_2)}{\rho_2(\rho_f-\rho_1)}} \tag{1-79}$$

式中下标1表示出厂标定时所用的液体；下标2表示实际工作时的液体。

同理，对用于气体的流量计，在同一刻度下，两种气体的流量关系为

$$\frac{V_{s,g2}}{V_{s,g1}}=\sqrt{\frac{\rho_{g1}(\rho_f-\rho_{g2})}{\rho_{g2}(\rho_f-\rho_{g1})}}$$

因转子材质的密度 ρ_f 比任何气体的密度 ρ_g 要大得多，故上式可近似为

$$\frac{V_{s,g2}}{V_{s,g1}}=\sqrt{\frac{\rho_{g1}}{\rho_{g2}}} \tag{1-80}$$

式中下标g1表示出厂标定时所用的气体；下标g2表示实际工作时的气体。

转子流量计读取流量方便，机械能损失很小，测量范围也宽，能用于腐蚀性流体的测量。但因流量计管壁大多为玻璃制品，故不能经受高温和高压，在安装使用过程中也容易破碎，且要求安装时必须保持与地面垂直。

孔板流量计、文氏流量计与转子流量计的主要区别在于：前面两种的节流口面积不变，流体流经节流口所产生的压力差随流量不同而变化，因此可通过流量计的压差计读数来反映流量的大小，这类流量计统称为差压流量计；后者是使流体流经节流口所产生的压力差保持恒定，而节流口的面积随流量而变化，由此变动的截面积来反映流量的大小，即根据转子所处位置的高低来读取流量，故此类流量计又称为截面流量计。

习 题

综合性练习题解析

1. 某设备上真空表的读数为 1.33×10^4 Pa，试计算设备内的绝对压力与表压力。已知该地区大气压为 9.87×10^4 Pa。〔答：绝对压力 $=8.54\times10^4$ Pa，表压力 $=-1.33\times10^4$ Pa〕

2. 在本题附图所示的贮油罐中盛有密度为960 kg/m³的油品，油面高于罐底9.6 m，油面上方为常压。在罐侧壁的下部有一直径为760 mm的圆孔，其中心距罐底800 mm，孔盖用14 mm的钢制螺钉紧固。若螺钉材料的工作应力取为 3.223×10^7 Pa，问至少需要几个螺钉？〔答：至少要8个〕

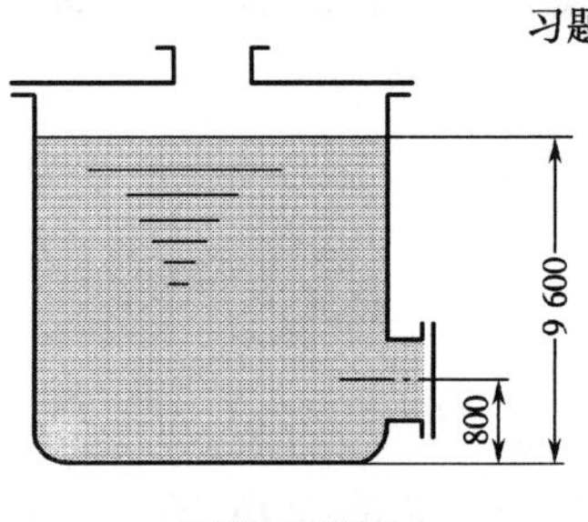

习题2附图

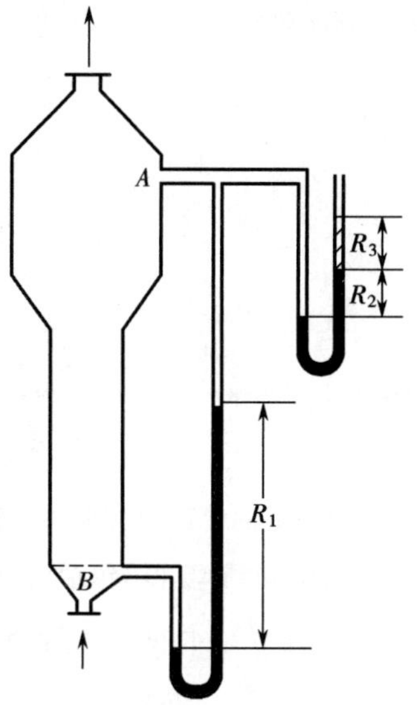

习题 3 附图

3. 某气固流化床反应器上装有两个 U 管压差计，如本题附图所示。测得 $R_1=400$ mm，$R_2=50$ mm，指示液为水银。为防止水银蒸气向空间扩散，于右侧的 U 管与大气连通的玻璃管内灌入一段水，其高度 $R_3=50$ mm。试求 A、B 两处的表压力。〔答：$p_A=7.16\times10^3$ Pa（表压），$p_B=6.05\times10^4$ Pa（表压）〕

4. 用本题附图中串联 U 管压差计测量蒸汽锅炉水面上方的蒸汽压，U 管压差计的指示液为水银，两 U 管间的连接管内充满水。已知水银面与基准面的垂直距离分别为：$h_1=2.3$ m、$h_2=1.2$ m、$h_3=2.5$ m 及 $h_4=1.4$ m。锅炉中水面与基准面间的垂直距离 $h_5=3$ m。大气压 $p_a=9.93\times10^4$ Pa。试求锅炉上方水蒸气的压力 p（分别以 Pa 和 kgf/cm² 来计量）。〔答：$p=3.64\times10^5$ Pa $=3.71$ kgf/cm²〕

5. 根据本题附图所示的微差压差计的读数，计算管路中气体的表压力 p。压差计中以油和水为指示液，其密度分别为 920 kg/m³ 及 998 kg/m³，U 管中油、水交界面高度差 $R=300$ mm。两扩大室的内径 D 均为 60 mm，U 管内径 d 为 6 mm。当管路内气体压力等于大气压时，两扩大室液面平齐。〔答：$p=2.57\times10^2$ Pa（表压）〕

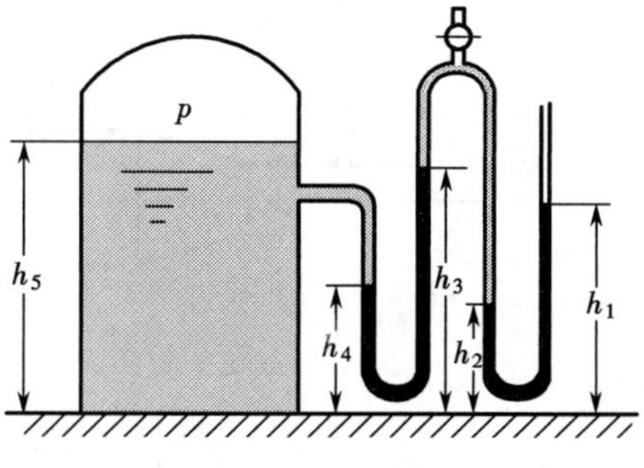

习题 4 附图

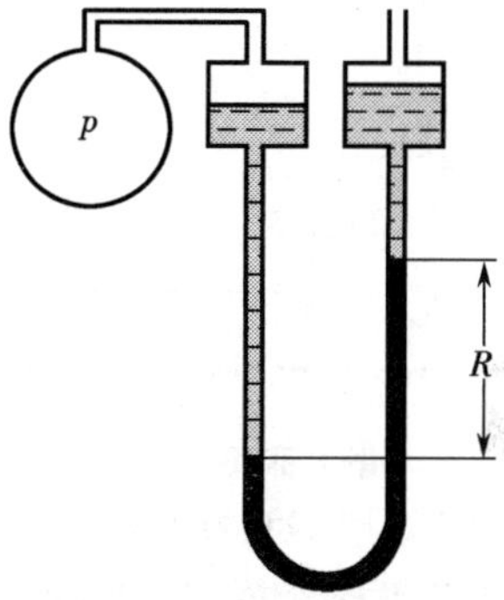

习题 5 附图

6. 本题附图为远距离测量控制装置，用以测定分相槽内煤油和水的两相界面位置。已知两吹气管出口的距离 $H=1$m，U 管压差计的指示液为水银，煤油的密度为 820 kg/m³。试求当压差计读数 $R=68$ mm 时，相界面与油层的吹气管出口的距离 h。〔答：$h=0.418$ m〕

7. 温度为 50 ℃、表压为 1.96×10^5 Pa 的空气在列管换热器的管束中流动，管束由 121 根 $\phi25$ mm $\times2.5$ mm 的钢管组成。空气流量为 1 kg/s，当地大气压为 9.87×10^4 Pa。试求：(1) 操作条件下空气的体积流量、流速和质量通量；(2) 标准状况下空气的体积流量、流速和质量通量。〔答：(1) 0.314 7 m³/s，8.284 m/s，26.32 kg/(m².s)；(2) 0.773 4 m³/s，20.36 m/s，26.32 kg/(m²·s)〕

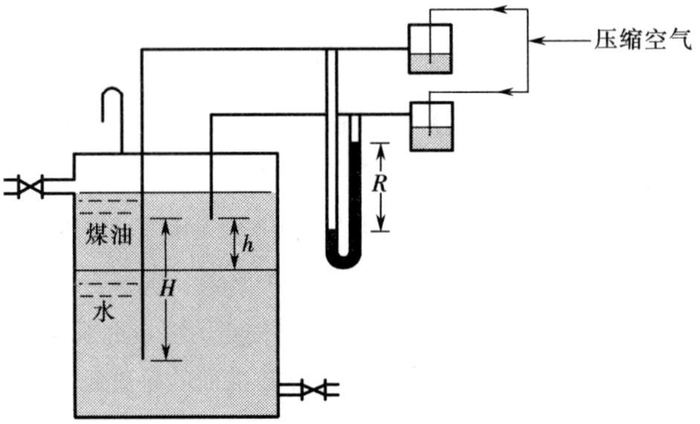

习题6附图

8. 如本题附图所示,高位槽内的水面高于地面 8 m,水从 ϕ108 mm×4 mm 的管道中流出,管路出口高于地面 2 m。在本题特定条件下,水流经系统的阻力损失可按 $\sum h_f = 6.5u^2$ 计算(不包括出口阻力损失),其中 u 为水在管内的流速,m/s。试计算:(1)A—A'截面处水的流速;(2)水的流量,以 m^3/h 计。〔答:(1)2.9 m/s;(2)82 m^3/h〕

9. 20℃的水以 2.5 m/s 的流速流经 ϕ38 mm×2.5 mm 的水平管,此管以锥形管与另一 ϕ53 mm×3 mm 的水平管相连。如本题附图所示,在锥形管两侧 A、B 处各插入一垂直玻璃管以观察两截面的压力。若水流经 A、B 两截面间的阻力损失为 $0.13u^2$(其中 u 为 A 处管内流速,m/s)(J/kg),求两玻璃管的水面差(以 mm 计),并在本题附图中画出两玻璃管中水面的相对位置。〔答:158.4 mm〕

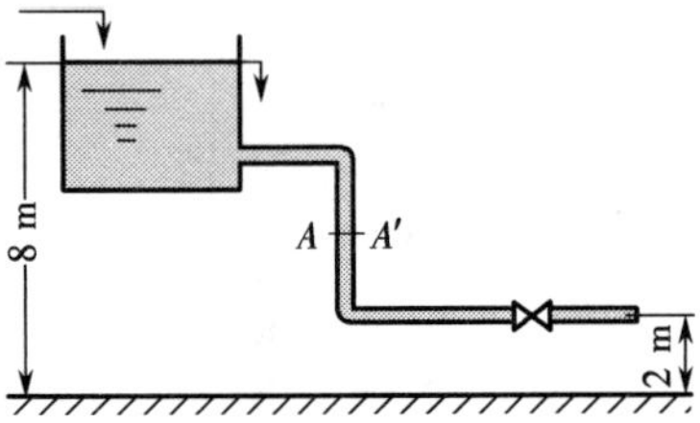

习题8附图

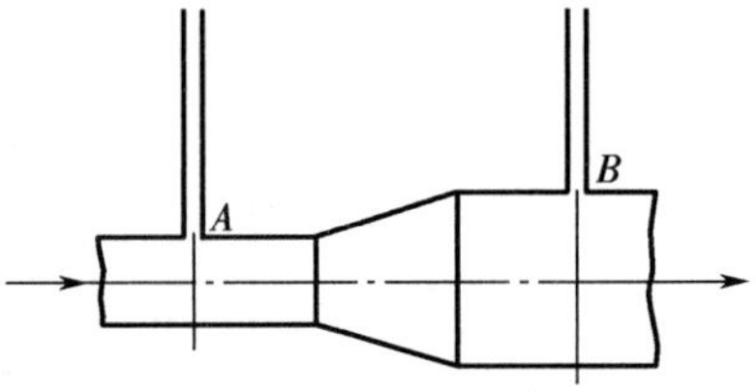

习题9附图

10. 用离心泵把 20℃的水从贮槽送至水洗塔顶部,槽内水位维持恒定。各部分相对位置如本题附图所示。管路的直径均为 ϕ76 mm×2.5 mm,在操作条件下,泵入口处真空表的读数为 2.466×10^4 Pa;水流经吸入管与排出管(不包括喷头)的阻力损失可分别按 $\sum h_{f,1} = 2u^2$ 与 $\sum h_{f,2} = 10u^2$ 计算,由于管径不变,故式中 u 为吸入或排出管的流速(m/s)。排水管与喷头连接处的压力为 9.807×10^4 Pa(表压)。试求泵的有效功率。〔答 $N_e = 2.26$ kW〕

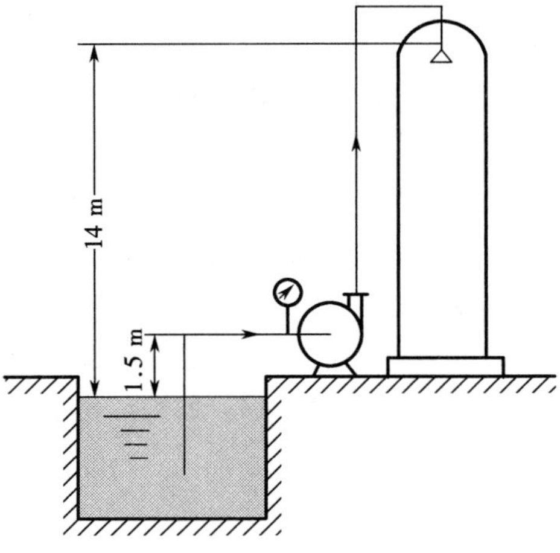

习题10附图

11. 本题附图所示为冷冻盐水循环系统。盐水的密度为 1 100 kg/m^3,循环量为 36 m^3/h。管路的直径相同,盐水由 A 流经两个换热器而至 B 的阻力损失为 98.1 J/kg,由 B 流至 A 的阻力损失为 49 J/kg,试计算:(1)若泵的效率为 70% 时,泵的轴功率为多少(kW)?(2)若 A 处的压力表读数为 2.452×10^5 Pa 时,B 处的压力表读数为多少?〔答:(1)2.31 kW;(2)6.2×10^4 Pa(表压)〕

12. 用压缩空气将密度为 1 100 kg/m^3 的腐蚀性液体自低位槽送到高位槽,两槽的液面维持恒定。管路直径均为 ϕ60 mm×3.5 mm,其他尺寸见本题附图。各管段的阻力损失为 $\sum h_{f,AB}=\sum h_{f,CD}=u^2$,$\sum h_{f,BC}=1.18u^2$。两压差计中的指示液均为水银。试求当 $R_1=45$ mm,$h=200$ mm 时:(1)压缩空气的压力 p_1 为多少?(2)U 管压差计读数 R_2 为多少?〔答:(1)1.23×10^5 Pa(表压);(2)609 mm〕

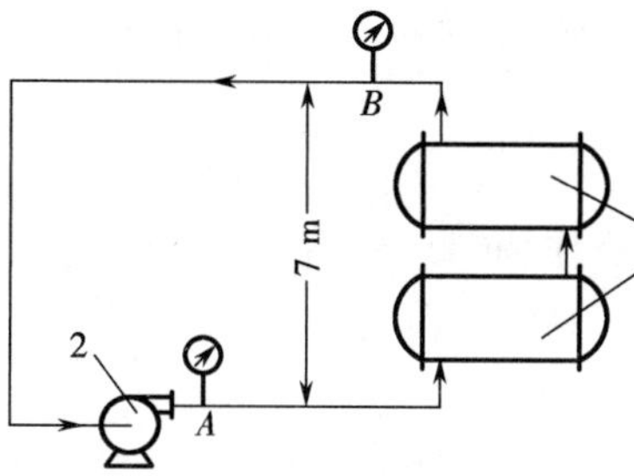

习题 11 附图

1—换热器 2—泵

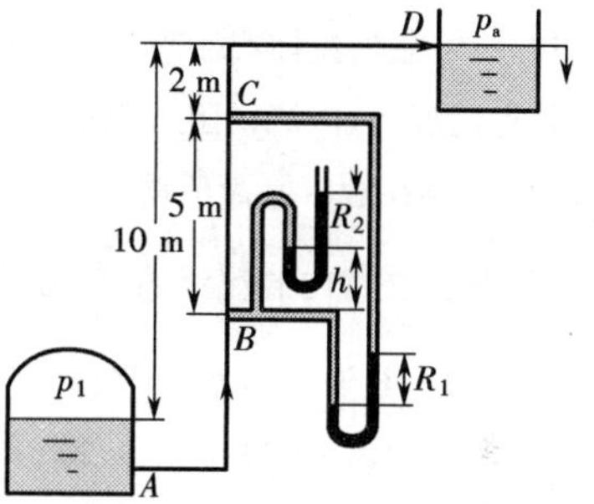

习题 12 附图

13. 在本题附图所示的实验装置中,于异径水平管段两截面间连一倒置 U 管压差计,以测量两截面之间的压力差。当水的流量为 1.08×10^4 kg/h 时,U 管压差计读数 R 为 100 mm。粗、细管的直径分别为 ϕ60 mm×3.5 mm 与 ϕ42 mm×3 mm。计算:(1)1 kg 水流经两截面间的机械能损失;(2)与该机械能损失相当的压力降为多少?〔答:(1)4.41 J/kg;(2)4.41×10^3 Pa〕

14. 本题附图所示的贮槽内径 D 为 2 m,槽底与内径 d_0 为 32 mm 的钢管相连,槽内无液体补充,其液面高度 h_1 为 2 m(以管子中心线为基准)。液体在本题管内流动时的全部阻力损失可按 $\sum h_f=20u^2$ 计算,式中 u 为液体在管内的流速(m/s)。试求当槽内液面下降 1 m 时所需的时间。〔答:1.284 h〕

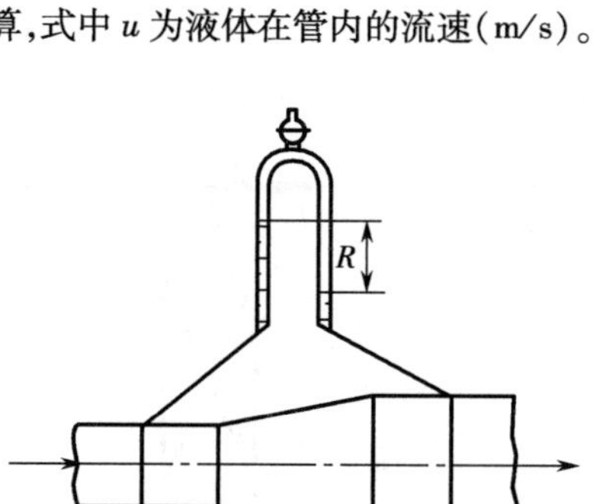

习题 13 附图

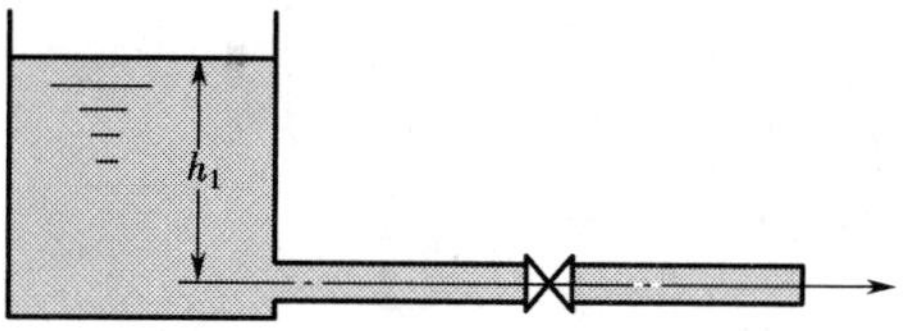

习题 14 附图

15. 在实验室中,用玻璃管输送 20℃时的 70% 醋酸。管内径为 1.5 cm,流量为 10 kg/min。20 ℃时 70% 醋酸的密度为 1 069 kg/m^3,黏度为 2.5×10^{-3} Pa·s。用 SI 和物理单位各计算一次雷诺数,并指出流型。〔答:$Re=5.66\times10^3$〕

16. 密度为 850 kg/m^3、黏度为 8×10^{-3} Pa·s 的液体在内径为 14 mm 的钢管内流动，溶液的流速为1 m/s。试计算：(1)雷诺数，并指出属于何种流型；(2)局部速度等于平均速度处与管轴的距离；(3)该管路为水平管，若上游压力为 1.47×10^5 Pa，液体流经多长的管子，其压力才下降至 1.275×10^5 Pa？〔答：(1)1.49×10^3；(2)4.95 mm；(3)14.93 m〕

17. 流体通过圆管湍流流动时，管截面的速度分布可按下面经验公式来表示：

$$u_r = u_{\max}\left(\frac{y}{R}\right)^{\frac{1}{7}}$$

式中 R 为圆管半径，y 为某点与壁面的距离，即 $y=R-r$。试求其平均速度 u 与最大速度 $u_{\max}$ 的比值。〔答：0.82〕

18. 一定量的流体在圆直管内流动，若管长和流体物性不变，而将管径减小至原来的1/2，试求在下列两种情况下，因流动阻力而产生的机械能损失是原来的多少倍？

(1)流体在管内层流流动；

(2)流体在管内湍流流动，阻力系数可用 $\lambda=\dfrac{0.316\,4}{Re^{0.25}}$ 计算。

〔答：(1)16 倍，(2)26.91 倍〕

19. 内截面为 1 000 mm×1 200 mm 的矩形烟囱的高度为 30 m。平均摩尔质量为 30 kg/kmol、平均温度为400℃的烟道气自下而上流动。烟囱下端维持 49 Pa 的真空度。在烟囱高度范围内大气的密度可视为定值，大气温度为20℃，地面处的大气压为 $1.013\,3\times10^5$ Pa。流体流经烟囱时的摩擦系数可取为 0.05，试求烟道气的流量(kg/h)。〔答：4.62×10^4 kg/h〕

20. 每小时将 2×10^4 kg 的溶液用泵从反应器输送到高位槽(见本题附图)。反应器液面上方保持 2.67×10^4 Pa 的真空度，高位槽液面上方为大气压。管道为 ϕ76 mm×4 mm 的钢管，总长为 50 m，管线上有两个全开的闸阀、一个孔板流量计(局部阻力系数为4)、五个标准弯头。反应器内液面与管路出口的距离为 15 m。若泵的效率为 0.7，求泵的轴功率。

溶液的密度为 1 073 kg/m^3、黏度为 6.3×10^{-4} Pa·s。管壁绝对粗糙度 ε 可取为 0.3 mm。〔答：1.63 kW〕

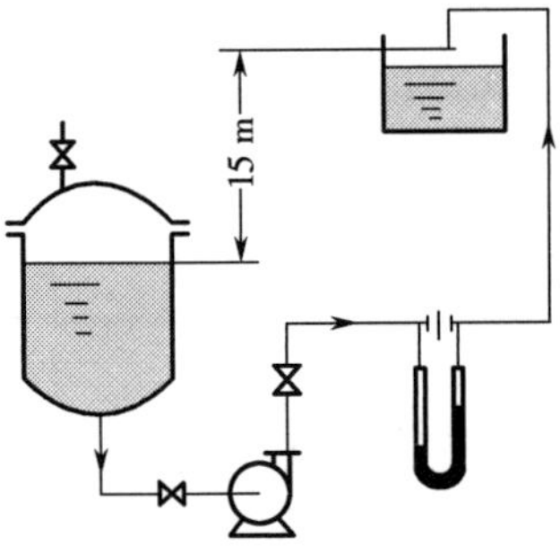

习题 20 附图

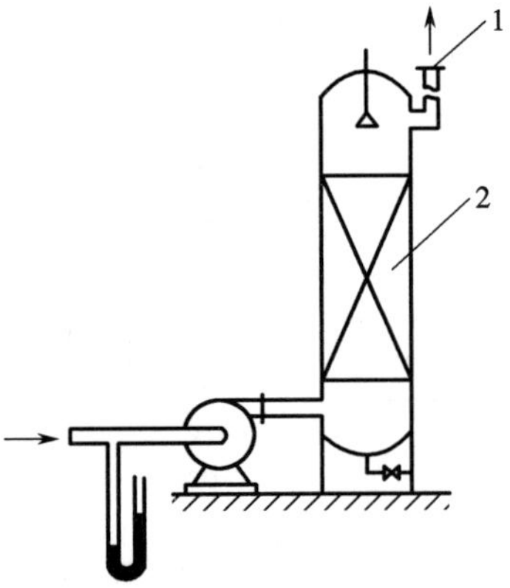

习题 21 附图

1—放空口 2—填料层

21. 从设备送出的废气中含有少量可溶物质，在放空之前令其通过一个洗涤器，以回收这些物质进行综合利用，并避免环境污染。气体流量为 3 600 m^3/h（在操作条件下），其物理性质与 50 ℃的空气基本相同。如本题附图所示，气体进入鼓风机前的管路上安装有指示液为水的 U 管压差计，其读数为 30 mm。输气管与放空管的内径均为 250 mm，管长与管件、阀门的当量长度之和为 50 m（不包括进、出塔及管出口阻力），放空口与鼓风机进口的垂直距离为 20 m，已估计气体通过塔内填料层的压力降为 1.96×10^3 Pa。管壁的绝对粗糙度 ε 可取为 0.15 mm，大气压为 $1.013\ 3 \times 10^5$ Pa。求鼓风机的有效功率。〔答：3.09 kW〕

22. 10℃的水以 500 L/min 的流量流过一根长为 300 m 的水平管，管壁的绝对粗糙度为 0.05 mm。有 6 m 的压头可供克服流动的摩擦阻力，试求管径的最小尺寸。〔答：90.4 mm〕

23. 某油品的密度为 800 kg/m^3、黏度为 41 cP，由附图中所示的 A 槽流至 B 槽，A 槽的液面比 B 槽的液面高 1.5 m。输送管径为 $\phi 89$ mm × 3.5 mm、长 50 m（包括阀门的当量长度），进、出口损失可忽略。试求：(1) 油的流量（m^3/h）；(2) 若调节阀门的开度，使油的流量减少 20%，此时阀门的当量长度增加多少（m）？〔答：(1) 23 m^3/h；(2) 12.5 m〕

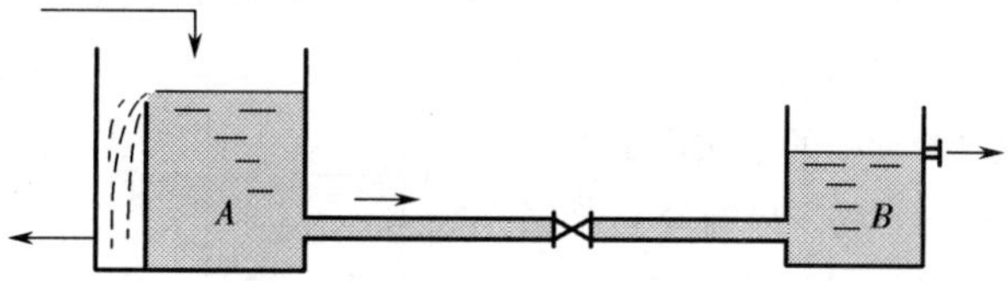

习题 23 附图

24. 流体在一并联管路内流动，两支管均为圆形直管，两支管的内径分别为 d_1 和 d_2，长度分别为 L_1 和 L_2，若 $d_1 = 2d_2$，$L_1 = 2L_2$，试求：两支管内流速比 $\frac{u_2}{u_1}$ 和流量比 $\frac{V_{s2}}{V_{s1}}$。

(1) 流体在管内为层流流动；

(2) 流体在管内为湍流流动，阻力系数可用 $\lambda = \frac{0.316\ 4}{Re^{0.25}}$ 计算。

〔答：(1) 0.5，0.125；(2) 0.906，0.226〕

25. 在两座尺寸相同的吸收塔内，各填充不同的填料，并以相同的管路并联组合。每条支管上均装有闸阀，两支路的管长均为 5 m（包括除闸阀以外所有管件局部阻力的当量长度），管内径为 200 mm。通过填料层的流动阻力损失可分别折算为 $5u_1^2$ 与 $4u_2^2$，式中 u 为气体在管内的流速（m/s）。气体在支管内流动的摩擦系数 $\lambda = 0.02$。管路的气体总流量为 0.3 m^3/s。试求：(1) 当两阀全开时，两塔的通气量；(2) 附图中 AB 之间的机械能损失。〔答：(1) V_{s1} = 0.142 m^3/s，V_{s2} = 0.158 m^3/s；(2) 108.6 J/kg〕

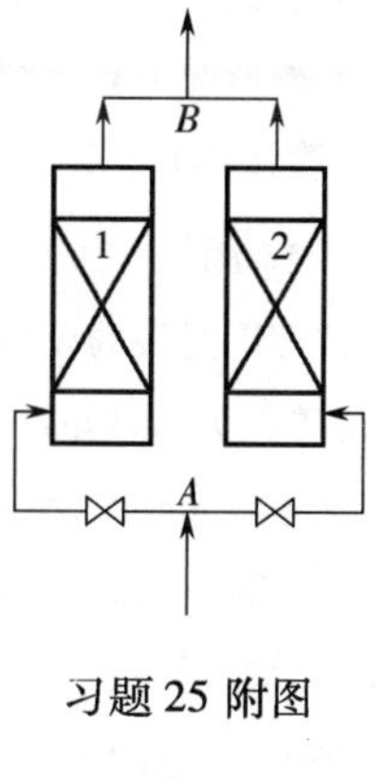

习题 25 附图

26. 用离心泵将 20℃水经总管分别送至 A、B 容器内，总管流量为 89 m^3/h，总管直径为 $\phi 127$ mm × 5 mm。泵出口压力表读数为 1.93×10^5 Pa，容器 B 内水面上方表压为 98.1 kPa。总管的流动阻力可忽略，各设备间的相对位置如本题附图所示。试求：(1) 两支管的压头损失 $H_{f,O-A}$、$H_{f,O-B}$，m；(2) 离心泵的有效功率，kW。

〔答:(1)$H_{f,O-A}=3.94$ m,$H_{f,O-B}=1.94$ m;(2)4.35 kW〕

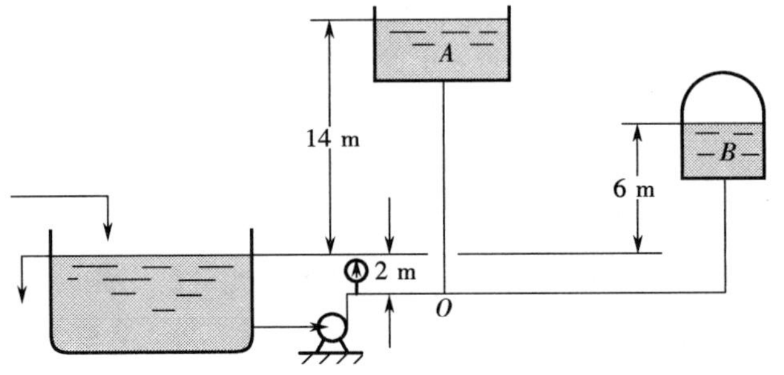

习题26附图

27. 在ϕ38 mm×2.5 mm的管路上装有标准孔板流量计,孔板的孔径为16.4 mm,管中流动的是20℃的甲苯,采用角接取压法用U管压差计测量孔板两侧的压力差,以水银为指示液,测压连接管中充满甲苯。现测得U管压差计的读数为600 mm,试计算管中甲苯的流量为多少(kg/h)?〔答:5 424 kg/h〕

28*. 如本题附图所示,贮槽内水位维持不变。槽的底部与内径为100 mm的钢质放水管相连,管路上装有一个闸阀,距管路入口端25 m处安有以水银为指示液的U管压差计,其一臂与管道相连,且连接管内充满了水,另一臂通大气。测压点与管路出口端之间的直管长度为30 m。当闸阀关闭时,测得$R=600$ mm、$h=1\ 500$ mm。

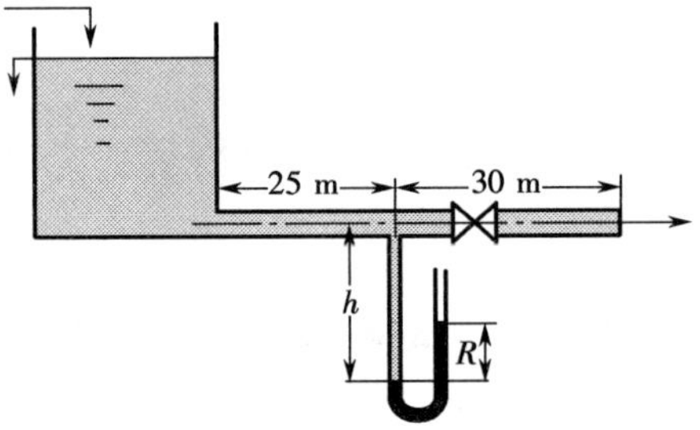

习题28附图

(1)当闸阀部分开启时,测得$R=420$ mm、$h=1\ 410$ mm。试求:此时管路中水的流量(m^3/h)和闸阀的局部阻力系数ζ。

(2)当闸阀全开时,其当量长度与直径的比$\frac{l_e}{d}=15$,试求:闸阀全开时水的流量(m^3/h)和U管压差计的读数h'和R'(mm)。

各种情况下直管摩擦系数均可取为0.025。

〔答:(1)$V_s=69.0\ m^3/h$,$\zeta=6.64$;(2)$V_s'=81.7\ m^3/h$,$h'=1\ 374$ mm,$R'=348$ mm〕

29*. 用效率为80%的齿轮泵将黏稠的液体从敞口槽输送至密闭容器内,两者液面均维持恒定,容器顶部压力表的读数为3.0×10^4 Pa。用旁路调节流量,其流程如本题附图所示。主管流量为14 m^3/h,管径为ϕ68 mm×4 mm,管长为80 m(包括所有局部阻力的当量长度)。旁路的流量为5 m^3/h,管径为ϕ32 mm×2.5 mm,管长为20 m(包括除阀门外的所有局部阻力的当量长度)。两管路的流型相同,忽略贮槽液面至分支点O之间的阻力损失。被输送液体的黏度为50 mPa·s、密度为1 100 kg/m^3。试计算:(1)泵的轴功率;(2)旁路阀门的阻力系数。〔答:(1)0.877kW;(2)8.01〕

30*. 本题附图所示为一输水系统,高位槽的水面维持恒定,水分别从BC与BD两支管排出,高位槽液面与两支管出口间的垂直距离均为11 m。AB管段内径为38 mm、长为58 m;BC支管的内径为32 mm、长为12.5 m;BD支管的内径为26 mm、长为14 m。各段管长均包括管件及阀门全开时的当量

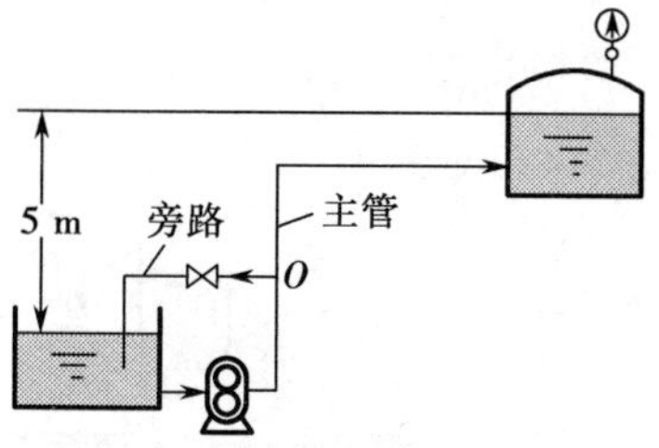

习题 29 附图

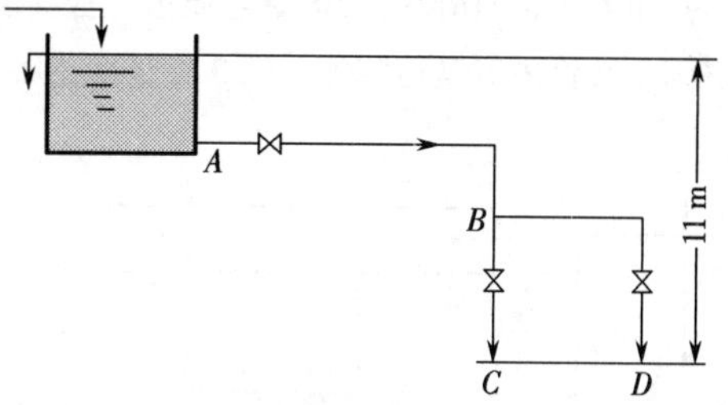

习题 30 附图

长度。AB 与 BC 管段的摩擦系数 λ 均可取为0.03。试计算:(1)当 BD 支管的阀门关闭时,BC 支管的最大排水量为若干(m^3/h)?(2)当所有阀门全开时,两支管的排水量各为多少(m^3/h)?BD 支管的管壁绝对粗糙度 ε 可取为0.15 mm,水的密度为1 000 kg/m^3、黏度为0.001 Pa·s。〔答:(1)7.1 m^3/h;(2)$V_{BC}=5.18\ m^3/h$,$V_{BD}=2.77\ m^3/h$〕

思考题

1. 某液体分别在本题附图所示的3根管道中稳定流过,各管绝对粗糙度、管径均相同,上游截面1—1′的压力、流速也相等。问:(1)在3种情况中,下游截面2—2′的流速是否相等?(2)在3种情况中,下游截面2—2′的压力是否相等?如果不等,指出哪一种情况的数值最大,哪一种情况中的数值最小。其理由何在?

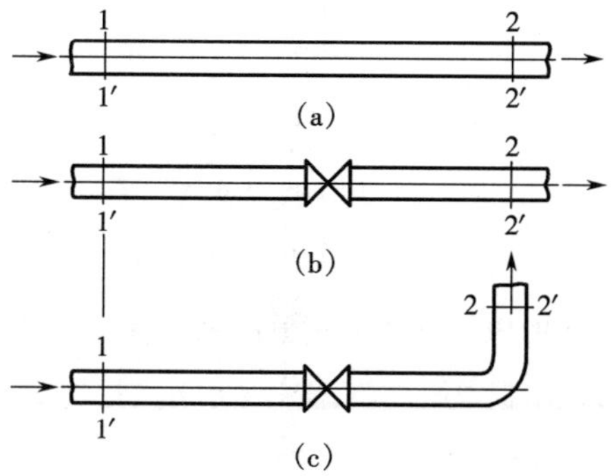

思考题1附图

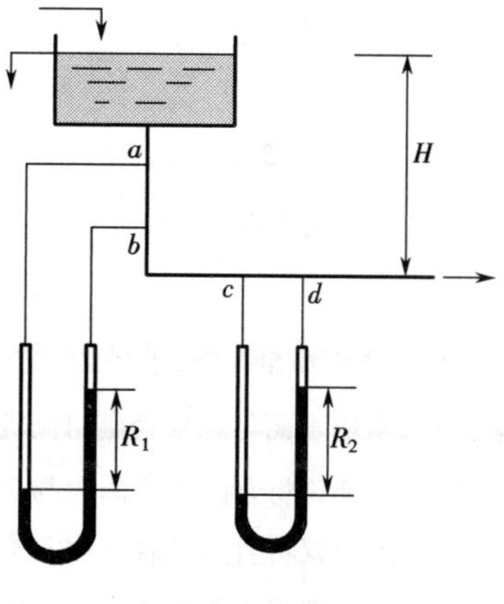

思考题2附图

2. 本题附图中所示的高位槽液面维持恒定,管路中 ab 和 cd 两段的长度、直径及粗糙度均相同。某液体以一定流量流过管路,液体在流动过程中温度可视为不变。问:(1)液体通过 ab 和 cd 两管段的阻力损失是否相等?(2)此两管段的压力差是否相等?并写出它们的表达式;(3)两U管压差计的指示液相同,压差计的读数是否相等?

3. 若在2题附图所示的水平管路 cd 段之后装一个阀门,减小阀门的开度,试讨论:(1)液体在管内的流速及流量的变化;(2)液体流经整个管路系统阻力损失的变化。

4. 如本题附图所示，流体稳态流过3根安装方式不同的管路，已知3根管路尺寸完全相同，两测压口间距及管内流量也相等。问3种情况下U管压差计读数 R 是否相等？

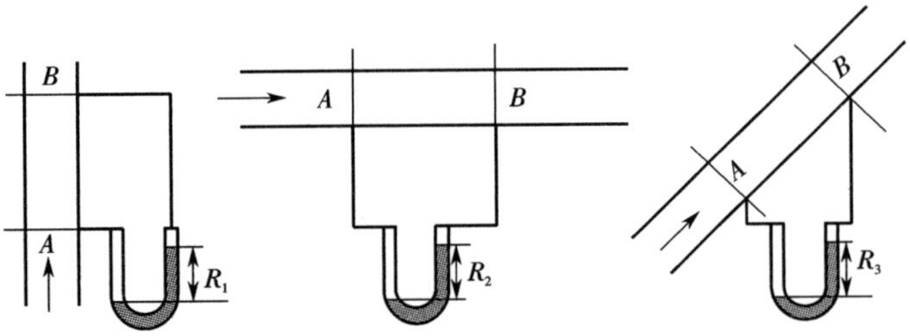

思考题4附图

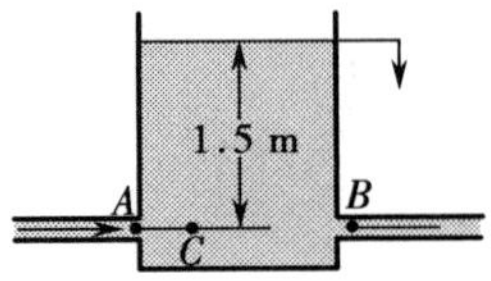

思考题5附图

5. 一敞口容器底部连接等径的进水管与出水管，如附图所示。容器内水面维持恒定1.5 m，管内水的动压头均为0.5 m，则进水管的点 A、出水管的点 B 及容器内的点 C 处的静压头分别是多少？

6. 如本题附图所示，槽内水面维持不变，水从 B、C 两支管排出，各管段的直径、粗糙度相同，槽内水面与两支管出口的距离均相等，水在管内已达完全湍流状态。试分析：(1)两阀门全开时，两支管的流量是否相等？(2)若把 C 支管的阀门关闭，这时 B 支管内水的流量有何改变？(3)当 C 支管的阀门关闭时，主管路 A 处的压力比两阀全开时是增加还是降低？

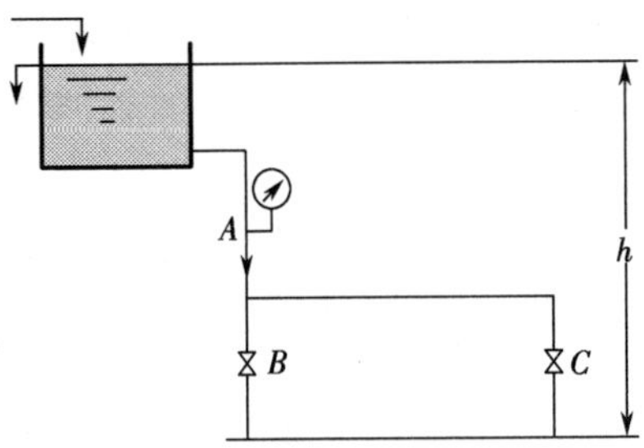

思考题6附图

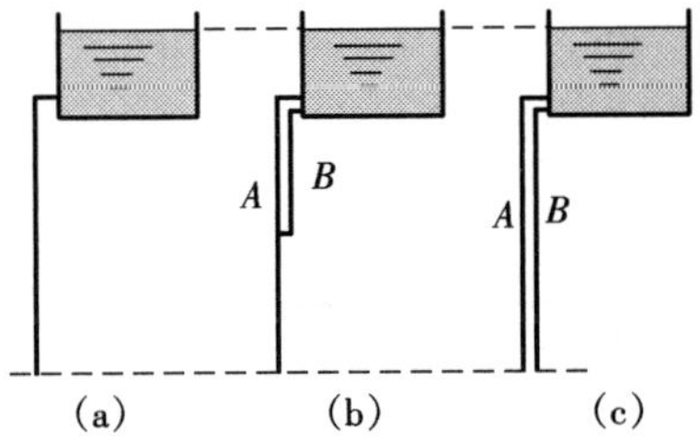

思考题7附图

A—原有管路 B—新并联管路

7. 从水塔引水至车间，水塔的水位可视为不变。送水管的内径为50 mm，管路总长为 l，且 $l \gg l_e$，流量为 V_h，水塔水面与送水管出口间的垂直距离为 h。今用水量增加50%，需对送水管进行改装。

(1)有人建议将管路换成内径为75 mm的管子(见本题附图a)。

(2)有人建议将管路并联一根长度为 $l/2$、内径为50 mm的管子(见本题附图b)。

(3)有人建议将管路并联一根长度为 l、内径为25 mm的管子(见本题附图c)。

试分析这些建议的效果。假设在各种情况下，摩擦系数 λ 变化不大，水在管内的动能可忽略。

Chapter 2

第2章　流体输送机械

本章符号说明

英文字母

a——活塞杆的截面积,m^2;

A——活塞的截面积,m^2;

b——叶轮宽度,m;

c——离心泵叶轮内液体质点运动的绝对速度,m/s;

C_H、C_Q、C_η——压头、流量、效率的黏度换算系数;

d——管子直径,m;

D——叶轮或活塞直径,m;

g——重力加速度,m/s^2;

Δh——离心油泵的气蚀余量,m;

H——泵的压头,m;

H_c——离心泵的动压头,m;

H_e——管路系统所需的压头,m;

H_f——管路系统的压头损失,m;

H_g——离心泵的允许安装高度,m;

H_p——离心泵的静压头,m;

H_s'——离心泵的允许吸上真空度,m 液柱;

H_{st}——离心通风机的静风压,Pa 或 mmH_2O;

$H_{T\infty}$——离心泵的理论压头,m;

i——压缩机的级数;

l——长度,m;

l_e——管路当量长度,m;

m——多变指数;

n——离心泵的转速,r/min;

n_r——活塞的往复次数,1/min;

N——泵或压缩机的轴功率,W 或 kW;

N_a——按绝热压缩考虑的压缩机的理论功率,kW;

N_e——泵的有效功率,W 或 kW;

$NPSH$——离心泵的气蚀余量,m;

p——压力,Pa;

p_a——当地大气压,Pa;

p_v——液体的饱和蒸气压,Pa;

Q——泵或风机的流量;m^3/s 或 m^3/h;

Q_e——管路系统要求的流量,m^3/s 或m^3/h;

Q_s——泵的额定流量,m^3/s 或 m^3/h;

Q_T——泵的理论流量,m^3/s;

R——叶轮半径,m;

R'——气体常数,J/(kg · K);

S——活塞的冲程,m;

t——摄氏温度,℃;

T——热力学温度,K;

u——流速或离心泵叶轮内液体质点运动的圆周速度,m/s;

V——体积,m^3;

V_{min}——往复压缩机的排气量,m^3/min;

w——离心泵叶轮内液体质点运动的相对速度,m/s;

W——往复压缩机的理论功,J;

Z——位压头,m。

希腊字母

α——绝对速度与圆周速度的夹角;

β——相对速度与圆周速度反方向延线的夹角;

ε——余隙系数;

ζ——阻力系数;

η——效率;

θ——时间,s;

κ——绝热指数;

λ——摩擦系数;

λ_d——排气系数;

λ_0——容积系数;

μ——黏度,Pa·s 或 cP;

ν——运动黏度,m^2/s 或 cSt;

ρ——密度,kg/m^3;

ω——叶轮旋转角速度,rad/s。

本章学习指导

本章应重点掌握离心泵的基本结构、工作原理、性能描述、选型、正确安装和使用(包括管路特性方程的建立、离心泵的工作点和流量调节问题)。

在熟练掌握离心泵相关内容的基础上,通过对比,掌握正位移(定排量)泵、旋涡泵、离心通风机的工作原理和操作特性。

一般了解其他化工用泵、气体压送机械的特性及应用场合。

本章是流体力学原理的具体应用,通过机械能衡算式来建立特定输送系统的管路特性方程,并用其分析影响管路特性和离心泵工作特性的因素是本章的重点和难点,在学习中要特别注意离心泵的特性、管路的特性及离心泵在特定管路中的工作特性的区别和联系。

通过本章的学习,能够根据流体特性和输送任务要求,对管路输送系统进行工艺设计,合理地选择和正确地操作流体输送机械,并使之在高效下安全可靠地运行。

在化工生产中,流体输送是最常见的,甚至是不可缺少的单元操作。流体输送机械就是向流体做功以提高流体机械能的装置,因此流体通过流体输送机械后即可获得能量,以用于克服液体输送沿程中的机械能损失,提高位能以及提高流体压力(或减压)等。通常,将输送液体的机械称之为泵;将输送气体的机械按所产生压力的高低分别称之为通风机、鼓风机、压缩机和真空泵。

在化工厂中,待输送的流体可以是液体或气体。不仅流体的性质,例如黏性、腐蚀性、是否含有悬浮的固体颗粒等各不相同，而且诸如温度、压力和流量等输送条件也有较大的差别，因此生产中所选用的流体输送机械必须能满足不同的要求。由于生产需要是多种多样的，因而输送机械也有多种不同的类型和规格。

流体输送机械按工作原理分类为：

①动力式（叶轮式），包括离心式、轴流式输送机械，它们是借高速旋转的叶轮使流体获得能量的；

②容积式（正位移式），包括往复式、旋转式输送机械，它们是利用活塞或转子的挤压使流体升压以获得能量的；

③其他类型，指不属于上述两类的其他类型，如喷射式等。

应予指出，由于气体具有可压缩性，且气体的密度和黏度都较液体的低，因此液体和气体输送机械在结构和特性上也有差别。本章将分别进行讨论。

本章主要介绍化工中常用的流体输送机械的基本结构、工作原理和特性，以便能够依据流体流动的有关原理正确地选择和使用流体输送机械。具体地说，就是根据输送任务正确地选择输送机械的类型和规格，决定输送机械在管路中的位置，计算所消耗的功率等，使输送机械能在高效率下可靠地运行。

2.1 离心泵

演示文稿

如前所述，液体输送机械种类很多，一般根据其流量和压力（压头）关系可分为离心泵和正位移泵两大类。其中，以离心泵在化工生产中应用最为广泛，这是因为离心泵具有以下优点：①结构简单，操作容易，便于调节和自控；②流量均匀，效率较高；③流量和压头的适用范围较广；④适用于输送腐蚀性或含有悬浮物的液体。当然，其他类型泵也有其本身的特点和适用场合，而且并非是离心泵所能完全代替的。因此在设计和使用时应视具体情况作出正确的选择。

2.1.1 离心泵的工作原理和主要部件

1. 离心泵的工作原理

离心泵的装置简图如图 2-1 所示，它的基本部件是旋转的叶轮和固定的泵壳。具有若干弯曲叶片的叶轮安装在泵壳内并紧固于泵轴上，泵轴可由电动机带动旋转。泵壳中央的吸入口与吸入管路相连接，在吸入管路底部装有单向底阀。泵壳侧旁的排出口与排出管路相连接，其上装有调节阀。

离心泵在启动前需先向壳内充满被输送的液体，启动后泵轴带动叶轮一起旋转，迫使叶片间的液体旋转。液体在惯性离心力的作用下自叶轮中心被甩向外周并获得了能量，使流向叶轮外周的液体的静压力增高。液体离开叶轮进入泵壳后，因壳内流道逐渐扩大而使液体减速，部分动能转换成静压能。于是，具有较高压力的液体从泵的排出口进入排出管路，被输送到所需的场所。当液体自叶轮中心甩向外周的同时，在叶轮中心产生低压区。由于

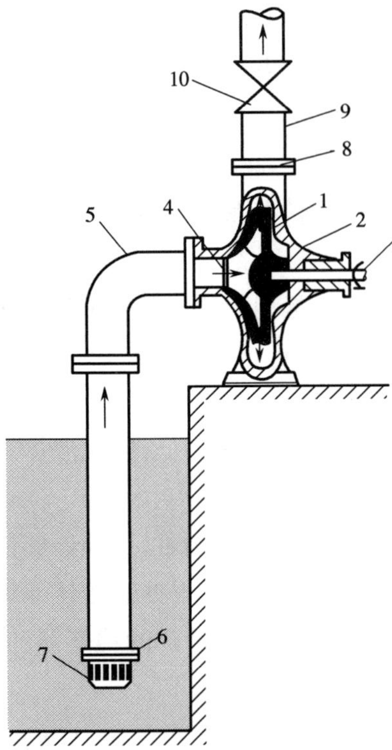

图2-1 离心泵装置简图

1—叶轮 2—泵壳 3—泵轴 4—吸入口 5—吸入管 6—底阀 7—滤网 8—排出口 9—排出管 10—调节阀

贮槽液面上方的压力大于泵吸入口的压力，致使液体被吸进叶轮中心。因此只要叶轮不断地旋转，液体便连续地被吸入和排出。由此可见，离心泵之所以能输送液体，主要是依靠高速旋转的叶轮，液体在惯性离心力的作用下获得了能量，提高了压力。

离心泵启动时，若泵内存有空气，由于空气密度很小，旋转后产生的离心力小，因而叶轮中心区所形成的低压不足以将贮槽内的液体吸入泵内，虽启动离心泵也不能输送液体。此种现象称为气缚，表示离心泵无自吸能力，所以在启动前必须向壳内灌满液体。离心泵装置中吸入管路的底阀的作用是防止启动前灌入的液体从泵内流出，滤网则可以阻拦液体中的固体颗粒被吸入而堵塞管道和泵壳。排出管路上装有调节阀，可供开工、停工和调节流量时使用。

2. 离心泵的主要部件

离心泵由两个主要部分构成：一是包括叶轮和泵轴的旋转部件；二是由泵壳、填料函和轴承组成的静止部件。

1)叶轮

叶轮是离心泵的关键部件，因为液体从叶轮获得了能量，或者说叶轮的作用是将原动机的机械能传给液体，使通过离心泵的液体静压能和动能均有所提高。

叶轮通常由4~12片的后弯叶片组成。按其机械结构可分为闭式、半闭式和开式3种叶轮，如图2-2所示。叶片两侧带有前、后盖板的称为闭式叶轮，它适用于输送清洁液体，一般离心泵多采用这种叶轮。没有前、后盖板，仅由叶片和轮毂组成的称为开式叶轮。只有后

(a) (b) (c)

图2-2 离心泵的叶轮

(a)闭式 (b)半闭式 (c)开式

盖板的称为半闭式叶轮。开式和半闭式叶轮由于流道不易堵塞,适用于输送含有固体颗粒的液体悬浮液。但是由于没有盖板,液体在叶片间流动时易产生倒流,故这类泵的效率较低。

闭式或半闭式叶轮在工作时,离开叶轮的一部分高压液体可漏入叶轮与泵壳之间的两侧空腔中,因叶轮前侧液体吸入口处为低压,故液体作用于叶轮前、后两侧的压力不等,便产生了指向叶轮吸入口侧的轴向推力。该力使叶轮向吸入口侧窜动,引起叶轮和泵壳接触处的磨损,严重时造成泵的振动,破坏泵的正常工作。为了平衡轴向推力,最简单的方法是在叶轮后盖板上钻一些小孔(见图 2-3(a)中的 1)。这些小孔称为平衡孔。它的作用是使后盖板与泵壳之间空腔中的一部分高压液体漏到前侧的低压区,以减小叶轮两侧的压力差,从而平衡了部分轴向推力,但同时也会降低泵的效率。

叶轮按吸液方式不同可分为单吸式和双吸式两种,如图 2-3 所示。单吸式叶轮的结构简单,液体只能从叶轮一侧被吸入。双吸式叶轮可同时从叶轮两侧对称地吸入液体。显然,双吸式叶轮不仅具有较大的吸液能力,而且可基本上消除轴向推力。

2)泵壳

离心泵的泵壳通常制成蜗牛形,故又称为蜗壳,如图 2-4 中的 1 所示。叶轮在泵壳内沿着蜗形通道逐渐扩大的方向旋转,愈接近液体的出口,流道截面积愈大。液体从叶轮外周高速流出后,流过泵壳蜗形通道时流速将逐渐降低,因此减少了流动能量损失,且使部分动能转换为静压能。所以泵壳不仅是汇集由叶轮流出的液体的部件,而且又是一个能量转换装置。

为了减少液体直接进入泵壳时因碰撞引起的能量损失,在叶轮与泵壳之间有时还装有一个固定不动而且带有叶片的导轮,如图 2-4 中的 3 所示。由于导轮具有若干逐渐转向和扩大的流道,使部分动能可转换为静压能,且可减少能量损失。

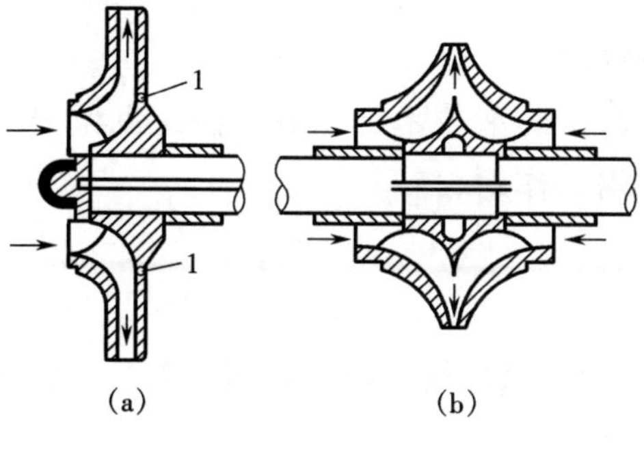

图 2-3 离心泵的吸液方式

(a)单吸式 (b)双吸式

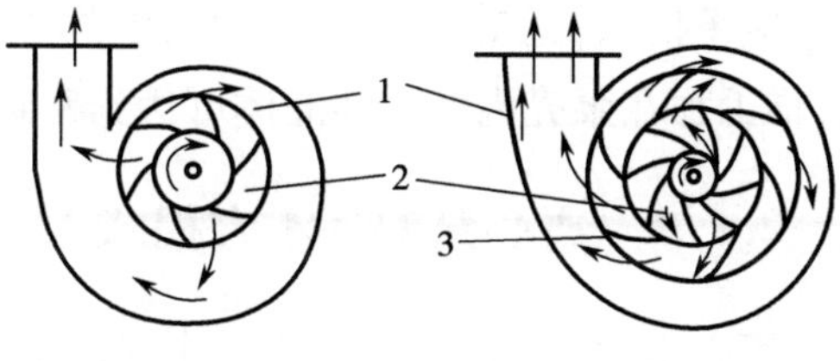

图 2-4 泵壳与导轮

1—泵壳 2—叶轮 3—导轮

3)轴封装置

由于泵轴转动而泵壳固定不动,泵轴穿过泵壳处必定会有间隙。为防止泵内高压液体沿间隙漏出或外界空气漏入泵内,必须设置轴封装置。常用的轴封装置有填料密封和机械密封两种。

(1)填料密封装置 填料密封装置又称填料函,如图 2-5 所示。它主要由填料函壳、软填料和填料压盖等构成。软填料一般为浸油的或涂石墨的石棉绳等。用压盖将填料压紧在填料函壳和泵轴之间,以达到密封的作用。填料密封装置结构简单,但需经常维修,且功率消耗较大。因这种装置不能完全避免泄漏,故它不宜用于输送易燃、易爆和有毒的液体。

(2)机械密封装置　机械密封装置如图2-6所示,它主要由一个装在泵轴上的动环和另一固定在泵壳上的静环所构成。两环的端面借弹簧力互相贴紧而起到密封的作用。动环一般用硬质金属材料制成,静环用酚醛塑料等非金属材料制成。机械密封安装时,要求环间摩擦面要很好地研合,并通过调整弹簧压力,在两摩擦面间形成一薄层液膜,达到较好的润滑和密封的作用。

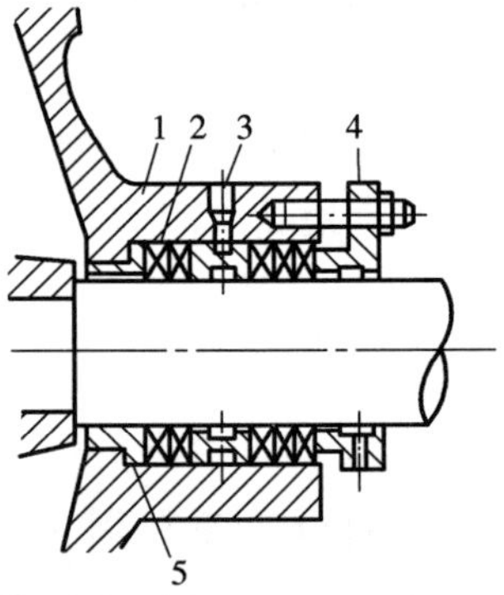

图2-5　填料密封装置

1—填料函壳　2—软填料　3—液封圈
4—填料压盖　5—内衬套

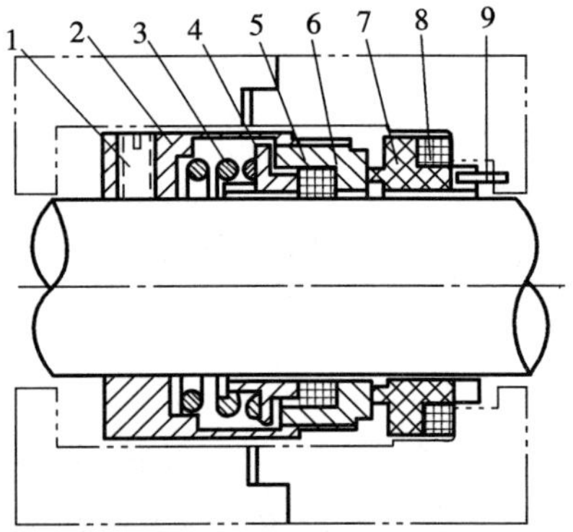

图2-6　机械密封装置

1—螺钉　2—传动座　3—弹簧　4—椎环
5—动环密封圈　6—动环　7—静环
8—静环密封圈　9—防转销

机械密封装置的特点是性能优良、使用寿命长、功率消耗较小,但其部件的加工、安装要求高。它适用于输送酸、碱及易燃、易爆和有毒的液体。

应予指出,近年来随着磁能应用技术的发展,磁防漏技术已在流体输送机械中得到应用,借助加在泵壳内的磁性液体可达到密封和润滑的作用。

2.1.2　离心泵的基本方程式

离心泵的基本方程式从理论上表达了泵的压头与其结构、尺寸、转速及流量等因素之间的关系,它是用于计算离心泵理论压头的基本公式。

离心泵的理论压头是指在理想情况下离心泵可能达到的最大压头。所谓理想情况就是:①叶轮为具有无限多叶片(叶片的厚度当然为无限薄)的理想叶轮,因此液体质点将完全沿着叶片表面流动,不发生任何环流现象;②被输送的液体是理想液体,因此无黏性的液体在叶轮内流动时不存在流动阻力。这样,离心泵的理论压头就是具有无限多叶片的离心泵对单位重量理想液体所提供的能量。显然,上述假设是为了便于分析研究液体在叶轮内的运动情况,从而导出离心泵的基本方程式。

1. 液体通过叶轮的流动

离心泵工作时,液体一方面随叶轮作旋转运动,同时又经叶轮流道向外流动,因此液体在叶轮内的流动情况是十分复杂的。

如图 2-7 所示,液体质点沿着轴向以绝对速度 c_0 进入叶轮,在叶片入口处转为径向运动,此时液体一方面以圆周速度 u_1 随叶轮旋转,其运动方向与液体质点所在处的圆周的切线方向一致,大小与所在处的半径及转速有关;另一方面以相对速度 w_1 在叶片间作相对于旋转叶轮的相对运动,其运动方向是液体质点所在处的叶片切线方向,大小与液体流量及流道的形状有关。两者的合速度为绝对速度 c_1,此即为液体质点相对于泵壳(固定于地面)的绝对运动速度。同样,在叶片出口处,圆周速度为 u_2,相对速度为 w_2,两者的合速度即为液体在叶轮出口处的绝对速度 c_2。

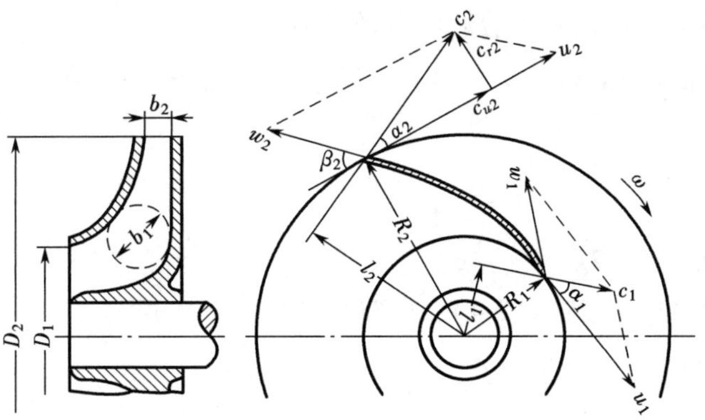

图 2-7 液体在离心泵中流动的速度三角形

由上述 3 个速度所组成的矢量图,称为速度三角形。如图 2-7 中出口速度三角形所示,α 表示绝对速度与圆周速度两矢量之间的夹角,β 表示相对速度与圆周速度反方向延线的夹角,一般称之为流动角。α 及 β 的大小与叶片的形状有关。根据速度三角形可确定各速度间的数量关系。由余弦定律得知

$$w_1^2 = c_1^2 + u_1^2 - 2c_1u_1\cos\alpha_1 \tag{2-1}$$

$$w_2^2 = c_2^2 + u_2^2 - 2c_2u_2\cos\alpha_2 \tag{2-1a}$$

由此可知,叶片的形状影响液体在泵内的流动情况以及离心泵的性能。

2. 离心泵基本方程式的推导

离心泵基本方程式可由离心力做功推导,也可根据动量理论求得。本书采用由离心力做功导出的离心泵基本方程式。

根据伯努利方程,单位重量的理想液体通过离心泵叶片入口截面 1—1′到叶片出口截面 2—2′所获得的机械能为

$$H_{T\infty} = H_p + H_c = \frac{p_2 - p_1}{\rho g} + \frac{c_2^2 - c_1^2}{2g} \tag{2-2}$$

式中 $H_{T\infty}$——具有无穷多叶片的离心泵对理想液体所提供的理论压头,m;

H_p——理想液体经理想叶轮后静压头的增量,m;

H_c——理想液体经理想叶轮后动压头的增量，m。

应予指出，式(2-2)中没有考虑截面1—1′和2—2′间位能的不同，这是因为叶轮每转一周，截面1—1′和2—2′的位置互换一次，按时均计，位能差可视为零。

式(2-2)中静压头增量 H_p 主要来源于以下两方面。

(1)离心力做功　单位重量液体所获得的这部分外功可表示为

$$\int_{R_1}^{R_2}\frac{F}{g}\mathrm{d}R=\int_{R_1}^{R_2}\frac{R\omega^2}{g}\mathrm{d}R=\frac{\omega^2}{2g}(R_2^2-R_1^2)=\frac{u_2^2-u_1^2}{2g}$$

式中 ω 为叶轮旋转角速度。

(2)能量转换　因叶轮中相邻的两叶片构成的流道自内向外逐渐扩大，流体通过时部分动能转换为静压能，这部分静压头的增量可表示为 $\frac{w_1^2-w_2^2}{2g}$。

因此，单位重量液体通过叶轮后静压头增量为

$$H_p=\frac{u_2^2-u_1^2}{2g}+\frac{w_1^2-w_2^2}{2g} \tag{2-3}$$

将式(2-3)代入式(2-2)可得

$$H_{T\infty}=\frac{u_2^2-u_1^2}{2g}+\frac{w_1^2-w_2^2}{2g}+\frac{c_2^2-c_1^2}{2g} \tag{2-4}$$

将式(2-1)、式(2-1a)代入式(2-4)，并整理可得

$$H_{T\infty}=\frac{u_2c_2\cos\alpha_2-u_1c_1\cos\alpha_1}{g} \tag{2-5}$$

在离心泵的设计中，为提高理论压头，一般使 $\alpha_1=90°$，则 $\cos\alpha_1=0$，故式(2-5)可简化为

$$H_{T\infty}=\frac{u_2c_2\cos\alpha_2}{g} \tag{2-5a}$$

式(2-5)和式(2-5a)即为离心泵基本方程式。

3. 离心泵基本方程式的讨论

为了能明显地反映影响离心泵理论压头的因素，需要将式(2-5a)作进一步变换。理论流量可表示为在叶轮出口处的液体径向速度和叶片末端圆周出口面积之乘积，即

$$Q_T=c_{r2}\pi D_2b_2 \tag{2-6}$$

式中　D_2——叶轮外径，m；

b_2——叶轮出口宽度，m；

c_{r2}——液体在叶轮出口处的绝对速度的径向分量，m/s。

从图2-7中出口速度三角形可知

$$c_2\cos\alpha_2=u_2-c_{r2}\cot\beta_2 \tag{2-7}$$

由式(2-6)、式(2-7)和式(2-5a)可得

$$H_{T\infty}=\frac{u_2^2}{g}-\frac{u_2\cot\beta_2}{g\pi D_2b_2}Q_T \tag{2-8}$$

而

$$u_2=\frac{\pi D_2n}{60} \tag{2-9}$$

式中 n——叶轮转速,r/min。

式(2-8)为离心泵基本方程式的又一表达形式,表示离心泵的理论压头与理论流量、叶轮的转速和直径、叶片的几何形状之间的关系。下面分别讨论各项影响因素。

1)叶轮的转速和直径

由式(2-8)和式(2-9)可看出,当理论流量和叶片几何尺寸(b_2,β_2)一定时,离心泵的理论压头随叶轮的转速、直径的增加而加大。

2)叶片的几何形状

根据流动角 β_2 的大小,可将叶片形状分为后弯、径向和前弯叶片 3 种,如图 2-8 所示。

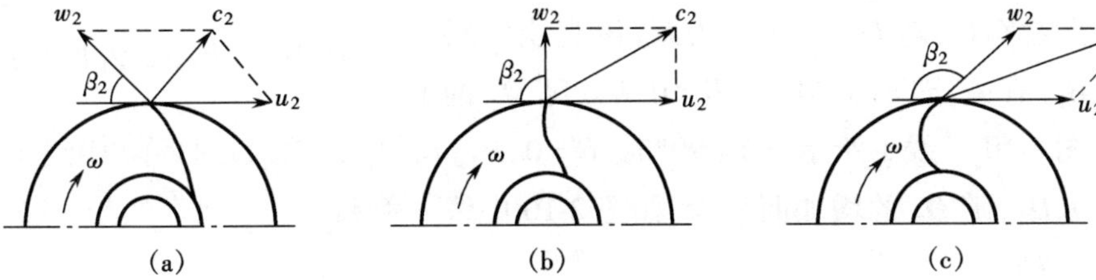

图 2-8 叶片形状及出口速度三角形

(a)后弯叶片 (b)径向叶片 (c)前弯叶片

由式(2-8)可知,当叶轮的直径和转速、叶片的宽度及理论流量一定时,离心泵的理论压头随叶片的形状而变。

后弯叶片 $\beta_2 < 90°, \cot\beta_2 > 0, H_{T\infty} < \dfrac{u_2^2}{g}$

径向叶片 $\beta_2 = 90°, \cot\beta_2 = 0, H_{T\infty} = \dfrac{u_2^2}{g}$

前弯叶片 $\beta_2 > 90°, \cot\beta_2 < 0, H_{T\infty} > \dfrac{u_2^2}{g}$

由上可见,前弯叶片所产生的理论压头最大。但是离心泵实际上多采用后弯叶片,原因如下:离心泵的理论压头包括静压头和动压头两部分,对输送液体而言,希望获得的是静压头,而不是动压头。虽然在蜗壳和导轮中有部分动压头可转换为静压头,但因流速较大,必伴随有较大的能量损失。理论压头中静压头和动压头的比例随 β_2 的大小而变。图 2-9 表示 $H_{T\infty}$、H_p 与 β_2 的关系。由图可见,随 β_2 加大 $H_{T\infty}$ 不断增大,但 H_p 随 β_2 的变化却不同。在 $\beta_2 < 90°$ 时,H_p 随 β_2 加大而增大,且 H_p 在 $H_{T\infty}$ 中占有较大的比例;在 $\beta_2 = 90°$ 时,H_p 和 H_c 所占的比例大致相当;在 $\beta_2 > 90°$ 时,H_p 所占比例较小,大部分是 H_c;β_2 大至某一值后,$H_p = 0$,此时 $H_{T\infty} = H_c$。由此可知,当 $\beta_2 > 90°$ 时,不仅静压头相对地较后弯叶片的低,而且因液体出口绝对速度 c_2 较大,导致液体在泵内产生的涡流较剧烈,能量损失增大。因此为提高离心泵的经济指标,宜

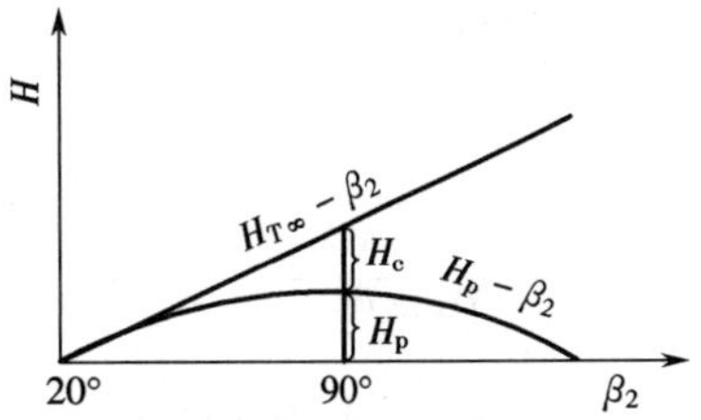

图 2-9 $H_{T\infty}$、H_p 与 β_2 的关系曲线

采用后弯叶片。

3）理论流量

若离心泵的几何尺寸（D_2、b_2、β_2）和转速（n）一定，则式(2-8)可表示为

$$H_{T\infty} = A - BQ_T \tag{2-10}$$

式中 $A = \dfrac{u_2^2}{g}$

$$B = \frac{u_2 \cot \beta_2}{g\pi D_2 b_2}$$

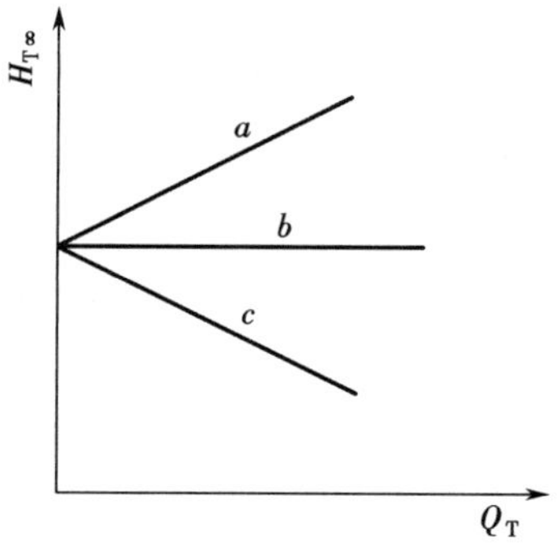

图 2-10 $H_{T\infty}$ 与 Q_T 的关系曲线

式(2-10)表示 $H_{T\infty}$ 与 Q_T 呈线性关系，该直线的斜率与叶片形状（β_2）有关，即 $\beta_2 > 90°$ 时，$B < 0$，$H_{T\infty}$ 随 Q_T 的增加而增大，如图 2-10 中线 a 所示。$\beta = 90°$ 时，$B = 0$，$H_{T\infty}$ 与 Q_T 无关，如图 2-10 中线 b 所示。$\beta < 90°$ 时，$B > 0$，$H_{T\infty}$ 随 Q_T 的增加而减少，如图 2-10 中线 c 所示。

4）液体的密度

在离心泵的基本方程式(2-8)中并未出现液体密度这一重要性质，这表明离心泵的理论压头与液体的密度无关。因此，对同一台离心泵不论输送何种液体，所能达到的理论压头是相同的。

但应注意，离心泵出口处的压力（或泵进、出口处的压力差）却与液体的密度成正比。

4. 离心泵的实际压头和实际流量

应予指出，前面讨论的是理想液体通过理想叶轮时的 $H_{T\infty}$-Q_T 关系曲线，称为离心泵的理论特性曲线。实际上，叶轮的叶片数目是有限的，且输送的是实际液体。因此，液体并非完全沿叶片弯曲形状运动，而是在流道中产生与旋转方向不一致的旋转运动，称为轴向涡流。于是，实际的圆周速度 u_2 和绝对速度 c_2 都较理想叶轮的要小，致使泵的压头降低。同时，实际液体流过叶片的间隙和泵内通道时必然伴有各种能量损失，因此离心泵的实际压头 H 必小于理论压头 $H_{T\infty}$。另外由于泵内存在各种泄漏损失，使离心泵的实际流量 Q 也低于理论流量 Q_T。所以离心泵的实际压头和实际流量（简称为离心泵的压头和流量）关系曲线应在 $H_{T\infty}$-Q_T 关系曲线的下方，如图 2-11 所示。离心泵的 H-Q 关系曲线通常由实验测定，有关内容将在下一节介绍。

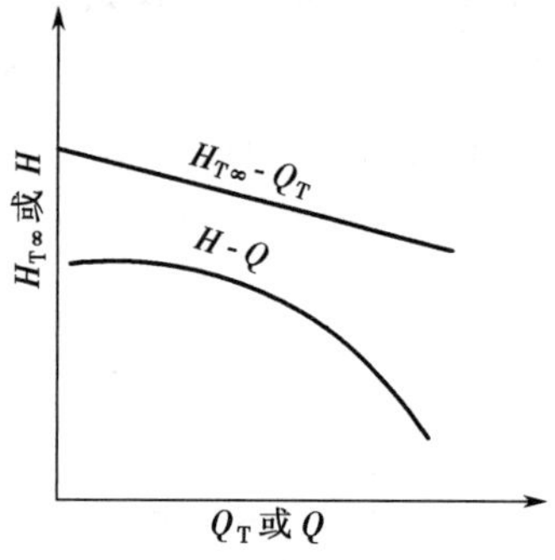

图 2-11 离心泵的 $H_{T\infty}$-Q_T 与 H-Q 关系曲线

【例 2-1】 已知某离心泵叶轮外径为 192 mm，叶轮出口宽度为 12.5 mm，叶片出口流动角为 35°，若泵的转速为 1 750 r/min，试求该泵的基本方程式（即理论压头和理论流量的关系）。

解：由式(2-8)知

$$H_{T\infty} = \frac{u_2^2}{g} - \frac{u_2 \cot \beta_2}{g\pi D_2 b_2} Q_T \quad ，而\ u_2 = \frac{\pi D_2 n}{60}$$

将 $D_2 = 0.192$ m、$b_2 = 0.012\,5$ m 及 $\beta_2 = 35°$ 代入上两式，得

$$H_{T\infty}=\frac{1}{9.81}\left(\frac{\pi\times0.192\times1\,750}{60}\right)^2-\frac{\pi\times0.192\times1\,750\cot35^\circ}{60\times9.81\times\pi\times0.192\times0.012\,5}Q_T$$

即 $$H_{T\infty}=31.56-339.7Q_T$$

讨论：由本题结果可见，离心泵的理论压头与理论流量呈线性关系，且随流量的增加，该泵的压头随之降低。但应注意，实测的离心泵的压头与流量之间的关系并非线性关系，在一定范围内可近似表示为 $H=A-BQ^2$ 二次曲线的形式，其中 A、B 为常数。

2.1.3 离心泵的主要性能参数与特性曲线

要正确地选择和使用离心泵，就必须了解泵的性能和它们之间的相互关系。离心泵的主要性能有流量、压头、效率、轴功率等。离心泵性能间的关系通常用特性曲线表示。

1. 离心泵的主要性能参数

1）流量

离心泵的流量是指离心泵在单位时间内排送到管路系统的液体体积，一般用 Q 表示，常用单位为 L/s、m^3/s 或 m^3/h。离心泵的流量与泵的结构、尺寸（主要为叶轮直径和宽度）及转速等有关。应予指出，离心泵总是和特定的管路相联系，因此离心泵的实际流量还与管路特性有关。

2）压头（扬程）

离心泵的压头又称扬程，它是指离心泵对单位重量（1N）的液体所能提供的有效能量，一般用 H 表示，其单位为 m。离心泵的压头与泵的结构、尺寸（如叶片的弯曲情况、叶轮直径等）、转速及流量有关。对于一定的泵和转速，压头与流量间具有一定的关系。

如前所述，离心泵的理论压头可用离心泵的基本方程式计算。实际上由于液体在泵内的流动情况较复杂，因此目前尚不能从理论上计算泵的实际压头，一般由实验测定。具体测定方法见例 2-2。

3）效率

离心泵在输送液体过程中，当外界能量通过叶轮传给液体时，不可避免地会有能量损失，即由原动机提供给泵轴的能量不能全部为液体所获得，致使泵的有效压头和流量都较理论值低，通常用效率反映能量损失。

离心泵的能量损失包括以下几项。

（1）容积损失　容积损失是指泵的液体泄漏所造成的损失。离心泵可能发生泄漏的地方很多，例如密封环、平衡孔及密封压盖等（如图 2-12 所示）。这样，一部分已获得能量的高压液体通过这些部位被泄漏，使泵排送到管路系统的液体流量少于吸入量，并多消耗了部分能量。容积损失主要与泵的结构及液体在泵进、出口处的压力差有关。容积损失可由容积效率 η_v 来表示，一般闭式叶轮的容积效率为 0.85～0.95。

（2）机械损失　由泵轴与轴承之间、泵轴与填料函之间以及叶轮盖板外表面与液体之间产生摩擦而引起的能量损失称为机械损失，可用机械效率 η_m 来反映这种损失，其值一般为 0.96～0.99。

(3)水力损失　黏性液体流经叶轮通道和蜗壳时产生的摩擦阻力以及在泵局部处因流速和方向改变引起的环流和冲击而产生的局部阻力，统称为水力损失。水力损失与泵的结构、流量及液体的性质等有关，水力损失可用水力效率 η_h 来表示，其值一般为 0.8 ~ 0.9。

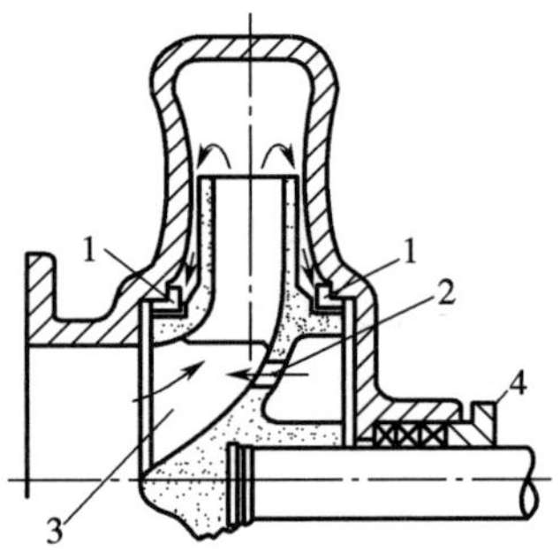

图 2-12　离心泵的容积损失

1—密封环　2—平衡孔

3—叶轮入口　4—密封压盖

应予指出，离心泵在一定转速下运转时，容积损失和机械损失可近似地视为与流量无关，但水力损失则随流量变化而改变。在水力损失中，摩擦阻力损失大致与流量的平方成正比；而局部阻力损失是在某一流量下（此时液体的流动方向恰与叶片的入口角相一致）最小。

离心泵的效率反映上述 3 项能量损失的总和，故又称为总效率。因此总效率为上述 3 个效率的乘积，即

$$\eta = \eta_v \eta_m \eta_h \tag{2-11}$$

由上面的定性分析可知，离心泵的效率在某一流量（对正确设计的泵，该流量与设计流量相符合）下最高，小于或大于该流量时 η 都将降低。通常将最高效率下的流量称为额定流量。

离心泵的效率与泵的类型、尺寸、制造精密程度、液体的流量和性质等有关。一般小型离心泵的效率为 50% ~ 70%，大型泵可高达 90%。

4）轴功率

离心泵的轴功率是指泵轴所需的功率。当泵直接由电动机带动时，它即是电机传给泵轴的功率，单位为 W 或 kW。离心泵的有效功率是指液体从叶轮获得的能量。由于存在上述 3 种能量损失，故轴功率必大于有效功率，即

$$N = \frac{N_e}{\eta} \tag{2-12}$$

$$N_e = HQ\rho g \tag{2-13}$$

式中　N——轴功率，W；

N_e——有效功率，W；

Q——泵在输送条件下的流量，m^3/s；

H——泵在输送条件下的压头，m；

ρ——输送液体的密度，kg/m^3；

g——重力加速度，m/s^2。

若离心泵的轴功率用 kW 来计量，则由式(2-12)和式(2-13)可得

$$N = \frac{QH\rho}{102\eta} \tag{2-14}$$

2. 离心泵的特性曲线

前已述及，离心泵的主要性能参数是流量 Q、压头 H、轴功率 N 及效率 η，其间的关系由

实验测得。测出的一组关系曲线称为离心泵的特性曲线或工作性能曲线，此曲线由泵的制造厂提供，并附于泵样本或说明书中，供使用部门选泵和操作时参考。

离心泵的特性曲线一般由 H-Q、N-Q 及 η-Q 3 条曲线组成，如图 2-13 所示。特性曲线随泵的转速而变，故特性曲线图上或说明书中一定要标出测定时的转速。各种型号的离心泵有其本身独自的特性曲线，但它们都具有以下共同点。

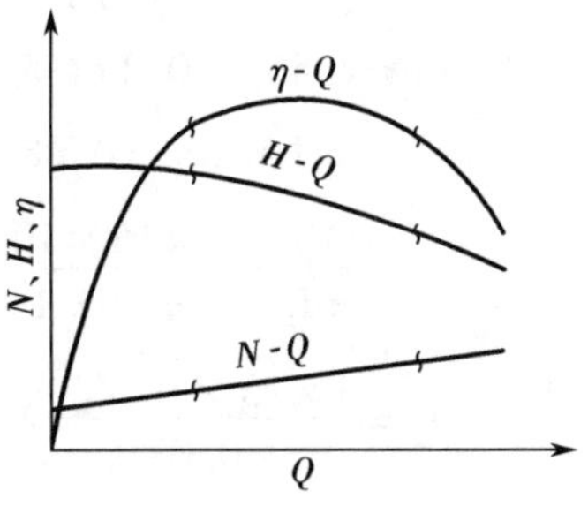

图 2-13 离心泵的特性曲线

(1) H-Q 曲线 H-Q 曲线表示泵的压头与流量的关系。离心泵的压头一般随流量的增大而下降（在流量极小时可能有例外）。这是离心泵的一个重要特性。

(2) N-Q 曲线 N-Q 曲线表示泵的轴功率与流量的关系。离心泵的轴功率随流量的增大而上升，流量为零时轴功率最小。所以离心泵启动时，应关闭泵的出口阀门，减小启动电流，以保护电机。

(3) η-Q 曲线 η-Q 曲线表示泵的效率与流量的关系。由图 2-13 所示的特性曲线可看出，当 $Q=0$ 时，$\eta=0$；随着流量增大，泵的效率随之而上升并达到一最大值；此后流量再增大时效率便下降。说明离心泵在一定转速下有一最高效率点，通常称为设计点。泵在与最高效率相对应的流量及压头下工作最为经济，所以与最高效率点对应的 Q、H、N 值称为最佳工况参数。离心泵的铭牌上标出的性能参数，就是指该泵在运行时效率最高点的性能参数。根据输送条件的要求，离心泵往往不可能正好在最佳工况下运转，因此一般只能规定一个工作范围，称为泵的高效率区，通常为最高效率的 92% 左右，如图中波折号所示的范围。选用离心泵时，应尽可能使泵在此范围内工作。

【例 2-2】 采用本例附图所示的实验装置来测定离心泵的性能。泵的吸入管内径为 100 mm，排出管内径为 80 mm，两测压口间垂直距离为 0.5 m。泵的转速为 2 900 r/min，以 20℃ 清水为介质测得以下数据。

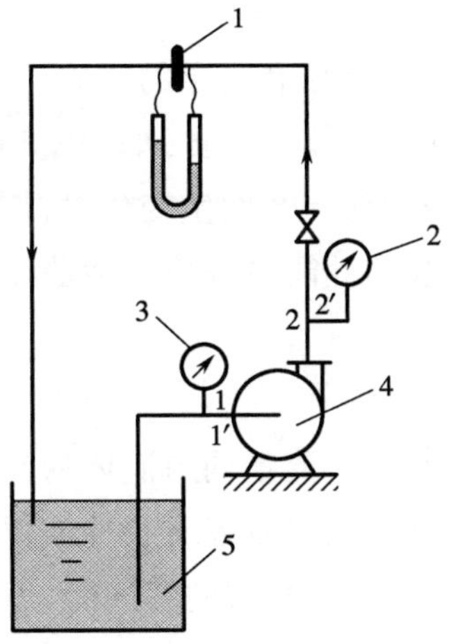

例 2-2 附图

1—流量计 2—压力表 3—真空计

4—离心泵 5—贮槽

流量：15 L/s。

泵出口处表压：2.55×10^{5} Pa。

泵入口处真空度：2.67×10^{4} Pa。

功率表测得电动机所消耗的功率：6.2 kW。

泵由电动机直接带动，电动机的效率为 93%。试求该泵在输送条件下的压头、轴功率和效率。

解：(1) 泵的压头

真空计和压力表所在处的截面分别以 1—1′和 2—2′表示。在两截面间列以单位重量液体为衡算基准的伯努利方程式，即

$$Z_1+\frac{p_1}{\rho g}+\frac{u_1^2}{2g}+H=Z_2+\frac{p_2}{\rho g}+\frac{u_2^2}{2g}+H_{f,1-2}$$

其中 $Z_2-Z_1=0.5\ \text{m}, p_1=-2.67\times10^4\ \text{Pa}$(表压)

$p_2=2.55\times10^5\ \text{Pa}$(表压)

$d_1=0.1\ \text{m}, d_2=0.08\ \text{m}$,

$$u_1=\frac{4Q}{\pi d_1^2}=\frac{4\times15\times10^{-3}}{\pi\times0.1^2}=1.91\ \text{m/s}$$

$$u_2=\frac{4\times15\times10^{-3}}{\pi\times0.08^2}=2.98\ \text{m/s}$$

两测压口间的管路很短,其间流动阻力可忽略不计,即 $H_{f,1-2}=0$。故泵的压头为

$$H=0.5+\frac{2.55\times10^5+2.67\times10^4}{1\ 000\times9.81}+\frac{2.98^2-1.91^2}{2\times9.81}=29.5\ \text{m}$$

(2)泵的轴功率

功率表测得的功率为电动机的输入功率,由于泵为电动机直接带动,传动效率可视为100%,所以电动机的输出功率等于泵的轴功率。因电动机本身消耗部分功率,其效率为93%,于是电动机输出功率为

电动机输入功率×电动机效率 $=6.2\times0.93=5.77$ kW

泵的轴功率为 $N=5.77$ kW。

(3)泵的效率

由式(2-14)知

$$\eta=\frac{QH\rho}{102N}=\frac{15\times29.5\times1\ 000}{1\ 000\times102\times5.77}\times100\%=75.2\%$$

讨论:通过阀门调节改变流量,可测得多组上述数据,便可绘制出离心泵的特性曲线。

3. 离心泵性能的影响因素与换算

泵的生产厂家提供的特性曲线均是针对特定型号的离心泵,在常压和一定的转速下,以常温的清水为工质测得的。影响离心泵性能的因素很多,主要包括液体的性质(如密度和黏度)、泵的结构尺寸(如叶轮直径)和泵的转速等。当这些参数中的任一个发生变化时,均会改变泵的性能。因此,在离心泵使用中,必须根据实际工况,对泵的性能参数或特性曲线进行换算。

1)液体物性的影响

(1)密度的影响　由离心泵的基本方程式可看出,离心泵的压头、流量均与流体的密度无关,故泵的效率亦不随液体的密度而改变,所以离心泵特性曲线中的 H-Q 及 η-Q 曲线保持不变。但是泵的轴功率随液体密度而改变,因此,当被输送液体的密度与水的不同时,原离心泵特性曲线中的 N-Q 曲线不再适用,此时泵的轴功率可按式(2-14)重新计算。

(2)黏度的影响　若被输送液体的黏度大于常温下清水的黏度,则泵体内部液体的能量损失增大,因此泵的压头、流量都要减小,效率下降,而轴功率增大,亦即泵的特性曲线发生改变。当液体的运动黏度 ν 大于20cSt(厘斯)时,离心泵的性能需按下式进行换算,即

$$Q' = C_Q Q$$
$$H' = C_H H \tag{2-15}$$
$$\eta' = C_\eta \eta$$

式中　Q、H、η——分别为离心泵输送清水时的流量、压头和效率；

Q'、H'、η'——分别为离心泵输送其他黏性液体时的流量、压头和效率；

C_Q、C_H、C_η——分别为离心泵的流量、压头和效率的换算系数。

式(2-15)中的换算系数可由图2-14及图2-15查得。该两图是分别根据$\phi50 \sim \phi200$ mm和$\phi20 \sim \phi70$ mm的单级离心泵进行多次实验的平均值绘出的。两图均仅适用于牛顿型流体，且只能在刻度范围内使用，不能采用外推法。用于多级离心泵时，应采用每一级的压头。图2-14中的Q_s是表示输送清水时最高效率点下所对应的流量，称为额定流量，单位m^3/min。换算时查图方法见例2-3。

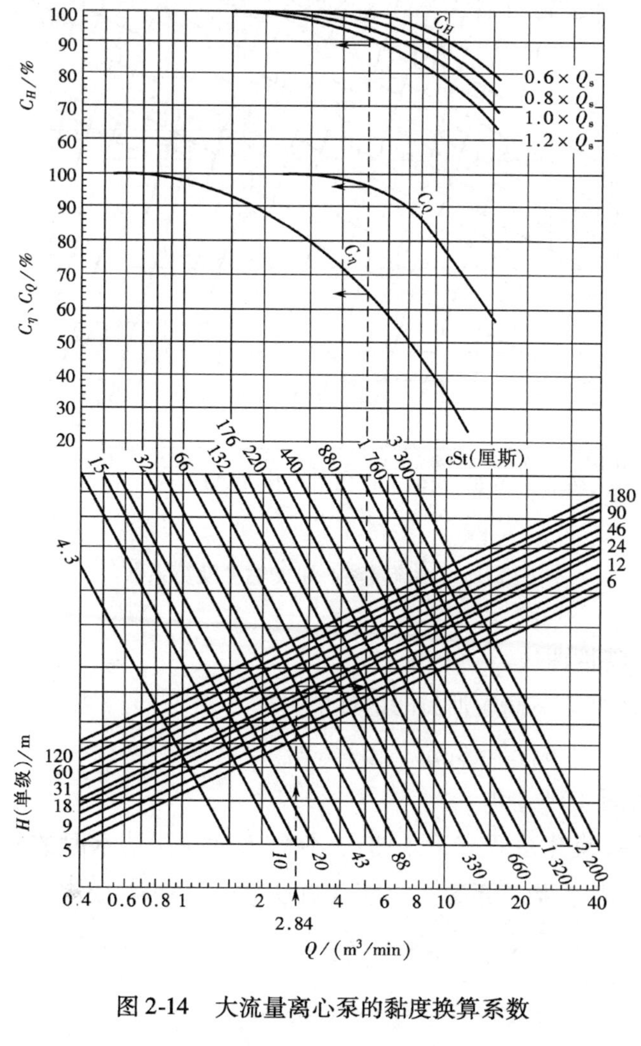

图2-14　大流量离心泵的黏度换算系数

【例2-3】　某离心泵输送水的特性曲线如本例附图所示，最高效率下相应的流量为2.84 m^3/min、压头为30.5 m。若用此泵输送密度为900 kg/m^3、黏度为220 cSt的油品，试作

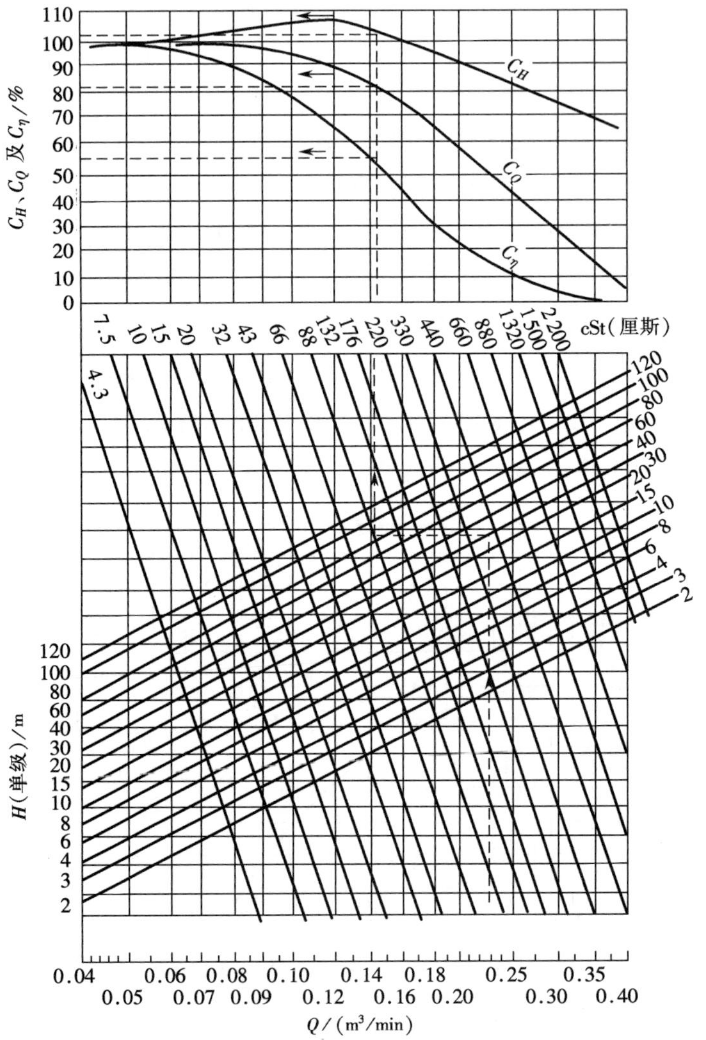

图 2-15 小流量离心泵的黏度换算系数

出该泵输送油品时的特性曲线。

解:用式(2-15)计算该泵输送油品时的性能,即

$$Q' = C_Q Q, H' = C_H H, \eta' = C_\eta \eta$$

式中各换算系数可由图 2-14 查取。

在图 2-14 中,压头换算系数有 4 条曲线,分别表示输送清水时的额定流量 Q_s 的 0.6、0.8、1.0 及 1.2 倍时的压头换算系数。由题意知 Q_s 为 2.84 m³/min,则可从本例附图的特性曲线中分别查出 $0.6Q_s$、$0.8Q_s$、$1.0Q_s$ 及 $1.2Q_s$ 下所对应的 H 及 η 值,并列于本例附表 1 中,以备下一步查 C_H 值时用。

例 2-3 附表 1

项　　目	$0.6Q_s$	$0.8Q_s$	$1.0Q_s$	$1.2Q_s$
$Q/(m^3/min)$	1.70	2.27	2.84	3.40
H/m	34.3	33.0	30.5	26.2
$\eta/\%$	72.5	80	82	79.5

以 $Q=1.0Q_s=2.84m^3/min$ 为例，由图 2-14 查出各性能的换算系数，其查图方法如图 2-14 中的虚线所示。在横坐标上自 $Q=2.84\ m^3/min$ 的点向上作垂线与压头 $H=30.5$ m 的斜线相交，由交点引水平线与黏度为 220cSt 的黏度线相交，从此交点再垂直向上作直线，分别与 C_η、C_Q 及 $Q=1.0Q_s$ 所对应的 C_H 曲线相交，各交点的纵坐标为相应的黏度换算系数值，即 $C_\eta=0.635$，$C_Q=0.95$，$C_H=0.92$。

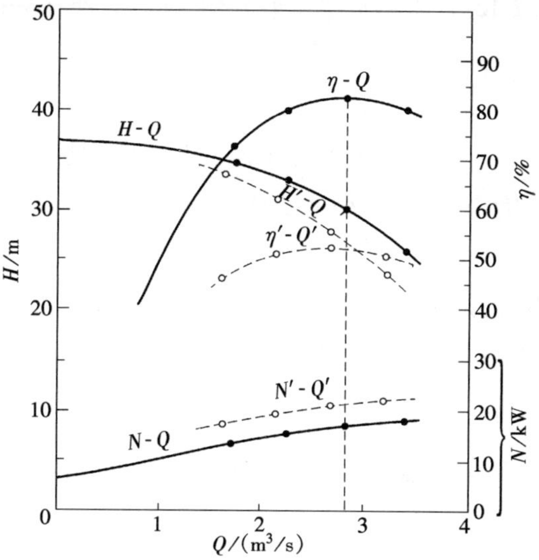

例 2-3 附图

于是可计算出输送油品时的性能为

$$Q'=C_QQ=0.95\times2.84=2.7\ m^3/min$$

$$H'=C_HH=0.92\times30.5=28.1\ m$$

$$\eta'=C_\eta\eta=0.635\times0.82=0.521=52.1\%$$

输送油品时的轴功率可按式(2-14)计算，即

$$N'=\frac{Q'H'\rho'}{102\eta'}=\frac{2.7\times28.1\times900}{102\times0.521\times60}=21.4\ kW$$

依照上述方法可查出不同流量下相对应的各种性能换算系数，然后再由式(2-15)和式(2-14)计算输送油品时的性能，并将计算结果列于本例附表 2 中。

例 2-3 附表 2

项目	$0.6Q_s$	$0.8Q_s$	$1.0Q_s$	$1.2Q_s$
C_Q	0.95	0.95	0.95	0.95
C_H	0.96	0.94	0.92	0.89
C_η	0.635	0.635	0.635	0.635
$Q'/(m^3/min)$	1.62	2.16	2.7	3.23
H'/m	32.9	31.0	28.1	23.3
$\eta'/\%$	46.0	50.8	52.1	50.5
N'/kW	17.0	19.4	21.4	21.9

将本例附表 2 中相应的 Q'、H'、η'及 N'值标绘于本例附图中，所得虚线即为输送油品时离心泵的特性曲线。

讨论：当被输送液体的黏度与清水的黏度差别较大时，需对离心泵的特性参数进行换算。应注意，图 2-14 和图 2-15 只适用于牛顿型流体，并且只能在刻度范围内使用，查图时不能进行外推。

2）离心泵转速的影响

离心泵的特性曲线都是在一定转速下测定的，但在实际使用时常遇到要改变转速的情况，这时泵内液体运动速度三角形将发生变化，因此泵的压头、流量、效率和轴功率也随之改变。

若离心泵转速变化不大，则可作以下假设：①转速改变前后，液体离开叶轮处的速度三角形相似；②不同转速下离心泵的效率相同。

根据离心泵基本方程式，当在不同转速下出口速度三角形相似时可得

$$\frac{Q'}{Q}=\frac{\pi D_2 b_2 c_2'\sin\alpha_2}{\pi D_2 b_2 c_2\sin\alpha_2}=\frac{c_2'}{c_2}=\frac{u_2'}{u_2}=\frac{n'}{n}$$

$$\frac{H'}{H}=\frac{u_2'c_2'\cos\alpha_2}{u_2c_2\cos\alpha_2}=\frac{u_2'^2}{u_2^2}=\left(\frac{n'}{n}\right)^2$$

若离心泵效率相同，即 $\eta'=\eta$，则

$$\frac{N'}{N}=\frac{H'Q'}{HQ}=\left(\frac{n'}{n}\right)^3$$

由此可得不同转速下，泵的压头、流量及轴功率与转速间近似关系为

$$\frac{Q'}{Q}=\frac{n'}{n},\frac{H'}{H}=\left(\frac{n'}{n}\right)^2,\frac{N'}{N}=\left(\frac{n'}{n}\right)^3 \tag{2-16}$$

式中 Q、H、N——转速为 n 时泵的性能参数；

Q'、H'、N'——转速为 n'时泵的性能参数。

式(2-16)称为离心泵的比例定律。若泵的转速变化小于 ±20% 时，则前述两项假设基本成立，因此利用上式进行泵的性能参数换算误差不大。

若在转速为 n 的特性曲线上多选几个点，利用比例定律算出转速为 n'时的相应数据，并将结果标绘在坐标纸上，即可得到转速为 n'时的离心泵特性曲线。

3）离心泵叶轮直径的影响

由离心泵的基本方程式可知，当泵的转速一定时，其压头、流量与叶轮直径有关。对同一型号的泵，可换用直径较小的叶轮，而其他尺寸不变（仅出口处叶轮的宽度稍有变化），这种现象称为叶轮的“切割”。此时可作以下假设：①叶轮直径改变后，液体离开叶轮时的出口速度三角形相似；②叶轮直径改变后，叶轮出口截面积基本不变，即 $D_2b_2 \approx D_2'b_2'$；③叶轮直径改变后，离心泵的效率相同。

根据离心泵基本方程式可推导出以下近似关系：

$$\frac{Q'}{Q}=\frac{D_2'}{D_2},\frac{H'}{H}=\left(\frac{D_2'}{D_2}\right)^2,\frac{N'}{N}=\left(\frac{D_2'}{D_2}\right)^3 \tag{2-17}$$

式中 Q'、H'、N'——叶轮直径为 D_2' 时泵的性能参数；

Q、H、N——叶轮直径为 D_2 时泵的性能参数。

式(2-17)称为离心泵的切割定律。该式只有在叶轮直径的变化不大于 $5\% D_2$ 时才适用。

2.1.4 离心泵的气蚀现象和允许安装高度

1. 离心泵的气蚀现象

气蚀是离心泵特有的一种现象。由离心泵的工作原理可知，在离心泵的叶片入口附近形成低压区。在图 2-16 所示的离心泵输液系统中，泵的吸液作用是藉贮槽液面 0—0′与泵吸入口截面 1—1′间的势能差（$Z+\Delta p/\rho g$）来实现的。当贮槽液面上方压力一定时，若泵吸入口附近压力越低，则吸上高度（指贮液槽液面与离心泵吸入口之间的垂直距离）就越高。但是泵的吸入口的低压是有限制的，这是因为当叶片入口附近液体的静压力等于或低于输送温度下液体的饱和蒸气压时，液体将在该处部分汽化，产生气泡。含气泡的液体进入叶轮高压区后，气泡就急剧凝结或破裂。因气泡的消失产生局部真空，此时周围的液体以极高的速度流向原气泡占据的空间，产生了极大的局部冲击压力。在这种巨大冲击力的反复作用下，导致泵壳和叶轮被损坏，这种现象称为气蚀。气蚀具有以下危害性。

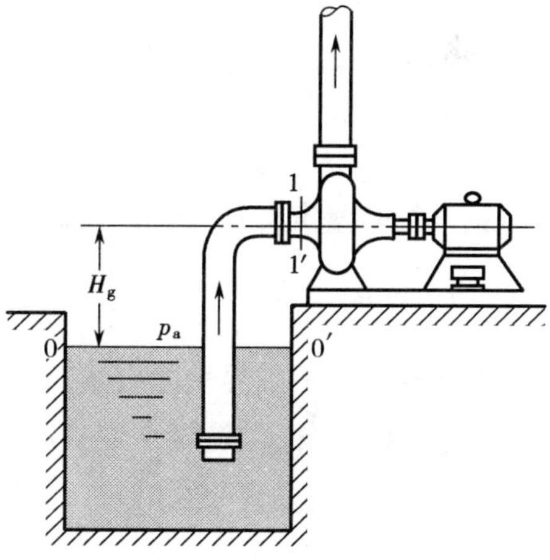

图 2-16 离心泵的吸液示意图

①离心泵的性能下降，泵的流量、压头和效率均降低。若生成大量的气泡，则可能出现气缚现象，使离心泵不能正常工作。

②产生噪声和振动，影响离心泵的正常运行和工作环境。

③泵壳和叶轮的材料遭受损坏，降低了泵的使用寿命。

综上所述，发生气蚀的原因是叶片入口附近液体静压力低于某值所致。而造成该处压力过低的原因诸多，如泵的安装高度超过允许值、泵送液体温度过高、泵吸入管路的局部阻力过大等。为避免发生气蚀，就应设法使叶片入口附近的压力高于输送温度下的液体饱和蒸气压。通常,根据泵的抗气蚀性能,合理地确定泵的安装高度,是防止发生气蚀现象的有效措施。

2. 离心泵的抗气蚀性能

通常,离心泵的抗气蚀性能(即吸上性能)可用气蚀余量和允许吸上真空度来表示,它们也是离心泵的基本特性。下面分别讨论它们的意义和计算方法。

1)离心泵的气蚀余量

为防止气蚀现象发生,在离心泵入口处液体的静压头($p_1/\rho g$)与动压头($u_1^2/2g$)之和必须大于操作温度下液体的饱和蒸气压头($p_v/\rho g$)某一数值,此数值即为离心泵的气蚀余量。则气蚀余量的定义式为

$$NPSH = \frac{p_1}{\rho g} + \frac{u_1{}^2}{2g} - \frac{p_v}{\rho g} \tag{2-18}$$

式中 $NPSH$——离心泵的气蚀余量,对油泵也可用符号 Δh 表示,m;

p_v——操作温度下液体的饱和蒸气压,Pa。

前已述及,泵内发生气蚀的临界条件是叶轮入口附近(假设截面为 $k—k'$,图2-16中未绘出)的最低压力等于液体的饱和蒸气压 p_v,此时泵入口处(截面1—1′)的压力必等于某确定的最小值 $p_{1,\min}$。若在泵入口1—1′和叶轮入口附近 $k—k'$ 两截面间列伯努利方程式,可得

$$\frac{p_{1,\min}}{\rho g} + \frac{u_1{}^2}{2g} = \frac{p_v}{\rho g} + \frac{u_k^2}{2g} + H_{f,1-k} \tag{2-19}$$

根据气蚀余量定义式(2-18)和式(2-19),可得

$$(NPSH)_c = \frac{p_{1,\min} - p_v}{\rho g} + \frac{u_1^2}{2g} = \frac{u_k^2}{2g} + H_{f,1-k} \tag{2-20}$$

式中 $(NPSH)_c$——临界气蚀余量,m。

由式(2-20)可知,当流量一定且流体流动进入阻力平方区时,气蚀余量仅仅与泵的结构和尺寸有关,因此它是离心泵的抗气蚀性能。

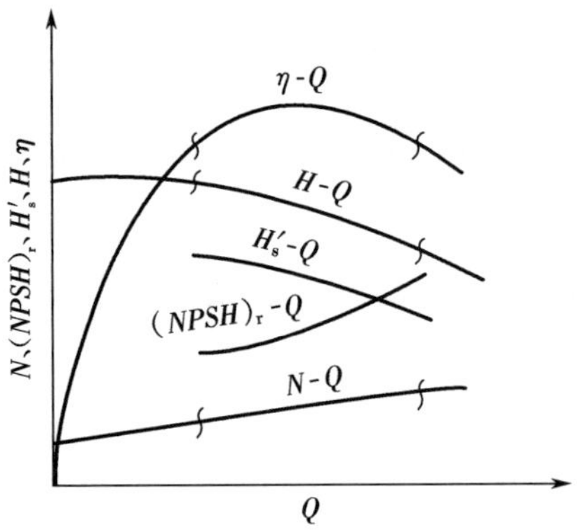

图2-17 $(NPSH)_r$-Q 及 H_s'-Q 曲线示意图

$(NPSH)_c$ 是由泵制造厂通过实验测定得到的。实验方法是,在一固定流量下,通过关小泵吸入管路的阀门,逐渐降低 p_1,直至泵内恰发生气蚀(以泵的压头较正常值下降3%作为发生气蚀的依据)时测得相应的 $p_{1,\min}$,然后按式(2-20)即可计算出该流量下泵的临界气蚀余量。$(NPSH)_c$ 随流量增加而加大。

为确保离心泵的正常操作,通常将所测得的临界气蚀余量加上一定的安全量,称为必需气蚀余量,记为 $(NPSH)_r$。在离心泵样本性能表中给出的是必需气蚀余量 $(NPSH)_r$。在一些离心泵的性能曲线图中,也绘出 $(NPSH)_r$ 与 Q 的变化关系曲线,如图2-17所示。

应予指出，泵性能表给出的$(NPSH)_r$值是按输送20℃的清水测定得到的。当输送其他液体时应乘以校正系数予以修正。但因校正系数一般小于1，故通常将它作为外加的安全因素，不再校正。

2）离心泵的允许吸上真空度

如前所述，为避免气蚀现象，泵入口处压力p_1应为允许的最低绝对压力，但习惯上常把p_1表示为真空度。若当地大气压为p_a，则泵入口处的最高真空度为$p_a - p_1$，单位为Pa。若真空度以输送液体的液柱高度来计量，则此真空度称为离心泵的允许吸入真空度，以H_s'来表示，即

$$H_s' = \frac{p_a - p_1}{\rho g} \tag{2-21}$$

式中 H_s'——离心泵的允许吸上真空度，指在泵入口处可允许达到的最高真空度，m液柱；

p_a——当地大气压力，Pa；

p_1——泵吸入口处允许的最低绝对压力，Pa；

ρ——被输送液体的密度，kg/m^3。

应予指出，H_s'既然是真空度，其单位应是压力的单位，通常以m液柱来表示。在水泵的性能表里一般把它的单位写成m（实际上应为mH_2O），这一点应特别注意，免得在计算时产生错误。但在伯努利方程式中$(p_a - p_1)/\rho g$又具有静压头的物理意义，且两者在数值上相等。

泵的允许吸上真空度H_s'是泵的抗气蚀性能参数，其值与泵的结构、流量、被输送液体的性质及当地大气压等因素有关。H_s'值通常由泵的制造厂实验测定。实验是在大气压为98.1 kPa（10 mH_2O）下，以20 ℃清水为介质进行的。实验值列在一些泵样本或说明书的性能表中。一些泵的特性曲线上也绘出H_s'-Q曲线，如图2-17所示。由图可见，H_s'随Q增大而减小。这一规律与$(NPSH)_r$-Q变化关系恰好相反。

若输送其他液体，且操作条件与上述的实验条件不符时，可按下式对水泵性能表上的H_s'值进行换算。

$$H_s = \left[H_s' + (H_a - 10) - \left(\frac{p_v}{9.81 \times 10^3} - 0.24\right)\right]\frac{1\,000}{\rho} \tag{2-22}$$

式中 H_s——操作条件下输送液体时的允许吸上真空度，m液柱；

H_s'——实验条件下输送水时的允许吸上真空度，即在水泵性能表上查得的数值，mH_2O；

H_a——泵安装地区的大气压力，mH_2O，其值随海拔高度不同而异，可参阅表2-1；

p_v——操作温度下液体的饱和蒸气压，Pa；

10——实验条件下大气压力，mH_2O；

0.24——20 ℃下水的饱和蒸气压，mH_2O；

1 000——实验温度下水的密度，kg/m^3；

ρ——操作温度下液体的密度，kg/m^3。

表2-1 不同海拔高度的大气压

海拔高度/m	0	100	200	300	400	500	600	700	800	1 000	1 500	2 000	2 500
大气压/mH_2O	10.33	10.2	10.09	9.95	9.85	9.74	9.6	9.5	9.39	9.19	8.64	8.15	7.62

3. 离心泵的允许安装高度

离心泵的允许安装高度(又称允许吸上高度)是指泵的吸入口与吸入贮槽液面间可允许达到的最大垂直距离,以 H_g 表示。

在图2-16中,假设离心泵在可允许的安装高度下操作,于贮槽液面0—0′与泵入口处1—1′两截面间列伯努利方程式,可得

$$H_g=\frac{p_0-p_1}{\rho g}-\frac{u_1^2}{2g}-H_{f,0-1} \tag{2-23}$$

式中 H_g——泵的允许安装高度,m;

$H_{f,0-1}$——液体流经吸入管路的压头损失,m;

p_1——泵入口处可允许的最小压力,也可写成 $p_{1,\min}$,Pa。

若贮槽上方与大气相通,则 p_0 即为大气压力 p_a,上式可表示为

$$H_g=\frac{p_a-p_1}{\rho g}-\frac{u_1^2}{2g}-H_{f,0-1} \tag{2-24}$$

若已知离心泵的必需气蚀余量,则由式(2-18)和式(2-23)可得

$$H_g=\frac{p_0-p_v}{\rho g}-(NPSH)_r-H_{f,0-1} \tag{2-25}$$

若已知离心泵的允许吸上真空度,则由式(2-21)和式(2-24)可得

$$H_g=H_s'-\frac{u_1^2}{2g}-H_{f,0-1} \tag{2-26}$$

根据泵性能表上所列的是气蚀余量或是允许吸上真空度,相应地选用式(2-25)或式(2-26)来计算离心泵的允许安装高度。通常为安全起见,离心泵的实际安装高度应比允许安装高度低0.5~1 m。

【例2-4】 用IS80-65-125型离心泵从一敞口水槽中将清水输送到它处,槽内水面恒定。该离心泵的最大输水量为60 m^3/h。已知泵吸入管路的压头损失为1.5 m。试求输送50 ℃清水时泵的安装高度。当地大气压为100 kPa。

解:根据式(2-25)计算泵的允许安装高度,即

$$H_g=\frac{p_0-p_v}{\rho g}-(NPSH)_r-H_{f,0-1}$$

由附录查得50 ℃水的密度 $\rho=988.1\ kg/m^3$,饱和蒸气压 $p_v=12.34$ kPa,由附录查得 $Q=60\ m^3/h$ 时IS80-65-125型离心泵的必需气蚀余量 $(NPSH)_r=3.5$ m。故

$$H_g=\frac{100\times10^3-12.34\times10^3}{988.1\times9.81}-3.5-1.5=4.04\ m$$

泵的实际安装高度应低于4.04 m。

讨论：在确定离心泵的安装高度时应注意，由于大流量下$(NPSH)_r$较大，因此在求泵的允许安装高度时，应以操作中可能出现的最大流量为依据。

【例 2-5】 用 IS80-65-160 型水泵从一敞口水槽中将水送到它处，槽内液面恒定。输水量为 45 ~ 55 m^3/h，在最大流量下吸入管路的压头损失为 1 m，液体在吸入管路的动压头可忽略。试计算：(1)输送 20 ℃水时泵的安装高度；(2)输送 65 ℃水时泵的安装高度。

泵安装地区的大气压为 9.81×10^4 Pa。在泵的流量范围内允许吸上真空度 H_s'分别为 5.0 m 和 3.0 m。

解：(1)输送 20 ℃水时泵的安装高度

根据式(2-26)计算泵的允许安装高度，即

$$H_g=H_s'-\frac{u_1^2}{2g}-H_{f,0-1}$$

由题意知，$H_{f,0-1}=1\text{m}$，$\frac{u_1^2}{2g}\approx0$。

依离心泵的特性可知，H_s'随流量增加而下降，因此，在确定泵的安装高度时，应以最大输送量所对应的 H_s'值为依据，以便保证离心泵能正常运转，而不发生气蚀现象，故取 $H_s'=3$ m。

由于输送 20 ℃的清水，且泵安装地区的大气压为 9.81×10^4 Pa，与泵实测 H_s'的实验条件相符，故 H_s'不必换算，即 $H_s=H_s'=3$ m。则

$$H_g=3-1=2\text{ m}$$

为安全起见，泵的实际安装高度应该小于 2 m。

(2)输送 65 ℃水时泵的安装高度

此时不能直接采用泵性能表中的 H_s'值计算泵的允许安装高度，需按式(2-22)对 H_s'进行换算，即

$$H_s=\left[H_s'+(H_a-10)-\left(\frac{p_v}{9.81\times10^3}-0.24\right)\right]\frac{1\ 000}{\rho}$$

其中 $H_s'=3\text{m}$，$H_a=9.81\times10^4\text{Pa}\approx10\text{mH}_2\text{O}$。

由附录查出 65 ℃水的饱和蒸气压 $p_v=2.554\times10^4$ Pa 及密度 $\rho=980.5\ \text{kg/m}^3$，则

$$H_s=\left[3+(10-10)-\left(\frac{2.554\times10^4}{9.81\times10^3}-0.24\right)\right]\times\frac{1\ 000}{980.5}=0.65\text{ m}$$

将式(2-26)中的 H_s'换以 H_s，以计算泵的允许安装高度，得

$$H_g=H_s-H_{f,0-1}=0.65-1=-0.35\text{ m}$$

H_g 为负值，表示泵应安装在水面以下，至少比贮槽水面低 0.35 m。

讨论：当液体的输送温度较高或沸点较低时，由于液体的饱和蒸气压较高，就要特别注意泵的安装高度。若泵的允许安装高度较低，可采用下列措施：①尽量减小吸入管路的压头损失，可采用较大的吸入管径，缩短吸入管的长度，减少拐弯，并省去不必要的管件和阀门等；②把泵安装在贮罐液面以下，使液体利用位差自动灌入泵体内，称之为“倒灌”。

2.1.5 离心泵的工作点与流量调节

1. 管路特性与离心泵的工作点

当离心泵安装在特定的管路系统中工作时，实际的工作压头和流量不仅与离心泵本身的性能有关，还与管路的特性有关，即在输送液体的过程中，泵和管路是互相制约的。所以，在讨论泵的工作情况前，应先了解与之相联系的管路状况。

管路特性可用管路特性方程或管路特性曲线表达，它表示管路中流量(或流速)与压头的关系。

1)管路特性方程和特性曲线

在图2-18所示的输送系统中，若贮槽与受液槽的液面均保持恒定，液体流过管路系统时所需的压头(即要求泵提供的压头)，可由图中所示的截面1—1′与2—2′间列伯努利方程式求得，即

$$H_e = \Delta Z + \frac{\Delta p}{\rho g} + \frac{\Delta u^2}{2g} + H_f \tag{2-27}$$

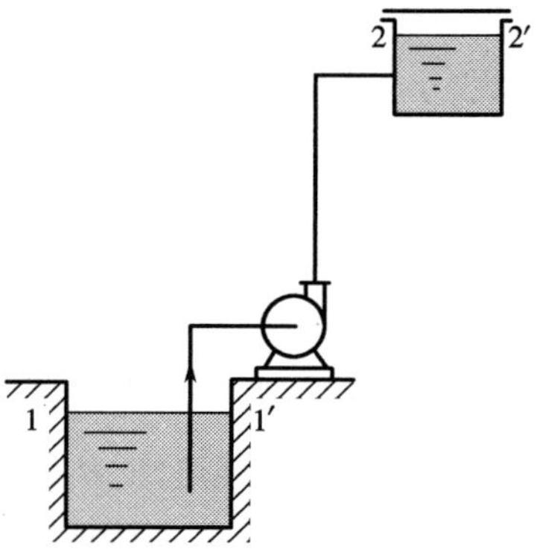

图2-18 管路输送系统示意图

在特定的管路系统中，于一定的条件下进行操作时，上式的 ΔZ 与 $\frac{\Delta p}{\rho g}$ 均为定值，即

$$\Delta Z + \frac{\Delta p}{\rho g} = K \tag{2-28}$$

若贮槽与受液槽的截面都很大，该处流速与管路流速相比可以忽略不计，则 $\frac{\Delta u^2}{2g} \approx 0$。式(2-27)可简化为

$$H_e = K + H_f \tag{2-29}$$

若输送管路的直径均一，则管路系统的压头损失可表示为

$$H_f = \left(\lambda \frac{l + \sum l_e}{d} + \zeta_c + \zeta_e\right)\frac{u^2}{2g} = \left(\lambda \frac{l + \sum l_e}{d} + \zeta_c + \zeta_e\right)\frac{(Q_e/3\,600A)^2}{2g} \tag{2-30}$$

式中 Q_e——管路系统的输送量，m^3/h；

A——管路截面积，m^2。

对特定的管路，上式等号右边各量中除了 λ 和 Q_e 外均为定值，且 λ 也是 Q_e 的函数，则可得

$$H_f = f(Q_e) \tag{2-31}$$

将式(2-31)代入式(2-29)中可得

$$H_e = K + f(Q_e) \tag{2-32}$$

式(2-32)或式(2-29)即为管路特性方程。

若流体在该管路中流动已进入阻力平方区，λ 可视为常量，于是可令

$$\left(\lambda \frac{l + \sum l_e}{d} + \zeta_c + \zeta_e\right)\frac{1}{2g(3\,600A)^2} = B$$

则式(2-30)可简化为

$$H_f = BQ_e^2$$

所以,式(2-29)变换为

$$H_e = K + BQ_e^2 \tag{2-33}$$

由式(2-33)可看出,在特定的管路中输送液体时,管路所需的压头 H_e 随液体流量 Q_e 的平方而变。若将此关系标在相应的坐标图上,即得如图 2-19 所示的 H_e-Q_e 曲线。这条曲线称为管路特性曲线,表示在特定管路系统中,于固定操作条件下,流体流经该管路时所需的压头与流量的关系。此线的形状由管路布局与操作条件确定,而与泵的性能无关。

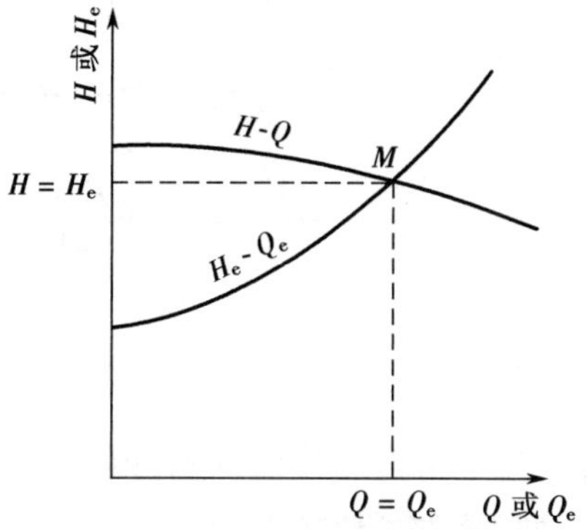

图 2-19 管路特性曲线与泵的工作点

2)离心泵的工作点

离心泵在管路中运行时,泵所能提供的流量及压头与管路所需要的数值应一致。此时安装在管路中的离心泵的工作点必须同时满足泵的特性方程和管路特性方程,即

泵特性方程 $H = f(Q)$

管路特性方程 $H_e = K + BQ_e^{\ 2}$

联立上述两方程,所解得的流量和压头即为泵的工作点。泵的工作点还可通过作图法确定,如图 2-19 所示,将泵的特性曲线 H-Q 与管路特性曲线 H_e-Q_e 标绘在同一图上,两曲线的交点 M 即为泵的工作点。对选定的离心泵,当其以一定的转速在该管路系统运转时,只能在 M 点工作,此时 $H = H_e$, $Q = Q_e$。

【例 2-6】 采用离心泵将常温清水从贮水池输送到指定位置,已知输送管出口端与贮水池液面的垂直距离为 8.75 m,输水管内径为 114 mm 的光滑管,管长为 60 m(包括所有局部阻力的当量长度),贮水池与输水管出口端均与大气相通,贮水池液面保持恒定。该离心泵的特性数据如下:

$Q/(m^3/s)$	0.00	0.01	0.02	0.03	0.04	0.05
H/m	20.63	19.99	17.80	14.46	10.33	5.71
η/%	0.00	36.1	56.0	61.0	54.1	37.0

试求该泵在运转时的流量、压头、轴功率和总效率。

水的物性:$\rho = 999\ kg/m^3$, $\mu = 1.109 \times 10^{-3}\ Pa \cdot s$。

解:求泵在运转时的流量、压头、轴功率和效率,实质上是要找出该泵在管路上的工作点。泵的工作点由泵的特性曲线和管路特性曲线所决定。

根据该泵的特性,在本例附图上绘出泵的 H-Q 和 η-Q 曲线。管路特性曲线应根据管路

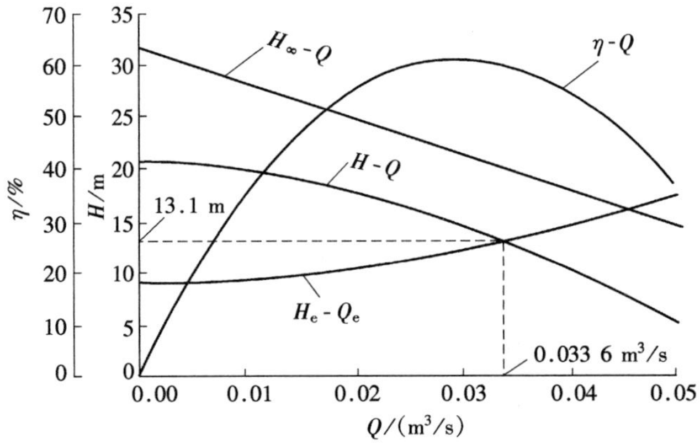

例 2-6 附图

条件，先求出管路特性方程，再在本例附图上标绘出管路特性曲线。

(1)管路特性方程

在贮水池液面和输水管出口内侧列伯努利方程式，得

$$H_e=\Delta Z+\frac{\Delta p}{\rho g}+\frac{\Delta u^2}{2g}+\lambda\left(\frac{l+l_e}{d}\right)\frac{u_2^2}{2g}$$

其中 $\frac{\Delta p}{\rho g}=0, u_1=0$

即 $H_e=\Delta Z+\left(1+\lambda\frac{l+l_e}{d}\right)\frac{u_2^2}{2g}$

而 $u_2=\frac{4Q_e}{\pi d^2}, Re=\frac{du\rho}{\mu}=\frac{4\rho Q_e}{\pi d\mu}$

对光滑管 $\lambda=0.316\ 4Re^{-0.25}=0.316\ 4\left(\frac{4\rho Q_e}{\pi d\mu}\right)^{-0.25}$，所以

$$H_e=\Delta Z+\frac{8Q_e^2}{\pi^2 d^4 g}\left[1+\frac{l+l_e}{d}\times 0.316\ 4\left(\frac{4\rho Q_e}{\pi d\mu}\right)^{-0.25}\right]$$

$$=8.75+\frac{8Q_e^2}{\pi^2(0.114)^4\times 9.81}\left[1+\frac{60}{0.114}\times 0.316\ 4\left(\frac{4\times 999}{\pi\times 0.114\times 1.109\times 10^{-3}}\right)^{-0.25}Q_e^{-0.25}\right]$$

$$=8.75+489.2(1+2.96Q_e^{-0.25})Q_e^2$$

(2)标绘管路特性曲线

根据管路特性方程式，可算出管路系统在不同流量下所需压头的数值，现将计算结果列于本例附表中。

由下表数据，即可在本例附图上绘出管路特性曲线 H_e-Q_e。

例 2-6 附表

Q_e/(m³/s)	0.00	0.01	0.02	0.03	0.04	0.05
H_e/m	8.75	9.26	10.49	12.32	14.71	17.63

(3)泵运转时的流量、压头、轴功率及效率

本例附图中泵的特性曲线与管路特性曲线的交点就是泵的工作点,该点所对应的各性能参数即为泵在运转条件下的流量、压头和效率。由图中工作点读得:流量 $Q=0.033\ 6\ m^3/s$,压头 $H=13.1\ m$,效率 $\eta=0.599$。

轴功率可按下式计算,即

$$N=\frac{QH\rho g}{\eta}=\frac{0.033\ 6\times 13.1\times 999\times 9.81}{0.599\times 1\ 000}=7.20\ kW$$

讨论:解决本题的关键是应用伯努利方程确定管路的特性方程,离心泵的特性曲线与管路特性曲线的交点即为工作点,由工作点即可查得离心泵的工作特性参数。

2. 离心泵的流量调节

离心泵在指定的管路上工作时,由于生产任务发生变化,出现泵的工作流量与生产要求不相适应;或已选好的离心泵在特定的管路中运转时,所提供的流量不一定符合输送任务的要求。对于这两种情况,都需要对泵进行流量调节,实质上是改变泵的工作点。由于泵的工作点为泵的特性和管路特性所决定,因此改变两种特性曲线之一均可达到调节流量的目的。

1)改变阀门的开度

改变离心泵出口管路上调节阀门的开度,即可改变管路特性曲线。例如,当阀门关小时,管路的局部阻力加大,管路特性曲线变陡,如图 2-20 中曲线 1 所示。工作点由 M 点移至 M_1 点,流量由 Q_M 降至 Q_{M1}。当阀门开大时,管路局部阻力减小,管路特性曲线变得平坦,如图中曲线 2 所示,工作点移至 M_2,流量加大到 Q_{M2}。

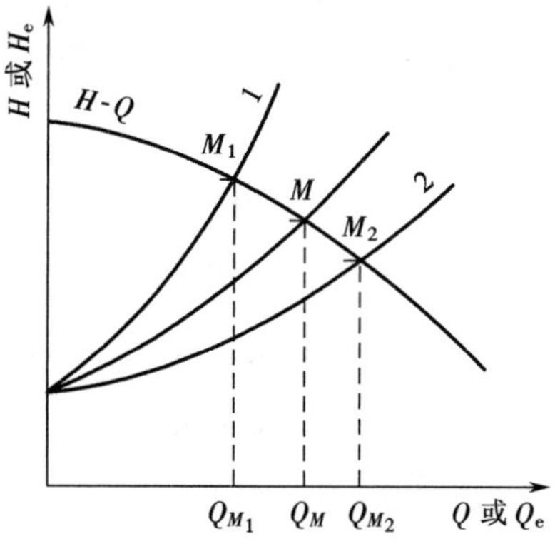

图 2-20 改变阀门开度时流量变化示意图

采用阀门来调节流量快速简便,且流量可以连续变化,适合化工连续生产的特点,因此应用十分广泛。其缺点是,当阀门关小时,因流动阻力加大,需要额外多消耗一部分能量,且在调节幅度较大时离心泵往往在低效区工作,因此经济性差。

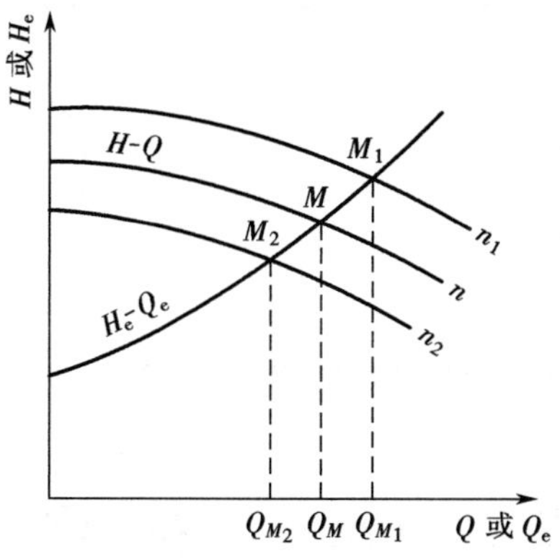

图 2-21 改变泵的转速时流量变化示意图

2)改变泵的转速

改变泵的转速,实质上是改变泵的特性曲线。如图 2-21 所示,泵原来的转速为 n,工作点为 M,若将泵的转速提高到 n_1,泵的特性曲线 H-Q 向上移,工作点由 M 变至 M_1,流量由 Q_M 加大到 Q_{M1};若将泵的转速降至 n_2,H-Q 曲线便向下移,工作点移至 M_2,流量减少至 Q_{M2}。这种调节方法能保持管路特性曲线不变。

由式(2-16)可知，流量随转速下降而减小，动力消耗也相应降低，因此从能量消耗看是比较合理的。传统上，改变泵的转速需要变速装置或变速原动机，其设备价格较高，且难以实现流量的连续调节，故工业上应用较少。但是，近年来随着变频技术的快速发展，变频电动机在工业上的应用日益广泛。研究表明，使用变频电动机较普通电动机可以节电 20% 以上。变频电动机的推广应用，为泵的转速的连续调节提供了可能，并可达到节能的目的。

此外，减小叶轮直径也可以改变泵的特性曲线，从而使泵的流量变小，但一般可调节范围不大，且直径减小不当还会降低泵的效率，故工业上很少采用。

【例 2-7】 某离心泵的特性曲线可用方程 $H=25-2.0Q^2$（式中 H 的单位为 m，Q 的单位为 m^3/min）进行描述。若用该泵将 20℃水从贮槽输送到某设备，已知管路系统调节阀全开时的管路特性方程可表示为：$H_e=20+1.86Q_e^2$（H_e 的单位为 m，Q_e 的单位为 m^3/min）。试求：(1) 离心泵运行时的流量和压头；(2) 关小阀门使工作点的流量变至 56 m^3/h 时需多消耗的压头(m)。

解：(1) 离心泵运行时的流量和压头

实际上是求泵在该管路上的工作点，泵的工作点可由泵的特性方程和管路特性方程联解求得，即

$$H=25-2.0Q^2$$

和

$$H_e=20+1.86Q_e^2$$

联立以上两方程，可求得泵运行时的流量和压头为

$$Q=Q_e=1.138\ m^3/min=68.3\ m^3/h$$

$$H=H_e=22.41\ m$$

(2) 关小阀门多消耗的压头

由离心泵特性方程求得工作点下的压头，即

$$H=25-2.0Q^2=2.5-2.0\times\left(\frac{56}{60}\right)^2=23.26\ m$$

在流量为 56 m^3/h 时原管路所要求的压头为

$$H_e=20+1.86{Q_e}^2=20+1.86\times\left(\frac{56}{60}\right)^2=21.62\ m$$

故关小阀门多耗压头为

$$\Delta H=H-H_e=23.26-21.62=1.64\ m$$

讨论：采用阀门调节流量虽然比较方便，但往往会造成额外的能量损失，因关小阀门开度所造成离心泵轴功率的损失为 $\Delta N=\rho gQ\Delta H/\eta$。

【例 2-8】 如本例附图所示，敞口低位槽中的清水(密度为 998 kg/m^3)经离心泵被输送至敞口高位槽。离心泵所配电机的额定功率为 2.2 kW，输送管路管径为 ϕ57 mm×3.5 mm，管路系统总长度为 19.1 m(包括除进口、出口和阀门 A 之外的所有局部阻力的当量长度)。

当出口阀 A 全开时，其局部阻力系数为 1.30，此时管内流动已进入完全湍流区，U 管压差计的读数 R 为 50.0 mm（指示液为水银，密度为 13 600 kg/m^3），离心泵的工作效率为 50%，管内流动摩擦阻力系数为 0.025。(1)试求阀门 A 全开时，离心泵输送的流量（m^3/h）和提供的压头（m）；(2)若将清水换成密度为 1 200 kg/m^3 的饱和卤水，试计算说明阀门 A 全开时该离心泵能否正常工作。（假设卤水的其他物性与清水相同。）

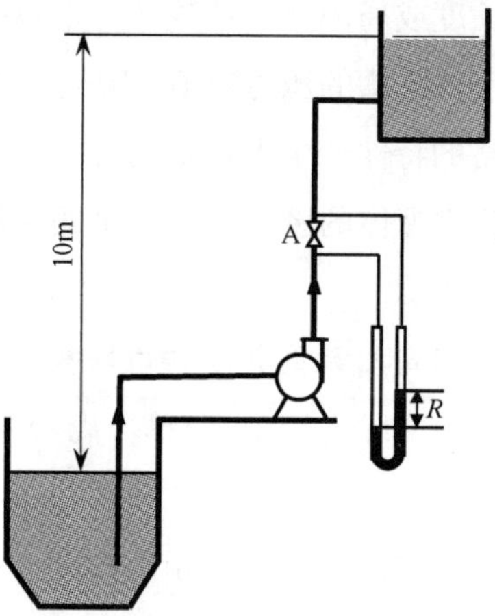

例 2-8 附图

解：(1)采用局部阻力系数法计算阀门 A 的流动压降

$$\Delta p_{fA} = \rho_{H_2O}\zeta_A \frac{u^2}{2}$$

其大小可由 U 管压差计的读数确定，于是

$$\Delta p_{fA} = \rho_{H_2O}\zeta_A \frac{u^2}{2} = (\rho_{Hg} - \rho_{H_2O})gR$$

$$u = \sqrt{\frac{2(\rho_{Hg} - \rho_{H_2O})gR}{\rho_{H_2O}\zeta_A}} = \sqrt{\frac{2 \times (13\ 600 - 998) \times 9.81 \times 0.05}{998 \times 1.3}} = 3.087\ m/s$$

$$Q = 3\ 600 \times \frac{\pi}{4} d_i^2 u = 3\ 600 \times \frac{\pi}{4} \times 0.05^2 \times 3.078 = 21.82\ m^3/h$$

在两槽液面间应用机械能衡算方程，可得

$$H_e = \Delta z + \sum H_f = \Delta z + \left(\lambda \frac{l}{d_i} + \zeta_c + \zeta_e + \zeta_A\right)\frac{u^2}{2g}$$

$$= 10 + \left(0.025 \times \frac{19.1}{0.05} + 0.5 + 1.0 + 1.3\right) \times \frac{3.087^2}{2 \times 9.81} = 16.00\ m$$

(2)输送系统的管路特性方程可表示为

$$H_e = K + BQ^2$$

其中 $K = \Delta z + \dfrac{\Delta p}{\rho g}$，两槽均为敞口容器，$\Delta p = 0$，所以液体密度的变化对管路特性曲线不产生影响；由离心泵的特性可知，离心泵的 H-Q 和 η-Q 特性曲线也与液体密度无关。所以改送密度为 1 200 kg/m^3 的饱和卤水时，若离心泵能正常工作，则其流量、压头和效率与输送清水时完全相同，分别为：21.82 m^3/h、16.00 m 和 50%。所以若完成这一输送所需要的轴功率为

$$N = \frac{N_e}{\eta} = \frac{\rho g H Q}{3\ 600\eta} = \frac{1\ 200 \times 9.81 \times 16.00 \times 21.82}{3\ 600 \times 0.5} = 2.283\ kW$$

其大于所配电机的额定功率 2.2 kW，所以阀门全开时，离心泵因电机功率不够而不能正常工作，若长时间运行，存在电机被烧坏的风险。

讨论:阀门局部阻力损失,可采用当量长度法和局部阻力系数法进行计算,若能查得当量长度或局部阻力系数即可求算局部阻力损失;被输送液体的密度对管路特性的影响取决两液体贮槽的压力差值,当压力差为0时,不产生影响,当压力差不为0时,密度的变化将对管路的特性产生重要影响,并且压力差值的正负对管路特性影响的情况也不相同;一般地,当输送液体的密度高于清水的密度时,需要对轴功率进行核算,用以判断所配电机的功率是否够用。

3)离心泵的并联和串联操作

在实际生产中,当单台离心泵不能满足输送任务要求时,可采用离心泵的并联或串联操作。

下面以两台型号相同的离心泵为例,讨论离心泵组合操作的特性。

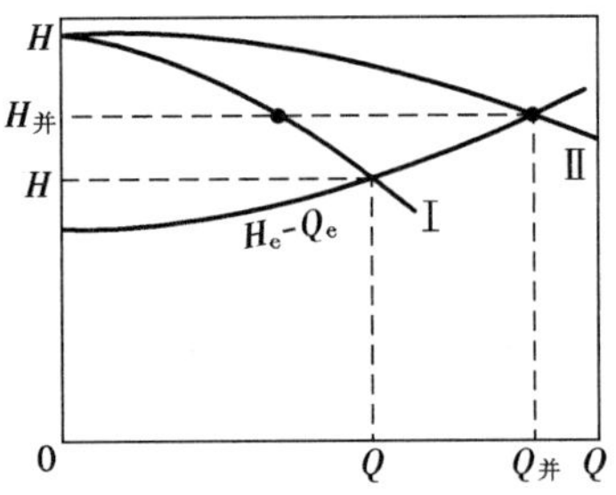

图2-22 离心泵的并联

(1)离心泵的并联操作 设将两台型号相同的离心泵并联操作,各自的吸入管路相同,则两泵的流量和压头必相同,且具有相同的管路特性曲线。在同一压头下,两台并联泵的流量等于单台泵的两倍。于是,依据单台泵特性曲线Ⅰ上的一系列坐标点,保持其纵坐标(H)不变,使横坐标(Q)加倍,由此得到一系列对应的坐标点,即可绘出两台泵并联操作的合成特性曲线Ⅱ,如图2-22所示。

并联泵的操作流量和压头可由合成特性曲线与管路特性曲线的交点决定。由图2-22可见,由于流量增大使管路流动阻力增加,因此两台泵并联后的工作总流量必低于原单台泵流量的两倍。

(2)离心泵的串联操作 假若将两台型号相同的泵串联操作,则每台泵的压头和流量也是相同的,因此在同一流量下,两台串联泵的压头为单台泵的两倍。于是,依据单台泵特性曲线Ⅰ上一系列坐标点,保持其横坐标(Q)不变,使纵坐标(H)加倍,由此得到一系列对应坐标点,可绘出两台串联泵的合成特性曲线Ⅱ,如图2-23所示。

同样,串联泵的工作点也由管路特性曲线与泵的合成特性曲线的交点决定。由图2-23可见,两台泵串联操作的总压头必低于单台泵压头的两倍。

(3)离心泵组合方式的选择 工业上究竟采用何种组合方式比较经济且合理,应考虑管路要求的压头及管路特性曲线的形状。

①对于管路所要求的 $\Delta Z + \Delta p/\rho g$ 值高于单泵可提供最大压头的特定管路,则只能采用泵的串联操作。

②对于管路特性曲线较平坦的低阻管路(如图2-24中曲线 a 所示),采用并联组合,可获得较串联组合高的流量和压头;对于管路特性曲线较陡的高阻管路(图2-24中曲线 b),采用串联组合,可获得较并联组合高的流量和压头。

【例2-9】 某离心泵(特性曲线为本例附图中的曲线Ⅰ)所在管路的特性曲线方程式为

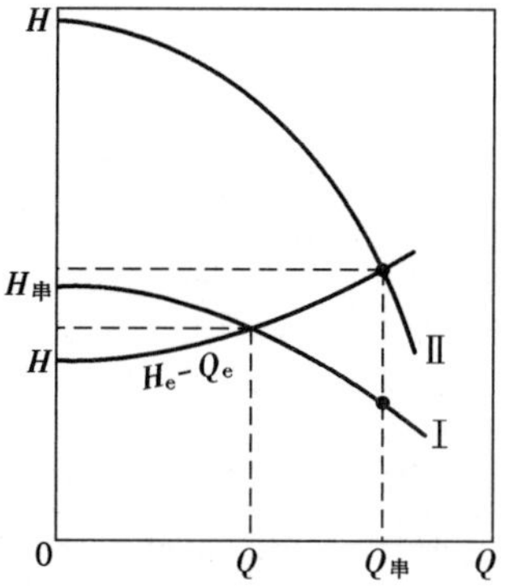

图 2-23 离心泵的串联

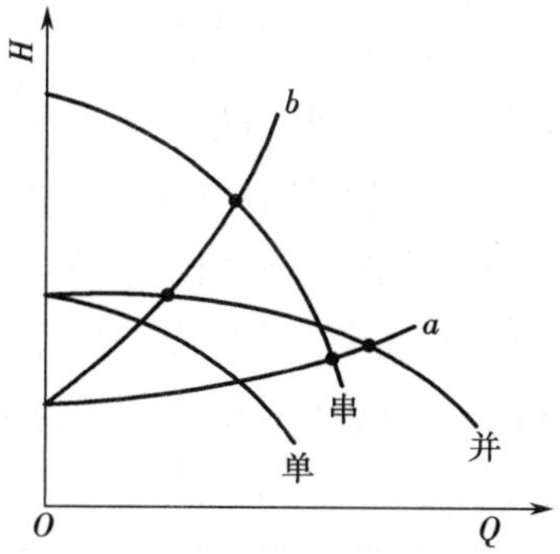

图 2-24 离心泵组合方式的选择

$H_e=40+15Q_e^2$，当 2 台或 3 台此型号的泵并联操作时，试分别求管路中流量增加的百分数。若管路特性曲线方程变为 $H_e=40+100Q_e^2$ 时，试再求上述条件下流量增加的百分数。

管路特性方程中 Q_e 的单位为 m^3/s，H_e 的单位为 m。

解：离心泵并联工作时，管路中的输水量可由相应的泵的合成特性曲线与管路特性曲线的交点来决定。

性能相同的 2 台或 3 台离心泵并联工作时合成特性曲线，可在单机特性曲线Ⅰ上取若干点，对应各点的纵坐标(H)保持不变，横坐标(Q)分别增大 2 倍或 3 倍，将所得的各点相连绘制而成，如本题附图中曲线Ⅱ和Ⅲ所示。由曲线Ⅰ可知，当 $H=63$ m 时，$Q_1=300$ L/s。在同一压头下，2 台或 3 台泵并联时，相应的 $Q_2=2Q_1=600$ L/s 及 $Q_3=3Q_1=900$ L/s。

按题给的管路特性方程，计算出不同 Q_e 下所对应的 H_e，计算结果列于本例附表中，然后在本例附图中标绘出管路特性曲线。

例 2-9 附表

Q_e	L/s	0	200	400	600	800	1 000	1 200
	m^3/s	0	0.2	0.4	0.6	0.8	1.0	1.2
$H_e=40+15Q_e^2$	m	40	40.6	42.4	45.4	49.6	55.0	61.6
$H_e=40+100Q_e^2$	m	40	44.0	56.0	76.0			

(1)管路特性曲线方程为 $H_e=40+15Q_e^2$

单台泵和多台泵并联工作时情况为：

1 台泵单独工作时，工作点为 M_1，$Q_1=480$ L/s；

2 台泵并联工作时，工作点为 M_2，$Q_2=840$ L/s；

3 台泵并联时，工作点为 M_3，$Q_3=1\ 080$ L/s。

2 台泵并联工作时，流量增加的百分数为

$$\frac{840-480}{480}\times 100\%=75\%$$

3 台泵并联工作时，流量增加的百分数为

$$\frac{1\ 080-480}{480}\times 100\% = 125\%$$

(2)管路特性曲线方程为 $H_e = 40 + 100Q_e^2$

单台泵和多台泵并联工作时的情况为：

1 台泵单独工作时，工作点为 M_1'，$Q_1' = 390$ L/s；

2 台泵并联工作时，工作点为 M_2'，$Q_2' = 510$ L/s；

3 台泵并联工作时，工作点为 M_3'，$Q_3' = 560$ L/s。

2 台泵并联工作时，流量增加的百分数为

$$\frac{510-390}{390}\times 100\% = 31\%$$

3 台泵并联工作时，流量增加的百分数为

$$\frac{560-390}{390}\times 100\% = 44\%$$

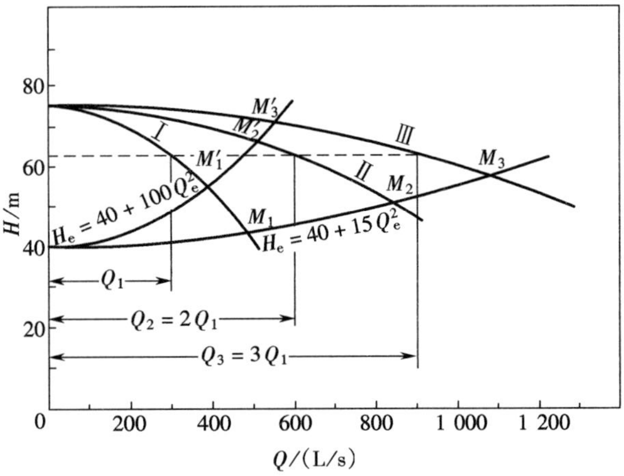

例 2-9 附图

讨论：从上述计算结果可以看出：①性能相同的泵并联工作时，所获得的流量并不等于每台泵在同一管路中单独使用时的倍数，且并联的台数愈多，流量的增加率愈小；②当管路特性曲线较陡即管路阻力较大时，流量增加的百分数也较小。

【例 2-10】 如本例附图所示为由盐矿向制盐厂输卤的系统，被输送卤水的密度为 1 200 kg/m^3。启动离心泵，当出口阀关闭时，压力表 1 的读数为 1 636.3 kPa；当出口阀全开时，压力表 2 的读数为 1 100 kPa，最大输卤量为 250 m^3/h（此时卤水在管内的流动已进入阻力平方区），管路方程为 $H_e = 1.799\ 4\times 10^4 Q_e^2$（式中 H_e 的单位为 m，Q_e 的单位为 m^3/s）。现因扩产需要，要求卤水输送量达到 300 m^3/h 以上，采用的方案为在原离心泵前串联一台型号相同的离心泵。（若不考虑导压管高度对压力表读数的影响）。(1)试计算说明该方案能否满足扩产要求；(2)求扩产后出口阀全开时压力表 2 的读数。

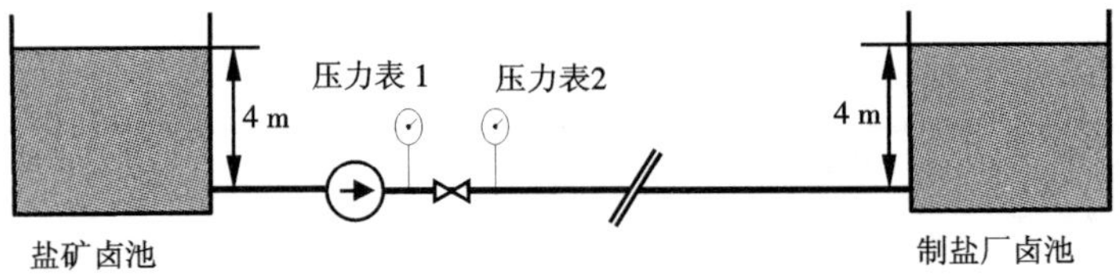

例 2-10 附图

解：(1)当出口阀关闭时，输送流量为 0，此时在盐矿卤池液面与压力表 1 处管路截面之间应用机械能衡算方程，可得

$$H_e = \frac{p_1}{\rho g} - z_1 = \frac{1\ 636.3}{1.2\times 9.81} - 4 = 135.0\ \text{m}$$

设离心泵的方程为：$H=A-BQ^2$，则 $H=H_e=A-BQ^2=A=135.0\ \mathrm{m}$。

当出口阀全开时，$Q_e=Q=250\ \mathrm{m^3/h}=0.069\ 44\ \mathrm{m^3/s}$，将管路方程与离心泵的方程联解，可得

$$1.799\ 4\times10^4 Q_e^2=A-BQ^2$$

$$B=\frac{A-1.799\ 4\times10^4 Q_e^2}{Q^2}=\frac{135.0-1.799\ 4\times10^4\times(0.069\ 44)^2}{(0.069\ 44)^2}=1.00\times10^4\ \mathrm{s^2/m^5}$$

离心泵的方程可表示为

$$H=135.0-1.00\times10^4 Q^2\text{（式中 }H\text{ 的单位为 m，}Q\text{ 的单位为 m}^3/\text{s）}$$

所以，串联泵的方程为

$$H'=2\times(135.0-1.00\times10^4 Q'^2)=270.0-2.00\times10^4 Q'^2$$

将其与管路方程联解得

$$H'=2(135.0-1.00\times10^4 Q'^2)=H_e=1.799\ 4\times10^4 Q'^2$$

$$Q'=\sqrt{\frac{270}{1.799\ 4\times10^4+2\times1.00\times10^4}}=0.084\ 30\ \mathrm{m^3/s}=303.5\ \mathrm{m^3/h}$$

串联泵后的最大输卤量大于 $300\ \mathrm{m^3/h}$，能满足扩产要求。

(2)在压力表 2 处管道截面与盐厂卤池液面之间应用机械能衡算方程，得

改造前：$p_2+\dfrac{\rho u^2}{2}+0=\rho g z_2+0+0+\lambda\dfrac{l+\sum l_e}{d}\dfrac{\rho u^2}{2}+\dfrac{\rho u^2}{2}$

即 $$p_2-\rho g z_2=\lambda\frac{l+\sum l_e}{d}\frac{\rho u^2}{2}$$

同理，改造后：$p_2'-\rho g z_2=\lambda\dfrac{l+\sum l_e}{d}\dfrac{\rho u'^2}{2}$

所以 $$\frac{p_2-\rho g z_2}{p_2'-\rho g z_2}=\left(\frac{u}{u'}\right)^2=\left(\frac{Q}{Q'}\right)^2$$

$$p_2'=(p_2-\rho g z_2)\left(\frac{Q'}{Q}\right)^2+\rho g z_2=(1\ 100-1.2\times9.81\times4)\left(\frac{303.5}{250}\right)^2+1.2\times9.81\times4$$

$$=1\ 598.9\ \mathrm{kPa}\text{（表）}$$

即改造后出口阀全开时，压力表 2 的读数为 1 598.9 kPa。

讨论：一般地，在一定操作范围内，离心泵的特性方程可以近似地表示为 $H=A-BQ^2$，即二次曲线的形式，其中 A 和 B 为常数；注意串并联泵的特性和选择，长距离输送一般属于高阻输送系统，选择泵的串联操作更能有效地提高输送流量；对于高阻或长距离输送系统，当输送流量超过原设计流量时，需对离心泵出口附近的压力进行核算，即校验提高产能后的压力是否超过原设计管道的承压能力，以保证输送系统的安全运行。

工程案例

2.1.6 离心泵的类型、选择与使用

1. 离心泵的类型

由于化工生产中被输送液体的性质、压力和流量等差异很大，为了适应各种不同的要

求,离心泵的类型也是多种多样的。按泵送液体的性质和使用条件,可分为清水泵、耐腐蚀泵、油泵、杂质泵、屏蔽泵、液下泵、管道泵和低温泵等;按叶轮吸入方式,可分为单吸泵和双吸泵;按叶轮数目,又可分为单级泵和多级泵。各种类型的离心泵按照其结构特点各自成为一个系列,并以一个或几个汉语拼音字母作为系列代号。在每一系列中,由于有各种规格,因而附以不同的字母和数字予以区别。以下对工业中常用离心泵的类型作简要说明。

1)清水泵(IS 型、D 型、Sh 型)

凡是输送清水以及物理、化学性质类似于水的清洁液体,都可以选用清水泵。

IS 型水泵为单级单吸悬臂式离心水泵的代号,应用最为广泛,其结构如图 2-25 所示。这种泵的泵体和泵盖都是用铸铁制成的。全系列扬程范围为 8 ~ 98 m,流量范围为 4.5 ~ 360 m^3/h。

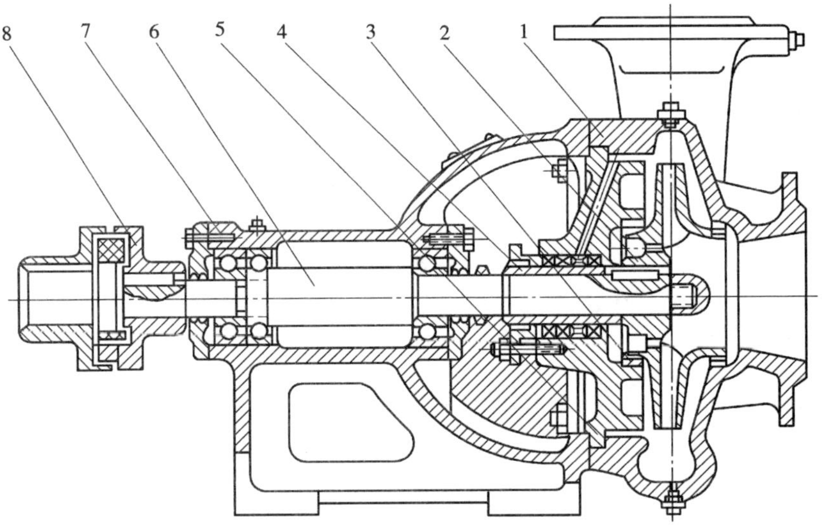

图 2-25 IS 型水泵结构图

1—泵体 2—叶轮 3—密封环 4—护轴套 5—后盖 6—泵轴 7—机架 8—联轴器部件

若要求的压头较高而流量并不太大时,可采用多级泵。如图 2-26 所示,在一根轴上串联多个叶轮,从一个叶轮流出的液体通过泵壳内的导轮引导改变流向,且将一部分动能转变为静压能,然后进入下一个叶轮的入口,因液体从几个叶轮中多次接受能量,故可达到较高的压头。国产多级泵的系列代号为 D,称为 D 型离心泵。叶轮级数一般为 2 ~ 9 级,最多为 12 级。全系列扬程范围为 14 ~ 351 m,流量范围为 10.8 ~ 850 m^3/h。

若输送液体的流量较大而所需的压头并不高时,则可采用双吸泵。双吸泵的叶轮有两个吸入口,如图 2-27 所示。由于双吸泵叶轮的宽度与直径之比加大,且有两个入口,因此输液量较大。国产双吸泵的系列代号为 Sh,全系列扬程范围为 9 ~ 140 m,流量范围为 120 ~ 20 000 m^3/h。

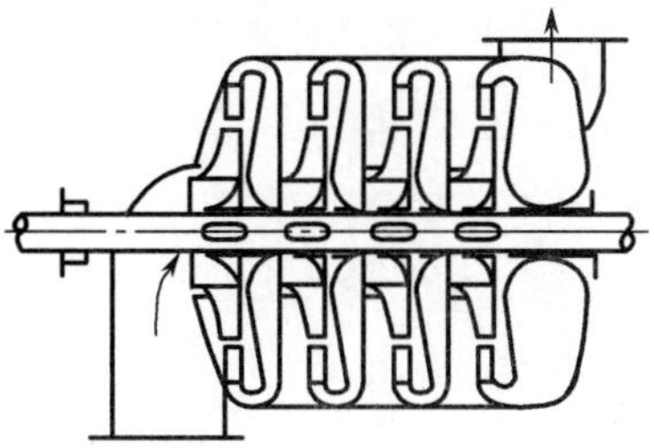

图 2-26 多级泵示意图

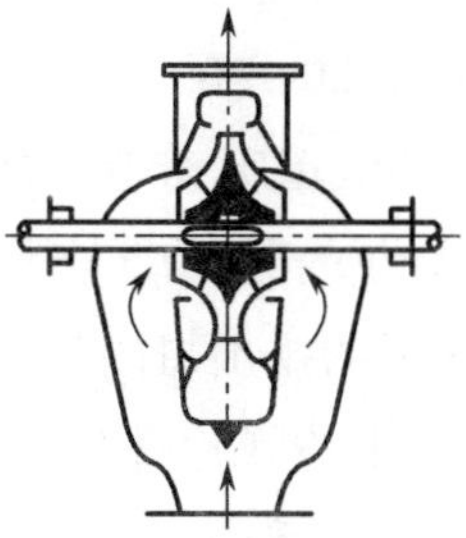

图 2-27 双吸泵示意图

2）耐腐蚀泵（F 型）

当输送酸、碱等腐蚀性液体时应采用耐腐蚀泵，该泵主要特点是与液体接触的泵部件用耐腐蚀材料制成。各种材料制造的耐腐蚀泵在结构上基本相同，因此都用 F 作为它的系列代号。在 F 后面再加一个字母表示材料代号，以示区别。

耐腐蚀泵的另一个特点是密封要求高。由于填料本身被腐蚀的问题很难彻底解决，所以 F 型泵多采用机械密封装置。F 型泵全系列的扬程范围为 15 ~ 105 m，流量范围为 2 ~ 400 m^3/h。

3）油泵（Y 型）

输送石油产品的泵称为油泵。油品的特点是易燃、易爆，因此对油泵的一个重要要求是密封完善。当输送 200℃以上的油品时，还要求对轴封装置和轴承等进行良好的冷却，故这些部件常装有冷却水夹套。

国产油泵的系列代号为 Y，有单吸和双吸、单级和多级（2 ~ 6 级）油泵，全系列的扬程范围为 60 ~ 603 m，流量范围为 6.25 ~ 500 m^3/h。

4）杂质泵（P 型）

杂质泵用于输送悬浮液及稠厚的浆液等，系列代号为 P，又细分为污水泵 PW、砂泵 PS、泥浆泵 PN 等。对这类泵的要求是：不易被杂质堵塞、耐磨、容易拆洗。所以它的特点是叶轮流道宽、叶片数目少，常采用半闭式或开式叶轮。有些泵壳内还衬以耐磨的铸钢护板。

5）磁力泵（C 型）

磁力泵是高效节能的特种离心泵。其结构特点是，采用一对永磁性连轴器将电动机力矩透过隔板和气隙，传递给一个密封容器来带动叶轮的旋转。由于采用永磁连轴驱动结构，无轴封，消除了液体渗漏，使用极为安全。又由于在泵运转时无摩擦，故可实现高效节能的目的。该泵与液体接触的部分可用耐腐蚀、高强度的刚玉陶瓷、工程塑料、不锈钢等材料制造，因而具有良好的抗腐蚀性能，主要用于输送不含固体颗粒的酸、碱、盐溶液和挥发性、剧毒性液体，特别适用于输送易燃易爆液体，广泛应用于稀土冶炼、化工、电镀、制药、废液处理及环保等部门。

C 型磁力泵的使用温度不宜高于 90 ℃，其全系列扬程范围为 1.2 ~ 100 m，流量范围为 0.1 ~ 100 m^3/h。

在泵的产品目录或样本中，泵的型号由字母和数字组合而成，以代表泵的类型、规格等，现举例说明如下。

例1 IS100-80-160

其中 IS——单级单吸离心水泵；

100——泵的吸入口内径，mm；

80——泵的排出口内径，mm；

160——泵的叶轮直径，mm。

例2 40FM1-26

其中 40——泵吸入口直径，mm；

F——悬臂式耐腐蚀离心泵；

M——与液体接触部件的材料代号（M表示铬镍钼钛合金钢）；

1——轴封类型代号（1代表单端面密封）；

26——泵的扬程，m。

例3 100Y-120×2

其中 100——泵吸入口直径，mm；

Y——单吸离心油泵；

120——泵的单级扬程，m；

2——叶轮级数。

为了选用方便，泵的生产部门有时还将同一类型的泵绘制成系列特性曲线，即将同一类型的各种型号泵与较高效率范围相对应的一段 H-Q 曲线绘在一个总图上。

2. 离心泵的选择

离心泵的选择，一般可按下列的方法与步骤进行。

(1)确定输送系统的流量与压头 液体的输送量一般为生产任务所规定，如果流量在一定范围内波动，选泵时应按最大流量考虑。根据输送系统管路的安排，用伯努利方程式计算在最大流量下管路所需的压头。

(2)选择泵的类型与型号 首先应根据输送液体的性质和操作条件确定泵的类型，然后按已确定的流量 Q_e 和压头 H_e 从泵的样本或产品目录中选出合适的型号。显然，选出的泵所能提供的流量和压头不见得与管路所要求的流量 Q_e 和压头 H_e 完全相符，且考虑到操作条件的变化和备有一定的裕量，所选泵的流量和压头可稍大一点，但在该条件下对应泵的效率应比较高，即点(Q_e、H_e)坐标位置应在泵的高效率范围所对应的 H-Q 曲线下方。

泵的型号选出后，应列出该泵的各种性能参数。

(3)核算泵的轴功率 若输送液体的密度大于水的密度时，可按式(2-14)核算泵的轴功率。

【例2-11】 若某输水管路系统要求流量为50 m^3/h、压头为18 m，试选择一台适宜的离心泵，再求该泵实际运行时所需的轴功率及用阀门调节流量而多消耗的轴功率。

解：(1)泵的型号

由于输送清水，故选用IS型水泵。根据 $Q_e=50\ m^3/h$、$H_e=18$ m 的要求，在附录查IS型

水泵的性能,可选用 IS80-65-125 型水泵,转速为 2 900 r/min。该泵的性能如下:

$$Q=50\ \mathrm{m^3/h},H=20\ \mathrm{m},N=3.63\ \mathrm{kW},(NPSH)_r=3.0\ \mathrm{m},\eta=75\%$$

(2)该泵实际运行时的轴功率

实际上它是泵工作点所对应的轴功率,即当 $Q=50\ \mathrm{m^3/h}$ 时,$N=3.63\ \mathrm{kW}$。

(3)用阀门调节流量多消耗的功率

因用阀门调节流量多消耗的压头为

$$\Delta H=20-18=2\ \mathrm{m}$$

故多消耗的轴功率为

$$\Delta N=\frac{\Delta HQ\rho g}{\eta}=\frac{2\times 50\times 1\ 000\times 9.81}{3\ 600\times 0.75\times 1\ 000}=0.363\ \mathrm{kW}$$

讨论:在工程设计时,根据所需要的流量 Q_e和压头 H_e将离心泵的型号选出后,应列出该泵的各种特性参数。采用阀门调节流量会造成额外的能量消耗,注意因调节阀门而多消耗的轴功率的计算问题。

3. 离心泵的安装和操作

离心泵的安装和操作方法可参考离心泵的说明书,下面仅介绍一般应注意的问题。

①离心泵的安装高度必须低于允许吸上高度,以免出现气蚀和吸不上液体的现象。因此在管路布置时应尽可能减小吸入管路的流动阻力。

②离心泵在启动前必须向泵内充满待输送的液体,保证泵内和吸入管路内无空气积存。

③离心泵应在出口阀关闭的条件下启动,这样启动功率最小。停泵前也应先关闭出口阀,以免排出管路内液体倒流,使叶轮受冲击而被损坏。

④离心泵在运转中应定时检查和维修,注意泵轴液体泄漏、发热等情况,保持泵的正常操作。

【例2-12】 如本例附图所示,用离心泵将敞口低位贮槽中的液体(密度为 1 000 kg/m³)输送至敞口高位槽 A 和 B,输送系统的总管路和 OA、OB 分支管路的管径均为 ϕ38 mm × 3 mm。当阀门 C 关闭时,分支点 O 附近压力表 P 的读数为 77.06 kPa,此时液体自 A 槽流向 B 槽的流量为 $V_{h,AB}=2.23\ \mathrm{m^3/h}$。启动离心泵,调节阀门 C 的开度,使分支点 O 附近压力表 P 读数为 88 kPa。(1)试求主管路流量计 F 的读数,m³/h;(2) 若主管道总长度为 30 m(包括所有局部阻力的当量长度)、摩擦阻力系数为 0.025,试求离心泵的有效功率,kW。

(假设在不同流动情况下,A、B 分支管路流动摩擦阻力系数保持不变;不计压力表压力导管内液体的静压力,重力加速度 g 按 10 m/s² 计算。)

解:(1)当阀门关闭时,$u_{AB}=\dfrac{2.23}{3\ 600\times 0.785\ 4\times 0.032^2}=0.770\ 2\ \mathrm{m/s}$

在 A 槽液面与分支点管截面之间应用机械能衡算方程,可得

$$gh_A=\frac{u_{AB}^2}{2}+\frac{p_{O1}}{\rho}+\left(\zeta_c+\lambda_A\frac{l_A+l_{e,A}}{d}\right)\frac{u_{AB}^2}{2}$$

令 $G_A=\lambda_A\dfrac{l_A+l_{e,A}}{d}$,并代入数据得

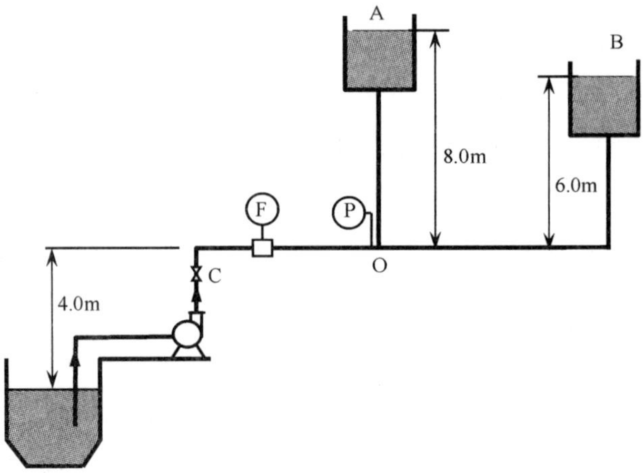

例2-12 附图

$$10\times8.0=\frac{0.770\ 2^2}{2}+\frac{77.06\times10^3}{1\ 000}+(0.5+G_A)\times\frac{0.770\ 2^2}{2}$$

$$G_A=8.412\ 2\ s^2/m^5$$

同理,在分支点管截面与B槽液面之间应用机械能衡算方程:

$$\frac{u_{AB}^2}{2}+\frac{p_{O1}}{\rho}=gh_B+(\zeta_e+G_B)\frac{u_{AB}^2}{2}$$

$$\frac{0.770\ 2^2}{2}+\frac{77.06\times10^3}{1\ 000}=10\times6.0+(1.0+G_B)\times\frac{0.770\ 2^2}{2}$$

$$G_B=57.518\ s^2/m^5$$

当阀门开启时,在分支点O处主管道截面对两分支管路高位槽液面应用机械能衡算方程,可得

$$\frac{u_O^2}{2}+\frac{p_{O2}}{\rho}=gh_A+(\zeta_e+G_A)\frac{u_A^2}{2}=gh_B+(\zeta_e+G_B)\frac{u_B^2}{2}$$

由于主管路与分支管路同径,所以主管流速:$u_O=u_A+u_B$

$$\frac{(u_A+u_B)^2}{2}+\frac{88\times10^3}{1\ 000}=10\times8.0+(1.0+8.412\ 2)\times\frac{u_A^2}{2}$$

$$=10\times6.0+(1.0+57.518)\times\frac{u_B^2}{2}$$

整理得 $u_B^2+2u_Au_B=8.412\ 2u_A^2-16$

$$u_A^2+2u_Au_B=57.518u_B^2-56$$

解出 $u_A=1.552\ 9\ m/s, u_B=1.035\ 1\ m/s, u_O=u_A+u_B=2.588\ m/s$

所以,$V_{Oh}=3\ 600\times0.785\ 4\times0.032^2\times2.588=7.493\ m^3/h$,即为流量计的读数。

(2)在低位液体贮槽液面与分支点压力表处管道截面之间应用机械能衡算方程,得

$$H_e=Z_O+\frac{p_{O2}}{\rho g}+\frac{u_O^2}{2g}+\lambda\frac{l+l_e}{d}\frac{u_O^2}{2g}$$

$$=4.0+\frac{88\times10^3}{1\ 000\times10}+\left(1+0.025\times\frac{30}{0.032}\right)\times\frac{2.588^2}{2\times10}=20.98\ \text{m}$$

$$N_e=\rho gH_eQ=1\ 000\times10\times20.98\times\frac{7.493}{3\ 600}=0.437\ \text{kW}$$

讨论:解决本题的关键是确定管路系统的阻力因子 G,当管路的输送条件保持不变(阀门开度保持不变)并且流动摩擦阻力系数为常数(在完全湍流区流动)时,G 为常数;同时要注意输送系统进、出口局部阻力系数取值的不同。

2.2 其他类型液体输送机械

演示文稿

2.2.1 往复泵

往复泵是活塞泵、柱塞泵和隔膜泵的统称。按驱动方式,往复泵可分为电动泵(电动机驱动)、直动泵(蒸汽、气体或液体驱动)和手动泵 3 类,其中以电动往复泵最为常见。

1. 往复泵

1)往复泵的工作原理

往复泵是一种容积式泵,应用比较广泛。它依靠活塞的往复运动并依次开启吸入阀和排出阀,从而吸入和排出液体。

图 2-28 为往复泵装置简图。泵的主要部件有泵缸 1、活塞 2、活塞杆 3、吸入阀 4 和排出阀 5。往复泵由电动机驱动,通过减速箱和曲柄连杆机构与活塞杆相连接而使活塞作往复运动。吸入阀和排出阀都是单向阀。泵缸内活塞与阀门间的空间称为工作室。

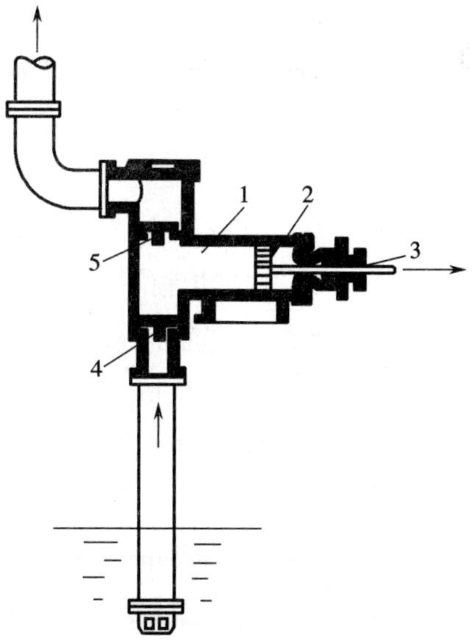

图 2-28 往复泵装置简图
1—泵缸 2—活塞 3—活塞杆
4—吸入阀 5—排出阀

当活塞自左向右移动时,工作室的容积增大,形成低压,将贮液池内的物体经吸入阀吸入泵缸内。在吸液体时排出阀因受排出管内液体压力作用而关闭。当活塞移到右端点时,工作室的容积最大,吸入的液体量也最多。此后,活塞便改为由右向左移动,泵缸内液体受到挤压而压力增大,致使吸入阀关闭而推开排出阀将液体排出。活塞移到左端点后排液完毕,完成了一个工作循环。此后活塞又向右移动,开始另一个工作循环。

由上可知,往复泵就是靠活塞在泵缸内左右两端点间作往复运动而吸入和压出液体。活塞左端点到右端点(或反之)的距离叫做冲程或位移。活塞往复一次,只吸入和排出液体各一次的泵,称为单动泵。单动泵的送液是不连续的。若在活塞两侧的泵体内都装有吸入

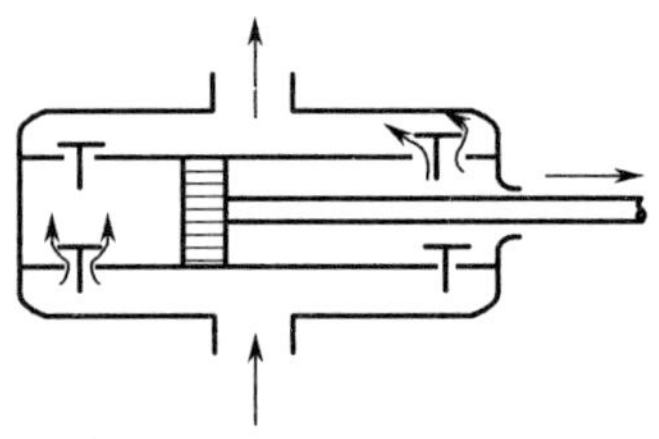

图 2-29 双动泵示意图

阀和排出阀，则无论活塞向哪一侧运动，吸液和排液都同时进行，这类往复泵称为双动泵，如图 2-29 所示。

由往复泵的工作原理可知，往复泵内的低压是靠工作室的扩张造成的，所以在泵启动前无须向泵内灌满液体，即往复泵具有自吸能力。但是，与离心泵相同，往复泵的吸入高度也有一定的限制，这是由于往复泵也是借外界与泵内的压力差而吸入液体的，故吸上高度也随泵安装地区的大气压力、输送液体的性质及温度而变。

2）往复泵的特性

（1）往复泵的压头　往复泵的压头与泵的几何尺寸无关，只要泵的力学强度及原动机的功率允许，输送系统要求多高的压头，往复泵就可提供多高的压头。实际上由于活塞环、轴封、吸入阀和排出阀等处的泄漏，降低了泵可能达到的压头。

往复泵的排液能力与活塞位移有关，但与管路情况无关，压头则受管路承受能力的限制，这种性质称为正位移特性，具有这种特性的泵称为正位移泵。往复泵是正位移泵之一。

（2）往复泵的流量（排液能力）　往复泵的流量（排液能力）只与泵的几何尺寸和活塞的往复次数有关，而与泵的压头及管路情况无关，即无论在什么压头下工作，只要往复一次，泵就排出一定体积的液体，所以往复泵是一种典型的容积式泵。

往复泵的理论平均流量可按下列公式计算。

单动泵　$Q_T = ASn_r$　(2-34)

式中　Q_T——往复泵的理论平均流量，m^3/min；

A——活塞的截面积，m^2；

S——活塞的冲程，m；

n_r——活塞每分钟往复次数，1/min。

双动泵　$Q_T = (2A - a)Sn_r$　(2-35)

式中　a——活塞杆的截面积，m^2。

实际上，由于活塞衬填不严，吸入阀和排出阀启闭不及时，随着压头的增高、液体泄漏量加大等原因，往复泵的实际流量低于理论流量。

往复泵的实际流量为

$$Q = \eta_V Q_T \tag{2-36}$$

式中　Q——往复泵的实际流量，m^3/min；

η_V——容积效率，由实验测定，其值在 0.85～0.99 的范围内，一般泵越大，容积效率越高。

如前所述，单动往复泵的排液是不连续的，而且由于活塞在工作室两端点之间的运动速度是变化的，因此在排液行程中，往复泵的流量也是变化的。图 2-30(a)和(b)给出了单动泵和双动泵的流量曲线。由图可见，单动泵在排液过程中不仅流量变化，而且排液是间断的。双动泵排液是连续的但流量仍是不均匀的。为提高流量的均匀性，可采用多缸往复泵。

图 2-30(c)为三联泵的流量曲线,其排液量较均匀。

(3)往复泵的特性曲线 如前所述,往复泵的理论平均流量仅取决于活塞扫过的体积,因此往复泵的特性方程可表示为

$$Q_T = 常数$$

所以在压头不太高的情况下,往复泵的实际流量 Q 基本上保持不变,而与压头 H 无关。仅在压头较高的情况下,Q 随 H 升高而略有下降。往复泵的特性曲线如图 2-31(a)所示。

往复泵的工作点原则上仍是往复泵的特性曲线与管路特性曲线的交点,如图 2-31(b)中点 M 所示。由图可见,工作点随管路曲线不同只是在垂直方向上变动,即 Q 不变而 H 增减,压头的极限主要取决于泵的力学强度和原动机的功率。

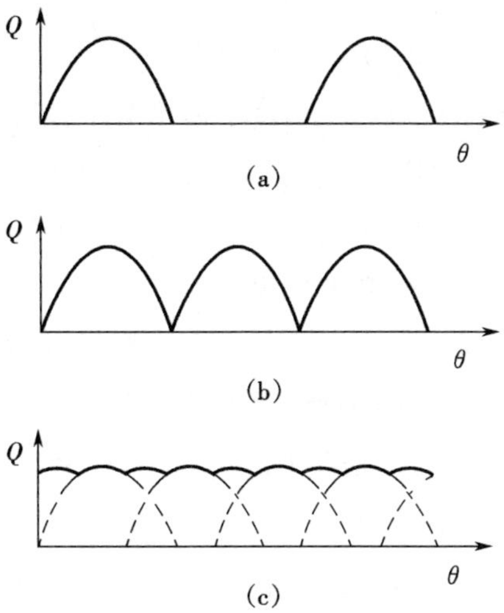

图 2-30 往复泵的流量曲线图
(a)单动泵 (b)双动泵 (c)三联泵

3)往复泵的流量调节

往复泵不能像离心泵那样采用排出管路上的阀门来调节流量,这是因为往复泵的流量与管路特性无关,若把泵的出口阀完全关闭而继续运转,则泵内压力会急剧升高,造成泵体、管路和电动机损坏。因此正位移泵启动时不能将出口阀关闭,也不能用出口阀调节流量。

往复泵的流量调节方法有以下两种。

(1)旁路调节 往复泵(正位移泵)通常用旁路调节流量,其调节示意图如图 2-32 所示。泵启动后液体经吸入管路进入泵内,经排出阀排出,并有部分液体经旁路阀返回吸入管内,从而改变了主管路中的液体流量,可见旁路调节并没有改变往复泵的总流量。这种调节方法简便可行,但不经济,一般适用于流量变化较小的经常性调节。

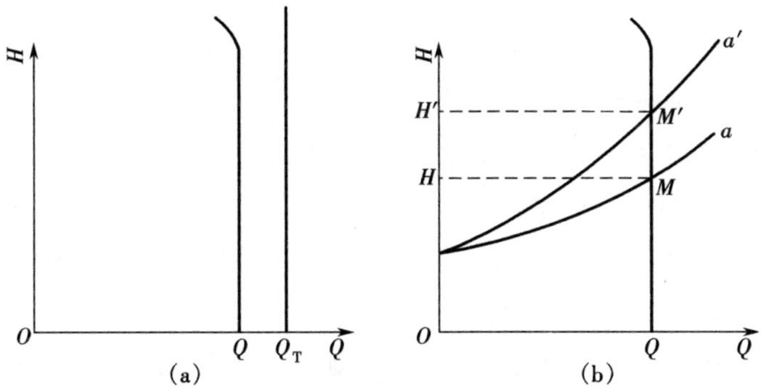

图 2-31 往复泵的特性曲线和工作点

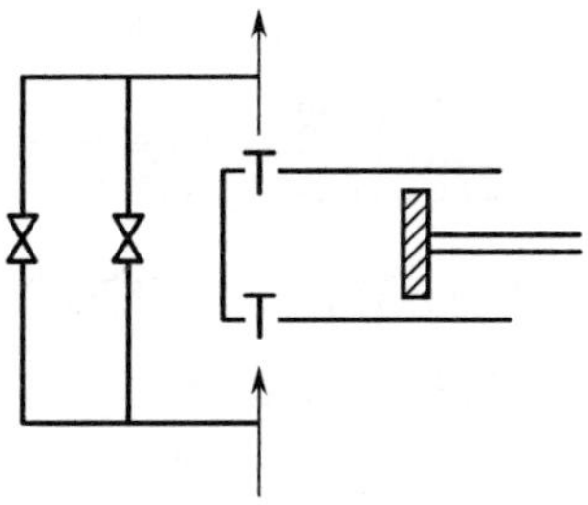

图 2-32 往复泵旁路调节流量示意图

(2)改变活塞冲程和往复次数 由式(2-34)可知,改变活塞冲程和往复次数都可改变往复泵的流量,这种调节方法经济性好但操作不便,在经常性调节中目前仍很少采用。

基于以上分析,往复泵主要适用于小流量、高压力的场合,输送高黏度液体时的效果也

比离心泵好，但它不宜输送腐蚀性液体和含有固体粒子的悬浮液。

【例 2-13】 单动往复泵活塞的直径为 160 mm、冲程为 200 mm，用以将密度为 930 kg/m^3 的液体从敞口贮槽送至某设备中，液体输送量为 25.8 m^3/h，设备内压力为 3.14×10^5 Pa（表压），贮槽液面比设备的液体入口管（中心截面）低 19.5 m。若管路的总压头损失为 10.3 m（包括管路进出口损失），泵的总效率和容积效率分别为 0.72 和 0.85，试求此泵的活塞每分钟往复次数和轴功率。

解：（1）往复泵活塞每分钟的往复次数

往复泵的理论排液量为 $Q_T = ASn_r$。

依题意实际排液量为 $Q = 0.85Q_T = 0.85ASn_r = 25.8/60$，所以

$$n_r = \frac{25.8}{60\times\frac{\pi}{4}\times0.16^2\times0.2\times0.85} = 126.1/\text{min}$$

（2）往复泵的轴功率

往复泵轴功率的求法与离心泵的相同，即 $N = \frac{QH\rho}{102\eta}$。

上式中往复泵的压头可由伯努利方程式求得。取贮槽液面为上游截面 1—1′，输送管路出口外侧为截面 2—2′，并以截面 1—1′为基准水平面，则

$$Z_1 + \frac{p_1}{\rho g} + \frac{u_1^2}{2g} + H_e = Z_2 + \frac{p_2}{\rho g} + \frac{u_2^2}{2g} + H_f$$

式中 $Z_1 = 0, Z_2 = 19.5\text{m}, p_1 = 0$（表压），$p_2 = 3.14\times10^5$ Pa（表压），$u_1 \approx 0, u_2 = 0, H_f = 10.3$ m

所以 $$H_e = 19.5 + \frac{3.14\times10^5}{930\times9.81} + 10.3 = 64.2\ \text{m}$$

管路所需压头为泵所提供，所以泵的压头为 $H = 64.2\text{m}$。于是泵的轴功率为

$$N = \frac{25.8\times64.2\times930}{3\,600\times102\times0.72} = 5.83\ \text{kW}$$

讨论：注意往复泵轴功率的计算方法，其与离心泵轴功率具有相同的计算式。

2. 计量泵

计量泵又称比例泵，从操作原理看就是往复泵。图 2-33 所示是计量泵的一种形式，它通过偏心轮把电机的旋转运动变成柱塞的往复运动。由于偏心轮的偏心距离可以调整，使柱塞的冲程随之改变。若单位时间内柱塞的往复次数不变，则泵的流量与柱塞的冲程成正比，所以可通过调节冲程而达到比较严格控制和调节流量的目的。

计量泵适用于要求输液量十分准确而又便于调整的场合，例如向化工厂的反应器中输送液体。有时还可通过一台电机带动几台计量泵的方法，使每股液体的流量既稳定且各股液体流量的比例也固定。

3. 隔膜泵

隔膜泵实际上就是活柱往复泵。如图 2-34 所示，它是借弹性薄膜将活柱与被输送的液体隔开，因此当输送腐蚀性液体或悬浮液时，可不使缸体或活柱受到损坏。弹性隔膜是采用

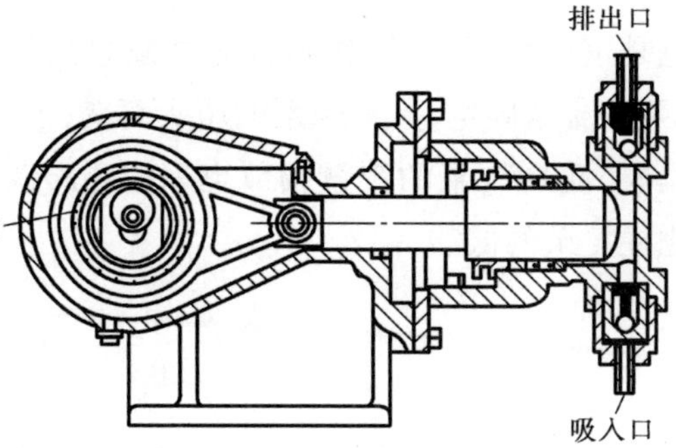

图2-33 计量泵

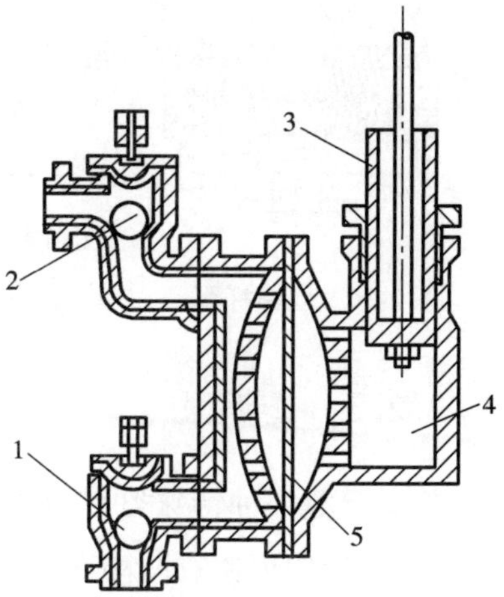

图2-34 隔膜泵

1—吸入活门 2—压出活门 3—活柱

4—水(或油) 5—隔膜

耐腐蚀的橡胶或弹性金属薄片制成。隔膜左侧与液体接触部分由耐腐蚀材料制成或涂有一层耐腐蚀的物质;隔膜右侧则充满油或水。当活柱作往复运动时,迫使隔膜交替地向两边弯曲,将液体吸入和排出。

隔膜式计量泵可用于定量地输送有毒、易燃、易爆和腐蚀性液体。

2.2.2 旋转泵

旋转泵是靠泵内一个或一个以上的转子旋转来吸入与排出液体的,又称转子泵。旋转泵的形式很多,但它们的操作原理都是相似的。工业中较为常用的有齿轮泵和螺杆泵。

1. 齿轮泵

图2-35为齿轮泵的结构示意图。泵壳内有两个齿轮,一个靠电机带动旋转,称为主动轮,另一个靠与主动轮相啮合而转动,称为从动轮。两齿轮与泵体间形成吸入和排出两个空间。当齿轮按图中所示的箭头方向转动时,吸入空间内两轮的齿互相拨开,形成了低压而将液体吸入,然后分为两路沿泵内壁被齿轮嵌住,并随齿轮转动而到达排出空间。排出空间内两轮的齿互相合拢,于是形成高压而将液体排出。

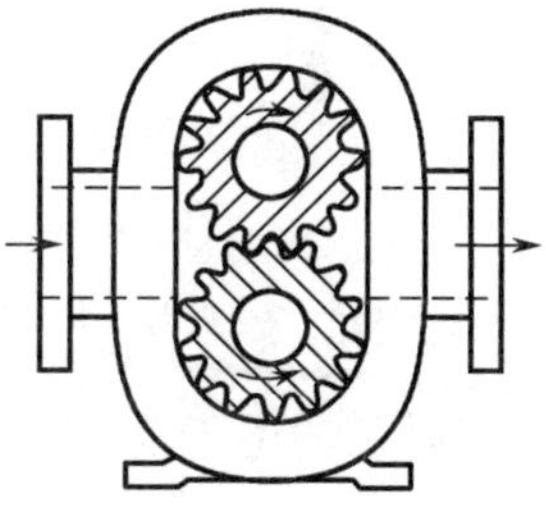

图2-35 齿轮泵

齿轮泵的压头高而流量小,适用于输送黏稠液体以至膏状物,但不能输送含有固体粒子的悬浮液。

2. 螺杆泵

螺杆泵主要由泵壳和一根或两根以上的螺杆构成。图2-36所示的双螺杆泵实际上与齿轮泵十分相似,它利用两根相互啮合的螺杆排送液体。当所需压力较高时,可采用较长的螺杆。

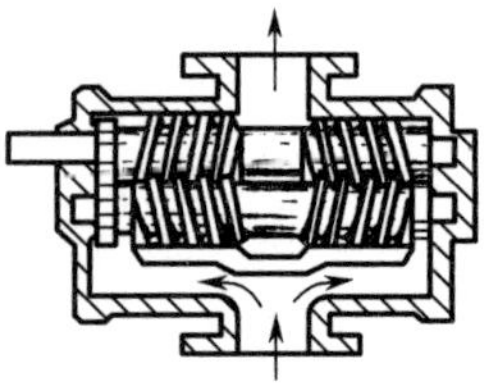

图 2-36 双螺杆泵

螺杆泵压头高、效率高、噪音低,适于在高压下输送黏稠性液体。

旋转泵也是正位移泵,其操作特性与往复泵的相似。在一定旋转速度下,泵的流量固定,且不随泵的压头而变;泵有自吸能力,故启动前不需要"灌泵";泵的流量调节也采用旁路调节。旋转泵的压头一般比往复泵的低。

2.2.3 旋涡泵

旋涡泵是一种特殊类型的离心泵,它由泵壳和叶轮组成。其叶轮如图 2-37(a)所示,它是一个圆盘,四周铣有凹槽而构成叶片,呈辐射状排列。叶片数目可多达几十片。泵内结构情况如图 3-37(b)所示,叶轮 1 上有叶片 2,在泵壳 3 内旋转,壳内有引液道 4,吸入口和排出口之间有间壁 5,间壁与叶轮间的缝隙很小,使吸入腔和排出腔得以分隔开。泵内液体随叶轮旋转的同时,又在引液道与叶片间反复运动,因而被叶片拍击多次,获得较多的能量。

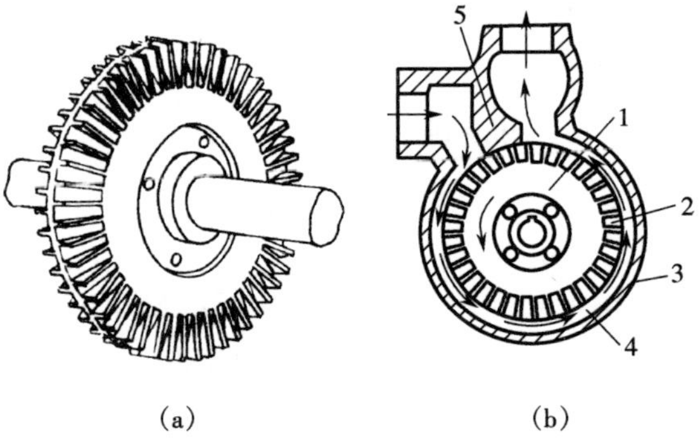

图 2-37 旋涡泵

(a)叶轮 (b)泵内结构

1—叶轮 2—叶片 3—泵壳 4—引液道 5—间壁

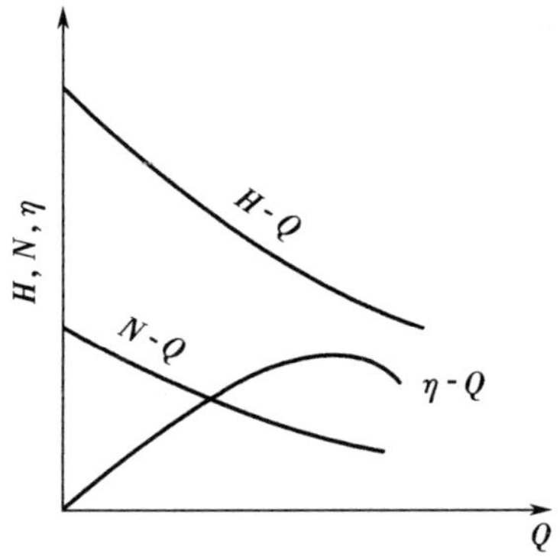

图 2-38 旋涡泵特性曲线示意图

旋涡泵适用于要求输液量小、压头高而黏度不大的液体。因液体在叶片与引液道之间的反复迂回是靠离心力的作用,故旋涡泵在启动前泵内也要灌满液体。旋涡泵的最高效率一般比离心泵的低,特性曲线也与离心泵的不同,如图 2-38 所示。当流量减小时,压头升高很快,轴功率也增大,所以此类泵应避免在太小的流量或出口阀全关的情况下长期运转,以保证泵和电机的安全。其流量调节方法也与正位移泵的相同。旋涡泵的 N-Q 曲线是向下倾斜的,当流量为零时,轴功率最大,所以在启动泵时,出口阀和旁路阀必须全开。

2.2.4 常用工业用泵的性能比较

工业生产中几种常用泵的性能比较列于表 2-2 中。

表 2-2 几种常用泵的性能比较

泵的类型		非正位移泵		正位移泵	
		离心泵	旋涡泵	往复泵	旋转泵
流量	均匀性	均匀	均匀	脉动	尚均匀
	恒定性	随管路特性而变		恒定	恒定
	范围	广,易达大流量	小流量	较小流量	小流量
压头		不易达到高压头	低压头	高压头	较高压头
效率		稍低	低	高	较高
操作	流量调节	出口阀调节	旁路调节	旁路或转速、行程调节	旁路调节
	自吸作用	无	部分型号有自吸力	有	有
	启动	出口阀关闭	出口阀全开	出口阀全开	出口阀全开
	维修	简便	简便	麻烦	较简便
适用场合		流量和压头适用范围广,尤适宜于大流量、中压头;不太适合高黏度液体	小流量、较高压头、低黏度清洁液体	小流量、高压头、不含杂质的黏性液体	小流量、较高压头、高黏度的液体

2.3 气体输送和压缩机械

演示文稿

输送和压缩气体的机械统称为气体压送机械,其作用与液体输送机械颇为类似,都是对流体做功,以提高流体的压力。

气体输送和压缩机械在工业生产中应用十分广泛,主要用于以下 3 方面。

(1)输送气体 为了克服输送过程中的流动阻力,需提高气体的压力。

(2)产生高压气体 有些单元操作或化学反应需要在高压下进行,如用水吸收二氧化碳、冷冻、氨的合成等。

(3)产生真空 有些化工单元操作,如过滤、蒸发、蒸馏等往往要在低于大气压下进行,这就需要从设备中抽出气体,以产生真空。

气体压送机械可按出口气体的压力或压缩比来分类。压送机械出口气体的压力也称为终压。压缩比是指压送机械出口与进口气体的绝对压力的比值。根据终压,大致将压送机械分为:①通风机,终压不大于 14.7×10^3 Pa(表压);②鼓风机,终压为 $14.7\times10^3\sim294\times10^3$ Pa(表压),压缩比小于4;③压缩机,终压在 294×10^3 Pa(表压)以上,压缩比大于4;④真空泵,用于减压,终压为大气压,压缩比由真空度决定。

2.3.1 离心通风机、鼓风机与压缩机

离心通风机、鼓风机与压缩机的工作原理和离心泵的相似，即依靠叶轮的旋转运动，使气体获得能量，从而提高压力。通风机都是单级的，所产生的表压力低于 14.7×10^3 Pa，对气体只起输送作用。鼓风机和压缩机都是多级的，前者产生的表压力低于 294×10^3 Pa，后者高于 294×10^3 Pa，两者对气体都有较显著的压缩作用。

1. 离心通风机

离心通风机按所产生的风压不同，可分为3类：①低压离心通风机，出口风压低于 0.9807×10^3 Pa（表压）；②中压离心通风机，出口风压为 $0.9807\times10^3\sim2.942\times10^3$ Pa（表压）；③高压离心通风机，出口风压为 $2.942\times10^3\sim14.7\times10^3$ Pa（表压）。

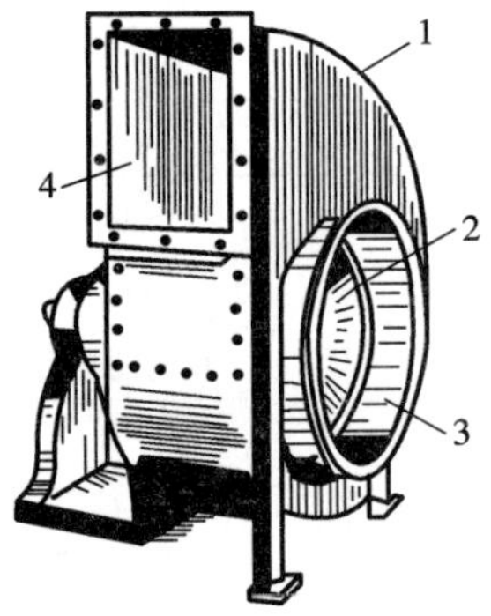

图 2-39 低压离心通风机

1—机壳 2—叶轮

3—吸入口 4—排出口

1）离心通风机的结构

离心通风机的结构和单级离心泵相似。它的机壳也是蜗牛形的，但气体流道的断面有方形和圆形两种，一般低、中压通风机多为方形（见图2-39），高压的多为圆形，叶片的数目比较多但长度较短。低压通风机的叶片多是平直的，与轴心成辐射状安装。中、高压通风机的叶片则是弯曲的，所以高压通风机的外形和结构与单级离心泵更为相似。

2）离心通风机的性能参数与特性曲线

离心通风机的主要性能参数有风量、风压、轴功率和效率。由于气体通过风机的压力变化较小，在风机内运动的气体可视为不可压缩流体，所以前述的离心泵基本方程式亦可用来分析离心通风机的性能。

（1）风量　风量是单位时间内从风机出口排出的气体体积，但以风机进口处的气体状态计，以 Q 表示，单位为 m^3/h。

（2）风压　风压是单位体积的气体流过风机时所获得的能量，以 H_T 表示，单位为 J/m^3（即 Pa）。由于 H_T 的单位与压力的单位相同，故称为风压。风压的单位习惯上用 mmH_2O 来表示。

离心通风机的风压取决于风机的结构、叶轮尺寸、转速和进入风机的气体密度。

离心通风机的风压目前还不能用理论方法进行计算，而是由实验测定。一般通过测量风机进、出口处气体的流速与压力的数值，按伯努利方程式计算风压。

离心通风机对气体所提供的有效能量，常以 $1m^3$ 气体作为基准。若设风机进口为截面1—1′，出口为截面2—2′，则根据以单位体积流体为基准的伯努利方程式可得离心通风机的风压为

$$H_T=W_e\rho=(Z_2-Z_1)\rho g+(p_2-p_1)+\frac{u_2^2-u_1^2}{2}\rho+\rho\sum h_{f,1-2}$$

式中各项单位均为压力的单位，Pa。

由于ρ及Z_2-Z_1值都较小，故$(Z_2-Z_1)\rho g$一项可忽略；风机进、出口管段很短，$\rho\sum h_{f,1-2}$项也可忽略；当风机进口处与大气直接相通时，且截面1—1′位于风机进口外侧，则$u_1=0$，因此上式可简化为

$$H_T=(p_2-p_1)+\frac{\rho u_2^2}{2} \tag{2-37}$$

上式中p_2-p_1称为静风压，以H_{st}表示；$\frac{\rho u_2^2}{2}$称为动风压。因离心通风机出口处气体的流速较大，故动风压不能忽略。根据上述讨论的情况，离心通风机的风压为静风压和动风压之和，又称全风压。通风机性能表上所列的风压是指全风压。

由式(2-37)可见，离心通风机的风压随进入风机的气体的密度而变。风机性能表上的风压，一般都是在20 ℃、1.013×10^5 Pa的条件下用空气测得的，该条件下空气的密度为1.2 kg/m^3。若实际操作条件与上述的实验条件不同，应按下式将操作条件下的风压H_T'换算为实验条件下的风压H_T，然后按H_T的数值来选择风机。

$$H_T=H_T'\frac{\rho}{\rho'}=H_T'\frac{1.2}{\rho'} \tag{2-38}$$

(3)轴功率与效率　离心通风机的轴功率为

$$N=\frac{H_TQ}{1\,000\eta} \tag{2-39}$$

式中　N——轴功率，kW；

Q——风量，m^3/s；

H_T——风压，Pa；

η——效率，因按全风压定出，故又称为全压效率。

应注意，在应用式(2-39)计算轴功率时，式中的Q与H_T必须是同一状态下的数值。

离心通风机的特性曲线，如图2-40所示。它表示某种型号的风机在一定转速下，风量Q与风压H_T、静风压H_{st}、轴功率N、效率η四者的关系。

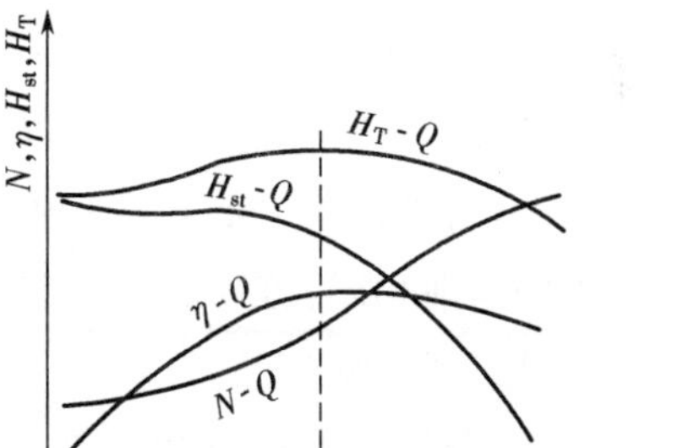

图2-40　离心通风机特性曲线示意图

3)离心通风机的选择

离心通风机的选择与离心泵的相类似。其选择步骤如下。

①根据伯努利方程式，计算输送系统所需的实际风压H_T'，再按式(2-38)将H_T'换算成实验条件下的风压H_T。

②根据所输送气体的性质(如清洁空气、易燃、易爆或腐蚀性气体以及含尘气体等)与风压的范围，确定风机的类型。若输送的是清洁空气，或与空气性质相近的气体，可选用一般类型的离心通风机，常用的有4-72型、8-18型和9-27型。前一类型属中、低压通风机，后两类属于高压通风机。

③根据以风机进口状态计的实际风量与实验条件下的风压 H_T，从风机样本或产品目录中的特性曲线或性能表中选择合适的机号，选择的原则与离心泵的相同，不再详述。

每一类型的离心通风机均有不同直径的叶轮，因此离心通风机的型号是在类型之外还有机号，如 4-72No. 12。4-72 表示风机类型，No. 12 表示机号，其中 12 表示叶轮直径为 12 dm。

【例 2-14】 用风机将 20℃、38 000 kg/h 的空气送入加热器加热至 100℃，然后经管路送到常压设备内，输送系统所需全风压为 1 200 Pa（按 60℃、常压计）。试选合适的风机。若将已选的风机（转速相同）置于加热器之后，是否仍能完成输送任务？

解：空气在 20℃、常压下的密度为 1.2 kg/m³，则风量为 $Q=38\ 000/1.2=31\ 670\ \mathrm{m^3/h}$。输送系统的风压 H_T' 按下式换算为实验条件下的风压，即 $H_T=H_T'\dfrac{1.2}{\rho'}$。由本教材附录查得 60℃、常压下空气密度为 1.06 kg/m³，故

$$H_T=1\ 200\times\frac{1.2}{1.06}=1\ 359\ \mathrm{Pa}$$

根据风量 $Q=31\ 670\ \mathrm{m^3/h}$，风压 $H_T=1\ 359\ \mathrm{Pa}$，于本教材附录中查得 4-72-11No. 10c 型离心通风机可满足要求。该风机性能见本例附表。

例 2-14 附表

转速 r/min	风压 Pa	风量 m³/h	效率 %	功率 kW
1 000	1 422	32 700	94.3	16.5

若将已选风机置于加热器之后，则风量发生明显变化。由题知管路系统所需风压为 1 200 Pa，此值较大气压力小得多，所以风机入口处的压力仍可按常压计。由本教材附录可查得常压、100℃下空气密度为 0.946 kg/m³，故风量为

$$Q=38\ 000/0.946=40\ 170\ \mathrm{m^3/h}>32\ 700\ \mathrm{m^3/h}$$

风压仍与前相同，若风机转速仍为 1 000 r/min，则此风机不能完成输送任务。实际上还应考虑风机是否可耐高温。

讨论：在选择风机时，若风机的使用条件不同于风机风压 H_T 测定的实验条件，应将使用条件下的风压 H_T' 换算成实验条件下的风压 H_T，依据 H_T 的大小选择风机型号。与离心泵的选择类似，选择风机型号后，需列出风机的各种特性参数。

2. 离心鼓风机和压缩机

离心鼓风机又称透平鼓风机，工作原理与离心通风机的相同，结构类似于多级离心泵。图 2-41 所示为一台五级离心鼓风机的示意图。气体由吸气口进入后，经过第一级的叶轮和导轮，然后转入第二级叶轮入口，再依次逐级通过以后的叶轮和导轮，最后由排气口排出。

离心鼓风机的送气量大，但所产生的风压仍不太高，出口表压力一般不超过 294×10^3 Pa。由于在离心鼓风机中，气体的压缩比不高，所以不需要设置冷却装置，各级叶轮的直径

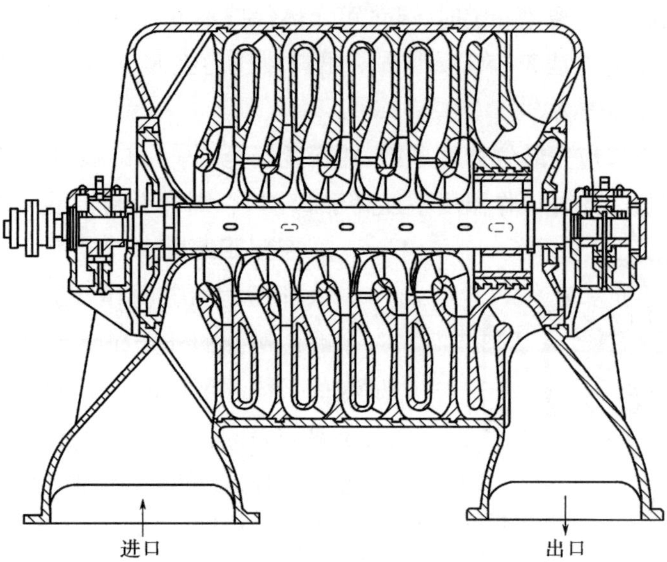

图 2-41 五级离心鼓风机示意图

也大致相等。

离心压缩机常称为透平压缩机，主要结构、工作原理都与离心鼓风机相似，只是离心压缩机的叶轮级数多，可在 10 级以上，转速也较高，故能产生更高的压力。由于气体的压缩比较高，体积变化较大，温度升高也较显著，因此，离心压缩机常分成几段，每段又包括若干级。叶轮直径和宽度都逐级缩小，段与段间设置中间冷却器，以免气体温度过高。

离心压缩机流量大，供气均匀，体积小，机体内易损部件少，可连续运转且安全可靠，维修方便，机体内无润滑油污染气体。所以，近年来除压力要求很高的场合外，离心压缩机的应用日趋广泛。

离心鼓风机与离心压缩机的规格、用途等详见有关机械产品目录。

2.3.2 旋转鼓风机与压缩机

旋转鼓风机、压缩机与旋转泵相似，机壳内有一个或两个旋转的转子，而没有活塞等活动装置。旋转式设备的特点是：构造简单、紧凑，体积小，排气连续而均匀，适用于所需压力不高而流量较大的情况。

1. 罗茨鼓风机

罗茨鼓风机的工作原理与齿轮泵相似。如图 2-42 所示，机壳内有两个特殊形状的转子，常为腰形或三星形，两转子之间、转子与机壳之间的缝隙很小，使转子能自由转动而无过多的泄漏。两转子的旋转方向相反，可使气体从机壳一侧吸入，从另一侧排出。如改变转子的旋转方向，则吸入口和排出口可互换。

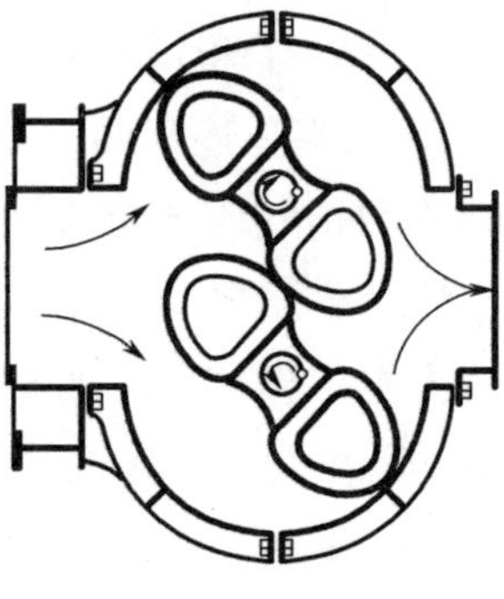

图 2-42 罗茨鼓风机

罗茨鼓风机的风量和转速成正比，而且几乎不受出口压力变化的影响。罗茨鼓风机转速一定时，风量可大体保持不变，故称之为定容式鼓风机。这一类型鼓风机的输气量范围是 2 ~ 500 m^3/min，出口表压力在 80 × 10^3 Pa 以内，但在表压力为 40 × 10^3 Pa 左右时效率较高。

罗茨鼓风机的出口应安装气体稳压罐，并配置安全阀。出口阀门不能完全关闭，一般采用回流支路调节流量。此外操作温度不能高于 85℃，否则会引起转子受热膨胀，发生碰撞。

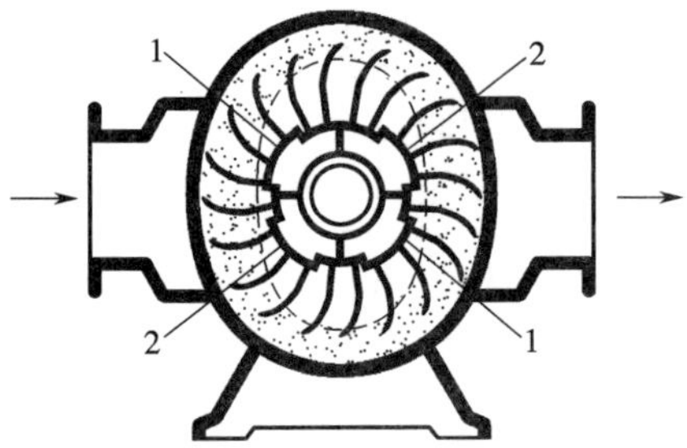

图 2-43 液环压缩机

1—吸入口 2—排出口

2. 液环压缩机

液环压缩机亦称纳氏泵。如图 2-43 所示，由一个略似椭圆的外壳和旋转叶轮所组成，壳中盛有适量的液体。当叶轮旋转时，叶片带动液体旋转，由于离心力的作用，液体被抛向壳体，形成一层椭圆形的液环，在椭圆形长轴两端形成两个月牙形空间。当叶轮旋转一周时，月牙形空间内的小室逐渐变大和变小各两次，因此气体从两个吸入口进入机内，从两个排出口排出。

液环压缩机中的液体将被压缩的气体与外壳隔开，气体仅与叶轮接触，因此输送腐蚀性的气体时，仅需叶轮材料抗腐蚀即可。壳内的液体应与所输送气体不起作用，例如压送氯气时，壳内可充以一定量的硫酸。

液环压缩机所产生的表压力可达 490 × 10^3 ~ 588 × 10^3 Pa，但在 147 × 10^3 ~ 177 × 10^3 Pa(表压)间效率最高。

2.3.3 往复压缩机

往复压缩机的构造、工作原理与往复泵相似。往复压缩机的主要部件有汽缸、活塞、吸气阀和排气阀，依靠活塞的往复运动而将气体吸入和压出。

图 2-44 所示为立式单动双缸压缩机。在机体内装有两个并联的汽缸 1，称为双缸，两个活塞 2 连于同一根曲轴 5 上。吸气阀 4 和排气阀 3 都在汽缸的上部。汽缸与活塞端面之间所组成的封闭容积是压缩机的工作容积。曲柄连杆机构推动活塞不断在汽缸中作往复运动，使汽缸通过吸气阀和排气阀的控制，循环地进行吸气—压缩—排气—膨胀过程，以达到提高气体压力的目的。汽缸壁上装有散热翅

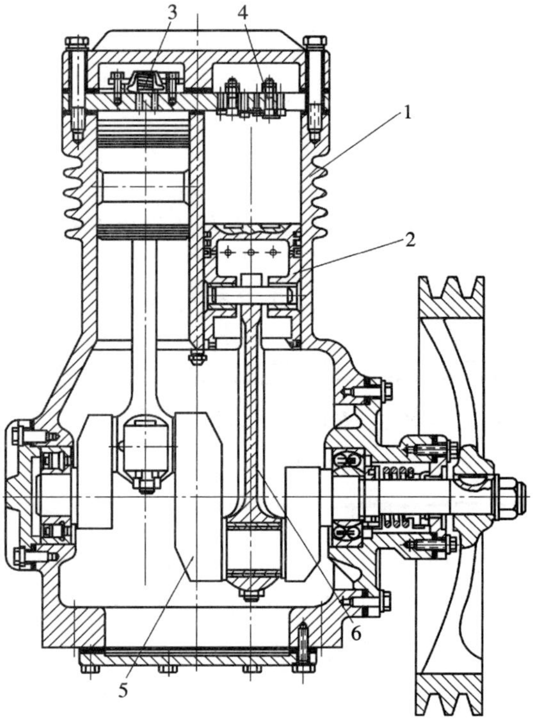

图 2-44 立式单动双缸压缩机

1—汽缸体 2—活塞 3—排气阀 4—吸气阀

5—曲轴 6—连杆

片以进行冷却。

往复压缩机的构造和工作原理虽与往复泵的相近,但因往复压缩机所处理的是可压缩的气体,在压缩后气体的压力增大,体积缩小,温度升高,因此往复压缩机的工作过程与往复泵有所不同,故其排气量、排气温度和轴功率等参数应运用热力学基础知识去解决。

1. 往复压缩机的工作过程

现以单动往复压缩机为例说明压缩机的工作过程。如图 2-45 所示,吸气阀 S 和排出阀 D 都装在活塞的一侧,设压缩机入口处气体的压力为 p_1,出口处为 p_2。为便于分析往复压缩机的工作过程,可作如下假设:①被压缩的气体为理想气体;②气体流经吸气阀及排气阀的流动阻力可忽略不计,所以在吸气过程中汽缸内气体的压力恒等于入口处的压力 p_1,在排气过程中汽缸内气体的压力恒等于出口处的压力 p_2;③压缩机无泄漏。

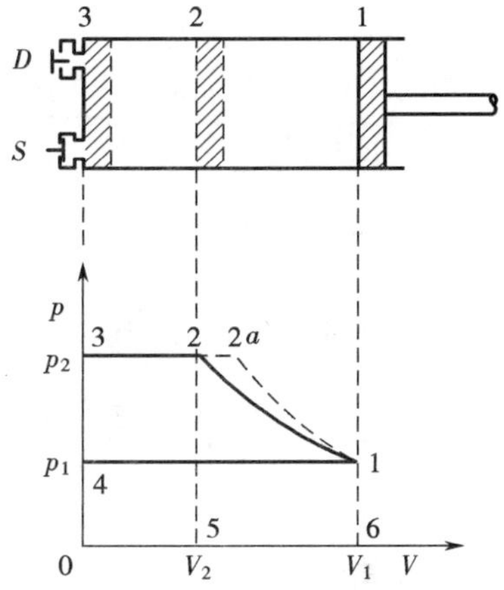

图 2-45 理想压缩的 p-V 图

1)理想压缩循环

设汽缸中的气体在排气终了被全部排净,即排气终了时活塞与汽缸端盖间没有空隙,或者说没有余隙。

如图 2-45 所示,当活塞位于汽缸的最右端时,缸内气体的压力为 p_1,体积为 V_1,其状态如 p-V 图上点 1 所示。

活塞开始向左运动时,由于吸气阀和排气阀都是关闭的,故气体的体积逐渐减小,压力逐渐上升,当活塞移动到截面 2 时,气体的体积压缩至 V_2,压力升至 p_2,其状态相当于 p-V 图上的点 2,该过程称为压缩过程。气体的状态变化以 p-V 图上的曲线 1-2 表示。

当气体的压力达到 p_2 时,排气阀被顶开,随着活塞继续向左移动,气体在压力 p_2 下排出,活塞移动到端面 3 时,气体全部被排净,该过程称为恒压下的排气过程。气体的状态沿 p-V图上的水平线 2-3 而变化,直至点 3 为止。

活塞从汽缸最左端截面 3 开始运动,因汽缸内无气体,故活塞稍向右移动,汽缸内的压力立刻下降到 p_1,气体状态达到 p-V 图上的点 4。此时,排气阀关闭,吸气阀被打开,随着活塞向右移动,气体被吸入,汽缸内压力维持为 p_1,直至活塞达到右端截面 1,即体积为 V_1 时为止,该过程称为恒压下的吸气过程,气体的状态沿 p-V 图上水平线 4-1 而变化,直至回复到点 1 为止。这样,活塞往复一次,压缩机便完成了一个工作循环,再次作往复运动时,又开始了另一循环。

综上所述,图 2-45 所示的往复压缩机的工作循环是由恒压下吸气过程、压缩过程、恒压下排气过程所组成,称为理想压缩循环,或称为理想工作循环。

理想压缩循环既然是由吸气、压缩、排气 3 个过程组成,则理想压缩循环功应是 3 个过程中活塞对气体做功的代数和。

在吸气过程中,压力为 p_1 的气体对活塞所做的功是流动功,应为负值,即

$$W_1 = -p_1 V_1$$

W_1 值相当于图 2-45 上 4-1-6-0-4 包围的面积。

在压缩过程中，活塞对气体所做的功，按热力学的规定应取为负值，即

$$W_2 = -\int_{V_1}^{V_2} p\mathrm{d}V$$

W_2 值相当于图 2-45 上 1-2-5-6-1 包围的面积。

在排气过程中，活塞对压力为 p_2 的气体所做的功，应为正值，即

$$W_3 = p_2 V_2$$

W_3 值相当于图 2-45 上 2-3-0-5-2 包围的面积。

于是理想压缩循环功为

$$W = W_1 + W_2 + W_3 = -p_1 V_1 - \int_{V_1}^{V_2} p\mathrm{d}V + p_2 V_2 \tag{2-40}$$

由于 $p_2V_2 - p_1V_1 = \int_1^2 \mathrm{d}(pV) = \int_{p_1}^{p_2} V\mathrm{d}p + \int_{V_1}^{V_2} p\mathrm{d}V$，将上式代入式(2-40)，得

$$W = \int_{p_1}^{p_2} V\mathrm{d}p \tag{2-41}$$

W 值相当于图 2-45 上的 1-2-3-4-1 包围的面积，即为压缩机理想压缩循环所消耗的理论功。

从式(2-41)可看出，在一定的吸入和排出压力下，理想压缩循环功仅与气体的压缩过程有关。根据理想气体的不同压缩过程的 p-V 变化关系，结合式(2-41)进行积分，就能求得相应的理想压缩循环功。

(1)等温压缩过程　等温压缩过程即气体被压缩时温度始终保持恒定。要实现这种过程，必须使汽缸壁具有完全理想的导热性能，可将因压缩而产生的热量及活塞与缸壁摩擦产生的热量全部移出，这显然是不可能的，但常用来衡量压缩机实际工作过程的经济性。

等温压缩循环功为

$$W = p_1 V_1 \ln \frac{p_2}{p_1} \tag{2-42}$$

式中　W——等温压缩循环功，J；

p_1、p_2——分别为吸入、排出气体的压力，Pa；

V_1——吸入气体的体积，m^3。

(2)绝热压缩过程　绝热压缩过程即气体在被压缩时与周围环境间没有任何热交换作用。既然不取出热，气体从 p_1 压缩到 p_2 的过程中，温度一定不断升高，压缩到 p_2 后的体积也就要比等温压缩时大。若等温压缩时气体状态按图 2-45 中曲线 1-2 而变，则绝热压缩时便按图中虚线 1-2a 而变。实际上，绝热压缩也是难以实现的，不过它较为接近压缩机的实际工作情况，所以常常以此作为近似计算的依据。

绝热压缩循环功为

$$W = p_1 V_1 \frac{\kappa}{\kappa - 1}\left[\left(\frac{p_2}{p_1}\right)^{\frac{\kappa-1}{\kappa}} - 1\right] \tag{2-43}$$

其中　κ——绝热压缩指数。

绝热压缩时，排出气体的温度为

$$T_2 = T_1\left(\frac{p_2}{p_1}\right)^{\frac{\kappa-1}{\kappa}} \tag{2-44}$$

式中 T_1、T_2——分别为吸入、排出气体的温度，K。

(3)多变压缩过程　压缩机实际工作过程介于上述两种极端情况之间，即实际压缩时气体温度有变化，且与外界有热交换发生，称为多变过程。

多变压缩循环功与排出气体的温度仍可分别按式(2-43)和式(2-44)计算，只是式中的绝热指数 κ 应以多变指数 m 代替。

由图 2-45 可见，等温压缩过程消耗的功最少。

2)实际压缩循环

上述过程之所以称为理想压缩循环，是因为假定在排气过程之末能把汽缸内的气体完全排出，即要求活塞移动到气缸的端盖上并与阀门密切接触，显然这样的设计是不适宜的。实际上排气终了时，活塞与汽缸盖之间必须留出很小的空隙，称为余隙。有余隙存在的理想气体的压缩循环称为实际压缩循环。

由于汽缸内有余隙存在，使往复压缩机的实际压缩循环与理想压缩循环不同，可用图2-46来说明。活塞位于最右端即吸入了压力为 p_1、体积为 V_1 的气体后，就从 p-V 图上的状态点 1 开始进行压缩过程，气体压力达到 p_2 后排气阀被顶开，在恒定压力下进行排气过程，如 p-V 图上的水平线 2-3 所示。因有余隙存在，排气过程终了时，活塞与汽缸端盖之间仍残存有压力为 p_2、体积为 V_3 的气体。当活塞向右移动时，汽缸内体积逐渐扩大，残留的高压气体不断膨胀，直至压力降至与吸入压力 p_1 相等为止，此过程为余隙气体的膨胀过程，如 p-V 图中的曲线 3-4 所示。活塞继续向右移动，吸气阀被打开，在恒定压力 p_1 下进行吸气过程，直至活塞回复到汽缸的最右端截面为止，如 p-V 图中的水平线 4-1 所示。活塞往复一次，完成一个压缩循环。所以实际压缩循环是由吸气、压缩、排气和膨胀 4 个过程组成。

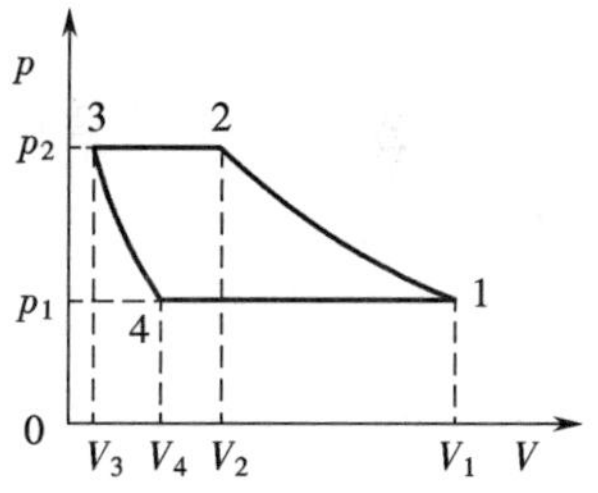

图 2-46　实际压缩循环的 p-V 图

由图可见，在每一个工作循环中，尽管活塞在汽缸内扫过的体积为 $V_1 - V_3$，但吸入气体的体积只是 $V_1 - V_4$。余隙的存在，明显减少了每一压缩循环的吸气量。

在实际压缩循环中，若按绝热压缩过程考虑，实际压缩循环功应为

$$W = p_1(V_1 - V_4)\frac{\kappa}{\kappa-1}\left[\left(\frac{p_2}{p_1}\right)^{\frac{\kappa-1}{\kappa}} - 1\right] \tag{2-45}$$

3)余隙系数和容积系数

(1)余隙系数　余隙体积占活塞推进一次所扫过体积的百分率，称为余隙系数，以 ε 表示，其表达式为

$$\varepsilon = \frac{V_3}{V_1 - V_3} \times 100\% \tag{2-46}$$

一般大、中型压缩机的低压汽缸的 ε 值约在 8% 以下，高压汽缸的 ε 值可达 12% 左右。

(2)容积系数　压缩机一次循环吸入气体的体积 $V_1 - V_4$ 和活塞一次扫过体积 $V_1 - V_3$ 之比,称为容积系数 λ_0,即

$$\lambda_0 = \frac{V_1 - V_4}{V_1 - V_3} \tag{2-47}$$

若上式中的 V_4 用比较固定的 V_3 来表示,如对绝热膨胀,则可导出

$$\lambda_0 = \frac{V_1}{V_1 - V_3} - \frac{V_3 (p_2/p_1)^{1/\kappa}}{V_1 - V_3}$$

整理上式即可得到容积系数和余隙系数的关系,即

$$\lambda_0 = 1 - \varepsilon\left[\left(\frac{p_2}{p_1}\right)^{1/\kappa} - 1\right] \tag{2-48}$$

式(2-48)表明,当气体的压缩比一定时,余隙系数加大,容积系数就变小,压缩机的吸气量也就减少。对于一定的余隙系数,气体的压缩比愈高,余隙气体膨胀后所占汽缸的体积也就愈大,使每一循环吸气量下降得更多。当压缩比高到某一程度时,容积系数可能变为零,即当活塞向右运动时,残留在余隙中的高压气体膨胀后完全充满汽缸,以致不能再吸入新的气体。

2. 往复压缩机的主要性能参数

1)排气量

往复压缩机的排气量又称为压缩机的生产能力,通常将压缩机在单位时间内排出的气体体积换算成吸入状态下的数值,所以又称为压缩机的输气量。气体只有被吸进汽缸后方能排出,故排气量的计算应从吸气量出发。

若没有余隙,往复压缩机的理论吸气量与往复泵的类似,即

单动往复压缩机　$V_{min}' = ASn_r$ (2-49)

双动往复压缩机　$V_{min}' = (2A - a)Sn_r$ (2-49a)

式中　V_{min}'——理论吸气量,m^3/min;

A——活塞的截面积,m^2;

a——活塞杆的截面积,m^2;

S——活塞冲程,m;

n_r——活塞每分钟往复次数,1/min。

由于汽缸里有余隙,余隙气体膨胀后占据了部分汽缸容积;且气体通过吸气阀时存在流动阻力,使汽缸里的压力比吸入气体的压力稍微低一些,汽缸内的温度又比吸入气体的温度高,吸入汽缸的气体也要膨胀而占去一部分有效体积。所以实际吸气量要比理论吸气量少。由于压缩机的各种泄漏,实际排气量又比实际吸气量要低。

综合上述原因,实际排气量应为

$$V_{min} = \lambda_d V_{min}' \tag{2-50}$$

式中　V_{min}——实际排气量,m^3/min;

λ_d——排气系数,其值为$(0.8 \sim 0.95)\lambda_0$。

2）轴功率与效率

以绝热过程为例，压缩机的理论功率为

$$N_a = p_1 V_{min} \frac{\kappa}{\kappa-1}\left[\left(\frac{p_2}{p_1}\right)^{\frac{\kappa-1}{\kappa}} - 1\right] \times \frac{1}{60 \times 1\ 000} \tag{2-51}$$

式中　N_a——按绝热压缩考虑的压缩机的理论功率，kW；

V_{min}——压缩机的排气量，m^3/min。

实际所需的轴功率比理论功率大，其原因是：①实际吸气量比实际排气量大，凡吸入的气体都要经历压缩过程，多消耗了能量；②气体在汽缸内湍动及通过阀门等的流动阻力要消耗能量；③压缩机运动部件的摩擦也要消耗能量。

所以压缩机的轴功率为

$$N = \frac{N_a}{\eta_a} \tag{2-52}$$

式中　N——轴功率，kW；

η_a——绝热总效率，一般 $\eta_a = 0.7 \sim 0.9$，设计完善的压缩机 $\eta_a \geqslant 0.8$。

【例 2-15】　某单级、单动往复压缩机，活塞直径为 200 mm，每分钟往复 300 次，压缩机进口的气体温度为 10℃、压力为 100 kPa，排气压力为 505 kPa，排气量为 0.6 m^3/min（按排气状态计）。设汽缸的余隙系数为 5%，绝热总效率为 70%，气体绝热指数为 1.4，试计算活塞的冲程和轴功率。

解：(1) 活塞的冲程

气体经绝热压缩后出口温度为

$$T_2 = T_1(p_2/p_1)^{\kappa-1/\kappa} = 283(505/100)^{(1.4-1)/1.4} \approx 450\ \text{K}$$

输气量（换算为进口气体状况）为

$$V_{min} = 0.6\left(\frac{283}{450}\right)\left(\frac{505}{100}\right) = 1.91\ m^3/min$$

每一冲程实际吸入气体体积为

$$V_1 - V_4 = V_{min}/n_r = 1.91/300 = 0.006\ 37\ m^3$$

压缩机的容积系数为

$$\lambda_0 = 1 - \varepsilon\left[\left(\frac{p_2}{p_1}\right)^{1/\kappa} - 1\right] = 1 - 0.05\left[\left(\frac{505}{100}\right)^{\frac{1}{1.4}} - 1\right] = 0.89$$

压缩机中活塞扫过体积 $V_1 - V_3$ 可由式（2-47）求得，即

$$V_1 - V_3 = \frac{V_1 - V_4}{\lambda_0} = \frac{0.006\ 37}{0.89} = 0.007\ 2\ m^3$$

所以，活塞的冲程由下式计算，$V_1 - V_3 = \frac{\pi}{4}D^2 S$，即

$$S = \frac{0.007\ 2}{\frac{\pi}{4} \times 0.2^2} \approx 0.23\ \text{m}$$

(2)轴功率

应用式(2-51)计算压缩机的理论功率,即

$$N_a = p_1 V_{min} \frac{\kappa}{\kappa - 1}\left[\left(\frac{p_2}{p_1}\right)^{\frac{\kappa-1}{\kappa}} - 1\right] \times \frac{1}{60 \times 1\ 000}$$

$$= 100 \times 10^3 \times 1.91 \times \frac{1.4}{1.4 - 1}\left[\left(\frac{505}{100}\right)^{\frac{1.4-1}{1.4}} - 1\right] \times \frac{1}{60 \times 1\ 000}$$

$$= 6.55\text{kW}$$

故压缩机轴功率为

$$N = \frac{N_a}{\eta} = 6.55/0.7 = 9.36\ \text{kW}$$

讨论:注意汽缸的余隙系数和容积系数的意义及应用。

3. 多级压缩

前面讨论了气体在一个汽缸内工作的过程,即单级压缩过程。图 2-47 所示为多级压缩过程,即将压缩机内的两个或更多个汽缸串联起来。气体在第一个汽缸 1 内被压缩后,经中间冷却器 2、油水分离器 3 送入第二个汽缸进行压缩,连续地依次经过若干汽缸的压缩,即达到所要求的最终压力。每经过一次压缩称为一级,每一级的压缩比只占总压缩比的一个分数。

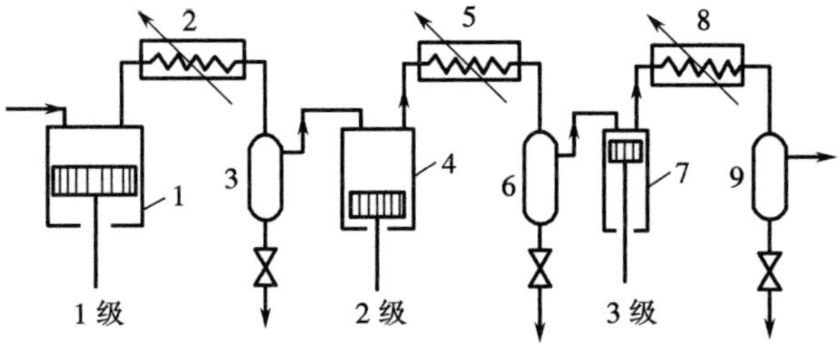

图 2-47 三级压缩示意图

1、4、7—汽缸 2、5—中间冷却器 8—气体出口冷却器 3、6、9—油水分离器

采用多级压缩具有以下优点。

(1)避免排出气体温度过高 化工生产中常遇到将某些气体的压力从常压提高到数千甚至数万 kPa 以上的情况,这时压缩比就很高。从式(2-44)中可知,排出气体的温度随压缩比增加而增高。过高的终温导致润滑油黏度降低,失去润滑性能,使运动部件间摩擦加剧,磨损零件,增加功耗。此外,温度过高,润滑油分解,油中低沸点组分挥发与空气混合,使油燃烧,严重时还会造成爆炸事故。因此在实际运转中,过高的油温是不允许的。

(2)减少功耗,提高压缩机的经济性 在同样的总压缩比下,多级压缩采用了中间冷却器,消耗的总功比单级压缩时少。

如图 2-48 所示,若 p_1、V_1 状态的气体要求压缩到压力为 p_2 时,如果采用单级绝热压缩,则压缩过程终态为 p_2、V_2 时消耗的压缩循环理论功相当于图上 1-2-3-4-1 所围成的面积。若改为两级压缩,中间压力为 p_2',尽管每一级也进行绝热压缩,但因级间在恒定压力 p_2' 下使

气体冷却，其体积将由 V_2'降为 V_2''，两级压缩所消耗的总理论功相当于图上 1-2′-2″-3′-3-4-1 所围成的面积。压缩体积为 V_1 的气体少消耗的功相当于 2′-2″-3′-2-2′所围成的面积。所用的级数愈多，则消耗的功愈少，也愈接近等温压缩过程。

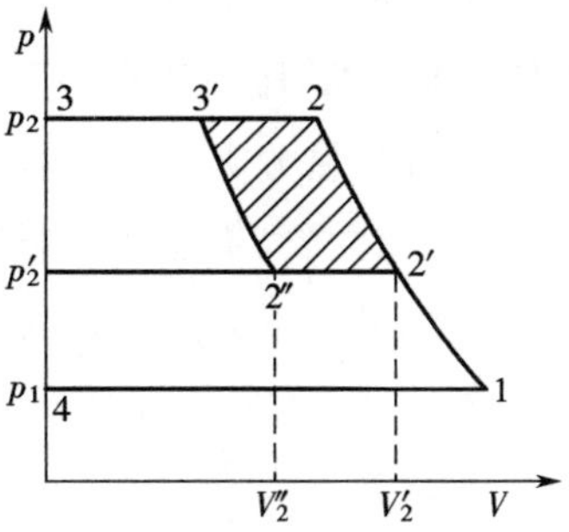

图 2-48 多级压缩的理论功

(3)提高汽缸容积利用率 汽缸内总是不可避免地会有余隙空间存在，当余隙系数一定时，由式(2-48)可知，压缩比愈高，容积系数愈小，汽缸容积利用率愈低。如为多级压缩，每级压缩比较小，相应各级容积系数增大，从而可提高汽缸容积利用率。

(4)压缩机结构更为合理 若采用单级压缩，为了承受很高终压的气体，汽缸要做得很厚，又因要吸入初压很低、体积很大的气体，汽缸又要做得很大。若采用多级压缩，气体经每级压缩后，压力逐级增大，体积逐级减小，因此汽缸的直径可逐级减小，缸壁也可逐级增厚。

从以上分析可知，当压缩比大于 8 时，一般采用多级压缩。但压缩机的级数愈多，整个压缩系统结构愈复杂，冷却器、油水分离器等辅助设备的数量也随级数成比例地增加，且为克服阀门、管路系统和设备的流动阻力而消耗的能量也增加，因此过多的级数也是不合理的，必须根据具体情况，恰当地确定级数。表 2-3 列出工业上级数与终压间的经验关系，以供确定压缩所需级数时参考。

表 2-3 级数与终压间关系

终压/kPa	<500	500 ~ 1 000	1 000 ~ 3 000	3 000 ~ 10 000	10 000 ~ 30 000	30 000 ~ 65 000
级数	1	1 ~ 2	2 ~ 3	3 ~ 4	4 ~ 6	5 ~ 7

根据理论计算可知，当每级的压缩比相等时，多级压缩所消耗的总理论功最小，即

$$W = p_1 V_1 \frac{i\kappa}{\kappa - 1}\left[\left(\frac{p_2}{p_1}\right)^{\frac{\kappa-1}{i\kappa}} - 1\right] \tag{2-53}$$

式中 i——压缩机的级数。

对于 i 级压缩，总压缩比为 p_2/p_1 时，则每一级的压缩比为

$$x = \sqrt[i]{p_2/p_1} \tag{2-54}$$

式中 x——每级的压缩比。

4. 往复压缩机的类型与选择

1)往复压缩机的类型

往复压缩机有多种分类方法，工业上常用的分类方法如下。

①按所压缩气体种类分类，可分为空气压缩机、氨气压缩机、氢气压缩机、石油气压缩机和氧气压缩机等。

②按吸气和排气方式分类，可分为单动式压缩机与多动式压缩机。

③按压缩机产生的终压分类,可分为低压(9.81×10^5 Pa以下)压缩机、中压(9.81×10^5~9.81×10^6 Pa)压缩机和高压(9.81×10^6 Pa以上)压缩机。

④按排气量分类,可分为小型(10 m^3/min以下)压缩机、中型(10~30 m^3/min)压缩机和大型(30 m^3/min以上)压缩机。

⑤按汽缸放置方式或结构形式分类,可分为立式(垂直放置)压缩机、卧式(水平放置)压缩机和角式(几个汽缸互相配置成L形、V形和W形)压缩机。

2)压缩机的选择

选用压缩机时,首先应根据所输送气体的性质,确定压缩机的种类;然后,根据生产任务及场地条件,选择压缩机的结构形式;最后,根据排气量和排气压力(或压缩比),从压缩机样本或产品目录中选择适宜的型号。

2.3.4 真空泵

从设备或系统中抽出气体,使其中的绝对压力低于大气压,此时所用的抽气机械称为真空泵。可见,真空泵就是在负压下吸气、一般在大气压下排气的输送机械。

真空泵的主要特性有:①极限真空(剩余压力),它是真空泵所能达到的最低压力,习惯上以绝对压力表示,单位为Pa;②抽气速率,它是指单位时间内由真空泵吸入口吸进的气体体积,常以m^3/h表示,应注意,它是在吸入口的温度和剩余压力条件下的体积流量。以上两个特性是选择真空泵的依据。

为了产生和维持不同真空强度的需要,真空泵的类型很多,下面介绍工业上常用的产生中、低真空的真空泵。

1.往复真空泵

往复真空泵的构造及原理与往复压缩机的基本相同。但是,真空泵在低压下操作,汽缸内、外压差很小,因此吸入和排出阀门必须更加轻巧灵活。又因真空泵的压缩比一般很高,余隙中残留气体的影响很大,故真空泵的余隙容积必须更小。通常,真空泵设有连通活塞左右两端的气道。这样在排出行程终了时,让平衡气道连通很短的时间,使余隙中的残余气体从活塞一侧流至另一侧,从而提高容隙系数,减小余隙的影响。

往复真空泵所排出的气体应不含有液体,如气体中含有大量可凝性气体,则必须设法(一般采用冷凝法)将可凝性气体除去后再进入泵内。往复真空泵属于干式真空泵。

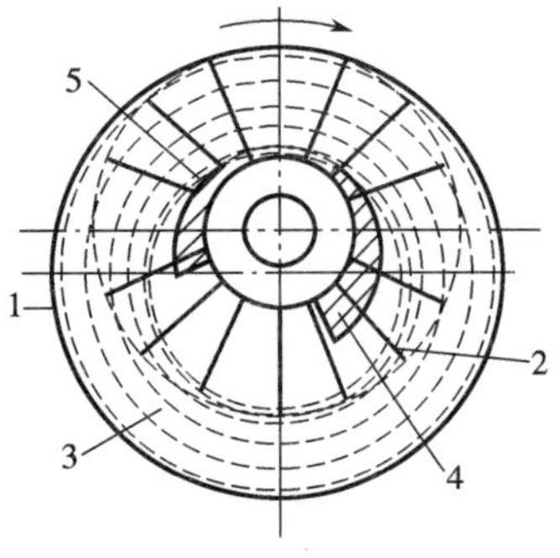

图2-49 水环真空泵简图
1—外壳 2—叶片 3—水环
4—吸入口 5—排出口

2.水环真空泵

水环真空泵如图2-49所示。外壳1内装有偏心叶轮,其上有辐射状的叶片2。泵壳内约充有一半容积的水,当旋转时形成水环3。水环具有液封的作用,与叶片之间形成许多大小不同的密封小室,当小室空间渐增时,气体从吸入口4吸入,当小室空间渐减时,气体由出口5排出。

水环真空泵可以形成的最高真空度为83.4×10^3 Pa左

右,它也可作鼓风机用,但所产生的表压力不超过 98.07×10^3 Pa。当被抽吸的气体不宜与水接触时,泵内可充以其他液体,所以这种泵又称为液环真空泵。

此类泵结构简单、紧凑,易于制造和维修。由于旋转部分没有机械摩擦,使用寿命长,操作可靠,适用于抽吸含有液体的气体,尤其在抽吸有腐蚀性或爆炸性气体时更为适宜。但其效率较低,为 30% ~50% 。另外该泵所能造成的真空度受泵体中水的温度所限制。

3. 喷射泵

喷射泵是利用流体流动时的静压能与动能相互转换的原理来吸、送流体的,它既可用于吸送气体,也可用于吸送液体。在工业中,喷射泵常用于抽真空,故又称为喷射式真空泵。

喷射泵的工作流体可以是蒸汽,也可以是液体。图 2-50 所示的为蒸汽喷射泵。工作蒸汽在高压下以很高的速度从喷嘴 3 喷出,在喷射过程中,蒸汽的静压能转变为动能,产生低压,从吸入口 4 将气体吸入。吸入的气体与蒸汽混合后进入扩散管 5,速度逐渐降低,压力随之升高,而后从压出口 6 排出。

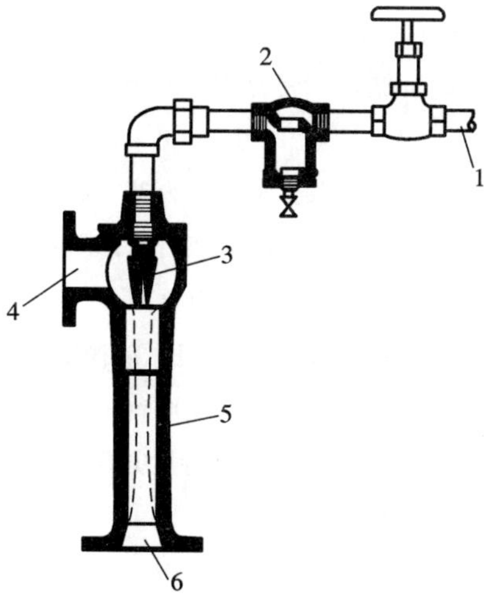

图 2-50　蒸汽喷射泵

1—工作蒸汽入口　2—过滤器

3—喷嘴　4—吸入口　5—扩散管

6—压出口

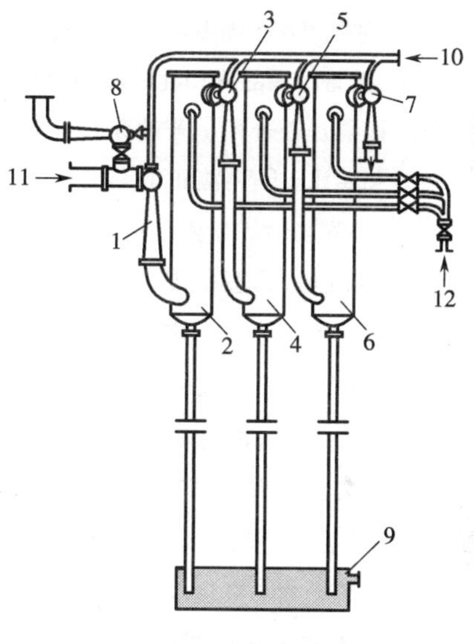

图 2-51　三级蒸汽喷射泵

1、3、5—第一、二、三级喷射泵　2、4、6—冷凝器

7—排出喷射泵　8—辅助喷射泵　9—槽

10—工作蒸汽入口　11—气体入口　12—水进口

喷射泵构造简单、紧凑,没有活动部件。但是其效率很低,蒸汽消耗量大,故一般多作真空泵使用,而不作为输送设备用。由于所输送的流体与工作流体混合,因而使其应用范围受到一定限制。

若将几个喷射泵串联起来使用,便可得到更高的真空度。图 2-51 所示的为三级蒸汽喷射泵。工作蒸汽经蒸汽吸入口 10 与由气体吸入口 11 吸入的气体先进入第一级喷射泵 1,混合气经冷凝器 2 使蒸汽冷凝,气体则进入第二级喷射泵 3,而后,顺序地通过冷凝器 4、第三级喷射泵 5 及冷凝器 6,最后由排出喷射泵 7 排出。辅助喷射泵 8 与主要喷射泵并联,用以增加启动速度。当系统达到指定的真空度时,辅助喷射泵即可自线路中切断。各冷凝器中的冷凝液和冷却水均流入槽9中。

习 题

综合性练习题解析

1. 在用水测定离心泵性能的实验中，当流量为26 m^3/h时，泵出口处压力表和入口处真空表的读数分别为152 kPa和24.7 kPa，轴功率为2.45 kW，转速为2 900 r/min。若真空表和压力表两测压口间的垂直距离为0.4 m，泵的进、出口管径相同，两测压口间管路流动阻力可忽略不计。试计算该泵的效率，并列出该效率下泵的性能。〔答:泵的效率为53.1%，其他性能略〕

2. 用某离心泵以40 m^3/h的流量将贮水池中65℃的热水输送到凉水塔顶，并经喷头喷出而落入凉水池中，以达到冷却的目的。已知水在进入喷头之前需要维持49 kPa的表压力，喷头入口较贮水池水面高8 m。吸入管路和排出管路中压头损失分别为1 m和5 m，管路中的动压头可以忽略不计。试选用合适的离心泵，并确定泵的安装高度。当地大气压按101.33 kPa计。〔答:泵的型号为IS80-65-125，安装高度低于3.9 m〕

3. 常压贮槽内盛有石油产品，其密度为760 kg/m^3，黏度小于20cSt，在贮存条件下饱和蒸气压为80 kPa，现拟用65Y-60B型油泵将此油品以15 m^3/h的流量送往表压力为177 kPa的设备内。贮槽液面恒定，设备的油品入口比贮槽液面高5 m，吸入管路和排出管路的全部压头损失分别为1 m和4 m。试核算该泵是否合用。若油泵位于贮槽液面以下1.2 m处，问此泵能否正常操作？当地大气压按101.33 kPa计。〔答:能正常操作〕

4. 用IS80-65-125型离心泵从敞口水槽中将70℃清水输送到它处，槽内液面恒定。输水量为35～45 m^3/h，在最大流量下吸入管路的压头损失为1 m，液体在吸入管路的动压头可忽略。试求离心泵的允许安装高度。当地大气压为98.1 kPa。在输水量范围下泵的允许吸上真空度为6.4 m和5.0 m。〔答:$H_g \approx 1.0$ m〕

5. 用离心泵从敞口贮槽向密闭高位槽输送清水，两槽液面恒定。输水量为40 m^3/h。两槽液面间垂直距离为12 m，管径为ϕ102 mm×4 mm，管长(包括所有局部阻力的当量长度)为100 m，密闭高位槽内表压力为9.81×10^4 Pa，流动在阻力平方区，摩擦系数为0.015，试求：(1)管路特性方程；(2)泵的压头。〔答:(1)$H_e=22+1.689\times10^4 Q_e^2$($Q_e$单位为$m^3/s$)；(2)$H=24.1$ m〕

6. 用两台离心泵从水池向高位槽送水，单台泵的特性曲线方程为

$$H=25-1\times10^6 Q^2$$

管路特性曲线方程可近似表示为

$$H_e=10+1\times10^5 Q_e^2$$

两式中Q的单位为m^3/s，H的单位为m。试问两泵如何组合才能获得较大的输液量？(输水过程为定态流动)〔答:并联组合输液量大〕

7. 现采用一台三效单动往复泵，将敞口贮罐中密度为1 250 kg/m^3的液体输送到表压力为1.28×10^6 Pa的塔内，贮罐液面比塔入口低10 m，管路系统的总压头损失为2 m。已知泵的活塞直径为70 mm，冲程为225 mm，往复频率为200 min^{-1}，泵的总效率和容积效率分别为0.9和0.95。试求泵的实际流量、压头和轴功率。〔答:$Q=0.494$ m^3/min，$H=116.4$ m，$N=13.05$ kW〕

8. 已知空气的最大输送量为14 500 kg/h，在最大风量下输送系统所需的风压为1 600 Pa(以风机进口状态计)。由于工艺条件的要求，风机进口与温度为40℃、真空度为196 Pa的设备连接。试选择合适的离心通风机。当地大气压力为93.3 kPa。〔答:通风机型号为4-72-11No.6C〕

9. 15 ℃的空气直接由大气进入风机，再通过内径为 800 mm 的水平管道送到炉底，炉底的表压为 10. 8 kPa。空气输送量为 20 000 m^3/h(进口状态计)，管长为 100 m(包括局部阻力的当量长度)，管壁绝对粗糙度可取为 0. 3 mm。现库存一台离心通风机，其性能如下表所示。核算此风机是否合用？当地大气压为 101. 33 kPa。〔答:合用〕

转速/(r/min)	风压/Pa	风量/(m^3/h)
1 450	12 650	21 800

10. 某单级双缸双动空气压缩机，活塞直径为 300mm，冲程为 200mm，每分钟往复 480 次。压缩机的吸气压力为 9.807×10^4Pa，排气压力为 34.32×10^4Pa。试计算该压缩机的排气量和轴功率。假设汽缸的余隙系数为 8%，排气系数为容积系数的 85%，绝热总效率为 0. 7。空气的绝热指数为 1. 4。〔答:$V_{min}=20.39m^3/min$，$N=71.7kW$〕

11*. 如本题附图所示，用离心泵将水池中的清水输送至某带压高位容器，在操作范围内离心泵的特性方程可表示为 $H=20-2.0\times10^5Q^2$(式中 H 的单位为 m，Q 的单位为 m^3/s)。吸入管路和排出管路的直径均为 $\phi56$ mm ×3 mm，吸入管路的总长度为 5 m(包括所有局部阻力的当量长度)。当高位容器压力表 A 的读数为 97. 20 kPa 时，将阀门 C 开至某一开度，使清水在管路系统中的流动进入阻力平方区，此时管路流动摩擦系数为 0. 03，离心泵入口处真空表 B 的读数为 28. 0 kPa。若保持阀门 C 的开度及其他管路情况不变，当压力表 A 读数降至 43. 61 kPa 时，试求：(1)管路的特性方程；(2)真空表 B 的读数(kPa)；(3)离心泵的有效功率(kW)；(4)试根据离心泵工作点的概念，图示定性分析当压力表 A 的读数降低时离心泵的轴功率 N 将如何变化。(清水密度近似取为 1 000 kg/m^3；重力加速度近似取为 10 m/s^2；忽略真空表导管的高度。)〔答:(1)$H_e=10.361+7.781\times10^4Q_e^2$；(2)38 kPa；(3)0. 769 kW；(4)增大〕

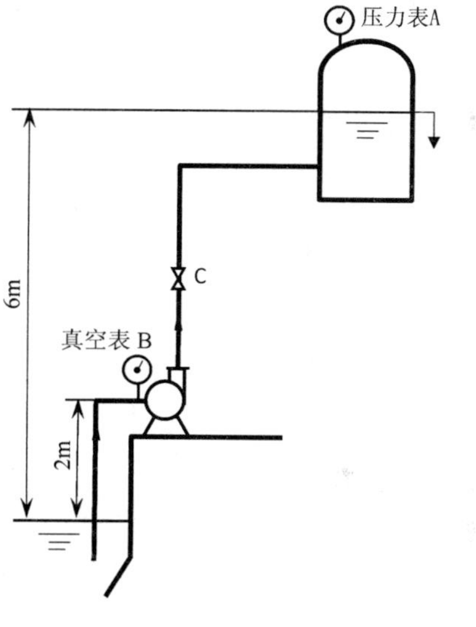

习题 11 附图

12*. 如本题附图所示，用离心泵将卤水输送至蒸发器进行连续蒸发制盐，输卤管径为 $\phi159$ mm ×4. 5 mm，管路总长度为 236 m(包括管路系统除出口阀之外的所有局部阻力的当量长度)，卤水的密度为 1 200 kg/m^3，离心泵的特性方程为 $H=62.5-3.125\times10^{-4}Q^2$(式中 H 的单位为 m，Q 的单位为 m^3/h)。开车操作时，蒸发器为常压，离心泵出口阀全开(此时该阀门的当量长度很短，可忽略)，输卤流量为 250 m^3/h，待蒸发器卤水至一定液位后，开始通蒸汽加热，启动蒸发器转入生产操作。生产操作稳定后，蒸发器的操作压力为 1. 5 atm(表压)，所需卤水流量为 200 m^3/h 左右。假设在生产操作流量下，卤水在管内的流动已进入完全湍流区。试求：(1)开车操作时管路的特性方程；(2)生产操作时，输卤流量 Q 与阀门开度(以当量长度 L_e 表示)的关系方程；(3)开车操作时，有人建议将输卤备用泵同时启动,以增加输卤流量,缩短开车时间,试求启动备用泵后输卤流量增加的百分数。(提示:在工业生产中,备用泵采用并联安装。)〔答:(1)$H_e = 12 + 4.955 \times 10^{-4} Q_e^2$;(2)$Q = 4\ 231/\sqrt{384.8 + L_e}$;(3)18.68%〕

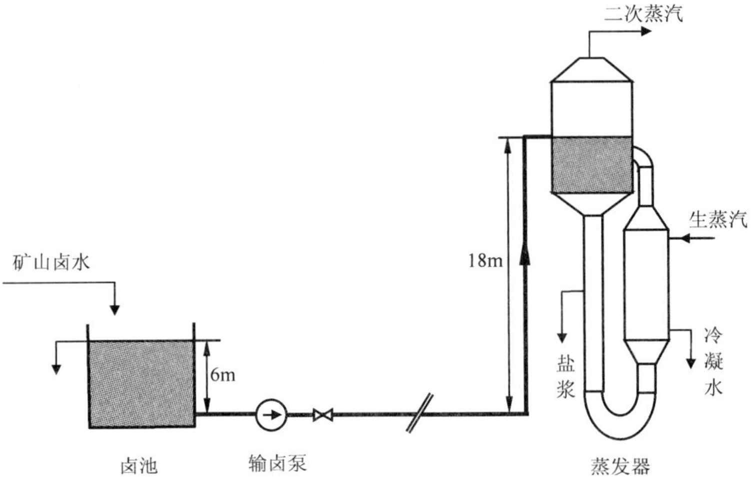

习题12附图

13*.如本题附图所示,用离心泵将敞口容器中的清水输送至某高位密闭容器,已知离心泵的特性方程为 $H = 42.0 - 5.248 \times 10^4 Q^2$(式中 H 的单位为m,Q 的单位为 m^3/s)。保持离心泵出口阀开度一定,当输送至某一时刻时,两容器液面落差为20 m,此时管路系统的特性方程为 $H_e = 30.0 + 2.432 \times 10^4 Q_e^2$(式中 H_e 的单位为m,Q_e 的单位为 m^3/s)。假设此时清水在完全湍流区流动。试求:(1)此时清水的输送流量(m^3/h);(2)此时密闭容器压力表A的读数(kPa);(3)若将清水换成密度为1 260 kg/m^3 的某种液体,试求输送至此时离心泵的有效功率(kW);(假设该液体的其他物性参数与清水相同)(4)此时若将出口阀开至全开,试计算说明此时清水输送流量不可能超过多少(m^3/h)。(清水密度近似取为1 000 kg/m^3)〔答:(1)45 m^3/h;(2)98.1 kPa;(3)5.417 kW;(4)54.4 m^3/h〕

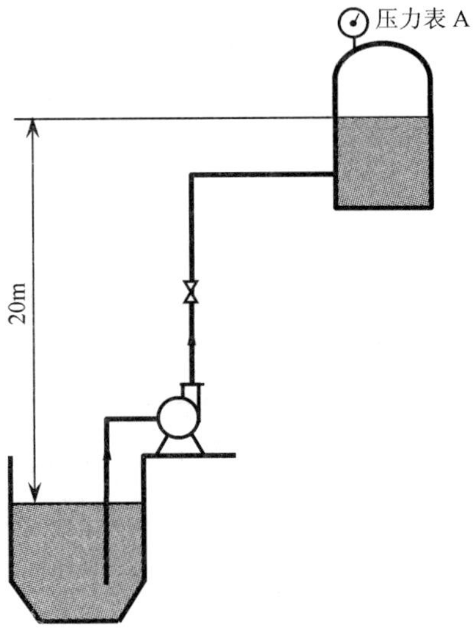

习题13附图

14*.用三级压缩把20 ℃的空气从 98.07×10^3 Pa 压缩到 62.8×10^5 Pa,设中间冷却器能把送到后一级的空气冷却到20 ℃,各级压缩比相等。试求:(1)在各级的活塞冲程及往复次数相同情况下,各级汽缸直径的比;(2)三级压缩所消耗的理论功(按绝热过程考虑,空气绝热指数为1.4,并以1kg计)。〔答:(1)各级汽缸直径比为4∶2∶1,(2)$W = 428.8$ kJ〕

思考题

1. 离心泵为何采用后弯叶片？

2. 影响离心泵性能的因素有哪些？

3. 比较以下术语的区别和联系：(1)压头和升扬高度；(2)气缚与气蚀；(3)吸上真空度和气蚀余量；(4)吸上真空度和吸上高度。

4. 何谓离心泵的气蚀？为避免气蚀可采取什么措施？

5. 如何表达管路特性？离心泵的流量调节方法有哪些？

6. 如何选择泵的类型和型号？

7. 什么是泵的正位移特性？

8. 离心泵的压头 H 与离心通风机的全风压 H_T 有何异同？它们与流体的密度有关吗？

9. 原用以输送水的离心泵，现改用输送密度为水 1.2 倍的水溶液，水溶液其他性质可视为与水的相同。若管路布局等都不改变，试说明以下几个参数有无变化：(1)流量；(2)压头；(3)泵出口处压力表的读数；(4)泵的轴功率。

10. 用 IS65-50-160 型离心泵输送 60 ℃的水，已知泵的压头可满足要求。现分别提出了本题附图所示的 3 种安装方式（包括管件、阀门当量长度的管路总长可视为相同），试讨论：(1)三种安装方法是否都能将水送到高位槽中？若能送到，其流量是否相等？(2)三种安装方法中，泵所需的轴功率是否相等？

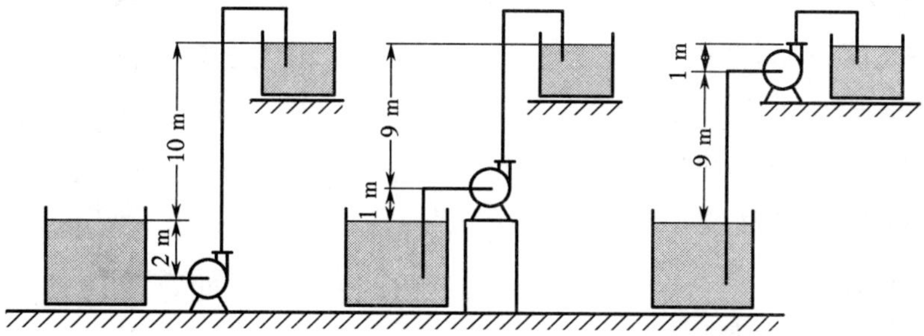

思考题 10 附图

Chapter 3

第3章 非均相物系的分离和固体流态化

本章符号说明

英文字母

a——颗粒的比表面积，m^2/m^3；加速度，m/s^2；常数；

A——截面积，m^2；

b——降尘室宽度，m；常数；

B——旋风分离器的进口宽度，m；

C——悬浮物系中的分散相浓度，kg/m^3；

C_d——孔流系数，量纲为1；

d——颗粒直径，m；

d_{50}——旋风分离器的分割粒径，m；

d_c——旋风分离器的临界粒径，m；

d_e——当量直径，m；

d_o——孔径，m；

D——设备直径，m；

F——作用力，N；

g——重力加速度，m/s^2；

h——旋风分离器的进口高度，m；

H——设备高度，m；

k——滤浆的特性常数，$m^4/(N\cdot s)$；

K——量纲为1数群；过滤常数，m^2/s；

K_c——分离因数；

l——降尘室长度，m；

L——滤饼厚度或床层高度，m；

L_o——固定床高度，m；

n——转速，r/min；

n_o——单位面积分布板上的孔数，个$/m^2$；

N_e——旋风分离器内气体的有效回转圈数；

Δp——压力降或过滤推动力，Pa；

Δp_b——床层压力降，Pa；

Δp_d——分布板压力降，Pa；

Δp_W——洗涤推动力，Pa；

q——单位过滤面积获得的滤液体积，m^3/m^2；

q_e——单位过滤面积上的当量滤液体积，m^3/m^2；

Q——过滤机的生产能力，m^3/h；

r——滤饼的比阻，$1/m^2$；

r'——单位压力差下滤饼的比阻，$1/m^2$；

R——滤饼阻力，1/m；固气比，kg固/kg气；

R_m——过滤介质阻力；

s——滤饼的压缩性指数；

S——表面积，m^2；

T——操作周期或回转周期，s；

u——流速或过滤速度，m/s；
u_h——颗粒的水平沉积速度，m/s；
u_i——旋风分离器的进口气速，m/s；
u_o——气体通过分布板小孔的速度，m/s；
u_r——离心沉降速度或径向速度，m/s；
u_R——恒速阶段的过滤速度，m/s；
u_t——沉降速度或带出速度，m/s；
u_T——切向速度，m/s；
v——滤饼体积与滤液体积之比；
V——滤液体积或每个操作周期所得滤液体积，m^3；球形颗粒的体积，m^3；
V_e——过滤介质的当量滤液体积，m^3；
V_o——料浆体积，m^3；
V_p——颗粒体积，m^3；
V_s——体积流量，m^3/s；
w——悬浮物系中分散相的质量流量，kg/s；
W——重力，N；单位体积床层的颗粒质量，kg/m^3；
x——悬浮物系中分散相的质量分数。

希腊字母

α——转筒过滤机的浸没角度数；
ε——床层空隙率；
ζ——阻力系数；
η——分离效率；
θ——通过时间或过滤时间，s；
θ_D——辅助操作时间，s；
θ_e——过滤介质的当量过滤时间，s；
θ_t——沉降时间，s；
θ_W——洗涤时间，s；
μ——流体黏度或滤液黏度，Pa·s；
μ_W——洗水黏度，Pa·s；
ρ——流体密度，kg/m^3；
ρ_b——堆积密度，kg/m^3；
ρ_s——固相或分散相密度，kg/m^3；
ϕ_s——形状系数或颗粒球形度；
ψ——转筒过滤机的浸没度。

下标

a——空气；
b——浮力、床层；
c——离心、临界、滤饼或滤渣；
d——阻力；
e——当量、有效；
f——进料；
g——重力；
i——进口；
i——第 i 分段；
m——介质；
o——总的；
p——部分、颗粒、粒级；
r——径向；
R——等速过滤阶段；
s——固相或分散相；
t——终端；
T——切向；
W——洗涤；
1——进口；
2——出口。

本章学习指导

通过本章学习，应重点掌握重力沉降及离心沉降原理、过程计算，降尘室及旋风分离器的设计或选型；过滤过程的原理、过滤基本方程推导的思路、恒压过滤的计算，过滤常数测定，过滤机生产能力的计算及选型。

掌握颗粒及颗粒床层特性，悬浮液的沉降分离。

一般了解离心机的分类及应用场合；固体流态化及气力输送。

本章讨论利用流体力学原理实现非均相物系分离，由于流体通过颗粒床层的流动比流体在管内的流动复杂，影响因素多，如何获得描述过滤过程的基本方程是本章的难点，在学习中要注意掌握对复杂工程问题进行简化处理的思路和方法。

通过本章的学习，应能够根据工艺要求、物料特性合理选择沉降或过滤设备，并使之安全、高效运行。

演示文稿

3.1 非均相物系分离概述

本章介绍利用流体力学原理（颗粒与流体之间相对运动）实现非均相物系的分离、固体流态化及固体颗粒的气力输送等工业过程。

3.1.1 非均相混合物的分离方法

1. 混合物的分类

自然界的大多数物质是混合物。若物系内部各处组成均匀且不存在相界面，则称为均相混合物或均相物系，溶液及混合气体都是均相混合物。由具有不同物理性质（如密度差别）的分散物质和连续介质所组成的物系称为非均相混合物或非均相物系。在非均相物系中，处于分散状态的物质，如分散于流体中的固体颗粒、液滴或气泡，称为分散物质或分散相；包围分散物质且处于连续状态的物质称为分散介质或连续相。根据连续相的状态，非均相物系分为两种类型：①气态非均相物系，如含尘气体、含雾气体等；②液态非均相物系，如悬浮液、乳浊液及泡沫液等。

2. 非均相混合物的分离方法

由于非均相物系中分散相和连续相具有不同的物理性质，故工业上一般都采用机械方法将两相进行分离。要实现这种分离，必须使分散相与连续相之间发生相对运动。根据两相运动方式的不同，机械分离可按下面两种操作方式进行。

①颗粒相对于流体（静止或运动）运动而实现悬浮物系分离的过程称为沉降分离。实现沉降操作的作用力可以是重力，也可以是惯性离心力，因此，沉降过程有重力沉降与离心沉降之分。

②流体相对于固体颗粒床层运动而实现固液分离的过程称为过滤。实现过滤操作的外

力可以是重力、压力差或惯性离心力。因此，过滤操作又可分为重力过滤、加压过滤、真空过滤和离心过滤。

气态非均相混合物的分离，工业上主要采用重力沉降和离心沉降方法。在某些场合，根据颗粒的粒径和分离程度要求，也可采用惯性分离器、袋滤器、静电除尘器或湿法除尘设备等，如表 3-1 所示。

表 3-1 气固分离设备性能

分离设备类型	分离效率/%	压力降/Pa	应 用 范 围
重力沉降室	50 ~ 60	50 ~ 150	除大粒子，$d > 75\ \mu m$
惯性分离器及一般旋风分离器	50 ~ 70	250 ~ 800	除较大粒子，$d > 20\ \mu m$
高效旋风分离器	80 ~ 90	1 000 ~ 1 500	$d > 10\ \mu m$
袋式分离器	95 ~ 99	800 ~ 1 500	细尘，$d \leqslant 1\ \mu m$
文丘里(湿式)除尘器		2 000 ~ 5 000	
静电除尘器	90 ~ 98	100 ~ 200	细尘，$d \leqslant 1\ \mu m$

对于液态非均相物系，根据工艺过程要求可采用不同的分离操作。若要求悬浮液在一定程度上增浓，可采用重力增稠器或离心沉降设备；若要求固液较彻底地分离，则要通过过滤操作达到目的；乳浊液的分离可在离心分离机中进行。

综上所述，实现非均相混合物机械分离的必要条件是：

①非均相混合物中分散相和连续相物理性质的差异（如密度差）。

②有外力场（分离剂）的作用（如重力场、离心力场、压力差、电场等）。

③相应的分离设备（如降尘室、旋风分离器、过滤机、离心机等）。

3. 非均相混合物分离的目的

(1)收集分散物质　例如收取从气流干燥器或喷雾干燥器出来的气体以及从结晶器出来的晶浆中带有的固体颗粒，这些悬浮的颗粒作为产品必须回收；又如回收从催化反应器出来的气体中夹带的催化剂颗粒以循环使用。

(2)净化分散介质　某些催化反应，原料气中夹带有杂质会影响触媒的效能，必须在气体进反应器之前清除催化反应原料气中的杂质，以保证触媒的活性。

(3)环境保护与安全生产　为了保护人类生态环境，消除工业污染，要求对排放的废气、废液中的有害物质加以处理，使其达到规定的排放标准；很多含碳物质或金属细粉与空气混合会形成爆炸物，必须除去这些物质以消除爆炸的隐患。

应予指出，近几年来，膜分离技术的应用领域在快速扩展。本章重点讨论沉降和过滤两种机械分离操作的原理、过程计算、典型设备的结构、特性和选型，同时简要介绍流态化技术的基本概念。

3.1.2 颗粒的特性

颗粒与流体之间的相对运动特性与颗粒本身的特性密切相关，因而首先介绍颗粒的有关性能。

表述颗粒特性的主要参数为颗粒的形状、大小(体积)和表面积。

1. 单一颗粒特性

1)球形颗粒

球形颗粒通常用直径(粒径)表示其大小。球形颗粒的各有关特性均可用单一的参数，即直径 d 全面表示。诸如：

$$V=\frac{\pi}{6}d^3 \tag{3-1}$$

$$S=\pi d^2 \tag{3-2}$$

$$a=6/d \tag{3-3}$$

式中 d——颗粒直径，m；

V——球形颗粒的体积，m^3；

S——球形颗粒的表面积，m^2；

a——比表面积(单位体积颗粒具有的表面积)，m^2/m^3。

2)非球形颗粒

工业上遇到的固体颗粒大多是非球形的。非球形颗粒可用当量直径及形状系数来表示其特性。

(1)体积当量直径 d_e 当量直径是根据实际颗粒与球体某种等效性而确定的。根据测量方法及在不同方面的等效性，当量直径有不同的表示方法。工程上，体积当量直径应用比较多。

令实际颗粒的体积等于当量球形颗粒的体积$\left(V_p=\frac{\pi}{6}d_e^3\right)$，则体积当量直径定义为

$$d_e=\sqrt[3]{\frac{6V_p}{\pi}} \tag{3-4}$$

式中 d_e——体积当量直径，m；

V_p——非球形颗粒的实际体积，m^3。

(2)形状系数 形状系数又称球形度，它表征颗粒的形状与球形的差异程度。根据定义可以写出：

$$\phi_s=\frac{S}{S_p} \tag{3-5}$$

式中 ϕ_s——颗粒的形状系数或球形度；

S_p——颗粒的表面积，m^2；

S——与该颗粒体积相等的圆球的表面积，m^2。

由于体积相同时球形颗粒的表面积最小，因此，任何非球形颗粒的形状系数皆小于1。对于球形颗粒，$\phi_s=1$。颗粒形状与球形差别愈大，ϕ_s 值愈低。

对于非球形颗粒，必须有两个参数才能确定其特征。通常选用体积当量直径和形状系数来表征颗粒的体积、表面积和比表面积，即

$$V_p = \frac{\pi}{6} d_e^3 \tag{3-1a}$$

$$S_p = \pi d_e^2 / \phi_s \tag{3-2a}$$

$$a_p = 6/(\phi_s d_e) \tag{3-3a}$$

2. 颗粒群的特性

工业中遇到的颗粒大多是由大小不同的粒子组成的集合体,称为非均一性粒子或多分散性粒子;而将具有同一粒径的颗粒称为单一性粒子或单分散性粒子。

1)粒度分布

不同粒径范围内所含粒子的个数或质量,即为粒度分布。可采用多种方法测量多分散性粒子的粒度分布。对于粒径大于 40 μm 的颗粒,通常采用一套标准筛进行测量。这种方法称为筛分分析。泰勒标准筛的目数与对应的孔径如表 3-2 所示。

表 3-2 泰勒标准筛

	孔径			孔径	
目数	英寸	μm	目数	英寸	μm
3	0.263	6 680	48	0.011 6	295
4	0.185	4 699	65	0.008 2	208
6	0.131	3 327	100	0.005 8	147
8	0.093	2 362	150	0.004 1	104
10	0.065	1 651	200	0.002 9	74
14	0.046	1 168	270	0.002 1	53
20	0.032 8	833	400	0.001 5	38
35	0.016 4	417			

当使用某一号筛子时,通过筛孔的颗粒量称为筛过量,截留于筛面上的颗粒量则称为筛余量。称取各号筛面上的颗粒筛余量即得筛分分析的基本数据。目前各种筛制正向国际标准组织 ISO 筛系统一。

2)平均粒径

颗粒平均直径的计算方法很多,其中最常用的是平均比表面积直径。设有一批大小不等的球形颗粒,其总质量为 G,经筛分分析得到相邻两号筛之间的颗粒质量为 G_i,筛分直径(两筛号筛孔的算术平均值)为 d_i。根据比表面积相等原则,颗粒群的平均比表面积直径可写为

$$\frac{1}{d_a} = \Sigma \frac{1}{d_i}\frac{G_i}{G} = \Sigma \frac{x_i}{d_i}$$

或

$$d_a = 1/\Sigma \frac{x_i}{d_i} \tag{3-6}$$

式中 d_a——平均比表面积直径,m;

d_i——筛分直径,m;

x_i——d_i 粒径段内颗粒的质量分数。

演示文稿

3.2 沉降分离

在外力场作用下,利用分散相和连续相之间的密度差,使之发生相对运动而实现非均相混合物分离的操作称为沉降分离。显然,实现沉降分离的前提条件是分散相和连续相之间存在密度差,并且有外力场的作用。根据外力场的不同,沉降分离分为重力沉降和离心沉降;根据沉降过程中颗粒是否受到其他颗粒或器壁的影响而分为自由沉降和干扰沉降。

沉降属于流体相对于颗粒的绕流问题。流—固之间的相对运动有3种情况:流体静止,颗粒相对于流体作沉降或浮升运动;固体颗粒静止,流体对固体作绕流;固体和流体都运动,但二者保持一定相对速度。

只要相对速度相同,上述3种情况并没有本质区别。

本节从最简单的沉降过程——刚性球形颗粒的自由沉降入手,讨论沉降速度的计算,分析影响沉降速度的因素,介绍沉降设备的设计或操作原则。

3.2.1 重力沉降

在重力场中进行的沉降过程称为重力沉降。

1. 沉降速度

1)球形颗粒的自由沉降

将表面光滑的刚性球形颗粒置于静止的流体介质中,如果颗粒的密度大于流体的密度,则颗粒将在流体中降落。此时,颗粒受到3个力的作用,即重力、浮力和阻力,如图3-1所示。重力向下,浮力向上,阻力与颗粒运动的方向相反(即向上)。对于一定的流体和颗粒,重力与浮力是恒定的,而阻力却随颗粒的降落速度而变。

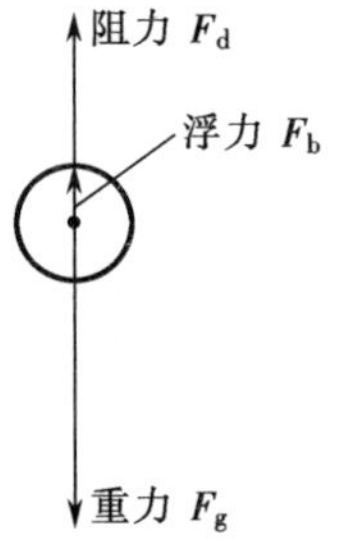

图3-1 沉降颗粒的受力情况

令颗粒的密度为ρ_s,直径为d,流体的密度为ρ,则

$$\text{重力}\ F_g=\frac{\pi}{6}d^3\rho_s g$$

$$\text{浮力}\ F_b=\frac{\pi}{6}d^3\rho g$$

$$\text{阻力}\ F_d=\zeta A\frac{\rho u^2}{2}$$

式中 ζ——阻力系数,量纲为1;

A——颗粒在垂直于其运动方向的平面上的投影面积,$A=\frac{\pi}{4}d^2$,m^2;

u——颗粒相对于流体的降落速度,m/s。

根据牛顿第二运动定律可知,上面3个力的合力应等于颗粒的质量与加速度a的乘积,即

$$F_g-F_b-F_d=ma \tag{3-7}$$

或 $$\frac{\pi}{6}d^3(\rho_s-\rho)g-\zeta\frac{\pi}{4}d^2\left(\frac{\rho u^2}{2}\right)=\frac{\pi}{6}d^3\rho_s\frac{du}{d\theta} \tag{3-7a}$$

式中 m——颗粒的质量,kg;

a——加速度,m/s^2;

θ——时间,s。

颗粒开始沉降的瞬间,速度 u 为零,因此阻力 F_d 也为零,故加速度 a 具有最大值。颗粒开始沉降后,阻力随运动速度 u 的增加而相应加大,直至 u 达到某一数值 u_t 后,阻力、浮力与重力达到平衡,即合力为零。质量 m 不可能为零,故只有加速度 a 为零。此时,颗粒便开始作匀速沉降运动。

由上面分析可见,静止流体中颗粒的沉降过程可分为两个阶段,起初为加速段,而后为等速段。

由于小颗粒具有相当大的比表面积,使得颗粒与流体间的接触表面很大,故阻力在很短时间内便与颗粒所受的净重力(重力减浮力)接近平衡。因而,经历加速段的时间很短,在整个沉降过程中往往可以忽略。

等速阶段中颗粒相对于流体的运动速度 u_t 称为沉降速度。由于这个速度是加速阶段终了时颗粒相对于流体的速度,故又称为“终端速度”。由式(3-7a)可得到沉降速度 u_t 的关系式。当 $a=0$ 时,$u=u_t$,则

$$u_t=\sqrt{\frac{4gd(\rho_s-\rho)}{3\zeta\rho}} \tag{3-8}$$

式中 u_t——颗粒的自由沉降速度,m/s;

d——颗粒直径,m;

ρ_s、ρ——分别为颗粒和流体的密度,kg/m^3;

g——重力加速度,m/s^2。

2) 阻力系数 ζ

用式(3-8)计算沉降速度时,首先需要确定阻力系数 ζ 值。通过量纲分析可知,ζ 是颗粒与流体相对运动时雷诺数 Re_t 和形状系数 ϕ_s 的函数,由实验测得的综合结果示于图 3-2 中。图中雷诺数 Re_t 的定义为

$$Re_t=\frac{du_t\rho}{\mu}$$

由图 3-2 看出,球形颗粒($\phi_s=1$)的曲线按 Re_t 值大致分为 3 个区,各区内的曲线可分别用相应的关系式表达。

层流区或斯托克斯(Stokes)定律区($10^{-4}<Re_t<2$):

$$\zeta=\frac{24}{Re_t} \tag{3-9}$$

此时,流体对球形颗粒的阻力为

$$F_d=3\pi\mu u_t d \tag{3-9a}$$

过渡区或艾仑(Allen)定律区($2<Re_t<500$):

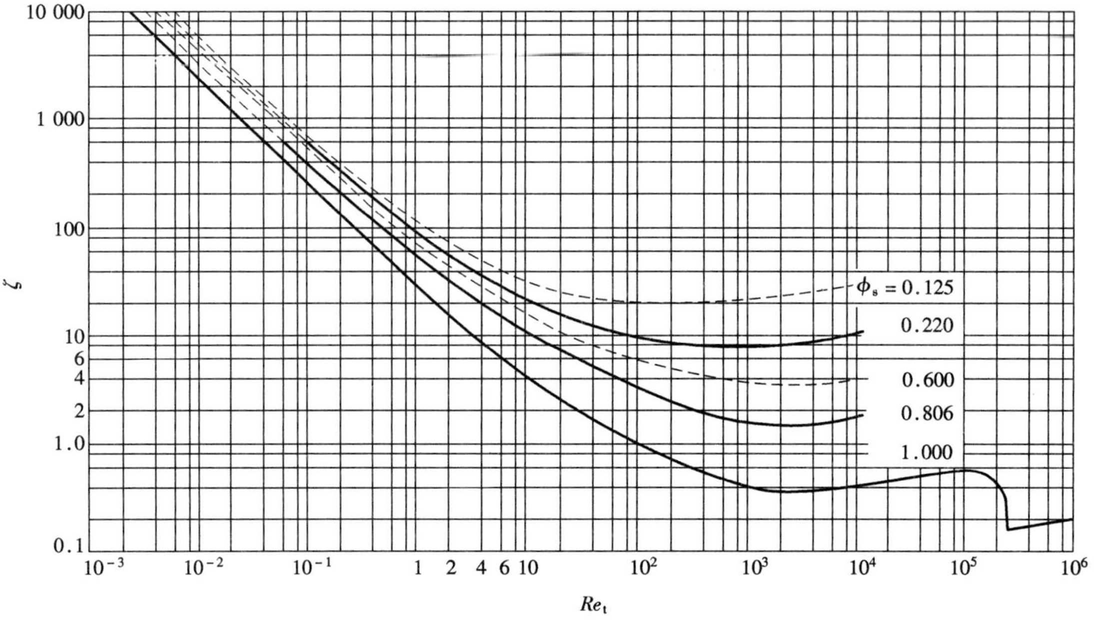

图 3-2 ζ-Re_t 关系曲线

$$\zeta = \frac{18.5}{Re_t^{0.6}} \tag{3-10}$$

湍流区或牛顿(Newton)定律区($500 < Re_t < 2 \times 10^5$):

$$\zeta = 0.44 \tag{3-11}$$

将式(3-9)、式(3-10)及式(3-11)分别代入式(3-8),便可得到颗粒在各区相应的沉降速度公式,即

滞流区 $$u_t = \frac{d^2(\rho_s - \rho)g}{18\mu} \tag{3-12}$$

过渡区 $$u_t = 0.27\sqrt{\frac{d(\rho_s - \rho)g}{\rho}Re_t^{0.6}} \tag{3-13}$$

湍流区 $$u_t = 1.74\sqrt{\frac{d(\rho_s - \rho)g}{\rho}} \tag{3-14}$$

式(3-12)、式(3-13)及式(3-14)分别称为斯托克斯公式、艾仑公式及牛顿公式。

从图 3-2 看出,当 $Re_t > 2 \times 10^5$ 时,阻力系数 ζ 值突然下降,这是由于此时形成了湍流边界层,边界层分离减弱所致。

3)影响沉降速度的因素

影响沉降速度的主要因素包括颗粒性质(尺寸、形状、密度、浓度及运动中是否变形)、介质性质(密度及黏度)、设备结构及尺寸、场力类型及强度、其他操作条件(温度及压力等)。上面的讨论都是针对表面光滑的刚性球形颗粒在流体中作自由沉降的简单情况。所谓自由沉降是指在沉降过程中,颗粒之间的距离足够大,任一颗粒的沉降不因其他颗粒的存在而受到干扰以及可以忽略容器壁面的影响。单个颗粒在空间中的沉降或气态非均相物系中颗粒的沉降都可视为自由沉降。如果分散相的体积分数较高，颗粒间有显著的相互作用，容器壁面对颗粒沉降的影响不可忽略，则称为干扰沉降或受阻沉降。液态非均相物系中，当分散相浓度较高时，往往发生干扰沉降。下面讨论实际沉降操作中影响沉降速度的主要因素。

(1)流体的黏度　在层流沉降区内，由流体黏性引起的表面摩擦力占主要地位。在湍流区，流体黏性对沉降速度已无影响，流体在颗粒后半部出现的边界层分离所引起的形体阻力占主要地位。在过渡区，表面摩擦阻力和形体阻力二者都不可忽略。在整个范围内，随雷诺数 Re_t 的增大，表面摩擦阻力的作用逐渐减弱，而形体阻力的作用逐渐增长。当雷诺数 Re_t 超过 2×10^5 时，出现湍流边界层，此时反而不易发生边界层分离，故阻力系数 ζ 值突然下降，但在沉降操作中很少达到这个区域。

(2)颗粒的体积分数　前述各种沉降速度关系式中，当颗粒的体积分数小于 0.2% 时，理论计算值的偏差在 1% 以内。当颗粒体积分数较高时，由于颗粒间相互作用明显，便发生干扰沉降。

(3)器壁效应　容器的壁面和底面均增加颗粒沉降时的曳力，使颗粒的实际沉降速度较自由沉降速度低。当容器尺寸远远大于颗粒尺寸时(例如在 100 倍以上)，器壁效应可忽略，否则需加以考虑。在斯托克斯定律区，器壁对沉降速度的影响可用下式修正：

$$u_t' = \frac{u_t}{1 + 2.1\left(\frac{d}{D}\right)} \tag{3-15}$$

式中　u_t'——颗粒的实际沉降速度，m/s；

D——容器直径，m。

(4)颗粒形状的影响　同一种固体物质，球形或近球形颗粒比同体积非球形颗粒的沉降要快一些。非球形颗粒的形状及其投影面积 A 均影响沉降速度。

几种 ϕ_s 值下的阻力系数 ζ 与雷诺数 Re_t 的关系曲线，已根据实验结果标绘在图 3-2 中。对于非球形颗粒，雷诺数 Re_t 中的直径 d 要用颗粒的当量直径 d_e 代替。

由图 3-2 可见，颗粒的球形度愈小，对应于同一 Re_t 值的阻力系数 ζ 愈大，但 ϕ_s 值对 ζ 的影响在层流区内并不显著，随着 Re_t 的增大，这种影响逐渐变大。

另外，自由沉降速度的公式不适用于非常微细颗粒(如 $d<0.5\ \mu m$)的沉降计算，这是由于流体分子热运动使得颗粒发生布朗运动。当 $Re_t>10^{-4}$时，便可不考虑布朗运动的影响。

需要指出，上述各区沉降速度关系式既适用于颗粒密度 ρ_s 大于流体密度 ρ 的沉降操作，也适用于颗粒密度 ρ_s 小于流体密度 ρ 的颗粒浮升运动。

4)沉降速度的计算

计算在给定介质中球形颗粒的沉降速度，可采用以下方法。

(1)试差法　根据式(3-12)、式(3-13)及式(3-14)计算沉降速度 u_t 时，需要预先知道沉降雷诺数 Re_t 值才能选用相应的计算式。但是，u_t 为待求，Re_t 值也就为未知。所以，沉降速度 u_t 的计算需要用试差法，即先假设沉降属于某一流型(譬如层流区)，则可直接选用与该流型相应的沉降速度公式计算 u_t，然后按 u_t 检验 Re_t 值是否在原设的流型范围内。如果与原设一致，则求得的 u_t 有效。否则，按算出的 Re_t 值另选流型，并改用相应的公式求 u_t，直到按求得 u_t 算出的 Re_t 值恰与所选用公式的 Re_t 值范围相符为止。

(2)摩擦数群法　该法是把图 3-2 加以转换，使两个坐标轴之一变成不包含 u_t 的量纲为 1 的数群，进而便可求得 u_t。

由式(3-8)可得到

$$\zeta = \frac{4d(\rho_s - \rho)g}{3\rho u_t^2}$$

又

$$Re_t^2 = \frac{d^2 u_t^2 \rho^2}{\mu^2}$$

令 ζ 与 Re_t^2 相乘，便可消去 u_t，即

$$\zeta Re_t^2 = \frac{4d^3\rho(\rho_s - \rho)g}{3\mu^2} \tag{3-16}$$

再令

$$K = d\sqrt[3]{\frac{\rho(\rho_s - \rho)g}{\mu^2}} \tag{3-17}$$

则得

$$\zeta Re_t^2 = \frac{4}{3}K^3 \tag{3-16a}$$

因 ζ 是 Re_t 的已知函数，则 ζRe_t^2 必然也是 Re_t 的已知函数，故图 3-2 的 ζ-Re_t 曲线便可转化成图 3-3 的 ζRe_t^2-Re_t 曲线。计算 u_t 时，可先由已知数据算出 ζRe_t^2 值，再由 ζRe_t^2-Re_t 曲线查得 Re_t 值，最后由 Re_t 值反算 u_t，即

$$u_t = \frac{\mu Re_t}{d\rho}$$

如果要计算在一定介质中具有某一沉降速度 u_t 的颗粒的直径，也可用类似的方法解决。令 ζ 与 Re_t^{-1} 相乘，得

$$\zeta Re_t^{-1} = \frac{4\mu(\rho_s - \rho)g}{3\rho^2 u_t^3} \tag{3-18}$$

ζRe_t^{-1}-Re_t 曲线绘于图 3-3 中。由 ζRe_t^{-1} 从图中查得 Re_t，再根据沉降速度 u_t 计算 d，即

$$d = \frac{\mu Re_t}{\rho u_t}$$

摩擦数群法对于已知 u_t 求 d 或对于非球形颗粒的沉降计算均非常方便。

(3)用量纲为 1 的数群 K 值判别流型　将式(3-12)代入雷诺数的定义式，得

$$Re_t = \frac{d^3(\rho_s - \rho)\rho g}{18\mu^2} = \frac{K^3}{18}$$

当 $Re_t = 1$ 时，$K = 3.3$，此值即为斯托克斯定律区的上限。同理，将式(3-14)代入 Re_t 的定义式，可得牛顿定律区的下限 K 值为 43.6。$3.3 < K < 43.6$ 为艾仑定律区。这样，计算已知直径的球形颗粒的沉降速度时，可根据 K 值选用相应的公式计算 u_t，从而避免采用试差法。

【例 3-1】　试计算直径为 95 μm、密度为 3 000 kg/m³ 的固体颗粒分别在 20 ℃ 的空气和

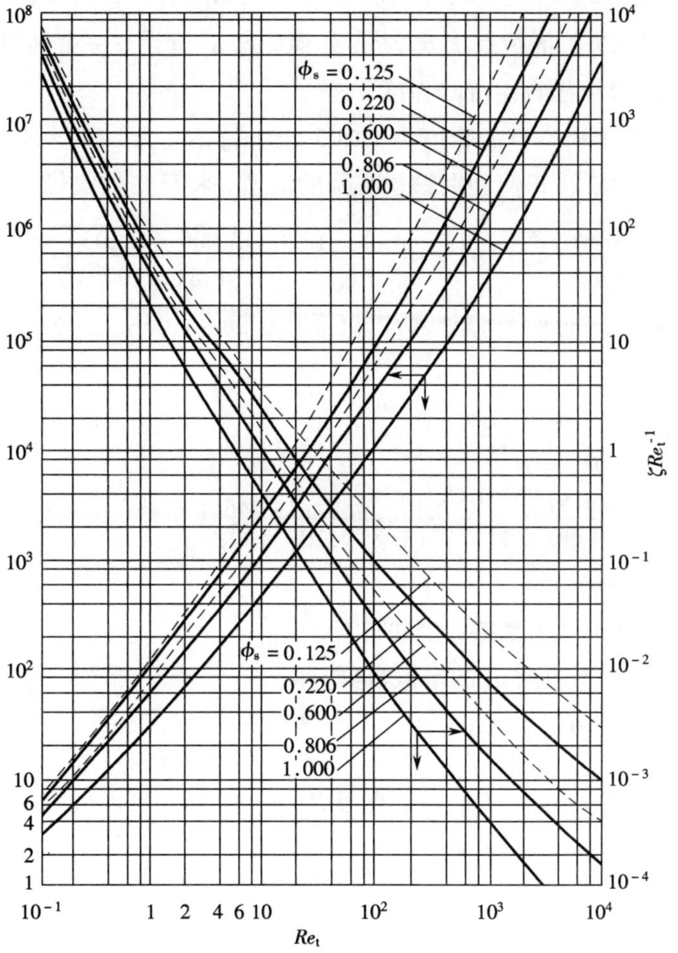

图 3-3　ζRe_t^2-Re_t 及 ζRe_t^{-1}-Re_t 关系曲线

水中的自由沉降速度，并计算颗粒在 20 ℃水中沉降所受到的阻力。

解：(1)在 20 ℃水中的自由沉降速度

沉降操作所涉及的粒径往往很小，常在斯托克斯定律区进行沉降，故先假设颗粒在层流区内沉降，沉降速度可用式(3-12)计算，即

$$u_t = \frac{d^2(\rho_s - \rho)g}{18\mu}$$

由附录查得，20 ℃时水的密度为 998.2 kg/m³，黏度为 1.005×10^{-3} Pa · s。

$$u_t = \frac{(95 \times 10^{-6})^2(3\ 000 - 998.2) \times 9.81}{18 \times 1.005 \times 10^{-3}} = 9.797 \times 10^{-3}\ \text{m/s}$$

核算流型

$$Re_t = \frac{du_t\rho}{\mu} = \frac{95 \times 10^{-6} \times 9.797 \times 10^{-3} \times 998.2}{1.005 \times 10^{-3}} = 0.924\ 4 < 2$$

原设层流区正确，求得的沉降速度有效。

则颗粒在水中沉降所受到的阻力为

$$F_d = 3\pi\mu u_t d = 3\times3.14\times1.005\times10^{-3}\times9.797\times10^{-3}\times95\times10^{-6} = 8.81\times10^{-9}\ \text{N}$$

读者可以用量纲为1的数群 K 和 ζRe_t^2 分别计算 u_t 值并与试差结果比较。

(2)在20 ℃空气中的自由沉降速度

由附录查得,20 ℃时空气的密度为1.205 kg/m³,黏度为 1.81×10^{-5} Pa·s。

根据量纲为1的数群 K 值判别颗粒沉降的流型。将已知数值代入式(3-17),得

$$K = d\sqrt[3]{\frac{\rho(\rho_s-\rho)g}{\mu^2}} = (95\times10^{-6})\sqrt[3]{\frac{1.205(3\,000-1.205)\times9.81}{(1.81\times10^{-5})^2}} = 4.52$$

由于 K 值大于3.3而小于43.6,所以沉降在过渡区,可用艾仑公式计算沉降速度。由式(3-13)得

$$\begin{aligned} u_t &= \frac{0.154g^{1/1.4}d^{1.6/1.4}(\rho_s-\rho)^{1/1.4}}{\rho^{0.4/1.4}\mu^{0.6/1.4}} \\ &= \frac{0.154\times9.81^{1/1.4}(95\times10^{-6})^{1.6/1.4}(3\,000-1.205)^{1/1.4}}{1.205^{0.4/1.4}(1.81\times10^{-5})^{0.6/1.4}} \\ &= 0.619\ \text{m/s} \end{aligned}$$

颗粒的沉降速度也可用摩擦数群法计算。

依式(3-16a)计算不包括 u_t 的摩擦数群,即

$$\zeta Re_t^2 = \frac{4}{3}K^3 = \frac{4}{3}\times4.52^3 = 123.1$$

对于球形颗粒,$\phi_s = 1$,由 ζRe_t^2 数值查得 $Re_t = 3.9$,则

$$u_t = \frac{Re_t\mu}{d\rho} = \frac{3.9\times1.81\times10^{-5}}{(95\times10^{-6})\times1.205} = 0.617\ \text{m/s}$$

两法求得的 u_t 相差不大。

由以上计算看出,同一颗粒在不同介质中沉降时,具有不同的沉降速度,且属于不同的流型。所以,沉降速度 u_t 由颗粒特性和流体特性综合因素决定。

2. 重力沉降设备

1)降尘室

借重力沉降从气流中分离出尘粒的设备称为降尘室。

(1)单层降尘室　最常见的单层降尘室如图3-4(a)所示。含尘气体进入降尘室后,因流道截面积扩大而速度减慢,只要颗粒能够在气体通过降尘室的时间内降至室底,便可从气流中分离出来。当降尘室内的气体流动处于层流区时,尘粒在降尘室内的运动情况示于图3-4(b)中。令

l——降尘室的长度,m;

H——降尘室的高度,m;

b——降尘室的宽度,m;

u——气体在降尘室的水平通过速度,m/s;

V_s—降尘室的生产能力(即含尘气通过降尘室的体积流量),m³/s。

则位于降尘室最高点的颗粒沉降至室底需要的时间为

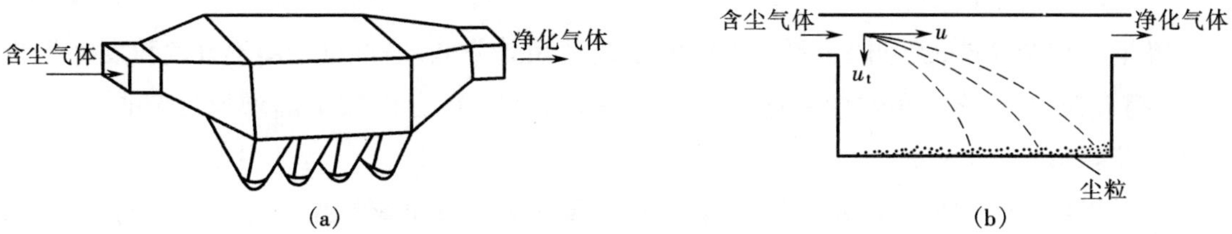

图 3-4 降尘室示意图

(a)降尘室 (b)尘粒在降尘室内的运动情况

$$\theta_t = \frac{H}{u_t}$$

气体通过降尘室的时间为

$$\theta = \frac{l}{u}$$

为满足除尘要求,气体在降尘室内的停留时间至少需等于颗粒的沉降时间,即

$$\theta \geqslant \theta_t \text{ 或 } \frac{l}{u} \geqslant \frac{H}{u_t} \tag{3-19}$$

气体在降尘室内的水平通过速度为

$$u = \frac{V_s}{Hb}$$

将此式代入式(3-19)并整理,得单层降尘室的生产能力为

$$V_s \leqslant blu_t \tag{3-20}$$

(2)多层降尘室 理论上,当降尘室内的气体流动为层流时,降尘室的生产能力只与其沉降面积 bl 及颗粒的沉降速度 u_t 有关,与降尘室高度 H 无关,故降尘室应设计成扁平形,或在室内均匀设置多层水平隔板,构成多层降尘室,如图 3-5 所示。隔板间距一般为 40 ~ 100 mm。

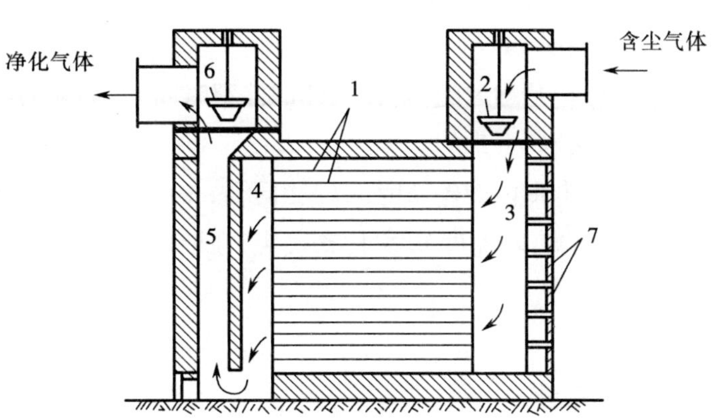

图 3-5 多层降尘室

1—隔板 2、6—调节闸阀 3—气体分配道 4—气体集聚道 5—气道 7—清灰口

若降尘室设置 n 层水平隔板,则多层降尘室的生产能力变为

$$V_s \leqslant (n+1)blu_t \tag{3-20a}$$

降尘室结构简单，流动阻力小，但体积庞大，分离效率低，通常只适用于分离粒度大于50 μm 的粗颗粒，一般作为预除尘装置使用。多层降尘室虽能分离较细的颗粒且节省地面，但清灰比较麻烦。

需要指出，沉降速度 u_t 应根据需要完全分离下来的最小颗粒尺寸计算。此外，气体在降尘室内的速度不应过高，应保证气体流动的雷诺数处于层流区，以免干扰颗粒的沉降或把已沉降下来的颗粒重新扬起。

【例3-2】 拟采用降尘室回收常压炉气中所含的球形固体颗粒。降尘室底面积为10 m^2，宽和高均为2 m。在操作条件下，气体的密度为0.75 kg/m^3、黏度为 2.6×10^{-5} Pa·s；固体的密度为3 000 kg/m^3；降尘室的生产能力为0.1 m^3/s。试求：(1)理论上能完全捕集下来的最小颗粒直径；(2)粒径为10 μm 的颗粒的回收百分率；(3)若将生产能力提高至3 m^3/s，并要求完全回收直径为10 μm 的尘粒，在原降尘室内需设置多少层水平隔板？

解：(1)理论上能完全捕集下来的最小颗粒直径

由式(3-20)可知，在降尘室中能够完全被分离出来的最小颗粒的沉降速度为

$$u_t=\frac{V_s}{bl}=\frac{0.1}{10}=0.01\ \text{m/s}$$

由于粒径为待求参数，沉降雷诺数 Re_t 和判断因子 K 都无法计算，故需采用试差法。假设沉降在层流区，则可用斯托克斯公式求最小颗粒直径，即

$$d_{\min}=\sqrt{\frac{18\mu u_t}{(\rho_s-\rho)g}}\approx\sqrt{\frac{18\times2.6\times10^{-5}\times0.01}{3\ 000\times9.81}}=1.26\times10^{-5}\ \text{m}=12.6\ \mu\text{m}$$

核算沉降流型

$$Re_t=\frac{d_{\min}u_t\rho}{\mu}=\frac{1.26\times10^{-5}\times0.01\times0.75}{2.6\times10^{-5}}=3.63\times10^{-3}<2$$

原设在层流区沉降正确，求得的最小粒径有效。

(2)10 μm 颗粒的回收百分率

假设颗粒在炉气中的分布是均匀的，则在气体的停留时间内，颗粒的沉降高度与降尘室高度之比即为该尺寸颗粒被分离下来的分率。

由于各种尺寸颗粒在降尘室内的停留时间均相同，故10 μm 颗粒的回收率也可用其沉降速度 u'_t 与12.6 μm 颗粒的沉降速度 u_t 之比来确定，在斯托克斯定律区则为

$$\text{回收率}=u'_t/u_t=(d'/d_{\min})^2=(10/12.6)^2=0.630=63.0\%$$

即回收率为63.0%。

(3)需设置的水平隔板层数

多层降尘室中需设置的水平隔板层数用式(3-20a)计算。

由上面计算可知，10 μm 颗粒的沉降必在层流区，可用斯托克斯公式计算沉降速度，即

$$u_t=\frac{d^2(\rho_s-\rho)g}{18\mu}\approx\frac{(10\times10^{-6})^2\times3\ 000\times9.81}{18\times2.6\times10^{-5}}=6.29\times10^{-3}\ \text{m/s}$$

所以　　$n=\dfrac{V_s}{blu_t}-1=\dfrac{3}{10\times 6.29\times 10^{-3}}-1=46.69$，取 47 层。

隔板间距为

$$h=\frac{H}{n+1}=\frac{2}{47+1}=0.042\ \text{m}$$

核算气体在多层降尘室内的流型：若忽略隔板厚度所占的空间，并假设气流在隔板间分配均匀，则气体在各层间的流速为

$$u=\frac{V_s}{bH}=\frac{3}{2\times 2}=0.75\ \text{m/s}$$

$$d_e=\frac{4bh}{2(b+h)}=\frac{4\times 2\times 0.042}{2(2+0.042)}=0.082\ \text{m}$$

所以　　$Re=\dfrac{d_e u\rho}{\mu}=\dfrac{0.082\times 0.75\times 0.75}{2.6\times 10^{-5}}=1\ 774$

即气体在降尘室的流动为层流，设计合理。

降尘室的设计或操作原则是：气体在降尘室内的停留时间 θ 至少等于或大于颗粒的沉降时间 θ_t，并且气体的流动在层流区。多层降尘室可去除更细的颗粒，提高除尘效果。

2）沉降槽

沉降槽是用来提高悬浮液浓度并同时得到澄清液体的重力沉降设备。沉降槽又称增浓器或澄清器。沉降槽可间歇操作或连续操作。

间歇沉降槽通常为带有锥底的圆槽，其中的沉降情况与间歇沉降试验时玻璃筒内的情况相似。需要处理的悬浮料浆在槽内静置足够长的时间以后，增浓的沉渣由槽底排出，清液则由槽上部排出管抽出。

连续沉降槽是底部略成锥状的大直径浅槽，如图 3-6 所示。料浆经中央进料口送到液面以下 0.3 ~ 1.0 m 处，在尽可能减小扰动的条件下，迅速分散到整个横截面上，液体向上流动，清液经由槽顶端四周的溢流堰连续流出，称为溢流；固体颗粒下沉至底部，槽底有徐徐旋转的耙将沉渣缓慢地聚拢到底部中央的排渣口连续排出，排出的稠浆称为底流。

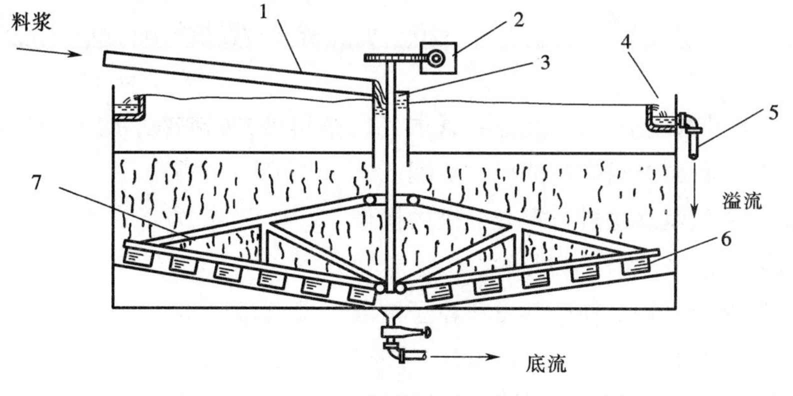

图 3-6　连续沉降槽

1—进料槽道　2—转动机构　3—料井　4—溢流槽　5—溢流管　6—叶片　7—转耙

连续沉降槽的直径,小者数米,大者可达数百米;高度为2.5～4 m。有时将数个沉降槽垂直叠放,共用一根中心竖轴带动各槽的转耙。这种多层沉降槽可以节省地面,但操作控制较为复杂。

连续沉降槽适用于处理量大而浓度不高且颗粒不甚细微的悬浮料浆,常见的污水处理就是一例。经过这种设备处理后的沉渣中还含有约50%的液体。

在沉降槽的增浓段中大都发生颗粒的干扰沉降,所进行的过程称为沉聚过程。

为了使给定尺寸的沉降槽获得最大可能的生产能力,应尽可能提高沉降速度。向悬浮液中添加少量电解质或表面活性剂,使细粒发生"凝聚"或"絮凝";改变一些物理条件(如加热、冷冻或震动),使颗粒的粒度或相界面积发生变化,这些都有利于提高沉降速度。沉降槽中设置搅拌耙,除能把沉渣导向排出口外,还能降低非牛顿型悬浮物系的表观黏度,并能促使沉淀物的压紧,从而加速沉聚过程。搅拌耙的转速应选择适当,通常小槽耙的转速为1 r/min,大槽的转速在0.1 r/min左右。

3)分级器

利用重力沉降可将悬浮液中不同粒度的颗粒进行粗略的分离,或将两种不同密度的颗粒进行分类,这样的过程统称为分级。实现分级操作的设备称为分级器。

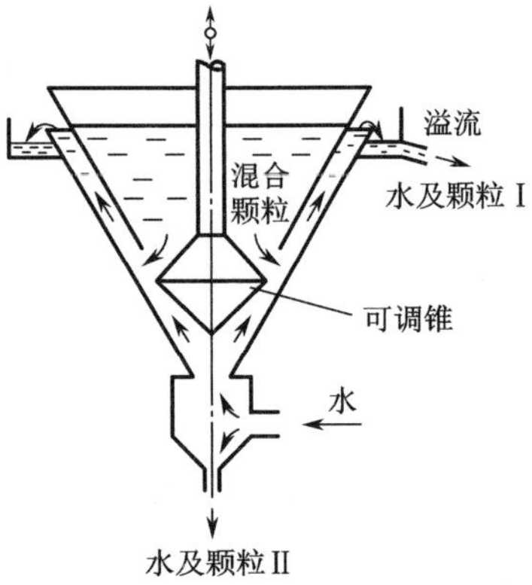

例3-3附图

【例3-3】 本例附图所示为一个双锥分级器,混合粒子由上部加入,水经可调锥与外壁的环形间隙向上流过。沉降速度大于水在环隙处上升流速的颗粒进入底流,而沉降速度小于该流速的颗粒则被溢流带出。

利用此双锥分级器对方铅矿与石英两种粒子的混合物进行分离。已知:

粒子形状	正方体
粒子尺寸	棱长为0.08～0.7 mm
方铅矿密度	$\rho_{s1}=7\ 500\ \mathrm{kg/m^3}$
石英密度	$\rho_{s2}=2\ 650\ \mathrm{kg/m^3}$
20℃水的密度和黏度	$\rho=998.2\ \mathrm{kg/m^3}$
	$\mu=1.005\times10^{-3}\ \mathrm{Pa\cdot s}$

假定粒子在上升水流中作自由沉降,试求:(1)欲得纯方铅矿粒,水的上升流速至少应取多少(m/s)? (2)所得纯方铅矿粒的尺寸范围。

解:本例即为利用沉降法进行颗粒分级的操作。

(1)水的上升流速

为了得到纯方铅矿粒,应使全部石英粒子被溢流带出,因此应按最大石英粒子的自由沉降速度决定水的上升流速。

对于正方体颗粒,应先算出其当量直径和球形度。令l代表棱长,V_p代表一个颗粒的体积。

由式(3-4)计算颗粒的当量直径,即

$$d_e=\sqrt[3]{\frac{6}{\pi}V_p}=\sqrt[3]{\frac{6}{\pi}l^3}=\sqrt[3]{\frac{6}{\pi}}(0.7\times10^{-3})=8.685\times10^{-4}\ \mathrm{m}$$

由式(3-5)计算颗粒的球形度,即

$$\phi_s=\frac{S}{S_p}=\frac{\pi d_e^2}{6l^2}=\frac{\pi\left(l\sqrt[3]{\frac{6}{\pi}}\right)^2}{6l^2}=0.806$$

用摩擦数群法求最大石英粒子的沉降速度,即

$$\zeta Re_t^2=\frac{4d_e^3(\rho_{s2}-\rho)\rho g}{3\mu^2}=\frac{4(8.685\times10^{-4})^3(2\ 650-998.2)\times998.2\times9.81}{3(1.005\times10^{-3})^2}=14\ 000$$

已知 $\phi_s=0.806$,由图 3-3 查得 $Re_t=60$,则

$$u_t=\frac{Re_t\mu}{d_e\rho}=\frac{60\times1.005\times10^{-3}}{998.2\times8.685\times10^{-4}}=0.069\ 6\ \mathrm{m/s}$$

水的上升流速应取为 0.069 6 m/s 或略大于此值。

(2)纯方铅矿粒的尺寸范围

所得到的纯方铅矿粒中尺寸最小者应是沉降速度恰好等于 0.069 6 m/s 的粒子。用摩擦数群法计算该粒子的当量直径。由式(3-18)得

$$\zeta Re_t^{-1}=\frac{4\mu(\rho_{s1}-\rho)g}{3\rho^2u_t^3}=\frac{4\times1.005\times10^{-3}(7\ 500-998.2)\times9.81}{3\times998.2^2\times(0.069\ 6)^3}=0.254\ 4$$

已知 $\phi_s=0.806$,由图 3-3 中查得 $Re_t=22$,则

$$d_e=\frac{Re_t\mu}{\rho u_t}=\frac{22\times1.005\times10^{-3}}{998.2\times0.069\ 6}=3.182\times10^{-4}\ \mathrm{m}$$

与此当量直径相对应的正方体的棱长为

$$l'=\frac{d_e}{\sqrt[3]{\frac{6}{\pi}}}=\frac{3.182\times10^{-4}}{\sqrt[3]{\frac{6}{\pi}}}=2.565\times10^{-4}\ \mathrm{m}$$

所得纯方铅矿粒的棱长范围为 0.256 5 ~0.7 mm。

在求解本例过程中,注意从图 3-3 读取数据的准确性,并熟悉非球形颗粒有关参数(d_e、ϕ_s)的计算。

3.2.2 离心沉降

依靠离心力的作用而实现的沉降过程称为离心沉降。两相密度差较小、颗粒粒度较细的非均相物系,在重力场中的沉降效率很低甚至完全不能分离,若改用离心沉降则可大大提高沉降速度,设备尺寸也可缩小很多。

通常,气固非均相物系的离心沉降在旋风分离器中进行,液固悬浮物系一般可在旋液分离器或沉降离心机中进行。

1. 在离心力作用下的沉降速度

当流体围绕某一中心轴作圆周运动时,便形成了离心力场。在与转轴距离为 R、切向速

度为 u_T 的位置上,离心力场强度为$\frac{u_T^2}{R}$(即离心加速度)。显见,离心力场强度不是常数,随位置及切向速度而变,其方向是沿旋转半径从中心指向外周。重力场强度 g(即重力加速度)基本上可视做常数,其方向指向地心。

1)离心沉降速度

当流体带着颗粒旋转时,如果颗粒的密度大于流体的密度,则离心力将会使颗粒在径向上与流体发生相对运动而飞离中心。与颗粒在重力场中受到3个作用力相似,离心力场中颗粒在径向上也受到3个力的作用,即离心力、向心力(与重力场中的浮力相当,其方向为沿半径指向旋转中心)和阻力(与颗粒径向运动方向相反,其方向为沿半径指向中心)。如果球形颗粒的直径为 d,密度为 ρ_s,流体密度为 ρ,颗粒与中心轴的距离为 R,切向速度为 u_T,则上述3个力分别为

$$离心力=\frac{\pi}{6}d^3\rho_s\frac{u_T^2}{R}$$

$$向心力=\frac{\pi}{6}d^3\rho\frac{u_T^2}{R}$$

$$阻力=\zeta\frac{\pi}{4}d^2\frac{\rho u_r^2}{2}$$

上式中的 u_r 代表颗粒与流体在径向上的相对速度,m/s。

如果上述3个力达到平衡,则

$$\frac{\pi}{6}d^3\rho_s\frac{u_T^2}{R}-\frac{\pi}{6}d^3\rho\frac{u_T^2}{R}-\zeta\frac{\pi}{4}d^2\frac{\rho u_r^2}{2}=0$$

平衡时颗粒在径向上相对于流体的运动速度 u_r 便是它在此位置上的离心沉降速度。上式对 u_r 求解得

$$u_r=\sqrt{\frac{4d(\rho_s-\rho)}{3\rho\zeta}\frac{u_T^2}{R}} \tag{3-21}$$

比较式(3-21)与式(3-8)可以看出,颗粒的离心沉降速度 u_r 与重力沉降速度 u_t 具有相似的关系式,若将重力加速度 g 改为离心加速度$\frac{u_T^2}{R}$,则式(3-8)便变为式(3-21)。但是二者又有明显的区别,首先,离心沉降速度 u_r 不是颗粒运动的绝对速度,而是绝对速度在径向上的分量,且方向不是向下而是沿半径向外;再者,离心沉降速度 u_r 不是恒定值,随颗粒在离心力场中的位置(R)而变,而重力沉降速度 u_t 则是恒定的。

离心沉降时,如果颗粒与流体的相对运动属于层流,阻力系数 ζ 也可用式(3-9)表示,于是得到

$$u_r=\frac{d^2(\rho_s-\rho)}{18\mu}\frac{u_T^2}{R} \tag{3-22}$$

2)离心分离因数

式(3-22)与式(3-12)相比可知,在层流沉降区,同一颗粒在同种介质中的离心沉降速度

与重力沉降速度的比值为

$$\frac{u_r}{u_t}=\frac{u_T^2}{gR}=K_c \tag{3-23}$$

比值 K_c 就是粒子所在位置上的离心力场强度与重力场强度之比，称为离心分离因数。离心分离因数是离心分离设备的重要指标。对某些高速离心机，其离心分离因数 K_c 值可高达数十万。旋风或旋液分离器的离心分离因数一般在 5 ~ 2 500 之间。例如，当旋转半径 $R=0.4$ m、切向速度 $u_T=20$ m/s 时，离心分离因数为

$$K_c=\frac{20^2}{9.81\times0.4}=102$$

这表明颗粒在上述条件下的离心沉降速度比重力沉降速度约大百倍，足见离心沉降设备的分离效果远较重力沉降设备好。

2. 旋风分离器的操作原理

旋风分离器是利用离心力的作用从气流中分离出尘粒的设备。图 3-7 所示是具有代表性的结构类型，称为标准旋风分离器。主体的上部为圆筒形，下部为圆锥形。各部件的尺寸比例均标注于图中。含尘气体由圆筒上部的进气管切向进入，受器壁的约束向下作螺旋运动。在离心力作用下，颗粒被抛向器壁而与气流分离，再沿壁面落至锥底的排灰口。净化后的气体在中心轴附近由下而上作螺旋运动，最后由顶部排气管排出。图 3-8 的侧视图上描绘

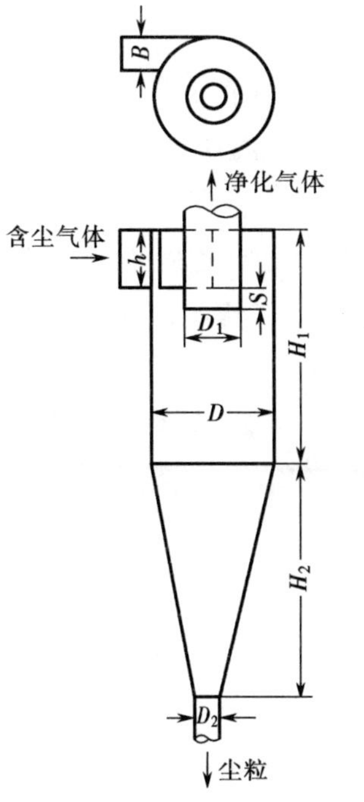

图 3-7　标准旋风分离器

$h=\frac{D}{2},B=\frac{D}{4},D_1=\frac{D}{2},H_1=2D$

$H_2=2D,S=\frac{D}{8},D_2=\frac{D}{4}$

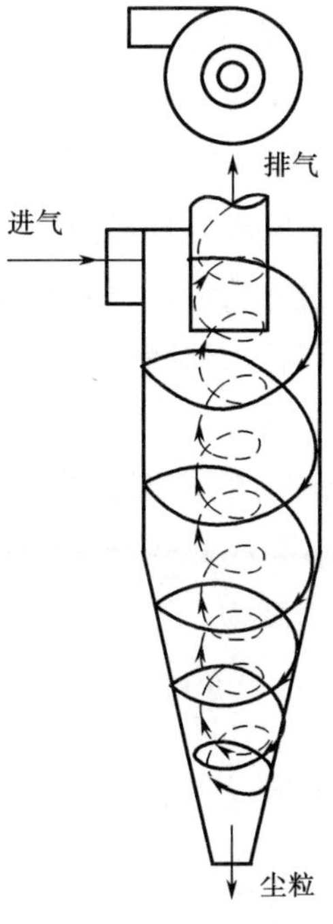

图 3-8　气体在旋风分离器内的运动情况

了气体在器内的运动情况。通常，把下行的螺旋形气流称为外旋流，上行的螺旋形气流称为内旋流（又称气芯）。内、外旋流气体的旋转方向相同。外旋流的上部是主要除尘区。

旋风分离器内的静压力在器壁附近最高，仅稍低于气体进口处的压力，往中心逐渐降低，在气芯处可降至气体出口压力以下。旋风分离器内的低压气芯由排气管入口一直延伸到底部出灰口。因此，如果出灰口或集尘室密封不良，便易漏入气体，把已收集在锥形底部的粉尘重新卷起，严重降低分离效果。

旋风分离器的应用已有近百年的历史，因其结构简单，造价低廉，没有活动部件，可用多种材料制造，操作条件范围宽广，分离效率较高，所以至今仍是化工、采矿、冶金、机械、轻工等工业部门里最常用的一种除尘、分离设备。旋风分离器一般用来除去气流中直径在 5 μm 以上的尘粒。对颗粒含量高于 200 g/m^3 的气体，由于颗粒聚结作用，它甚至能除去 3 μm 以下的颗粒。旋风分离器还可以从气流中分离出雾沫。对于直径在 200 μm 以上的粗大颗粒，最好先用重力沉降法除去，以减少颗粒对分离器器壁的磨损；对于直径在 5 μm 以下的颗粒，一般旋风分离器的捕集效率不高，需用袋滤器或湿法捕集。旋风分离器不适用于处理黏性粉尘、含湿量高的粉尘及腐蚀性粉尘。此外，气量的波动对除尘效果及设备阻力影响较大。

3. 旋风分离器的性能

评价旋风分离器性能的主要指标是尘粒从气流中的分离效果及气体经过旋风分离器的压力降。

1）临界粒径

研究旋风分离器分离性能时，常从分析其临界粒径入手。所谓临界粒径，是理论上在旋风分离器中能被完全分离下来的最小颗粒直径。临界粒径是判断分离效率高低的重要依据。

计算临界粒径的关系式，可在如下简化条件下推导出来。

①进入旋风分离器的气流严格按螺旋形路线作等速运动，其切向速度等于进口气速 u_i。

②颗粒向器壁沉降时，必须穿过厚度等于整个进气宽度 B 的气流层，方能到达壁面而被分离。

③颗粒在层流情况下作自由沉降，其径向沉降速度可用式（3-22）计算。

因 $\rho \ll \rho_s$，故式（3-22）中的 $\rho_s - \rho \approx \rho_s$，又旋转半径 R 可取平均值 R_m，则气流中颗粒的离心沉降速度为

$$u_r = \frac{d^2 \rho_s u_i^2}{18\mu R_m}$$

颗粒到达器壁所需的沉降时间为

$$\theta_t = \frac{B}{u_r} = \frac{18\mu R_m B}{d^2 \rho_s u_i^2}$$

令气流的有效旋转圈数为 N_e，它在器内运行的距离便是 $2\pi R_m N_e$，则停留时间为

$$\theta = \frac{2\pi R_m N_e}{u_i}$$

若某种尺寸的颗粒所需的沉降时间 θ_t 恰好等于停留时间 θ，该颗粒就是理论上能被完

全分离下来的最小颗粒。以 d_c 代表这种颗粒的直径，即临界粒径，则

$$\frac{18\mu R_m B}{d_c^2\rho_s u_i^2}=\frac{2\pi R_m N_e}{u_i}$$

解得

$$d_c=\sqrt{\frac{9\mu B}{\pi N_e\rho_s u_i}} \tag{3-24}$$

一般旋风分离器是以圆筒直径 D 为参数，其他尺寸都与 D 成一定比例。由式(3-24)可见，临界粒径随分离器尺寸增大而加大，因此分离效率随分离器尺寸增大而降低。所以，当气体处理量很大时，常将若干个小尺寸的旋风分离器并联使用（称为旋风分离器组），以维持较高的除尘效率。

在推导式(3-24)时所作的①、②两项假设与实际情况差距较大，但因这个公式非常简单，只要给出合适的 N_e 值即可，尚属可用。N_e 的数值一般为0.5～3.0，对标准旋风分离器，可取$N_e=5$。

2）分离效率

旋风分离器的分离效率有两种表示法：一是总效率，以 η_o 表示；一是分效率，又称粒级效率，以 η_p 表示。

（1）总效率 η_o　总效率是指进入旋风分离器的全部颗粒中被分离下来的质量分数，即

$$\eta_o=\frac{C_1-C_2}{C_1} \tag{3-25}$$

式中　C_1——旋风分离器进口气体含尘浓度，g/m³；

C_2——旋风分离器出口气体含尘浓度，g/m³。

总效率是工程中最常用的，也是最易于测定的分离效率。这种表示方法的缺点是不能表明旋风分离器对各种尺寸粒子的不同分离效果。

（2）粒级效率 η_p　含尘气流中的颗粒通常是大小不均的，通过旋风分离器之后，各种尺寸的颗粒被分离下来的百分率互不相同。按各种粒度分别表明其被分离下来的质量分数，称为粒级效率。通常把气流中所含颗粒的尺寸范围等分成 n 个小段，在第 i 个小段范围内的颗粒（平均粒径为 d_i）的粒级效率定义为

$$\eta_{p,i}=\frac{C_{1,i}-C_{2,i}}{C_{1,i}} \tag{3-26}$$

式中　$C_{1,i}$——进口气体中粒径在第 i 小段范围内的颗粒的浓度，g/m³；

$C_{2,i}$——出口气体中粒径在第 i 小段范围内的颗粒的浓度，g/m³。

粒级效率 η_p 与颗粒直径 d_i 的对应关系可用曲线表示，称为粒级效率曲线。这种曲线可通过实测旋风分离器进、出气流中所含尘粒的浓度及粒度分布而获得。

工程上常把旋风分离器的粒级效率 η_p 标绘成粒径比$\frac{d}{d_{50}}$的函数曲线。d_{50}是粒级效率恰为50%的颗粒直径，称为分割粒径。图3-7所示的标准旋风分离器，其 d_{50}可用下式估算：

$$d_{50}\approx 0.27\sqrt{\frac{\mu D}{u_i(\rho_s-\rho)}} \tag{3-27}$$

这种标准旋风分离器的 η_p-$\frac{d}{d_{50}}$曲线见图3-9。对于同一结构形式且尺寸比例相同的旋风分离器，无论大小，皆可通用同一条 η_p-$\frac{d}{d_{50}}$曲线，这就给旋风分离器效率的估算带来了很大方便。

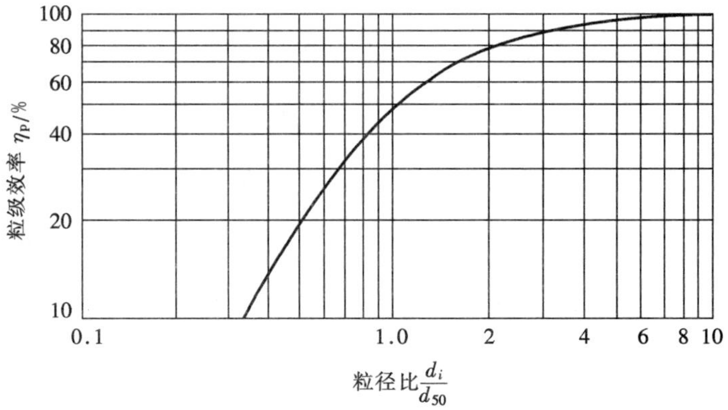

图3-9 标准旋风分离器的 η_p-$\frac{d}{d_{50}}$曲线

(3)由粒级效率求总效率 如果已知粒级效率曲线，并且已知气体含尘的粒度分布数据，则可按下式估算总效率，即

$$\eta_o = \sum_{i=1}^{n} x_i \eta_{pi} \tag{3-28}$$

式中 x_i——粒径在第 i 小段范围内的颗粒占全部颗粒的质量分数；

η_{pi}——第 i 小段粒径范围内颗粒的粒级效率；

n——全部粒径被划分的段数。

3)压力降

气体经过旋风分离器时，由于进气管和排气管及主体器壁所引起的摩擦阻力、流动时的局部阻力以及气体旋转运动所产生的动能损失等，将造成气体的压力降。可以仿照第1章的方法，将压力降看做与进口气体动能成正比，即

$$\Delta p = \zeta \frac{\rho u_i^2}{2} \tag{3-29}$$

式中的 ζ 为比例系数，亦即阻力系数。对于同一结构形式及尺寸比例的旋风分离器，ζ 为常数，不因尺寸大小而变。例如图3-7所示的标准旋风分离器，其阻力系数 $\zeta=8.0$。旋风分离器的压力降一般为500～2 000 Pa。

4)影响旋风分离器性能的因素

影响旋风分离器性能的因素多而复杂，物系情况及操作条件是其中的重要方面。一般说来，颗粒密度大、粒径大、进口气速高及粉尘浓度高等情况均有利于分离。譬如，含尘浓度高则有利于颗粒的聚结，可以提高效率，而且颗粒浓度提高可以抑制气体涡流，从而使阻力下降，所以较高的含尘浓度对压力降与效率两个方面都有利。但有些因素则对这两个方面

有相互矛盾的影响，譬如进口气速稍高有利于分离，但过高则导致涡流加剧，反而不利于分离，徒然增大压力降。因此，旋风分离器的进口气速保持在 10 ~25 m/s 范围内为宜。

【例 3-4】 用如图 3-7 所示的标准旋风分离器除去气流中所含固体颗粒。已知固体密度为 1 100 kg/m^3，颗粒直径为 4.5 μm；气体密度为 1.2 kg/m^3、黏度为 1.8×10^{-5} Pa·s，气体流量为 0.40 m^3/s；允许压力降为 1 780 Pa。试估算采用以下各方案时的设备尺寸及分离效率：(1)1 台旋风分离器；(2)4 台相同的旋风分离器串联；(3)4 台相同的旋风分离器并联。

解：(1)1 台旋风分离器

已知图 3-7 所示的标准旋风分离器的阻力系数 $\zeta=8.0$，依式(3-29)可以写出：

$$1\ 780=8.0\times1.2\left(\frac{u_i^2}{2}\right)$$

解得进口气速为 $u_i=19.26$ m/s。

旋风分离器进口截面积为 $hB=\dfrac{D^2}{8}$，同时 $hB=\dfrac{V_s}{u_i}$，故设备直径为

$$D=\sqrt{\frac{8V_s}{u_i}}=\sqrt{\frac{8\times0.40}{19.26}}=0.408\ \text{m}$$

再依式(3-27)计算分割粒径，即

$$d_{50}\approx0.27\sqrt{\frac{\mu D}{u_i(\rho_s-\rho)}}=0.27\sqrt{\frac{(1.8\times10^{-5})\times0.408}{19.26(1\ 100-1.2)}}=5.029\times10^{-6}\ \text{m}=5.029\ \mu\text{m}$$

$$\frac{d}{d_{50}}=\frac{4.5}{5.029}=0.894\ 8$$

查图 3-9，得 $\eta=44\%$。

(2)4 台旋风分离器串联

当 4 台相同的旋风分离器串联时，若忽略级间连接管的阻力，则每台旋风分离器允许的压力降为

$$\Delta p=\frac{1}{4}\times1\ 780=445\ \text{Pa}$$

则各级旋风分离器的进口气速为

$$u_i=\sqrt{\frac{2\Delta p}{\zeta\rho}}=\sqrt{\frac{2\times445}{8.0\times1.2}}=9.63\ \text{m/s}$$

每台旋风分离器的直径为

$$D=\sqrt{\frac{8V_s}{u_i}}=\sqrt{\frac{8\times0.40}{9.63}}=0.576\ 5\ \text{m}$$

又

$$d_{50}\approx0.27\sqrt{\frac{(1.8\times10^{-5})\times0.576\ 5}{9.63(1\ 100-1.2)}}=8.46\times10^{-6}\text{m}=8.46\ \mu\text{m}$$

$$\frac{d}{d_{50}}=\frac{4.5}{8.46}=0.532$$

查图3-9，得每台旋风分离器的效率为22%，则串联4级旋风分离器的总效率为

$$\eta = 1-(1-0.22)^4 = 63\%$$

(3)4台旋风分离器并联

当4台旋风分离器并联时，每台旋风分离器的气体流量为$\frac{1}{4}\times 0.4 = 0.1\ m^3/s$，而每台旋风分离器的允许压力降仍为1 780 Pa，则进口气速仍为

$$u_i = \sqrt{\frac{2\Delta p}{\zeta\rho}} = \sqrt{\frac{2\times 1\ 780}{8.0\times 1.2}} = 19.26\ m/s$$

因此每台分离器的直径为

$$D = \sqrt{\frac{8\times 0.1}{19.26}} = 0.203\ 8\ m$$

$$d_{50} \approx 0.27\sqrt{\frac{1.8\times 10^{-5}\times 0.203\ 8}{19.26(1\ 100-1.2)}} = 3.55\times 10^{-6} m = 3.55\ \mu m$$

$$\frac{d}{d_{50}} = \frac{4.5}{3.55} = 1.268$$

查图3-9，得$\eta = 61\%$。

由上面的计算结果可以看出，在处理气量及压力降相同的条件下，本例中串联4台与并联4台旋风分离器（旋风分离器组）的效率大体相同，但并联时所需的设备小、投资省。

【例3-5】 采用图3-7所示的标准型旋风分离器除去气流中的尘粒，分离器的η_p-$\frac{d}{d_{50}}$曲线见图3-9。已根据设备尺寸、操作条件及系统物性估算出分割粒径$d_{50} = 5.7\ \mu m$，求除尘总效率。

气流中所含粉尘的粒度分布见本例附表1。

例3-5 附表1

粒径范围/μm	0~5	5~10	10~15	15~20	20~25	25~30	30~40	40~50	50~60	60~70
质量分数 x_i	0.02	0.05	0.14	0.38	0.19	0.12	0.05	0.03	0.01	0.01

解：依式(3-28)计算总效率，即

$$\eta_o = \sum_{i=1}^{10} x_i \eta_{pi}$$

计算过程及结果见本例附表2。

例3-5 附表2

粒径范围/μm	平均粒径 d_i/μm	质量分数 x_i	粒径比$\frac{d}{d_{50}}$ $(d_i/5.7)$	粒级效率 η_{pi} $\left(由\frac{d}{d_{50}}查图3\text{-}9\right)$	$x_i\eta_{pi}$
0~5	2.5	0.02	0.44	0.16	0.003 2

续表

粒径范围/μm	平均粒径 d_i/μm	质量分数 x_i	粒径比 $\frac{d}{d_{50}}$ (d_i/5.7)	粒级效率 η_{pi} (由 $\frac{d}{d_{50}}$ 查图 3-9)	$x_i\eta_{pi}$
5~10	7.5	0.05	1.32	0.61	0.031
10~15	12.5	0.14	2.19	0.30	0.112
15~20	17.5	0.38	3.07	0.90	0.342
20~25	22.5	0.19	3.95	0.93	0.177
25~30	27.5	0.12	4.82	0.96	0.115
30~40	35	0.05	6.14	0.97	0.048
40~50	45	0.03	7.89	0.99	0.030
50~60	55	0.01	9.65	0.99	0.01
60~70	65	0.01	11.4	1.00	0.01

求得除尘总效率为

$$\eta_o = \sum_{i=1}^{10} x_i\eta_{pi} = 0.878\ 2\text{，即 } 87.82\%$$

4. 旋风分离器的结构形式与选用

旋风分离器的分离效率不仅受含尘气的物理性质、含尘浓度、粒度分布及操作的影响，还与设备的结构尺寸密切相关。只有各部分结构尺寸恰当，才能获得较高的分离效率和较低的压力降。

1）旋风分离器的结构形式

近年来，在旋风分离器的结构设计中，主要对以下几个方面进行改进，以提高分离效率或降低气流阻力。

（1）采用细而长的器身　减小器身直径可增大惯性离心力，增加器身长度可延长气体停留时间，所以，细而长的器身有利于颗粒的离心沉降，使分离效率提高。

（2）减小涡流的影响　含尘气体自进气管进入旋风分离器后，有一小部分气体向顶盖流动，然后沿排气管外侧向下流动，当到达排气管下端时汇入上升的内旋气流中，这部分气流称为上涡流。分散在上涡流中的颗粒被带出器外，这是造成旋风分离器低效的主要原因之一。采用带有旁路分离室或异形进气管的旋风分离器，可以改善上涡流的影响。

在标准旋风分离器内，内旋流旋转上升时，会将沉积在锥底的部分颗粒重新扬起，这是影响分离效率的另一重要原因。为抑制这种不利因素，设计了扩散式旋风分离器。

此外，排气管和灰斗尺寸的合理设计都可使除尘效率提高。

鉴于以上考虑，可对标准旋风分离器加以改进，设计出一些新的结构形式。现列举几种化工中常见的旋风分离器类型。

①XLT/A 型。这是具有倾斜螺旋面进口的旋风分离器，其结构如图 3-10 所示。这种进口结构形式，在一定程度上可以减小涡流的影响，并且气流阻力较低（阻力系数 ζ 值可取 5.0 ~5.5）。

②XLP 型。XLP 型是带有旁路分离室的旋风分离器，采用蜗壳式进气口，其上沿较器体顶盖稍低。含尘气进入器内后即分为上、下两股旋流。“旁室”结构能迫使被上旋流带到顶

部的细微尘粒聚结并由旁室进入向下旋转的主气流而得以捕集，对 5 μm 以上的尘粒具有较高的分离效果。根据器体及旁路分离室形状的不同，XLP 型又分为 A 和 B 两种类型，图 3-11 所示为 XLP/B 型，其阻力系数 ζ 值可取 4.8 ~5.8。

③扩散式（XLK 型）。扩散式旋风分离器的结构如图 3-12所示，其主要特点是具有上小下大的外壳，并在底部装有挡灰盘（又称反射屏）。挡灰盘 a 为倒置的漏斗形，顶部中央有孔，下沿与器壁底圈间留有缝隙。沿壁面落下的颗粒经此缝隙降至集尘箱 b 内，而气流主体被挡灰盘隔开，少量进入箱内的气体则经挡灰盘顶部的小孔返回器内，与上升旋流汇合后经排气管排出。挡灰盘有效地防止了已沉下的细粉被气流重新卷起，因而使效率提高，尤其对 10 μm 以下的颗粒，分离效果更为明显。

上述几种典型结构旋风分离器的性能汇总于表 3-3。

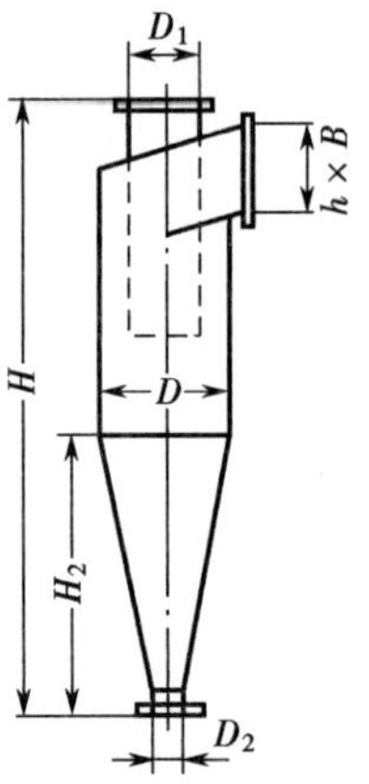

图 3-10 XLT/A 型旋风分离器

$h=0.66D$ $B=0.26D$

$D_1=0.6D$ $D_2=0.3D$

$H_2=2D$ $H=(4.5\sim4.8)D$

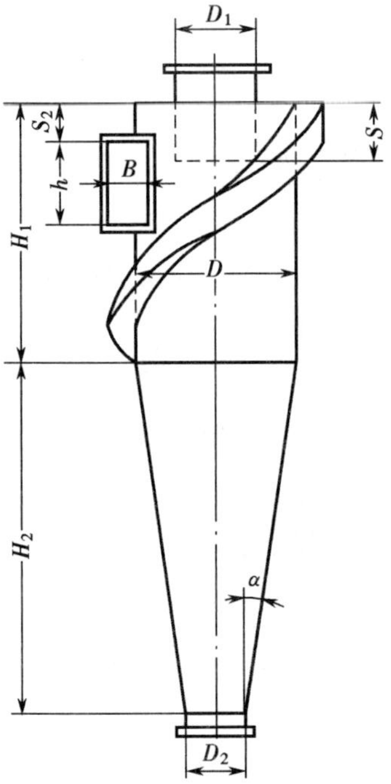

图 3-11 XLP/B 型旋风分离器

$h=0.6D$ $B=0.3D$ $D_1=0.6D$ $D_2=0.43D$

$H_1=1.7D$ $H_2=2.3D$ $S=0.28D+0.3D$

$S_2=0.28D$ $\alpha=14°$

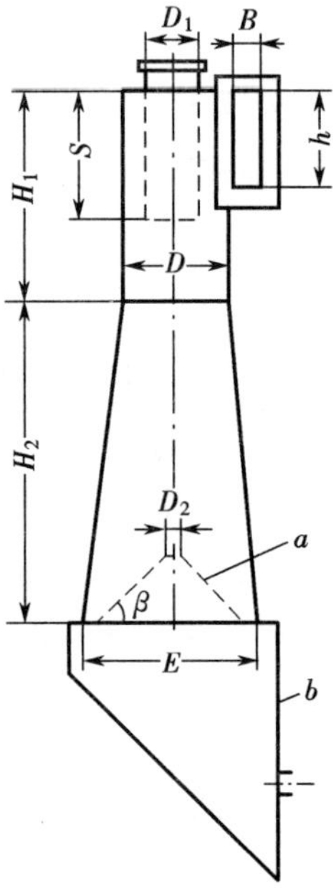

图 3-12 扩散式旋风分离器

$h=D$ $B=0.26D$ $D_1=0.6D$ $D_2=0.1D$

$H_1=2D$ $H_2=3D$ $S=1.1D$ $E=1.65D$

$\beta=45°$

表 3-3 旋风分离器的性能

类型 \ 性能	适宜气速/($m \cdot s^{-1}$)	生产能力/($m^3 \cdot h^{-1}$)	除尘粒度/μm	含尘浓度/($g \cdot m^{-3}$)	阻力系数 ζ值	圆筒直径/mm
XLT/A	12 ~ 18	170 ~ 7 130	>10	4.0 ~ 5.0	5.0 ~ 5.5	150 ~ 800
XLP/B	12 ~ 20	700 ~ 14 300	>5	>0.5	4.8 ~ 5.8	300 ~ 1 000
XLK(扩散式)	12 ~ 20	820 ~ 8 740	>5	1.7 ~ 200	7.0 ~ 8.0	250 ~ 695

面对分离含尘气体的具体任务，决定所应采用的旋风分离器形式、尺寸与台数时，要首先根据系统的物性与任务的要求，结合各型设备的特点，选定旋风分离器的形式，而后通过计算决定尺寸与个数。

2）旋风分离器的选型

旋风分离器选型的主要依据有 3 个方面：一是含尘气的体积流量；二是要求达到的分离效率；三是允许的压力降。严格地按照上述 3 项指标选择指定类型的旋风分离器尺寸与台数，需要知道该型设备的粒级效率及气体含灰的粒度分布数据或曲线，但实际往往缺乏这些数据。此时则不能对分离效率作较为确切的计算，只能在保证满足规定的生产能力及允许压力降的同时，对效率作粗略考虑。

按照规定的允许压力降，可同时选出几种不同的型号。若选直径小的分离器，效率较高，但可能需要数台并联才能满足生产能力的要求；反之，若选直径大的，则台数可以减少，但效率要低些。

采用多台旋风分离器并联使用时，须特别注意解决气流的均匀分配及排除出灰口的窜漏问题，以便在保证气体处理量的前提下兼顾分离效率与气体压力降的要求。

【例 3-6】 某淀粉厂的气流干燥器每小时送出 7 200 m^3 带有淀粉的 60 ℃热空气，拟采用标准式旋风分离器收取其中的淀粉，要求压力降不超过 1 800 Pa。已知固体的密度 $\rho_s = 1\ 230\ kg/m^3$。

试求：(1) 旋风分离器的直径 D；

(2) 理论上能全部回收的最小粒径 d_c 和粒径 $d = 6.0\ \mu m$ 淀粉的回收率。

解：60 ℃空气的有关参数为：$\rho = 1.06\ kg/m^3$，$\mu = 2.01 \times 10^{-5}\ Pa \cdot s$。对于标准旋风分离器，$\zeta = 8.0$，$N_e = 5.0$，$h = D/2$，$B = D/4$。

(1) 旋风分离器的直径 D

为了提高淀粉回收率，特选用由 4 个旋风分离器并联而构成的旋风分离器组。

$$V_s = \frac{7\ 200}{3\ 600}/4 = 0.5\ m^3/s$$

$$u_i = \sqrt{\frac{2\Delta p}{\zeta\rho}} = \sqrt{\frac{2 \times 1\ 800}{8 \times 1.06}} = 20.6\ m/s$$

$$V_s = hBu_i = \frac{D^2}{8}u_i$$

则

$$D = \sqrt{\frac{8V_s}{u_i}} = \sqrt{\frac{8 \times 0.5}{20.6}} = 0.441\ m$$

(2)粗估分离效果

$$d_c=\sqrt{\frac{9\mu B}{\pi N_e\rho_s u_i}}=\sqrt{\frac{9\times 2.01\times 10^{-5}\times(0.441/4)}{3.14\times 5.0\times 1\ 230\times 20.6}}=7.073\times 10^{-6}\ \text{m}=7.073\ \mu\text{m}$$

$$d_{50}=0.27\sqrt{\frac{uD}{u_i(\rho_s-\rho)}}=\sqrt{\frac{2.01\times 10^{-5}\times 0.441}{20.6(1\ 230-1.06)}}=5.052\times 10^{-6}\ \text{m}=5.052\ \mu\text{m}$$

$$\frac{d}{d_{50}}=\frac{6.0}{5.052}=1.19$$

查图3-9得 $\eta_p=59\%$

当然,也可以作出其他的选择,即选用的型号与台数不同于上面的方案。所有这些方案在满足气体处理量及不超过允许压力降的条件下,效率高低和费用大小都不相同。合适的型号只能根据实际情况和经验确定。

5. 旋液分离器

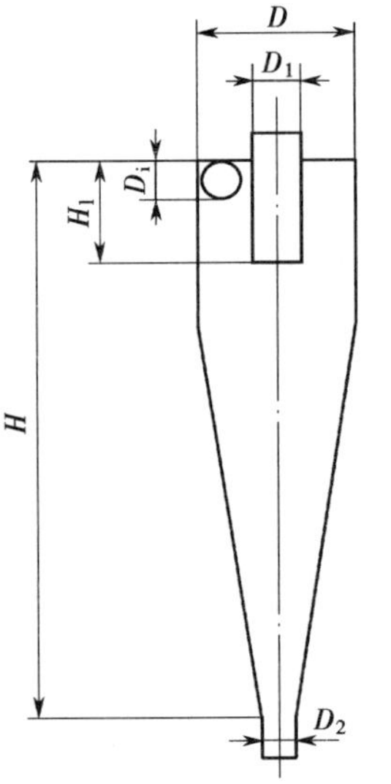

图3-13 旋液分离器

	增浓	分级
D_i	$D/4$	$D/7$
D_1	$D/3$	$D/7$
H	$5D$	$2.5D$
H_1	$(0.3\sim0.4)D$	$(0.3\sim0.4)D$

锥形段倾斜角一般为10°~20°

旋液分离器又称水力旋流器,是利用离心沉降原理从悬浮液中分离固体颗粒的设备。它的结构与操作原理和旋风分离器相类似。设备主体也是由圆筒和圆锥两部分组成,如图3-13所示。悬浮液经入口管沿切向进入圆筒,向下作螺旋形运动,固体颗粒受惯性离心力作用被甩向器壁,随下旋流降至锥底的出口,由底部排出,此处的增浓液称为底流;清液或含有微细颗粒的液体则成为上升的内旋流,从顶部的中心管排出,此液称为溢流。内层旋流中心有一个处于负压的气柱,气柱中的气体是由料浆中释放出来的,或者是由溢流管口暴露于大气中时吸入器内的空气。

旋液分离器的结构特点是直径小而圆锥部分长。因为固、液间的密度差比固、气间的密度差小,在一定的切线进口速度下,小直径的圆筒有利于增大惯性离心力,以提高沉降速度;同时,锥形部分加长可增大液流的行程,从而延长了悬浮液在器内的停留时间。

旋液分离器不仅可用于悬浮液的增浓,在分级方面更有显著特点,而且还可用于不互溶液体的分离、气液分离以及传热、传质和雾化等操作中,因而广泛应用于多种工业领域。旋液分离器的操作性能范围见表3-4。

根据增浓或分级用途的不同,旋液分离器的尺寸比例也有相应的变化,如图3-13中的标注。在进行旋液分离器设计或选型时,应根据工艺的不同要求,对技术指标或经济指标加以综合权衡,以确定设备的最佳结构及尺寸比例。例如,用于分级时,分割粒径通常为工艺所规定,而用于增浓时,则往往规定总收率或底流浓度。从分离角度考虑,在给定处理量时,选用若干个小直径旋液分离器并联运行,其效果要比使用一个大直径的旋液分离器好得多。

正因如此，多数制造厂家都提供不同结构的旋液分离器组，使用时可单级操作，也可串联操作，以获得更高的分离效率。

表 3-4 旋液分离器的操作性能

进料压力/MPa	进料流速/($m \cdot s^{-1}$)	分割粒径/μm	单台流量/($m^3 \cdot h^{-1}$)	进料浓度 C_1/%（质量）	底流浓度 C_2/%
0.02～0.40	3～15	5～200	0.1～300	1～20	最大 75

近年来，世界各国对超小型旋液分离器（直径小于 15 mm 的旋液分离器）进行开发。超小型旋液分离器组特别适用于微细物料悬浮液的分离操作，颗粒直径可小到 2～5 μm。

旋液分离器的粒级效率和颗粒直径的关系曲线与旋风分离器颇为相似，并且同样可根据粒级效率及粒径分布计算总效率。

在旋液分离器中，颗粒沿器壁快速运动时产生严重磨损，为了延长使用期限，应采用耐磨材料制造或采用耐磨材料作内衬。

3.3 过滤

演示文稿

过滤是分离悬浮液最普遍和最有效的单元操作之一。借过滤操作可获得清净的液体或固相产品。与沉降分离相比，过滤操作可使悬浮液的分离更迅速更彻底。在某些场合下，过滤是沉降的后继操作。过滤与蒸发、干燥等非机械操作相比，能量消耗比较低。

3.3.1 过滤操作原理

过滤是以某种多孔物质为介质，在外力作用下，使悬浮液中的液体通过介质的孔道，而固体颗粒被截留在介质上，从而实现固、液分离的操作。过滤操作采用的多孔物质称为过滤介质，所处理的悬浮液称为滤浆或料浆，通过多孔通道的液体称为滤液，被截留的固体物质称为滤饼或滤渣。图 3-14 是过滤操作的示意图。

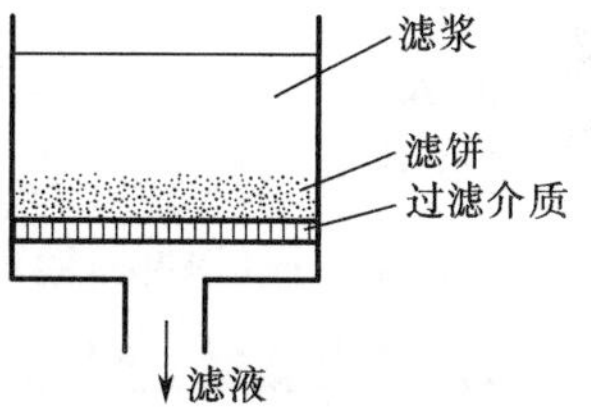

图 3-14 过滤操作示意图

实现过滤操作的外力可以是重力、压力差或惯性离心力。在化工中应用最多的还是以压力差为推动力的过滤。

1. 过滤方式

工业上的过滤操作分为两大类，即饼层过滤和深床过滤。饼层过滤时，悬浮液置于过滤介质的一侧，固体物沉积于介质表面而形成滤饼层。过滤介质中微细孔道的直径可能大于悬浮液中部分颗粒的直径，因而，过滤之初会有一些细小颗粒穿过介质而使滤液浑浊，但是颗粒会在孔道中迅速地发生“架桥”现象（见图 3-15），使小于孔道直径的细小颗粒也能被截拦，故当滤饼开始形成，滤液即变清，此后过滤才能有效地进行。可见，在饼层过滤中，真正发挥截拦颗粒作用的主要是滤饼层而不是过滤介质。通常，过滤开始阶段得到的浑浊液，待

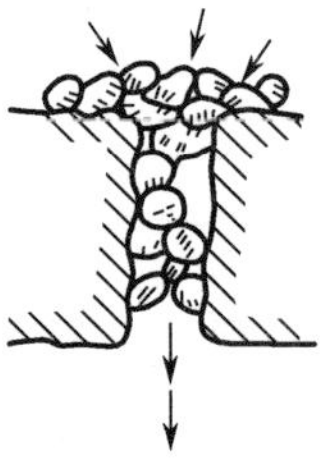

图 3-15 架桥现象

滤饼形成后应返回滤浆槽重新处理。饼层过滤适用于处理固体含量较高(固相体积分数约在 1% 以上)的悬浮液。

在深床过滤中,固体颗粒并不形成滤饼,而是沉积于较厚的粒状过滤介质床层内部。悬浮液中的颗粒尺寸小于床层孔道直径,当颗粒随流体在床层内的曲折孔道中流过时,便附在过滤介质上。这种过滤适用于生产能力大而悬浮液中颗粒小、含量甚微(固相体积分数在 0.1% 以下)的场合。自来水厂饮水的净化及从合成纤维纺丝液中除去极细固体物质等均采用这种过滤方法。

另外,随着膜分离技术应用领域的扩大,作为精密分离技术的膜过滤(包括微孔过滤、超滤和纳滤等)近年来发展非常迅速。

化工中所处理的悬浮液固相浓度往往较高,故本节只讨论饼层过滤。

2. 过滤介质

过滤介质是滤饼的支承物,它应具有足够的力学强度和尽可能小的流动阻力,同时,还应具有相应的耐腐蚀性和耐热性。

工业上常用的过滤介质主要有下面 4 类。

(1)织物介质(又称滤布) 包括由棉、毛、丝、麻等天然纤维及合成纤维制成的织物,以及由玻璃丝、金属丝等织成的网。这类介质能截留颗粒的最小直径为 5 ~ 65 μm。织物介质在工业上应用最为广泛。

(2)堆积介质 此类介质由各种固体颗粒(细砂、木炭、石棉、硅藻土)或非编织纤维等堆积而成,多用于深床过滤中。

(3)多孔固体介质 这类介质是具有很多微细孔道的固体材料,如多孔陶瓷、多孔塑料及多孔金属制成的管或板,能拦截 1 ~ 3 μm 的微细颗粒。

(4)多孔膜 用于膜过滤的无机材料膜及各种有机高分子膜。其中应用最多的是粗醋酸纤维素及芳香聚酰胺系两大类有机高分子膜。

3. 滤饼的压缩性和助滤剂

滤饼是由截留下的固体颗粒堆积而成的床层,随着操作的进行,滤饼的厚度与流动阻力都逐渐增加。构成滤饼的颗粒特性对流动阻力的影响悬殊很大。颗粒如果是不易变形的坚硬固体(如硅藻土、碳酸钙等),则当滤饼两侧的压力差增大时,颗粒的形状和颗粒间的空隙都不发生明显变化,单位厚度床层的流动阻力可视为恒定,这类滤饼称为不可压缩滤饼。相反,如果滤饼是由某些类似氢氧化物的胶体物质构成,则当滤饼两侧的压力差增大时,颗粒的形状和颗粒间的空隙便有明显的改变,单位厚度饼层的流动阻力随压力差增大而增大,这种滤饼称为可压缩滤饼。

为了减小可压缩滤饼的流动阻力,有时将某种质地坚硬而能形成疏松饼层的另一种固体颗粒混入悬浮液或预涂于过滤介质上,以形成疏松饼层,使滤液得以畅流。这种预混或预涂的粒状物质称为助滤剂。

对助滤剂的基本要求:①应能形成多孔饼层的刚性颗粒,使滤饼有良好的渗透性、较高的空隙率及较小的流动阻力;②应具有化学稳定性,不与悬浮液发生化学反应,也不溶于液相中。

应予注意,一般以获得清净滤液为目的时,采用助滤剂是适宜的。

3.3.2 颗粒床层的特性及流体流过床层的压降

1. 颗粒床层的特性

1)床层空隙率 ε

由颗粒群堆积成的床层疏密程度可用空隙率表示,其定义如下:

$$\varepsilon=\frac{\text{床层体积}-\text{颗粒体积}}{\text{床层体积}}$$

影响空隙率 ε 值的因素非常复杂,诸如颗粒的大小、形状、粒度分布与充填方式等。实验证明,单分散性球形颗粒作最松排列时的空隙率为 0.48,作最紧密排列时为 0.26;乱堆的非球形颗粒床层空隙率往往大于球形的,形状系数 ϕ_s 值愈小,空隙率 ε 值超过球形 ε 的可能性愈大;多分散性颗粒所形成的床层空隙率则较小;若充填时设备受到振动,则空隙率必定小,采用湿法充填(即设备内先充以液体),则空隙率必大。

一般乱堆床层的空隙率大致在 0.47 ~ 0.70 之间。

在床层的同一截面上空隙率的分布通常是不均匀的。容器壁面附近的空隙率大于床层中心的。这种壁面的影响称为壁效应。改善壁效应的方法是限制床层直径与颗粒定性尺寸之比不得小于某极限值。若床层直径比颗粒尺寸大得多,则可忽略壁效应。

2)床层的比表面积 a_b

单位床层体积具有的颗粒表面积称为床层的比表面积 a_b。若忽略颗粒之间接触面积的影响,则

$$a_b=(1-\varepsilon)a \tag{3-30}$$

式中 a_b——床层比表面积,m^2/m^3;

a——颗粒的比表面积,m^2/m^3;

ε——床层空隙率。

床层比表面积也可根据堆积密度估算,即

$$a_b=\frac{6\rho_b}{d\rho_s}=\frac{6(1-\varepsilon)}{d} \tag{3-30a}$$

式中 ρ_b、ρ_s 分别为堆积密度和真实密度,kg/m^3。ρ_b 和 ρ_s 之间的近似关系可用下式表示:

$$\rho_b=(1-\varepsilon)\rho_s \tag{3-31}$$

3)床层的自由截面积

床层截面上未被颗粒占据的、流体可以自由通过的面积即为床层的自由截面积。

工业上,小颗粒的床层用乱堆方法堆成,而非球形颗粒的定向是随机的,因而可认为床层是各向同性。各向同性床层的一个重要特点是,床层横截面上可供流体通过的自由截面(即空隙截面)与床层截面之比在数值上等于空隙率 ε。

由于壁效应的影响,较多的流体必趋向近壁处流过,使床层截面上流体分布不均匀。当床层直径 D 与颗粒直径 d 之比 D/d 较小时,壁效应的影响尤为严重。

2. 流体通过床层流动的压降

固定床层中颗粒间的空隙形成可供流体通过的细小、曲折、互相交联的复杂通道。流体通过如此复杂通道的流动阻力很难进行理论推算。本节采用数学模型法进行研究。

1)床层的简化模型

细小而密集的固体颗粒床层具有很大的比表面积,流体通过这样床层的流动多为滞流,流动阻力基本上为黏性摩擦阻力,从而使整个床层截面速度的分布均匀化。为解决流体通过床层的压降计算问题,在保证单位床层体积表面积相等的前提下,将颗粒床层内实际流动过程加以简化,以便可以用数学方程式加以描述。

简化模型是将床层中不规则的通道假设成长度为 L、当量直径为 d_e 的一组平行细管,并且规定:①细管的全部流动空间等于颗粒床层的空隙容积;②细管的内表面积等于颗粒床层的全部表面积。

在上述简化条件下,以 1 m^3 床层体积为基准,细管的当量直径可表示为床层空隙率 ε 及比表面积 a_b 的函数,即

$$d_{eb}=\frac{4\times\text{床层流动空间}}{\text{细管的全部内表面积}}=\frac{4\varepsilon}{a_b}=\frac{4\varepsilon}{(1-\varepsilon)a} \tag{3-32}$$

2)流体通过床层压降的数学描述

根据前述简化模型,流体通过一组平行细管流动的压降为

$$\Delta p_f=\lambda\frac{L}{d_{eb}}\frac{u_1^2}{2}\rho \tag{3-33}$$

式中 Δp_f——流体通过床层的压降,Pa;

L——床层高度,m;

d_{eb}——床层流道的当量直径,m;

u_1——流体在床层内的实际流速,m/s。

u_1 与按整个床层截面计算的空床流速 u 的关系为

$$u_1=\frac{u}{\varepsilon} \tag{3-34}$$

将式(3-32)与式(3-34)代入式(3-33),得到

$$\frac{\Delta p_f}{L}=\lambda'\frac{(1-\varepsilon)a}{\varepsilon^3}\rho u^2 \tag{3-35}$$

式(3-35)即为流体通过固定床压降的数学模型,式中的 λ' 为流体通过床层流道的摩擦系数,称为模型参数,其值由实验测定。

3)模型参数的实验测定

模型的有效性需通过实验检验,模型参数需实验测定。

(1)康采尼(Kozeny)实验结果 康采尼通过实验发现,在流速较低、床层雷诺数 $Re_b<2$ 的层流情况下,模型参数 λ' 可较好地符合下式:

$$\lambda' = \frac{K'}{Re_b} \tag{3-36}$$

式中 K' 称为康采尼常数，其值可取 5.0。Re_b 的定义为

$$Re_b = \frac{d_{eb}u_1\rho}{4\mu} = \frac{\rho u}{a(1-\varepsilon)\mu} \tag{3-37}$$

式中　μ——流体的黏度，Pa·s。

将式(3-36)与式(3-37)代入式(3-35)，即为康采尼方程式，即

$$\frac{\Delta p_f}{L} = 5\,\frac{(1-\varepsilon)^2a^2u\mu}{\varepsilon^3} \tag{3-38}$$

(2)欧根(Ergun)实验结果　欧根在较宽的 Re_b 范围内进行实验，获得如下关联式

$$\lambda' = \frac{4.17}{Re_b} + 0.29 \tag{3-39}$$

将式(3-37)、式(3-39)代入式(3-35)，得到

$$\frac{\Delta p_f}{L} = 4.17\,\frac{(1-\varepsilon)^2a^2u\mu}{\varepsilon^3} + 0.29\,\frac{(1-\varepsilon)a\rho u^2}{\varepsilon^3} \tag{3-40}$$

将 $a=6/(\phi_s d_e)$ 代入上式，得到

$$\frac{\Delta p_f}{L} = 150\,\frac{(1-\varepsilon)^2u\mu}{\varepsilon^3(\phi_s d_e)^2} + 1.75\,\frac{(1-\varepsilon)\rho u^2}{\varepsilon^3(\phi_s d_e)} \tag{3-41}$$

式(3-41)称为欧根方程，适用于 Re_b 为 0.17～330 的范围。当 $Re_b<20$ 时，流动基本为层流，式(3-41)中等号右边第二项可忽略；当 $Re_b>1\,000$ 时，流动为湍流，式(3-41)中等号右边第一项可忽略。

3.3.3　过滤过程的物料衡算

设悬浮液(料浆)的体积为 V_o m^3，其中固相的体积分数为 φ(m^3 固体/m^3 料浆)。过滤后，获得滤液体积为 V m^3，相应的滤饼体积为 V_c m^3，滤饼的空隙率为 ε。则过滤过程的物料衡算如下。

1. 体积物料衡算

由物料的总体积衡算得

$$V_o = V + V_c \tag{3-42}$$

对固体颗粒作体积衡算得

$$V_o\varphi = V_c(1-\varepsilon) \tag{3-43}$$

联立式(3-42)与式(3-43)解得滤饼体积与滤液体积之比为

$$v = \frac{V_c}{V} = \frac{\varphi}{1-\varepsilon-\varphi} \tag{3-44}$$

则

$$V_c = Vv = LA \tag{3-45}$$

式中　A——过滤面积，m^2；

L——滤饼厚度，m。

若料浆中固体颗粒的含量以质量分数 x(kg 固体/kg 料浆)表示,则

$$\varphi = \frac{x}{\rho_s} \Big/ \left(\frac{x}{\rho_s} + \frac{1-x}{\rho} \right) \tag{3-46}$$

式中 ρ_s、ρ——分别为固体颗粒及液体的密度,kg/m^3。

2. 质量物料衡算

若已知滤饼的密度 ρ_c(kg/m^3)和料浆的密度 ρ_F(kg/m^3),则由物料的总质量衡算得

$$(V + V_c)\rho_F = V\rho + V_c\rho_c \tag{3-47}$$

由式(3-47)解得

$$v = \frac{V_c}{V} = \frac{\rho_F - \rho}{\rho_c - \rho_F} \tag{3-44a}$$

式中,料浆混合物的密度按下式计算

$$\rho_F = 1 \Big/ \left(\frac{x}{\rho_s} + \frac{(1-x)}{\rho} \right) \tag{3-48}$$

【例 3-7】 直径为 0.1 mm 的球形颗粒状物质悬浮于水中,用过滤方法予以分离。过滤时形成不可压缩滤饼,其空隙率为 60%。此悬浮液中固相所占的体积分数为 10%,求每平方米过滤面积上获得 0.5 m^3 滤液时的滤饼厚度 L 及料浆处理量 V_o。

解: 以 1.0 m^2 过滤面积为基准,对固相作物料衡算,得

$$v = \frac{\varphi}{1 - \varepsilon - \varphi} = \frac{0.1}{1 - 0.6 - 0.1} = 1/3 \ \text{m}^3/\text{m}^3$$

$$V_c = Vv = 0.5 \times 1/3 = 0.166\ 7 \ \text{m}^3$$

则

$$L = V_c/A = 0.166\ 7/1.0 = 0.166\ 7 \ \text{m}$$

$$V_o = V + V_c = 0.5 + 0.166\ 7 = 0.666\ 7 \ \text{m}^3$$

单位过滤面积上的滤液体积常用 q 来表示。具体到本例,可写作:$q = 0.5 \ \text{m}^3/\text{m}^2$,$q_0 = 0.666\ 7 \ \text{m}^3/\text{m}^2$,$q_c = 0.166\ 7 \ \text{m}^3/\text{m}^2$。

3.3.4 过滤基本方程式

过滤基本方程式是描述过滤速率(或过滤速度)与过滤推动力、过滤面积、料浆性质、介质特性及滤饼厚度等诸因素关系的数学表达式。本节从分析滤液通过滤饼层流动的特点入手,将复杂的实际流动加以简化,对滤液的流动用数学方程式进行描述,并以基本方程式为依据,分析强化过滤操作的途径,进行过滤计算。

1. 滤液通过滤饼层的流动

1) 滤液通过滤饼层流动的特点

①滤液通道细小曲折,形成不规则的网状结构。

②随着过滤进行,滤饼厚度不断增加,流动阻力逐渐加大,因而过滤属非稳态操作。

③细小而密集的颗粒层提供了很大的液、固接触表面,滤液的流动大都在层流区。

2) 滤液通过滤饼层流动的平均流速

对于滤液通过平行细管的层流流动,由式(3-38)的康采尼方程式得到

$$u=\frac{\varepsilon^3}{5a^2(1-\varepsilon)^2}\left(\frac{\Delta p_c}{\mu L}\right) \tag{3-49}$$

式中 u——按整个床层截面积计算的滤液平均流速,m/s;

Δp_c——滤液通过滤饼层的压力降,Pa;

L——滤饼层厚度,m;

μ——滤液黏度,Pa · s。

2. 过滤速率和过滤速度

前面讨论的 u 为单位时间通过单位过滤面积的滤液体积,称为过滤速度。通常将单位时间获得的滤液体积称为过滤速率,单位为 m^3/s。过滤速度是单位过滤面积上的过滤速率,应防止将二者相混淆。若过滤进程中其他因素维持不变,则由于滤饼厚度不断增加而使过滤速度逐渐变小。任一瞬间的过滤速度应写成如下形式:

$$u=\frac{dV}{Ad\theta}=\frac{\varepsilon^3}{5a^2(1-\varepsilon)^2}\left(\frac{\Delta p_c}{\mu L}\right) \tag{3-49a}$$

而过滤速率为

$$\frac{dV}{d\theta}=\frac{\varepsilon^3}{5a^2(1-\varepsilon)^2}\left(\frac{A\Delta p_c}{\mu L}\right) \tag{3-49b}$$

式中 V——滤液量,m^3;

θ——过滤时间,s;

A——过滤面积,m^2。

3. 滤饼的阻力

对于不可压缩滤饼,滤饼层中的空隙率 ε 可视为常数,颗粒的形状、尺寸也不改变,因而比表面 a 亦为常数。式(3-49a)和式(3-49b)中的 $\frac{\varepsilon^3}{5a^2(1-\varepsilon)^2}$ 反映了颗粒的特性,其值随物料而不同。若以 r 代表其倒数,则式(3-49a)可写成

$$\frac{dV}{Ad\theta}=\frac{\Delta p_c}{\mu rL}=\frac{\Delta p_c}{\mu R} \tag{3-50}$$

$$r=\frac{5a^2(1-\varepsilon)^2}{\varepsilon^3} \tag{3-51}$$

$$R=rL \tag{3-52}$$

式中 r——滤饼的比阻,$1/m^2$;

R——滤饼阻力,1/m。

应指出,式(3-50)具有“速度=推动力/阻力”的形式,式中 μrL 及 μR 均为过滤阻力。显然 μr 为比阻,但因 μ 代表滤液的影响因素,rL 代表滤饼的影响因素,因此习惯上将 r 称为滤饼的比阻,R 称为滤饼阻力。

比阻 r 是单位厚度滤饼的阻力,它在数值上等于黏度为 1 Pa · s 的滤液以 1 m/s 的平均流速通过厚度为 1 m 的滤饼层时所产生的压力降。比阻反映了颗粒形状、尺寸及床层空隙率对滤液流动的影响。床层空隙率 ε 愈小及颗粒比表面 a 愈大,则床层愈致密,对流体流动

的阻滞作用也愈大。

【例3-8】 试计算例3-7所得滤饼的比阻 r 及阻力 R。

解: 由例3-7已知:$d=0.1\ \mathrm{mm}$,$\varepsilon=0.6$,$L=0.1667\ \mathrm{m}$

$$a=\frac{6}{d}=\frac{6}{0.1\times10^{-3}}=6\times10^{4}\ \mathrm{m^2/m^3}$$

滤饼的比阻由式(3-51)计算,即

$$r=\frac{5(6\times10^{4})^{2}(1-0.6)^{2}}{(0.6)^{3}}=1.333\times10^{10}\ 1/\mathrm{m^2}$$

滤饼阻力由式(3-52)计算,即

$$R=rL=1.333\times10^{10}\times0.1667=2.22\times10^{9}\ 1/\mathrm{m}$$

4. 过滤介质的阻力

饼层过滤中,过滤介质的阻力一般都比较小,但有时却不能忽略,尤其在过滤初始滤饼尚薄的期间。过滤介质的阻力当然也与其厚度及本身的致密程度有关。通常把过滤介质的阻力视为常数,仿照式(3-50)可以写出滤液穿过过滤介质层的速度关系式:

$$\frac{\mathrm{d}V}{A\mathrm{d}\theta}=\frac{\Delta p_{\mathrm{m}}}{\mu R_{\mathrm{m}}} \tag{3-53}$$

式中 Δp_{m}——过滤介质上、下游两侧的压力差,Pa;

R_{m}——过滤介质阻力,1/m。

由于很难划定过滤介质与滤饼之间的分界面,更难测定分界面处的压力,因而过滤介质的阻力与最初所形成的滤饼层的阻力往往无法分开,所以过滤操作中总是把过滤介质与滤饼联合起来考虑。

通常,滤饼与滤布的面积相同,所以两层中的过滤速度应相等,则

$$\frac{\mathrm{d}V}{A\mathrm{d}\theta}=\frac{\Delta p_{\mathrm{c}}+\Delta p_{\mathrm{m}}}{\mu(R+R_{\mathrm{m}})}=\frac{\Delta p}{\mu(R+R_{\mathrm{m}})} \tag{3-54}$$

式中 $\Delta p=\Delta p_{\mathrm{c}}+\Delta p_{\mathrm{m}}$,代表滤饼与滤布两侧的总压力降,称为过滤压力差。在实际过滤设备上,常有一侧处于大气压下,此时 Δp 就是另一侧表压的绝对值,所以 Δp 也称为过滤的表压力。式(3-54)表明,可用滤液通过串联的滤饼与滤布的总压力降来表示过滤推动力,用两层的阻力之和来表示总阻力。

为方便起见,设想以一层厚度为 L_{e} 的滤饼来代替滤布,而过程仍能完全按照原来的速率进行,那么,这层设想中的滤饼就应当具有与滤布相同的阻力,即

$$rL_{\mathrm{e}}=R_{\mathrm{m}}$$

于是,式(3-54)可写为

$$\frac{\mathrm{d}V}{A\mathrm{d}\theta}=\frac{\Delta p}{\mu(rL+rL_{\mathrm{e}})}=\frac{\Delta p}{\mu r(L+L_{\mathrm{e}})} \tag{3-55}$$

式中 L_{e}——过滤介质的当量滤饼厚度,或称虚拟滤饼厚度,m。

在一定的操作条件下,以一定介质过滤一定悬浮液时,L_{e} 为定值;但同一介质在不同的过滤操作中,L_{e} 值不同。

5. 过滤基本方程式

若每获得 1 m^3 滤液所形成的滤饼体积为 v m^3，则任一瞬间的滤饼厚度 L 与当时已经获得的滤液体积 V 之间的关系应为

$$LA = vV$$

则

$$L = \frac{vV}{A} \tag{3-56}$$

同理，如生成厚度为 L_e 的滤饼所应获得的滤液体积以 V_e 表示，则

$$L_e = \frac{vV_e}{A} \tag{3-57}$$

式中 V_e——过滤介质的当量滤液体积，或称虚拟滤液体积，m^3。

在一定的操作条件下，以一定介质过滤一定的悬浮液时，V_e 为定值，但同一介质在不同的过滤操作中，V_e 值不同。

于是，式(3-55)可以写成：

$$\frac{dV}{Ad\theta} = \frac{\Delta p}{\mu rv\left(\dfrac{V+V_e}{A}\right)} \tag{3-58}$$

或

$$\frac{dV}{d\theta} = \frac{A^2\Delta p}{\mu rv(V+V_e)} \tag{3-58a}$$

式(3-58a)是过滤速率与各有关因素间的一般关系式。

可压缩滤饼的情况比较复杂，它的比阻是两侧压力差的函数。考虑到滤饼的压缩性，通常可借用下面的经验公式来粗略估算压力差增大时比阻的变化，即

$$r = r'(\Delta p)^s \tag{3-59}$$

式中 r'——单位压力差下滤饼的比阻，$1/m^2$；

Δp——过滤压力差，Pa；

s——滤饼的压缩性指数，量纲为 1。一般情况下，$s = 0 \sim 1$，对于不可压缩滤饼，$s = 0$。

几种典型物料的压缩性指数值，列于表 3-5 中。

表 3-5 典型物料的压缩性指数

物料	硅藻土	碳酸钙	钛白(絮凝)	高岭土	滑石	黏土	硫酸锌	氢氧化铝
s	0.01	0.19	0.27	0.33	0.51	0.56 ~ 0.6	0.69	0.9

在一定的压力差范围内，上式对大多数可压缩滤饼都适用。

将式(3-59)代入式(3-58a)，得到

$$\frac{dV}{d\theta} = \frac{A^2\Delta p^{1-s}}{\mu r'v(V+V_e)} \tag{3-60}$$

上式称为过滤基本方程式，表示过滤进程中任一瞬间的过滤速率与各有关因素间的关系，是过滤计算及强化过滤操作的基本依据。该式适用于可压缩滤饼及不可压缩滤饼。对

于不可压缩滤饼，因 $s=0$，上式即简化为式(3-58a)。

应用过滤基本方程式时，需针对操作的具体方式而积分。过滤操作有两种典型的方式，即恒压过滤及恒速过滤。有时，为避免过滤初期因压力差过高而引起滤液浑浊或滤布堵塞，可采用先恒速后恒压的复合操作方式，过滤开始时以较低的恒定速率操作，当表压升至给定数值后，再转入恒压操作。当然，工业上也有既非恒速亦非恒压的过滤操作，如用离心泵向压滤机送料浆即属此例。

3.3.5 恒压过滤

若过滤操作是在恒定压力差下进行的，则称为恒压过滤。恒压过滤是最常见的过滤方式。连续过滤机内进行的过滤都是恒压过滤，间歇过滤机内进行的过滤也多为恒压过滤。恒压过滤时滤饼不断变厚，致使阻力逐渐增大，但推动力 Δp 恒定，因而过滤速率逐渐变小。

对于一定的悬浮液，若 μ、r' 及 v 皆可视为常数，令

$$k=\frac{1}{\mu r' v} \tag{3-61}$$

式中 k——表征过滤物料特性的常数，$m^4/(N \cdot s)$ 或 $m^2/(Pa \cdot s)$。

将式(3-61)代入式(3-60)，得

$$\frac{dV}{d\theta}=\frac{kA^2\Delta p^{1-s}}{V+V_e} \tag{3-60a}$$

恒压过滤时，压力差 Δp 不变，k、A、s 都是常数。再令

$$K=2k\Delta p^{1-s} \tag{3-62}$$

将式(3-62)代入式(3-60a)，得

$$\frac{dV}{d\theta}=\frac{KA^2}{2(V+V_e)} \tag{3-60b}$$

对式(3-60b)积分，积分上下限为：过滤时间 $0 \to \theta$，滤液体积 $0 \to V$，即

$$\int_0^V (V+V_e)\,dV=\frac{1}{2}KA^2\int_0^\theta d\theta$$

得到

$$V^2+2V_eV=KA^2\theta \tag{3-63}$$

若令 $q=\frac{V}{A}$，$q_e=\frac{V_e}{A}$，则式(3-63)变为

$$q^2+2q_eq=K\theta \tag{3-63a}$$

式(3-63)称为恒压过滤方程式，它表明恒压过滤时滤液体积与过滤时间的关系为抛物线方程。

当过滤介质阻力可以忽略时，$V_e=0$，$q_e=0$，则式(3-63)简化为

$$V^2=KA^2\theta \tag{3-64}$$

$$q^2=K\theta \tag{3-64a}$$

式(3-64)也称为恒压过滤方程式。

恒压过滤方程式中的 K 是由物料特性及过滤压力差所决定的常数，称为过滤常数，其单

位为 m^2/s；V_e 与 q_e 是反映过滤介质阻力大小的常数，均称为介质常数，其单位分别为 m^3 及 m^3/m^2，三者总称过滤常数，其数值由实验测定。

【例 3-9】 拟在 9.81×10^3 Pa 的恒定压力差下过滤例 3-7 中的悬浮液。已知水的黏度为 1.0×10^{-3} Pa·s，过滤介质阻力可以忽略，试求：(1) 每平方米过滤面积上获得 1.5 m^3 滤液所需的过滤时间；(2) 若将此过滤时间延长一倍，可再得滤液多少？

解：(1) 过滤时间

已知过滤介质阻力可以忽略时的恒定过滤方程式为

$$q^2 = K\theta$$

单位面积上所得滤液量 $q = 1.5\ m^3/m^2$

过滤常数 $K = 2k\Delta p^{1-s} = \dfrac{2\Delta p^{1-s}}{\mu r' v}$

对于不可压缩滤饼，$s=0$，$r'=r=$ 常数，则

$$K = \frac{2\Delta p}{\mu r v}$$

已知 $\Delta p = 9.81\times10^3$ Pa，$\mu = 1.0\times10^{-3}$ Pa·s，$r = 1.333\times10^{10}\ 1/m^2$。

又根据例 3-7 的计算，可知滤饼体积与滤液体积之比为

$$v = \frac{1}{3} = 0.333\ m^3/m^3$$

则
$$K = \frac{2\times9.81\times10^3}{(1.0\times10^{-3})(1.333\times10^{10})(0.333)} = 4.42\times10^{-3}\ m^2/s$$

$$\theta = \frac{q^2}{K} = \frac{(1.5)^2}{4.42\times10^{-3}} = 509\ s$$

(2) 过滤时间加倍时增加的滤液量

$$\theta' = 2\theta = 2\times509 = 1\ 018\ s$$

则
$$q' = \sqrt{K\theta'} = \sqrt{(4.42\times10^{-3})\times1\ 018} = 2.12\ m^3/m^2$$

$$q' - q = 2.12 - 1.5 = 0.62\ m^3/m^2$$

即每平方米过滤面积上将再得 0.62 m^3 滤液。

求解本题的关键是计算过滤常数 K 值。

3.3.6 恒速过滤与先恒速后恒压过滤

当用排量固定的正位移泵向过滤机供料而未打开支路阀时，过滤速率便是恒定的。这种维持速率恒定的过滤方式称为恒速过滤。

恒速过滤时的过滤速度为

$$\frac{dV}{Ad\theta} = \frac{V}{A\theta} = \frac{q}{\theta} = u_R = \text{常数} \tag{3-65}$$

所以
$$q = u_R\theta \tag{3-66}$$

或
$$V = Au_R\theta \tag{3-66a}$$

式中 u_R——恒速阶段的过滤速度,m/s。

上式表明,恒速过滤时,V(或 q)与 θ 的关系是通过原点的直线。

对于不可压缩滤饼,根据式(3-60)可写出

$$\frac{dq}{d\theta}=\frac{\Delta p}{\mu r v(q+q_e)}=u_R=\text{常数}$$

在一定的条件下,式中的 μ、r、v、u_R 及 q_e 均为常数,仅 Δp 及 q 随 θ 而变化,于是得到

$$\Delta p=\mu r v u_R{}^2\theta+\mu r v u_R q_e \tag{3-67}$$

或写成 $\Delta p=a\theta+b$ (3-67a)

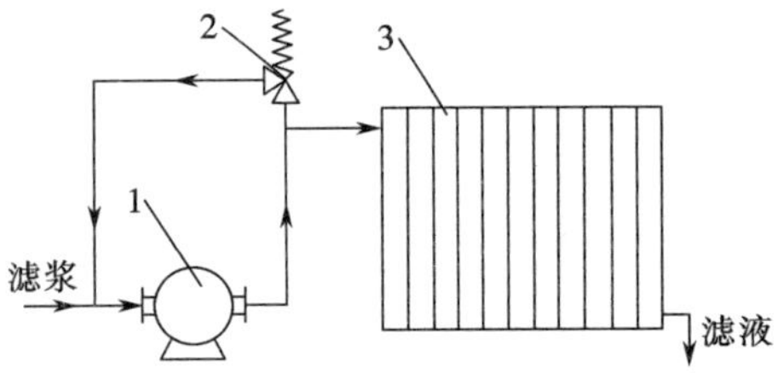

图3-16 先恒速后恒压的过滤装置

1—正位移泵 2—支路阀 3—过滤机

式中常数: $a=\mu r v u_R{}^2$,$b=\mu r v u_R q_e$

式(3-67a)表明,对不可压缩滤饼进行恒速过滤时,其操作压力差随过滤时间成直线增高。所以,实际上很少采用把恒速过滤进行到底的操作方法,而是采用先恒速后恒压的复合式操作方法。这种复合式的装置见图3-16。

由于采用正位移泵,过滤初期维持恒定速率,泵出口表压强逐渐升高。经过 θ_R 时间后,获得体积为 V_R 的滤液,若此时表压恰已升至能使支路阀自动开启的给定数值,则开始有部分料浆返回泵的入口,进入压滤机的料浆流量逐渐减小,而压滤机入口表压维持恒定。后阶段的操作即为恒压过滤。

对于恒压阶段的 V-θ 关系,仍可用过滤基本方程式(3-60a)求得,即

$$\frac{dV}{d\theta}=\frac{kA^2\Delta p^{1-s}}{V+V_e}$$

或 $$(V+V_e)dV=kA^2\Delta p^{1-s}d\theta$$

若令 V_R、θ_R 分别代表升压阶段终了瞬间的滤液体积及过滤时间,则上式的积分形式为

$$\int_{V_R}^{V}(V+V_e)dV=kA^2\Delta p^{1-s}\int_{\theta_R}^{\theta}d\theta$$

积分上式并将式(3-62)代入,得

$$(V^2-V_R{}^2)+2V_e(V-V_R)=KA^2(\theta-\theta_R) \tag{3-68}$$

此式即为恒压阶段的过滤方程,式中 $V-V_R$、$\theta-\theta_R$ 分别代表转入恒压操作后所获得的滤液体积及所经历的过滤时间。

【例3-10】 在0.04 m^2 的过滤面积上,以 1×10^{-4} m^3/s 的速率对不可压缩的滤饼进行过滤实验,测得的两组数据列于本例附表1中。

例3-10 附表1

过滤时间 θ/s	100	500
过滤压力差 Δp/Pa	3×10^4	9×10^4

今欲在框内尺寸为635 mm×635 mm×60 mm的板框过滤机内处理同一料浆,所用滤布与实验时的相同。过滤开始时,以与实

验相同的滤液流速进行恒速过滤，至过滤压力差达到 6×10^4 Pa 时改为恒压操作。每获得 1 m^3 滤液所生成的滤饼体积为 0.02 m^3。试求框内充满滤饼所需的时间。

解：欲求滤框充满滤饼所需的时间 θ，可用式(3-68)计算。为此，需先求得有关参数。

依式(3-67a)，对不可压缩滤饼进行恒速过滤时的 Δp-θ 关系为

$$\Delta p = a\theta + b$$

将测得的两组数据分别代入上式，得

$$3\times10^4 = 100a + b$$

$$9\times10^4 = 500a + b$$

解得 $a = 150, b = 1.5\times10^4$

即 $\Delta p = 150\theta + 1.5\times10^4$

因板框过滤机所处理的悬浮液特性及所用滤布均与实验时相同，且过滤速度也一样，故板框过滤机在恒速阶段的 Δp-θ 关系也符合上式。

恒速终了时的压力差 $\Delta p_R = 6\times10^4$ Pa，故

$$\theta_R = \frac{\Delta p - b}{a} = \frac{6\times10^4 - 1.5\times10^4}{150} = 300 \text{ s}$$

由过滤实验数据算出的恒速阶段的有关参数列于本例附表 2 中。

例 3-10 附表 2

θ/s	100	300
Δp/Pa	3×10^4	6×10^4
$V = 1\times10^{-4}\theta/m^3$	0.01	0.03
$q = \frac{V}{A}/(m^3/m^2)$	0.25	0.75

由式(3-60a)知

$$\frac{dV}{d\theta} = \frac{kA^2\Delta p^{1-s}}{V + V_e}$$

将上式改写为

$$2(q + q_e)\frac{dV}{d\theta} = 2k\Delta p^{1-s}A = KA$$

应用附表 2 中数据便可求得过滤常数 K 和 q_e，即

$$K_1A = 2(q_1 + q_e)\frac{dV}{d\theta} = 2\times1\times10^{-4}(0.25 + q_e) \quad (a)$$

$$K_2A = 2(q_2 + q_e)\frac{dV}{d\theta} = 2\times1\times10^{-4}(0.75 + q_e) \quad (b)$$

本题中正好 $\Delta p_2 = 2\Delta p_1$，于是

$$K_2 = 2K_1 \quad (c)$$

联解式(a)、式(b)、式(c)得到

$$q_e = 0.25 \text{ m}^3/\text{m}^2, K_2 = 5\times10^{-3} \text{ m}^2/\text{s}$$

上面求得的 q_e、K_2 为在板框过滤机中恒速过滤终点的过滤常数，即恒压过滤的过滤常数。

$$q_R = u_R\theta_R = \left(\frac{1\times10^{-4}}{0.04}\right)\times300 = 0.75 \text{ m}^3/\text{m}^2$$

$$A = 2\times0.635^2 = 0.806\,5 \text{ m}^2$$

滤饼体积及单位过滤面积上的滤液体积为

$$V_c = 0.635^2 \times 0.06 = 0.0242\ \text{m}^3$$

$$q = \left(\frac{V_c}{A}\right)\Big/ v = \frac{0.0242}{0.8065 \times 0.02} = 1.5\ \text{m}^3/\text{m}^2$$

将式(3-68)改写为

$$(q^2 - q_R^{\ 2}) + 2q_e(q - q_R) = K(\theta - \theta_R)$$

再将 K、q_e、q_R 及 q 的数值代入上式，得

$$(1.5^2 - 0.75^2) + 2 \times 0.25(1.5 - 0.75) = 5 \times 10^{-3}(\theta - 300)$$

解得 $\theta = 712.5$ s

求解本题的关键是确定恒速过滤终点(恒压过滤起点)的有关参数(K、q_e、q_R 及 θ_R)。并注意一个滤框提供两倍于滤框截面的过滤面积。

3.3.7 过滤常数的测定

1. 恒压下 K、V_e(q_e)的测定

在某指定的压力差下对一定料浆进行恒压过滤时，式(3-63)中的过滤常数 K、V_e(q_e)可通过恒压过滤实验测定。

将恒压过滤方程式(3-63a)变换为

$$\frac{\theta}{q} = \frac{1}{K}q + \frac{2}{K}q_e \tag{3-63b}$$

上式表明$\frac{\theta}{q}$与 q 呈直线关系，直线的斜率为$\frac{1}{K}$，截距为$\frac{2}{K}q_e$。

在过滤面积 A 上对待测的悬浮料浆进行恒压过滤试验，测出一系列的时刻 θ 上的累积滤液量 V，并由此算出一系列 $q\left(=\frac{V}{A}\right)$值。在直角坐标系中标绘$\frac{\theta}{q}$与 q 间的函数关系，可得一条直线。由直线的斜率$\left(\frac{1}{K}\right)$及截距$\left(\frac{2}{K}q_e\right)$的数值即可求得 K 与 q_e，再用 $V_e = q_eA$ 即可求出 V_e。这样得到的 K、V_e(q_e)便是此种悬浮料浆在特定的过滤介质及压力差条件下的过滤常数。

在过滤实验条件比较困难的情况下，只要能够获得指定条件下的过滤时间与滤液量的两组对应数据，也可计算出3个过滤常数，因为

$$q^2 + 2q_eq = K\theta \tag{3-63a}$$

此式中只有 K、q_e 两个未知量，将已知的两组 q-θ 对应数据代入该式，便可解出 q_e 及 K，进而求得 V_e。但是，如此求得的过滤常数，其准确性完全依赖于这仅有的两组数据，可靠程度往往较差。

2. 压缩性指数 s 的测定

为了进一步求得滤饼的压缩性指数 s 以及物料特性常数 k，需要先在若干不同的压力差下对指定物料进行实验，求得若干过滤压力差下的 K 值，然后对 K-Δp 数据加以处理，即可求得 s 值。

$$K=2k\Delta p^{1-s} \tag{3-62}$$

上式两端取对数，得

$$\lg K=(1-s)\lg(\Delta p)+\lg(2k) \tag{3-62a}$$

因 $k=\dfrac{1}{\mu r'v}$ = 常数，故 K 与 Δp 的关系在对数坐标纸上标绘时应是直线，直线的斜率为 $1-s$，截距为 $\lg(2k)$。如此可得滤饼的压缩性指数 s 及物料特性常数 k。

值得注意的是，上述求压缩性指数的方法是建立在 v 值恒定的条件上的，这就要求在过滤压力变化范围内，滤饼的空隙率应没有显著的改变。

【例 3-11】 在 25 ℃下对每升水中含 25 g 某种颗粒的悬浮液进行了 3 次过滤试验，所得数据见本例附表 1。试求：(1) 各 Δp 下的过滤常数 K、q_e；(2) 滤饼的压缩性指数 s。

例 3-11 附表 1

试验序号	Ⅰ	Ⅱ	Ⅲ	Ⅰ	Ⅱ	Ⅲ
过滤压力差 $\Delta p\times10^{-5}$/Pa	0.463	1.95	3.39	0.463	1.95	3.39
单位面积滤液量 $q\times10^3/(m^3/m^2)$	过滤时间 θ/s			$\dfrac{\theta}{q}$/(s/m)		
0	0	0	0			
11.35	17.30	5.9	3.8	1524.2	519.8	334.8
22.70	41.40	14.0	9.4	1823.8	616.7	414.1
34.05	72.00	24.1	16.2	2114.5	707.8	475.8
45.40	108.4	37.1	24.5	2387.7	817.2	539.6
56.75	152.3	51.8	34.6	2683.7	912.8	609.7
68.10	201.3	69.1	48.1	2955.9	1014.7	706.3

解：(1) 各 Δp 下的过滤常数

根据每一 Δp 下的试验数据计算相应的 $\dfrac{\theta}{q}$（列于本例附表 1 中）值。回归 $\dfrac{\theta}{q}$-θ 直线方程：$\dfrac{\theta}{q}=\dfrac{1}{K}q+\dfrac{2}{K}q_e$，分别得到 3 个压力差下方程的斜率和截距（数据列于本例附表 2 中），再由斜率和截距求出 K、q_e。

各次试验条件下的过滤常数计算过程及结果列于本题附表 2 中。

(2) 滤饼的压缩性指数 s

将附表 2 中 3 次试验的 K-Δp 数据关联为式(3-62a)的形式，得方程

$$\lg K=0.728\lg(\Delta p)-7.796$$

因为此直线的斜率为：$1-s=0.728$，于是可求得滤饼的压缩性指数为

$$s=1-0.728=0.272$$

例 3-11 附表 2

试验序号	Ⅰ	Ⅱ	Ⅲ
过滤压力差 $\Delta p\times10^{-5}$/Pa	0.463	1.95	3.39

续表

试验序号		Ⅰ	Ⅱ	Ⅲ
$\frac{\theta}{q}-q$ 直线的斜率$\frac{1}{K}$/(s/m²)		25 202	8739.6	5944.3
$\frac{\theta}{q}-q$ 直线的截距$\frac{2}{K}q_e$/(s/m²)		1247.2	417.65	272.35
过滤常数	K/(m²/s)	3.968×10^{-5}	1.144×10^{-4}	1.682×10^{-4}
	q_e/(m³/m²)	0.024 7	0.023 9	0.022 9

由附表2的数据可看出，K 值近似随 $\Delta p^{0.728}$ 的比例变化，而 q_e 值变化不明显。

3.3.8 过滤设备

各种生产工艺的悬浮液，其性质有很大的差异；过滤的目的及料浆的处理量相差也很悬殊。为适应各种不同的要求而发展了多种形式的过滤机。按照操作方式可分为间歇过滤机与连续过滤机；按照采用的压差可分为压滤、吸滤和离心过滤机。工业上应用最广泛的板框压滤机和加压叶滤机为间歇压滤型过滤机，转筒真空过滤机则为吸滤型连续过滤机。离心过滤机将在下节介绍。

1. 板框压滤机

板框压滤机早为工业所使用，至今仍沿用不衰。它由多块带凹凸纹路的滤板和滤框交替排列组装于机架上而构成，如图3-17所示。

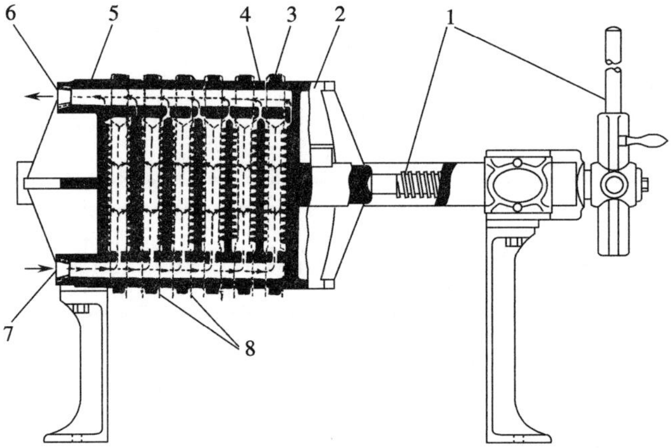

图3-17 板框压滤机

1—压紧装置 2—可动头 3—滤框 4—滤板 5—固定头 6—滤液出口 7—滤浆进口 8—滤布

板和框一般制成正方形，如图3-18所示。板和框的角端均开有圆孔，装合、压紧后即构成供滤浆、滤液或洗涤液流动的通道。框的两侧覆以四角开孔的滤布，空框与滤布围成了容纳滤浆及滤饼的空间。滤板又分为洗涤板与过滤板两种。洗涤板左上角的圆孔内还开有与板面两侧相通的侧孔道，洗水可由此进入框内。为了便于区别，常在板、框外侧铸有小钮或其他标志，通常，过滤板为一钮，洗涤板为三钮，而框则为二钮（如图 3-18 所示）。装合时即按钮数以 1—2—3—2—1—2……的顺序排列板与框。压紧装置的驱动可用手动、电动或液压传动等方式。

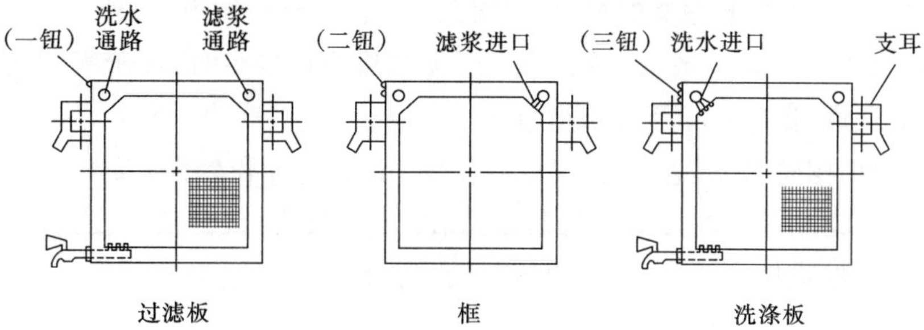

图 3-18　滤板和滤框

过滤时，悬浮液在指定的压力下经滤浆通道由滤框角端的暗孔进入框内，滤液分别穿过两侧滤布，再经邻板板面流至滤液出口排走，固体则被截留于框内，如图 3-19(a)所示，待滤饼充满滤框后，即停止过滤。滤液的排出方式有明流与暗流之分。若滤液经由每块滤板底部侧管直接排出（如图 3-19 所示），则称为明流。若滤液不宜暴露于空气中，则需将各板流出的滤液汇集于总管后送走（如图 3-17 所示），称为暗流。

若滤饼需要洗涤，可将洗水压入洗水通道，经洗涤板角端的暗孔进入板面与滤布之间。此时，应关闭洗涤板下部的滤液出口，洗水便在压强差推动下穿过一层滤布及整个厚度的滤饼，然后再横穿另一层滤布，最后由过滤板下部的滤液出口排出，如图 2-19(b)所示。这种操作方式称为横穿洗涤法，其作用在于提高洗涤效果。

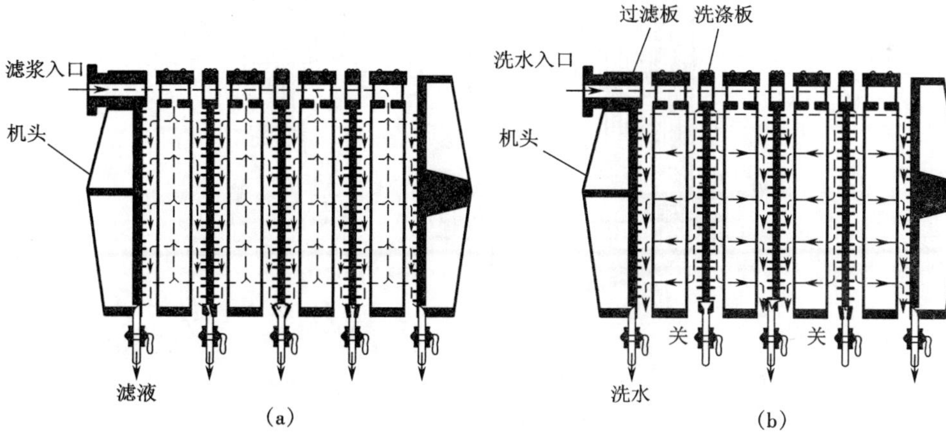

图 3-19　板框压滤机内液体流动路径

(a)过滤阶段　(b)洗涤阶段

洗涤结束后，旋开压紧装置并将板框拉开，卸出滤饼，清洗滤布，重新装合，进入下一个操作循环。

板框压滤机的操作表压，一般在 $3\times10^5\sim8\times10^5$ Pa 的范围内，有时可高达 15×10^5 Pa。滤板和滤框可由多种金属材料（如铸铁、碳钢、不锈钢、铝等）、塑料及木材制造。我国编制的压滤机系列标准及规定代号,如BMY50/810-25,其中,B表示板框压滤机,M表示明流式(若为A,则表示暗流式),Y表示油压压紧(若为S,则表示手动压紧),50表示过滤面积为50 m^2,810表示框内每边长810 mm,25表示滤框厚度为25 mm。框每边长为320～1 000 mm,厚度为25～50 mm。滤板和滤框的数目,可根据生产任务自行调节,一般为10～60块,所提供的过滤面积为2～80 m^2。当生产能力小、所需过滤面积较少时,可于板框间插入一块盲板,以切断过滤通道,盲板后部即失去作用。

板框压滤机结构简单、制造方便、占地面积较小而过滤面积较大,操作压力高,适应能力强,故应用颇为广泛。它的主要缺点是间歇操作,生产效率低,劳动强度大,滤布损耗也较快。近年来,程控隔膜压滤机、全自动板框压滤机的出现,使上述缺点在一定程度上得到改善。

2. 加压叶滤机

图3-20所示的加压叶滤机是由许多不同宽度的长方形滤叶装合而成。滤叶由金属多孔板或金属网制造,内部具有空间,外罩滤布。过滤时滤叶安装在能承受内压的密闭机壳内。滤浆用泵压送到机壳内,滤液穿过滤布进入叶内,汇集至总管后排出机外,颗粒则积于滤布外侧形成滤饼。滤饼的厚度通常为5～35 mm,视滤浆性质及操作情况而定。

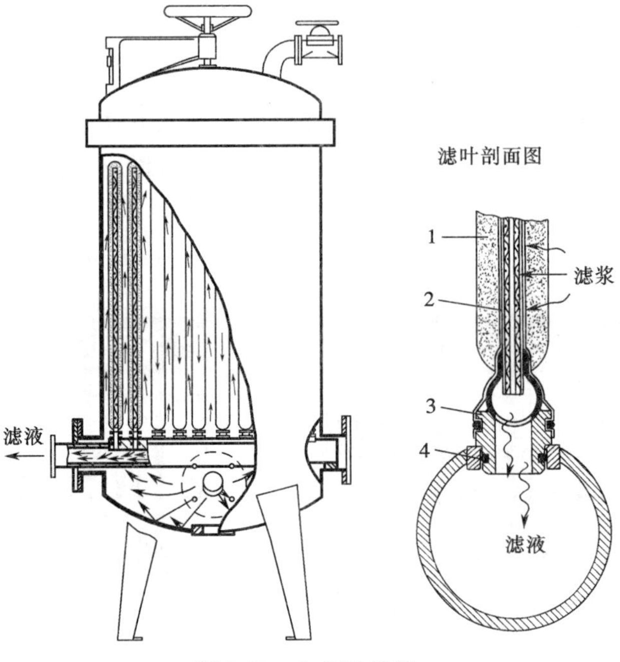

图3-20 加压叶滤机

1—滤饼 2—滤布 3—拔出装置 4—橡胶圈

若滤饼需要洗涤,则于过滤完毕后通入洗水,洗水的路径与滤液相同,这种洗涤方法称为置换洗涤法。洗涤过后打开机壳上盖,拔出滤叶卸除滤饼。

加压叶滤机的优点是密闭操作,改善了操作条件;过滤速度大,洗涤效果好。缺点是造价较高,更换滤布(尤其对于圆形滤叶)比较麻烦。

3. 转筒真空过滤机

转筒真空过滤机是一种连续操作的过滤机械,广泛应用于各种工业中。设备的主体是一个能转动的水平圆筒,其表面有一层金属网,网上覆盖滤布,筒的下部浸入滤浆中,如图3-21所示。圆筒沿径向分隔成若干扇形格,每格都有单独的孔道通至分配头上。圆筒转动时,凭借分配头的作用使这些孔道依次分别与真空管及压缩空气管相通,因而在回转一周的过程中,每个扇形格表面即可顺序进行过滤、洗涤、吸干、吹松、卸饼等项操作。

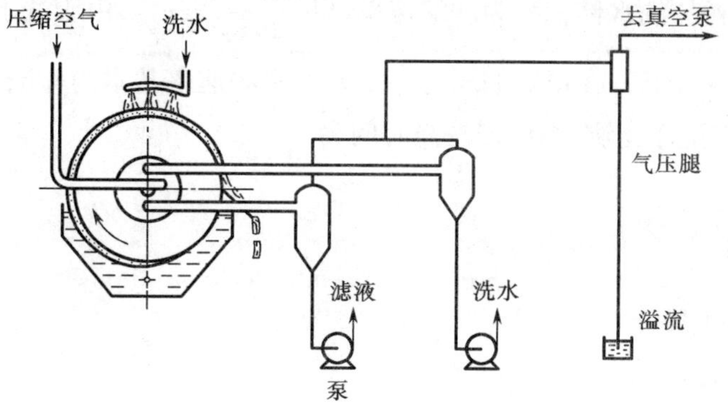

图 3-21　转筒真空过滤机装置示意图

分配头由紧密贴合着的转动盘与固定盘构成。转动盘随着筒体一起旋转,固定盘内侧面各凹槽分别与各种不同作用的管道相通,如图 3-22 所示。在转动盘旋转一周的过程中,转筒表面的不同位置上,同时进行过滤—吸干—洗涤—吹松—卸饼等操作。如此连续运转,整个转筒表面便构成了连续的过滤操作。

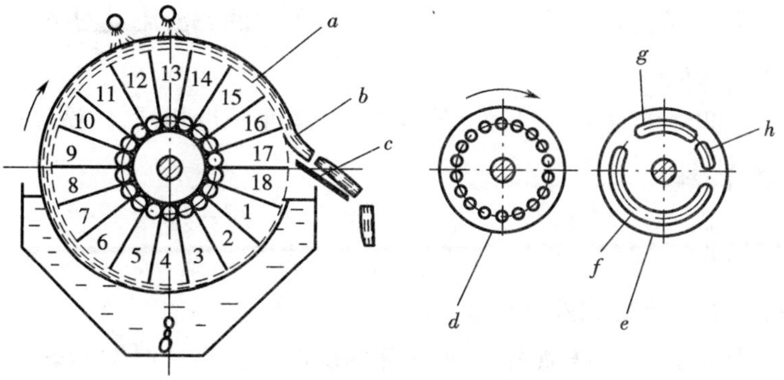

图 3-22　转筒及分配头的结构

a—转筒　*b*—滤饼　*c*—刮刀　*d*—转动盘　*e*—固定盘　*f*—吸走滤液的真空凹槽

g—吸走洗水的真空凹槽　*h*—通入压缩空气的凹槽

转筒的过滤面积一般为 5 ~ 40 m^2,浸没部分占总面积的 30% ~40% 。转速可在一定范围内调整,通常为 0.1 ~ 3 r/min。滤饼厚度一般保持在 40 mm 以内,转筒过滤机所得滤饼中液体含量很少低于 10% ,常达 30% (体积)左右。

转筒真空过滤机能连续自动操作,节省人力,生产能力大,特别适宜于处理量大而容易过滤的料浆，对难于过滤的胶体物系或细微颗粒的悬浮物，若采用预涂助滤剂措施也比较方便。该过滤机附属设备较多，投资费用高，过滤面积不大。此外，由于它是真空操作，因而过滤推动力有限，尤其不能过滤温度较高（饱和蒸气压高）的滤浆，滤饼的洗涤也不充分。

3.3.9 滤饼的洗涤

洗涤滤饼的目的在于回收滞留在颗粒缝隙间的滤液，或净化构成滤饼的颗粒。

单位时间内消耗的洗水体积称为洗涤速率，以$\left(\frac{dV}{d\theta}\right)_W$表示。由于洗水里不含固相，洗涤过程中滤饼厚度不变，因而，在恒定的压力差推动下洗涤速率基本为常数。若每次过滤终了以体积为V_W的洗水洗涤滤饼，则所需洗涤时间为

$$\theta_W=\frac{V_W}{\left(\frac{dV}{d\theta}\right)_W} \tag{3-69}$$

式中 V_W——洗水用量，m^3；

θ_W——洗涤时间，s。

影响洗涤速率的因素可根据过滤基本方程式来分析，即

$$\frac{dV}{d\theta}=\frac{A\Delta p^{1-s}}{\mu r'(L+L_e)}$$

对于一定的悬浮液，r'为常数。若洗涤推动力与过滤终了时的压力差相同，并假设洗水黏度与滤液黏度相近，则洗涤速率$\left(\frac{dV}{d\theta}\right)_W$与过滤终了时的过滤速率$\left(\frac{dV}{d\theta}\right)_E$有一定关系，这个关系取决于过滤设备采用的洗涤方式。

叶滤机等所采用的是置换洗涤法，洗水与过滤终了时的滤液流过的路径基本相同，故

$$(L+L_e)_W=(L+L_e)_E$$

（式中下标E表示过滤终了时刻）而且洗涤面积与过滤面积也相同，故洗涤速率大致等于过滤终了时的过滤速率，即

$$\left(\frac{dV}{d\theta}\right)_W=\left(\frac{dV}{d\theta}\right)_E=\frac{KA^2}{2(V+V_e)} \tag{3-70}$$

式中 V——过滤终了时所得滤液体积，m^3。

板框压滤机采用的是横穿洗涤法，洗水横穿两层滤布及整个厚度的滤饼，流径长度约为过滤终了时滤液流动路径的两倍，而供洗水流通的面积又仅为过滤面积的一半，即

$$(L+L_e)_W=2(L+L_e)_E$$

$$A_W=\frac{1}{2}A$$

将以上关系代入过滤基本方程式，可得

$$\left(\frac{dV}{d\theta}\right)_W=\frac{1}{4}\left(\frac{dV}{d\theta}\right)_E=\frac{KA^2}{8(V+V_e)} \tag{3-71}$$

即板框压滤机上的洗涤速率约为过滤终了时过滤速率的四分之一。

当洗水黏度、洗水表压与滤液黏度、过滤压力差有明显差异时,所需的洗涤时间可按下式校正,即

$$\theta_W' = \theta_W\left(\frac{\mu_W}{\mu}\right)\left(\frac{\Delta p}{\Delta p_W}\right) \tag{3-72}$$

式中 θ_W'——校正后的洗涤时间,s;

θ_W——未经校正的洗涤时间,s;

μ_W——洗水黏度,Pa·s;

Δp——过滤终了时刻的推动力,Pa;

Δp_W——洗涤推动力,Pa。

3.3.10 过滤机的生产能力

过滤机的生产能力通常是指单位时间获得的滤液体积,少数情况下也有按滤饼的产量或滤饼中固相物质的产量来计算的。

1. 间歇过滤机的生产能力

间歇过滤机的特点是在整个过滤机上依次进行过滤、洗涤、卸渣、清理、装合等步骤的循环操作。在每一循环周期中,全部过滤面积只有部分时间在进行过滤,而过滤之外的各步操作所占用的时间也必须计入生产时间内。因此在计算生产能力时,应以整个操作周期为基准。操作周期为

$$T = \theta + \theta_W + \theta_D$$

式中 T—— 一个操作循环的时间,即操作周期,s;

θ—— 一个操作循环内的过滤时间,s;

θ_W—— 一个操作循环内的洗涤时间,s;

θ_D—— 一个操作循环内的卸渣、清理、装合等辅助操作所需时间,s。

则生产能力的计算式为

$$Q = \frac{3\,600V}{T} = \frac{3\,600V}{\theta + \theta_W + \theta_D} \tag{3-73}$$

式中 V—— 一个操作循环内所获得的滤液体积,m^3;

Q——生产能力,m^3/h。

【例 3-12】 对例 3-11 中的悬浮液用有 26 个框的 BMS20/635-25 板框压滤机进行过滤。在过滤机入口处滤浆的表压为 3.39×10^5 Pa,所用滤布与实验时的相同,浆料温度仍为 25 ℃。每次过滤完毕用清水洗涤滤饼,洗水温度及表压与滤浆相同而洗水体积为滤液体积的 8%。每次卸渣、清理、装合等辅助操作时间为 15 min。已知固相密度为 2 930 kg/m^3,又测得湿饼密度为 1 930 kg/m^3。求此板框压滤机的生产能力。

解: 板框压滤机的生产能力用式(3-73)计算。有关参数分别计算如下。

过滤面积 $A = (0.635)^2 \times 2 \times 26 = 21\ m^2$

滤框总容积 $= (0.635)^2 \times 0.025 \times 26 = 0.262\ m^3$

已知 1 m^3 滤饼的质量为 1 930 kg,设其中含水 w_L kg,水的密度按 1 000 kg/m^3 计,则

$$\frac{1\,930-w_L}{2\,930}+\frac{w_L}{1\,000}=1$$

解得 $$w_L=518\ kg$$

$$\varepsilon=\frac{518}{1\,000}=0.518$$

$$\varphi=\frac{25}{2\,930}\Big/\left(\frac{25}{2\,930}+1\right)=0.008\,46$$

则 $$v=\frac{\varphi}{1-\varepsilon-\varphi}=\frac{0.008\,46}{1-0.518-0.008\,46}=0.017\,87$$

v 值也可由式(3-44a)求得,即

$$v=\frac{\rho_F-\rho}{\rho_c-\rho_F}$$

式中 ρ 可取 1 000 kg/m^3,ρ_c 为 1 930 kg/m^3,ρ_F 计算如下

$$x=\frac{25}{25+1\,000}=0.024\,39$$

$$\rho_F=1\Big/\left(\frac{0.024\,39}{2\,930}+\frac{1-0.024\,39}{1\,000}\right)=1\,016.3\ kg/m^3$$

得 $$v=\frac{1\,016.3-1\,000}{1\,930-1\,016.3}=0.017\,84$$

下面 v 取 0.017 87 进行计算。由此可知,滤框全部充满滤饼时的滤液体积为

$$V=V_c/v=0.262/0.017\,87=14.66\ m^3$$

则过滤终了时的单位面积滤液量为

$$q=\frac{V}{A}=\frac{14.66}{21}=0.698\,1\ m^3/m^2$$

根据例 3-11 中过滤实验结果写出 $\Delta p=3.39\times10^5$ Pa 时的恒压过滤方程式为

$$q^2+0.045\,8q=1.682\times10^{-4}\theta$$

将 $q=0.698\,1\ m^3/m^2$ 代入上式,得

$$0.698\,1^2+0.045\,8\times0.698\,1=1.682\times10^{-4}\theta$$

解得过滤时间为 $\theta=3\,087$ s。

由式(3-69)及式(3-71)可知:$\theta_W=\dfrac{V_W}{\frac{1}{4}\left(\frac{dV}{d\theta}\right)}$

由恒压过滤方程式(3-60b)得

$$\frac{dq}{d\theta}=\frac{K}{2(q+q_e)}$$

已求得过滤终了时 $q=0.698\,1\ m^3/m^2$,代入上式可得过滤终了时的过滤速率为

$$\left(\frac{dV}{d\theta}\right)_E=A\frac{K}{2(q+q_e)}=21\times\frac{1.682\times10^{-4}}{2(0.698\,1+0.022\,9)}=2.450\times10^{-3}\ m^3/s$$

已知　$V_W = 0.08V = 0.08 \times 14.66 = 1.173\ m^3$

则　$$\theta_W = \frac{1.173}{\frac{1}{4}(2.450 \times 10^{-3})} = 1\ 915\ s$$

又知　$\theta_D = 15 \times 60 = 900\ s$

则生产能力为

$$Q = \frac{3\ 600V}{T} = \frac{3\ 600V}{\theta + \theta_W + \theta_D} = \frac{3\ 600 \times 14.66}{3\ 087 + 1\ 915 + 900} = 8.942\ m^3/h$$

注意过滤面积的计算。

2. 连续过滤机的生产能力

以转筒真空过滤机为例,连续过滤机的特点是过滤、洗涤、卸饼等操作在转筒表面的不同区域内同时进行。任何时刻总有一部分表面浸没在滤浆中进行过滤,任何一块表面在转筒回转一周过程中都只有部分时间进行过滤操作。

转筒表面浸入滤浆中的分数称为浸没度,以 ψ 表示,即

$$\psi = \frac{\text{浸没角度}}{360°} \tag{3-74}$$

因转筒以匀速运转,故浸没度 ψ 就是转筒表面任何一小块过滤面积每次浸入滤浆中的时间(即过滤时间)θ 与转筒回转一周所用时间 T 的比值。若转筒转速为 n r/min,则

$$T = \frac{60}{n}$$

在此时间内,整个转筒表面上任何一小块过滤面积所经历的过滤时间均为

$$\theta = \psi T = \frac{60\psi}{n}$$

从过程效果看,转筒回转一周即相当于间歇过滤机的一个操作周期。由恒压过滤方程可知,转筒每转一周所得的滤液体积为

$$V = \sqrt{KA^2\theta + V_e^2} - V_e = \sqrt{KA^2\frac{60\psi}{n} + V_e^2} - V_e$$

则每小时所得滤液体积,即生产能力为

$$Q = 60nV = 60[\sqrt{60KA^2\psi n + V_e^2 n^2} - V_e n] \tag{3-75}$$

当滤布阻力可以忽略时,$\theta_e = 0$、$V_e = 0$,则上式简化为

$$Q = 60n\sqrt{KA^2\frac{60\psi}{n}} = 465A\sqrt{Kn\psi} \tag{3-75a}$$

可见,连续过滤机的转速愈高,生产能力也愈大。但若旋转过快,每一周期中的过滤时间便缩至很短,使滤饼太薄,难于卸除,也不利于洗涤,而且功率消耗增大。合适的转速需经实验决定。式(3-75a)指出了提高连续真空过滤机生产能力的途径。

【例 3-13】　用转筒真空过滤机过滤某种悬浮液,料浆处理量为 20 m^3/h。已知每得 1 m^3 滤液可得滤饼 0.04 m^3,要求转筒的浸没度为 0.35,过滤表面上滤饼厚度不低于 5 mm。现测得过滤常数 $K = 8 \times 10^{-4}\ m^2/s$、$q_e = 0.01\ m^3/m^2$。试求过滤机的过滤面积 A 和转筒的转

速 n。

解:以 1 min 为基准。由题给数据知:

$$v=0.04,\quad \psi=0.35$$

$$Q=\frac{20}{(1+v)}\Big/60=\frac{20}{(1+0.04)}\Big/60=0.321\ \mathrm{m^3/min}$$

$$\theta=\frac{60\psi}{n}=\frac{60\times0.35}{n}=\frac{21}{n} \tag{a}$$

滤饼体积 $0.321\times0.04=0.01284\ \mathrm{m^3/min}$

取滤饼厚度 $\delta=5$ mm,于是得到

$$n=\frac{0.01284}{\delta A}=\frac{0.01284}{0.005A}=\frac{2.568}{A}\ \mathrm{r/min} \tag{b}$$

转筒旋转一周可得到的滤液体积为

$$V=\sqrt{KA^2\theta+V_e^2}-V_e=\sqrt{KA^2\left(\frac{60\psi}{n}\right)+V_e^2}-V_e$$

每分钟获得的滤液量为

$$Q=nV=\sqrt{60KA^2\psi n+V_e^2n^2}-V_en=0.321\ \mathrm{m^3/min}$$

将式(a)和式(b)代入上式得

$$\sqrt{60\times8\times10^{-4}A^2\times\frac{2.568}{A}\times0.35+(0.01A)^2\left(\frac{2.568}{A}\right)^2}-0.01A\times\frac{2.568}{A}=0.321$$

解得 $A=2.773\ \mathrm{m^2}$,$n=\frac{2.568}{A}=\frac{2.568}{2.773}=0.926\ \mathrm{r/min}$

3.4 机械分离过程的进展和过滤过程的强化

课程思政　演示文稿

20 世纪 60 年代以来,对机械分离技术和设备的研发十分活跃,并取得了很大进展。

1. 机械分离过程的进展

近几年来,许多工业过程,特别是生物化工的高速发展,推动着机械分离过程向着高分离效率、高分离精度、滤饼的高固含量、降耗节能、绿色环保的方向快速迈进,具体体现在如下几个方面。

(1)非均相物系的预处理　包括各种絮凝剂和表面活性剂的开发及作用机理的研究;加入第二液相的固液分离技术(改进固体微粒的去除)、磁性颗粒聚集分离技术(去除废水中固体杂质)及泡沫分离技术(从大量液体中去除微量杂质)的推广应用等。

(2)采用新的过滤过程　包括大型化、自动化、多功能及节能型过滤设备的研制;新型过滤技术及设备(如膜过滤、预涂层真空过滤、动态过滤的叶滤机、节约能源的压榨机等)在大型生产中得到推广应用;新的助滤剂和过滤介质的研究开发,使过滤速率和分离精度大大提高;采用计算机解析的断层扫描技术,对过滤操作进行测试分析和过程模拟,深化对过滤机理的认识等。

(3)离心分离过程　包括对气—固旋风分离器中流场分布、模型化及放大规律的研究;对液—固体系或具有密度梯度的溶液(例如含细胞组分或蛋白质溶液)进行离心分离时,研究高速回转机械动平衡及设备放大技术等。

2. 过滤过程的强化

针对过滤过程的特点,其强化主要从如下方面入手。

1)改善过滤介质

将传统的过滤介质更换为固体薄膜,开发出膜过滤技术。在压力差作用下,料浆中的溶剂透过膜,而大颗粒或溶质被截留。根据被截留颗粒尺寸的大小,膜过滤过程分为微滤、超滤、纳滤和反渗透。被截留的颗粒尺寸范围为0.1 μm到0.1 nm。

2)限制滤饼层增厚的过滤技术

常规的终端过滤操作中,滤饼随操作时间延长而增厚,在推动力保持不变的条件下,过滤速率随滤饼增厚而下降。为改变这种状况,设计一种如图3-23所示的限制滤饼层增厚的新型过滤工艺——错流过滤。这是料浆循环的稳态连续过滤过程。由于料浆沿着介质表面切向流过,只有少部分颗粒会沉积,限制了滤饼的增厚,减缓了过滤速率随过滤时间延长而减缓的状态。

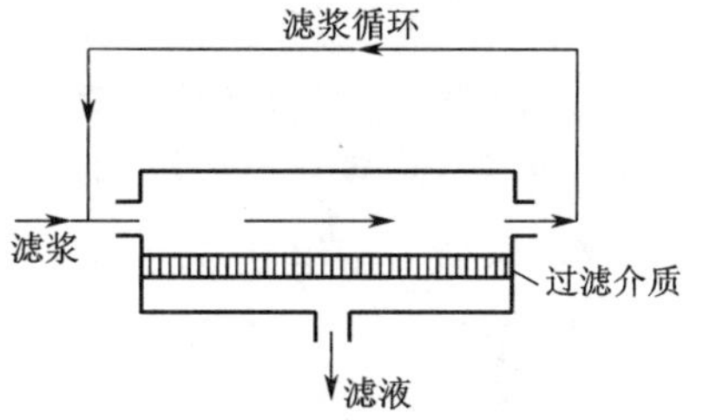

图3-23　错流过滤

采用动态过滤技术的叶滤机、在过滤装置上设置限制滤饼厚度的刮板,均能取得较高过滤速率。

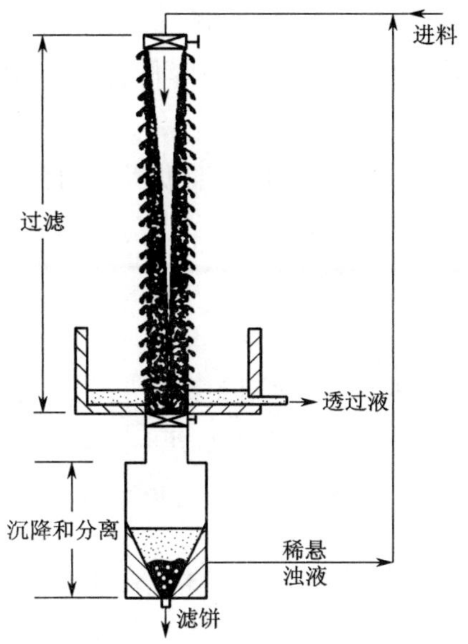

图3-24　双功能过滤示意图

3)改间歇过滤为连续过滤——双功能过滤器

双功能过滤器是采用垂直可收缩中空纤维膜作为过滤介质,系统实现循环操作、过滤和沉淀相结合的装置,其结构如图3-24所示。加压过滤时,滤液由多孔纤维膜的管壁流过,滤饼在管内生成。中空纤维膜管因压差产生径向伸胀,固体充满管子前停止过滤。此后,由于压差变小膜管复原,滤饼疏松开并与未过滤的浆液排入到澄清器。滤饼沉淀分离,浆液循环。与常规的过滤装置相比,双功能过滤器过滤速率高,可获得高程度的脱水滤渣,可用于亚微米级颗粒凝胶体系悬浮液脱水的固—液分离,且放大相对容易。

4)引入外场作用

(1)电渗析　利用离子交换膜只准许电荷不同的离子(反离子)通过的特性而实现带电离子分离的过程称为电渗析。这是以电位差为推动力的膜分离过程。其主要用途是由咸水生产饮用水(或反过来生产盐),还可用于其他溶液(如果汁、饮料等)的脱盐、除酸以及氨基酸的分离。

离子交换膜应该具有高选择性、适度溶胀和高机械强度等优良性能。

(2)错流电过滤　利用电场的作用可更加发挥错流过滤的优点,实现多功能的固—液分离过程。错流电过滤甚至可以完全消除滤饼的生成而进行过滤操作。对于含有带电荷颗粒并且连续相的电导相对较低的悬浮液(如低离子强度的水介质),错流电过滤可取得理想的效果。

(3)介电泳和介电过滤　介电泳(DEP)是指中性可极化物质在非均匀电场中的运动。在电场作用下,电中性介质被极化,其两端分别产生正负电荷。由于电场强度不均匀,两端受到的电场力不同,但总体上看,中性介质受到指向电场强度大的方向的力。目前,主要用于分离生物物质和矿物质。

介电过滤就是介电泳促进颗粒从流体介质中的过滤分离。介电过滤可以去除比介质孔道小得多的颗粒,且具有较小的流动阻力。其已用于燃料油、润滑油等各种炼油产物中除去固体颗粒、熔融或溶解在聚合物中催化剂残留物的清除,还可用于气体除尘。有文献报道,空气净化操作中引入介电泳使得玻璃纤维空气过滤器的效率提高了10倍,且只需要很小的电流。

【例3-14】　用一台具有12个滤框的板框压滤机恒压过滤某悬浮液,达到过滤终点(滤饼刚好充满滤框)后,滤饼不进行洗涤,直接将滤饼卸除,再将压滤机装合后进行下一个周期过滤。现因环保上的要求,滤饼中的母液必须进行洗涤回收,经实验得知:当采用过滤终点操作条件进行洗涤时,洗涤液体积用量为滤液体积的10%即可达到环保要求。由于增加了洗涤操作,使过滤操作周期延长,生产能力下降。为使生产能力不降低,在过滤操作条件不变时,需要增加过滤机滤框数量。试求:增加洗涤操作后,为使生产能力不降低,至少应增加多少个滤框。

(假设:滤饼不可压缩;忽略滤布阻力;洗涤液物性与滤液物性相同;辅助操作时间与滤框数成正比。)

解:在本题简化假设条件下,恒压过滤方程为

$$V^2 = KA^2\theta$$

滤框数 n、过滤面积 A、过滤终点滤液体积 V、辅助操作时间 θ_D 之间关系为

$$\frac{n_2}{n_1}=\frac{A_2}{A_1}=\frac{V_2}{V_1}=\frac{\theta_{D2}}{\theta_{D1}}\text{(下标 1 表示不洗涤滤饼)}$$

两种情况下过滤机的生产能力相同,即

$$Q=\frac{V_1}{\theta_1+\theta_{D1}}=\frac{V_2}{\theta_2+\theta_{W2}+\theta_{D2}}$$

式中　$\theta_1=\theta_2$(框厚及其他操作条件不变)

$$\theta_{W2}=V_W/\frac{KA_2^2}{8}=0.1V_2/\frac{KA_2^2}{8}=0.8\theta_2=0.8\theta_1$$

$$\theta_{D2}=\frac{n_2}{n_1}\theta_{D1}$$

即
$$Q=\frac{n_1}{\theta_1+\theta_{D1}}=\frac{n_2}{\theta_2+0.8\theta_2+\dfrac{n_2}{n_1}\theta_{D1}}$$

解得 $n_2=1.8n_1=1.8\times12=21.6$(取 22 个,即增加 10 个滤框)

本题求解的关键是理清各操作参数与滤框数之间的关系。

【例 3-15】 采用板框过滤机恒压过滤某悬浮液,测得悬浮液的浓度为 v(m^3 滤饼/m^3 滤液),过滤操作条件下的过滤常数为 K(m^2/h),若滤饼不需要洗涤,过滤辅助操作间为 θ_D(h),忽略滤布阻力。试求:为达到最大生产能力,滤框的厚度不能小于多少?

(提示:板框过滤机为间歇操作,不洗涤滤饼时,操作周期 $T=\theta+\theta_D$,以滤液表示的生产能力为 $Q=V/(\theta+\theta_D)$。)

解:在简化假设条件下,恒压过滤方程及生产能力表达式为

$$V^2=KA^2\theta$$

$$Q=\frac{V}{\theta+\theta_D}=\frac{\sqrt{KA^2\theta}}{\theta+\theta_D}$$

$$\frac{dQ}{d\theta}=\frac{\frac{1}{2}(\theta+\theta_D)\theta^{-\frac{1}{2}}\sqrt{KA^2}-\theta^{1/2}\sqrt{KA^2}}{(\theta+\theta_D)^2}$$

令 $\dfrac{dQ}{d\theta}=0$,解得 $\theta=\theta_D$,此情况下达到最大生产能力

$$V=A\sqrt{K\theta_D}$$

$$V_c=Vv=\frac{L}{2}A$$

则
$$L=2v\sqrt{K\theta_D}$$

由此看出,滤框厚度是板框压滤机设计中重要参数。

3.5 离心机

演示文稿

3.5.1 基本概念

离心机是利用离心力分离液态非均相混合物的机械。它与旋液分离器的主要区别在于离心力是由设备(转鼓)本身旋转而产生的。由于离心机可产生很大的离心力,故可用来分离用一般方法难于分离的悬浮液或乳浊液。

根据分离方式,离心机可分为过滤式、沉降式和分离式 3 种基本类型。后面将简要介绍几种常用离心机的结构特点及适用场合。

离心力与重力之比$\left(\dfrac{u_T^2}{Rg}\right)$称为离心分离因数,以 K_c 表示。根据 K_c 值又可将离心机分为

常速离心机 $K_c < 3\ 000$（一般为 600 ~ 1 200）

高速离心机 $K_c = 3\ 000 \sim 50\ 000$

超速离心机 $K_c > 50\ 000$

最新式的离心机，其离心分离因数可高达 500 000 以上，常用来分离胶体颗粒及破坏乳浊液等。离心分离因数的极限值取决于转动部件的材料强度。

在离心机内，由于离心力远远大于重力，所以重力的作用可以忽略不计。

离心机的操作方式也有间歇与连续之分。此外，还可根据转鼓轴线的方向将离心机分为立式与卧式。

3.5.2 沉降离心机和分离离心机

沉降式或分离式离心机的鼓壁上没有开孔。若被处理物料为悬浮液，其中密度较大的颗粒沉积于转鼓内壁而液体集于中央并不断引出，此种操作即为离心沉降；若被处理物料为乳浊液，则两种液体按轻重分层，重者在外，轻者在内，各自从适当的径向位置引出，此种操作即为离心分离。

1. 无孔转鼓式离心机

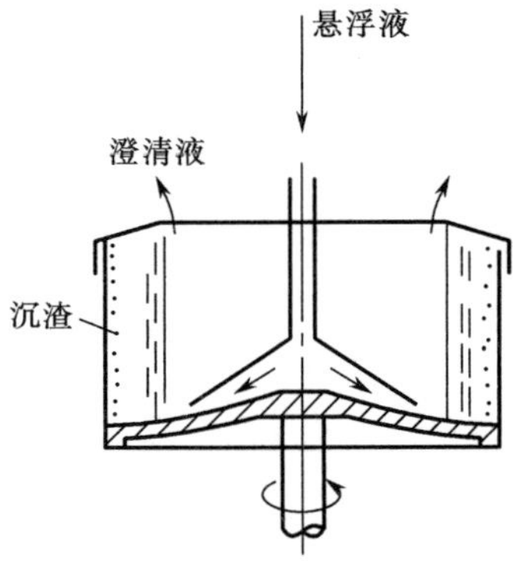

图 3-25 无孔转鼓式离心机示意图

无孔转鼓式离心机的主体为一无孔的转鼓，如图 3-25 所示。由于扇形板的作用，悬浮液被转鼓带动作高速旋转。在离心力场中，固粒一方面向鼓壁作径向运动，同时随流体作轴向运动。上清液从撇液管或溢流堰排出鼓外，固粒留在鼓内间歇地或者连续地从鼓内卸出。

颗粒被分离出去的必要条件是，悬浮液在鼓内的停留时间要大于或等于颗粒从自由液面到鼓壁所需的时间。

无孔转鼓式离心机的转速大多在 450 ~ 4 500 r/min 的范围内，处理能力为 6 ~ 10 m^3/h，悬浮液中固相体积分数为 3% ~ 5%。主要用于泥浆脱水和从废液中回收固体。

2. 碟式分离机

碟式分离机的转鼓内装有许多倒锥形碟片，碟片直径一般为 0.2 ~ 0.6 m，碟片数目为 50 ~ 100 片。转鼓以 4 700 ~ 8 500 r/min 的转速旋转，离心分离因数可达 4 000 ~ 10 000。这种分离机可用于澄清悬浮液中少量粒径小于 0.5 μm 的微细颗粒以获得清净的液体，也可用于乳浊液中轻、重两相的分离，如油料脱水等。

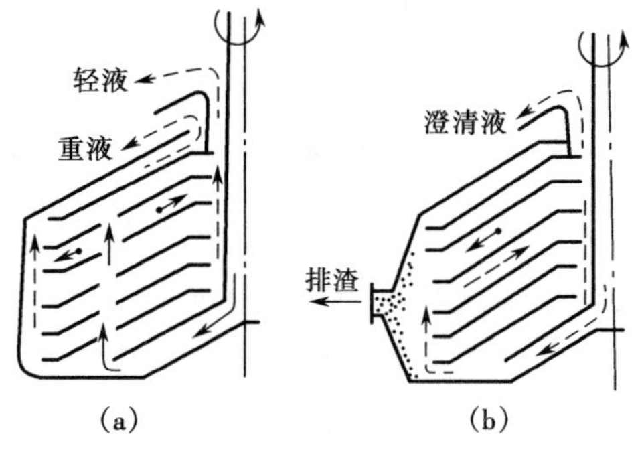

图 3-26 碟式分离机

(a)分离 (b)澄清

根据用途不同，碟式离心机的结构略有差异，如图 3-26 所示。

用于分离操作时，碟片上带有小孔，料液通

过小孔分配到各碟片通道之间。在离心力作用下，重液（及夹带的少量固体杂质）逐步沉于每一碟片的下方并向转鼓外缘移动，经汇集后由重液出口连续排出。轻液则流向轴心由轻液出口排出。

用于澄清操作时，碟片上不开孔，料液从转动碟片的四周进入碟片间的通道并向轴心流动。同时，固体颗粒则逐渐向每一碟片的下方沉降，并在离心力作用下向碟片外缘移动。沉积在转鼓内壁的沉渣可在停车后用人工卸除或间歇地用液压装置自动排除。重液出口用垫圈堵住，澄清液体由轻液出口排出。碟式分离机适合于净化带有少量微细颗粒的黏性液体（涂料、油脂等），或脱除润滑油中的少量水分等。

3. 管式高速离心机

管式高速离心机是一种能产生高强度离心力场的离心机，具有很高的离心分离因数（15 000～60 000），转鼓的转速可达 8 000～50 000 r/min。为尽量减小转鼓所受的应力，采用较小的鼓径，因而在一定的进料量下，悬浮液沿转鼓轴向运动的速度较大。为此，应增大转鼓的长度，以保证物料在鼓内有足够的时间沉降，于是转鼓成为直径小而高度相对很大的管式构形，如图 3-27 所示。管式高速离心机生产能力小，但能分离普通离心机难以处理的物料，如分离乳浊液及含有稀薄微细颗粒的悬浮液。

乳浊液或悬浮液由底部进料管送入转鼓，鼓内有径向安装的挡板（图中未画出），以便带动液体迅速旋转。如处理乳浊液，则液体分轻、重两层，各由上部不同的出口流出；如处理悬浮液，则只用一个液体出口，微粒附着于鼓壁上，经一定时间后停车取出。

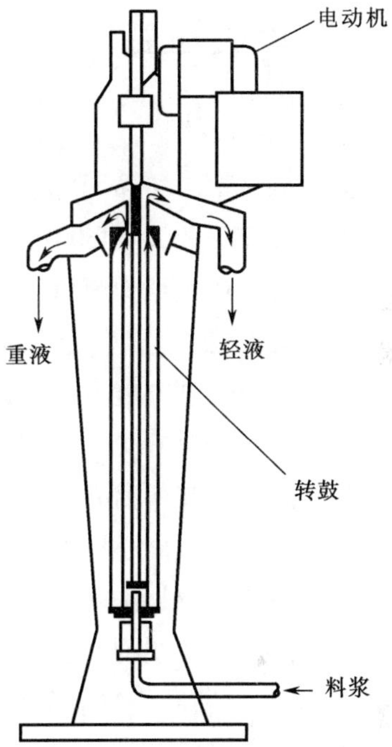

图 3-27 管式高速离心机

3.5.3 过滤离心机

过滤离心机于转鼓壁上开孔，在鼓内壁上覆以滤布，悬浮液加入鼓内并随之旋转，液体受离心力作用被甩出而颗粒被截留在鼓内。

1. 三足式离心机

图 3-28 所示的三足式离心机是工业上采用较早的间歇操作、人工卸料的立式离心机，目前仍是国内应用最广、制造数目最多的一种离心机。

三足式离心机有过滤式和沉降式两种，其卸料方式又有上部卸料与下部卸料之分。离心机的转鼓支撑在装有缓冲弹簧的杆上，以减轻由于加料或其他原因造成的冲击。国内生产的三足式离心机技术参数范围如下：

转鼓直径/mm	450～1 500
有效容积/L	20～400
转速/（r/min）	730～1 950

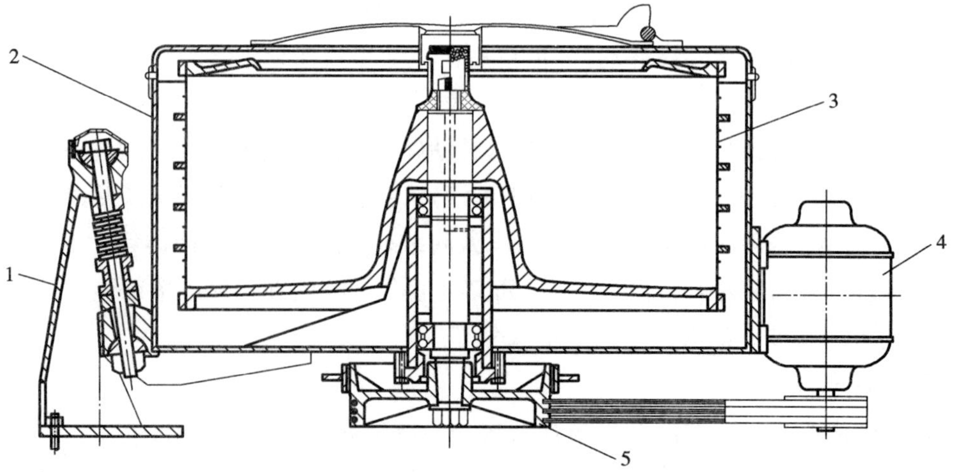

图 3-28 三足式离心机

1—支脚 2—外壳 3—转鼓 4—电动机 5—皮带轮

离心分离因数 K_c 450 ~ 1 170

三足式离心机结构简单，制造方便，运转平稳，适应性强，滤渣颗粒不易受损伤，适用于过滤周期较长、处理量不大、要求滤渣含液量较低的场合。其缺点是上部卸料时劳动强度大，操作周期长，生产能力低。近年来已在卸料方式等方面不断改进，出现了自动卸料及连续生产的三足式离心机。

2. 卧式刮刀卸料离心机

卧式刮刀卸料离心机的特点，是在转鼓全速运转的情况下能够自动地依次进行加料、分离、洗涤、甩干、卸料、洗网等工序的循环操作，每一工序的操作时间可按预定要求实行自动控制。此离心机的结构及操作示意于图 3-29。

操作时，进料阀门自动定时开启，悬浮液进入全速运转的鼓内，液相经滤网及鼓壁小孔被甩到鼓外，再经机壳的排液口流出。留在鼓内的固相被耙齿均匀分布在滤网面上。当滤饼达到指定厚度时，进料阀门自动关闭，停止进料。随后冲洗阀门自动开启，洗水喷洒在滤饼上。再经甩干一定时间后，刮刀自动上升，滤饼被刮下并经倾斜的溜槽排出。刮刀升至极限位置后自动退下，同时冲洗阀又开启，对滤网进行冲洗，即完成一个操作循环，重新开始进料。

此种离心机可自动操作，也可人工操纵。因操作简便且生产能力大，适宜于大规模连续生产，目前已较广泛地用于石油、化工行业中，如硫铵、尿素、碳酸氢铵、聚氯乙烯、食盐、糖等物料的脱水。由于用刮刀卸料，使颗粒破碎严重，对必须保持晶粒完整的物料，不宜采用。

3. 活塞推料离心机

活塞推料离心机如图 3-30 所示，也是一种过滤离心机。在全速运转的情况下，加料、分离、洗涤等操作可以同时连续进行，滤渣由一个往复运动的活塞推送器脉动地推送出来。整个操作自动进行。

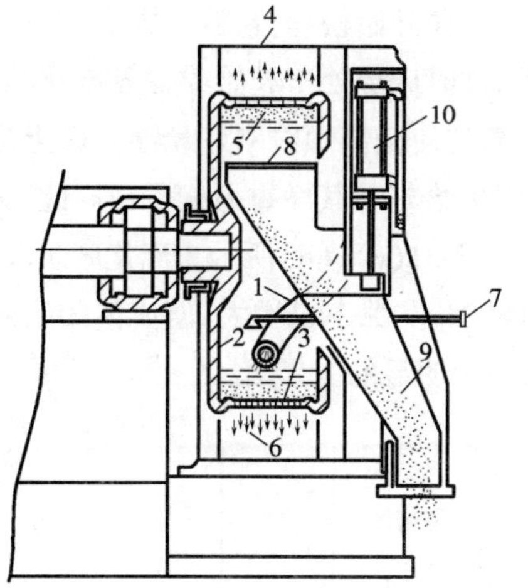

图 3-29 卧式刮刀卸料离心机

1—进料管 2—转鼓 3—滤网 4—外壳
5—滤饼 6—滤液 7—冲洗管 8—刮刀
9—溜槽 10—液压缸

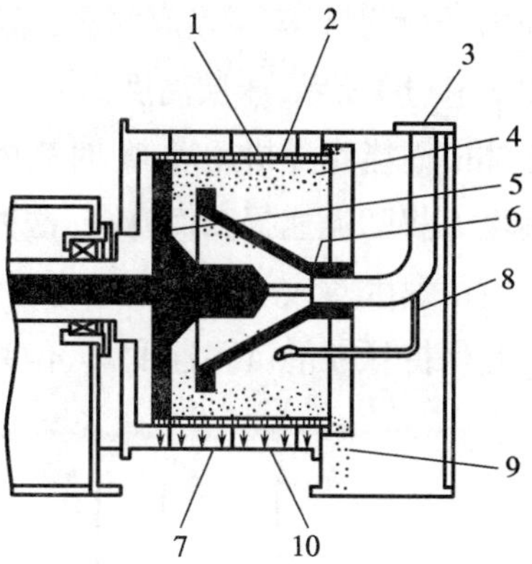

图 3-30 活塞推料离心机

1—转鼓 2—滤网 3—进料管 4—滤饼
5—活塞推进器 6—进料斗 7—滤液出口
8—冲洗管 9—固体排出 10—洗水出口

料浆不断由进料管送入,沿锥形进料斗的内壁流至转鼓的滤网上。滤液穿过滤网经滤液出口连续排出,积于滤网内面上的滤渣则被往复运动的活塞推送器沿转鼓内壁面推出。滤渣被推至出口的途中,可由冲洗管出来的水进行喷洗,洗水则由另一出口排出。

此种离心机主要用于浓度适中并能很快脱水和失去流动性的悬浮液。优点是颗粒破碎程度小,控制系统较简单,功率消耗也较均匀。缺点是对悬浮液的浓度较敏感:若料浆太稀则滤饼来不及生成,料液直接流出转鼓,并可冲走已形成的滤饼;若料浆太稠,则流动性差,易使滤渣分布不均,引起转鼓的振动。

活塞推料离心机除单级外,还有双级、四级等各种形式。采用多级活塞推料离心机能改善其工作状况、提高转速及分离较难处理的物料。

3.6 固体流态化

演示文稿

将大量固体颗粒悬浮于流动的流体之中,并在流体作用下使颗粒作翻滚运动,类似于液体的沸腾,故称这种状态为固体流态化。化学工业中广泛使用固体流态化技术以强化传热、传质,并实现某些化学反应、物理加工乃至颗粒的输送等过程。

3.6.1 流态化的基本概念

1. 流态化现象

当一种流体自下而上流过颗粒床层时,随着流速的加大,会出现 3 种不同的情况。

(1)固定床阶段 若床层空隙中流体的实际流速 u 小于颗粒的沉降速度 u_t,则颗粒基本上静止不动,颗粒层为固定床,如图 3-31(a)所示,床层高度为 L_0。

(2)流化床阶段 当流体的流速增大至一定程度时，颗粒开始松动，颗粒位置也在一定的区间内进行调整，床层略有膨胀，但颗粒仍不能自由运动，这时床层处于起始或临界流化状态，如图3-31(b)所示，床层高度为L_{mf}。如果流体的流速升高到使全部颗粒刚好悬浮于向上流动的流体中而能作随机运动，此时流体与颗粒之间的摩擦阻力恰好与其净重力相平衡。此后，床层高度L将随流速提高而升高，这种床层称为流化床，如图3-31(c)、(d)所示。流化床阶段，每一个空塔速度对应一个相应的床层空隙率，流体的流速增加，空隙率也增大，但流体的实际流速总是保持颗粒的沉降速度u_t不变，且原则上流化床有一个明显的上界面。

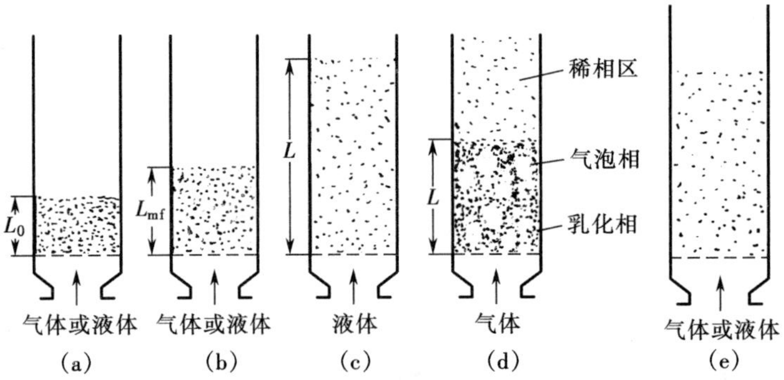

图3-31 不同流速时床层的变化

(a)固定床 (b)起始或临界流化床 (c)散式流化床 (d)聚式流化床 (e)输送床

(3)颗粒输送阶段 当流体在床层中的实际流速超过颗粒的沉降速度u_t时，流化床的上界面消失，颗粒将悬浮在流体中并被带出器外，如图3-31(e)所示。此时，实现了固体颗粒的气力或液力输送，相应的床层称为稀相输送床层。

2. 两种不同流化形式

(1)散式流化 散式流化状态的特点为固体颗粒均匀地分散在流化介质中，故亦称均匀流化。当流速增大时，床层逐渐膨胀而没有气泡产生，颗粒彼此分开，颗粒间的平均距离或床层中各处的空隙率均匀增大，床层高度上升，并有一稳定的上界面。通常两相密度差小的系统趋向散式流化，故大多数液—固流化属于“散式流化”。

(2)聚式流化 对于密度差较大的系统，则趋向于另一种流化形式——聚式流化。例如，在密度差较大的气—固系统的流化床中，超过流化所需最小气量的那部分气体以气泡形式通过颗粒层，上升至床层上界面时即行破裂。在这些气泡内，可能夹带有少量固体颗粒。这时床层内分为两相：一相是空隙小而固体浓度大的气、固均匀混合物构成的连续相，称为乳化相；另一相则是夹带有少量固体颗粒而以气泡形式通过床层的不连续相，称为气泡相。由于气泡在上界面处破裂，所以上界面是以某种频率上下波动的不稳定界面，床层压强降也随之作相应的波动。

3.6.2 流化床的主要特征

1. 恒定的压力降

1) 理想流化床的压力降

理想情况下，克服流动阻力的压力降与空塔气速 u 的关系示于图 3-32。

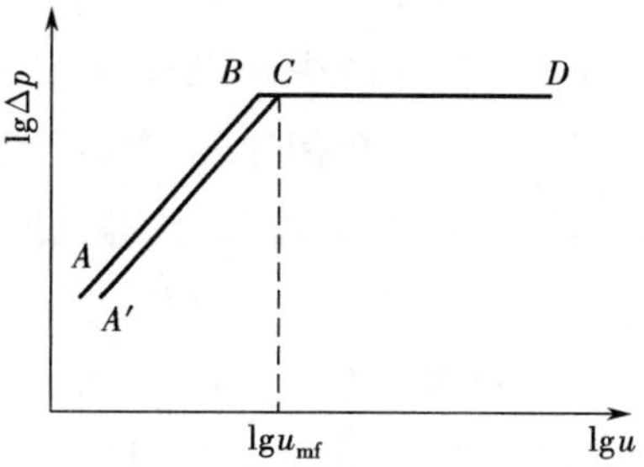

图 3-32 理想流化床的 Δp-u 关系

(1) 固定床阶段 在气体速度较低时，由固体颗粒所组成的床层静止不动，气体只从颗粒空隙中流过。因此，随着气速的增加，气体通过床层的摩擦阻力也相应增加，如图 3-32 中 AB 段所示。

对于随意充填的粒度均匀的颗粒床层的压力降可用式(3-40)或式(3-41)计算。式中压力降克服两种损失，即因黏性而引起的摩擦损失和因局部阻力而引起的动能损失。在雷诺数 $Re_p = \dfrac{d_p \rho u}{\mu} < 20$ 的情况下，摩擦损失占主导地位，式(3-41)可简化为

$$\frac{\Delta p}{L} = 150 \frac{(1-\varepsilon)^2}{\varepsilon^3} \frac{\mu u}{(\phi_s d_p)^2} \tag{3-41a}$$

在雷诺数 $Re_p > 1\,000$ 时，仅需考虑动能损失，则式(3-41)简化为

$$\frac{\Delta p}{L} = 1.75 \frac{(1-\varepsilon)}{\varepsilon^3} \frac{\rho u^2}{\phi_s d_p} \tag{3-41b}$$

当气速增大至某一定值，床层压力降恰等于单位面积床层净重力时，气体在垂直方向上给予床层的作用力刚好能够把全部床层颗粒托起，此时，床层变松并略有膨胀，但固体颗粒仍保持接触而没有流化，如图 3-32 中的 BC 段所示。

(2) 流化床阶段 在流化床阶段，整个床层压力降保持不变，其值等于单位面积床层净重力。该阶段的 Δp 与 u 的关系如图 3-32 中的 CD 段所示。

如果降低流化床的气速，则床层高度、空隙率也随着降低，Δp-u 关系仍沿 DC 线返回，当达到 C 点时，固体颗粒就互相接触而成为静止的固定床。若继续降低流速，床层压力降不再沿 CBA 折线变化，而是沿 CA' 线变化。比较 AB 线与 $A'C$ 线可见，相同气速下，$A'C$ 线的压力降较低，这是因为床层曾被吹松，它比未被吹松过的固定床具有较大的空隙率。与 C 点相应的流速称为临界流化速度 u_{mf}，它是最小流化速度。

流化床阶段中床层的压力降，可根据颗粒与流体间的摩擦力恰与其净重力平衡的关系求出，即

$$(\Delta p)(A_t) = W = A_t L_{mf}(1-\varepsilon_{mf})(\rho_s - \rho) g \tag{3-76}$$

整理后得

$$\Delta p = L_{mf}(1-\varepsilon_{mf})(\rho_s - \rho) g \tag{3-76a}$$

式中 L_{mf}、ε_{mf}——分别为开始流化时床层的高度与空隙率；

A_t——流化床层的截面积，m^2。

随着流速的增大，床层高度和空隙率 ε 都增加，而使 Δp 维持不变。整个流化床阶段的压力降为

$$\Delta p = L(1-\varepsilon)(\rho_s-\rho)g \tag{3-76b}$$

在气—固系统中，ρ 与 ρ_s 相比较可以忽略，Δp 约等于单位面积床层的重力。

(3)气流输送阶段　在气流输送阶段，气流中颗粒浓度降低，由密相变为稀相，形成了两相同向流动的状态，使压力降降低并呈现复杂的情况，可参阅有关文献或专著。

2)实际流化床的压力降

图3-32所示的 Δp-u 关系是流化床的理想情况。实际流化床的情况较为复杂，其 Δp-u 关系如图3-33所示。它与理想流化床的 Δp-u 曲线有显著区别。

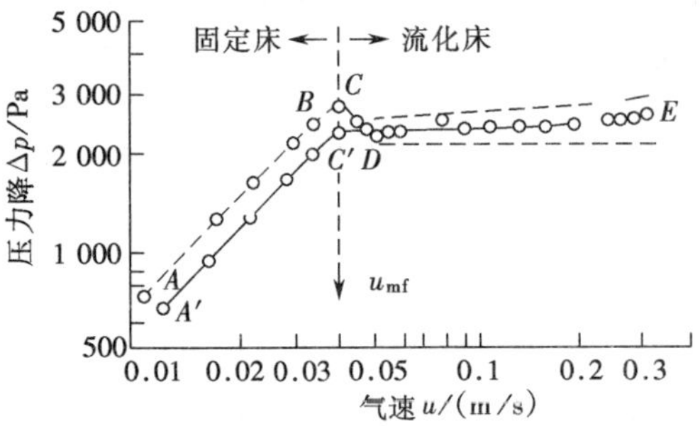

图3-33　实际流化床的 Δp-u 关系图

①在固定床区域 AB 和流化床区域 DE 之间有一个"驼峰"BCD，这是因为固定床颗粒之间相互靠紧，因而需要较大的推动力才能使床层松动，直至颗粒松动到刚能悬浮时，Δp 即从"驼峰"降到水平阶段 DE，此时压力降基本不随气速而变。最初的床层愈紧密，"驼峰"愈陡峻。当降低流化床气速时，压力降沿 $EDC'A'$变化。

②从图3-33可看出 DE 线近于水平而右端略为向上倾斜。这表明，气体通过床层时的压力降除绝大部分用于平衡床层颗粒的重力外，还有很少一部分能量消耗于颗粒之间的碰撞及颗粒与容器壁面之间的摩擦。

③图3-33中 EDC'线和 $C'A'$线分别表示流化床阶段和固定床阶段。两线的交点 C'为临界点，对应该点的流速为临界流化速度 u_{mf}，相应的床层空隙率称为临界空隙率 ε_{mf}，它比没有流化过的原始固定床(AB 线段)的空隙率 ε_0 稍大一些。

④从图3-33中还可以见到 DE 线的上下各有一条虚线，这表示气体流化床的压力降波动范围，而 DE 线是这两条虚线的平均值。压力降的波动是因为从分布板进入的气体形成气泡，在向上运动的过程中不断长大，到床面即行破裂。在气泡运动、长大、破裂的过程中产生压力降的波动。

2. 类似液体的特点

流化床中的气固运动状态宛如沸腾的液体状态，显示出与液体类似的特点，因此，流化床也称沸腾床。图3-34表示了这些特点的概况。流化床具有像液体那样的流动性：固体颗粒可以从容器壁的小孔喷出，并可从一容器流入另一容器；当容器倾斜时，床层的上表面保持水平；当两个床层连通时，能自行调整其床面至同一水平面。

由于流化床具有类似液体的流动性，故使操作易于实现连续化与自动化。

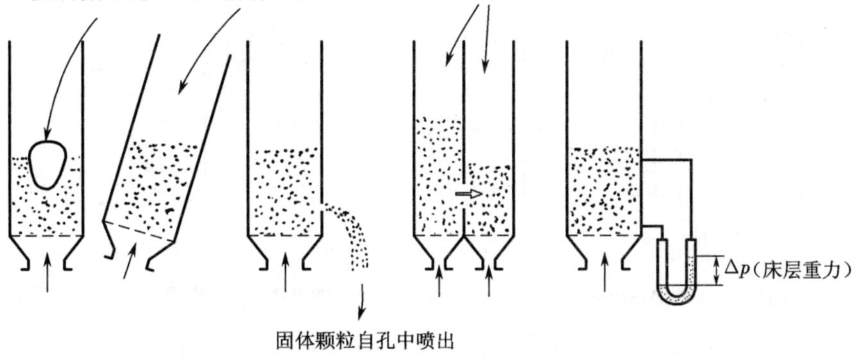

图 3-34　气体流化床类似液体的特性

3. 流化床中的轴向混合

流化床内流体与颗粒的运动比较复杂。以圆柱形流化管为例，一般在同一截面各处的流体速度不完全相同，流速大的流体将颗粒托举上升，然后在重力胜过升举力的地方颗粒下降。就总体趋势而言，颗粒总是这样上下作往复循环运动。同时，颗粒还有杂乱无章的不规则运动。这两种运动造成颗粒的轴向混合，特别是床高与床径之比较小时，循环运动和混合现象更为激烈。随着颗粒的循环，部分流体也有相应的循环和混合现象。床层内的轴向混合，使得床内各处温度或浓度均匀一致，避免局部过热，促进反应顺利进行，但温度、浓度均匀会使床层内传热、传质推动力下降，反应不能进行完全。

4. 流化床的不正常现象

1）腾涌现象

腾涌现象主要发生在气—固流化床中。如果床层高度与直径之比值过大，或气速过高时，就会发生气泡合并成为大气泡的现象。当气泡直径长大到与床径相等时，则将床层分为几段，形成相互间隔的气泡与颗粒层。颗粒层像活塞那样被气泡向上推动，在达到上部后气泡崩裂，而颗粒则分散下落，这种现象称为腾涌现象。在出现腾涌现象时，由于颗粒层与器壁的摩擦，致使压力降大于理论值，而在气泡破裂时又低于理论值，因此在 Δp-u 图上表现为 Δp 在理论值附近作大幅度的波动，如图 3-35 所示。

床层发生腾涌现象，不仅使气—固两相接触不良，且使器壁受颗粒磨损加剧，同时引起设备振动，因此，应该采用适宜的床层高度与床径的比例及适宜的气速，以避免腾涌现象的发生。

2）沟流现象

沟流现象是指气体通过床层时形成短路，大量气体没有与固体粒子很好接触即穿过沟道上升。发生沟流现象后，床层密度不均匀且气、固相接触不良，不利于气、固两相间的传热、传质和化学反应；同时由于部分床层变为死床，颗粒不悬浮在气流中，故在 Δp-u 图上反映出 Δp 低于单位床层面积上的重力，如图 3-36 所示。

沟流现象的出现主要与颗粒的特性和气体分布板的结构有关。颗粒粒度过小、密度大、

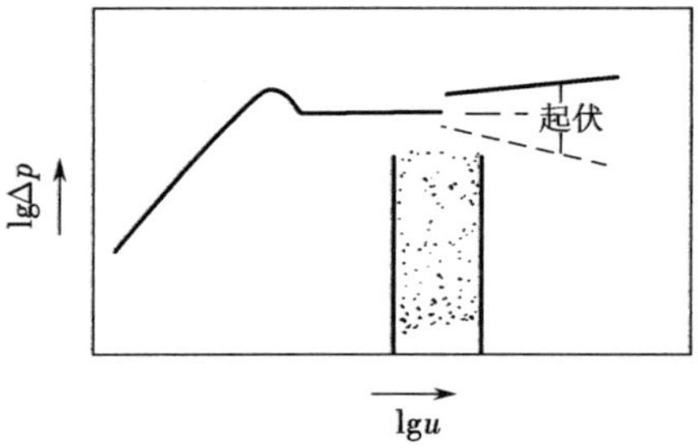

图 3-35 腾涌发生后的 Δp-u 关系

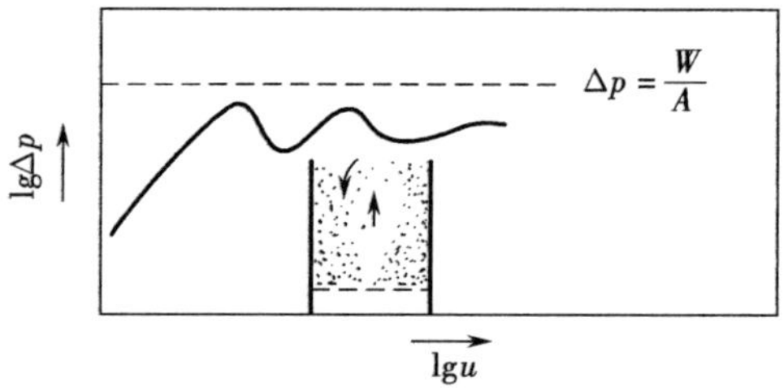

图 3-36 沟流发生后的 Δp-u 关系

易于黏结,以及气体在分布板处的初始分布不均匀,都容易引起沟流。

3)流化质量的判断

通过测量流化床的压力降并观察其变化情况,可以帮助判断操作是否正常。流化床正常操作时,压力降的波动应该是较小的。若波动较大,可能是形成了大气泡。如果发现压力降直线上升,然后又突然下降,则表明发生了腾涌现象。反之,若压力降比正常操作时低,则说明产生了沟流现象。实际压力降与正常压力降偏离的大小反映了沟流现象的严重程度。

3.6.3 流化床的操作范围

要使固体颗粒床层在流化状态下操作,必须使气速高于临界流速 u_{mf},而最大气速又不得超过颗粒的沉降速度,以免颗粒被气流带走。

1. 临界流化速度 u_{mf}

确定临界流化速度有实测和计算两种方法。

1)实测法

测取流化床回到固定床的一系列压降与气体流速的对应数值。将这些数值标在对数坐标上,得到如图 3-33 的曲线,曲线上 C'点对应的流速即为所测的临界流化速度。

测定时常用空气作流化介质,最后根据实际生产中的不同条件将测得的值加以校正。令 u'_{mf}代表以空气为流化介质时测出的临界流化速度,则实际生产中 u_{mf}可按下式推算:

$$u_{mf}=u'_{mf}\frac{(\rho_s-\rho)\mu_a}{(\rho_s-\rho_a)\mu} \tag{3-77}$$

式中 ρ——实际流化介质的密度,kg/m³;

ρ_a——空气的密度,kg/m³;

μ——实际流化介质的黏度,Pa · s;

μ_a——空气的黏度,Pa · s。

2)计算法

由于临界点是固定床与流化床的共有点,所以,临界点的压力降既符合流化床的规律也符合固定床的规律。

当颗粒直径较小时,Re_p 数大致小于 20,由式(3-41a)和式(3-76a)得到起始流化速度计算式为

$$u_{mf}=\frac{(\phi_s d_p)^2(\rho_s-\rho)g}{150\mu}\left(\frac{\varepsilon_{mf}^3}{1-\varepsilon_{mf}}\right) \tag{3-78}$$

对于大颗粒，Re_p 大致大于 1 000，由式(3-41b)和式(3-76a)得

$$u_{mf}=\sqrt{\frac{\phi_s d_p(\rho_s-\rho)g}{1.75\rho}\varepsilon_{mf}^3} \tag{3-79}$$

若流化床由非均匀颗粒组成，则式(3-78)及式(3-79)中的 d_p 应改为颗粒群的平均直径 $\bar{d}_p$。

对于许多不同的系统，发现存在以下经验关系，即

$$\frac{1-\varepsilon_{mf}}{\phi_s^2\varepsilon_{mf}^3}\approx 11 \text{ 和 } \frac{1}{\phi_s\varepsilon_{mf}^3}\approx 14 \tag{3-80}$$

若 ε_{mf} 及 ϕ_s 之值未知时，便可将此两个经验关系分别代入式(3-78)和式(3-79)而得到两个计算 u_{mf} 的近似式：

对于小颗粒 $$u_{mf}=\frac{d_p^2(\rho_s-\rho)g}{1\,650\mu} \tag{3-81}$$

对于大颗粒 $$u_{mf}=\sqrt{\frac{d_p(\rho_s-\rho)g}{24.5\rho}} \tag{3-82}$$

对非均匀颗粒群，式中的 d_p 为颗粒群的平均直径 $\bar{d}_p$。

上述简单的处理方法只适用于粒度分布较为均匀的混合颗粒床层，而不能用于固体粒度差异很大的混合物。譬如，在由两种粒度相差悬殊的固体颗粒混合物构成的床层中，细粉可能在粗颗粒的间隙中流化起来，而粗颗粒依然不能悬浮。

实测法是得到临界流化速度既准确又可靠的一种方法。但当缺乏实验条件时，可用计算法进行估算。上述计算公式也可用来分析影响 u_{mf} 的因素。

2. 带出速度 u_t

颗粒带出速度即颗粒的沉降速度，其计算通式为式(3-8)，即

$$u_t=\left[\frac{4gd_p(\rho_s-\rho)}{3\rho\zeta}\right]^{1/2}$$

其中 ζ 为阻力系数。对于球形颗粒，在不同的 Re_t 范围内，ζ 有不同的表达式。各种情况下的沉降速度公式见式(3-12)、式(3-13)及式(3-14)。

值得注意的是，计算 u_{mf} 时要用实际存在于床层中不同粒度颗粒的平均直径 $\bar{d}_p$，而计算 u_t 时则必须用相当数量的最小颗粒的直径。

3. 流化床的操作范围

流化床的操作范围为空塔速度的上下极限，可用比值 u_t/u_{mf} 的大小来衡量。u_t/u_{mf} 称为流化数。对于细颗粒，由式(3-81)和式(3-12)可得

$$u_t/u_{mf}=91.7$$

对于大颗粒，由式(3-82)和式(3-14)可得

$$u_t/u_{mf}=8.62$$

研究表明，上面两个 u_t/u_{mf} 的上下限值与实验数据基本相符，u_t/u_{mf} 比值常在 10～90 之间。细颗粒流化床较粗颗粒可以在更宽的流速范围内操作。

实际上，对于不同工业生产过程中的流化床来说，比值 u_t/u_{mf} 的差别很大。有些流化床的流化数高达数百，远远超过上述 u_t/u_{mf} 的上限值。在操作气速几乎超过床层所有颗粒的带出速度的条件下，夹带现象虽有，但未必严重。这种情况之所以可能，是因为气流的大部分作为几乎不含固相的大气泡通过床层，而床层中的大部分颗粒则悬浮在气速依然很低的乳化相中。此外，在许多流化床中都配有内部或外部旋风分离器，以捕集被夹带的颗粒并使之返回床层，因此也可以采用较高的气速以提高生产能力。

【例 3-16】 欲使颗粒群直径范围为 50～175 μm、平均粒径 $\bar{d}_p$ 为 98 μm 的固体颗粒床层流化，同时必须避免颗粒的带出，求允许空塔气速的最小和最大值。已知条件为：固体密度为 1 000 kg/m³，颗粒的球形度为 1，起始流化时床层的空隙率为 0.4，流化空气温度为 20 ℃，流化床在常压下操作。

解：由附录查得 20 ℃空气的黏度 $\mu=0.018\ 1\ \text{mPa}\cdot\text{s}$、密度 $\rho=1.205\ \text{kg/m}^3$。允许最小气速就是用平均粒径计算的 u_{mf}。假定颗粒的雷诺数 $Re_p<20$，依式(3-78)可以写出临界流化速度为

$$u_{mf}=\frac{(\phi_s\bar{d}_p)^2}{150}\left[\frac{(\rho_s-\rho)g}{\mu}\right]\left(\frac{\varepsilon_{mf}^3}{1-\varepsilon_{mf}}\right)$$

$$=\frac{(98\times10^{-6})^2}{150}\times\frac{1\ 000-1.205}{0.018\ 1\times10^{-3}}\times9.81\times\left(\frac{0.4^3}{1-0.4}\right)$$

$$=0.003\ 7\ \text{m/s}$$

校核雷诺数：

$$Re_p=\frac{\bar{d}_p u_{mf}\rho}{\mu}=\frac{98\times10^{-6}\times0.003\ 7\times1.205}{0.018\ 1\times10^{-3}}=0.024(<20)$$

由于不希望夹带，其最大气速不能超过床层最小颗粒的带出速度 u_t，因此，用 $d_p=50$ μm 计算带出速度，先假定颗粒沉降属于层流区，其沉降速度用斯托克斯公式计算，即

$$u_t=\frac{d_p^2(\rho_s-\rho)g}{18\mu}=\frac{(50\times10^{-6})^2\times(1\ 000-1.205)\times9.81}{18\times0.018\ 1\times10^{-3}}=0.075\ 2\ \text{m/s}$$

复核沉降流型：

$$Re_p=\frac{d_p u_t\rho}{\mu}=\frac{50\times10^{-6}\times0.075\ 2\times1.205}{0.018\ 1\times10^{-3}}=0.25<2$$

$$u_t/u_{mf}=\frac{0.075\ 2}{0.003\ 7}=20$$

可见，这两个速度的比值为 20:1，一般情况下，所选气速不应太接近于这一允许气速范围的任一极端。

为了考核操作气速下大颗粒是否能被流化起来，尚需计算粒径为 175 μm 颗粒的临界流化速度。仍假定大颗粒的雷诺数 $Re_p<20$，则其临界流化速度可用式(3-78)计算，即

$$u_{mf}=\frac{(175\times10^{-6})^2}{150}\times\frac{1\ 000-1.205}{0.018\ 1\times10^{-3}}\times9.81\left(\frac{0.4^3}{1-0.4}\right)=0.011\ 8\ \text{m/s}$$

核算雷诺数：

$$Re_p=\frac{d_{max}u_{mf}\rho}{\mu}=\frac{175\times10^{-6}\times0.011\ 8\times1.205}{0.018\ 1\times10^{-3}}=0.137<20$$

由上面计算结果看出，最大颗粒的临界流化速度为 0.011 8 m/s，小于实际流化速度 0.075 2 m/s，故整个床层流化良好。

3.6.4 提高流化质量的措施

流化质量是指流化床的均匀程度，即气体分布和气、固接触的均匀程度。流化质量不高对流化床的传热、传质及化学反应过程都非常不利。聚式流化床中影响流化质量的因素很多，其中包括设备因素（高径比、直径、床层高、分布板等）、流固密度差、固相物性（ρ_s 及黏附性）及流体物性（ρ 及 μ 等）。

聚式流化床中空穴的存在造成流化床不稳定，从而导致沟流、腾涌，引起流化质量下降。

提高流化质量可以从如下几方面入手。

1. 分布板应有足够的流动阻力

分布板的结构形式是影响流化质量的重要因素。

1）分布板的作用

在流化床中，分布板的作用除了支承固体颗粒、防止漏料以及使气体得到均匀分布外，还有分散气流、使气流在分布板上方产生较小气泡的作用。然而分布板对气体分布的影响是有限的，通常只能局限在分布板上方不超过 0.5 m 的区域内。

设计良好的分布板，应对通过它的气流有足够大的阻力，以保证气流均匀分布于整个床层截面上，也只有当分布板的阻力足够大时，才能克服聚式流化的不稳定性，抑制床层中出现沟流现象的趋势。实验证明，当采用某种致密的多孔介质或低开孔率的分布板时，可使气固接触非常良好，但气体通过这种分布板的阻力必然要大，这会大大增加鼓风机的动力消耗，因此通过分布板的压力降应有个适宜值。据研究，适宜分布板的稳定压力降 Δp_d 应等于或大于床层压力降 Δp 的 10%，且满足绝对值不低于 3.5 kPa 的条件。床层压力降可取为单位截面上的床层重力。

2）分布板的形式

工业生产用的气体分布板形式很多，常见的有直流式、侧流式和填充式等。

（1）直流式分布板　其中的单层多孔板如图 3-37（a）所示。这种分布板结构简单，便于设计和制造。其缺点是：气流方向与床层相垂直，易使床层形成沟流；小孔易于堵塞，停车时易漏料。图 3-37（b）所示的多层多孔板能避免漏料，但结构稍微复杂。图 3-37（c）所示的为凹形多孔分布板，它能承受固体颗粒的重荷和热应力，而且由于鼓泡和沟流主要发生在流化床的中心部分，这种分布板还有助于抑制这种现象。

（2）侧流式分布板　如图 3-38 所示，在分布板的孔上装有锥形风帽（或锥帽），气流从锥

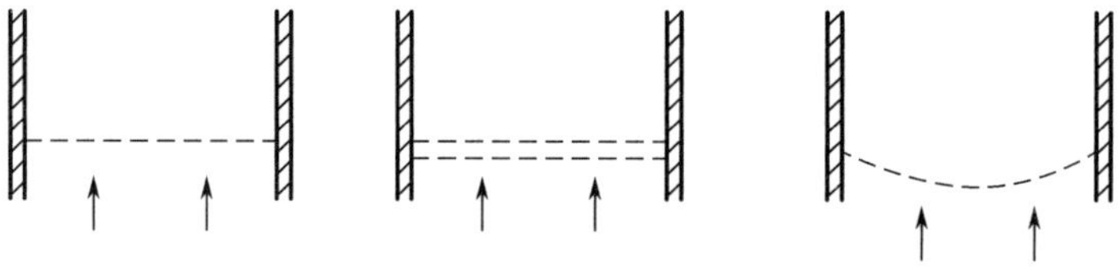

(a) (b) (c)

图 3-37 直流式分布板

(a)单层多孔板 (b)多层多孔板 (c)凹形多孔板

帽底部的侧缝或锥帽四周的侧孔流出。目前这种带锥帽的分布板应用最广,效果也最好,其中侧缝式锥帽采用最多,它具有下列优点。

①固体颗粒不会在锥帽顶部堆成死床。每三个锥帽之间形成一个小锥形床,由此形成许多小锥形床,改善了床层的流化质量。

②气体紧贴分布板面从侧缝吹出而进入床层,在板面上形成一层“气垫”,使颗粒不能停留在板面上,这就减小了在板面上形成死床和发生烧结现象的可能性。

(3)填充式分布板 如图 3-39 所示,填充式分布板是在直孔筛板或栅板和金属丝网层间铺上卵石—石英砂—卵石。这种分布板结构简单,能达到均匀布气的要求。

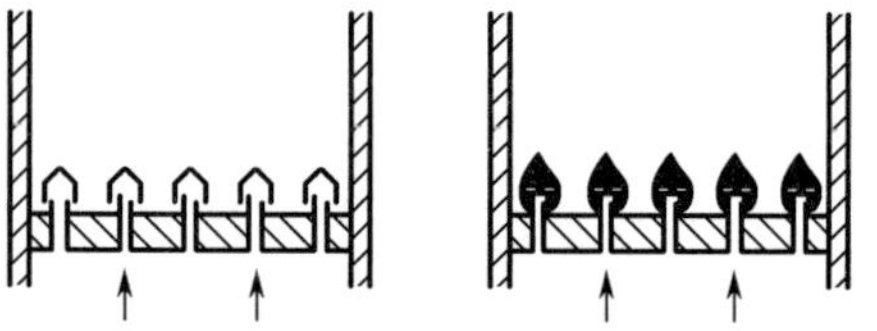

(a) (b)

图 3-38 侧流式分布板

(a)侧缝式锥帽分布板 (b)侧孔式锥帽分布板

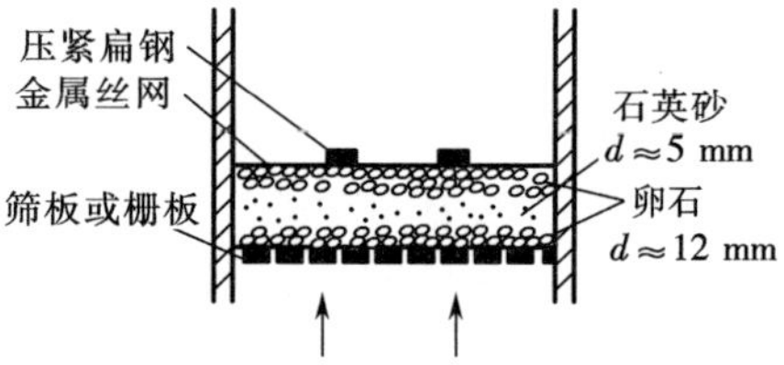

图 3-39 填充式分布板

2. 设备内部构件

在流化床的不同高度上设置若干层水平挡板、挡网或垂直管束,便构成了内部构件。构件的作用是抑制气泡成长并破碎大气泡,改善气体在床层中的停留时间分布,减少气体返混和强化两相间的接触。

为了减小床层的轴向温度差,提高流化质量,挡板直径应略小于设备直径,颗粒就沿四周环隙下降,然后再被气流通过各层挡板吹上去,从而构成一个使颗粒得以循环的通道。环隙愈大,颗粒循环量就愈大。环隙的大小还应视过程的特点而异,颗粒作为载热体时,环隙宜大;颗粒作为催化剂时,环隙宜小。

3. 采用小粒径、宽分布的颗粒

颗粒的特征,尤其是颗粒的尺寸和粒度分布对流化床的流动特性有重要影响。采用小粒径、宽分布的颗粒特别是细粉能起“润滑”作用,可提高流化质量。经验表明,能够达到良好流化的颗粒尺寸在 20~500 μm 范围内。

近几年来,细颗粒高气速流化床在化工中得到重视和应用。它不仅提供了气、固两相较大的接触面积，而且增进了两相接触的均匀性，从而有利于提高反应转化率和床内温度均匀性，同时，高气速还可减小设备直径。

3.6.5 流化床的总高度

流化床的总高度分为密相段（浓相区）和稀相段（分离区）。流化床界面以下的区域称为浓相区，界面以上的区域称为稀相段。

1. 浓相区高度

由于床层内颗粒质量 m 是一定的，因此，浓相区高度 L 与起始流化高度 L_{mf} 之间有如下关系：

$$m = AL_{mf}(1-\varepsilon_{mf})\rho_s = AL(1-\varepsilon)\rho_s \tag{3-83}$$

对于床层截面积不随床高而变化的情况，可得到下式：

$$R_c = \frac{L}{L_{mf}} = \frac{1-\varepsilon_{mf}}{1-\varepsilon} \tag{3-83a}$$

R_c 称为流化床的膨胀比。确定浓相区高度 L 的关键是确定 ε。对于散式流化床，空隙率 ε 与流速的关系为

$$\frac{u}{u_t} = \varepsilon^n \tag{3-84}$$

式中 u——空塔气速，m/s；

u_t——颗粒的沉降速度，m/s；

n——实验常数，对于一定的系统为常数；

ε——流化床的空隙率。

对于多数属于聚式流化的气—固系统，影响床层膨胀比的因素很多。图 3-40 表明了床层空隙率以及床层高度波动的幅度与床层直径及空塔气速明显相关。目前尚无普遍的计算公式可供使用。

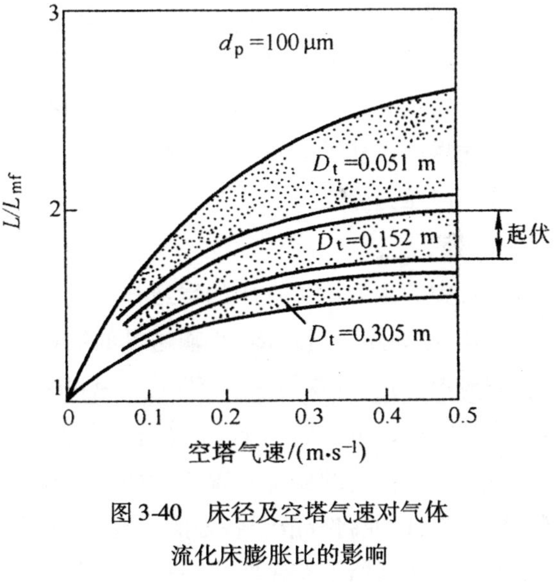

图 3-40 床径及空塔气速对气体流化床膨胀比的影响

2. 分离高度

由于流化床中固体颗粒的粒度大小不一和气泡在床层表面破裂时的夹带作用，使得床层表面一定高度范围内形成不同粒径颗粒的浓度分布，离开床层表面一定距离后，固体颗粒的浓度基本不再变化，如图 3-41 所示。固体颗粒浓度基本保持不变的最小距离称为分离高度 H，又称 TDH（transport disengaging height）。床层界面之上必须有一定的分离区，以使沉降速度大于气流速度的颗粒能够重新沉降到浓相区而不被气流带走。

分离高度的影响因素比较复杂，系统物性、设备及操作条件均会对其产生影响，至今尚

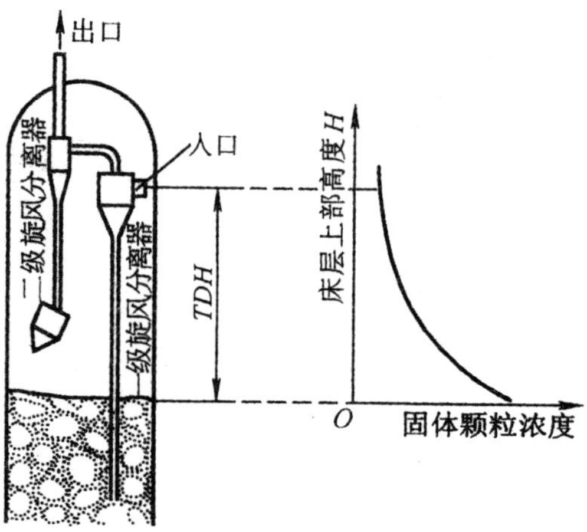

图3-41 分离高度

无适当的计算公式。有资料提出,分离高度可近似等于浓相区的高度。

3.6.6 气力输送简介

利用气体在管内流动以输送粉粒状固体的方法称为气力输送。作为输送介质的气体,最常用的是空气,但在输送易燃易爆粉料时,也可采用其他惰性气体。

气力输送方法从19世纪开始就用于港口码头和工厂内的谷物输送。因与其他机械输送方法相比较有许多优点,故气力输送在化工生产上的应用也日益增多。气力输送的优点是:①系统密闭,避免了物料的飞扬、受潮、受污染,也改善了劳动条件;②可在输送过程中(或输送终端)同时进行粉碎、分级、加热、冷却以及干燥等操作;③占地面积小,可以根据具体条件灵活地安排线路,例如,可以水平、垂直或倾斜地装置管路;④设备紧凑,易于实现连续化、自动化操作,便于同连续的化工过程相衔接。

但是,气力输送与其他机械输送方法相比也存在一些缺点。如动力消耗较大,颗粒尺寸受到一定限制(<30 mm);在输送过程中物料易于破碎;管壁也受到一定程度的磨损,不适于输送黏附性或高速运动时易产生静电的物料。

气力输送可以从不同角度加以分类。

1. 按气流压力分类

1)吸引式

输送管中的压力低于常压的输送称为吸引式气力输送。气源真空度不超过10 kPa的称为低真空式,主要用于近距离、小输送量的细粉尘的除尘清扫;气源真空度在10~50 kPa之间的称为高真空式,主要用于粒度不大、密度介于1 000~1 500 kg/m^{3}之间的颗粒的输送。吸引式输送的输送量一般都不大,输送距离也不超过50~100 m的范围。

吸引式气力输送的典型装置流程如图3-42所示,这种装置往往在物料吸入口处设有带吸嘴的挠性管,以便将分散于各处的或在低处、深处的散装物料收集至储仓。这种输送方式适用于须在输送起始处避免粉尘飞扬的场合。

2)压送式

输送管中的压力高于常压的输送称为压送式气力输送。按照气源的表压力也可分为低压式和高压式两种。

(1)低压式 气源表压不超过50 kPa,这种输送方式在一般化工厂中用得最多,适用于少量粉粒状物料的近距离输送。

(2)高压式 气源表压可高达700 kPa,其用于大量粉粒状物料的输送,输送距离可长达

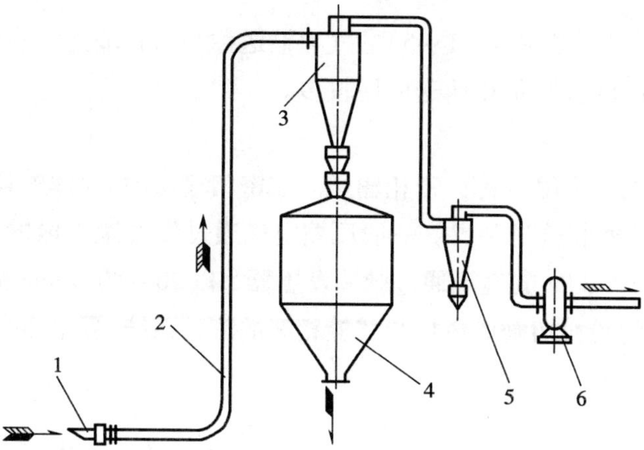

图 3-42 吸引式气力输送装置图

1—吸嘴 2—输送管 3—一次旋风分离器 4—料仓 5—二次旋风分离器 6—抽风机

600 ~ 700 m。压送式气力输送的典型装置流程如图 3-43 所示。

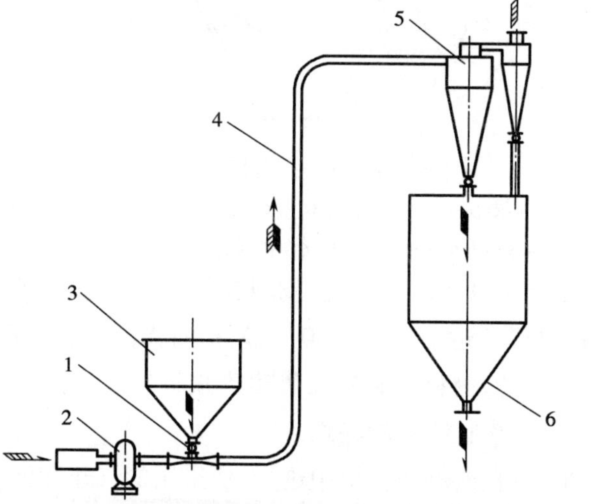

图 3-43 压送式气力输送装置图

1—回转式供料器 2—压气机械 3—料斗 4—输料管 5—旋风分离器 6—料仓

2. 按气流中固相含量分类

在气力输送中，常用混合比（或称固气比）R 表示气流中固相含量。混合比即单位质量气体所输送的固体质量，其表达式为

$$R = \frac{G_s}{G} \tag{3-85}$$

式中 G_s——单位管道面积上单位时间内加入的固体质量，kg/(s · m^2)；

G——气体的质量流速，kg/(s · m^2)。

1）稀相输送

混合比在25以下（通常 $R=0.1\sim5$）的气力输送称为稀相输送。在稀相输送中，固体颗粒呈悬浮状态。目前在我国，稀相输送应用较多。

2）密相输送

混合比大于25的气力输送称为密相输送。在密相输送中，固体颗粒呈集团状态。

图3-44为脉冲式密相输送装置。一股压缩空气通过发送罐1内的喷气环将粉料吹松，另一股表压为150～300 kPa的气流通过脉冲发生器5以20～40 r/min的频率间断地吹入输料管入口处，将流出的粉料切割成料栓与气栓相间的流动系统，凭借空气的压力推动料栓在输送管道中向前移动。

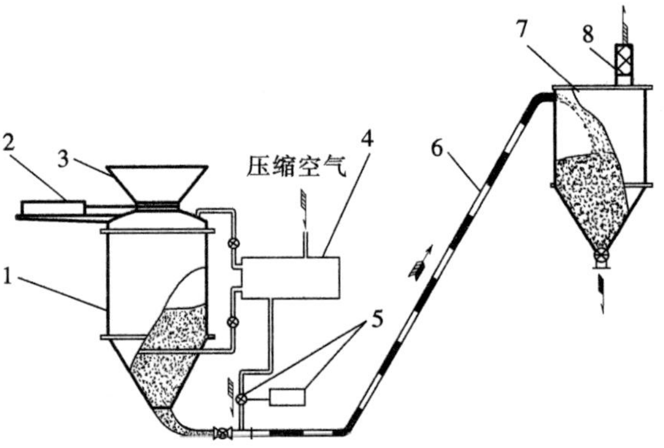

图3-44 脉冲式密相输送装置图

1—发送罐 2—气相密封插板 3—料斗 4—气体分配器

5—脉冲发生器和电磁阀 6—输送管道 7—受槽 8—袋滤器

密相输送的特点是低风量和高混合比，物料在管内呈流态化或柱塞状运动。此类装置的输送能力大，输送距离可长达100～1 000 m，尾部所需的气、固分离设备简单。由于物料或多或少呈集团状低速运动，物料的破碎及管道磨损较轻。目前密相输送已广泛应用于水泥、塑料粉、纯碱、催化剂等粉状物料的输送。

气力输送可在水平、垂直或倾斜管道中进行，所采用的气速和混合比都可在较大范围内变化，从而使管内气、固两相流动的特性有较大的差异，再加上固体颗粒在形状、粒度分布等方面的多样性，使得气力输送装置的计算目前尚处于经验阶段。

习 题

综合性练习题解析

1. 取颗粒试样500 g，作筛分分析，所用筛号及筛孔尺寸见本题附表中第1、2列，筛析后称取各号筛面上的颗粒截留量列于本题附表中第3列，试求颗粒群的平均直径。〔答：$d_a=0.344$ mm〕

习题 1 附表

筛 号	筛孔尺寸/mm	截留量/g	筛 号	筛孔尺寸/mm	截留量/g
10	1.651	0	65	0.208	60.0
14	1.168	20.0	100	0.147	30.0
20	0.833	40.0	150	0.104	15.0
28	0.589	80.0	200	0.074	10.0
35	0.417	130	270	0.053	5.0
48	0.295	110			共计:500

2. 密度为 2 650 kg/m^3 的球形石英颗粒在 20℃空气中自由沉降，计算服从斯托克斯公式的最大颗粒直径及服从牛顿公式的最小颗粒直径。〔答:$d_{max}=72.22$ μm,$d_{min}=951.4$ μm〕

3. 在底面积为 40 m^2 的除尘室内回收气体中的球形固体颗粒。气体的处理量为 3 600 m^3/h，固体的密度 $\rho_s=3\ 000$ kg/m^3，在操作条件下气体的密度 $\rho=1.06$ kg/m^3、黏度为 2×10^{-5} Pa·s。试求理论上能完全除去的最小颗粒直径。〔答:$d=17.49$ μm〕

4. 用一多层降尘室除去炉气中的矿尘。矿尘最小粒径为 8 μm、密度为 4 000 kg/m^3。除尘室长 4.1 m、宽 1.8 m、高 4.2 m，气体温度为 427℃、黏度为 3.4×10^{-5} Pa·s、密度为 0.5 kg/m^3。若每小时的炉气量为2 160(标准)m^3，试确定降尘室内隔板的间距及层数。〔答:$h=82$ mm,$n=50$〕

5. 已知含尘气体中尘粒的密度为 2 300 kg/m^3，气体流量为 1 000 m^3/h、黏度为 3.6×10^{-5} Pa·s、密度为 0.674 kg/m^3，采用如图 3-7 所示的标准型旋风分离器进行除尘。若分离器圆筒直径为 0.4 m，试估算其临界粒径、分割粒径及压力降。〔答:$d_c=8.04$ μm,$d_{50}=5.73$ μm,$\Delta p=520$ Pa〕

6. 某旋风分离器出口气体含尘量为 0.7×10^{-3} kg/(标准)m^3，气体流量为 5 000(标准)m^3/h，每小时捕集下来的灰尘量为 21.5 kg。出口气体中的灰尘粒度分布及捕集下来的灰尘粒度分布测定结果列于本题附表中。试求:(1)除尘效率;(2)绘出该旋风分离器的粒级效率曲线。〔答:(1)$\eta_o=86\%$;(2)略〕

习题 6 附表

粒径范围/μm	0~5	5~10	10~20	20~30	30~40	40~50	>50
在出口灰尘中所占的质量分数/%	16	25	29	20	7	2	1
在捕集的灰尘中所占的质量分数/%	4.4	11	26.6	20	18.7	11.3	8

7. 在实验室用一片过滤面积为 0.1 m^2 的滤叶对某种颗粒在水中的悬浮液进行实验，滤叶内部真空度为 500 mmHg。过滤 5 min 得滤液 1 L，又过滤 5 min 得滤液 0.6 L。若再过滤 5 min，可再得滤液多少?〔答:可再得滤液 0.473 L〕

8. 以小型板框压滤机对碳酸钙颗粒在水中的悬浮液进行过滤实验，测得数据列于本题附表中。

习题8 附表

过滤压力差 Δp/kPa	过滤时间 θ/s	滤液体积 V/m^3
103.0	50	2.27×10^{-3}
	660	9.10×10^{-3}
343.4	17.1	2.27×10^{-3}
	233	9.10×10^{-3}

已知过滤面积为0.093 m^2，试求：(1)过滤压力差为103.0 kPa时的过滤常数K、q_e；(2)滤饼的压缩性指数s；(3)若滤布阻力不变，试写出此滤浆在过滤压力差为196.2 kPa时的过滤方程式。〔答：(1)$K=1.563\times10^{-5}$ m^2/s，$q_e=3.803\times10^{-3}$ m^3/m^2；(2)$s=0.148$；(3)方程式为$q^2+6.914\times10^{-3}q=2.707\times10^{-5}\theta$〕。

9. 用一个每边长为0.162 m的小型滤框对$CaCO_3$颗粒在水中的悬浮液进行过滤实验。料浆温度为19℃，其中$CaCO_3$固体的质量分数为0.072 3。测得每1 m^3滤饼烘干后的质量为1 602 kg。在过滤压力差为275.8 kPa时所得的两组数据列于本题附表中。

习题9 附表

过滤时间 θ/s	15.4	88.7
滤液体积 V/L	1.0	2.8

试求过滤介质的当量滤液体积V_e、滤饼的比阻r、滤饼的空隙率ε及滤饼颗粒的比表面积a。已知$CaCO_3$颗粒的密度为2 930 kg/m^3，其形状可视为圆球。〔答：$V_e=3.513\times10^{-4}$ m^3，$r=2.753\times10^{14}$ $1/m^2$，$\varepsilon=0.453\ 2$，$a=4.140\times10^6$ m^2/m^3〕

10. 用一台BMS50/810-25型板框压滤机过滤某悬浮液，悬浮液中固相质量分数为0.139，固相密度为2 200 kg/m^3，液相为水。每1 m^3滤饼中含500 kg水，其余全为固相。已知操作条件下的过滤常数$K=2.72\times10^{-5}$ m^2/s、$q_e=3.45\times10^{-3}$ m^3/m^2。滤框尺寸为810 mm×810 mm×25 mm，共38个框。试求：(1)过滤至滤框内全部充满滤渣所需的时间及所得的滤液体积；(2)过滤完毕用0.8 m^3清水洗涤滤饼，求洗涤时间。洗水温度及表压与滤浆的相同。〔答：(1)$\theta=249$ s，$V=3.935$ m^3；(2)$\theta_W=389$ s〕

11. 用叶滤机处理某种悬浮液，先以等速过滤20 min，得滤液2 m^3，随即保持当时的压强差再过滤40 min，问共得滤液多少(m^3)？若该叶滤机每次卸渣、重装等全部辅助操作共需20 min，求滤液日产量。滤布阻力可以忽略。〔答：$V=4.472$ m^3，日产滤液80.5 m^3〕

12. 在3×10^5 Pa的压力差下对钛白粉在水中的悬浮液进行过滤实验，测得过滤常数$K=5\times10^{-5}$ m^2/s、$q_e=0.01$ m^3/m^2，又测得滤饼体积与滤液体积之比$v=0.08$。现拟用有38个框的BMY50/810-25型板框压滤机处理此料浆，过滤推动力及所用滤布也与实验用的相同。试求：(1)过滤至框内全部充满滤渣所需的时间；(2)过滤完毕，以相当于所得滤液量1/10的清水进行洗涤，求洗涤时间；(3)若每次卸渣、重装等全部辅助操作共需15 min，求每台过滤机的生产能力(以每小时平均可得多少(m^3)滤饼计)。〔答：(1)$\theta=551$ s；(2)$\theta_W=416$ s；(3)$Q=1.202$ m^3(滤饼)/h〕

13. 某悬浮液中固相质量分数为9.3%，固相密度为3 000 kg/m^3，液相为水。在一小型压滤机中测得此悬浮液的物料特性常数 $k=1.1\times10^{-4}$ m^2/(s·atm)，滤饼的空隙率为40%。现采用一台GP5-1.75型转筒真空过滤机进行生产（此过滤机的转鼓直径为1.75 m、长度为0.98 m、过滤面积为5 m^2、浸没角度为120°），操作转速为0.5 r/min，真空度为80.0 kPa。已知滤饼不可压缩、过滤介质阻力可以忽略。试求此过滤机的生产能力及滤饼厚度。〔答：$Q=12.51$ m^3/h，滤饼厚度 $b=4.86$ mm〕

14. 用板框过滤机在恒压差下过滤某种悬浮液，滤框边长为0.65 m，已测得操作条件下的有关参数为：$K=6\times10^{-5}$ m^2/s、$q_e=0.01$ m^3/m^2、$v=0.1$ m^3 滤饼/m^3 滤液。滤饼不要求洗涤，其他辅助时间为20 min，要求过滤机的生产能力为9 m^3/h，试计算：(1)至少需要几个滤框？(2)框的厚度 L。〔答：(1)取28框；(2)$L=54$ mm〕

15. 平均粒径为0.3 mm的氯化钾球形颗粒在单层圆筒形流化床干燥器中进行流化干燥。固相密度 $\rho_s=1\ 980$ kg/m^3。取流化速度为颗粒带出速度的78%，试求适宜的流化速度和流化数。干燥介质可按60℃的常压空气查取物性参数。〔答：$u=1.356$ m/s，$u_t/u_{mf}=33$〕

16*. 在底面为60 m^2 的单层降尘室中除去反应气中的尘粒。含尘气流量为0.95 m^3/s，尘粒密度 $\rho_s=1\ 800$ kg/m^3，原料气温度为20 ℃、密度为1.205 kg/m^3、黏度 1.81×10^{-5} Pa·s，进入反应器之前需升温至260 ℃（$\mu'=2.786\times10^{-5}$ Pa·s、$\rho'=0.662\ 2$ kg/m^3）。

试求：(1)先除尘后升温，理论上可全部除去的最小颗粒直径；

(2)若先预热后除尘，欲保持(1)的除尘效果，除尘室的生产能力为若干？

(3)若采用标准旋风分离器达到(1)的除尘效果，则旋风分离器的直径为若干？压降为何值？实际除尘效率 η_a 是多少？

假设沉降均在斯托克斯定律区。

〔答：(1)$d_{min}=17.09$ μm；(2)$V_s'=0.339$ m^3/s(20 ℃)；(3)$D=1.155$ m，$\Delta p=156.4$ Pa，$\eta_p=68\%$〕

17*. 用810 mm×810 mm×30 mm的正方形板框压滤机在100 kPa表压下过滤水的悬浮液。已测得：$K=8.2\times10^{-5}$ m^2/s，$v=0.027$ m^3 滤饼/m^3 滤液，在过滤1 h后滤饼充满滤框，所收集滤液量为10 m^3。过滤后用0.8 m^3 清水（与滤液同温度）清洗滤饼（横穿洗涤法），每批操作的辅助时间为25 min。

试求：(1)所需滤框数及生产能力；

(2)为了提高生产能力提出三种方案，试比较其效果：①框数加倍，②框厚加倍，③操作压差加倍；

(3)若用 $A=3$ m^2 的转筒真空过滤机来完成该过滤任务，转筒浸没度 $\psi=1/3$，操作真空度为75 kPa，试确定操作转速和转筒上的滤饼厚度。

假定滤饼不可压缩，介质阻力可忽略不计。

〔答：(1)$n=14$，$Q=4.861$ m^3/h；(2)$Q_1=8.085$ m^3/h，$Q'=2.865$ m^3/h，$Q''=8.085$ m^3/h；(3)$n=0.592\ 3$ r/min，$b=0.001\ 23$ m〕

思考题

1. 直径为 50 μm 的球形石英颗粒(密度为 2 650 kg/m^3),在 20 ℃的空气中从静止状态开始作自由沉降,需要多少时间才能完全达到其(终端)沉降速度?需要多少时间能达到其沉降速度的 99%。

2. 试比较离心沉降和重力沉降的异同。

3. 以间歇过滤机处理某种悬浮液,若滤布阻力可以忽略,洗水体积与滤液体积之比为 a,试分析洗涤时间与过滤时间的关系。

4. 当滤布阻力可以忽略时,若要恒压操作的间歇过滤机取得最大生产能力,在下列两种条件下,各须如何确定过滤时间 θ?(1)若已规定每一循环中的辅助操作时间为 θ_D,洗涤时间为 θ_W;(2)若已规定每一循环中的辅助操作时间为 θ_D,洗水体积与滤液体积之比值为 a。

5. 若分别采用下列各项措施:(1)转筒尺寸按比例增大 50%;(2)转筒浸没度增大 50%;(3)操作真空度增大 50%;(4)转速增大 50%;(5)滤浆中固相体积分数由 10% 增稠至 15%,已知滤饼中固相体积分数为 60%;(6)升温,使滤液黏度减小 50%。

试分析转筒过滤机的生产能力将如何变化。已知滤布阻力可以忽略,滤饼不可压缩。再分析上述各种措施的可行性。

6. 何谓流态化技术?提高流化质量的措施是什么?

7. 气力输送如何分类?混合比(固气比)的含义是什么?

Chapter 4

第4章　传热

本章符号说明

英文字母

a——混合物中组分的质量分数；

a'——温度系数，1/℃；

A——流通面积，m^2；

A——辐射吸收率；

b——厚度，m；

b——润湿周边，m；

c——常数；

c_p——定压比热容，kJ/(kg·℃)；

C——辐射系数，W/(m^2·K^4)；

C——热容量流率比；

d——管径，m；

D——换热器壳径，m；

D——透过率；

E——辐射能力，W/m^2；

f——摩擦因数；

F——系数；

g——重力加速度，m/s^2；

h——挡板间距，m；

I——流体的焓，kJ/kg；

K——总传热系数，W/(m^2·℃)；

l——长度，m；

L——长度，m；

m——指数；

M——冷凝负荷，kg/(m·s)；

M——组分的摩尔质量，kg/kmol；

n——指数；

n——管数；

N——程数；

p——压力，Pa；

P——因数；

q——热通量，W/m^2；

Q——传热速率或热负荷，W；

r——半径，m；

r——汽化热或冷凝热，kJ/kg；

R——热阻，m^2·℃/W；

R——因数；

R——反射率；

R——对比压力；

S——传热面积，m^2；

t——冷流体温度，℃；

t——管心距，m；

T——热流体温度，℃；

T——热力学温度，K；

u——流速,m/s;

W——质量流量,kg/s;

x、y、z——空间坐标;

Z——参数。

希腊字母

α——对流传热系数,W/(m^2·℃);

β——体积膨胀系数,1/℃;

δ——边界层厚度,m;

Δ——有限差值;

ε——传热效率;

ε——系数;

ε——黑度;

θ——时间,s;

λ——导热系数,W/(m·℃);

Λ——波长,μm;

μ——黏度,Pa·s;

ρ——密度,kg/m^3;

σ——表面张力,N/m;

σ——斯蒂芬—玻耳兹曼常数,W/(m^2·K^4);

φ——系数;

φ——角系数;

ψ——校正系数。

下标

b——黑体;

c——冷流体;

c——临界;

e——当量;

h——热流体;

i——管内;

m——平均;

max——最大;

min——最小;

o——管外;

s——污垢;

s——饱和;

t——传热;

Δt——温度差;

v——蒸气;

w——壁面。

本章学习指导

通过本章学习,应重点掌握传热推动力和热阻的概念;热传导速率方程及其应用(包括单层、多层平壁和圆筒壁);总传热速率方程;热量衡算方程;换热器相关计算。

掌握对流传热系数的计算及影响因素;两固体间的辐射传热速率方程;换热器的分类及结构形式;换热器选型,管式换热器的设计原则;换热器传热过程的强化。

了解保温层临界直径;对流—辐射联合传热;管式换热器的设计方法。

通过本章的学习,应能够运用传热的基本原理和规律对传热过程进行分析和计算,进行换热器的选型和设计、换热器的操作调节和优化。

演示文稿

4.1 概述

由于温度差引起的能量转移,称为热传递,简称为传热。由热力学第二定律可知,凡是有温度差存在时,热就必然从高温处传递到低温处,因此传热是自然界和工程技术领域中极普遍的一种传递现象。无论在能源、宇航、化工、动力、冶金、机械、建筑等工业部门,还是在农业、环境保护等其他部门中,都涉及许多有关传热的问题。

传热过程普遍存在于化工生产中,且具有极其重要的作用。这是因为化工生产中的很多过程和单元操作,都需要进行加热和冷却。例如,化学反应通常要在一定的温度下进行,为了达到并保持一定的温度,就需要向反应器输入或从它输出热;又如在蒸发、蒸馏、干燥等单元操作中,都要向这些设备输入或输出热。此外,化工设备的保温,生产过程中热能的合理利用以及废热的回收等都涉及传热的问题。

化工生产中对传热过程的要求经常有两种情况:一种是强化传热过程,如各种换热设备中的传热;另一种是削弱传热过程,如设备和管道的保温,以减少热损失。为此必须掌握传热的共同规律。应予指出,热力学和传热学两门学科既有区别又有联系。热力学不研究引起传热的机理和传热的快慢,它仅研究物质的平衡状态,确定系统由一种平衡状态变到另一种平衡状态所需的总能量;而传热学研究能量的传递速率,因此可以认为传热学是热力学的扩展。热力学(能量守恒定律)和传热学(传热速率方程)两者结合,才可能解决传热问题。

本章讨论的重点是传热的基本原理及其在化工中的应用。

4.1.1 传热的基本方式

根据传热机理的不同,热传递有 3 种基本方式:热传导、热对流和热辐射。传热可依靠其中的一种方式或几种方式同时进行。

1. 热传导(又称导热)

若物体各部分之间不发生相对位移,仅借分子、原子和自由电子等微观粒子的热运动而引起的热量传递称为热传导(又称导热)。热传导的条件是系统两部分之间存在温度差,此时热量将从高温部分传向低温部分,或从高温物体传向与它接触的低温物体,直至整个物体的各部分温度相等为止。热传导在固体、液体和气体中均可进行,但它的微观机理因物态而异。固体中的热传导属于典型的导热方式。在金属固体中,热传导起因于自由电子的运动;在不良导体的固体中和大部分液体中,热传导是通过晶格结构的振动,即原子、分子在平衡位置附近的振动来实现的;在气体中,热传导则是由于分子不规则运动而引起的。对于纯热传导过程,它仅是静止物质内的一种传热方式,也就是说没有物质的宏观位移。

2. 热对流

流体各部分之间发生相对位移所引起的热传递过程称为热对流(简称对流)。热对流仅发生在流体中。在流体中产生对流的原因有二:一是因流体中各处的温度不同而引起密度的差别,使轻者上浮,重者下沉,流体质点产生相对位移,这种对流称为自然对流;二是因泵

(风机)或搅拌等外力所致的质点强制运动,这种对流称为强制对流。流动的原因不同,对流传热的规律也不同。应予指出,在同一种流体中,有可能同时发生自然对流和强制对流。

在化工传热过程中,常遇到的并非只有单纯热对流方式,而是流体流过固体表面时发生的热对流和热传导联合作用的传热过程,即是热由流体传到固体表面(或反之)的过程,通常将它称为对流传热(又称为给热)。对流传热的特点是靠近壁面附近的流体层中依靠热传导方式传热,而在流体主体中则主要依靠热对流方式传热。由此可见,对流传热与流体流动状况密切相关。虽然热对流是一种基本的传热方式,但是由于热对流总伴随着热传导,要将两者分开处理是困难的,因此一般并不讨论单纯的热对流,而是着重讨论具有实际意义的对流传热。

3. 热辐射

因热的原因而产生的电磁波在空间的传递,称为热辐射。所有物体(包括固体、液体和气体)都能将热能以电磁波形式发射出去,而不需要任何介质,也就是说它可以在真空中传播。

自然界中一切物体都在不停地向外发射辐射能,同时又不断地吸收来自其他物体的辐射能,并将其转变为热能。物体之间相互辐射和吸收能量的总结果称为辐射传热。由于高温物体发射的能量比吸收的多,而低温物体则相反,从而使净热量从高温物体传向低温物体。辐射传热的特点是:不仅有能量的传递,而且还有能量形式的转移,即在放热处,热能转变为辐射能,以电磁波的形式向空间传递;当遇到另一个能吸收辐射能的物体时,即被其部分地或全部地吸收而转变为热能。应予指出,任何物体只要在热力学温度零度以上,都能发射辐射能,但是只有在物体温度较高时,热辐射才能成为主要的传热方式。

实际上,上述3种基本传热方式,在传热过程中常常不是单独存在的,而是2种或3种传热方式的组合,称为复杂传热。例如,在高温气体与固体壁面之间的换热就要同时考虑对流传热和辐射传热等。

4.1.2 传热过程中热、冷流体(接触)热交换的方式

传热过程中热、冷流体热交换可分为3种方式,各种热交换方式所用换热设备的结构也各不相同,简述如下。

1. 直接接触式换热和混合式换热器

对某些传热过程,例如气体的冷却或水蒸气的冷凝等,可使热、冷流体直接混合进行热交换。这种换热方式的优点是传热效果好,设备结构简单。这种换热方式所采用的设备称为混合式换热器。显然,仅对于工艺上允许两流体互相混合的情况,才能采用这种换热方式。直接接触换热的机理比较复杂,它在进行传热的同时往往伴有传质过程。

图4-1所示为混合式冷凝器,其中图(b)较为常见,称为干式逆流高位冷凝器,被冷凝的蒸汽与冷却水在器内逆流流动,上升蒸汽与自上部喷淋下来的冷却水相接触而冷凝,冷凝液与冷却水沿气压管向下流动。由于冷凝器通常与真空蒸发器相连,器内压力为10~20 kPa,因此气压管必须有足够的高度。

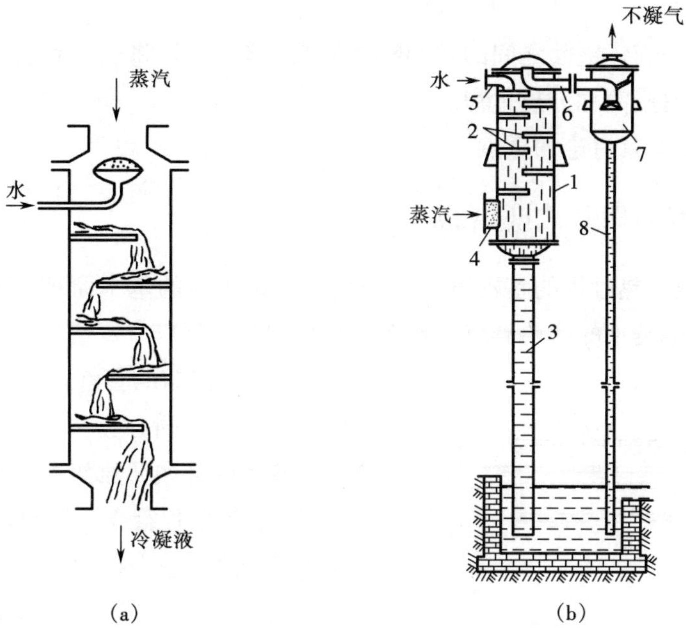

图 4-1 混合式冷凝器

(a)并流低位冷凝器 (b)干式逆流高位冷凝器

1—外壳 2—淋水板 3、8—气压管 4—蒸汽进口 5—进水口 6—不凝气出口 7—分离罐

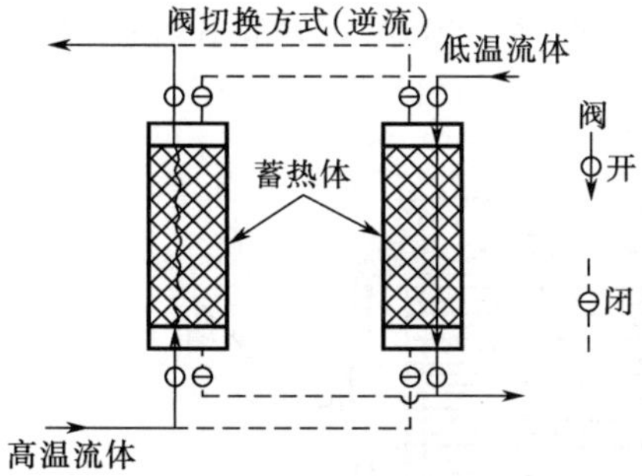

图 4-2 蓄热式换热器

2. 蓄热式换热和蓄热器

蓄热式换热是在蓄热器中实现热交换的一种换热方式。蓄热器内装有固体填充物(如耐火砖等),热、冷流体交替地流过蓄热器,利用固体填充物来积蓄和释放热量而达到换热目的。通常在生产中采用两个并联的蓄热器交替地使用,如图4-2所示。

蓄热器结构简单,且可耐高温,因此多用于高温气体的加热。其缺点是设备体积庞大,且不能完全避免两种流体的混合,所以这类设备在化工生产中使用得不太多。

3. 间壁式换热和间壁式换热器

在化工生产中遇到的多是间壁两侧流体的热交换,即冷、热流体被固体壁面(传热面)所隔开,它们分别在壁面两侧流动,称为间壁式换热。间壁式换热器的类型很多,它们都是典型的传热设备。

如图 4-3 所示,热、冷流体通过间壁两侧的传热过程包括 3 个步骤:①热流体将热量传至固体壁面左侧(对流传热);②热量自壁面左侧传至壁面右侧(热传导);③热量自壁面右侧传至

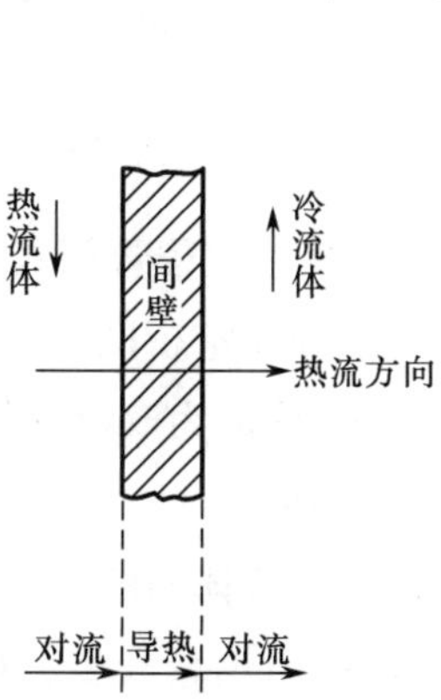

图 4-3 间壁两侧流体间传热

冷流体(对流传热)。

通常,将流体与固体壁面之间的传热称为对流传热过程,将热、冷流体通过壁面之间的传热称为热交换过程,简称传热过程。

间壁式换热是本章讨论的重点。

4.1.3 典型的间壁式换热器

换热器是实现传热过程的基本设备。为便于讨论传热的基本原理,先简单介绍典型的间壁式换热器,其他类型的换热器将在4.7节中详细讨论。

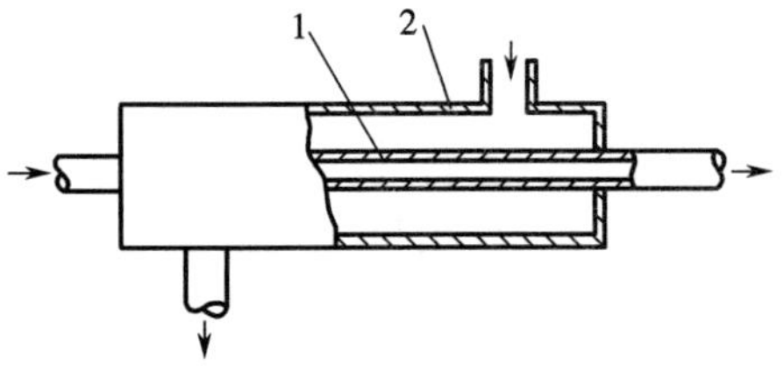

图4-4 套管式换热器

1—内管 2—外管

图4-4为简单的套管式换热器。它是由直径不同的两根管子同心套在一起构成的。冷、热流体分别流经内管和环隙而进行热交换。

图4-5为单程管壳式换热器。一流体由左侧封头5的接管4进入换热器内,经封头与管板6间的空间(分配室)分配至各管内,流过管束2后,由另一端的接管流出。另一流体由壳体右侧的接管3进入,壳体内装有数块挡板7,使流体在壳与管束间沿挡板作折流流动,而从另一端的壳体接管流出。通常,把流体流经管束称为流经管程,将该流体称为管程(或管方)流体;把流体流经管间环隙称为流经壳程,将该流体称为壳程(或壳方)流体。由于管程流体在管束内只流过一次,故称为单程管壳式换热器。

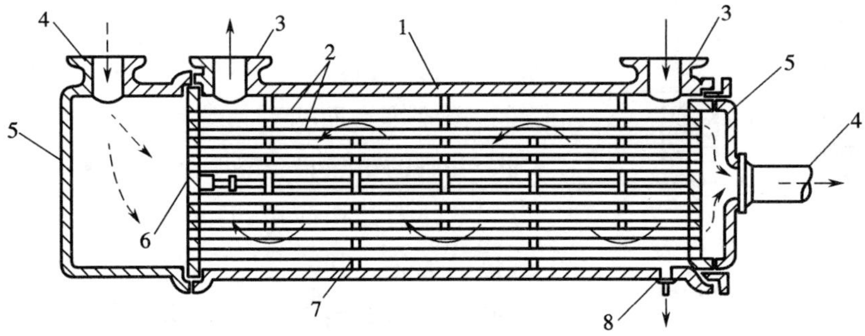

图4-5 单程管壳式换热器

1—外壳 2—管束 3、4—接管 5—封头 6—管板 7—挡板 8—泄水管

图4-6为双程管壳式换热器,隔板4将分配室等分为二,管程流体先进入一半管束,待流到另一端分配室折回再流经另一半管束,然后从接管流出换热器。由于管程流体在管束内流经两次,故称为双程管壳式换热器。若流体在管束内来回流过多次,称为多程(例如四程、六程等)换热器。

由于两流体间的传热是通过管壁进行的,故管壁表面积即为传热面积。显然,传热面积愈大,传递的热量愈多。对于特定的管壳式换热器,其传热面积可按下式计算,即

$$S = n\pi dL \tag{4-1}$$

式中 S——传热面积，m^2；

n——管数；

d——管径，m；

L——管长，m。

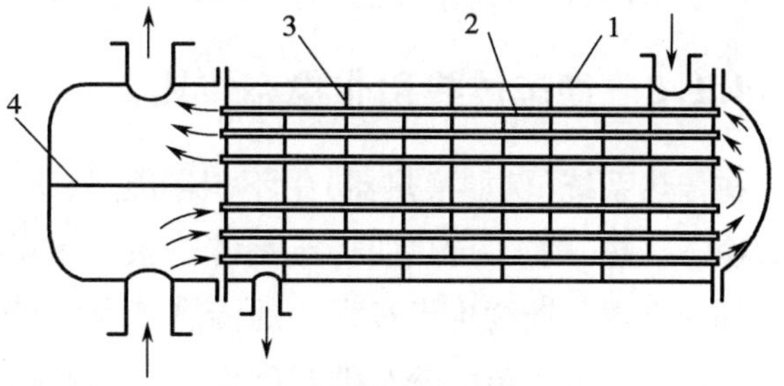

图 4-6 双程管壳式换热器

1—壳体 2—管束 3—挡板 4—隔板

应予指出，式中管径 d 可分别用管内径 d_i、管外径 d_o 或平均直径 d_m（即 $(d_i+d_o)/2$）来表示，则对应的传热面积分别为管内侧面积 S_i、外侧面积 S_o 或平均面积 S_m。一般地，在无特别说明时，所说换热器的传热面积就是指换热管的外侧面积 S_o。对于一定的传热任务，确定换热器的传热面积是设计换热器的主题。

在换热器中两流体间传递的热，可能是伴有流体相变化的潜热，例如冷凝或沸腾；亦可能是流体无相变化、仅有温度变化所需的显热，例如加热或冷却。换热器的热衡算是传热计算的基础之一。

4.1.4 传热速率和热通量

在换热器中传热的快慢用传热速率来表示，传热速率是传热过程的基本参数。

传热速率（又称热流量）是指在单位时间内通过传热面的热量，用 Q 表示，单位为 W。

热通量（又称传热速度）是指单位传热面积的传热速率，用 q 表示，单位为 W/m^2。

热通量和传热速率间的关系为

$$q=\frac{dQ}{dS} \tag{4-2}$$

由于换热器的传热面积可以用圆管的内表面积 S_i、外表面积 S_o 或平均表面积 S_m 表示，相应的热通量的数值各不相同，计算时应标明选择的基准面积。

自然界中传递过程的普遍关系为：传递过程速率与过程的推动力成正比，与过程的阻力成反比。传热过程速率可表示为

$$传热速率=\frac{传热推动力（温度差）}{传热热阻}$$

若传热温度以 Δt 表示，单位为℃；热阻以 R 或 R' 表示，则传热速率为

$$Q=\frac{\Delta t}{R} \tag{4-3}$$

或

$$q=\frac{\Delta t}{R'} \tag{4-3a}$$

式中 R——整个传热面的热阻，℃/W；

R'——单位传热面积的热阻，$m^2\cdot$℃/W。

对不同的传热情况，找出热阻的表达方式，即可求得传热速率。提高传热速率或热通量，关键在于减小传热过程的热阻。

应予指出，传热速率和热通量是评价换热器性能的重要指标。

4.1.5 稳态传热和非稳态传热

在传热系统(例如换热器)中不积累能量(即输入的能量等于输出的能量)的传热过程，称为稳态传热。稳态传热的特点是传热系统中温度分布不随时间而变，且传热速率在任何时间都为常数。连续生产过程中的传热多为稳态传热。

若传热系统中温度分布随时间而变化，则这种传热过程为非稳态传热。工业生产中的间歇操作过程和连续生产时的开工和停工阶段，都为非稳态传热过程。

化工过程中遇到的大多是稳态传热。因此，本章重点讨论稳态传热。

4.1.6 载热体及其选择

在化工生产中，物料在换热器内被加热或冷却时，通常需要用另一种流体供给或取走热量，此种流体称为载热体，其中起加热作用的载热体称为加热剂(或加热介质)；起冷却(或冷凝)作用的载热体称为冷却剂(或冷却介质)。

对一定的传热过程，待加热或冷却物料的初始及终了温度常由工艺条件决定，因此需要提供或取出的热量是一定的。热量的多少决定了传热过程的操作费用。但应指出，单位热量的价格因载热体而异。例如，当加热时，温度要求愈高，价格愈贵；当冷却时，温度要求愈低，价格愈贵。因此为了提高传热过程的经济效益，必须选择适当温位的载热体。同时选择载热体时还应考虑4条原则：①载热体的温度易调节控制；②载热体的饱和蒸气压较低，加热时不易分解；③载热体的毒性小，不易燃、易爆，不易腐蚀设备；④价格便宜，来源容易。

工业上常用的加热剂有热水、饱和蒸汽、矿物油、联苯混合物、熔盐及烟道气等。它们所适用的温度范围如表4-1所示。若所需的加热温度很高，则需采用电加热。

工业上常用的冷却剂有水、空气和各种冷冻剂。水和空气可将物料最低冷却至环境温度，其值随地区和季节而异，一般不低于20 ℃。在水资源紧缺的地区，宜采用空气冷却。一些常用冷却剂及其适用温度范围如表4-2所示。

表4-1 常用加热剂及其适用温度范围

加热剂	热水	饱和蒸汽	矿物油	联苯混合物	熔盐(KNO_3 53%，$NaNO_2$ 40%，$NaNO_3$ 7%)	烟道气
适用温度/℃	40～100	100～180	180～250	255～380(蒸气)	142～530	～1000

表4-2 常用冷却剂及其适用温度范围

冷却剂	水(自来水、河水、井水)	空气	盐水	氨蒸气
适用温度/℃	0～80	>30	0～－15	<－15～－30

演示文稿

4.2 热传导

4.2.1 基本概念和傅里叶定律

1. 温度场和温度梯度

物体或系统内的各点间存在温度差，是热传导的必要条件。由热传导方式引起的热传递速率（简称导热速率）取决于物体内温度的分布情况。温度场就是任一瞬间物体或系统内各点的温度分布总和。

一般情况下，物体内任一点的温度为该点的位置以及时间的函数，故温度场的数学表达式为

$$t=f(x,y,z,\theta) \tag{4-4}$$

式中 x、y、z——物体内任一点的空间坐标；

t——温度，℃或K；

θ——时间，s。

若温度场内各点的温度随时间而变，此温度场为非稳态温度场，这种温度场对应于非稳态的导热状态。若温度场内各点的温度不随时间而变，即为稳态温度场。稳态温度场的数学表达式为

$$t=f(x,y,z),\frac{\partial t}{\partial \theta}=0 \tag{4-5}$$

在特殊的情况下，若物体内的温度仅沿一个坐标方向发生变化，此温度场为稳态的一维温度场，即

$$t=f(x),\frac{\partial t}{\partial \theta}=0,\frac{\partial t}{\partial y}=\frac{\partial t}{\partial z}=0 \tag{4-6}$$

温度场中同一时刻下相同温度各点所组成的面为等温面。由于空间任一点上不可能某瞬间同时有不同的温度，故温度不同的等温面彼此不能相交。

由于等温面上温度处处相等，故沿等温面将无热量传递，而沿与等温面相交的任何方向，因温度发生变化则有热量的传递。温度随距离的变化程度以沿与等温面垂直的方向为最大。通常，将温度为$(t+\Delta t)$与t两相邻等温面之间的温度差Δt，与两面间的垂直距离Δn之比值的极限称为温度梯度。温度梯度的数学定义式为

$$\text{grad } t=\lim_{\Delta n\to 0}\frac{\Delta t}{\Delta n}=\overrightarrow{\frac{\partial t}{\partial n}}$$

温度梯度$\overrightarrow{\frac{\partial t}{\partial n}}$为向量，它的正方向是温度升高的方向，如图4-7所示。通常，将温度梯度的标量$\frac{\partial t}{\partial n}$也称为温度梯度。

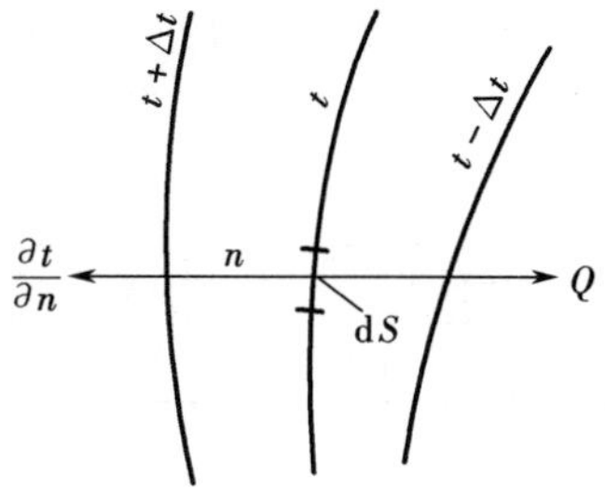

图4-7 温度梯度和傅里叶定律

对稳态的一维温度场,温度梯度可表示为

$$\text{grad } t = \frac{\mathrm{d}t}{\mathrm{d}x}$$

2. 傅里叶(Fourier)定律

傅里叶定律为热传导的基本定律,表示通过等温表面的导热速率与温度梯度及传热面积成正比,即

$$\mathrm{d}Q \propto -\mathrm{d}S\frac{\partial t}{\partial n}$$

或
$$\mathrm{d}Q = -\lambda \mathrm{d}S\frac{\partial t}{\partial n} \tag{4-7}$$

式中 Q——导热速率,即单位时间传导的热,其方向与温度梯度的方向相反,W;

S——等温表面的面积,m^2;

λ——比例系数,称为导热系数,W/(m·℃)。

式(4-7)中的负号表示热量传递的方向总是和温度梯度的方向相反,如图4-7所示。应予指出,傅里叶定律不是根据基本原理推导得到的,它与牛顿黏性定律相类似,导热系数λ与黏度μ一样,也是粒子微观运动特性的表现。

4.2.2 导热系数

式(4-7)改写后可以得到导热系数的定义式,即

$$\lambda = \frac{-\mathrm{d}Q}{\mathrm{d}S\frac{\partial t}{\partial n}} \tag{4-7a}$$

由此式可知,导热系数在数值上等于单位温度梯度下的热通量。因此,导热系数表征物质导热能力的大小,是物质的物理性质之一。导热系数的数值与物质的组成、结构、密度、温度及压力有关。

各种物质的导热系数通常用实验方法测定。导热系数数值的变化范围很大。一般来说,金属的导热系数最大,非金属固体次之,液体较小,气体最小。工程计算中常见物质的导热系数可从有关手册中查得,本书附录中也有部分摘录,供做习题时查用。一般情况下各类物质的导热系数大致范围见表4-3。表中数据表明了气体、液体和固体的导热系数的数量级范围。具有不同导热系数的材料可以应用于不同的场合,应选用导热系数小的材料用于保温,如需快速散热,则应选用导热系数大的材料。

表4-3 物质导热系数的范围

物质种类	气体	液体	非导固体	金属	绝热材料
$\lambda/(W \cdot m^{-1} \cdot ℃^{-1})$	0.006~0.6	0.07~0.7	0.2~3.0	15~420	<0.25

1. 固体的导热系数

在所有的固体中,金属是最好的导热体。纯金属的导热系数一般随温度升高而减小。

金属的导热系数大多随其纯度的增高而增大，合金的导热系数一般比纯金属要小。

非金属的建筑材料或绝热材料的导热系数与温度、组成及结构的紧密程度有关，通常随密度增大而增大，随温度升高而增大。

对大多数固体，λ 值与温度大致成线性关系，即

$$\lambda=\lambda_0(1+a't) \tag{4-8}$$

式中 λ——固体在温度为 t℃时的导热系数，W/(m·℃)；

λ_0——固体在0℃时的导热系数，W/(m·℃)；

a'——常数，又称温度系数，1/℃。对大多数金属材料，a'为负值，对大多数非金属材料，a'为正值。

2. 液体的导热系数

液体可分为金属液体和非金属液体。液态金属的导热系数比一般液体的要大。在液态金属中，纯钠具有较大的导热系数。大多数液态金属的导热系数随温度升高而减小。

在非金属液体中，水的导热系数最大。除水和甘油外，液体的导热系数随温度升高略有减小。一般说来，纯液体的导热系数比其溶液的要大。溶液的导热系数在缺乏实验数据时，可按纯液体的 λ 值进行估算。

有机化合物水溶液的导热系数估算式为

$$\lambda_m=0.9\sum a_i\lambda_i \tag{4-9}$$

式中 a——组分的质量分数；

下标 m 表示混合液，i 表示组分的序号。

有机化合物的互溶混合液的导热系数估算式为

$$\lambda_m=\sum a_i\lambda_i \tag{4-9a}$$

3. 气体的导热系数

气体的导热系数随温度升高而增大。在相当大的压力范围内，气体的导热系数随压力的变化甚微，可以忽略不计。只有在过高或过低的压力(高于 2×10^5 kPa 或低于 3 kPa)下，才考虑压力的影响，此时随压力增高导热系数增大。

气体的导热系数很小，对导热不利，但是有利于保温、绝热。工业上所用的保温材料，例如玻璃棉等，就是因为其空隙中有气体，所以其导热系数小，适用于保温隔热。以新型保温材料 SiO_2气凝胶为例，由于其结构里有更多空隙，所以具有导热系数低、密度小的特点，其常温导热系数约为0.02 W/(m·℃)，可以用于深海采油管及航天服的隔热保温。当然，有些场合，选择保温材料还应考虑阻燃性能等。

常压下气体混合物的导热系数可用下式估算，即

$$\lambda_m=\frac{\sum\lambda_i y_i M_i^{1/3}}{\sum y_i M_i^{1/3}} \tag{4-10}$$

式中 y_i——气体混合物中组分 i 的摩尔分数；

M_i——组分 i 的摩尔质量，kg/kmol。

4.2.3 通过平壁的稳态热传导

1. 单层平壁的热传导

单层平壁的热传导如图4-8所示。假设平壁材料均匀，导热系数 λ 不随温度而变（或取平均导热系数）；平壁内的温度仅沿垂直于壁面的 x 方向变化，因此等温面是垂直于 x 轴的平面；平壁面积与厚度相比是很大的，故从壁的边缘处损失的热可以忽略。对此种稳态的一维平壁热传导，导热速率 Q 和传热面积 S 都为常量，故式(4-7)可简化为

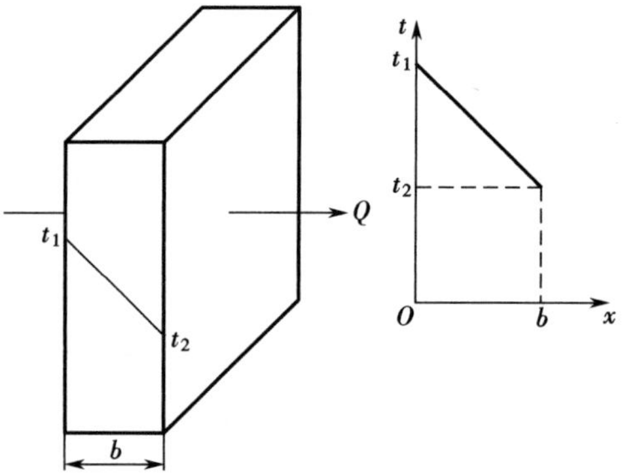

图4-8 单层平壁的热传导

$$Q=-\lambda S\frac{\mathrm{d}t}{\mathrm{d}x} \tag{4-11}$$

当 $x=0$ 时，$t=t_1$；$x=b$ 时，$t=t_2$；且 $t_1>t_2$。积分式(4-11)可得

$$Q=\frac{\lambda}{b}S(t_1-t_2) \tag{4-12}$$

或

$$Q=\frac{t_1-t_2}{\dfrac{b}{\lambda S}}=\frac{\Delta t}{R} \tag{4-12a}$$

$$q=\frac{Q}{S}=\frac{\Delta t}{\dfrac{b}{\lambda}}=\frac{\Delta t}{R'} \tag{4-12b}$$

式中 b——平壁厚度，m；

Δt——温度差，导热推动力，℃；

$R=\dfrac{b}{\lambda S}$——导热热阻，℃/W；

$R'=\dfrac{b}{\lambda}$——导热热阻，$m^2\cdot$℃/W。

应予指出，式(4-12)适用于 λ 为常数的稳态热传导过程。实际上，物体内不同位置上的温度并不相同，因而导热系数也随之而异。但是在工程计算中，对于各处温度不同的固体，其导热系数可以取固体两侧面温度下 λ 值的算术平均值，或取两侧面温度之算术平均值下的 λ 值。可以证明，当导热系数随温度呈线性关系时，用物体的平均导热系数进行热传导的计算，将不会引起太大的误差。在以后的热传导计算中，一般都采用平均导热系数。当 λ 为常数时，平壁内温度分布为直线，当 λ 为温度的函数时，平壁内温度分布为曲线，见例4-1。

式(4-12)表明导热速率与导热推动力成正比，与导热热阻成反比；还可看出，导热距离愈大，传热面积和导热系数愈小，则导热热阻愈大。

必须强调指出，应用热阻的概念，对传热过程的分析和计算都十分有用。由于系统中任一段的热阻与该段的温度差成正比，利用这一关系可以计算界面温度或物体内温度分布。

反之,可从温度分布情况判断各部分热阻的大小。此外,还可利用串、并联电阻的计算方法来类比计算复杂导热过程的热阻。

【例 4-1】 某平壁厚度为 0.37 m,内表面温度 t_1 为 1 650 ℃,外表面温度 t_2 为 300 ℃,平壁材料导热系数 $\lambda = 0.815 + 0.000\,76\,t$[$t$ 的单位为℃,λ 的单位为 W/(m · ℃)]。若将导热系数分别按常量(取平均导热系数)和变量计算时,试求平壁的温度分布关系式和导热热通量。

解:(1)导热系数按常量计算

平壁的平均温度为

$$t_m = \frac{t_1 + t_2}{2} = \frac{1\,650 + 300}{2} = 975 \text{ ℃}$$

平壁材料的平均导热系数为

$$\lambda_m = 0.815 + 0.000\,76 \times 975 = 1.556 \text{ W/(m · ℃)}$$

由式(4-12b)可求得导热热通量为

$$q = \frac{\lambda}{b}(t_1 - t_2) = \frac{1.556}{0.37}(1\,650 - 300) = 5\,677 \text{ W/m}^2$$

设壁厚 x 处的温度为 t,则由式(4-12)可得

$$q = \frac{\lambda}{x}(t_1 - t)$$

故

$$t = t_1 - \frac{qx}{\lambda} = 1\,650 - \frac{5\,677}{1.556}x = 1\,650 - 3\,649x$$

上式即为平壁的温度分布关系式,表示平壁距离 x 和等温表面的温度呈直线关系。

(2)导热系数按变量计算

由式(4-11)得

$$q = -\lambda\frac{dt}{dx} = -(0.815 + 0.000\,76t)\frac{dt}{dx}$$

或

$$-q dx = (0.815 + 0.000\,76t)dt$$

积分

$$-q\int_0^b dx = \int_{t_1}^{t_2}(0.815 + 0.000\,76t)dt$$

得

$$-qb = 0.815(t_2 - t_1) + \frac{0.000\,76}{2}(t_2^2 - t_1^2) \tag{a}$$

$$q = \frac{0.815}{0.37}(1\,650 - 300) + \frac{0.000\,76}{2 \times 0.37}(1\,650^2 - 300^2) = 5\,677 \text{ W/m}^2$$

当 $b = x$ 时,$t_2 = t$,代入式(a),可得

$$-5\,677x = 0.815(t - 1\,650) + \frac{0.000\,76}{2}(t^2 - 1\,650^2)$$

整理上式得

$$t^2 + \frac{2 \times 0.815}{0.000\,76}t + \frac{2}{0.000\,76}\left[5\,677x - \left(0.815 \times 1\,650 + \frac{0.000\,76}{2} \times 1\,650^2\right)\right] = 0$$

解得

$$t = -1\,072 + \sqrt{7.41 \times 10^6 - 1.49 \times 10^7 x}$$

上式即为当 λ 随 t 呈线性变化时单层平壁的温度分布关系式,此时温度分布为曲线。

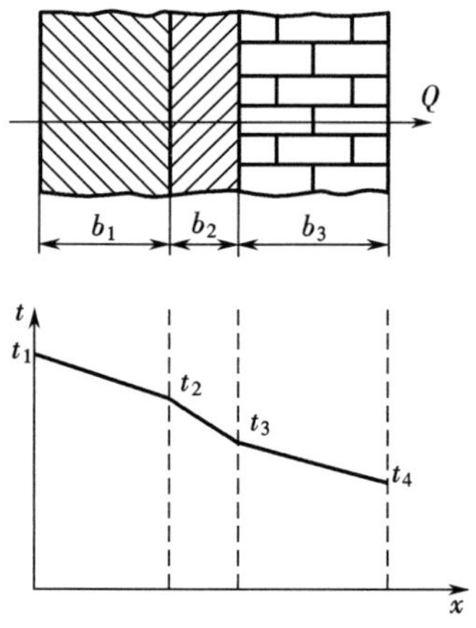

图4-9 3层平壁的热传导

计算结果表明，将导热系数按常量或变量计算时，所得的导热通量是相同的，而温度分布则不同，前者为直线，后者为曲线。所以工程中计算热通量时，可取平均温度下的导热系数的数值，即导数系数按常数处理是可行的。

2. 多层平壁的热传导

以3层平壁为例，如图4-9所示。各层的壁厚分别为 b_1、b_2 和 b_3，导热系数分别为 λ_1、λ_2 和 λ_3。假设层与层之间接触良好，即相接触的两表面温度相同。各表面温度为 t_1、t_2、t_3 和 t_4，且 $t_1 > t_2 > t_3 > t_4$。

在稳态导热时，通过各层的导热速率必相等，即 $Q = Q_1 = Q_2 = Q_3$，或

$$Q = \frac{(t_1 - t_2)}{b_1/\lambda_1 S} = \frac{(t_2 - t_3)}{b_2/\lambda_2 S} = \frac{(t_3 - t_4)}{b_3/\lambda_3 S}$$

由上式可得

$$\Delta t_1 = t_1 - t_2 = Q\frac{b_1}{\lambda_1 S}, \quad \Delta t_2 = t_2 - t_3 = Q\frac{b_2}{\lambda_2 S}, \quad \Delta t_3 = t_3 - t_4 = Q\frac{b_3}{\lambda_3 S}$$

将上面3式相加，并整理得

$$Q = \frac{\Delta t_1 + \Delta t_2 + \Delta t_3}{\dfrac{b_1}{\lambda_1 S} + \dfrac{b_2}{\lambda_2 S} + \dfrac{b_3}{\lambda_3 S}} = \frac{t_1 - t_4}{\dfrac{b_1}{\lambda_1 S} + \dfrac{b_2}{\lambda_2 S} + \dfrac{b_3}{\lambda_3 S}} \tag{4-13}$$

式(4-13)即为3层平壁的热传导速率方程。

对 n 层平壁，热传导速率方程为

$$Q = \frac{t_1 - t_{n+1}}{\sum\limits_{i=1}^{n} \dfrac{b_i}{\lambda_i S}} = \frac{\sum \Delta t}{\sum R} = \frac{\Delta t_i}{R_i} \tag{4-14}$$

式中下标 i 表示平壁的序号。

由式(4-14)可见，多层平壁热传导的总推动力为各层温度差之和，即总温度差，总热阻为各层热阻之和。对于稳态传热过程，传热推动力(温度差)在各层间的分配与其热阻成正比，热阻越大的地方，其分配的温度差也越大。

应予指出，在上述多层平壁的计算中，假设层与层之间接触良好，两个接触表面具有相同的温度。实际上，不同材料构成的界面之间可能出现明显的温度降低。这种温度变化是由于表面粗糙不平而产生接触热阻的缘故。因两个接触面间有空穴，而空穴内又充满空气，因此，传热过程包括通过实际接触面的热传导和通过空穴的热传导(高温时还有辐射传热)。一般来说，因气体的导热系数很小，接触热阻主要由空穴造成。接触热阻的影响如图4-10所示。

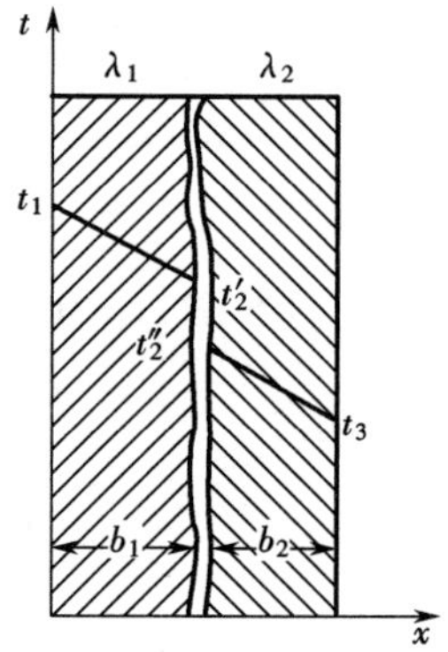

图4-10 接触热阻的影响

接触热阻与接触面材料、表面粗糙度及接触面上压力等因素有关,目前还没有可靠的理论或经验计算公式,主要依靠实验测定。

表4-4 列出几组材料的接触热阻值,以便对接触热阻有数量级的概念。

表 4-4 几种接触表面的接触热阻

接触面材料	粗糙度/μm	温度/℃	表压/kPa	接触热阻/($m^2\cdot℃\cdot W^{-1}$)
不锈钢(磨光),空气	2.54	90~200	300~2 500	0.264×10^{-3}
铝(磨光),空气	2.54	150	1 200~2 500	0.88×10^{-4}
铝(磨光),空气	0.25	150	1 200~2 500	0.18×10^{-4}
铜(磨光),空气	1.27	20	1 200~20 000	0.7×10^{-5}

【例 4-2】 有一燃烧平壁炉,炉壁由 3 种材料构成。最内层为耐火砖,其厚度为 150 mm,导热系数可取为 1.05 W/(m·℃);中间层为保温砖,其厚度为 290 mm,导热系数为 0.15 W/(m·℃);最外层为普通砖,其厚度为228 mm,导热系数为0.81 W/(m·℃)。现测得炉内、外壁表面温度分别为1 016 ℃和34 ℃,试求单位面积的热损失和各层间接触界面的温度。假设各层接触良好。

解:设 t_2 为耐火砖和保温砖间界面温度,t_3 为保温砖和普通砖间界面温度。

$$t_1=1\ 016\ ℃,t_4=34\ ℃$$

由式(4-13)可求得单位面积的热损失,即

$$q=\frac{Q}{S}=\frac{t_1-t_4}{\dfrac{b_1}{\lambda_1}+\dfrac{b_2}{\lambda_2}+\dfrac{b_3}{\lambda_3}}=\frac{t_1-t_4}{R_1'+R_2'+R_3'}$$

$$=\frac{1\ 016-34}{\dfrac{0.15}{1.05}+\dfrac{0.29}{0.15}+\dfrac{0.228}{0.81}}=\frac{982}{0.142\ 9+1.933+0.281\ 5}=416.5\ \mathrm{W/m^2}$$

再由式(4-12b)可求出各层的温度差及各层间接触界面的温度,即

$$\Delta t_1=R_1'q=0.142\ 9\times416.5=59.5\ ℃$$

所以 $t_2=t_1-\Delta t_1=1\ 016-59.5=956.5\ ℃$

$$\Delta t_2=R_2'q=1.933\times416.5=805.1\ ℃$$

所以 $t_3=t_2-\Delta t_2=965.5-805.1=151.4\ ℃$

$$\Delta t_3=t_3-t_4=151.4-34=117.4\ ℃$$

各层的温度差和热阻的数值如本例附表所示。

例 4-2 附表

材　料	温度差/℃	热阻/($m^2\cdot℃\cdot W^{-1}$)
耐火砖	59.5	0.142 9
保温砖	805.1	1.933
普通砖	117.4	0.281 5

由上表可见，对于多层平壁热传导，哪一层的热阻愈大，则通过该层的温度差也愈大，表明在热传导中温度差和热阻是成正比的。

应指出，在求解本题时，各层材料的导热系数 λ 与各层的平均温度有关，即需要知道各层间的界面温度，而界面温度正是本题所求的。此时需采用试算法，即先假设各层间的界面温度，依此温度求得各层材料的平均温度，由手册或附录查得该温度下材料的导热系数（若已知材料的导热系数与温度的函数关系式，则可由该式求得 λ 值），再利用热传导速率方程式计算各层间的界面温度。若计算结果与所设的温度不符，则要重新进行以上的试算。一般经几次试算后，可得到合理的估算值。本题中给出的 λ 值是经几次试算后的结果。

4.2.4 通过圆筒壁的稳态热传导

化工生产中常遇到圆筒壁的热传导，它与平壁热传导的不同处在于圆筒壁的传热面积不是常量，随半径而变，同时温度也随半径而变。

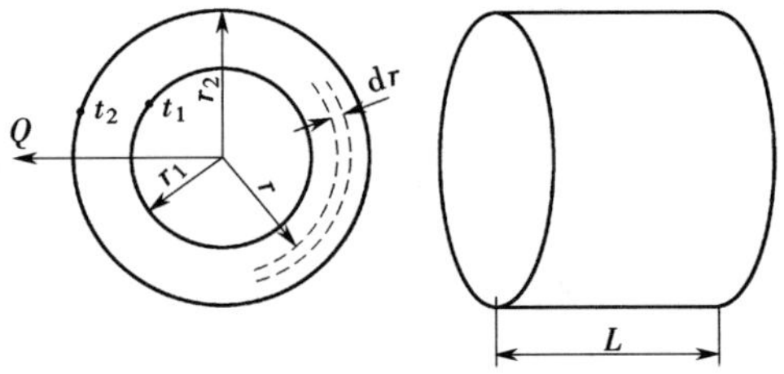

图 4-11 单层圆筒壁的热传导

1. 单层圆筒壁的热传导

单层圆筒壁的热传导如图 4-11 所示。若圆筒壁很长，沿轴向散热可忽略，则通过圆筒壁的热传导可视为一维稳态热传导。设圆筒的内半径为 r_1，外半径为 r_2，长度为 L；圆筒内、外壁面温度分别为 t_1 和 t_2，且 $t_1 > t_2$。若在圆筒半径 r 处沿半径方向取微分厚度 dr 的薄壁圆筒，其传热面积可视为常量，等于 $2\pi rL$；同时通过该薄层的温度变化为 dt。仿照平壁热传导公式，通过该薄圆筒壁的导热速率可以表示为

$$Q = -\lambda S \frac{dt}{dr} = -\lambda(2\pi rL)\frac{dt}{dr}$$

将上式积分并整理得

$$Q = \frac{2\pi L\lambda(t_1 - t_2)}{\ln \frac{r_2}{r_1}} \tag{4-15}$$

式(4-15)即为单层圆筒壁的热传导速率方程。该式也可写成与平壁热传导速率方程相类似的形式，即

$$Q = \frac{S_m\lambda(t_1 - t_2)}{b} = \frac{S_m\lambda(t_1 - t_2)}{r_2 - r_1} \tag{4-16}$$

将式(4-16)与式(4-15)相比较，可得对数

$$S_m = \frac{2\pi L(r_2 - r_1)}{\ln \frac{r_2}{r_1}} = 2\pi r_m L \tag{4-17}$$

其中 $$r_m = \frac{r_2 - r_1}{\ln \dfrac{r_2}{r_1}} \tag{4-18}$$

或 $$S_m = \frac{2\pi L(r_2 - r_1)}{\ln \dfrac{2\pi L r_2}{2\pi L r_1}} = \frac{S_2 - S_1}{\ln \dfrac{S_2}{S_1}} \tag{4-18a}$$

式中 r_m——圆筒壁的对数平均半径,m;

S_m——圆筒壁的内、外表面的对数平均面积,m^2。

化工计算中,经常会用到两个物理量的对数平均值,即两个物理量的差与其比的自然对数的比值。当两个物理量的比值等于2时,算术平均值与对数平均值相比,计算误差仅为4%,这是工程计算允许的。因此当两个变量的比值小于或等于2时,经常用算术平均值代替对数平均值,使计算较为简便。

2. 多层圆筒壁的热传导

多层(以3层为例)圆筒壁的热传导如图4-12所示。

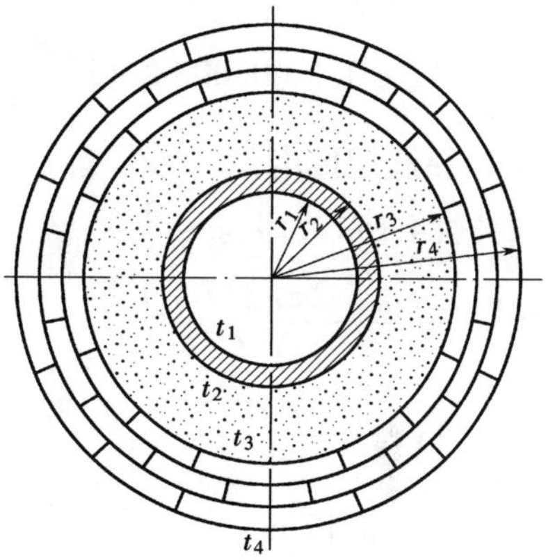

图4-12 多层圆筒壁的热传导

假设各层间接触良好,各层的导热系数分别为 λ_1、λ_2、λ_3,厚度分别为 $b_1 = (r_2 - r_1)$、$b_2 = (r_3 - r_2)$、$b_3 = (r_4 - r_3)$。若将串联热阻的概念应用于式(4-16),则3层圆筒壁的导热速率方程式为

$$Q = \frac{\Delta t_1 + \Delta t_2 + \Delta t_3}{\dfrac{b_1}{\lambda_1 S_{m1}} + \dfrac{b_2}{\lambda_2 S_{m2}} + \dfrac{b_3}{\lambda_3 S_{m3}}} = \frac{t_1 - t_4}{R_1 + R_2 + R_3} \tag{4-19}$$

式中 $S_{m1} = \dfrac{2\pi L(r_2 - r_1)}{\ln \dfrac{r_2}{r_1}}$, $S_{m2} = \dfrac{2\pi L(r_3 - r_2)}{\ln \dfrac{r_3}{r_2}}$, $S_{m3} = \dfrac{2\pi L(r_4 - r_3)}{\ln \dfrac{r_4}{r_3}}$

同理,由式(4-15)可得

$$Q = \frac{2\pi L(t_1 - t_4)}{\dfrac{1}{\lambda_1}\ln \dfrac{r_2}{r_1} + \dfrac{1}{\lambda_2}\ln \dfrac{r_3}{r_2} + \dfrac{1}{\lambda_3}\ln \dfrac{r_4}{r_3}} \tag{4-20}$$

对 n 层圆筒壁,其热传导速率方程可表示为

$$Q = \frac{t_1 - t_{n+1}}{\sum\limits_{i=1}^{n} \dfrac{b_i}{\lambda_i S_{mi}}} \tag{4-21}$$

或 $$Q = \frac{t_1 - t_{n+1}}{\sum\limits_{i=1}^{n} \dfrac{1}{2\pi L \lambda_i}\ln \dfrac{r_{i+1}}{r_i}} \tag{4-22}$$

式中下标 i 表示圆筒壁的序号。

应注意，对圆管壁的稳态热传导，通过各层的热传导速率都是相同的，但是热通量却都不相等。

【例4-3】 在外径为140 mm的蒸汽管道外包扎一层保温材料，以减少热损失。蒸汽管外壁温度为180 ℃，保温层外表面温度不高于40 ℃。保温材料的导热系数 λ 与温度 t 的关系为 $\lambda=0.1+0.0002t$[t 的单位为℃，λ 的单位为 W/(m·℃)]。若要求每米管长的热损失 Q/L 不大于200 W/m，试求保温层的厚度和保温层中的温度分布。

解：此题为圆筒壁的热传导问题。已知：$r_2=0.07$ m，$t_2=180$ ℃，$t_3=40$ ℃。

先求保温层在平均温度下的导热系数，即

$$\lambda_m=0.1+0.0002\times\left(\frac{180+40}{2}\right)=0.122\ \mathrm{W/(m\cdot℃)}$$

(1)保温层厚度

将式(4-15)改写为

$$\ln\frac{r_3}{r_2}=\frac{2\pi\lambda_m(t_2-t_3)}{Q/L}$$

$$\ln r_3=\frac{2\pi\times0.122\times(180-40)}{200}+\ln 0.07$$

解得 $r_3=0.12$ m

故保温层厚度为

$$b=r_3-r_2=0.12-0.07=0.05\ \mathrm{m}=50\ \mathrm{mm}$$

(2)保温层中的温度分布

设在保温层半径 r 处温度为 t，代入式(4-15)可得

$$\frac{2\pi\times0.122(180-t)}{\ln\dfrac{r}{0.07}}=200$$

解上式并整理，得

$$t=-261\ln r-513.8$$

上式即为保温层中的温度分布关系式。计算结果表明，即使导热系数为常数，圆筒壁内的温度分布也不是直线而是曲线。再有，选择合适的保温材料非常重要。在单位管长热损失一定时，保温材料的导热系数越大，则对应的保温层厚度越大。在本例中，若选导热系数为0.3 W/(m·℃)的材料，则计算出来的保温层厚度为220 mm。若保温层厚度不变，则 λ 大的情况下，单位管长热损失大。

4.3 对流传热概述

演示文稿

如前所述，流体流过固体壁面(流体温度与壁面温度不同)时的传热过程称为对流传热，它在化工传热过程中占有重要的地位。对流传热过程机理较复杂，其传热速率与很多因素有关。根据流体在传热过程中的状态，对流传热可分为如下两类。

(1)流体无相变的对流传热　流体在传热过程中不发生相变化，依据流体流动原因不同，可分为两种情况：①强制对流传热，流体因外力作用而引起流动；②自然对流传热，仅因温度差而产生流体内部密度差引起流体对流流动。

(2)流体有相变的对流传热　流体在传热过程中发生相变化，它也分为两种情况：①蒸气冷凝，气体在传热过程中全部或部分冷凝为液体；②液体沸腾，液体在传热过程中沸腾汽化，部分液体转变为气体。

对于上述几类，对流传热过程机理不尽相同，影响对流传热速率的因素也有区别。为了读者学习方便，本节先介绍对流传热的基本概念。

4.3.1 对流传热速率方程和对流传热系数

1. 对流传热速率方程

对流传热是一复杂的传热过程，影响对流传热速率的因素很多，而且不同的对流传热情况又有差别，因此对流传热的理论计算是很困难的，目前工程上仍按下述的半经验方法进行处理。

根据传递过程速率的普遍关系，壁面与流体间的对流传热速率，也应该等于推动力和阻力之比，即

$$\text{对流传热速率} = \frac{\text{对流传热推动力}}{\text{对流传热阻力}} = \text{系数} \times \text{推动力}$$

上式中的推动力是壁面和流体间的温度差。影响阻力的因素很多，但有一点是明确的，即阻力必与壁面的表面积成反比。还应指出，在换热器中，沿流体流动方向，流体和壁面的温度一般是变化的，在换热器不同位置上的对流传热速率也随之而异，所以对流传热速率方程应该用微分形式表示。

以热流体和壁面间的对流传热为例，对流传热速率方程可以表示为

$$dQ = \frac{T - T_w}{\dfrac{1}{\alpha dS}} = \alpha(T - T_w)dS \tag{4-23}$$

式中 dQ——局部对流传热速率，W；

dS——微分传热面积，m^2；

T——换热器的任一截面上热流体的平均温度，℃；

T_w——换热器的任一截面上与热流体相接触一侧的壁面温度，℃；

α——比例系数，又称局部对流传热系数，W/(m^2·℃)。

式(4-23)又称牛顿(Newton)冷却定律。

在换热器中，局部对流传热系数 α 随管长而变化，但是在工程计算中，常使用平均对流传热系数(一般也用 α 表示，应注意与局部对流传热系数的区别)，此时牛顿冷却定律可以表示为

$$Q = \alpha S \Delta t = \frac{\Delta t}{1/\alpha S} \tag{4-24}$$

式中 α——平均对流传热系数,W/(m^2 · ℃);

S——总传热面积,m^2;

Δt——流体与壁面间温度差的平均值,℃;

$1/\alpha S$——对流传热热阻,℃/W。

应注意,流体的平均温度是指将流动横截面上的流体绝热混合后测定的温度。在传热计算中,除另有说明外,流体的温度一般都是指这种横截面的平均温度。

还应指出,换热器的传热面积有不同的表示方法,可以是管内侧或管外侧表面积。例如,若热流体在换热器的管内流动,冷流体在管间(环隙)流动,则对流传热速率方程式可分别表示为

$$dQ=\alpha_i(T-T_w)dS_i \tag{4-25}$$

及

$$dQ=\alpha_o(t_w-t)dS_o \tag{4-25a}$$

式中 S_i、S_o——换热器的管内侧和外侧表面积,m^2;

α_i、α_o——换热器管内侧和外侧流体对流传热系数,W/(m^2 · ℃);

t——换热器的任一截面上冷流体的平均温度,℃;

t_w——换热器的任一截面上与冷流体相接触一侧的壁温,℃。

由式(4-25)可见,对流传热系数必然和传热面积以及温度差相对应。

牛顿冷却定律表达了复杂的对流传热问题,实质上是将矛盾集中到对流传热系数 α,因此研究各种对流传热情况下 α 的大小、影响因素及 α 的计算式,成为研究对流传热的核心。这部分内容将在4.5节中讨论。

2. 对流传热系数

牛顿冷却定律也是对流传热系数的定义式,即

$$\alpha=\frac{Q}{S\Delta t}$$

由此可见,对流传热系数在数值上等于单位温度差下、单位传热面积的对流传热速率,其单位为 W/(m^2 · ℃)。它反映了对流传热的快慢,α 愈大表示对流传热愈快。

对流传热系数 α 与导热系数 λ 不同,它不是流体的物理性质,而是受诸多因素影响的一个参数,反映对流传热热阻的大小。例如流体有无相变化、流体流动的原因、流动状态、流体物性和壁面情况(换热器结构)等都影响对流传热系数。一般来说,对同一种流体,强制对流时的 α 要大于自然对流时的 α,有相变时的 α 要大于无相变时的 α。表4-5列出了几种对流传热情况下 α 的数值范围,以便对 α 的大小有一数量级的概念。同时,α 的经验值也可作为传热计算中的参考值。

表4-5 α 值的范围

换热方式	空气自然对流	气体强制对流	水自然对流	水强制对流	水蒸气冷凝	有机蒸气冷凝	水沸腾
α/W/[(m^2 · ℃)]	5~25	20~100	20~1 000	1 000~15 000	5 000~15 000	500~2 000	2 500~25 000

4.3.2 对流传热机理简介

前已指出,牛顿冷却定律并未揭示对流传热的本质,各种对流传热情况的机理并不相同,本节仅对流体无相变时强制对流的情况进行简单的分析。

1. 对流传热分析

对流传热是借流体质点的移动和混合而完成的,因此对流传热与流体流动状况密切相关。

在第 1 章"流体流动"中曾指出,当流体流过固体壁面时,由于流体黏性的作用,使壁面附近的流体减速而形成流动边界层,边界层内存在速度梯度。当边界层内的流动处于层流状况时,称为层流边界层;当边界层内的流动发展为湍流时,称为湍流边界层。但是,即使是湍流边界层,靠近壁面处仍有一薄层(层流内层)存在,在此薄层内流体呈层流流动。层流内层和湍流主体之间为缓冲层。由于层流内层中流体分层运动,相邻层间没有流体的宏观运动,因此在垂直于流动方向上不存在热对流,该方向上的热传递仅为流体的热传导(实际上,在层流流动时的传热总是要受到自然对流的影响,使传热加剧)。由于流体的导热系数较低,使层流内层内的导热热阻很大,因此该层中温度差较大,即温度梯度较大。在湍流主体中,由于流体质点的剧烈混合并充满旋涡,因此湍流主体中温度差(温度梯度)极小,各处的温度基本上相同。在缓冲层区,热对流和热传导的作用大致相同,在该层内温度发生较缓慢的变化。图 4-13 表示冷、热流体在壁面两侧的流动情况和与流体流动方向相垂直的某一截面上的流体温度分布情况。

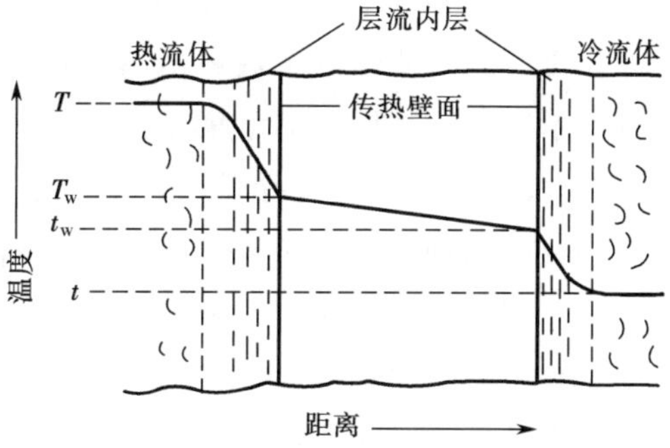

图 4-13　对流传热的温度分布情况

由以上分析可知,对流传热是集热对流和热传导于一体的综合现象。对流传热的热阻主要集中在层流内层,因此,减薄层流内层的厚度是强化对流传热的主要途径。

2. 热边界层

正如流体流过固体壁面时形成流动边界层一样,若流体的温度和壁面的温度不同,必然会形成热边界面(又称温度边界层)。

当温度为 t_∞ 的流体在表面温度为 t_w 的平板上流过时,流体和平板间进行换热。实验表明,在大多数情况下(导热系数很大的流体除外),流体的温度也和速度一样,仅在靠近板面的薄流体层中有显著的变化,即在此薄层中存在温度梯度。定义此薄层为热边界层。在热边界层以外的区域,流体的温度基本上相同,即温度梯度可视为零。热边界层的厚度用 δ_t 表示。通常规定 $t_w - t = 0.99(t_w - t_\infty)$ 处为热边界层的界限,式中 t 为热边界层任一局部位置的温度。大多数情况下,流动边界层的厚度 δ 大于热边界层的厚度 δ_t。显然,热边界层是进行对流传热的主要区域。平板上热边界层的形成和发展如图 4-14 所示。

由图 4-14 可以看出，对于相同的 t_w 和 t_∞，热边界层愈薄则层内的温度梯度愈大。若紧靠壁面附近薄层流体（层流内层）中的温度梯度用 $(\mathrm{d}t/\mathrm{d}y)_w$ 表示，由于通过这一薄层的传热只能是流体间的热传导，因此传热速率可用傅里叶定律表示，即

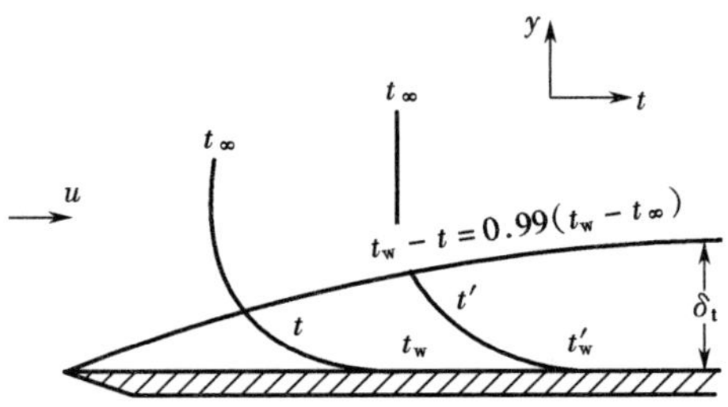

图 4-14　平板上的热边界层

$$\mathrm{d}Q = -\lambda \mathrm{d}S\left(\frac{\mathrm{d}t}{\mathrm{d}y}\right)_w \tag{4-26}$$

式中　λ——流体的导热系数，W/(m·℃)；

y——与壁面相垂直方向上的距离，m；

$\left(\frac{\mathrm{d}t}{\mathrm{d}y}\right)_w$——壁面附近流体层内温度梯度，℃/m。

联立式(4-23)和式(4-26)，消去 $\mathrm{d}Q/\mathrm{d}S$，则可得

$$\alpha = -\frac{\lambda}{T - T_w}\left(\frac{\mathrm{d}t}{\mathrm{d}y}\right)_w = -\frac{\lambda}{\Delta t}\left(\frac{\mathrm{d}t}{\mathrm{d}y}\right)_w \tag{4-27}$$

式(4-27)是对流传热系数 α 的另一定义式。该式表明，对于一定的流体和温度差，只要知道壁面附近的流体层的温度梯度，就可由该式求得 α。显然，由于影响 $(\mathrm{d}t/\mathrm{d}y)_w$ 的因素很复杂，目前仅能获得少数较简单条件的 α 分析解，对其他情况仍需通过经验公式来计算 α。但是式(4-27)是理论上分析和计算 α 的基础。

热边界层的厚薄影响层内的温度分布，因而影响温度梯度。当边界层内、外侧的温度差一定时，热边界层愈薄，则 $(\mathrm{d}t/\mathrm{d}y)_w$ 愈大，因而 α 就愈大。反之则相反。

流体在管内流动时，热边界层的发展过程也和流动边界层相似。流体进入管口后，边界层开始沿管长而增厚；在距管入口一定距离处，于管子中心相汇合，边界层厚度即等于管子的半径，此时称为充分发展流动。但是温度分布与速度分布不同，当管长再增加时，温度分布将逐渐变得更为平坦；当通过很长的管子后，温度梯度可能将消失，此时，传热也就停止了。

流体在管内传热时，从开始加热（或冷却）到 α 达到基本稳定的这一段距离称为进口段。在进口段内，α 将沿管长逐渐减小，这是由于热边界层厚度渐增的缘故。若边界层在管中心汇合后，流体流动仍为层流时，则 α 减小到某一值后基本上保持恒定。若边界层在管中心汇合前已发展为湍流时，则在层流变为湍流的过渡段内，α 将有所增大，然后趋于恒定。

从进口段的简单分析可知，管子的尺寸和管口形状对 α 有较大的影响。在传热管的长度小于进口段以前，管子愈短，则边界层愈薄，α 就愈大。对于一定的管长，破坏边界层的发展，也能强化对流传热。

4.3.3　保温层的临界直径

化工管路外常需要保温，以减少热量（或冷量）的损失。由于金属管壁引起的热阻与保温层的相比一般较小，可以忽略不计，因此管内、外壁温度可视为相同。通常，热损失随保温

层厚度的增加而减少。但是也有例外,比如在小直径圆管外包扎性能不良的保温材料,随保温层厚度增加,可能反而使热损失增大,下面分析其原因。

如图 4-15(a)所示,假设保温层内表面温度为 t_1,环境温度为 t_f,保温层内、外半径分别

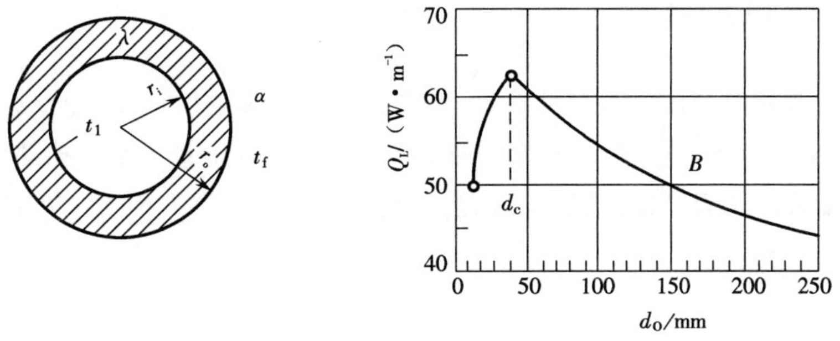

(a) (b)

图 4-15 保温层的临界直径

为 r_i 和 r_o。此时传热过程包括保温层的热传导和保温层外壁与环境空气的对流传热。对流传热热阻为 $1/S\alpha$,此处 S 为传热面积(等于 $2\pi r_o L$),α 为对流传热系数,其单位为 W/(m^2 · ℃)。因此热损失可表示为

$$Q=\frac{\text{总推动力}}{\text{总阻力}}=\frac{t_1-t_f}{R_1+R_2}=\frac{t_1-t_f}{\dfrac{1}{2\pi L\lambda}\ln\dfrac{r_o}{r_i}+\dfrac{1}{2\pi r_o L\alpha}} \tag{4-28}$$

式中 R_1 为保温层的热传导热阻,R_2 为保温层外壁与空气的对流传热热阻。

从上式可看出,当保温层厚度增加(即 r_i 不变,r_o 增大)时,热阻 R_1 虽然增大,但是热阻 R_2 反而下降,因此有可能使总热阻(R_1+R_2)下降,导致热损失增大。为此,可通过式(4-28)对 r_o 求导,解得一个 Q 为最大值时的临界半径,即

$$\frac{\mathrm{d}Q}{\mathrm{d}r_o}=\frac{-2\pi L(t_1-t_f)\left(\dfrac{1}{\lambda r_o}-\dfrac{1}{\alpha r_o^2}\right)}{\left[\dfrac{\ln(r_o/r_i)}{\lambda}+\dfrac{1}{r_o\alpha}\right]^2}=0$$

整理得 $r_o=\lambda/\alpha$

习惯上以 r_c 表示 Q 最大时的临界半径,故

$$r_c=\lambda/\alpha \tag{4-29}$$

或 $$d_c=2\lambda/\alpha \tag{4-29a}$$

上式中 d_c 为保温层的临界直径。如图 4-15(b)所示,若保温层的外径小于 d_c,则增加保温层的厚度反而使热损失增大。只有在 $d_o>2\lambda/\alpha$ 下,增加保温层的厚度才使热损失减少。由此可知,对管径较小的管路包扎 λ 较大的保温材料时,需要核算 d_o 是否小于 d_c。例如,在管径为 15 mm 的管道外保温,若保温材料的 λ 为 0.14 W/(m · ℃),外表面对环境空气的对流传热系数 α 为 10 W/(m^2 · ℃),则相应的临界直径为 28 mm,这样若保温层不够厚,有可能使热损失增大。一般电线外包扎胶皮后,其直径小于 d_c,因此有利于电线的散热。图 4-15

(b)中绘出了 Q_L 随 d_o 的变化情况。图中表明,d_o 大于图中 B 点所对应的数值后,保温才有实际意义。

4.4 传热过程计算

演示文稿

化工原理中所涉及的传热过程计算主要有两类:一类是设计计算,即根据生产要求的热负荷,确定换热器的传热面积;另一类是校核(操作型)计算,即计算给定换热器的传热量、流体的流量或温度等。两者都是以换热器的热量衡算和传热速率方程为计算的基础。

4.4.1 热量衡算

在传热过程计算中,根据传热任务或要求,首先应计算换热器的传热量(又称热负荷)。通常,换热器的传热量可通过热量衡算求得。根据能量守恒原理,假设换热器的热损失可忽略,则单位时间内热流体放出的热量等于冷流体吸收的热量。

对于换热器的微元面积 dS,其热量衡算式可表示为

$$dQ = -W_h dI_h = W_c dI_c \tag{4-30}$$

式中 W——流体的质量流量,kg/h 或 kg/s;

I——流体的焓,kJ/kg。

下标 h 和 c 分别表示热流体和冷流体。

对于整个换热器,其热量衡算式可表示为

$$Q = W_h(I_{h1} - I_{h2}) = W_c(I_{c2} - I_{c1}) \tag{4-30a}$$

式中 Q——换热器的热负荷,kJ/h 或 kW。

下标 1 和 2 分别表示流体在换热器上的进口和出口。

若换热器中两流体无相变化,且流体的比热容不随温度而变或可取平均温度下的比热容时,式(4-30)和式(4-30a)可分别表示为

$$dQ = -W_h c_{ph} dT = W_c c_{pc} dt \tag{4-31}$$

和

$$Q = W_h c_{ph}(T_1 - T_2) = W_c c_{pc}(t_2 - t_1) \tag{4-31a}$$

式中 c_p——流体的平均比热容,kJ/(kg·℃);

t——冷流体的温度,℃;

T——热流体的温度,℃。

若换热器中的热流体有相变化,例如饱和蒸气冷凝时,式(4-31a)可表示为

$$Q = W_h r = W_c c_{pc}(t_2 - t_1) \tag{4-32}$$

式中 W_h——饱和蒸气(即热流体)的冷凝速率,kg/h;

r——饱和蒸气的冷凝热,kJ/kg。

式(4-32)的应用条件是冷凝液在饱和温度下离开换热器。若冷凝液的温度低于饱和温度时,则式(4-32)变为

$$Q = W_h[r + c_{ph}(T_s - T_2)] = W_c c_{pc}(t_2 - t_1) \tag{4-33}$$

式中 c_{ph}——冷凝液的比热容,kJ/(kg·℃);

T_s——冷凝液的饱和温度,℃。

4.4.2 总传热速率微分方程和总传热系数

热传导速率方程和对流传热速率方程是进行传热过程计算的基本方程。但是利用上述方程计算传热速率时,必须已知壁温。而一般壁温往往是未知的。为了避开壁温,直接使用已知的热、冷流体温度进行计算,就需要推导出以两流体温度差为传热推动力的传热速率方程,该方程即为总传热速率方程。

1. 总传热速率微分方程

通过换热器中任一微元面积 dS 的间壁两侧流体的传热速率方程,可以仿照对流传热速率方程写出,即

$$dQ = K(T-t)dS = K\Delta t dS \tag{4-34}$$

式中 K——局部总传热系数,W/(m²·℃);

T——换热器的任一截面上热流体的平均温度,℃;

t——换热器的任一截面上冷流体的平均温度,℃。

式(4-34)为总传热速率微分方程,也是总传热系数的定义式,表明总传热系数在数值上等于单位温度差下的总传热通量。总传热系数 K 和对流传热系数 α 的单位完全一样,但应注意其中温度差所代表的区域并不相同。总传热系数的倒数 $1/K$ 代表间壁两侧流体传热的总热阻。

应指出,总传热系数必须和所选择的传热面积相对应,选择的传热面积不同,总传热系数的数值也不同。因此式(4-34)可表示为

$$dQ = K_i(T-t)dS_i = K_o(T-t)dS_o = K_m(T-t)dS_m \tag{4-35}$$

式中 K_i、K_o、K_m——基于管内表面积、外表面积和内外表面平均面积的总传热系数,W/(m²·℃);

S_i、S_o、S_m——换热器管内表面积、外表面积和内外表面平均面积,m²。

由式(4-35)可知,在传热计算中,选择何种面积作为计算基准,结果完全相同,但工程上大多以外表面积作为基准,因此在后面讨论中,除非另有说明,K 都是指基于外表面积的总传热系数 K_o。

由于 dQ 及 $T-t$ 两者与选择的基准面积无关,故可得

$$\frac{K_o}{K_i} = \frac{dS_i}{dS_o} = \frac{d_i}{d_o} \tag{4-36}$$

$$\frac{K_o}{K_m} = \frac{dS_m}{dS_o} = \frac{d_m}{d_o} \tag{4-36a}$$

式中 d_i、d_o、d_m——管内径、管外径和管内外径的平均直径,m。

2. 总传热系数

总传热系数(简称传热系数)K 是评价换热器性能的一个重要参数,又是换热器的传热

计算所需的基本数据。确定 K 值和分析其影响因素具有重要的意义。K 的数值与流体的物性、传热过程的操作条件及换热器的类型等诸多因素有关，因此 K 值的变动范围较大。在换热器的传热计算中，K 值的来源有：①K 值的计算；②实验查定；③经验数据。

1）总传热系数的计算

（1）总传热系数的计算式　如前所述，两流体通过管壁的传热包括以下过程：①热流体在流动过程中把热量传给管壁的对流传热；②通过管壁的热传导；③管壁与流动中的冷流体之间的对流传热。

通过管壁之任一截面的热传导速率，可由式（4-12）的微分式求得，即

$$\mathrm{d}Q=\frac{\lambda(T_\mathrm{w}-t_\mathrm{w})}{b}\mathrm{d}S_\mathrm{m} \tag{4-37}$$

式中　$T_\mathrm{w}-t_\mathrm{w}$——管壁任一截面两侧的温度差，℃；

b——管壁的厚度，m；

λ——管壁材料的导热系数，W/(m·℃)；

S_m——管壁内、外侧面积的平均面积，m^2。

联立式（4-25）、式（4-25a）及式（4-37），移项后相加，得

$$(T-T_\mathrm{w})+(T_\mathrm{w}-t_\mathrm{w})+(t_\mathrm{w}-t)=T-t=\Delta t=\mathrm{d}Q\left(\frac{1}{\alpha_\mathrm{i}\mathrm{d}S_\mathrm{i}}+\frac{b}{\lambda\mathrm{d}S_\mathrm{m}}+\frac{1}{\alpha_\mathrm{o}\mathrm{d}S_\mathrm{o}}\right)$$

由上式解得 $\mathrm{d}Q$，然后在公式两边均除以 $\mathrm{d}S_\mathrm{o}$，便可得

$$\frac{\mathrm{d}Q}{\mathrm{d}S_\mathrm{o}}=\frac{T-t}{\dfrac{\mathrm{d}S_\mathrm{o}}{\alpha_\mathrm{i}\mathrm{d}S_\mathrm{i}}+\dfrac{b\mathrm{d}S_\mathrm{o}}{\lambda\mathrm{d}S_\mathrm{m}}+\dfrac{1}{\alpha_\mathrm{o}}}$$

因$\dfrac{\mathrm{d}S_\mathrm{o}}{\mathrm{d}S_\mathrm{i}}=\dfrac{d_\mathrm{o}}{d_\mathrm{i}}$，$\dfrac{\mathrm{d}S_\mathrm{o}}{\mathrm{d}S_\mathrm{m}}=\dfrac{d_\mathrm{o}}{d_\mathrm{m}}$，所以

$$\frac{\mathrm{d}Q}{\mathrm{d}S_\mathrm{o}}=\frac{T-t}{\dfrac{d_\mathrm{o}}{\alpha_\mathrm{i}d_\mathrm{i}}+\dfrac{bd_\mathrm{o}}{\lambda d_\mathrm{m}}+\dfrac{1}{\alpha_\mathrm{o}}} \tag{4-38}$$

比较式（4-35）和式（4-38），得

$$K_\mathrm{o}=\frac{1}{\dfrac{d_\mathrm{o}}{\alpha_\mathrm{i}d_\mathrm{i}}+\dfrac{bd_\mathrm{o}}{\lambda d_\mathrm{m}}+\dfrac{1}{\alpha_\mathrm{o}}} \tag{4-39}$$

同理可得

$$K_\mathrm{i}=\frac{1}{\dfrac{1}{\alpha_\mathrm{i}}+\dfrac{bd_\mathrm{i}}{\lambda d_\mathrm{m}}+\dfrac{d_\mathrm{i}}{\alpha_\mathrm{o}d_\mathrm{o}}} \tag{4-39a}$$

$$K_\mathrm{m}=\frac{1}{\dfrac{d_\mathrm{m}}{\alpha_\mathrm{i}d_\mathrm{i}}+\dfrac{b}{\lambda}+\dfrac{d_\mathrm{m}}{\alpha_\mathrm{o}d_\mathrm{o}}} \tag{4-39b}$$

式（4-39）、式（4-39a）及式（4-39b）为总传热系数的计算式。总传热系数也可以表示为热阻的形式，由式（4-39）得

$$\frac{1}{K_o}=\frac{d_o}{\alpha_i d_i}+\frac{bd_o}{\lambda d_m}+\frac{1}{\alpha_o} \tag{4-40}$$

(2)污垢热阻(又称污垢系数) 在换热器的实际操作中,传热表面上常有污垢积存,对传热产生附加热阻,使总传热系数降低。在估算 K 值时一般不能忽略污垢热阻。由于污垢层的厚度及其导热系数难以准确估计,因此通常选用污垢热阻的经验值作为计算 K 值的依据。若管壁内、外侧表面上的污垢热阻分别用 R_{si} 及 R_{so} 表示,则式(4-40)变为

$$\frac{1}{K_o}=\frac{d_o}{\alpha_i d_i}+R_{si}\frac{d_o}{d_i}+\frac{bd_o}{\lambda d_m}+R_{so}+\frac{1}{\alpha_o} \tag{4-41}$$

式中 R_{si}、R_{so}——分别为管内和管外的污垢热阻,又称污垢系数,$m^2\cdot$℃/W。

某些常见流体的污垢热阻的经验值可查附录。

应指出,污垢热阻将随换热器操作时间延长而增大,因此换热器应根据实际的操作情况定期清洗。这是设计和操作换热器时应考虑的问题。

(3)提高总传热系数途径的分析 式(4-41)表明,间壁两侧流体间传热的总热阻等于两侧流体的对流传热热阻、污垢热阻及管壁热传导热阻之和。

若传热面为平壁或薄管壁时,d_i、d_o 和 d_m 相等或近于相等,则式(4-41)可简化为

$$\frac{1}{K}=\frac{1}{\alpha_i}+R_{si}+\frac{b}{\lambda}+R_{so}+\frac{1}{\alpha_o} \tag{4-42}$$

当管壁热阻和污垢热阻均可忽略时,上式简化为

$$\frac{1}{K}=\frac{1}{\alpha_i}+\frac{1}{\alpha_o} \tag{4-42a}$$

若 $\alpha_i \gg \alpha_o$,则 $\frac{1}{K}\approx\frac{1}{\alpha_o}$,由此可知,总热阻是由热阻大的那一侧的对流传热所控制,即当两个对流传热系数相差较大时,欲提高 K 值,关键在于提高对流传热系数较小一侧的 α。若两侧的 α 相差不大时,则必须同时提高两侧的 α,才能提高 K 值。若污垢热阻为控制因素,则必须设法减慢污垢形成速率或及时清除污垢。

【例4-4】 某管壳式换热器由 ϕ25 mm×2.5 mm 的钢管组成。热空气流经管程,冷却水在管间与空气呈逆流流动。已知管内侧空气的 α_i 为 50 W/($m^2\cdot$℃),管外侧水的 α_o 为 1 000 W/($m^2\cdot$℃),钢的 λ 为 45 W/(m·℃)。试求基于管外表面积的总传热系数 K_o 及按平壁计的总传热系数。

解: 参考附录,取空气侧的污垢热阻 $R_{si}=0.5\times10^{-3}\ m^2\cdot$℃/W,水侧的污垢热阻 $R_{so}=0.2\times10^{-3}\ m^2\cdot$℃/W。

由式(4-41)知

$$\begin{aligned}\frac{1}{K_o}&=\frac{d_o}{\alpha_i d_i}+R_{si}\frac{d_o}{d_i}+\frac{bd_o}{\lambda d_m}+R_{so}+\frac{1}{\alpha_o}\\&=\frac{0.025}{50\times0.02}+0.5\times10^{-3}\times\frac{0.025}{0.02}+\frac{0.0025\times0.025}{45\times0.0225}+0.2\times10^{-3}+\frac{1}{1\,000}\\&=0.0269\ m^2\cdot℃/W\end{aligned}$$

所以 $K_o = 37.2\ \text{W/(m}^2 \cdot ℃)$

若按平壁计算,由式(4-42)知

$$\frac{1}{K} = \frac{1}{\alpha_i} + R_{si} + \frac{b}{\lambda} + R_{so} + \frac{1}{\alpha_o}$$

$$= \frac{1}{50} + 0.5 \times 10^{-3} + \frac{0.002\ 5}{45} + 0.2 \times 10^{-3} + \frac{1}{1\ 000} = 0.021\ 8\ \text{m}^2 \cdot ℃/\text{W}$$

$K = 46\ \text{W/(m}^2 \cdot ℃)$

以上计算结果表明,在该题条件下,由于管径较小,若按平壁计算 K,误差稍大,即为

$$\frac{K - K_o}{K_o} \times 100\% = \frac{46 - 37.2}{37.2} \times 100\% = 23.7\%$$

各热阻的数值及其占总热阻的比例列于附表。

例 4-4 附表

	管内空气侧	管内污垢	管壁	管外污垢	管外水侧
分热阻/[(m² · ℃)/W]	0.02	0.5×10^{-3}	5.56×10^{-5}	0.2×10^{-3}	1×10^{-3}
占总热阻比例	92%	2.3%	0.2%	0.9%	4.6%

可以看出管内空气侧的热阻占到总热阻的92%,热阻主要集中在管内侧,若要提高总传热系数,则应该想办法提高空气侧的对流传热系数最为有效。

【例4-5】 在上例中,若管壁热阻和污垢热阻可忽略,为了提高总传热系数,在其他条件不变的情况下,分别提高不同流体的对流传热系数,即:(1)将 α_i 提高一倍;(2)将 α_o 提高一倍。试分别计算 K_o 值。

解:(1)将 α_i 提高一倍

$$\alpha_i = 2 \times 50 = 100\ \text{W/(m}^2 \cdot ℃)$$

$$\frac{1}{K_o} = \frac{d_o}{\alpha_i d_i} + \frac{1}{\alpha_o} = \frac{0.025}{100 \times 0.02} + \frac{1}{1\ 000} = 0.013\ 5\ \text{m}^2 \cdot ℃/\text{W}$$

所以 $K_o = 74\ \text{W/(m}^2 \cdot ℃)$

(2)将 α_o 提高一倍

$$\alpha_o = 2 \times 1\ 000 = 2\ 000\ \text{W/(m}^2 \cdot ℃)$$

$$\frac{1}{K_o} = \frac{d_o}{\alpha_i d_i} + \frac{1}{\alpha_o} = \frac{0.025}{50 \times 0.02} + \frac{1}{2\ 000} = 0.025\ 5\ \text{m}^2 \cdot ℃/\text{W}$$

所以 $K_o = 39\ \text{W/(m}^2 \cdot ℃)$

通过计算可以看出,空气侧的热阻远大于水侧的热阻,故该换热过程为空气侧热阻控制,此时将空气侧对流传热系数提高一倍,总传热系数显著提高,而提高水侧对流传热系数,总传热系数变化不大。通常,需要先确定哪一侧为热阻控制,然后再采取有效措施。需要特别指出的是,若污垢热阻不能忽略,则其数值有可能影响到计算结果。K 值总是接近热阻大的流体侧的 α 值,因此欲提高 K 值,必须对影响 K 值的各项因素进行分析,如在本题条件下,

应提高空气侧的 α,才有效果。

2) K 的实验查定

对现有的换热器,通过实验测取有关的数据,如流体的流量和温度等,然后用总传热速率方程计算得到 K 值。计算方法见例 4-9。显然,实验查定可以获得较为可靠的 K 值。但是其使用的范围有所限制,只有在使用情况与测定情况(如换热器类型、流体性质和操作条件)相一致时,选用实验的 K 值才准确,否则所测 K 值仅有一定的参考价值。

应指出,实测 K 值的意义不仅可以为换热器的设计提供依据,而且可以了解换热器的性能,从而寻求提高设备传热能力的途径。

3) 总传热系数的经验值

在换热器的设计计算中,总传热系数通常采用经验值。通常,推荐的经验值是从生产实践中积累或通过实验测定获得的。某些情况下管壳式换热器的总传热系数 K 的经验值列于表 4-6。有关手册中也列有不同情况下 K 的经验值,可供设计计算时参考。从表 4-6 可看出,通常经验值的范围较大,设计时可根据实际情况选取中间的某一数值。若为降低操作费,可选较小的 K 值;若为降低设备费,可选较大的 K 值。

表 4-6 管壳式换热器中的总传热系数 K 的经验值

冷 流 体	热 流 体	总传热系数 $K/(\text{W}\cdot(\text{m}^2\cdot ℃)^{-1})$
水	水	850 ~ 1 700
水	气体	17 ~ 280
水	有机溶剂	280 ~ 850
水	轻油	340 ~ 910
水	重油	60 ~ 280
有机溶剂	有机溶剂	115 ~ 340
水	水蒸气冷凝	1 420 ~ 4 250
气体	水蒸气冷凝	30 ~ 300
水	低沸点烃类冷凝	455 ~ 1 140
水沸腾	水蒸气冷凝	2 000 ~ 4 250
轻油沸腾	水蒸气冷凝	455 ~ 1 020

4.4.3 平均温度差法和总传热速率方程

式(4-34)是总传热速率的微分方程式,积分后才有实际意义。积分结果将用平均温度差代替局部温度差。为此必须考虑两流体在换热器的温度变化情况以及流体的流动方向。

为了积分式(4-34),应作简化假定:①传热为稳态操作过程;②两流体的比热容均为常量(可取为换热器进、出口下的平均值);③总传热系数 K_o 为常量,即 K_o 值不随换热器的管长而变化;④换热器的热损失可以忽略。

1. 恒温传热时的平均温度差

换热器的间壁两侧流体均有相变化时,例如蒸发器中,饱和蒸气和沸腾液体间的传热就是恒温传热。此时,冷、热流体的温度均不沿管长变化,两者间温度差处处相等,即 $\Delta t =$

$T-t$。流体的流动方向对 Δt 也无影响。因此根据前述假定③，积分式(4-34)，可得

$$Q=K_oS_o(T-t)=K_oS_o\Delta t \tag{4-43}$$

式(4-43)是恒温传热时适用于整个换热器的总传热速率方程。

2. 变温传热时的平均温度差

变温传热时，若两流体的相互流向不同，则对温度差的影响也不相同，应分别讨论。

1)逆流和并流时的平均温度差

在换热器中，两流体若以相反的方向流动，称为逆流；若以相同的方向流动，称为并流，如图4-16所示。由图可见，温度差是沿管长而变化的，故需求出平均温度差。下面以逆流为例，推导出计算平均温度差的通式。

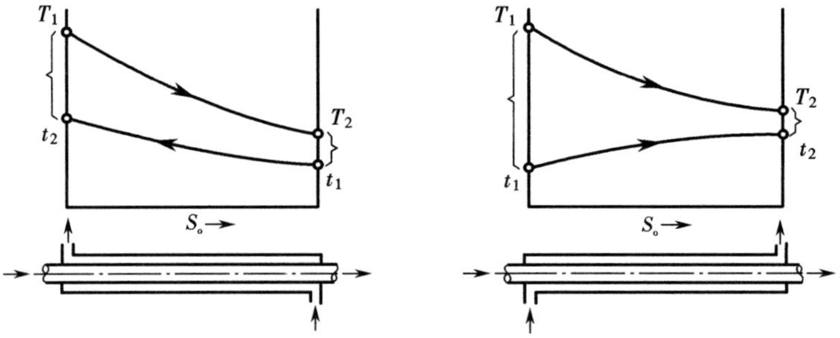

图4-16 变温传热时的温度差变化

(a)逆流 (b)并流

由换热器的热量衡算微分式知

$$\mathrm{d}Q=-W_hc_{ph}\mathrm{d}T=W_cc_{pc}\mathrm{d}t$$

根据前述假定①和②，由上式可得

$$\frac{\mathrm{d}Q}{\mathrm{d}T}=-W_hc_{ph}=常量,\frac{\mathrm{d}Q}{\mathrm{d}t}=W_cc_{pc}=常量$$

如果将 Q 对 T 及 t 作图，由上式可知 Q-T 和 Q-t 都是直线关系，可分别表示为

$$T=mQ+k,t=m'Q+k'$$

上两式相减，可得

$$T-t=\Delta t=(m-m')Q+(k-k')$$

由上式可知 Δt 与 Q 也呈直线关系。将上述诸直线定性地绘于图4-17中。由图4-17可以看出，Q-Δt的直线斜率为

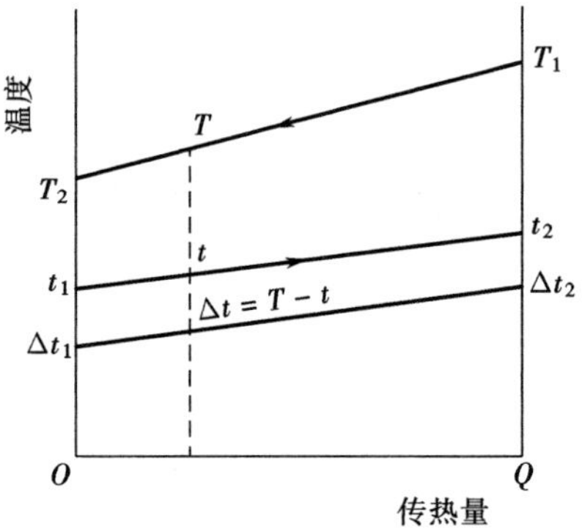

图4-17 逆流时平均温度差的推导

$$\frac{\mathrm{d}(\Delta t)}{\mathrm{d}Q}=\frac{\Delta t_2-\Delta t_1}{Q}$$

将式(4-34)代入上式，可得

$$\frac{\mathrm{d}(\Delta t)}{K_o\mathrm{d}S_o\Delta t}=\frac{\Delta t_2-\Delta t_1}{Q}$$

由前述假定③知 K_o 为常量，故积分上式

$$\frac{1}{K_o}\int_{\Delta t_1}^{\Delta t_2}\frac{d(\Delta t)}{\Delta t}=\frac{\Delta t_2-\Delta t_1}{Q}\int_0^S dS_o$$

得
$$\frac{1}{K_o}\ln\frac{\Delta t_2}{\Delta t_1}=\frac{\Delta t_2-\Delta t_1}{Q}S_o$$

则
$$Q=K_oS_o\frac{\Delta t_2-\Delta t_1}{\ln\dfrac{\Delta t_2}{\Delta t_1}}=K_oS_o\Delta t_m \tag{4-44}$$

式(4-44)是适用于整个换热器的总传热速率方程。该式是传热计算的基本方程。由该式可知平均温度差 Δt_m 等于换热器两端温度差的对数平均值，即

$$\Delta t_m=\frac{\Delta t_2-\Delta t_1}{\ln\dfrac{\Delta t_2}{\Delta t_1}} \tag{4-45}$$

上式中的 Δt_m 称为对数平均温度差，其形式与4.1节中所述的对数平均半径相同。同理，在工程计算中，当 $\Delta t_2/\Delta t_1\leqslant 2$ 时，可用算术平均温度差代替对数平均温度差，其误差不大。

应用式(4-45)时，取换热器两端的 Δt 中数值大者为 Δt_2，小者为 Δt_1，这样计算 Δt_m 较为简便。

应指出，若换热器中两流体作并流流动，也可以导出与式(4-45)完全相同的结果，因此该式是计算逆流和并流时平均温度差 Δt_m 的通式。

2)错流和折流时的平均温度差

在大多数管壳换热器中，两流体并非作简单的并流或逆流，而是比较复杂的多程流动，或是互相垂直的交叉流动，如图4-18所示。

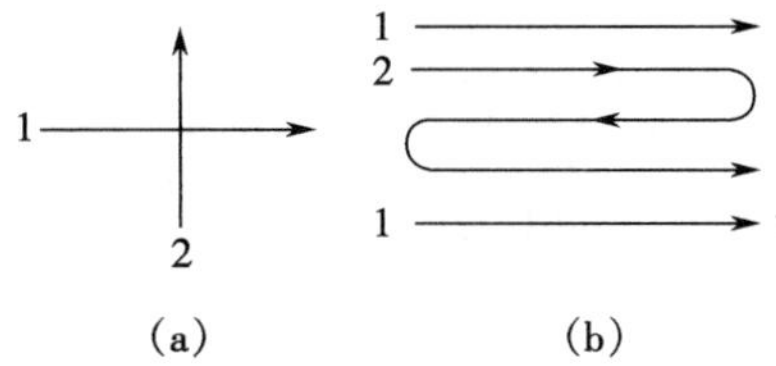

图4-18　错流和折流示意图
(a)错流　(b)折流

在图4-18(a)中，两流体的流向互相垂直，称为错流；在图4-18(b)中，一流体只沿一个方向流动，而另一流体反复折流，称为简单折流。若两流体均作折流，或既有折流又有错流，则称为复杂折流。

对于错流和折流时的平均温度差，可采用安德伍德(Underwood)和鲍曼(Bowman)提出的图算法。该法是先按逆流时计算对数平均温度差，再乘以考虑流动方向的校正因素。即

$$\Delta t_m=\varphi_{\Delta t}\Delta t_m' \tag{4-46}$$

式中　$\Delta t_m'$——按逆流计算的对数平均温度差，℃；

$\varphi_{\Delta t}$——温度差校正系数，量纲为1。

温度差校正系数 $\varphi_{\Delta t}$ 与冷、热流体的温度变化有关，是 P 和 R 两因数的函数，即

$$\varphi_{\Delta t}=f(P,R)$$

式中　$P=\dfrac{t_2-t_1}{T_1-t_1}=\dfrac{\text{冷流体的温升}}{\text{两流体的最初温度差}}$

$$R=\frac{T_1-T_2}{t_2-t_1}=\frac{\text{热流体的温降}}{\text{冷流体的温升}}$$

温度差校正系数 $\varphi_{\Delta t}$ 值可根据 P 和 R 两因数从图 4-19 中的相应图中查得。图 4-19(a)、(b)、(c)及(d)分别适用于壳程为一、二、三及四程,每个单壳程内的管程可以是二、四、六或八程。图 4-20 适用于错流换热器。对于其他流向的 $\varphi_{\Delta t}$ 值,可查手册或其他传热书籍。

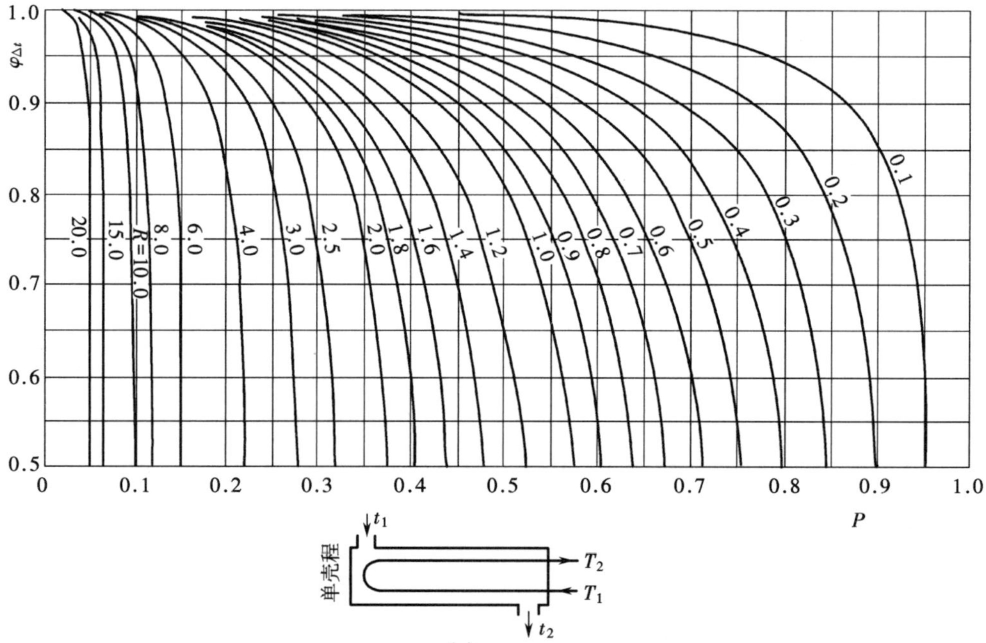

(a)

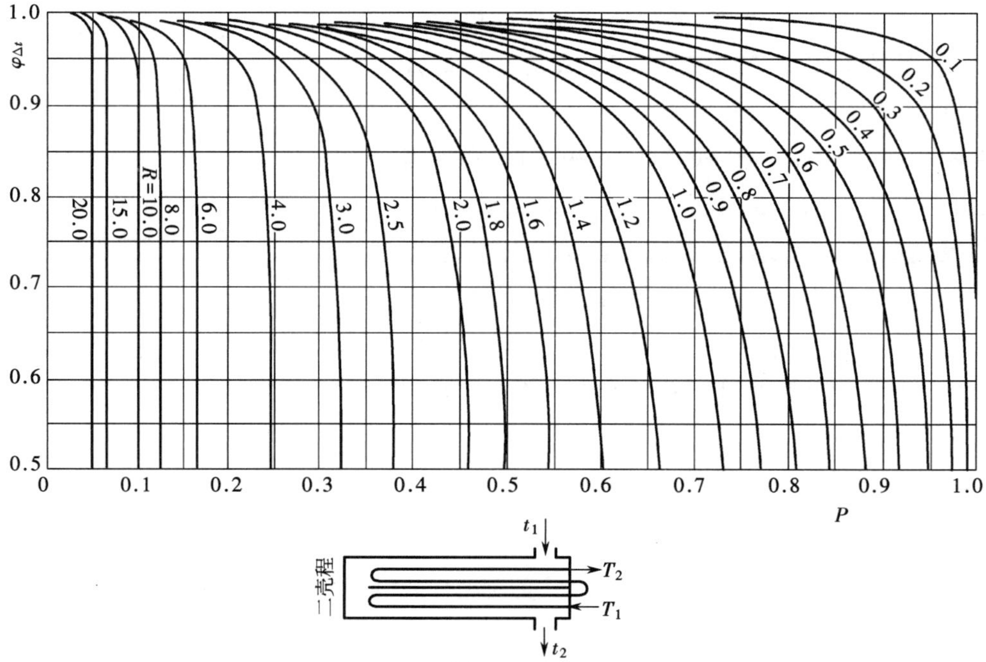

(b)

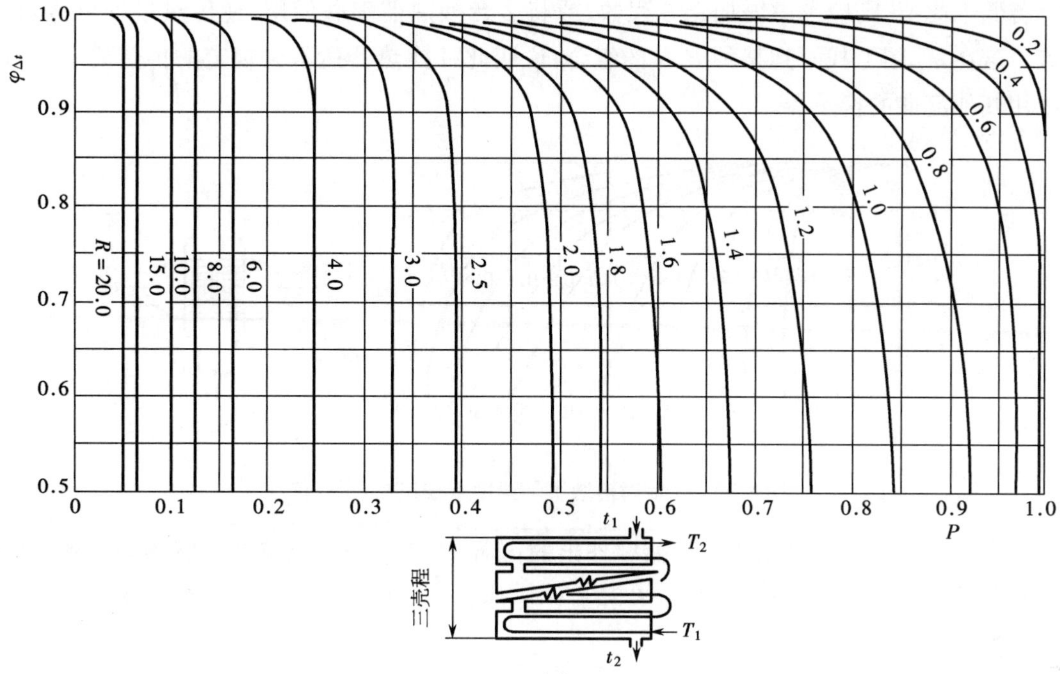

(c)

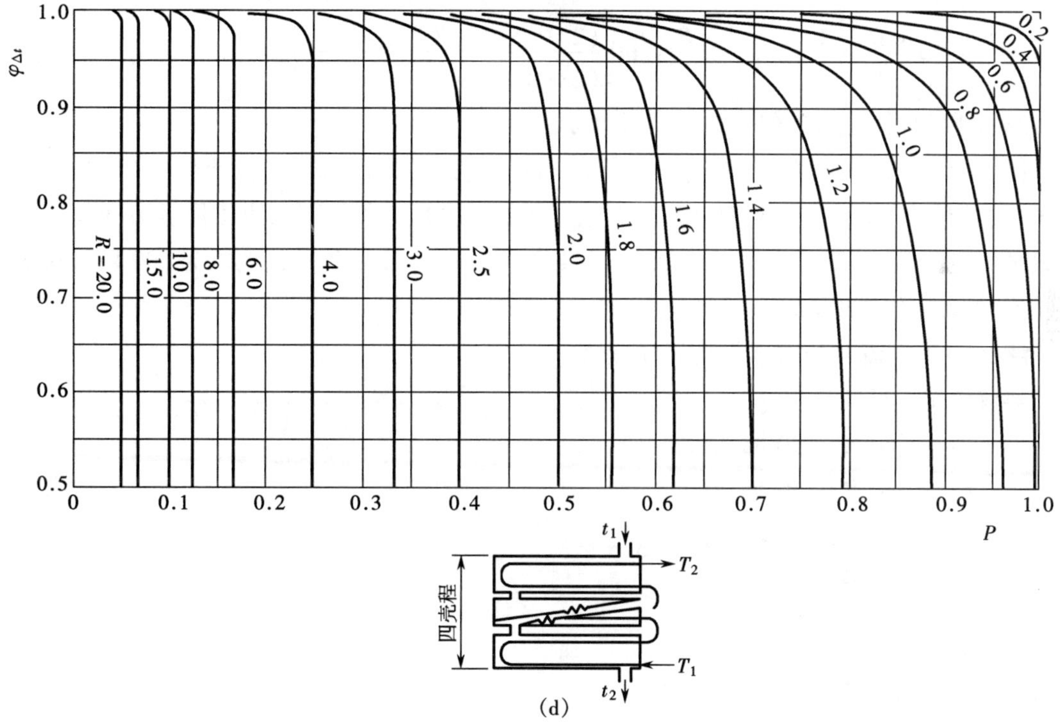

(d)

图 4-19 对数平均温度差校正系数 $\varphi_{\Delta t}$ 值

(a)单壳程 (b)二壳程 (c)三壳程 (d)四壳程

由图 4-19 及图 4-20 可见，$\varphi_{\Delta t}$ 值恒小于 1，这是由于各种复杂流动中同时存在逆流和并流的缘故。因此它们的 Δt_m 比纯逆流的小。通常在换热器的设计中规定 $\varphi_{\Delta t}$ 值不应小于

0.8，若低于此值，则应考虑增加壳方程数，或将多台换热器串联使用，使传热过程更接近于逆流。若在 $\varphi_{\Delta t}$ 图上找不到某种 P、R 的组合，说明此种换热器达不到规定的传热要求，因而需改用其他流向的换热器。

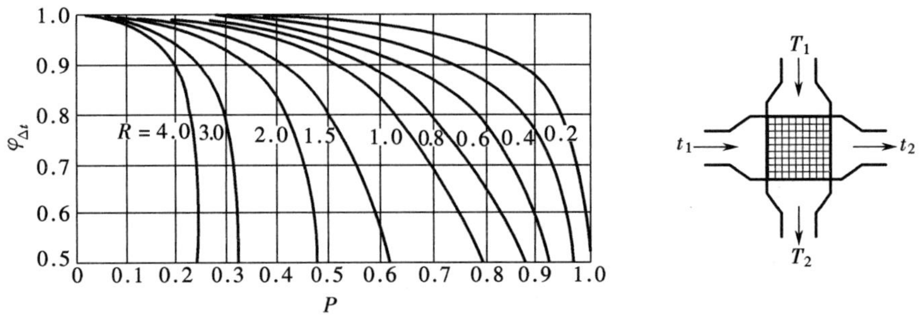

图4-20 错流时对数平均温度差校正系数 $\varphi_{\Delta t}$ 值

温度差校正系数图是基于以下假定作出的：①壳程任一截面上流体温度均匀一致；②管方各程传热面积相等；③总传热系数 K 和流体比热容 c_p 为常数；④流体无相变化；⑤换热器的热损失可忽略不计。

对1-2型（壳方单程、管方双程）换热器，$\varphi_{\Delta t}$ 可用下式计算，即

$$\varphi_{\Delta t}=\frac{\sqrt{R^2+1}}{R-1}\times\ln\left(\frac{1-P}{1-PR}\right)\Bigg/\ln\left[\frac{(2/P)-1-R+\sqrt{R^2+1}}{(2/P)-1-R-\sqrt{R^2+1}}\right] \tag{4-47}$$

对1-2n 型换热器，也可近似使用上式计算 $\varphi_{\Delta t}$。

【例4-6】 在一单壳程、单管程无折流挡板的管壳式换热器中，热流体由90 ℃冷却至70 ℃，冷流体由20 ℃加热到60 ℃。试求：(1)在上述温度条件下两流体作逆流和并流时的对数平均温度差。(2)若总传热系数 K_o 为470 W/(m² · ℃)，传热量要求为200 kW，求逆流和并流时所需的传热面积。

解：(1)求逆流时的对数平均温度差 Δt_m。

热流体 T　90 ℃→70 ℃

冷流体 t　60 ℃←20 ℃

Δt　30 ℃　50 ℃

$$\Delta t_m=\frac{\Delta t_1-\Delta t_2}{\ln\dfrac{\Delta t_1}{\Delta t_2}}=\frac{50-30}{\ln\dfrac{50}{30}}=39.2\ ℃$$

又因 $$\frac{\Delta t_1}{\Delta t_2}=\frac{50}{30}=1.67<2$$

故 $$\Delta t_m=\frac{\Delta t_1+\Delta t_2}{2}=\frac{50+30}{2}=40\ ℃$$

误差为 $$\frac{40-39.2}{39.2}\times100\%=2.04\%$$

当 $\dfrac{\Delta t_1}{\Delta t_2}\leqslant2$ 时，用算术平均代替对数平均求温差，可满足工程计算的误差精度要求。这可

在有些情况下使用以简化计算。

求并流时的对数平均温度差 Δt_m。

热流体 T 90 ℃→70 ℃

冷流体 t 20 ℃→60 ℃

Δt 70 ℃ 10 ℃

故 $$\Delta t_m=\frac{70-10}{\ln\frac{70}{10}}=30.8\ ℃$$

由此可见，在冷、热流体的初、终温度各自相同的条件下，逆流时的 Δt_m 较并流时的 Δt_m 大。

(2)利用总传热速率方程计算逆流和并流情况下对应的换热面积。

$$S_o=\frac{Q}{K_o\Delta t_m}$$

$$S_{o,逆}=\frac{Q}{K_o\Delta t_{m,逆}}=\frac{200\times 1\ 000}{470\times 39.2}=10.86\ m^2$$

$$S_{o,并}=\frac{Q}{K_o\Delta t_{m,并}}=\frac{200\times 1\ 000}{470\times 30.8}=13.82\ m^2$$

在冷、热流体的初、终温度相同的条件下，逆流的平均温差较并流的大，即传热推动力大。当换热任务，即被换热流体的流率及进、出口温度给定，若载热体流体的进、出口温度确定，则换热器的总传热速率 Q 及总传热系数 K_o 值相同的条件下，采用逆流操作，可以获得比较大的传热推动力，从而所需的传热面积就小，可以减少设备费；若传热面积一定，则可减少换热介质的流量，降低操作费。

【例 4-7】 在一单壳程、双管程的管壳式换热器中，冷、热流体进行热交换。两流体的进、出口温度与例 4-6 的相同，试求此时的对数平均温度差。

解：先按逆流时计算，由例 4-6 知逆流时对数平均温度差为

$$\Delta t_m'=39.2\ ℃$$

折流时的对数平均温度差为

$$\Delta t_m=\varphi_{\Delta t}\Delta t_m'$$

其中 $\varphi_{\Delta t}=f(R,P)$，$R=\frac{T_1-T_2}{t_2-t_1}=\frac{90-70}{60-20}=0.5$，　$P=\frac{t_2-t_1}{T_1-t_1}=\frac{60-20}{70-20}=0.57$

由图 4-19(a)查得 $\varphi_{\Delta t}=0.91$，故

$$\Delta t_m=0.91\times 39.2=35.7\ ℃$$

由此可知，折流时的 Δt_m 介于逆流时的 Δt_m 和并流时的 Δt_m 之间，$\varphi_{\Delta t}$ 愈大，其值愈接近于逆流时的 Δt_m。

3)流向的选择

由例 4-6 和例 4-7 可知，若两流体均为变温传热时，且在两流体进、出口温度各自相同的条件下，逆流时的平均温度差最大，并流时的平均温度差最小，其他流向的平均温度差介于逆流和并流两者之间，因此就传热推动力而言，逆流优于并流和其他流动形式。当换热器的

传热量 Q 及总传热系数 K 一定时，采用逆流操作，所需的换热器传热面积较小。

逆流的另一优点是可节省加热介质或冷却介质的用量。这是因为当逆流操作时，热流体的出口温度 T_2 可以降低至接近冷流体的进口温度 t_1，而采用并流操作时，T_2 只能降低至接近冷流体的出口温度 t_2，即逆流时热流体的温降较并流时的温降大，因此逆流时加热介质用量较少。同理，逆流时冷流体的温升较并流时的温升大，故冷却介质用量可少些。

由以上分析可知，换热器应尽可能采用逆流操作。但是在某些生产工艺要求下，若对流体的温度有所限制，如冷流体被加热时不得超过某一温度，或热流体被冷却时不得低于某一温度，此时则宜采用并流操作。

采用折流或其他流动形式的原因除了为满足换热器的结构要求外，就是为了提高总传热系数。但是平均温度差较逆流时的低。在选择流向时应综合考虑，$\varphi_{\Delta t}$ 值不宜过低，一般设计时应取 $\varphi_{\Delta t}>0.9$，至少不能低于 0.8，否则另选其他流动形式。

当换热器中某一侧流体有相变而保持温度不变时，不论何种流动形式，只要流体的进、出口温度各自相同，其平均温度差均相同。

4.4.4 总传热速率方程的应用

1. 传热面积的计算

确定传热面积是换热器设计计算的基本内容。需用的基本关系是总传热速率方程和热量衡算式。

1）总传热系数 K_o 为常数

总传热速率方程是在假设冷、热流体的热容流量 Wc_p 和总传热系数 K 沿整个换热器的传热面为常量下导出的。对某些物系，若流体的物性随温度变化不大，则总传热系数变化也很小，工程上可将换热器进、出口处总传热系数的算术平均值按常量处理。此时换热器的传热面积可按下式计算，即

$$S_o=\frac{Q}{K_o\Delta t_m} \tag{4-44a}$$

2）总传热系数 K_o 为变数

若换热器中流体的温度变化较大，而流体的物性又随温度有显著变化时，总传热系数 K 就不能视为常数。此时用式（4-44a）计算传热面积将会有较大的误差，可视具体情况采用以下计算方法。

①若 K 随温度呈线性变化时，使用下式可以得到较为准确的结果，即

$$Q=S_o\frac{K_{o1}\Delta t_2-K_{o2}\Delta t_1}{\ln\dfrac{K_{o1}\Delta t_2}{K_{o2}\Delta t_1}} \tag{4-48}$$

式中 K_{o1}、K_{o2}——分别为换热器两端处的局部总传热系数，$W/(m^2\cdot ℃)$；

Δt_1、Δt_2——分别为换热器两端处的两流体的温度差，℃。

②若 K_o 随温度不呈线性变化时，换热器可分段计算，将每段的 K_o 视为常量，则每一段

总传热速率方程可以写为

$$\Delta Q_j = K_{oj}(\Delta t_m)_j \Delta S_j$$

$$Q = \sum_{j=1}^{n} \Delta Q_j \tag{4-49}$$

或 $$S_o = \sum_{j=1}^{n} \frac{\Delta Q_j}{K_{oj}(\Delta t_m)_j}$$

式中 n 为分段数，下标 j 为任一段的序号。

③若 K_o 随温度变化较大时，由传热速率方程和热量衡算的微分形式，可得

$$S_o = \int_0^{S_o} dS_o = \int_{T_1}^{T_2} \frac{-W_h c_{ph} dT}{K_o(T-t)} \tag{4-50}$$

或 $$S_o = \int_0^{S_o} dS_o = \int_{t_1}^{t_2} \frac{W_c c_{pc} dt}{K_o(T-t)} \tag{4-50a}$$

上式积分项可以用图解积分法或数值积分法求得。

【例 4-8】 拟在一单壳程、四管程管壳式换热器中，用水冷却热油。冷水在管内流动，进口温度为 15 ℃，出口温度为 32 ℃。热油在壳方流动，进口温度为 120 ℃，出口温度为40 ℃。热油流量为 1.25 kg/s，平均比热容为 1.9 kJ/(kg·℃)。若换热器的总传热系数 K_o 为 470 W/(m² ·℃)，试求换热器的传热面积。

解：换热器传热面积可根据总传热速率方程求得，即 $S_o = \frac{Q}{K_o \Delta t_m}$，换热器的传热量为

$$Q = W_h c_{ph}(T_1 - T_2) = 1.25 \times 1.9 \times 10^3 (120-40) = 190 \text{ kW}$$

1-4 型管壳式换热器的对数平均温度差先按逆流计算，即

$$\Delta t_m' = \frac{\Delta t_2 - \Delta t_1}{\ln \frac{\Delta t_2}{\Delta t_1}} = \frac{(120-32)-(40-15)}{\ln \frac{120-32}{40-15}} = 50 \text{ ℃}$$

温度差校正系数为 $R = \frac{T_1 - T_2}{t_2 - t_1} = \frac{120-40}{32-15} = 4.71$，$P = \frac{t_2 - t_1}{T_1 - t_1} = \frac{32-15}{120-15} = 0.162$

由图 4-19(a)查得 $\varphi_{\Delta t} = 0.89$，所以

$$\Delta t_m = \varphi_{\Delta t} \Delta t_m' = 0.89 \times 50 = 44.5 \text{ ℃}$$

故 $$S_o = \frac{Q}{K_o \Delta t_m} = \frac{190 \times 10^3}{470 \times 44.5} = 9.1 \text{ m}^2$$

2. 实验测定总传热系数 K_o

对现有的换热器，通过实验测定有关的数据，如流体的流量和温度等，然后由式(4-44)即可求得 K_o 值。

【例 4-9】 在一传热面积 S_o 为 300 m² 的单程管壳式换热器中，300 ℃的某种气体流过壳方并被加热到 430 ℃，另一种 560 ℃的气体作为加热介质，两气体逆流流动，流量均为 1×10^4 kg/h，平均比热容均为 1.05 kJ/(kg·℃)。试求总传热系数。假设换热器的热损失为壳方气体传热量的 10%。

解：对给定的换热器，总传热系数可由总传热速率方程求得，即

$$K_o = \frac{Q}{S_o \Delta t_m}$$

换热器的传热量为

$$Q = W_c c_{pc}(t_2 - t_1) + Q_L = 1.1 \times [W_c c_{pc}(t_2 - t_1)]$$

$$= 1.1 \times \left[\frac{1 \times 10^4}{3\ 600} \times 1.05 \times 10^3 (430 - 300)\right] = 4.17 \times 10^5 \text{ W}$$

热气体的出口温度由热量衡算求得，即

$$Q = W_h c_{ph}(T_1 - T_2)$$

$$4.17 \times 10^5 = \frac{1 \times 10^4}{3\ 600} \times 1.05 \times 10^3 (560 - T_2)$$

解得 $T_2 = 417$ ℃

流体的对数平均温度差为

$$\Delta t_m = \frac{\Delta t_2 - \Delta t_1}{\ln \frac{\Delta t_2}{\Delta t_1}} = \frac{(560 - 430) - (417 - 300)}{\ln \frac{(560 - 430)}{(417 - 300)}} = 123.4 \text{ ℃}$$

因 $\frac{\Delta t_2}{\Delta t_1} = \frac{560 - 430}{417 - 300} = 1.11 < 2$，为简化计算，可考虑用算术平均差代替对数平均差，所以

$$\Delta t_m = \frac{\Delta t_1 + \Delta t_2}{2} = \frac{(560 - 430) + (417 - 300)}{2} = 123.5 \text{ ℃}$$

故 $$K_o = \frac{4.17 \times 10^5}{300 \times 123.5} = 11.3 \text{ W/(m}^2 \cdot \text{℃)}$$

由本例计算结果可以看出，两气体间传热的总传热系数是很小的。

3. 换热器的操作型计算

对现有的换热器，判断其对指定的传热任务是否适用，或预测在生产中某些参数变化对传热的影响等，均属于换热器的操作型计算。为此需用的基本关系与设计型计算的完全相同。但后者计算较为复杂，往往需要试差或迭代。

【例 4-10】 某精馏塔顶采用一台单管程单壳程的管壳式换热器将丙酮蒸气(假设为纯丙酮)常压下冷却成饱和液体。冷热流体逆流流动。已知冷水的流量为 50 000 kg/h，其温度由 20 ℃升高至 35 ℃，水的平均比热容为 4.17 kJ/(kg · ℃)。常压下丙酮的沸点为 56.5 ℃，汽化热为 523 kJ/kg。设换热器的热损失可忽略，换热器基于外表面的总传热系数为 700 W/(m^2 · ℃)。试求：

(1)计算丙酮物料的处理量，kg/h；

(2)现有一单程列管换热器，其管束由 200 根直径为 ϕ25 mm × 2.5 mm、长为 3 m 的管子组成，试核算该换热器能否满足该精馏塔的换热任务要求。

解：(1)从冷热流体热量衡算可以得到热蒸汽的流量

由 $$W_h r = W_c c_{pc}(t_2 - t_1)$$

得 $$W_h=\frac{W_c c_{pc}(t_2-t_1)}{r}=\frac{50\ 000\times 4.17\times 1\ 000\times(35-20)}{523\times 1\ 000}=5\ 980\ \text{kg/h}$$

(2)核算一台现有的换热器是否合用，就是用工艺本身的要求与现有换热器相比，可以核算所需的热负荷应小于换热器的传热速率；或冷却所需要的传热面积应小于现换热器提供的传热面积。

丙酮在常压下的沸点为 $T_s=56.5$ ℃，则 $\Delta t_2=T_s-t_1$，$\Delta t_1=T_s-t_2$；因为蒸汽在饱和温度下冷凝，可视为热流体侧温度恒定，逆流或并流时的平均温度差数值是相同的。

$$\Delta t_m=\frac{\Delta t_2-\Delta t_1}{\ln\dfrac{\Delta t_2}{\Delta t_1}}=\frac{t_2-t_1}{\ln\dfrac{T_s-t_1}{T_s-t_2}}$$

联立热量衡算方程和传热速率方程

$$Q=W_c c_{pc}(t_2-t_1)=K_o S_o\frac{\Delta t_2-\Delta T_1}{\ln\dfrac{\Delta t_2}{\Delta t_1}}=K_o S_o\frac{t_2-t_1}{\ln\dfrac{T_s-t_1}{T_s-t_2}} \tag{1}$$

比较方程(1)两边，可以消去对数平均温度差分子项中的未知量(t_2-t_1)，使计算简化，得

$$\ln\frac{T_s-t_1}{T_s-t_2}=\frac{K_o S_o}{W_c c_{pc}}$$

完成任务需要的换热面积为

$$S_o=\frac{W_c c_{pc}\ln\dfrac{T_s-t_1}{T_s-t_2}}{K_o}=\frac{\dfrac{50\ 000}{3\ 600}\times 4.17\times 10^3\times\ln\dfrac{56.5-20}{56.5-35}}{700}=43.8\ \text{m}^2$$

现有换热器所能提供的基于外表面的换热面积为

$$S_o=n\pi d_o L=200\times 3.14\times 0.025\times 3=47.1\ \text{m}^2>43.8\ \text{m}^2$$

换热器能提供的面积大于完成换热任务所要求的面积，所以该换热器能满足要求。

注意此例中一侧为饱和蒸汽冷凝的时候，为一侧恒温的换热过程，流体逆流和并流时的对数平均推动力是一样的。在求解时，还可以消去未知量(t_2-t_1)，使计算简化。

【例4-11】 在逆流操作的单程管壳式换热器中，热气体将2.5 kg/s的水从35 ℃加热到85 ℃。热气体温度由200 ℃降到93 ℃。水在管内流动。已知换热器的总传热系数为180 W/(m^2·℃)，水和气体的比热容分别为4.18 kJ/(kg·℃)和1.09 kJ/(kg·℃)。若水的流量减小一半，气体流量和两流体进口温度均不变，试求：(1)水和空气的出口温度，℃；(2)传热量减小的百分数。

假设流体物性不变，热损失可忽略不计。

解：(1)水和空气的出口温度 t_2'和 T_2'

对原工况，列热量衡算和总传热速率方程，可得

$$t_2-t_1=\frac{W_h c_{ph}}{W_c c_{pc}}(T_1-T_2) \tag{a}$$

$$K_oS_o\Delta t_m = K_oS_o\frac{(T_1-t_2)-(T_2-t_1)}{\ln\dfrac{T_1-t_2}{T_2-t_1}} = W_hc_{ph}(T_1-T_2) \tag{b}$$

将式(a)代入式(b)并整理,可得

$$\ln\frac{T_1-t_2}{T_2-t_1} = \frac{K_oS_o}{W_hc_{ph}}\left(1-\frac{W_hc_{ph}}{W_cc_{pc}}\right) \tag{c}$$

其中 $\dfrac{W_hc_{ph}}{W_cc_{pc}} = \dfrac{t_2-t_1}{T_1-T_2} = \dfrac{85-35}{200-93} = 0.467$

对新工况,因水的对流传热系数较气体的对流传热系数为大,气体侧对流传热热阻在总热阻中所占比例较大,故水的流量减小一半时,总传热系数 K_o 可视为不变。此时可写出

$$\ln\frac{T_1-t_2'}{T_2'-t_1} = \frac{K_oS_o}{W_hc_{ph}}\left(1-\frac{W_hc_{ph}}{\frac{1}{2}W_cc_{pc}}\right) \tag{d}$$

式(d)和式(c)相除可得

$$\ln\frac{T_1-t_2'}{T_2'-t_1} = \ln\frac{T_1-t_2}{T_2-t_1}\times\frac{K_oS_o}{K_oS_o}\times\left[\frac{1-\left(\dfrac{W_hc_{ph}}{\frac{1}{2}W_cc_{pc}}\right)}{1-\left(\dfrac{W_hc_{ph}}{W_cc_{pc}}\right)}\right] = \ln\frac{200-85}{93-35}\times\left(\frac{1-0.934}{1-0.467}\right) = 0.085$$

解得 $T_2' = 218.65 - 0.918t_2'$ (e)

再由热量衡算可得

$$t_2' = t_1 + \frac{W_hc_{ph}}{\frac{1}{2}W_cc_{pc}}(T_1-T_2') = 35 + 2\times 0.467(200-T_2')$$

或 $t_2' = 221.8 - 0.934T_2'$ (f)

联立式(e)和式(f),可得

$t_2' = 122.9\ ℃, T_2' = 105.9\ ℃$

(2)传热量减小百分数

$$\frac{Q'}{Q} = \frac{T_1-T_2'}{T_1-T_2}\times 100\% = \frac{200-105.9}{200-93}\times 100\% = 87.9\%$$

即冷水流量减小一半后,传热量约减小12%。

应强调指出,在传热过程的计算和分析中,总传热速率方程十分重要。读者应掌握该方程式及该式中各项的意义、单位和求法,并以此方程式为基础,将传热的主要内容联系起来,以便解决各种传热过程的计算和调节问题。

4.4.5 传热单元数法

传热单元数(NTU)法又称传热效率—传热单元数(ε-NTU)法。该法在换热器的操作型计算、热能回收利用等方面的计算中得到了广泛的应用。例如,换热器的操作型计算通常是对于一定尺寸和结构的换热器,确定流体的出口温度。因温度为未知项,直接利用对数平均

温度差法求解，就必须反复试算，十分麻烦。此时，若采用 ε-NTU 法则较为简便。

1. 传热效率 ε

换热器的传热效率 ε 定义为

$$\varepsilon = \frac{\text{实际的传热量 } Q}{\text{最大可能的传热量 } Q_{\max}}$$

假设换热器中流体无相变化及热损失可忽略，则换热器的热量衡算式为

$$Q = W_h c_{ph}(T_1 - T_2) = W_c c_{pc}(t_2 - t_1) \tag{4-31a}$$

不论在哪种换热器中，理论上，热流体能被冷却到的最低温度为冷流体的进口温度 t_1，而冷流体则至多能被加热到热流体的进口温度 T_1，因而热、冷流体的进口温度之差$(T_1 - t_1)$便是换热器中可能达到的最大温度差。如果某一流体流经换热器的温度变化等于最大的温度差$(T_1 - t_1)$，那么该流体便可达到最大可能的传热量。由热量衡算知，若忽略热损失时，热流体放出的热量应等于冷流体吸收的热量，所以两流体中 Wc_p 值较小的流体将具有较大的温度变化。若令 Wc_p 值较大的流体的温度变化等于最大的温度差，那么便要求另一 Wc_p 值较小的流体的温度变化比最大的温度差$(T_1 - t_1)$还要大，而这是不可能的。于是，最大可能的传热量可用下式表示，即

$$Q_{\max} = (W c_p)_{\min}(T_1 - t_1) \tag{4-51}$$

式中 Wc_p 称为流体的热容量流率，下标 min 表示两流体中热容量流率较小者，并将此流体称为最小值流体。

如果热流体为最小值流体，即其热容量流率较小，则传热效率为

$$\varepsilon_h = \frac{W_h c_{ph}(T_1 - T_2)}{W_h c_{ph}(T_1 - t_1)} = \frac{T_1 - T_2}{T_1 - t_1} \tag{4-52}$$

若冷流体为最小值流体，即其热容量流率较小，则传热效率为

$$\varepsilon_c = \frac{W_c c_{pc}(t_2 - t_1)}{W_c c_{pc}(T_1 - t_1)} = \frac{t_2 - t_1}{T_1 - t_1} \tag{4-52a}$$

以上二式中 ε 的下标表示 Wc_p 值较小的那个流体。

应指出，若两流体中热流体的 Wc_p 值较小，则应用式(4-52)计算换热器的传热效率；若冷流体的 Wc_p 值较小，则应用式(4-52a)计算传热效率。

2. 传热单元数 NTU

换热器的热量衡算和传热速率的微分式为

$$dQ = -W_h c_{ph} dT = W_c c_{pc} dt = K_o(T - t) dS_o$$

对于冷流体，上式可改写为

$$\frac{dt}{T - t} = \frac{K_o dS_o}{W_c c_{pc}}$$

上式的积分式称为基于冷流体的传热单元数，用$(NTU)_c$ 表示，即

$$(NTU)_c = \int_{t_1}^{t_2} \frac{dt}{T - t} = \int_0^S \frac{K_o dS_o}{W_c c_{pc}} \tag{4-53}$$

传热单元数的物理意义可有以下表述。

对冷流体，式(4-53)可改为 $\int_{t_1}^{t_2}\frac{\mathrm{d}t}{T-t}=\frac{K_oS_o}{W_cc_{pc}}=\frac{K_o(n\pi d_oL)}{W_cc_{pc}}$，故

$$S=\frac{W_c\,c_{pc}}{K_o}\int_{t_1}^{t_2}\frac{\mathrm{d}t}{T-t} \tag{4-54}$$

或
$$L=\frac{W_c\,c_{pc}}{n\pi d_oK_o}\int_{t_1}^{t_2}\frac{\mathrm{d}t}{T-t} \tag{4-55}$$

令
$$H_c=\frac{W_c\,c_{pc}}{n\pi d_oK_o}$$

则
$$L=H_c(NTU)_c \tag{4-55a}$$

式中 d——换热器的列管外径，m；

n——管数；

L——换热器的管长，m；

H_c——基于冷流体的传热单元长度，m。

对热流体，可写出与式(4-55a)相似的方程式。

由式(4-55)或式(4-55a)可见，换热器中流体流经的长度可分解为两项，其中积分项的量纲为1，反映了传热推动力和传热所要求的温度变化间的关系，该项称为传热单元数。若传热推动力愈大，所要求的温度变化愈小，则所需要的传热单元数愈少。另一项 H_c 是长度量纲，是传热的热阻和流体流动状况的函数，称为传热单元长度。若总传热系数愈大，即热阻愈小，则传热单元长度愈短，所需传热面积愈小。

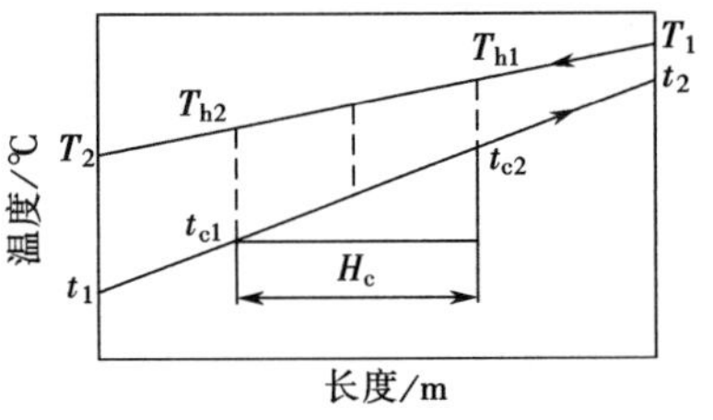

图4-21 传热单元的意义

由以上分析可知，换热器的长度(对于一定的管径)等于传热单元数和传热单元长度的乘积。一个传热单元可视为换热器的一段，如图4-21所示。如以冷流体为基准，其长度为 H_c。

在此段内，冷流体的温度变化恰等于平均温度差，即

$$(NTU)_c=1=\int_{t_{c1}}^{t_{c2}}\frac{\mathrm{d}t}{(T-t)_m}=\frac{t_{c2}-t_{c1}}{(T-t)_m}$$

$$t_{c2}-t_{c1}=(T-t)_m$$

而
$$(T-t)_m=[(T_{h2}-t_{c1})+(T_{h1}-t_{c2})]/2$$

3. 传热效率和传热单元数的关系

对一定形式的换热器(以单程并流换热器为例)，传热效率和传热单元数的关系推导如下。

总传热速率方程为

$$Q=K_oS_o\Delta t_m \tag{4-44}$$

并流时对数平均温度差为

$$\Delta t_m=\frac{(T_1-t_1)-(T_2-t_2)}{\ln\frac{T_1-t_1}{T_2-t_2}} \tag{4-56}$$

将式(4-56)代入式(4-44),并整理得

$$\frac{T_2-t_2}{T_1-t_1}=\exp\left[-K_oS_o\left(\frac{T_1-T_2}{Q}+\frac{t_2-t_1}{Q}\right)\right]$$

将式(4-31a)代入上式,得

$$\frac{T_2-t_2}{T_1-t_1}=\exp\left[-\frac{K_oS_o}{W_cc_{pc}}\left(1+\frac{W_cc_{pc}}{W_hc_{ph}}\right)\right] \tag{4-57}$$

若冷流体为最小值流体,并令

$$C_{\min}=W_cc_{pc},\quad C_{\max}=W_hc_{ph}$$

则 $$(NTU)_{\min}=\frac{K_oS_o}{C_{\min}}$$

于是,式(4-57)可写为

$$\frac{T_2-t_2}{T_1-t_1}=\exp\left[-(NTU)_{\min}\left(1+\frac{C_{\min}}{C_{\max}}\right)\right] \tag{4-58}$$

因 $$T_2=T_1-\frac{W_cc_{pc}}{W_hc_{ph}}(t_2-t_1)=T_1-\frac{C_{\min}}{C_{\max}}(t_2-t_1)$$

所以 $$\frac{T_2-t_2}{T_1-t_1}=\frac{T_1-\frac{C_{\min}}{C_{\max}}(t_2-t_1)-t_2}{T_1-t_1}=\frac{(T_1-t_1)-\frac{C_{\min}}{C_{\max}}(t_2-t_1)-(t_2-t_1)}{T_1-t_1}$$

$$=1-\left(1+\frac{C_{\min}}{C_{\max}}\right)\left(\frac{t_2-t_1}{T_1-t_1}\right)=1-\varepsilon\left(1+\frac{C_{\min}}{C_{\max}}\right)$$

将上式代入(4-58),得

$$\varepsilon=\frac{1-\exp\left[-(NTU)_{\min}\left(1+\frac{C_{\min}}{C_{\max}}\right)\right]}{1+\frac{C_{\min}}{C_{\max}}} \tag{4-59}$$

若热流体为最小值流体,只要令

$$(NTU)_{\min}=\frac{K_oS_o}{W_h\,c_{ph}},\quad C_{\min}=W_h\,c_{ph},\quad C_{\max}=W_c\,c_{pc}$$

则可推导出与式(4-59)相同的结果。

同理,推导得到逆流时传热效率和传热单元数的关系为

$$\varepsilon=\frac{1-\exp\left[-(NTU)_{\min}\left(1-\frac{C_{\min}}{C_{\max}}\right)\right]}{1-\frac{C_{\min}}{C_{\max}}\exp\left[-(NTU)_{\min}\left(1-\frac{C_{\min}}{C_{\max}}\right)\right]} \tag{4-60}$$

对各种传热情况,传热效率和传热单元数均有相应的公式,并绘制成图,供设计时直接使用。图4-22至图4-24分别为并流、逆流和折流时的 ε-NTU 关系图。

当两流体之一有相变化时,$(Wc_p)_{\max}$ 趋于无穷大,式(4-59)和式(4-60)可简化为

$$\varepsilon=1-\exp[-(NTU)_{\min}] \tag{4-61}$$

当两流体的 $W\,c_p$ 相等时,式(4-59)和式(4-60)分别简化为

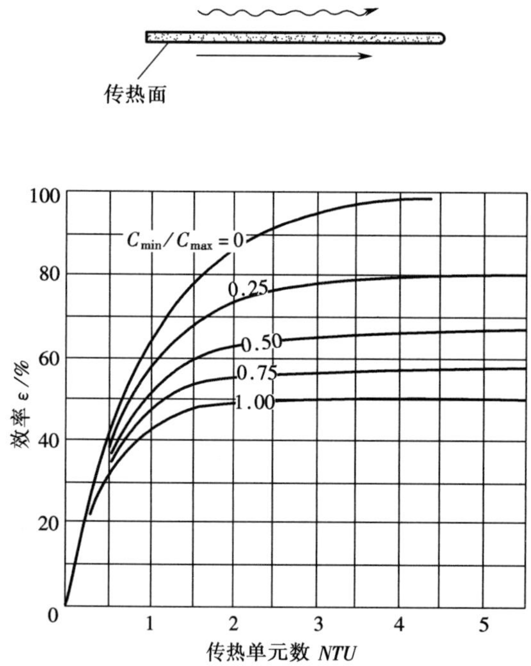

图 4-22 并流换热器的 ε-NTU 关系

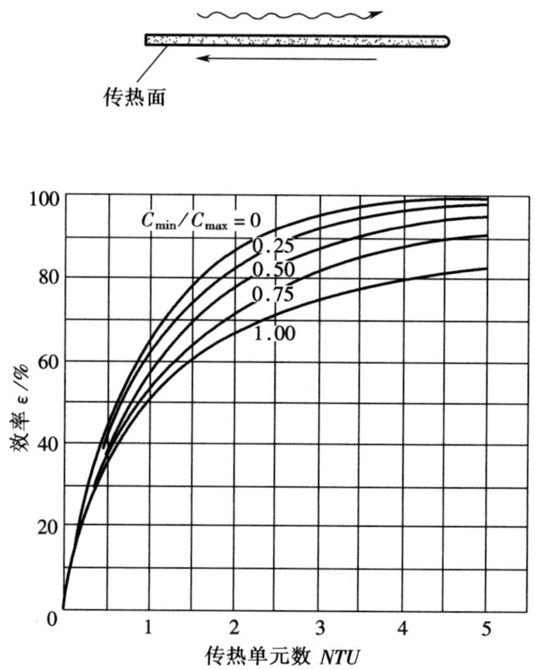

图 4-23 逆流换热器的 ε-NTU 关系

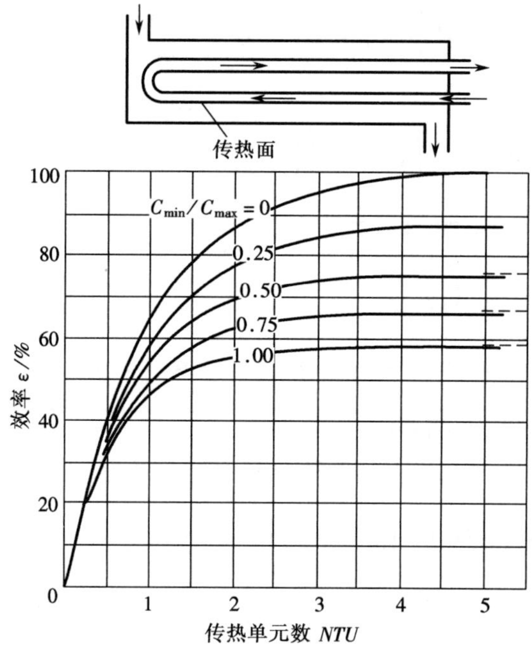

图 4-24 折流换热器的 ε-NTU 关系(单壳程,二、四、六管程)

$$\varepsilon=\frac{1-\exp[-2(NTU)]}{2} \tag{4-62}$$

$$\varepsilon=\frac{NTU}{1+NTU} \tag{4-63}$$

【例 4-12】 在一传热面积为 15.8 m^2 的逆流套管换热器中,用油加热冷水。油的流量为 2.85 kg/s,进口温度为 110 ℃;水的流量为 0.667 kg/s,进口温度为 35 ℃。油和水的平均比热容分别为 1.9 kJ/(kg·℃)及 4.18 kJ/(kg·℃)。换热器的总传热系数为 320 W/(m^2·℃)。试求水的出口温度及传热量。

解:本题用 ε-NTU 法计算。

$$W_h c_{ph} = 2.85 \times 1\,900 = 5\,415 \text{ W/℃}$$

$$W_c c_{pc} = 0.667 \times 4\,180 = 2\,788 \text{ W/℃}$$

故水(冷流体)为最小值流体。

$$\frac{C_{min}}{C_{max}} = \frac{2\,788}{5\,415} = 0.515$$

$$(NTU)_{min} = \frac{K_o S_o}{C_{min}} = \frac{320 \times 15.8}{2\,788} = 1.8$$

查图 4-23 得 $\varepsilon = 0.73$。

因冷流体为最小值流体,故由传热效率定义式得

$$\varepsilon = \frac{t_2 - t_1}{T_1 - t_1} = 0.73$$

解得水的出口温度为

$$t_2 = 0.73(110 - 35) + 35 = 89.8 \text{ ℃}$$

换热器的传热量为

$$Q = W_c c_{pc}(t_2 - t_1) = 0.667 \times 4\,180(89.8 - 35) = 152.8 \text{ kW}$$

【例 4-13】 试用传热单元数法,计算例 4-11。

解:此题用 ε-NTU 法计算。

(1)由原水流量求换热器的传热面积

$$S_o = \frac{Q}{K_o \Delta t_m}$$

其中 $Q = W_c c_{pc}(t_2 - t_1) = 2.5 \times 4.18(85 - 35) = 523 \text{ kW}$

$$\Delta t_m = \frac{\Delta t_1 - \Delta t_2}{\ln \frac{\Delta t_1}{\Delta t_2}} = \frac{(200 - 85) - (93 - 35)}{\ln \frac{200 - 85}{93 - 35}} = 83.3 \text{ ℃}$$

所以 $S_o = \frac{523 \times 10^3}{180 \times 83.3} \approx 35 \text{ m}^2$

(2)水流量减小后流体出口温度和传热量的变化

$$W_c c_{pc} = \frac{1}{2} \times 2.5 \times 4\,180 = 5\,225 \text{ W/℃}$$

$$W_h c_{ph} = \frac{523 \times 10^3}{200 - 93} = 4\,890 \text{ W/℃}$$

故热气体为最小值流体。

$$\frac{C_{\min}}{C_{\max}}=\frac{4\ 890}{5\ 225}=0.936$$

因水的对流传热系数较气体的大,故水流量减小后对总传热系数的影响不大,两种情况下 K 视为相同。

$$(NTU)_{\min}=\frac{K_{o}S_{o}}{C_{\min}}=\frac{180\times 35}{4\ 890}=1.3$$

查图 4-23,可得 $\varepsilon=0.57$。

因热流体为最小值流体,由热效率定义式知

$$\varepsilon=\frac{T_1-T_2'}{T_1-t_1}=\frac{T_1-T_2}{200-35}=0.57$$

$$T_1-T_2'=0.57(200-35)=94.1\ ℃$$

故 $$T_2'=200-94.1=105.9\ ℃$$

由热量衡算可得 $t_2'=122.9\ ℃$。

此时传热量为 $Q'=W_{h}c_{ph}(T_1-T_2)=4\ 890\times 94.1=460\ \text{kW}$。则因水流量减少一半而使传热量减少百分数为

$$\frac{Q-Q'}{Q}\times 100\%=\frac{523-460}{523}\times 100\%=12\%$$

计算结果表明,使用平均温度差法和传热单元数法可得到相同的结果。

由上两例可知,用 ε-NTU 法计算流体的温度十分简便。若采用对数平均温度差法,则不但要采用较麻烦的试差法,而且在温度差校正系数 $\varphi_{\Delta t}$ 曲线中,因某些范围内 $\mathrm{d}\varphi/\mathrm{d}P$ 很大,以至 P 值稍有变化,$\varphi_{\Delta t}$ 值就会相差很多,对计算结果影响较大。但是,通过 $\varphi_{\Delta t}$ 值的大小,可以看出所选流动形式与逆流的差距,便于选择较适宜的流动形式,而采用 ε-NTU 法则无此优点。一般说来,换热器的设计型计算宜用平均温度差法,换热器的操作型计算宜用 ε-NTU 法。

4.5 对流传热系数关联式

演示文稿

如前所述,对流传热速率方程形式简单,实际上是将对流传热的复杂性和计算上的困难转移到对流传热系数之中,因此对流传热系数的计算成为解决对流传热问题的关键。

求算对流传热系数的方法有两种:理论方法和实验方法。前者是通过对各类对流传热现象进行理论分析,建立描述对流传热现象的方程组,然后用数学分析的方法求解。由于过程的复杂性,目前只能对一些较为简单的对流传热现象用数学方法求解。后者是结合实验建立关联式,工程上遇到的大多数对流传热问题仍依赖于实验方法。本节重点讨论一些重要对流传热情况的对流传热系数的关联式。

4.5.1 影响对流传热系数的因素

由对流传热机理分析可知,对流传热系数取决于热边界层内的温度梯度。而温度梯度或热边界层的厚度与流体的物性、温度、流动状况以及壁面几何状况等诸多因素有关。

1. 流体的种类和相变化的情况

液体、气体和蒸气的对流传热系数都不相同，牛顿型流体和非牛顿型流体也有区别。本书只限于讨论牛顿型流体的对流传热系数。

流体有无相变化，对传热有不同的影响，因此，后面将分别予以讨论。

2. 流体的特性

对 α 值影响较大的流体物性有导热系数、黏度、比热容、密度以及对自然对流影响较大的体积膨胀系数。对于同一种流体，这些物性是温度的函数，其中某些物性还与压力有关。

(1) 导热系数　通常，对流传热的热阻主要由边界层内的导热热阻构成，因为即使流体呈湍流状态，湍流主体和缓冲层的传热热阻也较小，此时对流传热主要受层流内层热阻控制。当层流内层的温度梯度一定时，流体的导热系数愈大，对流传热系数也愈大。

(2) 黏度　由流体流动规律可知，当流体在管中流动时，若管径和流速一定，流体的黏度愈大其 Re 值愈小，即湍流程度低，因此热边界层愈厚，对流传热系数就愈小。

(3) 比热容和密度　ρc_p 代表单位体积流体所具有的热容量，也就是说 ρc_p 值愈大，表示流体携带热量的能力愈强，因此对流传热的强度愈强。

(4) 体积膨胀系数　一般来说，体积膨胀系数 β 值愈大的流体，所产生的密度差别愈大，因此有利于自然对流。由于绝大部分传热过程为非定温流动，因此即使在强制对流的情况下，也会产生附加的自然对流的影响，因此 β 值对强制对流也有一定的影响。

3. 流体的温度

流体温度对对流传热的影响表现在流体温度与壁面温度之差 Δt、流体物性随温度变化的程度以及附加自然对流等方面的综合影响。因此在对流传热计算中必须修正温度对物性的影响。此外，由于流体内部温度分布不均匀，必然导致密度有差异，从而产生附加的自然对流，这种影响又与热流方向及管道安装情况等有关。

4. 流体的流动状态

层流和湍流的传热机理有本质的区别。当流体呈层流时，流体沿壁面分层流动，即流体在热流方向上没有混杂运动，传热基本上依靠分子扩散作用的热传导进行。当流体呈湍流时，湍流主体的传热为涡流作用引起的热对流，在壁面附近的层流内层中仍为热传导。涡流致使管子中心温度分布均匀，层流内层的温度梯度增大。由此可见，湍流时的对流传热系数远比层流时大。

5. 流体流动的原因

自然对流和强制对流的流动原因不同，因而具有不同的流动和传热规律。

自然对流的原因是流体内部存在温度差，因而各部分的流体密度不同，引起流体质点相对位移。设 ρ_1 和 ρ_2 分别代表温度为 t_1 和 t_2 两点的流体密度，则密度差产生的升力为 $(\rho_1-\rho_2)g$。若流体的体积膨胀系数为 β，单位为 1/℃，并以 Δt 代表温度差 (t_2-t_1)，则可得 $\rho_1=\rho_2(1+\beta\Delta t)$，于是每单位体积的流体所产生的升力为

$$(\rho_1-\rho_2)g=[\rho_2(1+\beta\Delta t)-\rho_2]g=\rho_2\beta g\Delta t \tag{4-64}$$

或 $$\frac{\rho_1 - \rho_2}{\rho_2} = \beta \Delta t \tag{4-64a}$$

强制对流是由于外力的作用，例如泵、搅拌器等迫使流体流动。通常，强制对流传热系数要比自然对流传热系数大几倍至几十倍。

6. 传热面的形状、位置和大小

传热面的形状（如管、板、环隙、翅片等）、传热面方位和布置（如水平或垂直旋转，管束的排列方式）及流道尺寸（如管径、管长、板高和进口效应）等都直接影响对流传热系数。这些影响因素比较复杂，但都将反映在 α 的计算公式中。

4.5.2 对流传热过程的量纲分析

由于影响对流传热系数 α 的因素太多，要建立一个通式来求各种条件下的 α 是很困难的。目前常用量纲分析法，将众多的影响因素（物理量）组合成若干量纲为 1 的数群（特征数），然后再通过实验确定这些特征数间的关系，即得到不同情况下求算 α 的关联式。

在第 1 章"流体流动"中曾介绍用量纲分析法（雷莱法）求解流体在圆管中作湍流流动时的摩擦阻力问题。本节将采用白金汉（Buckingham）法来处理对流传热问题。应予指出，对于影响过程变量较多的情况，白金汉法要比雷莱法简便。

1. 流体无相变时的强制对流传热过程

首先列出影响该过程的物理量。根据理论分析及有关实验研究，得知影响对流传热系数 α 的因素有：传热设备的特征尺寸 l、流体的密度 ρ、黏度 μ、比热容 c_p、导热系数 λ 与流速 u 等物理量。它们可用一般函数关系来表示，即

$$\alpha = f(l, \rho, \mu, c_p, \lambda, u) \tag{4-65}$$

其次确定量纲为 1 的数群 π 的数目。按 π 定理，该过程的量纲为 1 的数群数目 i 等于变量数 n 与基本量纲数 m 之差。影响该过程的变量有 7 个物理量，而这些物理量涉及 4 个基本量纲，即长度 L、质量 M、时间 T 和温度 Θ（注意热量不是基本量纲，它的量纲与功的相同）。因此，量纲为 1 的数群数目为 $i = n - m = 7 - 4 = 3$。若用 π_1、π_2、π_3 表示这 3 个量纲为 1 数群，则式（4-65）可表示为

$$\pi_1 = \phi(\pi_2, \pi_3) \tag{4-65a}$$

最后按下述方法确定量纲为 1 数群的形式。

（1）列出物理量的量纲　涉及该过程的各物理量量纲，如表 4-7 所示。

表 4-7　物理量的量纲

物理量	α	l	ρ	μ	c_p	λ	u
量　纲	$M/(T^3\Theta)$	L	M/L^3	$M/(LT)$	$L^2/(T^2\Theta)$	$ML/(T^3\Theta)$	L/T

（2）选择共同物理量　选择 m 个（基本量纲的数目，本例中为 4 个）物理量作为 i 个（本例为 3 个）量纲为 1 的数群的共同物理量。选择共同物理量是白金汉量纲法的关键。正如

雷莱量纲法中解指数方程时一样,这种选择具有任意性。不过选择时应考虑以下原则:①不能包括待求的物理量,本例中共同的物理量不能选择 α;②不能同时选用量纲相同的物理量,如管径和管长都具有长度的量纲,不能同时将它们选做共同物理量,本例中没有这种情况;③选择的共同物理量中应包括该过程中所有的基本量纲,例如,若选择 l、ρ、μ 和 u 作为共同物理量,它们的量纲中不包括基本量纲 Θ,故不能满足选择共同物理量的要求。依据上述原则,本例中选择 l、λ、μ 和 u 作为 3 个量纲为 1 的数群的共同物理量。

(3)量纲分析　将共同物理量与余下的物理量分别组成量纲为 1 的数群,即

$$\pi_1 = l^a \lambda^b \mu^c u^d \alpha \tag{4-66}$$

$$\pi_2 = l^e \lambda^f \mu^g u^h \rho \tag{4-66a}$$

$$\pi_3 = l^i \lambda^j \mu^k u^m c_p \tag{4-66b}$$

对 π_1 而言,实际量纲为

$$\mathrm{M^0L^0T^0\Theta^0} = \mathrm{L}^a\left(\frac{\mathrm{ML}}{\mathrm{T^3\Theta}}\right)^b\left(\frac{\mathrm{M}}{\mathrm{LT}}\right)^c\left(\frac{\mathrm{L}}{\mathrm{T}}\right)^d\left(\frac{\mathrm{M}}{\mathrm{T^3\Theta}}\right)$$

因上式两边量纲相等,则可得下述关系:

对质量 M　$b + c + 1 = 0$

对长度 L　$a + b - c + d = 0$

对时间 T　$-3b - c - d - 3 = 0$

对温度 Θ　$-b - 1 = 0$

联立上述方程组,解得 $b = -1, c = 0, d = 0, a = 1$,并代入式(4-66),得

$$\pi_1 = l\,\lambda^{-1}\alpha = \frac{\alpha l}{\lambda} = Nu$$

依同样的方法可求得

$$\pi_2 = \frac{lu\rho}{\mu} = Re, \pi_3 = \frac{c_p\mu}{\lambda} = Pr$$

则式(4-65)可表示为

$$Nu = f(Re, Pr) \tag{4-67}$$

式(4-67)即为流体无相变时强制对流传热的量纲为 1 数群关系式。

2. 自然对流传热过程

自然对流传热过程与强制对流传热过程相比,前者引起流动的原因是单位体积流体的升力,其大小等于 $\rho g\beta\Delta t$,而其他影响因素,两者是相同的。因此表示自然对流的一般函数关系为

$$\alpha = f(l, \lambda, c_p, \rho, \mu, g\beta\rho\Delta t) \tag{4-68}$$

式(4-68)中包括 7 个物理量,涉及 4 个基本量纲,故该式也可表示为如下量纲为 1 数群关系:

$$\pi_1 = \phi(\pi_2, \pi_3) \tag{4-68a}$$

依据前述的相同方法可得

$$\pi_1=\frac{\alpha l}{\lambda}=Nu,\pi_2=\frac{c_p\mu}{\lambda}=Pr,\pi_3=\frac{l^3\rho^2 g\beta\Delta t}{\mu^2}=Gr$$

则自然对流传热量纲为1数群关系式为

$$Nu=f(Gr,Pr) \tag{4-69}$$

式(4-67)和式(4-69)中的各量纲为1数群的名称、符号和意义列于表4-8中。

表4-8 量纲为1数群的符号和意义

量纲为1数群名称	符　号	表达式	意　义
努塞尔数(Nusselt)	Nu	$\frac{\alpha l}{\lambda}$	表示对流传热系数的量纲为1数群
雷诺数(Reynolds)	Re	$\frac{lu\rho}{\mu}$	确定流动状态的量纲为1数群
普朗特数(Prandtl)	Pr	$\frac{c_p\mu}{\lambda}$	表示物性影响的量纲为1数群
格拉晓夫数(Grashof)	Gr	$\frac{\beta g\Delta t l^3\rho^2}{\mu^2}$	表示自然对流影响的量纲为1数群

各量纲为1数群中物理量的意义为

α——对流传热系数，W/(m^2·℃)；

l——传热面的特征尺寸，可以是管内径或外径，或平板高度等，m；

λ——流体的导热系数，W/(m·℃)；

μ——流体的黏度，Pa·s；

c_p——流体的定压比热容，kJ/(kg·℃)；

u——流体的流速，m/s；

β——流体的体积膨胀系数，1/℃；

Δt——温度差，℃；

g——重力加速度，m/s^2。

3. 应用量纲为1数群关联式应注意的问题

各种不同情况下的对流传热的具体函数关系由实验决定。在整理实验结果及使用方程式时必须注意以下两个问题。

1)定性温度

无相变的对流传热过程中，流体温度处处不同，流体物性也随之而变。决定量纲为1数群中各物性的温度称为定性温度。由于流体的各种物性随温度的变化规律不同，所以要找到适合于各种物性的定性温度并不可能。一般定性温度有以下几种取法。

①取流体的平均温度 $t=(t_1+t_2)/2$ 为定性温度。t_1、t_2 分别为流体进、出口温度。

②取壁面的平均温度 t_w 为定性温度。

③取流体和壁面的平均温度(称为膜温)$t_m=(t_w+t)/2$ 为定性温度。

在上述3种定性温度中，由于壁面温度往往是未知量，使用起来比较麻烦，须采用试差计算，因此工程上大多以流体的平均温度为定性温度。

由于定性温度影响物性数值，对于同样的实验条件，整理得到的量纲为1数群关联式也随定性温度而异。因此在经验公式中必须说明定性温度的取法，而使用时必须按照公式规定的定性温度进行计算。

2)特征尺寸

量纲为1的数群 Nu、Re 等中所包含的传热面尺寸称为特征尺寸。通常选取对流体流动和传热产生主要影响的尺寸作为特征尺寸。例如，流体在圆管内强制对流传热时，特征尺寸取管内径。对非圆形管通常取当量直径。因此公式中应说明特征尺寸的取法。

传热当量直径定义为

$$d_e' = \frac{4 \times \text{流动截面积}}{\text{传热周边}}$$

应予指出，流动当量直径 d_e 和传热当量直径 d_e' 定义不同。前者应用于流动阻力的计算，而传热计算中则比较混乱，d_e 和 d_e' 都可能被选用。

此外，在使用对流传热的经验公式时，还应注意公式的应用条件，例如 Re、Pr 等的数值范围。

4.5.3 流体无相变时的对流传热系数

1. 流体在管内作强制对流

1)流体在圆形管内作强制湍流

①低黏度(大约低于2倍常温下水的黏度)流体，可应用迪特斯(Dittus)和贝尔特(Boelter)关联式，即

$$Nu = 0.023 Re^{0.8} Pr^n \tag{4-70}$$

或

$$\alpha_i = 0.023 \frac{\lambda}{d_i}\left(\frac{d_i u\rho}{\mu}\right)^{0.8}\left(\frac{c_p\mu}{\lambda}\right)^n \tag{4-70a}$$

式中 n 值视热流方向而定。当流体被加热时，$n=0.4$；被冷却时，$n=0.3$。

应用范围：$Re>10\ 000$，$0.7<Pr<120$；管长与管径比 $\frac{L}{d_i}>60$。若 $\frac{L}{d_i}<60$ 时，可将由式(4-70a)算得的 α_i 乘以 $\left[1+\left(\frac{d_i}{L}\right)^{0.7}\right]$ 进行校正。

特征尺寸：Nu、Re 中的 l 取管内径 d_i。

定性温度：取流体进、出口温度的算术平均值。

②高黏度液体，可应用西德尔(Sieder)和塔特(Tate)关联式，即

$$Nu = 0.027 Re^{0.8} Pr^{1/3}\left(\frac{\mu}{\mu_w}\right)^{0.14} \tag{4-71}$$

令

$$\varphi_\mu = \left(\frac{\mu}{\mu_w}\right)^{0.14}，则$$

$$Nu = 0.027 Re^{0.8} Pr^{1/3} \varphi_\mu \tag{4-71a}$$

式中 φ_μ 项也是考虑热流方向的校正项。

应用范围：$Re>10\ 000$，$0.7<Pr<16\ 700$，$\frac{L}{d_i}>60$。

特征尺寸：取管内径 d_i。

定性温度：除 μ_w 取壁温外，均取流体进、出口温度的算术平均值。

应指出，式(4-70)中 Pr 的指数 n 采用不同的数值，以及式(4-71a)中引入 φ_μ 项，都是为了校正热流方向的影响。这是由于在有热流（加热或冷却）的情况下，管截面上的温度分布是不均匀的，而流体的黏度随温度而变，因此截面上的速度分布也随之发生变化。图4-25表示热流方向对速度分布的影响（图中定温流动为层流时速度分布，对湍流的影响相似）。

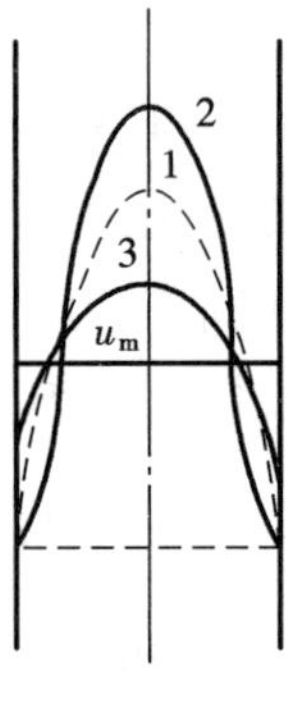

图4-25 热流方向（黏度变化）对速度分布的影响

1—定温流动 2—液体被冷却 3—液体被加热

当液体被加热时，壁面附近液体层的温度比液体平均温度要高，而由于液体黏度随温度升高而降低，因此邻近壁面处液体的黏度较主体区低，与没有传热时的定温流动相比，壁面处的流速增大，热边界层减薄，速度梯度增大，致使对流传热系数增大。液体被冷却时，情况相反，即壁面附近液体流速降低，热边界层增厚，速度梯度减小，致使对流传热系数降低。对于气体，由于其黏度随温度升高而增大，因此热流方向对速度分布及对流传热系数的影响与液体恰相反。但是气体黏度受温度的影响要小些，因此热流方向对速度分布等的影响也较小。由于式(4-70)中 Pr 值是根据流体进、出口的平均温度计算得到的，只要流体进、出口温度在加热或冷却时都分别相同，则 Pr 值也相同。因此为了考虑热流方向对 α_i 的影响，便将 Pr 值的指数项取不同的数值。对大多数液体，$Pr>1$，则 $Pr^{0.4}>Pr^{0.3}$，故应用式(4-70)，液体被加热时 n 取为0.4，得到的 α_i 就大；冷却时 n 取为0.3，得到的 α_i 就小。对大多数气体，$Pr<1$，则 $Pr^{0.4}<Pr^{0.3}$，所以加热气体时 n 仍取为0.4，得到的 α_i 较小，冷却时 n 仍取为0.3，得到的 α_i 就大。

对式(4-71a)中校正项 φ_μ，可作完全相似的分析。一般说来，由于壁温是未知的，计算时往往要用试差法，但是 φ_μ 可取为近似值。液体被加热时取 $\varphi_\mu\approx1.05$，液体被冷却时取 $\varphi_\mu\approx0.95$。对气体，若也用 φ_μ 项来校正热流方向对 α_i 的影响，则不论加热或冷却，均取 $\varphi_\mu=1.0$。

【例4-14】 常压空气在一单管程单壳程的管壳式换热器内由20 ℃被加热到80 ℃，管子尺寸为 ϕ19 mm×2 mm，空气走管内，平均流速为16 m/s。

(1)试求管壁对空气的对流传热系数；

(2)假设物性不发生变化，如果管内空气流量增大为原来的1.5倍，求此时管内对流传热系数；

(3)假设物性不发生变化，考虑换热器管数不变，仍为单管程，但管子尺寸换为 ϕ25 mm

×2.5 mm，求此时管内对流传热系数。

解：定性温度 $=\dfrac{t_1+t_2}{2}=\dfrac{20+80}{2}=50\ ℃$

由附录查得 50 ℃时空气的物性如下：

$$\rho=1.09\ \text{kg/m}^3,\lambda=0.028\ 96\ \text{W/(m·℃)},\mu=2.01\times10^{-5}\ \text{Pa·s},Pr=0.698$$

则 $$Re=\frac{d_i u\rho}{\mu}=\frac{0.015\times16\times1.09}{2.01\times10^{-5}}=13\ 014$$

Re 和 Pr 值均在式(4-70a)的应用范围内，但由于管长未知，故无法查核 $\dfrac{L}{d_i}$，在此情况下，可采用式(4-70a)近似计算 α_i。

气体被加热，取 $n=0.4$，于是得

$$\alpha_i=0.023\frac{\lambda}{d_i}Re^{0.8}Pr^{0.4}=0.023\times\frac{0.028\ 96}{0.015}\times(13\ 014)^{0.8}\times0.698^{0.4}$$

$$=75.25\ \text{W/(m}^2\text{·℃)}$$

(2)若流量增加到原来的 1.5 倍，则管内流速增为 1.5u，从式(4-70a)可知

$$\frac{\alpha_i'}{\alpha_i}=\frac{\lambda_i' d_i}{\lambda_i d_i'}\left(\frac{Re'}{Re}\right)^{0.8}\left(\frac{Pr'}{Pr}\right)^{0.4}$$，若物性不变，管径不变，只是流速变化，则

$$\frac{\alpha_i'}{\alpha_i}=\left(\frac{Re'}{Re}\right)^{0.8}=\left(\frac{u'}{u}\right)^{0.8}=(1.5)^{0.8}=1.383$$

$$\alpha_i'=1.383\alpha=1.383\times75.25=104.1\ \text{W/(m}^2\text{·℃)}$$

(3)管子尺寸换为 ϕ25 mm×2.5 mm，管径变化引起了管内流速的变化，同时 Re 数也改变

$$\frac{u''}{u}=\left(\frac{d_i}{d_i''}\right)^2$$

$$\frac{\alpha_i''}{\alpha_i}=\frac{d_i}{d_i''}\left(\frac{Re''}{Re}\right)^{0.8}=\left(\frac{d_i''}{d_i}\right)^{-1.8}=\left(\frac{0.020}{0.015}\right)^{-1.8}=0.596$$

$$\alpha_i''=0.596\alpha=0.596\times75.25=44.85\ \text{W/(m}^2\text{·℃)}$$

求解本题时，α 关联式的使用要注意定性温度，核算使用范围，选择合适的经验公式进行计算。改变管内的流速和管子的尺寸会引起管内对流传热系数的改变。应该熟悉利用方程求解各种条件下 α 的变化。

计算结果表明，一般气体的对流传热系数都比较小。

2)流体在圆形直管内作强制层流

流体在管内作强制层流时，应考虑自然对流的效应，并且热流方向对 α_i 的影响更加显著，情况比较复杂，关联式的误差比湍流的要大。

当管径较小、流体与壁面间的温度差较小、流体的 μ/ρ 值较大时，自然对流对强制层流传热的影响可以忽略，此时对流传热系数可用西德尔(Sieder)和塔特(Tate)关联式，即

$$Nu=1.86Re^{1/3}Pr^{1/3}\left(\frac{d_i}{L}\right)^{1/3}\left(\frac{\mu}{\mu_w}\right)^{0.14} \tag{4-72}$$

应用范围：$Re<2\ 300$，$0.6<Pr<6\ 700$，$\left(RePr\dfrac{d_i}{L}\right)>100$。

特征尺寸：管内径 d_i。

定性温度：除 μ_w 取壁温外，均取流体进、出口温度的算术平均值。

应指出，通常在换热器的设计中，为了提高总传热系数，流体多呈湍流流动。

【例4-15】 -5 ℃的冷冻盐水（25% $CaCl_2$ 溶液）以 0.3 m/s 的流速流经一套管换热器的内管，已知内管的内径为 21 mm、长度为 3.0 m。假设管壁平均温度为 65 ℃，试求盐水的出口温度。

解：假设盐水的平均温度为 5 ℃，已知 25% $CaCl_2$ 溶液在 5 ℃的物性如下：

$\rho\approx1\ 230\ \mathrm{kg/m^3}$，$c_p=2.85\ \mathrm{kJ/(kg\cdot ℃)}$，$\lambda\approx0.57\ \mathrm{W/(m\cdot ℃)}$，$\mu=4\times10^{-3}\ \mathrm{Pa\cdot s}$，$\mu_w\approx0.65\times10^{-3}\ \mathrm{Pa\cdot s}$

判别流型：

$$Re=\frac{du\rho}{\mu}=\frac{0.021\times0.3\times1\ 230}{4\times10^{-3}}=1\ 940\text{（层流）}$$

而
$$Pr=\frac{c_p\mu}{\lambda}=\frac{2.85\times10^3\times4\times10^{-3}}{0.57}=20$$

$$RePr\left(\frac{d_i}{L}\right)=1\ 940\times20\left(\frac{0.021}{3}\right)=272>100$$

在本题的条件下，管径较小，流体的黏度较大，自然对流影响可忽略，故 α_i 可用式（4-72）进行计算，即

$$\alpha_i=1.86\left(\frac{\lambda}{d_i}\right)Re^{1/3}Pr^{1/3}\left(\frac{d_i}{L}\right)^{1/3}\left(\frac{\mu}{\mu_w}\right)^{0.14}$$

$$=1.86\left(\frac{0.57}{0.021}\right)(1\ 940)^{1/3}(20)^{1/3}\left(\frac{0.021}{3}\right)^{1/3}\left(\frac{4}{0.65}\right)^{0.14}$$

$$=421\ \mathrm{W/(m^2\cdot ℃)}$$

盐水的出口温度由下式求得

$$Q=W_c c_p(t_2-t_1)=\frac{\pi}{4}d_i^2u\rho c_p(t_2-t_1)=\alpha_iS_i(t_w-t_{\text{平均}})=\alpha_i\pi d_iL\left(t_w-\frac{t_1+t_2}{2}\right)$$

即
$$\frac{\pi}{4}(0.021)^2\times0.3\times1\ 230\times2.85\times10^3(t_2+5)=421\pi\times0.021\times3\left(65-\frac{-5+t_2}{2}\right)$$

解得 $t_2=9.37$ ℃

原假设的盐水平均温度与计算结果比较接近，不再重复试算。

3）流体在圆形直管内呈过渡流动

当 $Re=2\ 300\sim10\ 000$ 时，对流传热系数可先用湍流时的公式计算，然后把算得的结果乘以校正系数 ϕ，即得到过渡流的对流传热系数。

$$\phi=1-\frac{6\times10^5}{Re^{1.8}}\tag{4-73}$$

4）流体在弯管内作强制对流

流体在弯管内流动时，由于受离心力的作用，增大了流体的湍动程度，使对流传热系数较直管内的大，此时可用下式计算

$$\alpha_i' = \alpha_i\left(1 + 1.77\frac{d_i}{r'}\right) \tag{4-74}$$

式中 α_i'——弯管中的对流传热系数，W/(m^2·℃)；

α_i——直管中的对流传热系数，W/(m^2·℃)；

r'——弯管轴的弯曲半径，m。

5）流体在非圆形管中作强制对流

此时，仍可采用上述各关联式，只要将管内径改为当量直径即可。但有些资料中规定某些关联式采用传热当量直径。例如，在套管换热器环形截面内，传热当量直径为

$$d_e' = \frac{4 \times \text{流通截面积}}{\text{传热周边}} = \frac{4 \times \frac{\pi}{4}(d_1^2 - d_2^2)}{\pi d_2} = \frac{d_1^2 - d_2^2}{d_2}$$

式中 d_1——套管换热器外管内径，m；

d_2——套管换热器内管外径，m。

传热计算中，究竟采用哪个当量直径，由具体的关联式决定。应予指出，将关联式中的 d_i 改用 d_e 是近似的算法。对常用的非圆形管道，可直接通过实验求得计算对流传热系数的关联式。例如套管环隙，用水和空气进行实验，可得对流传热系数的关联式为

$$\alpha_o = 0.02\frac{\lambda}{d_e}\left(\frac{d_1}{d_2}\right)^{0.53} Re^{0.8} Pr^{1/3} \tag{4-75}$$

应用范围：$Re = 12\ 000 \sim 220\ 000$，$\frac{d_1}{d_2} = 1.65 \sim 17$。

特征尺寸：流动当量直径 d_e。

定性温度：流体进、出口温度的算术平均值。

2. 流体在管外强制对流

1）流体横向流过管束

流体横向流过管束时，由于管与管之间的影响，传热情况较复杂。管束的几何条件，如管径、管间距、排数及排列方式都影响对流传热系数。通常，管子的排列方式有正三角形、转角正三角形、正方形和转角正方形等 4 种，如图 4-26 所示。

流体横向流过管束时，平均对流传热系数可分别用下式计算。

对于如图 4-26 中(a)、(d)排列：

$$Nu = 0.33Re^{0.6}Pr^{0.33} \tag{4-76}$$

对于如图 4-26 中(b)、(c)排列：

$$Nu = 0.26Re^{0.6}Pr^{0.33} \tag{4-76a}$$

应用范围：$Re > 3\ 000$。

定性温度：流体进、出口温度的算术平均值。

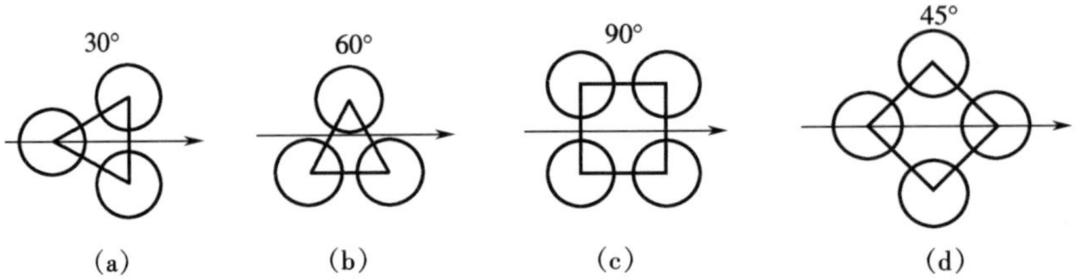

图4-26 管子排列方式

(a)正三角形 (b)转角正三角形 (c)正方形 (d)转角正方形

特征尺寸：管外径 d_o，流速取流体通过每排管子中最狭窄通道处的速度。

管束排数应为10，若不是10时，上述公式的计算结果应乘以表4-9所示的系数。

表4-9 式4-76的修正系数

排数（见图4-26）	1	2	3	4	5	6	7	8	9	10	12	15	18	25	35	75
(a)、(d)排列	0.68	0.75	0.83	0.89	0.92	0.95	0.97	0.98	0.99	1.0	1.01	1.02	1.03	1.04	1.05	1.06
(b)、(c)排列	0.64	0.80	0.83	0.90	0.92	0.94	0.96	0.98	0.99	1.0						

2）流体在换热器的管间流动

4.1节中图4-5和图4-6所示为经常采用的管壳式换热器，由于壳体是圆筒，管束中各列的管子数目不等，而且一般都设有折流挡板，因此流体在换热器管间流动时，流速和流向均不断地变化。一般在 $Re>100$ 时即可能达到湍流，使对流传热系数加大。折流挡板的形式较多，如图4-27所示，其中以圆缺形挡板最为常用。

应指出，在管间安装折流挡板，虽然可使对流传热系数增大，但流动阻力将随之增加。若挡板和壳体间、挡板和管束之间的间隙过大，部分流体会从间隙中流过，这股流体称为旁流。旁流严重时反而使对流传热系数减小。

换热器内装有圆缺形挡板（缺口面积为25%的壳体内截面积）时，壳方流体的对流传热系数的关联式如下：

$$Nu=0.36Re^{0.55}Pr^{1/3}\varphi_\mu \tag{4-77}$$

或

$$\alpha_o=0.36\left(\frac{\lambda}{d_e}\right)\left(\frac{d_e u_o \rho}{\mu}\right)^{0.55}Pr^{1/3}\left(\frac{\mu}{\mu_w}\right)^{0.14} \tag{4-77a}$$

应用范围：$Re=2\times10^3\sim1\times10^6$。

特征尺寸：当量直径 d_e。

定性温度：除 μ_w 取壁温外，均取流体进、出口温度的算术平均值。

当量直径 d_e 可根据图4-28所示的管子排列的情况分别用不同的公式进行计算。

若管子为正方形排列，则

$$d_e=\frac{4\left(t^2-\frac{\pi}{4}d_o^{\,2}\right)}{\pi d_o} \tag{4-78}$$

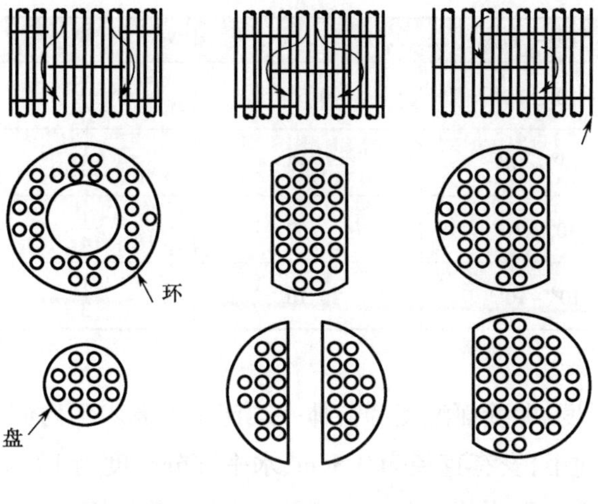

图 4-27 换热器的折流挡板

(a)环盘形 (b)弓形 (c)圆缺形

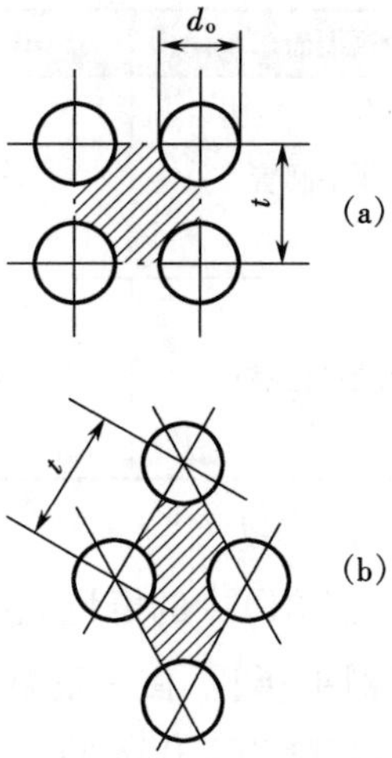

图 4-28 管间当量直径的推导

(a)正方形排列 (b)正三角形排列

若管子为正三角形排列,则

$$d_e = \frac{4\left(\frac{\sqrt{3}}{2}t^2 - \frac{\pi}{4}d_o{}^2\right)}{\pi d_o} \tag{4-79}$$

式中 t——相邻两管之中心距,m;

d_o——管外径,m。

式(4-77a)中的流速 u_o 根据流体流过管间最大截面积 A 计算,即

$$A = hD\left(1 - \frac{d_o}{t}\right) \tag{4-80}$$

式中 h——两挡板间的距离,m;

D——换热器的外壳内径,m。

上述诸式中,φ_μ 值可近似取为:对气体,$\varphi_\mu = 1.0$;加热液体时,$\varphi_\mu = 1.05$;冷却液体时,$\varphi_\mu = 0.95$。这些假设值一般与实际值相当接近,可不再核算。

此外,若换热器的管间无挡板,管外流体沿管束平行流动,则仍可用管内强制对流的公式计算,但需将式中的管内径改为管间的当量直径。

3. 自然对流

前已述及,自然对流时的对流传热系数仅与反映流体自然对流状况的 Gr 以及 Pr 有关,其量纲为 1 数群关系式为

$$Nu = c(GrPr)^n \tag{4-81}$$

大空间中的自然对流,例如管道或传热设备表面与周围大气之间的对流传热就属于这种情况,通过实验测得的 c 和 n 值列于表 4-10 中。

表4-10 式4-81中的 c 和 n 值

加热表面形状	特征尺寸	$(GrPr)$ 范围	c	n
水平圆管	外径 d_o	$10^4 \sim 10^9$	0.53	$\frac{1}{4}$
		$10^9 \sim 10^{12}$	0.13	$\frac{1}{3}$
垂直管或板	高度 l	$10^4 \sim 10^9$	0.59	$\frac{1}{4}$
		$10^9 \sim 10^{12}$	0.10	$\frac{1}{3}$

式(4-81)中的定性温度取膜的平均温度，即壁面温度和流体平均温度的算术平均值。

【例4-16】 在一室温为20℃的大房间中，安有直径为0.1 m、水平部分长度为10 m、竖直部分高度为1.0 m的水蒸气管道，若管道外壁平均温度为120℃，试求该管道因自然对流的散热量。

解：大空间自然对流的传热系数可由式(4-81)计算，即 $\alpha_o = \frac{\lambda}{l}c(GrPr)^n$。

定性温度 $= \frac{120+20}{2} = 70$ ℃，该温度下空气的有关物性由附录查得

$$\lambda \approx 0.0296\ \text{W/(m·℃)},\ \mu = 2.06\times10^{-5}\ \text{Pa·s},\ \rho = 1.029\ \text{kg/m}^3,\ Pr = 0.694$$

(1)水平管道的散热量 Q_1

$$Gr = \frac{\beta g\Delta t l^3}{\nu^2}$$

其中 $l = d_o = 0.1$ m

$$\nu = \frac{\mu}{\rho} = \frac{2.06\times10^{-5}}{1.029} \approx 2\times10^{-5}\ \text{m}^2/\text{s}$$

$$\beta = \frac{1}{T} = \frac{1}{70+273} = 2.92\times10^{-3}\ 1/℃$$

所以
$$Gr = \frac{2.92\times10^{-3}\times9.81(120-20)(0.1)^3}{(2\times10^{-5})^2} = 7.16\times10^6$$

$$GrPr = 7.16\times10^6\times0.694 = 4.97\times10^6$$

由表4-10查得：$c = 0.53$，$n = \frac{1}{4}$。所以

$$\alpha_o = 0.53\times\frac{0.0296}{0.1}(4.97\times10^6)^{1/4} = 7.41\ \text{W/(m}^2\text{·℃)}$$

$$Q_1 = \alpha_o(\pi d_o L)\Delta t = 7.41\times\pi\times0.1\times10(120-20) = 2\,330\ \text{W}$$

(2)垂直管道的散热量 Q_2

$$Gr = \frac{\beta g\Delta t l^3}{\nu^2} = \frac{2.92\times10^{-3}\times9.81(120-20)\times1^3}{(2\times10^{-5})^2} = 7.16\times10^9$$

$$GrPr = 7.16\times10^9\times0.694 = 4.97\times10^9$$

由表 4-10 查得：$c=0.10$，$n=1/3$。所以

$$\alpha_o=0.1\times\frac{0.0296}{1}(4.97\times10^9)^{1/3}=5.05\ \mathrm{W/(m^2\cdot ℃)}$$

$$Q_2=5.05\times\pi\times0.1\times1(120-20)\approx160\ \mathrm{W}$$

蒸气管道总散热量为

$$Q=Q_1+Q_2=2\,330+160=2\,490\ \mathrm{W}$$

从本例计算结果可以看出，传热系数与管子的放置方式有关，水平放置和竖直放置的管内对流传热系数具有不同数值。注意不同情况下，需要选取对应的关联式，且需要按指定的特征尺寸来计算，如本例中，水平部分用管外径作为特征尺寸，而竖直部分使用高度作为特征尺寸。

4.5.4 流体有相变时的对流传热系数

蒸气冷凝和液体沸腾都是伴有相变化的对流传热过程。这类传热过程的特点是相变流体要放出或吸收大量的潜热，对流传热系数较无相变时更大。例如水沸腾或水蒸气冷凝时的 α 较水单相流的 α 要大得多。

应予指出，对具有相变的对流传热过程，对流传热机理方程 $\alpha=\frac{-\lambda}{\Delta t}\left(\frac{\mathrm{d}t}{\mathrm{d}y}\right)_{\mathrm{w}}$ 原则上仍然适用，也是分析相变对流传热的基础。

1. 蒸气冷凝

1）蒸气冷凝方式

当饱和蒸气与温度较低的壁面相接触时，蒸气放出潜热，并在壁面上冷凝成液体。蒸气冷凝有膜状冷凝和滴状冷凝两种方式。

（1）膜状冷凝　若冷凝液能够润湿壁面，则在壁面上形成一层完整的液膜，称为膜状冷凝，如图 4-29（a）和（b）所示。在壁面上一旦形成液膜后，蒸气的冷凝只能在液膜的表面进行，即蒸气冷凝时放出的潜热，必须通过液膜后才能传给冷壁面。由于蒸气冷凝时有相的变化，一般热阻很小，因此这层冷凝液膜往往成为膜状冷凝的主要热阻。若冷凝液膜在重力作用下沿壁面向下流动，则所形成的液膜愈往下愈厚，故壁面愈高或水平放置的管径愈大，其平均对流传热系数也就愈小。

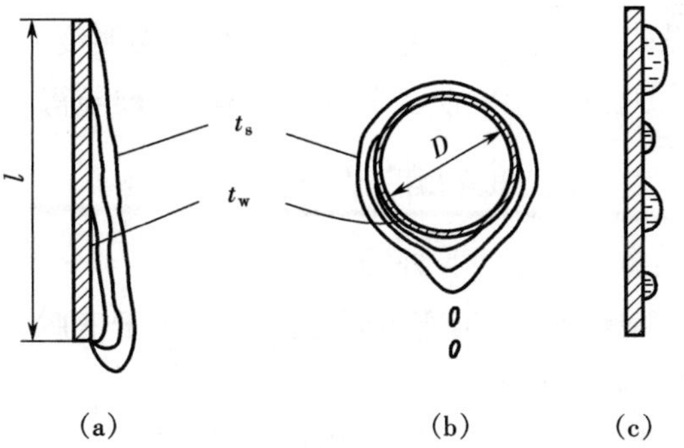

图 4-29　蒸气冷凝方式

（a）、（b）膜状冷凝　（c）滴状冷凝

（2）滴状冷凝　若冷凝液不能润湿壁面，由于表面张力的作用，冷凝液在壁面上形成许多液滴，并沿壁面落下，此种冷凝称为滴状冷凝，如图 4-29（c）所示。

在滴状冷凝时，壁面大部分的面积直接暴露在蒸气中，可供蒸气冷凝。由于没有液膜阻碍热流，因此滴状冷凝传热系数比膜状冷凝可高几倍甚至十几倍。但是，实验表明，滴状冷凝不容易保持，经过一段时间后通常会发展成为膜状冷凝。为保持滴状冷凝，有报道采用各种表面涂层处理壁面，或在蒸气中加入添加剂，但尚未在工业上得到广泛应用。

工业上遇到的大多是膜状冷凝，因此冷凝器的设计总是按膜状冷凝来处理。下面仅介绍纯净(单组分)的饱和蒸气膜状冷凝传热系数的计算方法。

2)膜状冷凝对流传热系数

(1)努塞尔(Nusselt)理论公式　膜状冷凝对流传热系数理论公式的推导中作以下假定：①冷凝液膜呈层流流动，传热方式为通过液膜的热传导；②蒸气静止不动，对液膜无摩擦阻力；③蒸气冷凝成液体时所释放的热量仅为冷凝热，蒸气温度和壁面温度保持不变；④冷凝液的物性可按平均液膜温度取值，且为常数。

根据上述假定，对蒸气在竖直管外或竖直平板侧的冷凝，可推导得努塞尔理论公式，即

$$\alpha = 0.943\left(\frac{r\rho^2 g\lambda^3}{\mu L\Delta t}\right)^{1/4} \tag{4-82}$$

特征尺寸：取竖直管或板的高度。

定性温度：蒸气冷凝热 r 取饱和温度 t_s 下的值，其余物性取液膜平均温度 $t_m = (t_w + t_s)/2$ 下的值。

式(4-82)中各符号意义：

L——竖直管或板的高度，m；

λ——冷凝液的导热系数，W/(m·℃)；

ρ——冷凝液的密度，kg/m^3；

μ——冷凝液的黏度，Pa·s；

r——饱和蒸气的冷凝热，kJ/kg；

Δt——蒸气的饱和温度 t_s 和壁面温度 t_w 之差，℃。

对蒸气在单根水平管上冷凝，可推导得

$$\alpha_o = 0.725\left(\frac{r\rho^2 g\lambda^3}{\mu d_o\Delta t}\right)^{1/4} \tag{4-83}$$

式中定性尺寸为管外径 d_o。

应予指出，努塞尔理论公式适用于液膜为层流的情况，从层流到湍流的临界 Re 值一般可取为1 800。

用来判断膜层流型的 Re 经常表示为冷凝负荷 M 的函数。冷凝负荷是指在单位长度润湿周边上单位时间流过的冷凝液量，其单位为 kg/(m·s)，即 $M = W/b$。此处 W 为冷凝液的质量流量(kg/s)，b 为润湿周边(m)。

若膜状流动时液流的横截面积(即流通面积)为 A，则当量直径为

$$d_e = 4A/b$$

$$Re = \frac{d_e u\rho}{\mu} = \frac{\frac{4A}{b}\frac{W}{A}}{\mu} = \frac{4M}{\mu}$$

蒸气冷凝时传热系数的计算式也可整理成量纲为1数群形式。为此，将对流传热速率方程改写为

$$\alpha=\frac{Q}{S\Delta t}=\frac{Wr}{bL\Delta t}=\frac{Mr}{L\Delta t} \tag{4-84}$$

比较式(4-82)和式(4-84)，得

$$\alpha=0.943\left(\frac{\lambda^3\rho^2 g}{\mu}\frac{r}{L\Delta t}\right)^{1/4}=0.943\left(\frac{\lambda^3\rho^2 g}{\mu}\frac{\alpha}{M}\right)^{1/4}$$

整理得

$$\alpha\left(\frac{\mu^2}{\lambda^3\rho^2 g}\right)^{1/3}=1.47\left(\frac{4M}{\mu}\right)^{-1/3} \tag{4-85}$$

式中 $\alpha\left(\frac{\mu^2}{\lambda^3\rho^2 g}\right)^{1/3}$ 称为量纲为1的冷凝传热系数，常以 α^* 表示，则

$$\alpha^*=1.47Re^{-1/3} \tag{4-85a}$$

(2)实验结果

①蒸气在竖直管或板外冷凝：由于在推导理论公式时所作的假定不能完全成立，例如蒸气速度不可为零，蒸气和液膜间有摩擦阻力等，大多数实验结果较由理论公式计算得到的结果大20%左右，故得修正公式为

$$\alpha=1.13\left(\frac{r\rho^2 g\lambda^3}{\mu L\Delta t}\right)^{1/4} \tag{4-86}$$

若用量纲为1的冷凝传热系数表示，可得

$$\alpha^*=1.76Re^{-1/3} \tag{4-87}$$

若膜层为湍流($Re>1\ 800$)时，可用巴杰尔(Badger)关联式计算，即

$$\alpha=0.007\ 7\left(\frac{\rho^2 g\lambda^3}{\mu^2}\right)^{1/3}Re^{0.4} \tag{4-88}$$

比较式(4-85)和式(4-88)，可看出，当 Re 值增加时：对层流，α 值减小；对湍流，α 值增大。这种影响如图4-30所示。图中线 AA' 和 BB' 分别表示层流下 α^* 的理论值和实际值；线 CC 表示湍流下 α^* 的实际值。

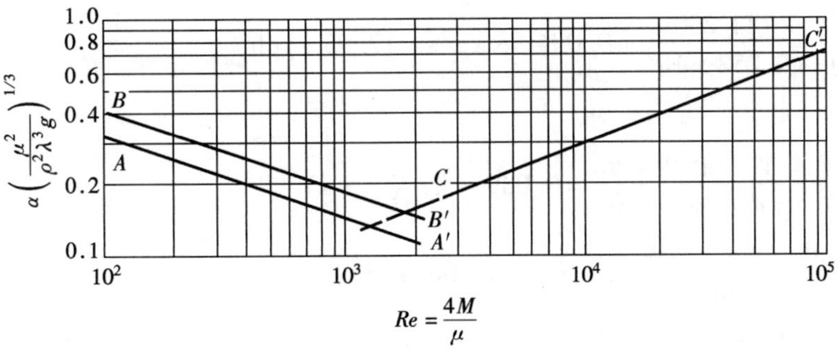

图4-30 Re 值对冷凝传热系数的影响

②蒸气在水平管外冷凝：若蒸气在单根水平管外冷凝时，因管径较小，膜层内通常呈层

流流动。应指出,对水平单管,实验结果和由理论公式求得的结果相近,即

$$\alpha_o = 0.725\left(\frac{\lambda^3\rho^2 gr}{\mu d_o \Delta t}\right)^{1/4} \tag{4-83}$$

若蒸气在水平管束外冷凝,管子数量及其排列方式都会对传热产生影响,凯恩(Kern)推荐用下式估算,即

$$\alpha_o = 0.725\left(\frac{\lambda^3\rho^2 gr}{n^{2/3} d_o \mu \Delta t}\right)^{1/4} \tag{4-89}$$

式中 n——水平管束在垂直列上的管数。

在管壳式换热器中,若管束由互相平行的 Z 列管子所组成,一般各列管子在垂直方向的排数不相等,若分别为 n_1、$n_2 \cdots n_Z$,则平均的管排数可按下式估算,即

$$n_m = \left(\frac{n_1 + n_2 + \cdots + n_Z}{n_1^{0.75} + n_2^{0.75} + \cdots + n_Z^{0.75}}\right)^4 \tag{4-90}$$

【例 4-17】 饱和温度为 100 ℃的水蒸气,在外径为 0.04 m、长度 2 m 的单根直立圆管外表面上冷凝。管外壁温度为 94 ℃。试求每小时的水蒸气冷凝量。若管子水平放置,水蒸气冷凝量为多少?

解:由附录查得在 100 ℃下饱和水蒸气的汽化热约为 2 258 kJ/kg。

$$\text{定性温度} = \frac{1}{2}(t_s + t_w) = \frac{1}{2}(100 + 94) = 97\ ℃$$

由附录查得在 97 ℃下水的物性为

$$\lambda = 0.682\ \text{W/(m·℃)}, \mu = 0.282\ \text{mPa·s}, \rho = 958\ \text{kg/m}^3$$

(1)单根圆管竖直放置时

先假定冷凝液膜呈层流,由式(4-86)知

$$\alpha_o = 1.13\left(\frac{g\rho^2\lambda^3 r}{L\Delta t\mu}\right)^{1/4} = 1.13\left[\frac{958^2 \times 9.81 \times 0.682^3 \times 2\ 258 \times 10^3}{2 \times 0.282 \times 10^{-3}(100 - 94)}\right]^{1/4} = 7\ 466\ \text{W/(m}^2\text{·℃)}$$

由对流传热速率方程计算传热速率,即

$$Q = \alpha_o S_o (t_s - t_w) = 7\ 466 \times \pi \times 0.04 \times 2(100 - 94) = 11\ 250\ \text{W}$$

故水蒸气冷凝量为

$$W = \frac{Q}{r} = \frac{11\ 250}{2\ 258 \times 10^3} = 0.004\ 98\ \text{kg/s} = 17.93\ \text{kg/h}$$

核算流型:

$$M = \frac{W}{b} = \frac{W}{\pi d_o} = \frac{0.004\ 98}{\pi \times 0.04} = 0.039\ 7\ \text{kg/(m·s)}$$

$$Re = \frac{4M}{\mu} = \frac{4 \times 0.039\ 7}{0.282 \times 10^{-3}} = 564 < 1\ 800\text{(层流)}$$

(2)管子水平放置时

若管子水平放置,由式(4-83)知

$$\alpha_o' = 0.725\left(\frac{\rho^2 g\lambda^3 r}{\mu d_o \Delta t}\right)^{1/4}$$

故 $$\frac{\alpha_o'}{\alpha_o}=\frac{0.725}{1.13}\left(\frac{L}{d_o}\right)^{1/4}=\frac{0.725}{1.13}\left(\frac{2}{0.04}\right)^{1/4}=1.71$$

所以 $$\alpha_o'=1.71\alpha=1.71\times7\,466=12\,767\ \text{W/(m}^2\cdot℃)$$

$$W'=1.71\times17.93=30.7\ \text{kg/h}$$

核算流型：

$$Re'=1.71Re=1.71\times564=964<1\,800\text{（层流）}$$

计算冷凝传热系数时，要根据管数和放置方式选取合适的经验公式。由于需要确定流型，而计算 Re 数需要冷凝液的流量，所以需要采用试差法。通常先假设为层流，按层流的公式计算 α，再去核算流型。

3）影响冷凝传热的因素

单组分饱和蒸气冷凝时，气相内温度均匀，都是饱和温度 t_s，没有温度差，故热阻集中在冷凝液膜内。因此对一定的组分，液膜的厚度及其流动状况是影响冷凝传热的关键因素。凡有利于减薄液膜厚度的因素都可提高冷凝传热系数。下面讨论这些因素。

（1）冷凝液膜两侧的温度差 Δt　当液膜呈层流流动时，若 Δt 加大，则蒸气冷凝速率增加，因而液膜层厚度增厚，使冷凝传热系数降低。

（2）流体物性　由膜状冷凝传热系数计算式可知，液膜的密度、黏度及导热系数，蒸气的冷凝热，都影响冷凝传热系数。

（3）蒸气的流速和流向　蒸气以一定的速度运动时，和液膜间产生一定的摩擦力，若蒸气和液膜同向流动，则摩擦力将使液膜加速，厚度减薄，使 α 增大；若逆向流动，则 α 减小。但这种力若超过液膜重力，液膜会被蒸气吹离壁面，此时随蒸气流速的增加，α 急剧增大。

（4）蒸气中不凝气体含量的影响　若蒸气中含有空气或其他不凝性气体，则壁面可能为气体（导热系数很小）层所遮盖，增加了一层附加热阻，使 α 急剧下降。因此在冷凝器的设计和操作中，都必须考虑排除不凝气。含有大量不凝气的蒸气冷凝设备称为冷却冷凝器，计算方法需参考有关资料。

（5）冷凝壁面的影响　若沿冷凝液流动方向积存的液体增多，则液膜增厚，使传热系数下降，故在设计和安装冷凝器时，应正确安放冷凝壁面。例如，对于管束，冷凝液从上面各排流到下面各排，使液膜逐渐增厚，因此下面管子的 α 比上排的要低。为了减薄下面管排上液膜的厚度，一般需减少垂直列上的管子数目，或把管子的排列旋转一定的角度，使冷凝液沿下一根管子的切向流过，如图 4-31 所示。

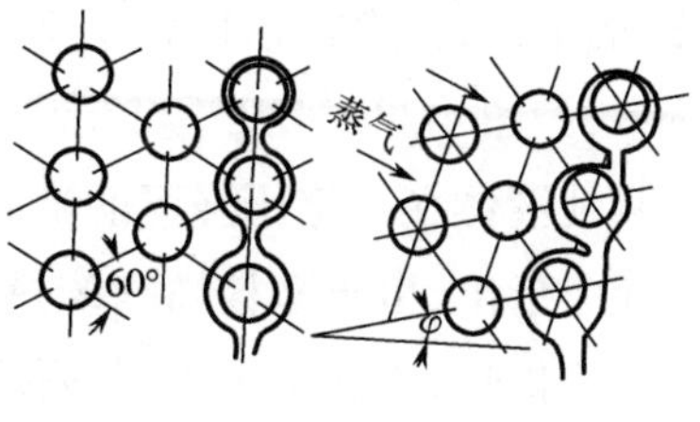

图 4-31　冷凝器中管子的切向旋转
（a）正三角形排列　（b）切向旋转 φ

此外，冷凝壁面的表面情况对 α 的影响也很大，若壁面粗糙不平或有氧化层，则会使膜层加厚，增加膜层阻力，因而 α 降低。

2. 液体沸腾

在液体的对流传热过程中，伴有由液相变为气相，即在液相内部产生气泡或气膜的过程，这称为液体沸腾（又称沸腾传热）。工业上液体沸腾的方法有二：一是将加热壁面浸没在液体中，液体在壁面受热沸腾，称为大容器沸腾；另一是液体在管内流动时受热沸腾，称为管内沸腾。后者机理更为复杂。下面主要讨论大容器沸腾，管内沸腾将在第5章中介绍。

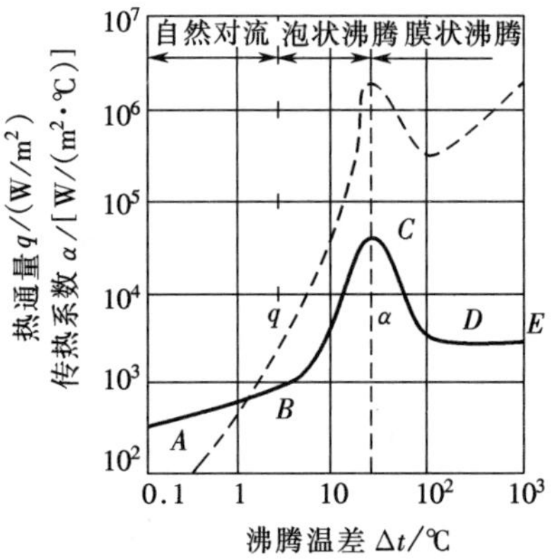

图4-32 水的沸腾曲线

1）液体沸腾曲线

实验表明，大容器内饱和液体沸腾的情况随温度差 Δt（即 $t_w - t_s$）而变，出现不同的沸腾状态。下面以常压下水在大容器中沸腾传热为例，分析沸腾温度差 Δt 对沸腾传热系数 α 和热通量 q 的影响。如图4-32所示，当温度差 Δt 较小（$\Delta t \leqslant 5$℃）时，加热表面上的液体轻微过热，使液体内产生自然对流，但没有气泡从液体中逸出，仅在液体表面发生蒸发，此阶段 α 和 q 都较低，如图4-32中 AB 段所示。

当 Δt 逐渐升高（$\Delta t = 5 \sim 25$ ℃）时，在加热表面的局部位置上产生气泡，该局部位置称为汽化核心。气泡产生的速度随 Δt 上升而增加，且不断地离开壁面上升至蒸气空间。由于气泡的生成、脱离和上升，使液体受到剧烈的扰动，因此 α 和 q 都急剧增大，如图4-32中 BC 段所示，此段称为泡核沸腾或泡状沸腾。

当 Δt 再增大（$\Delta t > 25$ ℃）时，加热面上产生的气泡也大大增多，且气泡产生的速度大于气泡脱离表面的速度。气泡在脱离表面前连接起来，形成一层不稳定的蒸气膜，使液体不能和加热表面直接接触。由于蒸气的导热性能差，气膜的附加热阻使 α 和 q 都急剧下降。气膜开始形成时是不稳定的，有可能形成大气泡脱离表面，此阶段称为不稳定的膜状沸腾或部分泡状沸腾，如图4-32中 CD 段所示。由泡核沸腾向膜状沸腾过渡的转折点 C 称为临界点。临界点处的温度差、传热系数和热通量分别称为临界温度差 Δt_c、临界沸腾传热系数 α_c 和临界热通量 q_c。当达到 D 点时，传热面几乎全部为气膜所覆盖，开始形成稳定的气膜。以后随着 Δt 的增加，α 基本上不变，q 又上升（见虚线），这是由于壁温升高，辐射传热的影响显著增加所致，如图4-32中 DE 段所示。实际上一般将 CDE 段称为膜状沸腾。

其他液体在一定压强下的沸腾曲线与水的曲线有类似形状，仅临界点数值不同而已。

应予指出，由于泡核沸腾传热系数较膜状沸腾的大，工业生产中一般总是设法控制在泡核沸腾下操作，因此确定不同液体在临界点下的有关参数具有实际意义。

2）沸腾传热系数的计算

由于沸腾传热机理复杂，曾提出了各种沸腾理论，从而导出计算沸腾传热系数相应的公式，但计算结果往往差别较大。这里仅介绍按照对比压力计算泡核沸腾传热系数的计算式，即莫斯廷凯（Mostinki）公式：

$$\alpha = 1.163Z(\Delta t)^{2.33} \tag{4-91}$$

式中 Δt——壁面过热度，$\Delta t = t_w - t_s$，℃。

若将 $\Delta t = q/\alpha$ 代入式(4-91)，可得

$$\alpha = 1.05Z^{0.3}q^{0.7} \tag{4-92}$$

$$Z = \left[0.10\left(\frac{p_c}{9.81 \times 10^4}\right)^{0.69}(1.8R^{0.17} + 4R^{1.2} + 10R^{10})\right]^{3.33} \tag{4-93}$$

式中 Z——与操作压力及临界压力有关的参数，$W/(m^2 \cdot ℃^{0.33})$；

R——对比压力$\left(=\dfrac{p}{p_c}\right)$，量纲为1；

p——操作压力，Pa；

p_c——临界压力，Pa。

若将式(4-93)代入式(4-92)，可得

$$\alpha = 0.105\left(\frac{p_c}{9.81 \times 10^4}\right)^{0.69}(1.8R^{0.17} + 4R^{1.2} + 10R^{10})q^{0.7} \tag{4-94}$$

式(4-91)或式(4-92)的应用条件为：$p_c > 3\ 000$ kPa，$R = 0.01 \sim 0.9$，$q < q_c$。

临界热负荷 q_c 可按下式估算，即

$$q_c = 0.38p_cR^{0.35}(1-R)^{0.9}\pi D_iL/S_o \tag{4-95}$$

式中 D_i——管束直径，m；

L——管长，m；

S_o——管外壁总传热面积，m^2。

3）影响沸腾传热的因素

（1）液体的性质　液体的导热系数、密度、黏度和表面张力等均对沸腾传热有重要的影响。一般情况下，α 随 λ、ρ 的增加而增大，而随 μ 及 σ 的增加而减小。

（2）温度差 Δt　前已述及，温度差$(t_w - t_s)$是控制沸腾传热过程的重要参数。曾经有人在特定的（沸腾压力、壁面形状等）实验条件下，对多种液体进行泡核沸腾时传热系数的测定，整理得到下面的经验式：

$$\alpha = a(\Delta t)^n \tag{4-96}$$

式中 a 和 n 是随液体种类和沸腾条件而异的常数，其值由实验测定。

（3）操作压力　提高沸腾压力相当于提高液体的饱和温度，使液体的表面张力和黏度均降低，有利于气泡的生成和脱离，强化了沸腾传热。在相同的 Δt 下，α 和 q 都更高。

（4）加热壁面　加热壁面的材料和粗糙度对沸腾传热有重要的影响。一般新的或清洁的加热面，α 较高。当壁面被油脂沾污后，会使 α 急剧下降。壁面愈粗糙，气泡核心愈多，有利于沸腾传热。此外，加热面的布置情况，对沸腾传热也有明显的影响。

【例4-18】　甲苯在卧式再沸器的管间沸腾。再沸器的规格：传热面积 S_o 为 50.7 m^2；管束直径为 0.35 m，由直径为 ϕ19 mm×2 mm、长为 5 m 的管子组成。操作条件为：再沸器的传热速率为 9.20×10^5 W；压力为 200 kPa（绝压）。已知操作压力下甲苯沸点为 135 ℃、汽化热为 347 kJ/kg。甲苯的临界压力为 4 218.3 kPa。试求甲苯的沸腾传热系数。

解：甲苯沸腾传热系数可由式(4-92)计算，即

$$\alpha_o = 1.05Z^{0.3}q^{0.7}$$

其中 $q=\frac{Q}{S_o}=\frac{9.2\times10^5}{50.7}=1.81\times10^4\ \mathrm{W/m^2}$

又 $R=p/p_c=200/4\ 218.3=0.047$

$$Z=\left[0.10\left(\frac{p_c}{9.81\times10^4}\right)^{0.69}(1.8R^{0.17}+4R^{1.2}+10R^{10})\right]^{3.33}$$

$$=\left[0.10\left(\frac{4\ 218.3\times10^3}{9.81\times10^4}\right)^{0.69}(1.8\times0.047^{0.17}+4\times0.047^{1.2}+10\times0.047^{10})\right]^{3.33}=4.5$$

所以 $\alpha_o=1.05(4.5)^{0.3}(1.81\times10^4)^{0.7}=1\ 580\ \mathrm{W/(m^2\cdot℃)}$

校核临界热负荷 q_c：

$$q_c=0.38p_cR^{0.35}(1-R)^{0.9}\pi D_iL/S_o$$

$$=0.38(4\ 218.3\times10^3)(0.047)^{0.35}(1-0.047)^{0.9}\times3.14\times0.35\times5/50.7$$

$$=5.71\times10^4\ \mathrm{W/m^2}$$

即 $q<q_c$

且 $p_c=4\ 218.3>3\ 000\ \mathrm{kPa}, R=0.047$（在0.01～0.9范围内）

故本题符合式(4-92)的应用条件，沸腾传热系数为1 580 W/(m² · ℃)。

应强调指出，对于不同类型的换热器及不同的传热情况，已有许多求算 α 的关联式。本节仅介绍部分较典型的情况。在进行传热的设计计算时，有关 α 的关联式可查阅传热专著或手册，但选用时一定要注意公式的应用条件和适用范围，否则计算结果的误差较大。

4.5.5 壁温的估算

在某些对流传热系数的关联式中，需知壁温才能计算对流传热系数。此外，选择换热器的类型和管子的材料也需知道壁温。但设计时一般只知道管内、外流体的平均温度 t_i 和 t_o，这时要用试算法确定壁温。

首先在 t_i 和 t_o 之间假设壁温 t_w 值（由于管壁热阻一般可忽略，故管内、外壁温度可视为相同），用以计算两流体的对流传热系数 α_i 和 α_o；然后核算所设 t_w 是否正确。核算的方法是：根据算出的 α_i、α_o 及污垢热阻，用下列近似关系核算，即

$$\frac{|t_o-t_w|}{\frac{1}{\alpha_o}+R_{so}}=\frac{|t_w-t_i|}{\frac{1}{\alpha_i}+R_{si}} \tag{4-97}$$

由此算出的 t_w 值应与原来假设的 t_w 值相符，否则应重设壁温，重复上述计算步骤，直到基本上相符为止。

应予指出，试差开始时不宜任意假设 t_w 值，而应根据冷、热流体的对流传热情况，粗略地估计 α 值，而所设的 t_w 值应接近于 α 值大的那个流体的温度，且 α 相差愈大，壁温愈接近于 α 大的那个流体的温度。

上面所述的 t_o、t_i 和 t_w 是指管外流体、管内流体及管壁的平均温度。

【例4-19】 在管壳式换热器中两流体进行换热。若已知管内、外流体的平均温度分别为170 ℃和135 ℃；管内、外流体的对流传热系数分别为12 000 W/(m² · ℃)及1 100

W/(m^2·℃),管内、外侧污垢热阻分别为0.000 2及0.000 5 m^2·℃/W。试估算管壁平均温度。假设管壁热传导热阻可忽略。

解:管壁的平均温度可由式(4-97)进行计算,即

$$\frac{t_o-t_w}{\frac{1}{\alpha_o}+R_{so}}=\frac{t_w-t_i}{\frac{1}{\alpha_i}+R_{si}}$$

$$\frac{135-t_w}{\frac{1}{1\ 100}+0.000\ 5}=\frac{t_w-170}{\frac{1}{12\ 000}+0.000\ 2}$$

或 $$\frac{135-t_w}{0.001\ 41}=\frac{t_w-170}{0.000\ 283}$$

解得 $t_w\approx164$ ℃

计算结果表明,管壁温度接近于热阻小的那一侧流体的温度。这是因为传热速率等于传热推动力(冷热流体温差)和传热热阻之比,小热阻对应小温差,而对流传热系数越大,对应的热阻越小。这个规律也经常应用到各种传热问题的分析中,要熟练掌握。

工程案例

演示文稿

4.6 辐射传热

4.6.1 基本概念

物体以电磁波形式传递能量的过程称为辐射,被传递的能量称为辐射能。物体可由不同的原因产生电磁波,其中因热的原因引起的电磁波辐射,即热辐射。在热辐射过程中,物体的热能转变为辐射能,只要物体的温度不变,则发射的辐射能也不变。物体在向外辐射能量的同时,也可能不断地吸收周围其他物体发射来的辐射能。所谓辐射传热就是不同物体间相互辐射和吸收能量的综合过程。显然,辐射传热的净结果是高温物体向低温物体传递了能量。

热辐射和光辐射的本质完全相同,不同的仅仅是波长的范围。理论上热辐射的电磁波波长从零到无穷大,但是具有实际意义的波长范围为0.4~20 μm,其中可见光线的波长范围为0.4~0.8 μm,红外光线的波长范围为0.8~20 μm。可见光线和红外光线统称热射线。不过红外光线的热射线对热辐射起决定作用,只有在很高的温度下,才能觉察到可见光线的热效应。

热射线和可见光线一样,都服从反射和折射定律,能在均一介质中作直线传播。在真空和大多数的气体(惰性气体和对称的双原子气体)中,热射线可完全透过,但对大多数的固体和液体,热射线则不能透过。因此只有能够互相照见的物体间才能进行辐射传热。

如图4-33所示,假设投射在某一物体上的总辐射能量为Q,则其中有一部分能量Q_A被吸收,一部分能量Q_R被反射,余下的能量Q_D透过物体。根据能量守恒定律,可得

$$Q_A + Q_R + Q_D = Q$$

即
$$\frac{Q_A}{Q} + \frac{Q_R}{Q} + \frac{Q_D}{Q} = 1 \tag{4-98}$$

或
$$A + R + D = 1 \tag{4-98a}$$

式中 $A = \frac{Q_A}{Q}$——物体的吸收率,量纲为1;

$R = \frac{Q_R}{Q}$——物体的反射率,量纲为1;

$D = \frac{Q_D}{Q}$——物体的透过率,量纲为1。

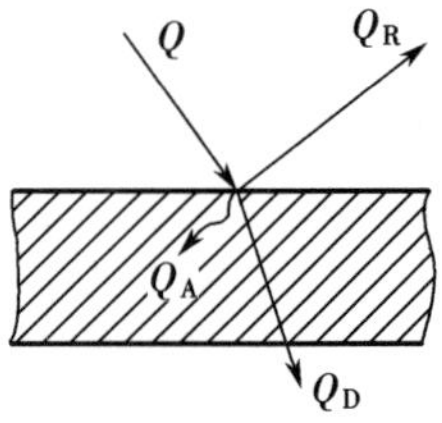

图4-33 辐射能的吸收、反射和透过

能全部吸收辐射能,即吸收率 $A=1$ 的物体,称为黑体或绝对黑体。

能全部反射辐射能,即反射率 $R=1$ 的物体,称为镜体或绝对白体。

能透过全部辐射能,即透过率 $D=1$ 的物体,称为透热体。一般单原子气体和对称的双原子气体均可视为透热体。

黑体和镜体都是理想物体,实际上并不存在。但是,某些物体如无光泽的黑煤,其吸收率约为0.97,接近于黑体;磨光的金属表面的反射率约等于0.97,接近于镜体。引入黑体等概念,只是作为一种实际物体的比较标准,以简化辐射传热的计算。

物体的吸收率 A、反射率 R、透过率 D 的大小取决于物体的性质、表面状况、温度及辐射线的波长等。一般来说,固体和液体都是不透热体,即 $D=0$,故 $A+R=1$。气体则不同,其反射率 $R=0$,故 $A+D=1$。某些气体只能部分地吸收一定波长范围的辐射能。

实际物体,如一般的固体能部分地吸收由零到∞的所有波长范围的辐射能。凡能以相同的吸收率部分地吸收由零到∞所有波长范围的辐射能的物体,定义为灰体。灰体有2个特点:①灰体的吸收率 A 不随辐射线的波长而变;②灰体是不透热体,即 $A+R=1$。

灰体也是理想物体,大多数工程材料都可视为灰体,从而可使辐射传热的计算大为简化。

4.6.2 物体的辐射能力和有关定律

物体的辐射能力是指物体在一定的温度下,单位表面积、单位时间内所发射的全部波长的总能量,用 E 表示,其单位为 W/m^2。因此,辐射能力表征物体发射辐射能的本领。在相同的条件下,物体发射特定波长的能力,称为单色辐射能力,用 E_Λ 表示,若在 Λ 至 $\Lambda+\Delta\Lambda$ 的波长范围内的辐射能力为 ΔE,则

$$\lim_{\Lambda \to 0} \frac{\Delta E}{\Delta \Lambda} = \frac{dE}{d\Lambda} = E_\Lambda \tag{4-99}$$

$$E = \int_0^\Lambda E_\Lambda d\Lambda \tag{4-100}$$

式中 Λ——波长,m或μm;

E_Λ——单色辐射能力,W/m^3。

若用下标b表示黑体,则黑体的辐射能力和单色辐射能力分别用 E_b 和 $E_{b\Lambda}$ 来表示。

1. 普朗克(Plank)定律

普朗克定律揭示了黑体的辐射能力按照波长的分配规律,即表示黑体的单色辐射能力$E_{b\Lambda}$随波长和温度变化的函数关系。根据量子理论可以推导出如下的数学式,即

$$E_{b\Lambda}=\frac{c_1\Lambda^{-5}}{e^{c_2/\Lambda T}-1} \tag{4-101}$$

式中 T——黑体的热力学温度,K;

e——自然对数的底数;

c_1——常数,其值为3.743×10^{-16} W·m²;

c_2——常数,其值为$1.438\ 7\times10^{-2}$ m·K。

式(4-101)称为普朗克定律。若在不同的温度下,以黑体的单色辐射能力$E_{b\Lambda}$与波长Λ进行标绘,可得到如图4-34所示的黑体单色辐射能力按波长的分布规律曲线。

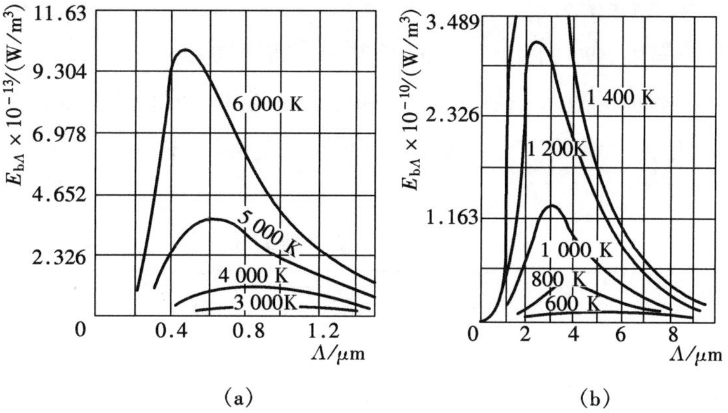

图4-34 黑体单色辐射能力按波长的分布规律

(a)波长介于0~1.5 μm (b)波长介于0~10 μm

由图可见,每一温度有一条能量分布曲线;在指定的温度下,黑体辐射各种波长的能量是不同的。但在某一波长时可达到$E_{b\Lambda}$的最大值。在不太高的温度下,辐射能主要集中在波长为0.8~10 μm的范围内,如图4-34(b)中所示。

2. 斯蒂芬—玻耳兹曼(Stefan-Boltzmann)定律

斯蒂芬—玻耳兹曼定律揭示黑体的辐射能力与其表面温度的关系。将式(4-101)代入式(4-100)中,可得

$$E_b=\int_0^{\infty}\frac{c_1\Lambda^{-5}}{e^{c_2/\Lambda T}-1}d\Lambda$$

积分上式并整理得

$$E_b=\sigma_0T^4=C_0\left(\frac{T}{100}\right)^4 \tag{4-102}$$

式中 σ_0——黑体的辐射常数,其值为5.67×10^{-8} W/(m²·K⁴);

C_0——黑体的辐射系数,其值为5.67 W/(m²·K⁴)。

式(4-102)即为斯蒂芬—玻耳兹曼定律,通常称为四次方定律。它表明黑体的辐射能力

仅与热力学温度的四次方成正比。

应予指出,四次方定律也可推广到灰体,此时,式(4-102)可表示为

$$E = C\left(\frac{T}{100}\right)^4 \tag{4-103}$$

式中 C——灰体的辐射系数,$W/(m^2 \cdot K^4)$。

不同的物体辐射系数 C 值不相同,其值与物体的性质、表面状况和温度等有关。C 值恒小于 C_0,在 0 ~5.67 范围内变化。

前已述及,在辐射传热中黑体是用来作为比较标准的,通常将灰体的辐射能力与同温度下黑体辐射能力之比定义为物体的黑度(又称发射率),用 ε 表示,即

$$\varepsilon = E/E_b = \frac{C}{C_0} \tag{4-104}$$

或

$$E = \varepsilon E_b = \varepsilon C_0\left(\frac{T}{100}\right)^4 \tag{4-104a}$$

只要知道物体的黑度,便可由上式求得该物体的辐射能力。

黑度 ε 值取决于物体的性质、表面状况(如表面粗糙度和氧化程度),一般由实验测定,其值在 0 ~1 范围内变化。常用工业材料的黑度列于表 4-11 中。

表 4-11 某些工业材料的黑度

材料	温度/℃	黑度
红砖	20	0.93
耐火砖	—	0.8 ~0.9
钢板(氧化的)	200 ~600	0.8
钢板(磨光的)	940 ~1 100	0.55 ~0.61
铝(氧化的)	200 ~600	0.11 ~0.19
铝(磨光的)	225 ~575	0.039 ~0.057
铜(氧化的)	200 ~600	0.57 ~0.87
铜(磨光的)	—	0.03
铸铁(氧化的)	200 ~600	0.64 ~0.78
铸铁(磨光的)	330 ~910	0.6 ~0.7

3. 克希霍夫(Kirchhoff)定律

克希霍夫定律揭示了物体的辐射能力 E 与吸收率 A 之间的关系。

设有两块相距很近的平行平板,一块板上的辐射能可以全部投射到另一板上,如图 4-35 所示。

若板 1 为实际物体(灰体),其辐射能力、吸收率和表面温度分别为 E_1、A_1 和 T_1;板 2 为黑体,其辐射能力、吸收率和表面温度分别为 E_2(即 E_b)、A_2(为 1)和 T_2,并设 $T_1 > T_2$,两板中间介质为透热体,系统与外界绝热。下面讨论两板间的热平衡情况:以单位时间、单位平板面积为基准,由于板 2 为黑体,板 1 发射出的 E_1 能被板 2 全部吸收。由板 2 发射的 E_b 被板 1 吸收了 A_1E_b,余下的 $(1-A_1)E_b$ 被反射至板 2,并被其全部吸收。故对板 1 来说,辐射传热的结果为

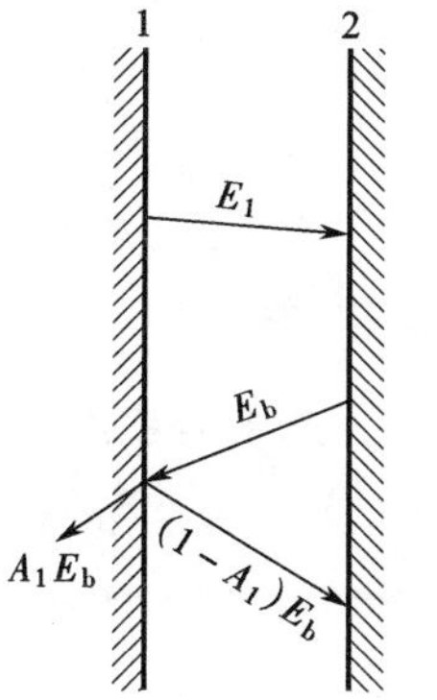

图 4-35 平行平板间辐射传热

$$q = E_1 - A_1E_b$$

式中 q——两板间辐射传热的热通量，W/m^2。

当两板达到热平衡，即 $T_1 = T_2$ 时，$q=0$，故

$$E_1 = A_1E_b$$

或

$$\frac{E_1}{A_1} = E_b$$

因板 1 可以用任何板来代替，故上式可写为

$$\frac{E_1}{A_1} = \frac{E_2}{A_2} = \cdots = \frac{E}{A} = E_b = f(T) \tag{4-105}$$

式(4-105)为克希霍夫定律的数学表达式。该式表明任何物体的辐射能力和吸收率的比值恒等于同温度下黑体的辐射能力，即仅和物体的绝对温度有关。

将式(4-102)代入式(4-105)中，可得

$$E = AC_0\left(\frac{T}{100}\right)^4 \tag{4-106}$$

比较式(4-104a)和式(4-106)可以看出，在同一温度下，物体的吸收率和黑度在数值上是相同的。但是 A 和 ε 两者的物理意义则完全不同。前者为吸收率，表示由其他物体发射来的辐射能可被该物体吸收的分数；后者为发射率，表示物体的辐射能力占黑体辐射能力的分数。由于物体吸收率的测定比较困难，因此工程计算中大都用物体的黑度来代替吸收率。

4.6.3 两固体间的辐射传热

化学工业中常遇到两固体间的辐射传热。由于大多数固体可视为灰体，在两灰体间的相互辐射中，进行着辐射能的多次被吸收和多次被反射的过程，因而比黑体与灰体间的辐射过程要复杂得多。在计算灰体间辐射传热时，必须考虑它们的吸收率（或反射率）、物体的形状和大小及其相互间的位置与距离的影响。

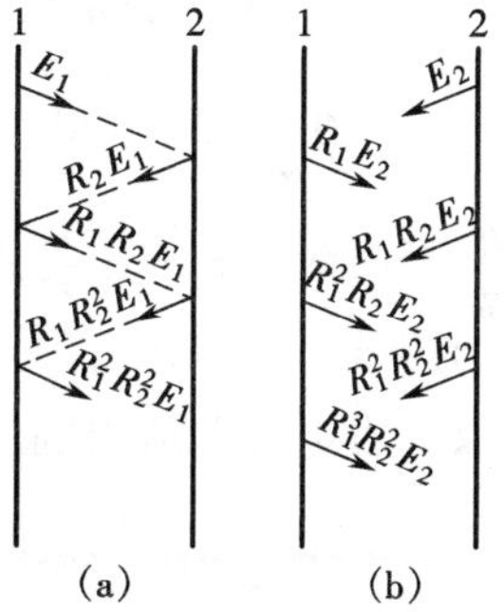

图 4-36 平行灰体平板间的辐射过程
(a)板 1 的辐射传热过程
(b)板 2 的辐射传热过程

现以两个面积很大（相对于两者距离而言）且相互平行的灰体平板间相互辐射为例，推导灰体间辐射传热的计算式。

参见图 4-36，若两板间介质为透热体，且因两板很大，故从一板发射出的辐射能可认为全部投射在另一板上。由于两平板均是灰体，其 $D=0$，故 $A+R=1$。

假设从板 1 发射出辐射能 E_1，被板 2 吸收了 A_2E_1，其余部分 R_2E_1 或 $(1-A_2)E_1$ 被反射到板 1。这部分辐射能 R_2E_1 又被板 1 吸收和反射……如此无穷往返进行，直到 E_1 完全被吸收为止，如图 4-36(a)所示。从板 2 发射出的辐射能 E_2，也经历反复吸收和反射的过程，如图 4-36(b)所示。由于辐射能以光速传播，因此上述反复进行的反射和吸收过程是在瞬间内完成的。

两平行平板间单位时间内、单位表面积上净的辐射传热量即为两板间辐射的总能量之

差,即

$$q_{1-2}=E_1A_2(1+R_1R_2+R_1^2R_2^2+\cdots)-E_2A_1(1+R_1R_2+R_1^2R_2^2+\cdots)$$

式中 q_{1-2}——由板1向板2传递的净辐射热通量,W/m^2。

上式等号右边中的$(1+R_1R_2+R_1^2R_2^2+\cdots)$为无穷级数,它等于$\frac{1}{1-R_1R_2}$,故

$$q_{1-2}=\frac{E_1A_2}{1-R_1R_2}-\frac{E_2A_1}{1-R_1R_2}=\frac{E_1A_2-E_2A_1}{1-R_1R_2}=\frac{E_1A_2-E_2A_1}{1-(1-A_1)(1-A_2)}=\frac{E_1A_2-E_2A_1}{A_1+A_2-A_1A_2} \tag{4-107}$$

再以 $E_1=\varepsilon_1C_0\left(\frac{T_1}{100}\right)^4$,$E_2=\varepsilon_2C_0\left(\frac{T_2}{100}\right)^4$ 及 $A_1=\varepsilon_1$,$A_2=\varepsilon_2$ 等代入式(4-107)中,整理得

$$q_{1-2}=\frac{C_0}{\frac{1}{\varepsilon_1}+\frac{1}{\varepsilon_2}-1}\left[\left(\frac{T_1}{100}\right)^4-\left(\frac{T_2}{100}\right)^4\right] \tag{4-108}$$

或

$$q_{1-2}=C_{1-2}\left[\left(\frac{T_1}{100}\right)^4-\left(\frac{T_2}{100}\right)^4\right] \tag{4-108a}$$

式中 C_{1-2}——总辐射系数。

对两个很大的平行平板间的辐射,则

$$C_{1-2}=\frac{C_0}{\frac{1}{\varepsilon_1}+\frac{1}{\varepsilon_2}-1}=\frac{1}{\frac{1}{C_1}+\frac{1}{C_2}-\frac{1}{C_0}} \tag{4-109}$$

若平行的平板面积均为 S 时,则辐射传热速率为

$$Q_{1-2}=C_{1-2}S\left[\left(\frac{T_1}{100}\right)^4-\left(\frac{T_2}{100}\right)^4\right] \tag{4-110}$$

当两壁面的大小与其距离相比不够大时,一个壁面所发射出的辐射能,可能只有一部分能到达另一壁面上。为此,需引入几何因素(角系数),以考虑上述的影响。于是式(4-110)可以写成更普遍适用的形式,即

$$Q_{1-2}=C_{1-2}\varphi S\left[\left(\frac{T_1}{100}\right)^4-\left(\frac{T_2}{100}\right)^4\right] \tag{4-111}$$

式中 Q_{1-2}——净的辐射传热速率,W;

C_{1-2}——总辐射系数,其计算式见表4-12;

S——辐射面积,m^2;

T_1、T_2——高温和低温表面的热力学温度,K;

φ——几何因素(角系数),其值查表4-12。

表4-12 φ 值与 C_{1-2} 的计算式

序 号	辐射情况	面积 S	角系数 φ	总辐射系数 C_{1-2}
1	极大的两平行面	S_1 或 S_2	1	$C_0\Big/\left(\frac{1}{\varepsilon_1}+\frac{1}{\varepsilon_2}-1\right)$

续表

序号	辐射情况	面积 S	角系数 φ	总辐射系数 C_{1-2}
2	面积有限的两相等的平行面	S_1	<1 *	$\varepsilon_1 \cdot \varepsilon_2 C_0$
3	很大的物体 2 包住物体 1	S_1	1	$\varepsilon_1 C_0$
4	物体 2 恰好包住物体 1，$S_2 \approx S_1$	S_1	1	$C_0 \Big/ \left(\frac{1}{\varepsilon_1}+\frac{1}{\varepsilon_2}-1\right)$
5	在 3、4 两种情况之间	S_1	1	$C_0 \Big/ \left[\frac{1}{\varepsilon_1}+\frac{S_1}{S_2}\left(\frac{1}{\varepsilon_2}-1\right)\right]$

* 此种情况的 φ 值由图 4-38 查得。

应予指出，式(4-110)和式(4-111)可用于任何形状的表面之间的相互辐射，但对一物体被另一物体包围下的辐射，则要求被包围物体的表面 1 应为平表面或凸表面，如图 4-37 中(a)、(b)、(c)所示。

角系数 φ 表示从辐射面积 S 所发射出的能量为另一物体表面所截获的分数。它的数值不仅与两物体的几何排列有关，而且还和式中的 S 是用板 1 的面积 S_1 还是板 2 的面积 S_2 作为辐射面积有关，因此在计算中，角系数 φ 必须和选定的辐射面积 S 相对应。φ 值已利用模型通过实验方法测出，可查有关手册。几种简单情况下的 φ 值见表 4-12 和图 4-38。

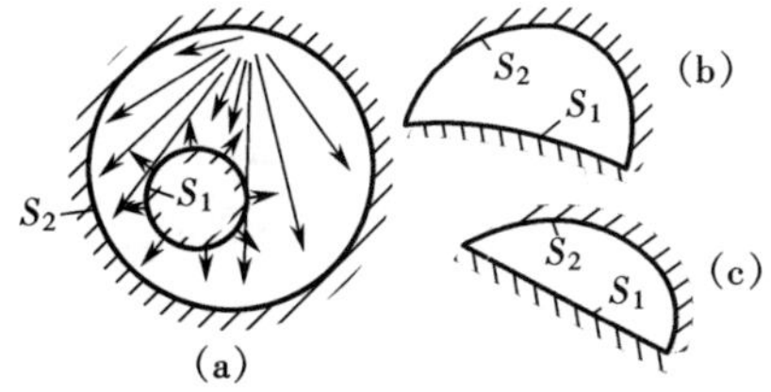

图 4-37 一物体被另一物体包围时的辐射

(a)很大的物体 2 包围住物体 1 (b)物体 1 为凸表面 (c)物体 1 为平表面

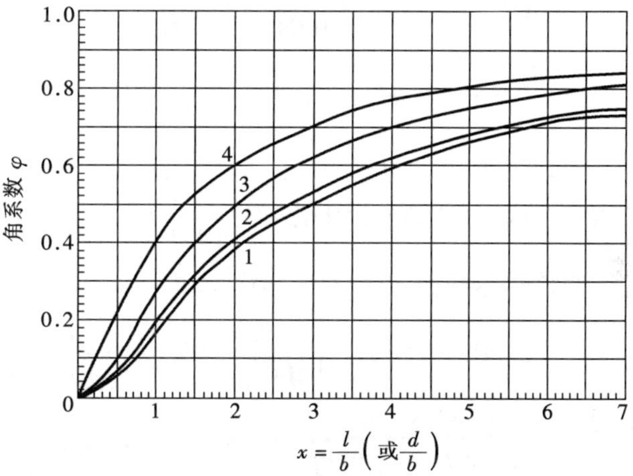

$\frac{l}{b}$或$\frac{d}{b}=\frac{\text{边长(长方形用短边)或直径}}{\text{辐射面间的距离}}$

图 4-38 平行面间辐射传热的角系数

1—圆盘形 2—正方形 3—长方形(边长之比为 2:1) 4—长方形(狭长)

【例 4-20】 车间内有一高和宽各为 3 m 的铸铁炉门，其温度为 227 ℃，室内温度为 27 ℃。为了减少热损失，在炉门前 50 mm 处放置一块尺寸和炉门相同而黑度为 0.11 的铝板，试求放置铝板前、后因辐射而损失的热量。

解：(1)放置铝板前因辐射损失的热量

由式(4-111)知

$$Q_{1-2}=C_{1-2}\varphi S\left[\left(\frac{T_1}{100}\right)^4-\left(\frac{T_2}{100}\right)^4\right]$$

取铸铁的黑度 $\varepsilon_1=0.78$。

本题属于很大物体2包住物体1的情况，故

$$S=S_1=3\times3=9\ \mathrm{m}^2,C_{1-2}=C_0\varepsilon_1=5.67\times0.78=4.423\ \mathrm{W/(m^2\cdot K^4)},\varphi=1$$

所以 $$Q_{1-2}=4.423\times1\times9\times\left[\left(\frac{227+273}{100}\right)^4-\left(\frac{27+273}{100}\right)^4\right]=2.166\times10^4\ \mathrm{W}$$

(2)放置铝板后因辐射损失的热量

以下标1、2和 i 分别表示炉门、房间和铝板。假定铝板的温度为 T_iK，则铝板向房间辐射可视为很大物体2包住物体1的情况，其热量为

$$Q_{i-2}=C_{i-2}\varphi S\left[\left(\frac{T_i}{100}\right)^4-\left(\frac{T_2}{100}\right)^4\right]$$

式中 $$S=S_i=3\times3=9\ \mathrm{m}^2,C_{i-2}=C_0\varepsilon_i=5.67\times0.11=0.624\ \mathrm{W/(m^2\cdot K^4)},\varphi=1$$

所以 $$Q_{i-2}=0.624\times9\left[\left(\frac{T_i}{100}\right)^4-81\right] \tag{a}$$

炉门对铝板的辐射传热可视为两无限大平板之间的传热，故放置铝板后因辐射损失的热量为

$$Q_{1-i}=C_{1-i}\varphi S\left[\left(\frac{T_1}{100}\right)^4-\left(\frac{T_i}{100}\right)^4\right]$$

式中 $$S=S_1=9\ \mathrm{m}^2,\varphi=1,C_{1-i}=\frac{C_0}{\frac{1}{\varepsilon_1}+\frac{1}{\varepsilon_i}-1}=\frac{5.67}{\frac{1}{0.78}+\frac{1}{0.11}-1}=0.605\ \mathrm{W/(m^2\cdot K^4)}$$

所以 $$Q_{1-i}=0.605\times9\left[625-\left(\frac{T_i}{100}\right)^4\right] \tag{b}$$

当传热达到稳定时，$Q_{1-i}=Q_{i-2}$，即

$$0.605\times9\left[625-\left(\frac{T_i}{100}\right)^4\right]=0.624\times9\left[\left(\frac{T_i}{100}\right)^4-81\right]$$

解得 $T_i=432\ \mathrm{K}$

将 T_i 值代入式(b)，得

$$Q_{1-i}=0.605\times9\left[625-\left(\frac{432}{100}\right)^4\right]=1\ 510\ \mathrm{W}$$

放置铝板后因辐射的热损失减少百分率为

$$\frac{Q_{1-2}-Q_{1-i}}{Q_{1-2}}\times100\%=\frac{21\ 660-1\ 510}{21\ 660}\times100\%=93\%$$

由以上计算结果可见，设置隔热挡板是减少辐射散热的有效方法，而且挡板材料的黑度愈低，挡板的层数愈多，则热损失愈少。

4.6.4 对流和辐射的联合传热

在化工生产中，许多设备的外壁温度往往高于周围环境（大气）的温度，因此热将由壁面

以对流和辐射两种方式散失于周围环境中。许多温度较高的换热器、塔器、反应器及蒸气管道等都必须进行隔热保温，以减少热损失（对于温度低于环境温度的设备也一样，只是传热方向相反，也需要隔热）。设备的热损失可根据对流传热速率方程 $Q_C=\alpha S_w(t_w-t)$ 和辐射传热速率方程 $Q_R=C_{1-2}\varphi S_w\left[\left(\frac{T_w}{100}\right)^4-\left(\frac{T}{100}\right)^4\right]$ 计算。式中 S_w 表示壁外表面积；t_w（或 T_w）表示壁面温度；t（或 T）表示环境温度。

现将辐射传热速率方程改变为与对流传热速率方程相同的形式，即

$$Q_R=\alpha_R S_w(t_w-t)$$

式中 $$\alpha_R=\frac{C_{1-2}\left[\left(\frac{T_w}{100}\right)^4-\left(\frac{T}{100}\right)^4\right]}{t_w-t}$$

因设备向大气辐射传热时角系数 $\varphi=1$，故上式中 φ 项消失了。α_R 称为辐射传热系数。

总的热量损失为

$$Q=Q_C+Q_R=(\alpha+\alpha_R)S_w(t_w-t) \tag{4-112}$$

或 $$Q=\alpha_T S_w(t_w-t) \tag{4-112a}$$

式中 $\alpha_T=\alpha+\alpha_R$，称为对流—辐射联合传热系数，其单位为 W/(m^2·℃)。

对于有保温层的设备，设备外壁对周围环境的联合传热系数 α_T，可用下列各式进行估算。

(1)空气自然对流时

在平壁保温层外：

$$\alpha_T=9.8+0.07(t_w-t) \tag{4-113}$$

在管或圆筒壁保温层外：

$$\alpha_T=9.4+0.052(t_w-t) \tag{4-114}$$

上两式适用于 $t_w<150$℃的场合。

(2)空气沿粗糙壁面强制对流时

空气的流速 $u\leqslant 5$ m/s：

$$\alpha_T=6.2+4.2u \tag{4-115}$$

空气的流速 $u>5$ m/s：

$$\alpha_T=7.8u^{0.78} \tag{4-116}$$

【例 4-21】 在 ϕ180 mm×5 mm 的蒸气管道外包一层导热系数为 0.1 W/(m·℃)的保温材料。管内饱和蒸气温度为 127 ℃，保温层外表面温度不超过 35 ℃，周围环境温度为 20 ℃，试求保温层厚度。假设管内冷凝传热和管壁热传导热阻均可忽略。

解：由式(4-114)知管道保温层外对流—辐射联合传热系数为

$$\alpha_T=9.4+0.052(t_w-t)=9.4+0.052(35-20)=10.18\ \text{W/(m}^2\cdot℃)$$

单位管长热损失为

$$Q_L=\alpha_T\pi d_o(t_w-t)=10.18\times\pi d_o(35-20)\approx 480d_o\ \text{W/m}$$

因管内饱和蒸气冷凝传热和管壁热传导热阻可忽略，可仅考虑保温材料层的热阻，按圆筒壁热传导处理，故

$$Q_L = \frac{2\pi\lambda(T - t_w)}{\ln \frac{d_o}{d}} = 480d_o$$

即
$$\frac{2\pi \times 0.1(127 - 35)}{\ln \frac{d_o}{0.18}} = 480d_o$$

解得 $d_o = 0.278\ \mathrm{m}$

保温层厚度为

$$b = \frac{d_o - d}{2} = \frac{0.278 - 0.18}{2} = 0.049\ \mathrm{m} = 49\ \mathrm{mm}$$

由于保温材料种类很多，应视具体情况选用。保温层厚度除特殊要求应进行计算外，一般可依据经验选用（查有关手册）。一般说来，增加保温层厚度将减少热损失，故可节省操作费用，但投资费用随厚度增加而增大，因此应通过经济衡算确定最佳厚度。另外，选择导热系数小的保温材料可以使保温层厚度减小。

4.7 换热器

演示文稿

换热器是化工厂中重要的化工设备之一，换热器的类型很多，特点不一，可根据生产工艺要求进行选择。

前已述及，依据传热原理和实现热交换的方法，换热器可分为间壁式、混合式及蓄热式3类，其中以间壁式换热器应用最普遍，以下讨论仅限于此类换热器。

4.7.1 间壁式换热器的类型

间壁式换热器的特点是冷、热两流体被固体壁面隔开，不相混合，通过间壁进行热量的交换。此类换热器中，以管壳式应用最广，本节将作重点介绍。其他常用的间壁式换热器简介如下。

1. 管式换热器

1）蛇管式换热器

蛇管式换热器可分为两类。

（1）沉浸式蛇管换热器　蛇管多用金属管子弯制而成，或制成适应容器要求的形状，沉浸在容器中。两种流体分别在蛇管内、外流动而进行热量交换。几种常用的蛇管形状如图4-39所示。

这种蛇管换热器的优点是结构简单，价格低廉，便于防腐蚀，能承受高压。主要缺点是由于容器的体积较蛇管的体积大得多，故管外流体的 α 较小，因而总传热系数 K 值也较小。若在容器内增设搅拌器或减小管外空间，则可提高传热系数。

(2)喷淋式换热器　喷淋式换热器如图 4-40 所示。它多用做冷却器。固定在支架上的蛇管排列在同一垂直面上，热流体在管内流动，自下部的管进入，由上部的管流出。冷水由最上面的多孔分布管(淋水管)流下，分布在蛇管上，并沿其两侧下降至下面的管子表面，最后流入水槽而排出。冷水在各管表面上流过时，与管内流体进行热交换。这种设备常放置在室外空气流通处，冷却水在空气中汽化时可带走部分热量，以提高冷却效果。它和沉浸式蛇管换热器相比，还具有便于检修和清洗、传热效果较好等优点，其缺点是喷淋不易均匀。

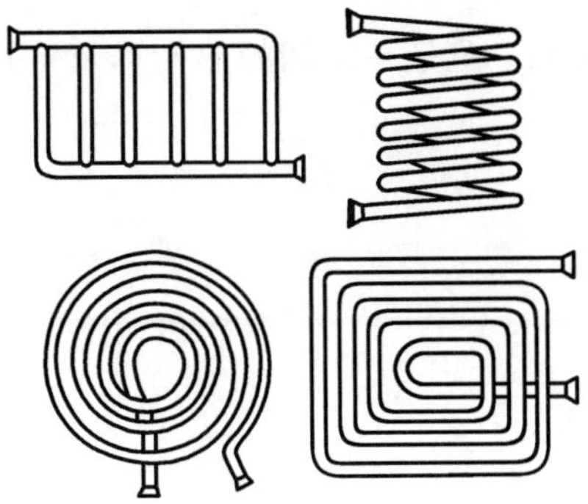

图 4-39　蛇管的形状

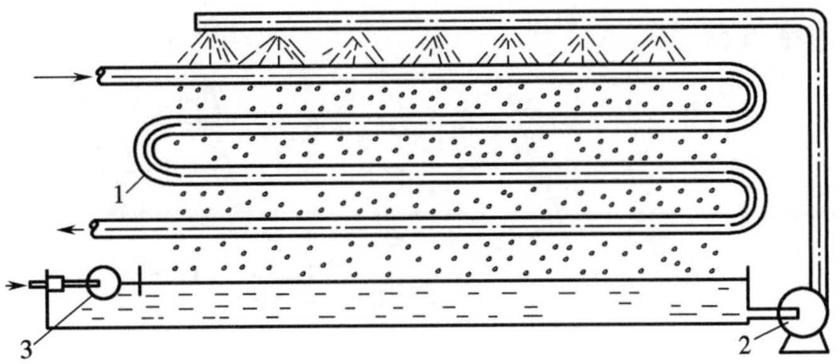

图 4-40　喷淋式换热器

1—弯管　2—循环泵　3—控制阀

在沉浸式蛇管换热器的容器内，流体常处于不流动的状态，因此在某瞬间容器内各处的温度基本相同，经过一段时间后，流体的温度由初温 t_1 变为终温 t_2，故属于非稳态传热过程。

【例 4-22】　105 ℃的 1 400 kg 甲苯盛在安装有蛇管的容器内。蛇管的外表面积为 3.2 m^2，管内通有 13 ℃的冷水。基于管外表面积的总传热系数为 255 W/(m^2·℃)。经过若干时间测得甲苯被冷却到 25 ℃，相应的水出口温度为 18 ℃。操作过程中甲苯和水的平均比热容分别为 1.8 kJ/(kg·℃)和 4.19 kJ/(kg·℃)。试求水的流量 W_2 和冷却时间 θ。假设换热器的热损失可以忽略。

解：(1)水的流量 W_2

冷却过程结束瞬间的热衡算及传热速率方程为

$$W_2 c_{p2}(t_2 - t_1) = K_o S_o \Delta t_m = K_o S_o \frac{(T_2 - t_1) - (T_2 - t_2)}{\ln \dfrac{T_2 - t_1}{T_2 - t_2}}$$

整理上式得

$$W_2 = \frac{K_o S_o}{c_{p2} \ln \dfrac{T_2 - t_1}{T_2 - t_2}} = \frac{255 \times 3.2}{4\ 190 \ln \dfrac{25 - 13}{25 - 18}} = 0.361\ \mathrm{kg/s}$$

(2)冷却时间 θ

设在某 θ 时刻，甲苯温度为 T，水的出口温度为 t，经 $d\theta$ 后，甲苯温度变化 dT，则 $d\theta$ 时间内的热衡算式为

$$-\frac{G}{d\theta} c_{p1} dT = W_2 c_{p2}(t - t_1)$$

整式上式,得

$$d\theta = -\frac{G c_{p1}}{W_2 c_{p2}} \frac{dT}{(t-t_1)} = -\frac{1\ 400 \times 1\ 800}{0.361 \times 4\ 190} \times \frac{dT}{(t-13)} = -1\ 670 \times \frac{dT}{t-13} \tag{a}$$

积分上式即求出时间 θ,但需要找出某瞬间 T 和 t 的关系。列任一瞬间的热衡算及传热速率方程,得

$$W_2 c_{p2}(t-t_1) = K_o S_o \Delta t_m = K_o S_o \frac{(T-t_1)-(T-t)}{\ln \frac{T-t_1}{T-t}}$$

故 $$\ln \frac{T-t_1}{T-t} = \frac{K_o S_o}{W_2 c_{p2}} = \frac{255 \times 3.2}{0.361 \times 4\ 190} = 0.539$$

或 $$\frac{T-t_1}{T-t} = e^{0.539} = 1.714$$

整理上式,得

$$t = 0.417T + 7.58 \tag{b}$$

将式(b)代入式(a)并积分,得

$$\theta = \int_0^\theta d\theta = -1\ 670\int_{105}^{25} \frac{dT}{(0.417T+7.58)-13}$$

$$= 1\ 670\int_{25}^{105} \frac{dT}{0.417T-5.42} = \frac{1\ 670}{0.417} \times [\ln(0.417T-5.42)]_{25}^{105}$$

$$= 8\ 160\ \text{s} = 2.27\ \text{h}$$

2)套管式换热器

套管式换热器系用管件将两种尺寸不同的标准管连接成为同心圆的套管,可用180°的回弯管将多段套管串联而成,如图4-41所示。每一段套管称为一程,程数可根据传热要求而增减。每程的有效长度为4~6 m,若管子太长,管中间会向下弯曲,使环形中的流体分布不均匀。一股流体流经管内,另一股流体流经套管间隙,可逆流或并流操作。

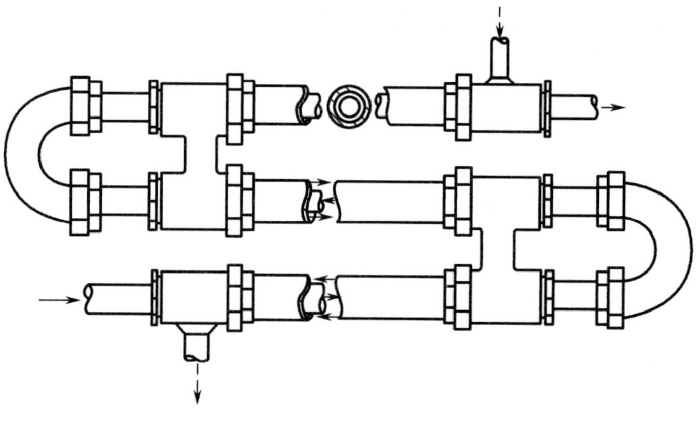

图4-41　套管式换热器

套管式换热器的优点为:构造简单;能耐高压;传热面积可根据需要而增减;适当地选择

管内、外径，可使流体的流速较大；且双方的流体作严格的逆流，有利于传热。其缺点为：管间接头较多，易发生泄漏；单位长度传热面积较小。在需要传热面积不太大且要求压强较高或传热效果较好时，宜采用套管式换热器。

3）管壳式换热器

管壳式换热器是目前化工生产中应用最广泛的传热设备。与前述的各种换热器相比，其主要优点是：单位体积具有的传热面积较大以及传热效果较好；此外，结构简单，制造的材料范围较广，操作弹性也较大等。因此在高温、高压和大型装置上多采用管壳式换热器。

管壳式换热器中，由于两流体的温度不同，管束和壳体的温度也不相同，因此它们的热膨胀程度也有差别。若两流体的温度差较大（50 ℃以上）时，就可能由于热应力而引起设备变形，甚至弯曲或破裂，因此必须考虑这种热膨胀的影响。根据热补偿方法的不同，管壳式换热器有下面几种形式。

（1）固定管板式换热器　图 4-5 所示的单程管壳式换热器即为固定管板式换热器。固定管板式即两端管板和壳体连接成一体，因此它具有结构简单和造价低廉的优点。但是由于壳程不易检修和清洗，因此壳方流体应是较洁净且不易结垢的物料。当两流体的温度差较大（通常大于 50 ℃）时，应考虑热补偿。图 4-42 为具有补偿圈（或称膨胀节）的固定管板式换热器，即在外壳的适当部位焊上一个补偿圈，当外壳和管束热膨胀不同时，补偿圈发生弹性变形（拉伸或压缩），以适应外壳和管束不同的热膨胀程度。这种热补偿方法简单，但不宜用于两流体温度差太大（不大于 70 ℃）和壳方流体压力过高（一般不高于 600 kPa）的场合。

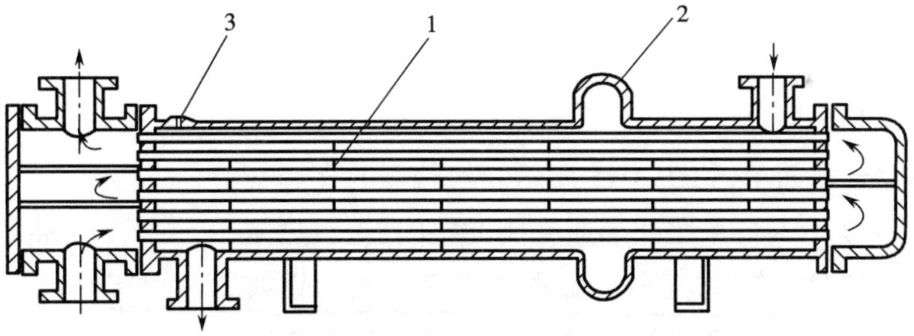

图 4-42　具有补偿圈的固定管板式换热器

1—挡板　2—补偿圈　3—放气嘴

（2）U 形管换热器　U 形管换热器如图 4-43 所示。管子弯成 U 形，管子的两端固定在同一管板上，因此每根管子可以自由伸缩，而与其他管子及壳体无关。

这种类型换热器的结构较简单，质量轻，适用于高温和高压的场合。其主要缺点是：管内清洗比较困难，因此管内流体必须洁净；且因管子需一定的弯曲半径，故管板的利用率较低。

（3）浮头式换热器　浮头式换热器如图 4-44 所示，两端管板之一不与外壳固定连接，该端称为浮头。当管子受热（或受冷）时，管束连同浮头可以自由伸缩，而与外壳的膨胀无关。浮头式换热器不但可以补偿热膨胀，而且由于固定端的管板是以法兰与壳体相连接的，因此

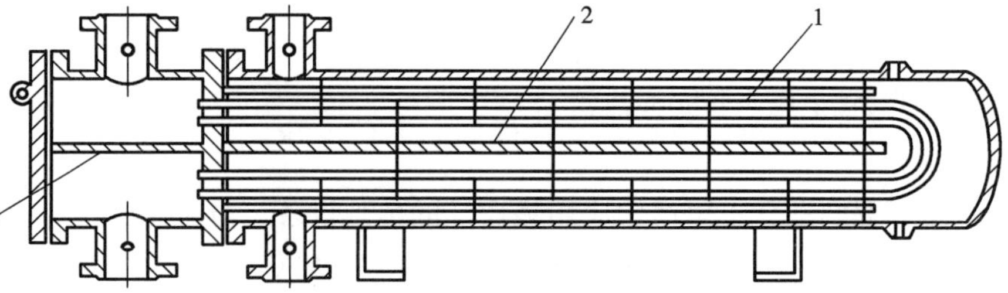

图 4-43　U 形管换热器

1—U 形管　2—壳程隔板　3—管程隔板

管束可从壳体中抽出，便于清洗和检修，故浮头式换热器应用较为普遍。但该种换热器结构较复杂，金属耗量较多，造价也较高。

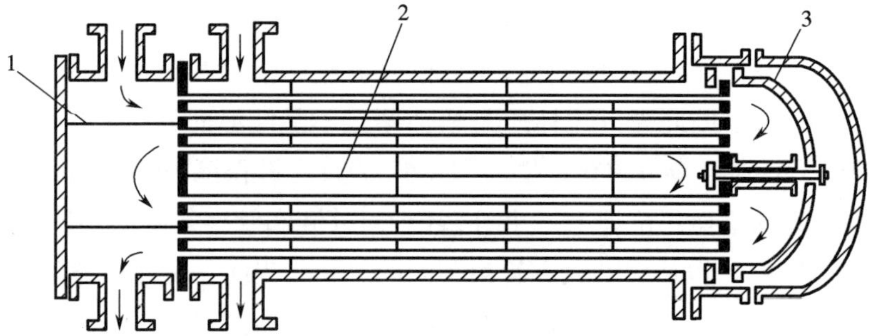

图 4-44　浮头式换热器

1—管程隔板　2—壳程隔板　3—浮头

2. 板式换热器

1）夹套式换热器

这种换热器构造简单，如图 4-45 所示。换热器的夹套安装在容器的外部，夹套与器壁之间形成密闭的空间，为载热体（加热介质）或载冷体（冷却介质）的通路。夹套通常用钢或铸铁制成，可焊在器壁上或者用螺钉固定在容器的法兰或器盖上。

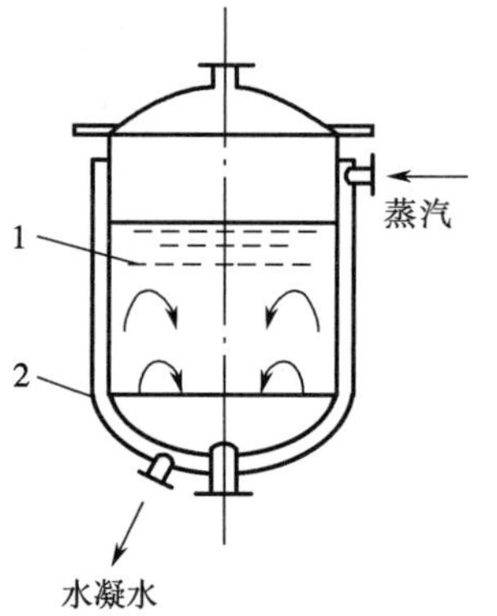

图 4-45　夹套式换热器

1—容器　2—夹套

夹套式换热器主要应用于反应过程的加热或冷却。在用蒸汽进行加热时，蒸汽由上部接管进入夹套，冷凝水则由下部接管流出。作为冷却器时，冷却介质（如冷却水）由夹套下部的接管进入，而由上部接管流出。

这种换热器的传热系数较低，传热面又受容器的限制，因此适用于传热量不太大的场合。为了提高其传热性能，可在容器内安装搅拌器，使器内液体作强制对流；为了弥补传热面的不足，还可在器内安装蛇管等。

2)板式换热器

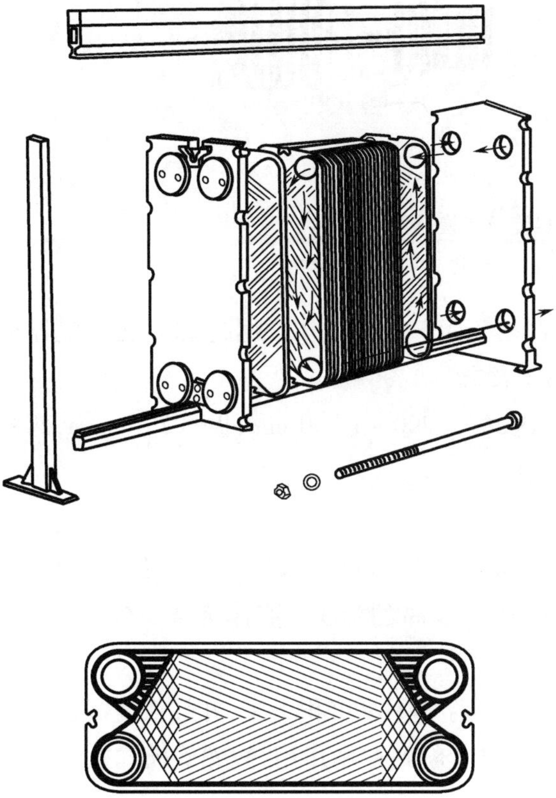

图 4-46 板式换热器示意图

板式换热器主要由一组长方形的薄金属板平行排列、夹紧组装于支架上而构成。两相邻板片的边缘衬有垫片，压紧后可达到密封的目的，且可用垫片的厚度调节两板间流体通道的大小。每块板的 4 个角上，各开 1 个圆孔，其中有 2 个圆孔和板面上的流道相通，另外 2 个圆孔则不相通，它们的位置在相邻板上是错开的，以分别形成两流体的通道。冷、热流体交替地在板片两侧流过，通过金属板片进行换热。每块金属板面冲压成凹凸规则的波纹，以使流体均匀流过板面，增加传热面积，并促使流体湍动，有利于传热。板式换热器的示意图如图 4-46 所示。

板式换热器的优点是：结构紧凑，单位体积设备所提供的传热面积大；总传热系数高，如对低黏度液体的传热，K 值可高达 7 000 W/(m^2 · ℃)；可根据需要增减板数以调节传热面积；检修和清洗都较方便。

板式换热器的缺点是：处理量不太大；操作压力较低，一般低于 1 500 kPa，最高也不超过 2 000 kPa；因受垫片耐热性能的限制，操作温度不能过高，一般对合成橡胶垫圈不超过 130 ℃，压缩石棉垫圈低于 250 ℃。

3)螺旋板式换热器

如图 4-47 所示，螺旋板式换热器是由两块薄金属板焊接在一块分隔挡板(图中心的短板)上并卷成螺旋形而成的。两块薄金属板在器内形成两条螺旋形通道，在顶、底部上分别焊有盖板或封头。进行换热时，冷、热流体分别进入两条通道，在器内作严格的逆流流动。

因用途不同，螺旋板式换热器的流道布置和封盖形式，有下面几种类型。

(1)"Ⅰ"型结构　两个螺旋流道的两侧完全为焊接密封的"Ⅰ"型结构，是不可拆结构，如图 4-47(a)所示。两流体均作螺旋流动，通常冷流体由外周流向中心，热流体从中心流向外周，即完全逆流流动。这种形式主要应用于液体与液体间传热。

(2)"Ⅱ"型结构　Ⅱ型结构如图 4-47(b)所示。一个螺旋流道的两侧为焊接密封，另一流道的两侧是敞开的，因而一流体在螺旋流道中作螺旋流动，另一流体则在另一流道中作轴向流动。这种形式适用于两流体流量差别很大的场合，常用做冷凝器、气体冷却器等。

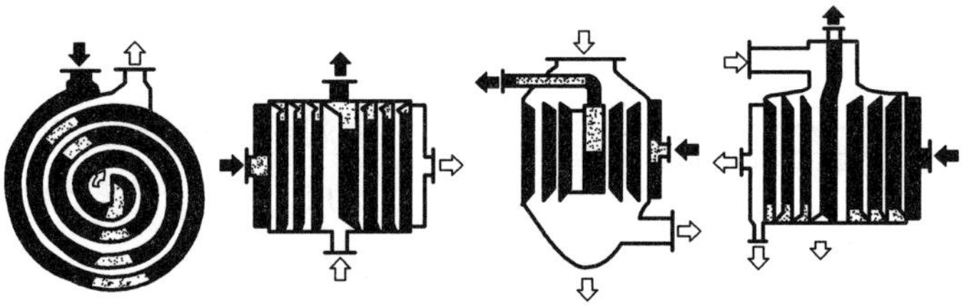

(a) (b) (c)

图 4-47 螺旋板式换热器

(a)"Ⅰ"型结构 (b)"Ⅱ"型结构 (c)"Ⅲ"型结构

(3)"Ⅲ"型结构 "Ⅲ"型结构如图 4-47(c)所示。一种流体作螺旋流动,另一流体是轴向流动和螺旋流动的组合。适用于蒸气的冷凝冷却。

螺旋板式换热器的直径一般在 1.6 m 以内,板宽 200 ~ 1 200 mm,板厚 2 ~ 4 mm,两板间的距离为 5 ~ 25 mm。常用材料为碳钢和不锈钢。

螺旋板式换热器有以下优点。

①总传热系数高。由于流体在螺旋通道中流动,在较低的雷诺数值(一般 $Re = 1\ 400 \sim 1\ 800$,有时低到 500)下即达到湍流,并且可选用较高的流速(液体为 2 m/s,气体为 20 m/s),故总传热系数较大。

②不易堵塞。由于流体的流速较高,流体中悬浮物不易沉积下来,并且任何沉积物将减小单流道的横断面,因而使速度增大,对堵塞区域又起到冲刷作用,故螺旋板式换热器不易被堵塞。

③能利用低温热源和精密控制温度。这是由于流体流动的流道长及两流体完全逆流的缘故。

④结构紧凑。单位体积的传热面积为管壳式换热器的 3 倍。

螺旋板式换热器的缺点如下。

①操作压力和温度不宜太高,目前最高操作压力为 2 000 kPa,温度在 400 ℃以下。

②不易检修。因整个换热器为卷制而成,一旦发生泄漏,修理内部很困难。

3. 翅片式换热器

1)翅片管式换热器

如图 4-48 所示,翅片管式换热器的构造特点是在管子表面上装有径向或轴向翅片。常见的翅片如图 4-49 所示。

当两种流体的对流传热系数相差很大时,例如用水蒸气加热空气,此传热过程的热阻主要在气体一侧。若气体在管外流动,则在管外装置翅片,既可扩大传热面积,又可增加流体的湍动,从而提高换热器的传热效果。一般来说,当两种流体的对流传热系数之比为 3:1或更大时,宜采用翅片管式换热器。

翅片的种类很多,按翅片的高度不同,可分为高翅片和低翅片两种,低翅片一般为螺纹管。高翅片适用于管内、外对流传热系数相差较大的场合,现已广泛地应用于空气冷却器

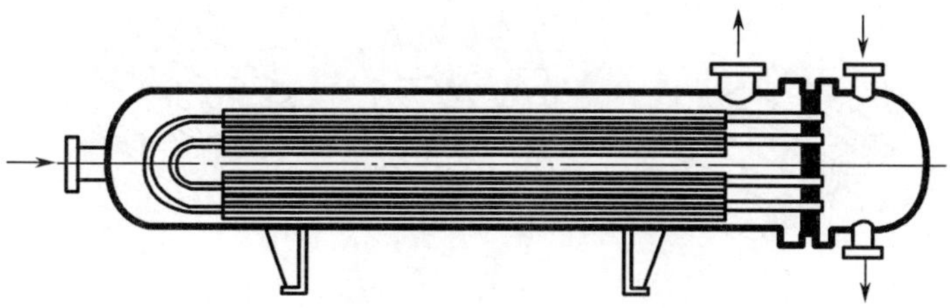

图 4-48 翅片管式换热器

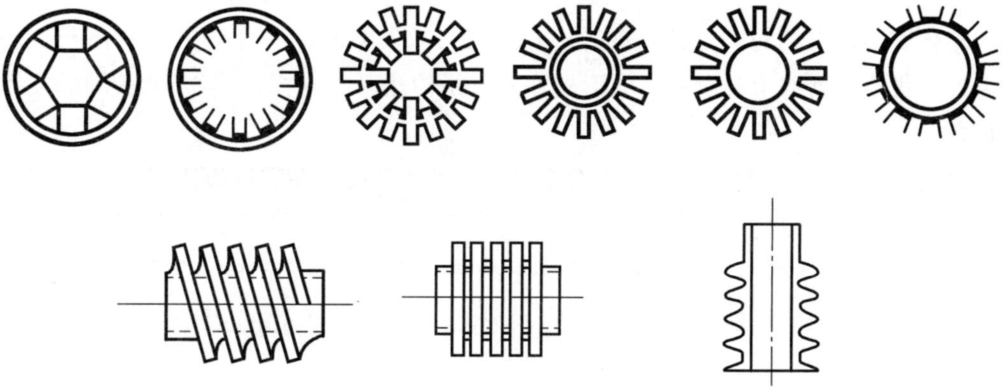

图 4-49 常见的翅片形式

上。低翅片适用于两流体的对流传热系数相差不太大的场合,如对黏度较大液体的加热或冷却等。

2)板翅式换热器

板翅式换热器的结构形式很多,但其基本结构元件相同,即在两块平行的薄金属板(平隔板)间,夹入波纹状的金属翅片,两边以侧条密封,组成一个单元体。将各单元体进行不同的叠积和适当的排列,再用钎焊给予固定,即可得到常用的逆流、并流和错流的板翅式换热器的组装件,称为芯部或板束,如图 4-50 所示。将带有流体进、出口的集流箱焊到板束上,就成为板翅式换热器。目前常用的翅片形式有光直翅片、锯齿翅片和多孔翅片,如图 4-51 所示。

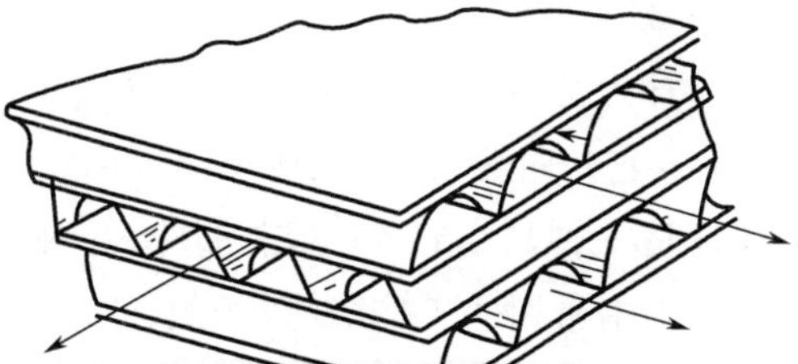

图 4-50 板翅式换热器的板束

板翅式换热器的主要优点如下。

①总传热系数高,传热效果好。由于翅片在不同程度上促进了湍流并破坏了传热边界层的发展,故总传热系数高。同时冷、热流体间换热不仅以平隔板为传热面,而且大部分热量通过翅片传递,因此提高了传热效果。

②结构紧凑。单位体积设备提供的传热面积一般能达到 2 500 m^2,最高可达 4 300 m^2,而管壳式换热器一般仅有 160 m^2。

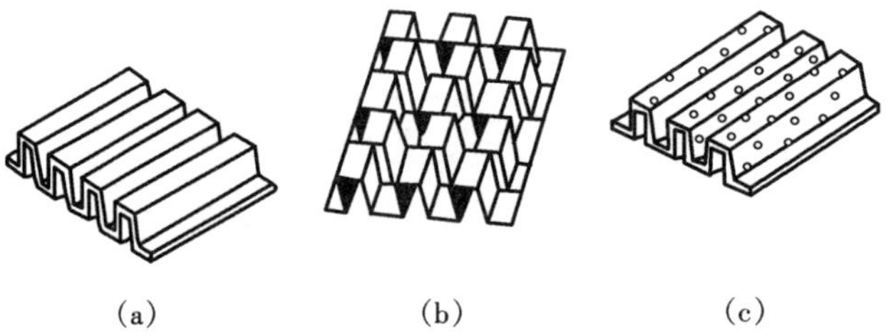

图 4-51 板翅式换热器的翅片形式

(a)光直翅片 (b)锯齿翅片 (c)多孔翅片

③轻巧牢固。因结构紧凑,一般用铝合金制造,故质量轻。在相同的传热面积下,其质量约为管壳式换热器的十分之一。波形翅片不仅是传热面的支撑,而且是两板间的支撑,故强度很高。

④适应性强,操作范围广。由于铝合金的导热系数高,且在零度以下操作时,其延性和抗拉强度都可提高,故操作范围广,可在 0 K 至 200 K 的范围内使用,适用于低温和超低温的场合。适应性也较强,既可用于各种情况下的热交换,也可用于蒸发或冷凝;操作方式可以是逆流、并流、错流或错逆流同时并进等;此外还可用于多种不同介质在同一设备内进行换热。

板翅式换热器的缺点如下。

①由于设备流道很小,故易堵塞,而且增大了压力降;换热器一旦结垢,清洗和检修很困难,所以处理的物料应较洁净或预先进行净制。

②由于隔板和翅片都由薄铝片制成,故要求介质对铝不发生腐蚀。

4. 热管换热器

以热管为基本传热单元的热管换热器是一种新型的高效换热器,其结构示意图如图4-52所示。它是由热管束、壳体和隔板构成,冷、热流体被隔板隔开。

热管是一种真空容器,基本部件为壳体容器和吸液芯,如图 4-53 所示。热管内充有工作液。化工中常用的工作液有水、氨、乙醇、丙酮、液态钠和锂等。不同的工作液适用于不同的工作温度。

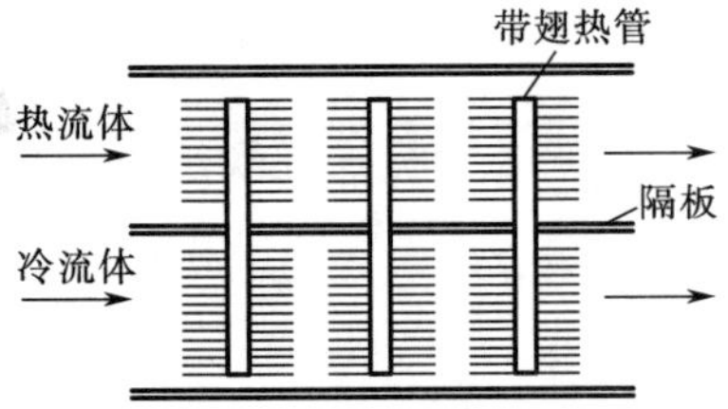

图 4-52 热管换热器

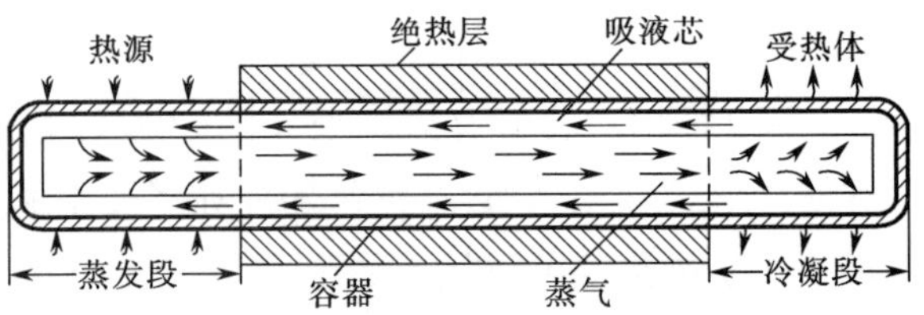

图 4-53 热管示意图

当热源对热管一端供热时,工作液自热源吸收热量而蒸发汽化,蒸气在压差作用下高速流动至热管的另一端,并向冷源放出潜热后凝结,冷凝液回至热端并被再次沸腾汽化。过程如此反复循环,热量不断地从热端传递至冷端。

热管传热的特点是,通过沸腾汽化、蒸气流动和蒸气冷凝3步进行。由于沸腾及冷凝的对流传热系数很大,而蒸气流动阻力又较小,因此热管两端的温度差很小,它特别适用于低温差的传热。

热管换热器具有结构简单、使用寿命长、工作可靠、应用范围广等特点,它可用于气—气、气—液和液—液间的换热过程。

4.7.2 管壳式换热器的设计和选型

管壳式换热器设计和选型的核心是计算换热器的传热面积,进而确定换热器的其他尺寸或选择换热器的型号。

由总传热速率方程可知,为计算换热器的传热面积,必须确定总传热系数 K 和平均温度差 Δt_m。由于总传热系数 K 值与换热器的类型、尺寸及流体流道等诸多因素有关,Δt_m 与两流体在换热器中的流向、加热(或冷却)介质终温的选择等有关,因此换热器的设计和选型需考虑许多问题,通过多次试算和比较才能设计出适宜的换热器。

1. 管壳式换热器的型号与系列标准

1)管壳式换热器的基本参数和型号

(1)基本参数　管壳式换热器的基本参数包括:①公称换热面积 S_N;②公称直径 D_N;③公称压力 P_N;④换热器管长度 L;⑤换热管规格和排列;⑥管程数 N_p。

(2)型号表示方法　管壳式换热器的型号由以下5部分组成:

$$\underbrace{\times}_{1}\ \underbrace{\times\times\times\times}_{2}\ \underbrace{\times}_{3}\ \underbrace{-\times\times}_{4}\ \underbrace{-\times\times\times}_{5}$$

其中　1——换热器的代号,G表示固定管板式,F表示浮头式;

2——公称直径,mm;

3——管程数 N_p:Ⅰ、Ⅱ、Ⅳ、Ⅵ;

4——公称压力 P_N,MPa;

5——公称换热面积 S_N,m^2。

例如型号为G800Ⅱ-1.0-110的管壳式换热器,代表 D_N800 mm、P_N1.0 MPa、两管程、换热面积为110 m^2 的固定管板式换热器。

2)管壳式换热器的系列标准

为了便于对管壳式换热器进行选型,有关单位制定了系列标准。本书附录中列入了固定管板式及浮头式换热器的部分系列标准,供设计时选用。

2. 管壳式换热器设计时应考虑的问题

1)流体流径的选择

哪一种流体流经换热器的管程,哪一种流体流经壳程,下列各点可供选择时参考(以固定管板式换热器为例)。

①不洁净和易结垢的流体宜走管内,因为管内清洗比较方便。

②腐蚀性的流体宜走管内,以免壳体和管子同时受腐蚀,而且管子也便于清洗和检修。

③压力高的流体宜走管内，以免壳体受压，可节省壳程金属消耗量。

④饱和蒸气宜走管间，以便于及时排出冷凝液，且蒸气较洁净，对清洗无要求。

⑤有毒流体宜走管内，使泄漏机会较少。

⑥被冷却的流体宜走管间，可利用外壳向外的散热作用，增强冷却效果。

⑦黏度大的液体或流量较小的流体宜走管间，因流体在有折流挡板的壳程流动时，由于流速和流向的不断改变，在低 Re 值（$Re>100$）下即可达到湍流，以提高对流传热系数。

⑧对于刚性结构的换热器，若两流体的温度差较大，对流传热系数较大者宜走管间，因壁面温度与 α 大的流体温度相近，可以减小热应力。

在选择流体流径时，上述各点常不能同时兼顾，应视具体情况抓住主要矛盾。例如首先考虑流体的压力、防腐蚀和清洗等的要求，然后再校核对流传热系数和压力降，以便作出恰当的选择。

2）流体流速的选择

增加流体在换热器中的流速，将加大对流传热系数，减少污垢在管子表面上沉积的可能，即降低了污垢热阻，使总传热系数增大，从而可减小换热器的传热面积。但是流速增加，又使流动阻力增大，动力消耗就增多。所以适宜的流速要通过经济衡算才能确定。

此外，在选择流速时，还需考虑结构上的要求。例如，选择高的流速，使管子的数目减少，对一定的传热面积，不得不采用较长的管子或增加程数。管子太长不易清洗，且一般管长都有一定的标准；单程变为多程使平均温度差下降。这些也是选择流速时应考虑的问题。

表4-13至表4-15列出了常用的流速范围，供设计时参考。所选择的流速，应尽可能避免流体处于层流状态。

表4-13 管壳式换热器中常用的流速范围

流体的种类		一般液体	易结垢液体	气　体
流速/(m/s)	管　程	0.5～3	>1	5～30
	壳　程	0.2～1.5	>0.5	3～15

表4-14 管壳式换热器中易燃、易爆液体的安全允许速度

液体名称	乙醚、二硫化碳、苯	甲醇、乙醇、汽油	丙　酮
安全允许速度/(m/s)	<1	<2～3	<10

表4-15 管壳式换热器中不同黏度液体的常用流速

液体黏度/(mPa·s)	>1 500	1 500～500	500～100	100～35	35～1	<1
最大流速/(m/s)	0.6	0.75	1.1	1.5	1.8	2.4

3）流体两端温度的确定

若换热器中冷、热流体的温度都由工艺条件规定，就不存在确定两端温度的问题。若其中一个流体仅已知进口温度，则出口温度应由设计者来确定。例如用冷水冷却某热流体，冷水的进口温度可以根据当地的气温条件作出估计，而换热器出口的冷水温度，便需要根据经济衡算来决定。为了节省水量，可让水的出口温度提高些，但传热面积就需要加大；反之，为了减小传热面积，则要增加水量。两者是相互矛盾的。一般来说，设计时冷却水两端温度差可取为 5～10 ℃。缺水地区选用较大的温度差，水源丰富地区选用较小的温度差。

4）管子的规格和排列方法

选择管径时，应尽可能使流速高些，但一般不应超过前面介绍的适宜的流速范围。易结垢、黏度较大的液体宜采用较大的管径。我国目前使用的管壳式换热器系列标准中仅有 $\phi 25$ mm×2.5 mm 及 $\phi 19$ mm×2 mm 两种规格的管子。

管长的选择是以清洗方便及合理使用管材为原则。长管不便于清洗，且易弯曲。一般出厂的标准管长为 6 m，合理的换热器管长应为 1.5 m、2 m、3 m 和 6 m。系列标准中也采用这 4 种管长。此外管长和壳径应相适应，一般取 L/D 为 4～6（直径小的换热器可取大些）。

如前所述，管子在管板上的排列方法有等边三角形、正方形直列和正方形错列等，如 4.5 节中图 4-26 所示。等边三角形排列的优点有：管板的强度高；流体走短路的机会少，且管外流体扰动较大，因而对流传热系数较高；相同壳程内可排列更多的管子。正方形直列排列的优点是：便于清洗列管的外壁，适用于壳程流体易产生污垢的场合；但其对流传热系数较正三角形排列时低。正方形错列排列则介于上述两者之间，与直列排列相比，对流传热系数可适当地提高。

管子在管板上排列的间距 t（指相邻两根管子的中心距），随管子与管板的连接方法不同而异。通常，胀管法取 $t=(1.3\sim1.5)d_o$，且相邻两管外壁间距不应小于 6 mm，即 $t\geqslant(d_o+6)$。焊接法取 $t=1.25d_o$。

5）管程和壳程数的确定

当流体的流量较小或传热面积较大而需管数很多时，有时会使管内流速较低，因而对流传热系数较小。为了提高管内流速，可采用多管程。但是程数过多，导致管程流动阻力加大，增加动力费用；同时多程会使平均温度差下降；此外多程隔板使管板上可利用的面积减少。设计时应考虑这些问题。管壳式换热器的系列标准中管程数有一、二、四和六程等 4 种。采用多程时，通常应使每程的管子数大致相等。

管程数 m 可按下式计算，即

$$m=\frac{u}{u'} \tag{4-117}$$

式中 u——管程内流体的适宜速度，m/s；

u'——单管程时管内流体的实际速度，m/s。

当温度差校正系数 $\varphi_{\Delta t}$ 低于 0.8 时，可以采用壳方多程。如壳体内安装一块与管束平行的隔板，流体在壳体内流经两次，称为两壳程，如前述的图 4-43 和图 4-44 所示。但由于壳程隔板在制造、安装和检修等方面都有困难，故一般不采用壳方多程的换热器，而是将几个换热器串联使用，以代替壳方多程。例如当需壳方两程时，即将总管数等分为两部分，分别安装在两个内径相同而直径较小的外壳中，然后把这两个换热器串联使用，如图4-54所示。

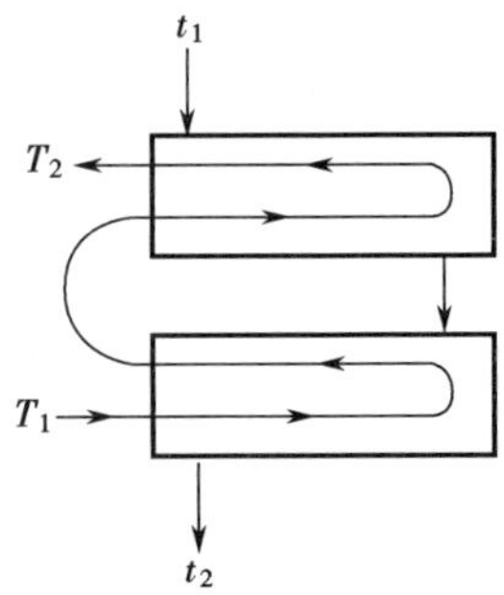

图 4-54　串联管壳式换热器示意图

6）折流挡板

安装折流挡板的目的，是为了加大壳程流体的速度，使湍动程度加剧，以提高壳程对流传热系数。

4.5 节中的图 4-27 已示出各种挡板的形式。最常用的为圆缺形挡板，切去的弓形高度为外壳内径的 10% ~40%，一般取 20% ~25%，过高或过低都不利于传热。

两相邻挡板的距离（板间距）h 为外壳内径 D 的 0.2 ~1 倍。系列标准中采用的 h 值为：固定管板式的有 150、300 和 600 mm 3 种；浮头式的有 150、200、300、480 和 600 mm 5 种。板间距过小，不便于制造和检修，阻力也较大。板间距过大，流体就难于垂直地流过管束，使对流传热系数下降。

挡板切去的弓形高度及板间距对流体流动的影响如图 4-55 所示。

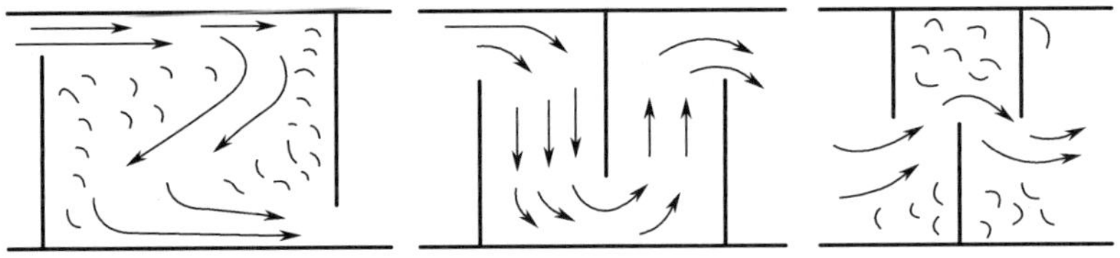

图 4-55　挡板切口高度及板间距的影响

（a）缺口高度过小，板间距过大　（b）正常　（c）缺口高度过高，板间距过小

7）外壳直径的确定

换热器壳体的内径应等于或稍大于（对浮头式换热器而言）管板的直径。根据计算出的实际管数、管径、管中心距及管子的排列方法等，可用作图法确定壳体的内径。但是，当管数较多又要反复计算时，用作图法就太麻烦。一般在初步设计中，可先分别选定两流体的流速，然后计算所需的管程和壳程的流通截面积，于系列标准中查出外壳的直径。待全部设计完成后，仍应用作图法画出管子排列图。为了使管子排列均匀，防止流体走“短流”，可以适当增减一些管子。

另外，初步设计中也可用下式计算壳体的内径，即

$$D = t(n_c - 1) + 2b' \tag{4-118}$$

式中　D——壳体内径，m；

t——管中心距，m；

n_c——横过管束中心线的管数；

b'——管束中心线上最外层管的中心至壳体内壁的距离，一般取 $b'=(1\sim1.5)d_o$，m。

n_c 值可由下面公式估算。

管子按正三角形排列：

$$n_c=1.1\sqrt{n} \tag{4-119}$$

管子按正方形排列：

$$n_c=1.19\sqrt{n} \tag{4-120}$$

式中 n 为换热器的总管数。

按上述方法计算得到的壳内径应圆整，标准尺寸见表4-16。

表4-16　壳体标准尺寸

壳体内径/mm	300	400,500,600,700	800,900,1 000	1 100,1 200
最小壁厚/mm	8	10	12	14

8)主要附件

(1)封头　封头有方形和圆形2种，方形用于直径小(一般小于400 mm)的壳体，圆形用于大直径的壳体。

(2)缓冲挡板　为防止壳程流体进入换热器时对管束的冲击，可在进料管口装设缓冲挡板。

(3)导流筒　壳程流体的进、出口和管板间必存在有一段流体不能流动的空间(死角)，为了提高传热效果，常在管束外增设导流筒，使流体进、出壳程时必然经过这个空间。

(4)放气孔、排液孔　换热器的壳体上常安有放气孔和排液孔，以排除不凝气体和冷凝液等。

(5)接管　换热器中流体进、出口的接管直径按下式计算，即

$$d=\sqrt{\frac{4V_s}{\pi u}}$$

式中　V_s——流体的体积流量，m^3/s；

u——流体在接管中的流速，m/s。

流速 u 的经验值可取为：

对液体　$u=1.5\sim2$ m/s

对蒸气　$u=20\sim50$ m/s

对气体　$u=(0.15\sim0.2)p/\rho$　(p 为压力，kPa；ρ 为气体密度，kg/m^3)

9)材料选用

管壳式换热器的材料应根据操作压力、温度及流体的腐蚀性等选用。在高温下一般材料的力学性能及耐腐蚀性能要下降。同时具有耐热性、高强度及耐腐蚀性的材料是很少有的。目前常用的金属材料有碳钢、不锈钢、低合金钢、铜和铝等；非金属材料有石墨、聚四氟乙烯和玻璃等。不锈钢和有色金属虽然抗腐蚀性能好，但价格高且较稀缺，应按需选用。

管壳式换热器各部件的常用材料可参考表4-17。

表4-17 管壳式换热器部件常用材料

部件或零件名称	材料牌号	
	碳素钢	不锈钢
壳体、法兰	A_3F、A_3R、16MnR	16Mn + 0Cr18Ni9Ti
法兰、法兰盖	16Mn、A_3(法兰盖)	1Cr18Ni9Ti
管板	A_4	1Cr18Ni9Ti
膨胀节	A_3R、16MnR	1Cr18Ni9Ti
挡板和支承板	A_3F	1Cr18Ni9Ti
螺栓	16Mn、40Mn、40MnB	
换热管	10号	1Cr18Ni9Ti
螺母	A_3、40Mn	
垫片	石棉橡胶板	
支座	A_3F	

10)流体流动阻力(压力降)的计算

(1)管程流动阻力 管程阻力可按一般摩擦阻力公式求得。对于多程换热器,其总阻力 $\sum \Delta p_i$ 等于各程直管阻力、回弯阻力及进出口阻力之和。一般进、出口阻力可忽略不计,故管程总阻力的计算式为

$$\sum \Delta p_i = (\Delta p_1 + \Delta p_2) F_t N_s N_p \qquad (4\text{-}121)$$

式中 $\Delta p_1, \Delta p_2$——分别为直管及回弯管中因摩擦阻力引起的压力降,Pa;

F_t——结垢校正因数,量纲为1,对 ϕ25 mm×2.5 mm 的管子,取1.4,对 ϕ19 mm×2 mm 的管子,取1.5;

N_p——管程数;

N_s——串联的壳程数。

上式中直管压力降 Δp_1 可按第1章中介绍的公式计算;回弯管的压力降 Δp_2 由下面的经验公式估算,即

$$\Delta p_2 = 3\left(\frac{\rho u^2}{2}\right) \qquad (4\text{-}122)$$

(2)壳程流动阻力 现已提出的壳程流动阻力的计算公式虽然较多,但是由于流体的流动状况比较复杂,因此使计算得到的结果相差很多。下面介绍埃索法计算壳程压力降 Δp_o 的公式,即

$$\sum \Delta p_o = (\Delta p_1' + \Delta p_2') F_s N_s \qquad (4\text{-}123)$$

式中 $\Delta p_1'$——流体横过管束的压力降,Pa;

$\Delta p_2'$——流体通过折流板缺口的压力降,Pa;

F_s——壳程压力降的结垢校正因数,量纲为1,液体可取1.15,气体可取1.0。

$$\Delta p_1' = F f_o n_c (N_B + 1) \frac{\rho u_o^2}{2} \qquad (4\text{-}124)$$

$$\Delta p_2' = N_B \left(3.5 - \frac{2h}{D}\right) \frac{\rho u_o^2}{2} \qquad (4\text{-}125)$$

式中 F——管子排列方法对压力降的校正因数,对正三角形排列 $F = 0.5$,对正方形斜转

45°排列为 0.4，正方形排列为 0.3；

f_o——壳程流体的摩擦系数，当 $Re_o>500$ 时，$f_o=5.0Re_o^{-0.228}$；

n_c——横过管束中心线的管子数，可按式(4-119)或式(4-120)计算；

N_B——折流挡板数；

h——折流挡板间距，m；

u_o——按壳程流通截面积 A_o 计算的流速，m/s，而 $A_o=h(D-n_cd_o)$。

一般来说，液体流经换热器的压力降为 10～100 kPa，气体的为 1～10 kPa。设计时换热器的工艺尺寸应在压力降与传热面积之间予以权衡，使之既能满足工艺要求，又经济合理。

3. 管壳式换热器的选用和设计计算步骤

1）试算并初选设备规格

①确定流体在换热器中的流动途径。

②根据传热任务计算热负荷 Q。

③确定流体在换热器两端的温度，选择管壳式换热器的形式；计算定性温度，并确定在定性温度下的流体物性。

④计算平均温度差，并根据温度差校正系数不应小于 0.8 的原则，决定壳程数。

⑤依据总传热系数的经验值范围，或按生产实际情况选定总传热系数 K_o 值。

⑥由总传热速率方程 $Q=K_oS_o\Delta t_m$，初步算出传热面积 S_o，并确定换热器的基本尺寸（如 d_o、L、n 及管子在管板上的排列等），或按系列标准选择设备规格。

2）计算管程、壳程压力降

根据初定的设备规格，计算管程、壳程流体的流速和压力降，检查计算结果是否合理或满足工艺要求。若压力降不符合要求，要调整流速，再确定管程数或折流板间距，或选择另一规格的换热器，重新计算压力降直至满足要求为止。

3）核算总传热系数

计算管程、壳程对流传热系数，确定污垢热阻 R_{si} 和 R_{so}，再计算总传热系数 K'。比较 K_o 的初设值和计算值，若 $K'_o/K_o=1.15\sim1.25$，则初选的换热器合适，否则需另设 K_o 值，重复以上计算步骤。

上述计算步骤仅为一般原则，设计换热器时，视具体情况灵活变动。

【例 4-23】 欲用井水将 15 000 kg/h 的煤油从 140 ℃冷却到 40 ℃，冷水进、出口温度分别为 30 ℃和 40 ℃。若要求换热器的管程和壳程压力降不大于 30 kPa，试选择合适型号的管壳式换热器。假设管壁热阻和热损失可以忽略。

定性温度下流体物性列于本例附表 1 中。

例 4-23 附表 1

	密度/(kg/m³)	比热容/[(kJ/(kg·℃))]	黏度/(Pa·s)	导热系数/[W/(m·℃)]
煤　油	810	2.3	0.91×10^{-3}	0.13
水	994	4.187	0.727×10^{-3}	0.626

解:本题为两流体均不发生相变的传热过程,因水的对流传热系数一般较大,且易结垢,故选择冷却水走换热器的管程,煤油走壳程。

(1)试算和初选换热器的规格

①计算热负荷和冷却水流量:

$$Q=W_{h}c_{ph}(T_1-T_2)=15\ 000\times2.3\times10^3(140-40)/3\ 600=958\ 300\ \text{W}$$

$$W_c=\frac{Q}{c_{pc}(t_2-t_1)}=\frac{958\ 300\times3\ 600}{4.187\times10^3(40-30)}=82\ 400\ \text{kg/h}$$

②计算两流体的平均温度差。暂按单壳程、多管程计算。逆流时平均温度差为

$$\Delta t_m'=\frac{\Delta t_2-\Delta t_1}{\ln\dfrac{\Delta t_2}{\Delta t_1}}=\frac{(140-40)-(40-30)}{\ln\dfrac{140-40}{40-30}}=39.1\ ℃$$

而 $$P=\frac{t_2-t_1}{T_1-t_1}=\frac{40-30}{140-30}=0.09,R=\frac{T_1-T_2}{t_2-t_1}=\frac{140-40}{40-30}=10$$

由图4-19查得:$\varphi_{\Delta t}=0.85$。所以

$$\Delta t_m=\varphi_{\Delta t}\Delta t_m'=0.85\times39.1=33.24\ ℃$$

③初选换热器规格。根据两流体的情况,假设 $K_o=300\ \text{W/(m}^2\cdot℃)$,故

$$S_o=\frac{Q}{K_o\Delta t_m}=\frac{958\ 300}{300\times33.24}=96\ \text{m}^2$$

由于 $T_m-t_m=\dfrac{140+40}{2}-\dfrac{40+30}{2}=55\ ℃>50\ ℃$,因此需考虑热补偿。据此,由换热器系列标准(参见附录)中选定 F600Ⅱ-2.5-92 型换热器,有关参数见本例附表2。

例4-23 附表2

壳径/mm	600	管子尺寸/mm	$\phi25\times2.5$
公称压力/MPa	2.5	管长/m	6
公称面积/m²	92	管子总数	198
管程数	2	管子排列方法	正方形斜转45°

实际传热面积 $S_o=n\pi d_oL=198\times3.14\times0.025(6-0.1)=91.7\ \text{m}^2$

若选择该型号的换热器,则要求过程的总传热系数为

$$K_o=\frac{Q}{S_o\Delta t_m}=\frac{958\ 300}{91.7\times33.24}=314\ \text{W/(m}^2\cdot℃)$$

(2)核算压力降

①管程压力降

$$\sum\Delta p_i=(\Delta p_1+\Delta p_2)F_tN_p$$

其中,$F_t=1.4$,$N_p=2$。

管程流通面积 $A_i=\dfrac{\pi}{4}d_i^2\cdot\dfrac{n}{N_p}=\dfrac{\pi}{4}\times0.02^2\times\dfrac{198}{2}=0.031\ 1\ \text{m}^2$

$$u_i=\frac{V_s}{A_i}=\frac{82\ 400}{3\ 600\times 994\times 0.031\ 1}=0.74\ \text{m/s}$$

$$Re_i=\frac{d_i u_i \rho}{\mu}=\frac{0.02\times 0.74\times 994}{0.727\times 10^{-3}}=20\ 240(\text{湍流})$$

设管壁粗糙度 $\varepsilon=0.1$ mm，$\frac{\varepsilon}{d_i}=\frac{0.1}{20}=0.005$，由第 1 章中 λ-Re 关系图中查得：$\lambda=0.034$，所以

$$\Delta p_1=\lambda\frac{L}{d}\frac{\rho u^2}{2}=0.034\times\frac{6}{0.02}\times\frac{994\times 0.74^2}{2}=2\ 780\ \text{Pa}$$

$$\Delta p_2=3\frac{\rho u^2}{2}=3\times\frac{994\times 0.74^2}{2}=820\ \text{Pa}$$

则 $\sum\Delta p_i=(2\ 780+820)\times 1.4\times 2=10\ 080\ \text{Pa}$

②壳程压力降

$$\sum\Delta p_o=(\Delta p_1'+\Delta p_2')F_s N_s$$

其中，$F_s=1.15$，$N_s=1$，$\Delta p_1'=Ff_o n_c(N_B+1)\frac{\rho u_o^2}{2}$。

管子为正方形斜转 45°排列，$F=0.4$。

$$n_c=1.19\sqrt{n}=1.19\sqrt{198}\approx 17$$

取折流挡板间距 $h=0.15$ m。

$$N_B=\frac{L}{h}-1=\frac{6}{0.15}-1=39$$

壳程流通面积 $A_o=h(D-n_c d_o)=0.15(0.6-17\times 0.025)=0.026\ 3\ \text{m}^2$

$$u_o=\frac{15\ 000}{3\ 600\times 810\times 0.026\ 3}=0.2\ \text{m/s}$$

$$Re_o=\frac{d_o u_o \rho}{\mu}=\frac{0.025\times 0.2\times 810}{0.91\times 10^{-3}}=4\ 450>500$$

$$f_o=5.0Re_o^{-0.228}=5.0\times 4\ 450^{-0.228}=0.74$$

所以 $\Delta p_1'=0.4\times 0.74\times 17(39+1)\times\frac{810\times 0.2^2}{2}=3\ 260\ \text{Pa}$

$$\Delta p_2'=N_B\left(3.5-\frac{2h}{D}\right)\frac{\rho u_o^2}{2}=39\left(3.5-\frac{2\times 0.15}{0.6}\right)\times\frac{810\times 0.2^2}{2}=1\ 900\ \text{Pa}$$

$$\sum\Delta p_o=(3\ 260+1\ 900)\times 1.15=5\ 930\ \text{Pa}$$

计算表明，管程和壳程压力降都能满足题设的要求。

(3)核算总传热系数

①管程对流传热系数 α_i

$Re_i=20\ 240$(湍流)

$$Pr_i=\frac{c_p\mu}{\lambda}=\frac{4.187\times 10^3\times 0.727\times 10^{-3}}{0.626}=4.86$$

$$\alpha_i = 0.023\frac{\lambda}{d_i}Re_i^{0.8}Pr_i^{0.4} = 0.023\times\frac{0.626}{0.02}(20\ 240)^{0.8}(4.86)^{0.4} = 3\ 775\ \text{W/(m}^2\cdot{}^\circ\text{C)}$$

②壳程对流传热系数 α_o　由式(4-77a)计算，即

$$\alpha_o = 0.36\left(\frac{\lambda}{d_e}\right)\left(\frac{d_e u_o \rho}{\mu}\right)^{0.55}\left(\frac{c_p\mu}{\lambda}\right)^{1/3}\left(\frac{\mu}{\mu_w}\right)^{0.14}$$

取换热器列管之中心距 $t=32$ mm。则流体通过管间最大截面积为

$$A = hD\left(1-\frac{d_o}{t}\right) = 0.15\times0.6\left(1-\frac{0.025}{0.032}\right) = 0.019\ 7\ \text{m}^2$$

$$u_o = \frac{V_s}{A} = \frac{15\ 000}{3\ 600\times810\times0.019\ 7} = 0.26\ \text{m/s}$$

$$d_e = \frac{4\left(t^2-\frac{\pi}{4}d_o^2\right)}{\pi d_o} = \frac{4\left(0.032^2-\frac{\pi}{4}\times0.025^2\right)}{\pi\times0.025} = 0.027\ \text{m}$$

$$Re_o = \frac{d_e u_o \rho}{\mu} = \frac{0.027\times0.26\times810}{0.91\times10^{-3}} = 6\ 250$$

$$Pr_o = \frac{c_p\mu}{\lambda} = \frac{2.3\times10^3\times0.91\times10^{-3}}{0.13} = 16.1$$

壳程中煤油被冷却，取$\left(\frac{\mu}{\mu_w}\right)^{0.14} = 0.95$。所以

$$\alpha_o = 0.36\times\frac{0.13}{0.027}(6\ 250)^{0.55}(16.1)^{1/3}\times0.95 = 510\ \text{W/(m}^2\cdot{}^\circ\text{C)}$$

③污垢热阻　参考附录，管内、外侧污垢热阻分别取为

$$R_{si} = 0.000\ 2\ \text{m}^2\cdot{}^\circ\text{C/W},\ R_{so} = 0.000\ 17\ \text{m}^2\cdot{}^\circ\text{C/W}$$

④总传热系数 K_o　管壁热阻可忽略时，总传热系数为

$$K_o = \frac{1}{\frac{1}{\alpha_o}+R_{so}+R_{si}\frac{d_o}{d_i}+\frac{d_o}{\alpha_i d_i}} = \frac{1}{\frac{1}{510}+0.000\ 17+0.000\ 2\times\frac{25}{20}+\frac{25}{3\ 775\times20}}$$

$$= 369\ \text{W/(m}^2\cdot{}^\circ\text{C)}$$

由前面的计算可知，选用该型号换热器时要求过程的总传热系数为 314 W/(m² · ℃)，在规定的流动条件下，计算出的 K_o 为 369 W/(m² · ℃)，故所选择的换热器是合适的。安全系数为

$$\frac{369-314}{314}\times100\% \approx 17.5\%$$

上例仅说明换热器工艺设计的一般原则。实际设计时要求设计者作反复计算，对各次结果进行比较后，从中定出较适宜的或最优的设计。为此，设计中必须考虑传热的要求、成本、设备的尺寸和压力降等。

通常，进行换热器的选择和设计时，应在满足传热要求的前提下，再考虑其他各项的问题。它们之间往往是相互矛盾的。例如，若设计换热器的总传热系数较大，将导致流体通过换热器的压力降（阻力）增大，相应地增加了动力费用；若增加换热器的表面积，可能使总传

热系数或压力降减小，但却又要受到换热器所能允许的尺寸的限制，且换热器的造价也提高了。此外，其他因素（如加热介质和冷却介质用量、换热器的操作和检修等）也不可忽视。总之，设计者应综合分析考虑上述因素，给予细心的判断，以便作出一个适宜的设计。

4.7.3 各种间壁式换热器的比较和传热的强化途径

课程思政

1. 各种间壁式换热器的比较

在化工生产中，经常要求在各种不同的条件下进行热量交换。例如，操作压力高达 2×10^5 kPa，温度在 $-250\sim1\ 500$ ℃的范围内变化，某些流体的腐蚀性又特别强等，因此对换热器的要求必然是多种多样的。每种类型的换热器都有其优缺点。选择换热器的类型时，要考虑的因素很多，例如材料、压力、温度、温度差、压力降、结垢腐蚀情况、流动状态、传热效果、检修和操作等。对同一种换热器而言，在某种情况下使用是好的，而在另外的情况下却不能令人满意，甚至根本不能使用。虽然新型换热器不断出现和使用日趋广泛，但是老式的换热器（如蛇管式和夹套式换热器）仍有其适用的场合，如在釜式反应器中的换热，在其他类型的换热器中就难于完成此种传热任务。管壳式换热器在传热效果、紧凑性及金属耗量方面虽然不如新型换热器（如板式、螺旋板式换热器），但它具有结构简单，可在高温、高压下操作及材料范围广等优点，因此管壳式换热器仍然是使用最普遍的。当操作温度和压力不太高，处理量较少，或处理腐蚀性流体而要求采用贵重金属材料时，就宜采用新型的换热器。总之，采用什么类型的换热器，要视具体情况，综合考虑，择优选定。

2. 传热的强化途径

所谓强化传热过程，就是指提高冷、热流体间的传热速率。从传热速率方程 $Q=KS\Delta t_m$ 不难看出，增大平均温度差 Δt_m、传热面积 S 和总传热系数 K 都可提高传热速率 Q。在换热器的设计和生产操作中，或在换热器的改进开发中，大多从这 3 方面来考虑强化传热过程的途径。

1）增大平均温度差 Δt_m

增大平均温度差，可以提高换热器的传热速率。平均温度差的大小取决于两流体的温度条件和两流体在换热器中的流动形式。一般来说，流体的温度由生产工艺条件所规定，因此 Δt_m 可变动的范围是有限的。但是在某些场合采用加热或冷却介质，这时因所选介质的不同，它们的温度可以有很大的差别。例如，化工厂中常用的饱和水蒸气，若提高蒸汽的压力就可以提高蒸汽的温度，从而增大平均温度差。但是改变介质的温度必须考虑经济上的合理性和技术上的可行性。当换热器中两侧流体均变温时，采用逆流操作或增加壳程数，均可得到较大的平均温度差。在螺旋板式换热器和套管式换热器中可使两流体作严格的逆流流动，因而可获得较大的平均温度差。

2）增大传热面积 S

增大传热面积，可以提高换热器的传热速率。但是增大传热面积不能依靠增大换热器的尺寸来实现，应从改进设备的结构入手，即提高单位体积的传热面积。工业上主要采用如下方法。

(1)翅化面(肋化面) 用翅片来增大传热面积,并加剧流体的湍动,以提高传热速率。翅化面的种类和形式很多,前面介绍的翅片管式换热器和板翅式换热器均属此类。翅片结构通常用于传热面两侧中传热系数较小的一侧。

(2)异型表面 将传热面制造成各种凹凸形、波纹形、扁平状等,板式换热器属于此类。此外常用波纹管、螺纹管代替光滑管,这不仅可增大传热面积,而且可增加流体的扰动,从而强化传热。例如板式换热器每立方米体积可提供传热面积为 250 ~ 1 500 m^2,而管壳式换热器单位体积的传热面积为 40 ~ 160 m^2。

(3)多孔物质结构 将细小的金属颗粒涂结于传热表面,可增大传热面积。

(4)采用小直径传热管 在管壳式换热器中采用小直径管,可增加单位体积的传热面积。

3)增大总传热系数 K

增大总传热系数,可以提高换热器的传热速率。这是在强化传热中应重点考虑的。

从总传热系数计算公式可见,欲提高总传热系数,就须减小管壁两侧的对流传热热阻、污垢热阻和管壁热阻。但因各项热阻在总热阻中所占比例不同,应设法减小对 K 值影响较大的热阻,才能有效地提高 K 值。一般来说,金属壁面较薄且其导热系数较大,故壁面热阻不会成为主要热阻。污垢热阻是可变的因素,在换热器使用初期,污垢热阻很小,随着使用时间增长,垢层逐渐增厚,可能成为主要热阻。对流传热热阻经常是主要控制因素。为减小热阻可采用如下方法。

(1)提高流体的流速 在管壳式换热器中增加管程数和壳程的挡板数,可提高换热器管程和壳程的流速。由于加大流速,加剧了流体的湍动程度,可减小传热边界层中层流内层的厚度,提高对流传热系数,减小对流传热热阻。

(2)增强流体的扰动 对管壳式换热器采用各种异型管或在管内加装螺旋圈、金属卷片等添加物,也可采用板式或螺旋板式换热器,均可增强流体的扰动。由于流体的扰动,使层流内层减薄,可提高对流传热系数,减小对流传热热阻。

(3)在流体中加固体颗粒 在流体中加入固体颗粒后,由于颗粒的扰动作用,使对流传热系数增大,减小了对流传热热阻。同时由于颗粒不断地冲刷壁面,减轻了污垢的形成,使污垢热阻降低。

(4)采用短管换热器 由于流动进口段对传热的影响,即在进口处附近层流内层很薄,故采用短管可提高对流传热系数。

(5)防止垢层形成和及时清除垢层 增加流体的速度和加剧流体的扰动,可防止垢层的形成;让易结垢的流体在管程流动或采用可拆式换热器结构,便于清除垢层;采用机械或化学的方法,定期进行清垢。

应予指出,强化传热过程要权衡利弊,综合考虑。如提高流速和增强流体扰动,可强化传热,但都伴随有流动阻力的增加,或使设备结构复杂、清洗及检修困难等。因此,对实际的传热过程,要对设备结构、动力消耗、运行维修等方面予以全面考虑,选用经济而合理的强化方法。

【例 4-24】 一单管程单壳程列管换热器，管外用 2.0×10^5 Pa(绝压)的饱和水蒸气加热管内湍流流动的空气，使空气温度从 25 ℃加热到75 ℃，流量为 1 000 kg/h，现因生产任务变化，空气流量需要增加 20%，进、出口温度仍维持不变，问在原换热器中采用什么方法可完成新的生产任务？以下给出 3 个方案，需要定量计算进行分析。

(1)提高蒸汽的温度以提升平均温度差；

(2)在换热器入口设置一块挡板，使之成为双管程；

(3)调整流向，例如并流为逆流。

解：因空气流量增加，要求传热量增加，可以考虑从 K_o、S_o、Δt_m 等角度来增加换热器能提供的换热量。冷流体的流量变化既影响热量平衡又影响传热系数。因管内空气为湍流流动，$\alpha_i \propto u^{0.8}$，当空气的流量增加，流速也增加，总传热系数 K_o 提高。

列热量衡算及总传热速率方程

原工况 $Q_1 = W_1 c_p (t_2 - t_1) = K_{o1} S_o \Delta t_{m1}$ (1)

空气流量增加 $Q_2 = W_2 c_p (t_2 - t_1) = K_{o2} S_o \Delta t_{m2}$ (2)

由(1)和(2)式得

$$\frac{Q_2}{Q_1} = \frac{W_2}{W_1} = \frac{K_{o2}\Delta t_{m2}}{K_{o1}\Delta t_{m1}} = 1.2 \tag{3}$$

对于水蒸气冷凝加热空气，空气侧的对流传热系数远远小于水蒸气侧的，为控制热阻，$K_o \approx \alpha_{空气}$。所以，空气流量的变化会引起总传热系数的变化

$$\frac{K_{o2}}{K_{o1}} = \frac{\alpha_{i2}}{\alpha_{i1}} = \left(\frac{u_2}{u_1}\right)^{0.8} = \left(\frac{W_2}{W_1}\right)^{0.8} = (1.2)^{0.8} = 1.16 \tag{4}$$

K_o 的提升不能满足 $Q_2/Q_1 = 1.2$ 的要求，所以还需要采取其他措施来提高总传热速率。

(1) W_c 增加至 1.2 倍，若保持空气进口和出口温度 t_1 和 t_2 不变，水蒸气在 2.0×10^5 Pa 的饱和温度 $T_s = 120.2$ ℃，提高蒸汽的温度可以提升平均温度差，设在新的空气流量下饱和蒸汽温度为 T_{s2}。

$$\Delta t_{m1} = \frac{75-25}{\ln\dfrac{120.2-25}{120.2-75}} = 67.12\ ℃ \tag{5}$$

将式(4)和(5)带入式(3)，可得

$$\Delta t_{m2} = \frac{75-25}{\ln\dfrac{T_{s2}-25}{T_{s2}-75}} = 69.43\ ℃$$

解得：$T_{s2} = 122.4$ ℃，应使饱和蒸汽温度提高到 122.4 ℃。

(2)若其他条件不变，仅改造为双管程，则管内空气流速加倍，会影响到空气侧的对流传热系数，计算如下：

$$\frac{K_{o3}}{K_{o1}} = \frac{\alpha_{o3}}{\alpha_{o1}} = \left(\frac{u_3}{u_1}\right)^{0.8} = \left(2\frac{W_3}{W_1}\right)^{0.8} = (2.4)^{0.8} = 2.01$$

$$\frac{Q_3}{Q_1} = \frac{K_{o3}}{K_{o1}} = 2.01 > 1.2$$

所以,维持原蒸汽温度,改造为双管程可以满足新的换热要求。

(3)本例为一侧在饱和温度下蒸汽冷凝,蒸汽侧温度恒定,所以逆流和并流时的平均温度差相同,改变两流体的相对流动方向不能满足新的要求。

习 题

综合性练习题解析

1. 实验室用平板法测定固体的导热系数,平板试样的一侧用电热器加热,另一侧用冷却器冷却,在试样两侧用热电偶测量温度,热损失可以忽略。若固体试样表面积为0.01 m^2,厚度为0.02 m,实验测得电流表读数为0.5 A,电压表读数为150 V,试样两侧温度为180 ℃和60 ℃,试求该材料的导热系数。〔答:$\lambda = 1.25$ W/(m·℃)〕

2. 一平壁砖墙,厚度为300 mm,一侧温度为120 ℃,另一侧温度为20 ℃。设砖的平均导热系数为0.8 W/(m·℃),过程为一维稳态传热。试求导热的热通量及距离高温侧200 mm处的温度。〔答:$q = 266.7$ W/m^2,$t = 53.33$ ℃〕

3. 一块平壁砖墙高3 m,宽5 m,厚度为0.4 m,砖的平均导热系数为1.0 W/(m·℃),某一天测得墙内和墙外的温度分别为14 ℃和6 ℃。设过程为一维稳态传热,试求通过这面墙的热损失。〔答:$Q = 300$ W〕

4. 平壁炉的炉壁由三种材料组成,其厚度和导热系数列于本题附表中。

习题4 附表

序 号	材 料	厚度 b/mm	导热系数 λ/[W/(m·℃)]
1(内层)	耐火砖	200	1.07
2	绝缘砖	100	0.14
3	钢	6	45

若耐火砖层内表面的温度 t_1 为1 150 ℃,钢板外表面温度 t_4 为30 ℃,又测得通过炉壁的热损失为300 W/m^2,试计算导热的热通量。若计算结果与实测的热损失不符,试分析原因和计算附加热阻。〔答:$q = 1\ 242$ W/m^2,$R = 2.83$ m^2·℃/W〕

5. 直径为 ϕ60 mm×3 mm的钢管用30 mm厚的软木包扎,其外又用100 mm厚的保温灰包扎,以作为绝热层。现测得钢管外壁面温度为−110 ℃,绝热层外表面温度10 ℃。已知软木和保温灰的导热系数分别为0.043和0.07 W/(m·℃),试求每米管长的冷量损失量。〔答:$\dfrac{Q}{L} = -25$ W/m〕

6. 蒸汽管道外包扎有两层导热系数不同而厚度相同的绝热层,设外层的平均直径为内层的两倍。其导热系数也为内层的两倍。若将两层材料互换位置,假定其他条件不变,试问每米管长的热损失将改变多少?说明在本题情况下,哪一种材料包扎在内层较为适合?〔答:$q' = 1.25q$〕

7. 平壁燃烧炉的平壁由三种材料构成。最内层为耐火砖,厚度为150 mm,导热系数为1.0 W/(m·℃);中间层为绝缘砖,厚度为300 mm,导热系数为0.15 W/(m·℃);最外层为普通砖,厚度为200 mm,导热系数为0.8 W/(m·℃)。已知炉内、外表面温度分别为700 ℃和40 ℃,假设各层接触良好,试求耐火砖和绝缘砖间以及绝热砖和普通砖间界面的温度。〔答:$t_2 = 658.75$ ℃,$t_3 = 108.75$ ℃〕

8. 在管壳式换热器中用冷水冷却油。水在直径为 ϕ19 mm×2 mm 的列管内流动。已知管内水侧对流传热系数为 3 490 W/(m^2·℃),管外油侧对流传热系数为 258 W/(m^2·℃)。换热器在使用一段时间后,管壁两侧均有污垢形成,水侧污垢热阻为 0.000 26 m^2·℃/W,油侧污垢热阻为 0.000 176 m^2·℃/W。管壁导热系数 λ 为 45 W/(m·℃)。试求:(1)基于管外表面积的总传热系数;(2)产生污垢后热阻增加的百分数。〔答:(1)K_o=208 W/(m^2·℃);(2)11.8%〕

9. 在下列各种管壳式换热器中,某种溶液在管内流动并由 20 ℃加热到 50 ℃。加热介质在壳方流动,其进、出口温度分别为 100 ℃和 60 ℃,试求下面各种情况下的平均温度差:(1)壳方和管方均为单程的换热器,设两流体呈逆流流动;(2)壳方和管方分别为单程和四程的换热器;(3)壳方和管方分别为二程和四程的换热器。〔答:(1)$\Delta t'_m$=44.8℃;(2)Δt_m=40.3℃;(3)Δt_m=43.9℃〕

10. 在逆流换热器中,用初温为 20 ℃的水将 1.25 kg/s 的液体(比热容为 1.9 kJ/(kg·℃))由 80 ℃冷却到 30 ℃。换热器的列管直径为 ϕ25 mm×2.5 mm,水走管方。水侧和液体侧的对流传热系数分别为 0.85 kW/(m^2·℃)和 1.70 kW/(m^2·℃),管壁导热系数为 45 W/(m·℃),污垢热阻可忽略。若水的出口温度不能高于 50℃,试求换热器的传热面积。〔答:S_o=13.9 m^2〕

11. 在一管壳式换热器中,用冷水将常压下纯苯蒸气冷凝成饱和液体。苯蒸气的体积流量为 1 650 m^3/h,常压下苯的沸点为 80.1℃,汽化热为 394 kJ/kg。冷却水的进口温度为 20 ℃,流量为 36 000 kg/h,水的平均比热容为 4.18 kJ/(kg·℃)。若总传热系数 K_o 为 450 W/(m^2·℃),试求换热器传热面积 S_o。假设换热器的热损失可忽略。〔答:S_o=20 m^2〕

12. 某单壳程、单管程列管式换热器,其换热管束由管径为 ϕ25 mm×2.5 mm 的钢管组成。管程流体流量为 6×10^4 kg/h 的某有机溶剂,经换热后其由 20 ℃被加热至 50 ℃,在每根管子中的流速为 0.5 m/s,对流传热系数为 700 W/(m^2·℃)。已知在定性温度下管程流体的物性参数为:密度 858 kg/m^3、恒压比热容 1.76 kJ/(kg·℃)。130 ℃的水蒸气在壳程饱和温度下冷凝,冷凝传热系数为 10 000 W/(m^2·℃),管壁的导热系数为 45 W/(m·℃)。假如热损失和污垢热阻可以忽略,试估算:

(1)基于外表面的总传热系数,W/(m^2·℃);

(2)换热器中管子的数目及每根管子的长度。

〔答:(1)K_o=513.5 W/(m^2.℃);(2)L=1.869 m〕

13. 在一单程管壳式换热器中,用饱和蒸汽加热原料油。温度为 160 ℃的饱和蒸汽在壳程冷凝(排出时为饱和液体),原料油在管程流动,并由 20 ℃加热到 106 ℃。管壳式换热器尺寸为:列管直径 ϕ19 mm×2 mm、管长 4 m,共有 25 根管子。若换热器的传热量为 125 kW,蒸汽冷凝传热系数为 7 000 W/(m^2·℃),油侧污垢热阻可取为 0.000 5 m^2·℃/W,管壁热阻和蒸汽侧垢层热阻可忽略,试求管内油侧对流传热系数。

又若油的流速增加一倍,此时若换热器的总传热系数为原来总传热系数的 1.75 倍,试求油的出口温度。假设油的物性不变。〔答:α_i=360 W/(m^2·℃),t_2'=100℃〕

14. 90 ℃的正丁醇在逆流换热器中被冷却到 50 ℃。换热器的传热面积为 6 m^2,总传热系数为 230 W/(m^2·℃)。若正丁醇的流量为 1 930 kg/h,比热容为 2.98 kJ/(kg·℃),冷却介质为 18℃的水,试求:(1)冷却水的出口温度;(2)冷却水的消耗量,以 m^3/h 表示。〔答:t_2=29.4 ℃,V=4.82 m^3/h〕

15. 在一传热面积为15.8 m^2的套管换热器中，用水冷却热油，冷热流体并流流动。油的流量为2.85 kg/s，进口温度为110 ℃；水的流量为0.667 kg/s，进口温度为35 ℃。油和水的平均比热容分别为1.9kJ/(kg·℃)及4.18 kJ/(kg·℃)。换热器的总传热系数为320 W/(m^2·℃)，试求水的出口温度及总传热速率。〔答：t_2=80.75 ℃，Q=127.6 kW〕

16. 在一逆流套管换热器中，冷、热流体进行热交换。两流体的进、出口温度分别为t_1=20 ℃、t_2=85 ℃，T_1=100 ℃、T_2=70 ℃。当冷流体的流量增加一倍时，试求两流体的出口温度和传热量的变化情况。假设两种情况下总传热系数可视为相同，换热器热损失可忽略。〔答：$\frac{Q'}{Q}=1.34$，t_2'=63.8 ℃，T_2'=59.8 ℃〕

17. 试用量纲分析方法推导壁面和流体间自然对流传热系数α的量纲为1数群方程式。已知α为下列变量的函数，即

$$\alpha=f(\lambda,c_p,\rho,\mu,\beta g,\Delta t,l)$$

〔答：略〕

18. 在套管换热器中，一定流量的水在内管流动，温度从25℃升高到75℃，并测得内管水侧的对流传热系数为2 000 W/(m^2·℃)。若相同体积流量的油品通过该换热器的内管而被加热，试求此时内管内油侧对流传热系数。假设两种情况下流体呈湍流流动。已知定性温度下流体物性如下：

	ρ/(kg/m^3)	μ/(Pa·s)	c_p/[kJ/(kg·℃)]	λ/[W/(m·℃)]
水	1 000	0.54×10^{-3}	4.17	0.65
油品	810	5.1×10^{-3}	2.01	0.15

〔答：α'=213 W/(m^2·℃)〕

19. 98%的硫酸以0.7 m/s的速度在套管换热器的环隙内流动，硫酸的平均温度为70 ℃，已知98%硫酸的物性：ρ=1 836 kg/m^3，c_p=1.48 kJ/(kg·℃)，λ=0.36 W/(m·℃)，μ=6.4 cP，μ_w=7.4 cP；内管外壁的平均温度为61.5 ℃。换热器的内管直径为ϕ25 mm×2.5 mm，外管直径为ϕ51 mm×3 mm，试估算对流传热的热通量。〔答：q=7 400 W/m^2〕

20. 温度为90 ℃的甲苯以1 500 kg/h的流量通过蛇管而被冷却至30 ℃。蛇管的直径为ϕ57 mm×3.5 mm，弯曲半径为0.6 m，定性温度60 ℃下甲苯的物性如下：λ=0.127 W/(m·℃)，μ=0.39 cP，c_p=1.85 kJ/(kg·℃)。试求甲苯对蛇管壁的对流传热系数。〔答：α_i=398 W/(m^2·℃)〕

21. 常压下温度为120 ℃的甲烷以10 m/s的平均速度在管壳式换热器的管间沿轴向流动。离开换热器时甲烷温度为30 ℃，换热器外壳内径为190 mm，管束由37根ϕ19 mm×2 mm的钢管组成，定性温度75 ℃下甲烷的物性如下：μ=0.011 5×10^{-3} Pa·s，λ=0.040 7 W/(m·℃)，c_p=2.5 kJ/(kg·℃)。试求甲烷对管壁的对流传热系数。〔答：α_o=62.4 W/(m^2·℃)〕

22. 室内水平放置表面温度相同、长度相等的两根圆管，管内通有饱和水蒸气。两管均被空气的自然对流所冷却，假设两管间无相互影响。已知一管直径为另一管的5倍，且两管的$GrPr$值在10^4~10^9之间，试求两管热损失的比值。〔答：$Q_{大}=3.35Q_{小}$〕

23. 流量为720 kg/h的常压饱和水蒸气在直立的管壳式换热器的列管外冷凝。换热器内列管直径为ϕ25 mm×2.5 mm，长为2 m。列管外壁面温度为94 ℃。试按冷凝要求估算换热器的管数(设管内侧传热可满足要求)。换热器热损失可忽略。〔答：n=64〕

24. 实验测定管壳式换热器的总传热系数时，水在换热器的列管内作湍流流动，管外为饱和水蒸气冷凝。列管由直径为 $\phi25$ mm×2.5 mm 的钢管组成。当水的流速为 1 m/s 时，测得基于管外表面积的总传热系数 K_o 为 2 115 W/(m^2·℃)；若其他条件不变，而水的速度变为 1.5 m/s 时，测得 K_o 为 2 660 W/(m^2·℃)。试求水蒸气冷凝传热系数。假设污垢热阻可忽略，管壁导热系数为 45 W/(m·℃)〔答：α_o = 16 291 W/(m^2·℃)〕

25. 两平行的大平板放置在空气中，相距 5 mm。一平板的黑度为 0.1，温度为 350 K；另一平板的黑度为 0.05，温度为 300 K。若将第一板加涂层，使其黑度变为 0.025，试计算由此引起的传热量变化的百分率。假设两板间对流传热可以忽略。〔答：2.5%〕

26. 在管道中心装有热电偶以测量管内空气的温度。由于气体真实温度 t_1 与管壁温度 t_w 不相同，故测温元件与管壁间的辐射传热引起测量误差。试推导出计算测温误差 $(t_1 - t_1^*)$ 的关系式，式中 t_1^* 为测量值。并说明降低测温误差的方法。假设热电偶的黑度为 ε，空气与热电偶间的对流传热系数为 α。〔答：略〕

27. 欲用循环水将流量为 60 m^3/h 的粗苯液体从 80 ℃冷却到 35 ℃，循环水的初温为 30 ℃，试设计适宜的管壳式换热器。〔答：略〕

28*. 在一台单壳程单管程换热器中用水冷却油，油和水呈并流流动。已知油的进、出口温度分别为 150 ℃和 90 ℃，冷却水的进、出口温度分别为 20 ℃和 40 ℃。现因工艺条件变动，要求油的出口温度降至 70 ℃，而油和水的流量、进口的温度均不变。设换热器的热损失可忽略，在本题所涉及的温度范围内油和水的比热容为常数。若原换热器的管长为 1.5 m，试求将此换热器管长增至若干米后才能满足要求。〔答：L' = 2.69 m〕

29*. 在一传热面积为 2.5 m^2、内管直径为 $\phi25$ mm×2.5 mm 的套管式换热器内，用初温为 20 ℃的冷却水将油自 160 ℃冷却到 100 ℃，两流体并流流动，水走管内，油走套管环隙。已知水和油的流量分别为 1 200 kg/h 和 1 500 kg/h，其比热容分别为 4.18 kJ/(kg·℃)和 2.0 kJ/(kg·℃)；水侧和油侧的对流传热系数分别为 3 000 W/(m^2·℃)和 300 W/(m^2·℃)，忽略管壁热阻、污垢热阻和换热器的热损失。

(1)核算该换热器是否适用？

(2)在夏天当冷却水的初温达到 30 ℃时，油的流量和冷却要求及两侧传热系数不变时，核算该换热器是否适用？如果不合适，应该如何解决？核算改并流为逆流方式是否可行？

〔答：(1)适用；(2)不适用。并流改逆流式可行〕

30*. 在一单程列管换热器中用饱和蒸汽加热某有机液体物料（ρ = 860 kg/m^3，μ = 0.7×10^{-3} Pa·s，c_p = 1.7 kJ/(kg·℃)）。温度为 120 ℃的饱和水蒸气在壳程冷凝为同温度的水。有机液体在管程湍流流动，由 20 ℃被加热到 70 ℃。列管换热器的换热管束由 40 根长为 3 m、直径为 $\phi19$ mm×2 mm 的钢管组成。若换热器的热负荷为 300 kW，蒸汽冷凝传热系数为 6 000 W/(m^2·℃)，有机液体侧污垢热阻为 0.000 5 (m^2·℃)/W，管壁热阻、蒸气侧污垢热阻和换热器热损失可忽略。试求：

(1)管内有机液体侧对流传热系数；

(2)有机液体的质量流量增加一倍，保持饱和蒸汽温度及有机液体入口温度不变，假设有机液体的物性不变，求有机液体的出口温度；

(3)有机液体的质量流量增加一倍,保持有机液体进口和出口温度不变,若饱和蒸汽流量不变,求饱和蒸汽的温度。

〔答:(1)$\alpha_i = 1\ 375\ \mathrm{W/(m^2 \cdot ℃)}$;(2)$t_2' = 56.18$ ℃;(3)$T' = 158.18$ ℃〕

思考题

1. 试说明在多层壁的热传导中确定层间界面温度的实际意义。

2. 试说明导热系数、对流传热系数和总传热系数的物理意义、单位和彼此间的区别。

3. 试说明流体有相变化时的对流传热系数大于无相变时的对流传热系数的理由。

4. 试分析平均推动力(Δt_m)法和传热单元数(NTU)法间的关系。

5. 在蒸汽管道中通入一定流量和压力的饱和水蒸气,试分析:(1)在夏季和冬季,管道的内壁和外壁温度有何变化?(2)若将管道保温,保温前、后管道内壁和最外侧壁面温度有何变化?

6. 在管壳式换热器中,拟用饱和蒸汽加热空气,试问:(1)传热管的壁温接近哪一种流体的温度?(2)总传热系数 K 接近哪一种流体的对流传热系数?(3)如何确定两流体在换热器中的流径?

7. 每小时有一定量的气体在套管换热器中从 T_1 冷却到 T_2,冷水进、出口温度分别为 t_1 和 t_2,两流体呈逆流流动,并均为湍流。若换热器尺寸已知,气体向管壁的对流传热系数比管壁向水的对流传热系数小得多,污垢热阻和管壁热阻均可以忽略不计。试讨论以下各项:(1)若气体的生产能力提高10%,如仍用原换热器,但要维持原有的冷却程度和冷却水进口温度不变,试问应采取什么措施?并说明理由;(2)若因气候变化,冷水进口温度下降至 t_1',现仍用原换热器并维持原冷却程度,则应采取什么措施?说明理由;(3)在原换热器中,若将两流体改为并流流动,如要求维持原有的冷却程度和加热程度,是否可能?为什么?如不可能,试说明应采取什么措施?(设 $T_2 > t_2$)

8. 对现有的换热器,如何进行传热过程的调节?以冷流体的加热为例予以说明。

9. 在管壳式换热器的设计中,两流体的流向如何选择?

10. 管壳式换热器为何采用多管程和多壳程?

Chapter 5

第5章　蒸发

本章符号说明

英文字母

b——厚度,m;
c——比热容,kJ/(kg·℃);
d——管径,m;
D——直径,m;
D——加热蒸汽消耗量,kg/h;
e——单位蒸汽消耗量,kg/kg;
f——校正系数,量纲为1;
F——进料量,kg/h;
g——重力加速度,m/s^2;
h——液体的焓,kJ/kg;
H——蒸汽的焓,kJ/kg;
H——高度,m;
k——杜林线的斜率,量纲为1;
K——总传热系数,W/(m^2·℃);
l——液面高度,m;
L——管道长度,m;
M——单位管子周边上的质量流量,kg/(m·s);
n——效数;
n——管数;
n——第n效;
p——压力,Pa;
q——热通量,W/m^2;
Q——传热速率,W;
r——汽化热,kJ/kg;
R——热阻,m^2·℃/W;
S——传热面积,m^2;
t——溶液的沸点,℃;
t——管心距,m;
T——蒸汽的温度,℃;
u——流速,m/s;
U——蒸发强度,kg/(m^2·h);
V——体积流量,m^3/s;
W——蒸发量,kg/h;
W——质量流量,kg/s;
x——溶液的质量分数;
y——杜林线的截距,℃。

希腊符号

α——对流传热系数,W/(m^2·℃);
Δ——温度差损失,℃;
Δ——有限差值;
ε——相对误差或相对偏差;
η——热损失系数;
λ——导热系数,W/(m·℃);

μ——黏度，Pa·s；
ν——运动黏度，m^2/s；
ρ——密度，kg/m^3；
σ——表面张力，N/m；
Σ——总和；
ϕ——数群；
Φ_s——沸腾管材质的校正系数。

下标

a——常压；
A——仅考虑溶液蒸汽压降低；
b——气泡；
B——溶质；
i——内侧；
L——溶液；
L——热损失；
m——平均；
min——最小；
o——外侧；
p——压力；
s——污垢；
s——秒；
T——理论；
V——蒸汽；
w——水；
w——壁面；
0——进料；
1、2、3——效数的序号。

上标

′——二次蒸汽；
′——因溶液蒸汽压下降而引起；
″——因液柱静压力而引起；
‴——因流体阻力而引起。

本章学习指导

通过本章的学习，应重点掌握蒸发操作主要特点；单效蒸发过程的工艺计算；蒸发器的生产强度和蒸发操作的节能途径。熟悉常见蒸发器的类型、结构特点和适用场合。一般了解多效蒸发的流程、多效蒸发与单效蒸发的比较，并建立多效蒸发存在最佳效数的概念。

蒸发设备是一种特殊类型的换热设备，过程的速率取决于传热速率，但蒸发器内存在溶液的沸点升高，设计计算时必须考虑温度差损失，这是本章学习的难点。同时蒸发时消耗大量蒸汽，溶液汽化又产生二次蒸汽，学习中要特别注意如何充分利用二次蒸汽，提高加热蒸汽经济性和蒸发器的生产强度。

通过本章的学习，能够进行单效蒸发过程的工艺计算，根据生产工艺要求和物料特性，选择合适的蒸发器类型，并对蒸发过程进行经济性评价。

使含有不挥发溶质的溶液沸腾汽化并移出蒸气，从而使溶液中溶质含量提高的单元操作称为蒸发，所采用的设备称为蒸发器。蒸发操作广泛应用于化工、石油化工、制药、制糖、造纸、深冷、海水淡化及原子能等工业中。

工业上采用蒸发操作主要达到以下目的：①直接得到经浓缩后的液体产品，例如稀烧碱溶液的浓缩，各种果汁、牛奶的浓缩等；②制取纯净溶剂，例如海水蒸发脱盐制取淡水；③同时制备浓溶液和回收溶剂，例如中药生产中酒精浸出液的蒸发。

被蒸发的溶液可以是水溶液，也可以是其他溶剂的溶液，而化学工业中以蒸发水溶液为主，故本章只限于讨论水溶液的蒸发。蒸发操作中的热源常采用新鲜的饱和水蒸气，又称生蒸汽。从溶液中蒸出的蒸汽称为二次蒸汽，以区别于生蒸汽。

根据分类的角度不同，可以将蒸发操作分类如下。

(1)单效蒸发与多效蒸发　在操作中一般用冷凝方法将二次蒸汽不断地移出，否则蒸汽与沸腾溶液趋于平衡，使蒸发过程无法进行。若将二次蒸汽直接冷凝，而不利用其冷凝热的操作称为单效蒸发。若将二次蒸汽引到下一蒸发器作为加热蒸汽，以利用其冷凝热，这种串联蒸发操作称为多效蒸发。

(2)加压蒸发、常压蒸发和减压蒸发　蒸发操作可以在加压、常压或减压下进行。工业上的蒸发操作经常在减压下进行，这种操作称为真空蒸发。真空操作的优势在于：①减压下溶液的沸点下降，有利于处理热敏性物料，且可利用低压的蒸汽或废蒸汽作为热源；②溶液的沸点随所处的压力减小而降低，故对相同压力的加热蒸汽而言，当溶液处于减压时可以提高传热总温度差；③由于温度低，系统的热损失小。但是，由于溶液沸点降低，溶液的黏度升高，使总传热系数下降。另外，真空蒸发系统要求有造成减压的装置，使系统的投资费和操作费提高。

(3)间歇蒸发和连续蒸发　根据蒸发操作的过程模式，还可将其分为间歇蒸发和连续蒸发。

蒸发过程的实质是传热壁面一侧的蒸汽冷凝与另一侧的溶液沸腾间的传热过程，溶剂的汽化速率由传热速率控制，故蒸发属于热量传递过程，但又有别于一般传热过程，因为蒸发过程具有下述特点。

(1)溶液沸点的改变　含有不挥发溶质的溶液，其蒸气压较同温度下溶剂(即纯水)的低，换言之，在相同压力下，溶液的沸点高于纯水的沸点，故当加热蒸汽一定时，蒸发溶液的传热温度差要小于蒸发水的温度差。溶液中溶质含量越高这种现象越显著。

(2)溶液性质　有些溶液在蒸发过程中有晶体析出、易结垢和产生泡沫，高温下易分解或聚合；溶液的黏度在蒸发过程中逐渐增大，腐蚀性逐渐加强。因此在设计蒸发器时，必须考虑溶液性质在蒸发过程中发生的变化。

(3)泡沫夹带　二次蒸汽中常夹带大量液沫，冷凝前必须设法除去，否则不但损失物料，而且会污染冷凝设备。因此蒸发器内需有足够的分离空间，必要时还需要除沫装置。

(4)能源利用　蒸发时产生大量二次蒸汽，如何利用它的潜热，是蒸发操作中要考虑的关键问题之一。

鉴于以上原因，蒸发器的结构必须有别于一般的换热器。

5.1 蒸发设备

演示文稿

5.1.1 蒸发器的结构

在蒸发操作时，根据两流体之间的接触方式不同，可将蒸发器分为间接加热式蒸发器和直接加热式蒸发器。间接加热式蒸发器主要由加热室及分离室组成。按加热室的结构和操作时溶液的流动情况，可将工业中常用的间接加热式蒸发器分为循环型（非膜式）和单程型（膜式）两大类。

1. 循环型（非膜式）蒸发器

这类蒸发器的特点是溶液在蒸发器内作连续的循环运动，以提高传热效果、缓和溶液结垢情况。由于引起循环运动的原因不同，可分为自然循环和强制循环两种类型。前者是由于溶液在加热室不同位置上的受热程度不同，产生了密度差而引起的循环运动；后者是依靠外加动力迫使溶液沿一个方向作循环流动。

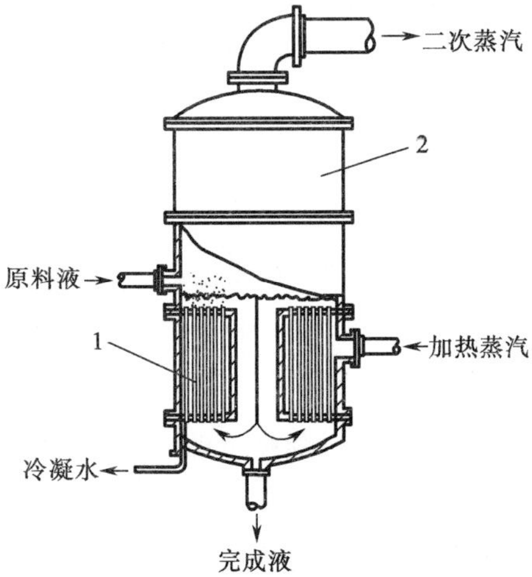

图 5-1 中央循环管式蒸发器

1—加热室 2—分离室

1）中央循环管式（或标准式）蒸发器

中央循环管式蒸发器如图 5-1 所示，加热室由竖直管束组成，管束中央有一根直径较粗的管子。细管内单位体积溶液受热面大于粗管的，即前者受热好，溶液汽化的多，因此细管内汽液混合物的密度比粗管内的小，这种密度差促使溶液作沿粗管下降而沿细管上升的自然循环运动。粗管称为降液管或中央循环管，细管称为沸腾管或加热管。为了促使溶液有良好的循环，中央循环管截面积一般为加热管总截面积的 40% ~100%。管束高度为 1 ~2 m；加热管直径在 25 ~75 mm 之间，长径之比为 20 ~40。

中央循环管式蒸发器具有溶液循环好、传热效率高等优点，同时由于结构紧凑、制造方便、操作可靠，应用较为广泛，有“标准蒸发器”之称。但实际上由于结构的限制，循环速度一般在 0.4 ~0.5 m/s 以下；且由于溶液的不断循环，使加热管内的溶液始终接近完成液的组成，故有溶液黏度大、沸点高等缺点；此外，这种蒸发器的加热室不易清洗。

中央循环管式蒸发器适用于处理结垢不严重、腐蚀性较小的溶液。

2）悬筐式蒸发器

悬筐式蒸发器的结构如图 5-2 所示，是中央循环管式蒸发器的改进。加热蒸汽由中央蒸汽管进入加热室，加热室悬挂在器内，可由顶部取出，便于清洗与更换。包围管束的外壳外壁面与蒸发器外壳内壁面间留有环隙通道，其作用与中央循环管类似，操作时溶液形成沿环隙通道下降而沿加热管上升的不断循环运动。一般环隙截面与加热管总截面积之比大于中央循环管式的,环隙截面积约为沸腾管总截面积的 100% ~150%,因此溶液循环速度较高,在 1 ~1.5 m/s 之间,改善了加热管内结垢情况,并提高了传热速率。

悬筐蒸发器适用于蒸发有晶体析出的溶液。缺点是设备耗材量大、占地面积大、器内的溶液滞留量大。

3)外热式蒸发器

图 5-3 所示的为外热式蒸发器,这种蒸发器的加热管较长,其长径之比为 50 ~100。由于循环管内的溶液未受蒸汽加热,其密度较加热管内的大,因此形成溶液沿循环管下降而沿加热管上升的循环运动,循环速度可达 1.5 m/s。

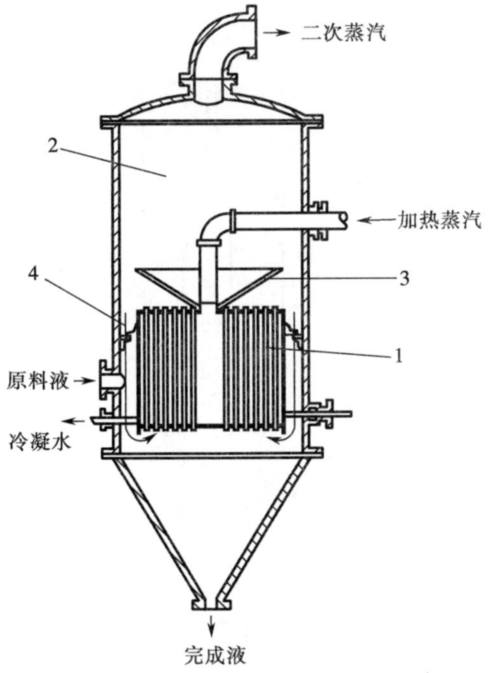

图 5-2 悬筐式蒸发器

1—加热室 2—分离室 3—除沫器 4—环形循环通道

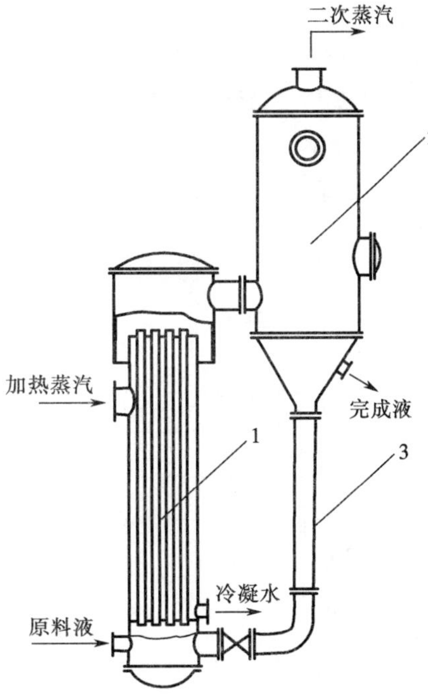

图 5-3 外热式蒸发器

1—加热室 2—分离室 3—循环管

4)强制循环蒸发器

前述各种蒸发器都是由于加热室与循环管内溶液间的密度差而产生溶液的自然循环运动,故均属于自然循环型蒸发器。它们的共同不足之处是溶液的循环速度较低,传热效果欠佳。在处理黏度大、易结垢或易结晶的溶液时,可采用图 5-4 所示的强制循环蒸发器。这种蒸发器内的溶液是利用外加动力进行循环的,图 5-4 中表示用泵 5 迫使溶液沿一个方向以 2 ~5 m/s的速度通过加热管,对于小型蒸发器,可以采用单吸或双吸离心泵作为循环泵,对于大型蒸发器往往采用大流量低压头的轴流泵作为循环泵,这种蒸发器的缺点是动力消耗较大。

2.(单程型)膜式蒸发器

上述各种蒸发器的主要缺点是加热室内滞料量大,致使物料在高温下停留时间长,特别不适于处理热敏性物料。在膜式蒸发器内,溶液只通过加热室一次即可得到需要的组成,停留时间仅为数秒或10余秒钟。操作过程中溶液沿加热管壁呈传热效果最佳的膜状流动。

1)升膜蒸发器

升膜蒸发器的结构如图5-5所示,加热室由单根或多根竖直管组成,加热管长径之比为100~150,管径在25~50 mm之间。原料液经预热达到沸点或接近沸点后,由加热室底部引入管内,被高速上升的二次蒸汽带动,沿壁面边呈膜状流动、边进行蒸发,在加热室顶部可达到所需的组成,完成液由分离器底部排出。二次蒸汽在加热管内的速度不应小于10 m/s,一般为20~50 m/s,减压下可达100~160 m/s或更高。

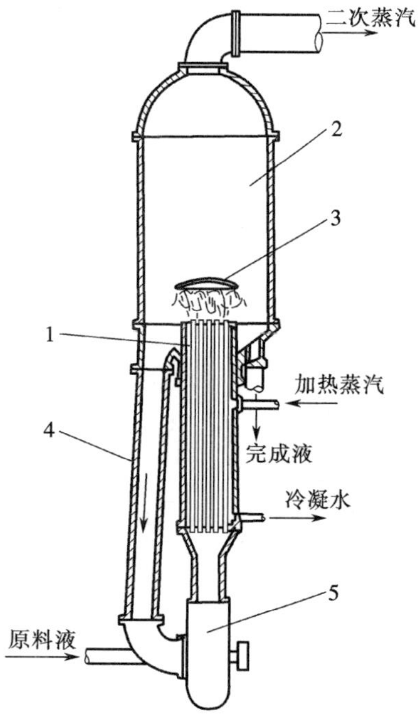

图5-4 强制循环蒸发器

1—加热室 2—分离室 3—除沫器

4—循环管 5—循环泵

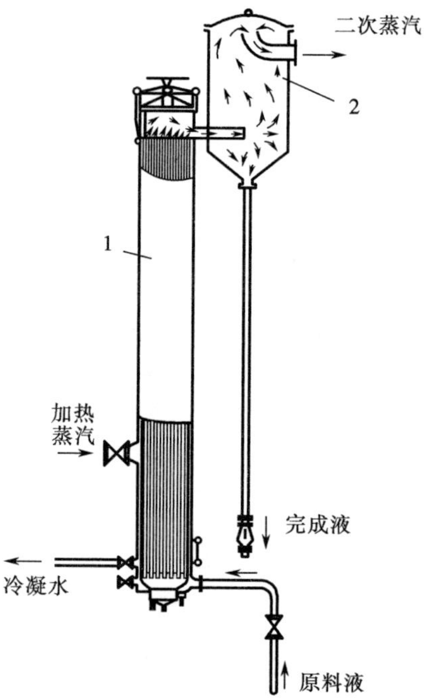

图5-5 升膜蒸发器

1—加热室 2—分离器

若将常温下的液体直接引入加热室,则在加热室底部必有一部分受热面用来加热溶液,使其达到沸点后才能汽化,溶液在这部分壁面上不能呈膜状流动。而在各种流动状态中,又以膜状流动传热效果最好,故溶液应预热到沸点或接近沸点后再引入蒸发器。

这种蒸发器适用于处理蒸发量较大的稀溶液以及热敏性或易生泡的溶液;不适用于处理高黏度、有晶体析出或易结垢的溶液。

2)降膜蒸发器

蒸发组成或黏度较大的溶液,可采用如图5-6所示的降膜蒸发器,它的加热室与升膜蒸发器类似。原料液由加热室顶部加入,经管端的液体分布器均匀地流入加热管内,在溶液本身的重力作用下,溶液沿管内壁呈膜状向下流动,并进行蒸发。为了使溶液能在壁上均匀布膜,且防止二次蒸汽由加热管顶端直接窜出,加热管顶部必须设置加工良好的液体分布器。图5-7示出3种最常用的液体分布器。图(a)的分布器为有螺旋形沟槽的圆柱体;图(b)的分布器下端为圆锥体,且底面为凹面,以防止沿锥体斜面下流的液体向中央聚集;图(c)的分离器是将管端周边加工成齿缝形。

降膜蒸发器也适用于处理热敏性物料,但不适用于处理易结晶、易结垢或黏度特大的溶液。

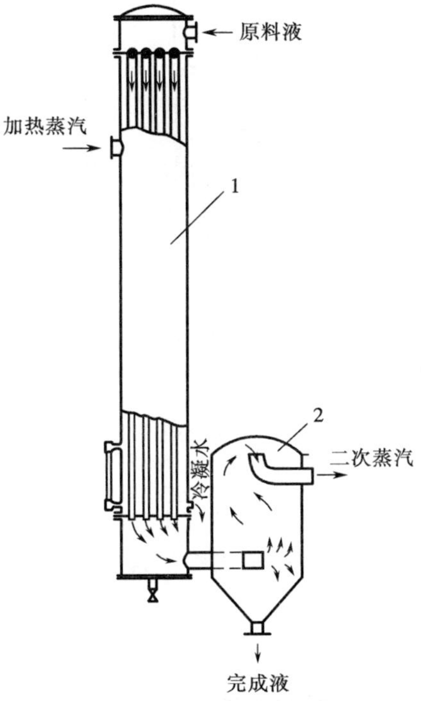

图5-6 降膜蒸发器

1—加热室 2—分布器

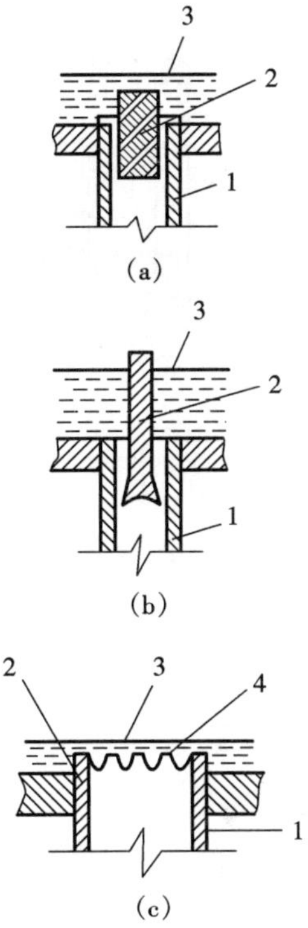

图5-7 液体分布器

1—加热管 2—分布器 3—液面 4—齿缝

3)升—降膜蒸发器

升—降膜蒸发器的结构如图5-8所示,由升膜管束和降膜管束组合而成。蒸发器的底部封头内有一隔板,将加热管束均分为二。原料液在预热器1中加热达到或接近沸点后,引入升膜加热管束2的底部,汽、液混合物经管束由顶部流入降膜加热管束3,然后转入分离器4,完成液由分离器底部取出。溶液在升膜和降膜管束内的布膜及操作情况分别与前述的升膜及降膜蒸发器内的情况完全相同。

升—降膜蒸发器一般用于浓缩过程中黏度变化大的溶液,或厂房高度有一定限制的场合。若蒸发过程溶液的黏度变化大,推荐采用常压操作。

4)刮板搅拌薄膜蒸发器

刮板搅拌薄膜蒸发器的结构如图5-9所示,加热管是一根竖直的空心圆管,圆管外有夹

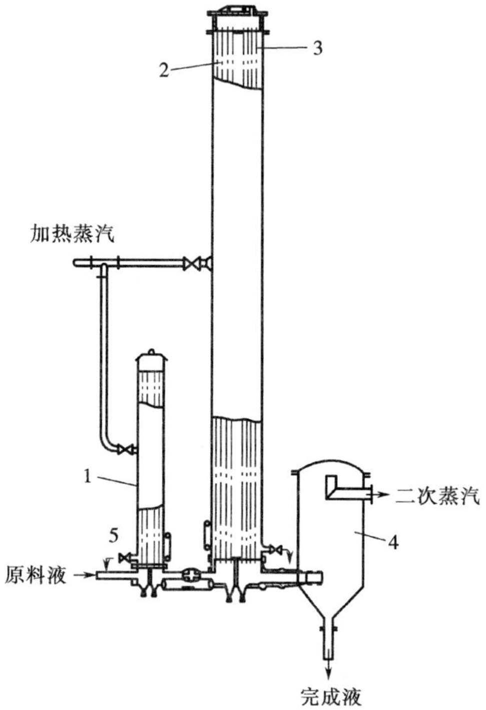

图 5-8 升—降膜蒸发器

1—预热器 2—升膜加热管束 3—降膜加热管束

4—分离器 5—冷凝液排出口

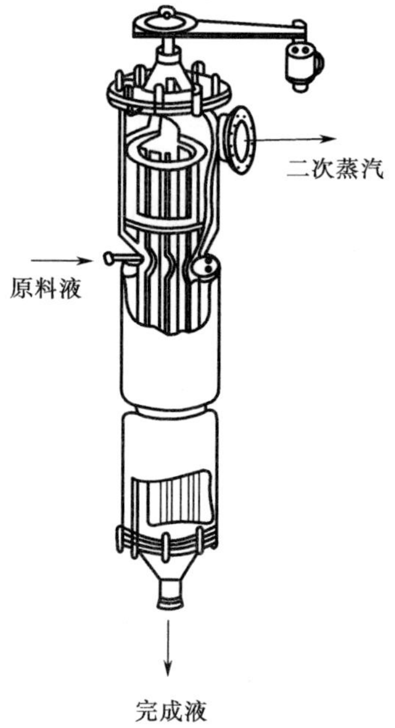

图 5-9 刮板薄膜蒸发器

套,内通加热蒸汽。圆管内装有可以旋转的搅拌叶片,叶片边缘与管内壁的间隙为 0.25 ~ 1.5 mm。原料液沿切线方向进入管内,由于受离心力、重力以及叶片的刮带作用,在管壁上形成旋转下降的薄膜,并不断地被蒸发,完成液由底部排出。

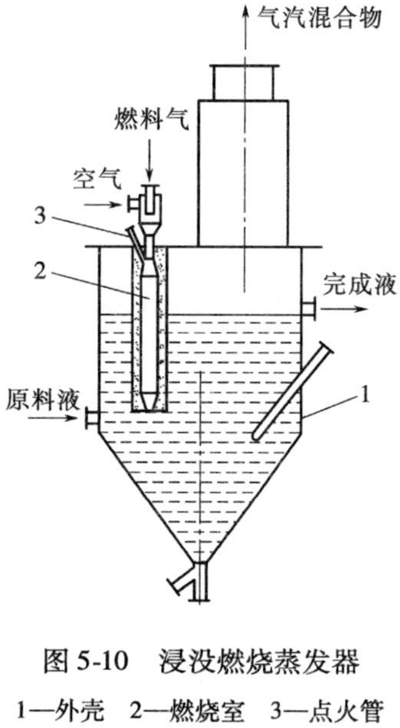

图 5-10 浸没燃烧蒸发器

1—外壳 2—燃烧室 3—点火管

刮板薄膜蒸发器是利用外加动力成膜的单程蒸发器,故适用于高黏度、易结晶、易结垢或热敏性溶液的蒸发。缺点是结构复杂、动力耗费较大。

3. 直接加热蒸发器

图 5-10 所示的浸没燃烧蒸发器就是直接加热的蒸发器。将一定比例的燃烧气与空气直接喷入溶液中,燃烧气的温度可高达 1 200 ~ 1 800 ℃,由于气、液间的温度差大,且气体对溶液产生强烈的鼓泡作用,使水分迅速蒸发,蒸出的二次蒸汽与烟道气一同由顶部排出。

浸没燃烧蒸发器的结构简单,不需要固定的传热面,热利用率高,适用于易结垢、易结晶或有腐蚀性溶液的蒸发,但不适于处理能被燃烧气污染及热敏性物料的蒸发。目前广泛应用于废酸处理工业。

4. 蒸发器的研究进展

蒸发过程在许多行业内应用,应用面广使得所要处理的物系千差万别,每一种物系依据它本身的性质,都会对蒸发设备提出特定的要求,这就促进了蒸发设备和技术的不断改进和创新。近年来国内外蒸发设备的研发工作,归结起来主要有以下几个方面。

(1)研发新型蒸发器　研制新的高效、节能型蒸发器。例如板式蒸发器(化工、造纸行业应用较多)、膨胀流动型蒸发器(主要用于乳品、果汁的浓缩)、离心式薄膜蒸发器(主要用于食品、蛋白质及维生素的浓缩)、旋液式蒸发器、卧式喷膜蒸发器等。新型蒸发器一般都具有传热系数大、溶液滞留时间短、高效节能等特点,但也都有各自的局限性,选用时应注意。

(2)提高蒸发器传热系数　强化蒸发器传热过程,使得传热系数提高,可采用的方法有:①采用强化加热管,例如石化、天然气液化中使用多孔表面加热管,可使沸腾传热系数提高10~20倍,海水淡化中使用双面纵槽加热管,显著提高了传热系数;②管内加入湍流元件,例如将铜制填料加入自然循环蒸发器管内,可使沸腾侧传热系数提高50%,这是由于铜制填料能造成液体的湍动,同时其本身亦是热导体,相当于增加了蒸发器的传热面积。

(3)控制和减少蒸发器结垢　蒸发器结垢是蒸发过程中普遍存在的问题,它会导致蒸发器传热阻力增大,传热系数大幅下降,大大降低蒸发能力。污垢的预防和消除可采用化学方法(添加化学阻垢剂及化学清洗)、物理方法(机械清洗,施加超声场、磁场、静电场或电磁场等防垢)以及表面技术(通过磁控溅射、离子注入、化学复合镀、分子自组装等技术制作具有防垢性能的表面)。目前工业上应用较好的还有三相流技术,气液固三相流化床蒸发器在蒸发过程中的防除垢及强化传热效果十分显著。

(4)优化设计　从节能降耗的角度优化设计。对效数、各效温度差分配、浓度比、传热面积等参数优化,同时考虑余热有效利用,降低能耗,减少操作费用。

5.1.2　蒸发器的辅助装置

蒸发器的辅助装置主要包括除沫器、冷凝器和真空装置。各种辅助装置简述如下。

1. 除沫器

蒸发操作时,二次蒸汽中夹带大量的液体,虽然在分离室中进行了分离,但是为了防止损失有用的产品或污染冷凝液体,还需设法减少夹带的液沫,因此在蒸汽出口附近设置除沫装置。除沫器的形式很多,图5-11所示的为经常采用的形式。图中(a)至(d)可直接安装在蒸发器的顶部,后面几种安装在蒸发器外部。

2. 冷凝器和真空装置

在蒸发操作中,当二次蒸汽为有价值的产品而需要回收,或会严重污染冷却水时,应采用间壁式冷凝器;否则采用汽、液直接接触的混合式冷凝器,如干式逆流高位混合式冷凝器。

当蒸发器采用减压操作时,无论用哪一种冷凝器,均需要在冷凝器后安装真空装置,不断地抽出冷凝液中的不凝性气体,以维持蒸发操作所需要的真空度。常用的真空装置有喷射泵、往复式真空泵及水环式真空泵等。

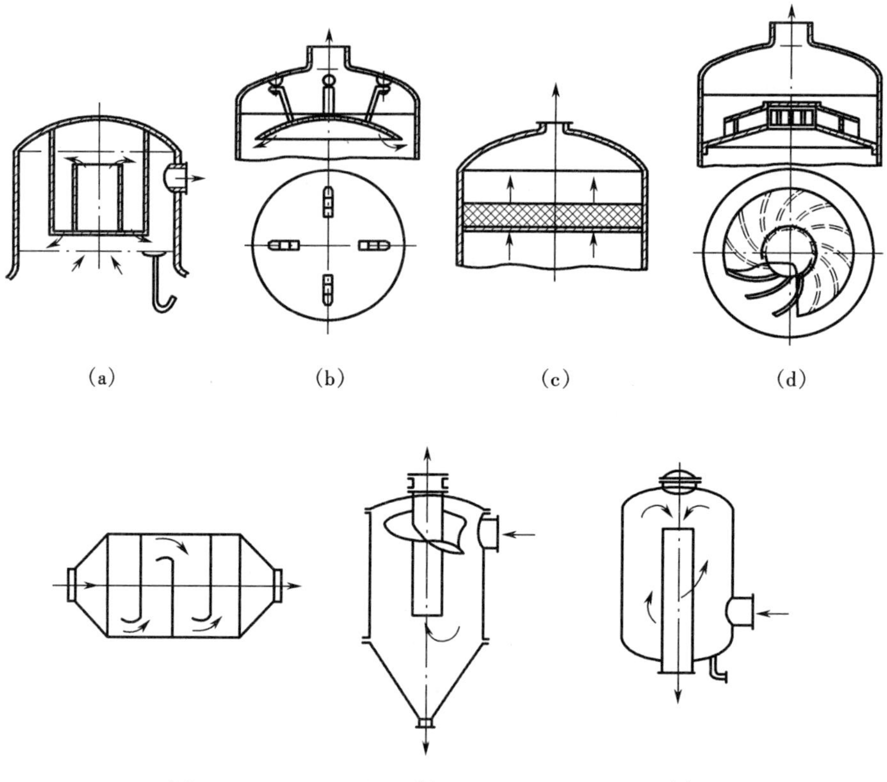

(a)　(b)　(c)　(d)

(e)　(f)　(g)

图 5-11　除沫器的主要形式

(a)折流式除沫器　(b)球形除沫器　(c)金属丝网除沫器　(d)离心式除沫器
(e)冲击式除沫器　(f)旋风式除沫器　(g)离心式除沫器

5.1.3　蒸发器的选型

设计蒸发器之前,必须根据任务对蒸发器的类型有恰当的选择。一般选型时应考虑以下因素。

(1)溶液的黏度　蒸发过程中溶液黏度变化的范围,是选型首要考虑的因素。各类蒸发器适用于溶液黏度的范围见表 5-1。

表 5-1　蒸发器的主要性能

蒸发器类型	造价	总传热系数		溶液在管内流速/(m/s)	停留时间	完成液组成能否恒定	浓缩比	处理量	对溶液性质的适应性					
		稀溶液	高黏度						稀溶液	高黏度	易生泡沫	易结垢	热敏性	有结晶析出
标准型	最廉	良好	低	0.1~0.5	长	能	良好	一般	适	适	适	尚适	尚适	稍适

续表

蒸发器类型	造价	总传热系数		溶液在管内流速/(m/s)	停留时间	完成液组成能否恒定	浓缩比	处理量	对溶液性质的适应性					
		稀溶液	高黏度						稀溶液	高黏度	易生泡沫	易结垢	热敏性	有结晶析出
悬筐式	较高	较好	低	1~1.5	长	能	良好	一般	适	适	适	适	尚适	适
外热式（自然循环）	廉	高	良好	0.4~1.5	较长	能	良好	较大	适	尚适	较好	尚适	尚适	稍适
强制循环	高	高	高	2.0~3.5	—	能	较高	大	适	好	好	适	尚适	适
升膜式	廉	高	良好	0.4~1.0	短	较难	高	大	适	尚适	好	尚适	良好	不适
降膜式	廉	良好	高	0.4~1.0	短	尚能	高	大	较适	好	适	不适	良好	不适
刮板式	最高	高	高	—	短	尚能	高	较大	较适	好	较好	尚适	良好	尚适
浸没燃烧	廉	高	高	—	短	较难	良好	较大	适	适	适	适	不适	适

(2)溶液的热稳定性　长时间受热易分解、易聚合以及易结垢的溶液蒸发时，应采用滞料量少、停留时间短的蒸发器。

(3)有晶体析出的溶液　对蒸发时有晶体析出的溶液应采用外热式蒸发器或强制循环蒸发器。

(4)易发泡的溶液　易发泡的溶液在蒸发时会生成大量层层重叠不易破碎的泡沫，充满了整个分离室后即随二次蒸汽排出，不但损失物料，而且污染冷凝器。蒸发这种溶液宜采用外热式蒸发器、强制循环蒸发器或升膜蒸发器。若将中央循环管式蒸发器和悬筐式蒸发器的分离室设计大一些，也可用于这种溶液的蒸发。

(5)有腐蚀性的溶液　蒸发腐蚀性溶液时，加热管应采用特殊材质制成，或内壁衬以耐腐蚀材料。若溶液不怕污染，也可采用浸没燃烧蒸发器。

(6)易结垢的溶液　无论蒸发何种溶液，蒸发器长久使用后，传热面上总会有污垢生成。垢层的导热系数小，因此对易结垢的溶液，应考虑选择便于清洗和溶液循环速度大的蒸发器。

(7)溶液的处理量　溶液的处理量也是选型应考虑的因素。要求传热面大于 10 m^2 时，不宜选用刮板搅拌薄膜蒸发器，要求传热面在 20 m^2 以上时，宜采用多效蒸发操作。

总之，应视具体情况选用适宜的蒸发器。表5-1 列出了常见蒸发器的一些性能，供参考。

5.2　单效蒸发

演示文稿

5.2.1　溶液的沸点和温度差损失

1. 溶液的沸点

溶液中含有不挥发的溶质，在相同条件下，其蒸气压比纯水的低，所以溶液的沸点就比纯水的要高，两者之差称为因溶液蒸气压下降而引起的沸点升高。例如，常压下 20%（质量分数，若不特别指明，本章溶液的组成都是指质量组成）NaOH 水溶液的沸点为 108.5 ℃，而水的为 100 ℃，此时溶液沸点升高 8.5 ℃。一般稀溶液和有机溶液的沸点升高值较小，而无机盐溶液的沸点升高值较大，有时可高达数十度。

沸点升高现象对蒸发操作不利，例如用 120 ℃饱和水蒸气分别加热 20% NaOH 水溶液和纯水，并使之沸腾，有效温度差分别为

20% NaOH 水溶液　　120 − 108.5 = 11.5 ℃

纯水　　120 − 100 = 20 ℃

由于有沸点升高现象，使同条件下蒸发溶液时的有效温度差下降 8.5 ℃，正好与溶液沸点升高值相等，故沸点升高又称为温度差损失。

2. 温度差损失

温度差损失不仅仅是因为溶液中含有了不挥发性溶质引起的，蒸发器内的操作压力高于冷凝器以克服二次蒸汽从蒸发器流到冷凝器的阻力损失、蒸发器的操作需维持一定的液面等因素都会造成温度差损失。下面就有关因素分别加以阐述。

1）因溶液蒸气压下降而引起的温度差损失 Δ'

溶液的沸点升高主要与溶液类别、组成及操作压力有关，一般由实验测定。常压下某些无机盐水溶液的沸点升高与组成的关系见附录 18。

有时蒸发操作在加压或减压下进行，因此必须求出各种组成的溶液在不同压力下的沸点。当缺乏实验数据时，可以用下式先估算出沸点升高值，即

$$\Delta' = f\Delta_a' \tag{5-1}$$

式中　Δ_a'——常压下由于溶液蒸气压下降而引起的沸点升高（即温度差损失），℃；

Δ'——操作压力下由于溶液蒸气压下降而引起的沸点升高，℃；

f——校正系数，量纲为 1。其经验计算式为

$$f = \frac{0.016\,2(T' + 273)^2}{r'} \tag{5-2}$$

式中　T'——操作压力下二次蒸汽的温度，℃

r'——操作压力下二次蒸汽的汽化热，kJ/kg。

溶液的沸点也可用杜林规则（Duhring's rule）计算，这个规则说明溶液的沸点和相同压力下标准溶液沸点间呈线性关系。由于容易获得纯水在各种压力下的沸点，故一般选用纯水为标准溶液。只要知道溶液和水在两个不同压力下的沸点，在直角坐标图上标绘相对应的沸点值即可得到一条直线（称为杜林直线）。由此可知，对一定组成的溶液，只要知道它在两个不同压力下的沸点，再查出相应压力下水的沸点，即可绘出该组成溶液的杜林直线，由此直线就可求得该溶液在其他压力下的沸点。

图 5-12 所示为不同组成 NaOH 水溶液的杜林直线群。在任一直线上（即任一组成），任选 N 及 M 两点，该两点坐标值分别代表相应压力下溶液的沸点与水的沸点。设溶液沸点为 t_A' 及 t_A，水的沸点为 t_w' 及 t_w，则直线的斜率为

$$k = \frac{t_A' - t_A}{t_w' - t_w} \tag{5-3}$$

式中 k——杜林直线的斜率，量纲为1；

t_A、t_w——分别为压力 p_M 下溶液的沸点与纯水的沸点，℃；

t_A'、t_w'——分别为压力 p_N 下溶液的沸点与纯水的沸点，℃。

当某压力下水的沸点 $t_w = 0$ 时，式(5-3)变为

$$t_A = t_A' - kt_w' = y_m \tag{5-4}$$

式中 y_m——杜林线的截距，℃。

不同组成的杜林直线是不平行的，斜率 k 与截距 y_m 都是溶液质量组成 x 的函数。对 NaOH 水溶液，k、y_m 与 x 的经验关系为

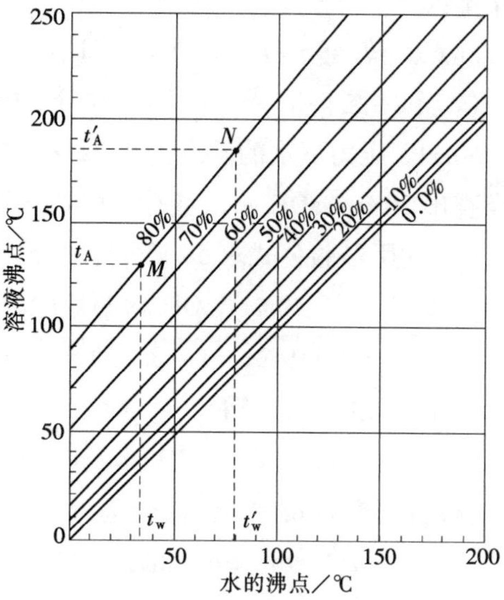

图 5-12 NaOH 水溶液的杜林线图

$$k = 1 + 0.142x \tag{5-5}$$

$$y_m = 150.75x^2 - 2.71x \tag{5-6}$$

式中 x——溶液的质量分数。

利用经验公式(5-4)、式(5-5)及式(5-6)也可算出溶液的近似沸点。

【例5-1】 在中央循环管式蒸发器内将 NaOH 水溶液由10%浓缩至20%，试求：(1)分离室的绝对压力为101.33 kPa及50 kPa时，利用附录中的数据计算溶液的沸点；(2)利用图5-12求50 kPa时溶液的沸点；(3)利用经验公式计算50 kPa时溶液的沸点。

解：由于中央循环管式蒸发器内溶液不断地循环，故操作时器内溶液组成始终接近完成液的组成。

从附录8查出压力为101.33 kPa及50 kPa时水的饱和温度分别为100 ℃及81.2 ℃，压力为50 kPa时的汽化热为2 304.5 kJ/kg。

(1)利用附录的数据求沸点

①分离室压力为101.33 kPa时，从附录18查出20% NaOH水溶液在101.33 kPa压力下的沸点升高为8.5 ℃。

故溶液的沸点为

$$t = 100 + 8.5 = 108.5\ ℃$$

②分离室压强为50 kPa时，50 kPa压力下的温度差损失为

$$\Delta' = f\Delta_a'$$

其中 $$f = \frac{0.016\,2(T' + 273)^2}{r'} = \frac{0.016\,2 \times (81.2 + 273)^2}{2\,304.5} = 0.881\,9$$

所以 $$\Delta' = 0.881\,9 \times 8.5 = 7.496\ ℃$$

由此可见，20% NaOH水溶液因蒸气压下降而引起的温度差损失即沸点升高，随压力的

变化不大。

沸点 $t = 7.496 + 81.2 = 88.7$ ℃

(2)利用图5-12求50 kPa压力下的沸点

50 kPa压力下水的沸点为81.2 ℃，在图5-12的横坐标上找出温度为81.2 ℃的点，根据此点查出20% NaOH水溶液在50 kPa压力下的沸点为88 ℃。

(3)利用经验公式求50 kPa压力下的沸点

用式(5-5)求20% NaOH水溶液的杜林线的斜率，即

$$k = 1 + 0.142x = 1 + 0.142 \times 0.2 = 1.028$$

再求该线的截距，即

$$y_m = 150.75x^2 - 2.71x = 150.75 \times 0.2^2 - 2.71 \times 0.2 = 5.488$$

又由式(5-4)知该线的截距为

$$y_m = t_A' - kt_w' = 5.488$$

将已知值代入上式，得

$$t_A' - 1.028 \times 81.2 = 5.488$$

解得 $t_A' = 88.96$ ℃

即在50 kPa压力下溶液沸点为88.96 ℃。

由于查图5-12时引入误差，以及式(5-5)及式(5-6)均为经验公式，也有一定的误差，故3种方法的计算结果略有差异。

2)因加热管内液柱静压力而引起的温度差损失 Δ''

某些蒸发器的加热管内积有一定高度的液层，液层内各截面上的压力大于液体表面压力，因此液层内溶液的沸点高于液面的沸点。液层内部沸点与表面沸点之差即为液柱静压力引起的温度差损失 Δ''。为了简便，计算时往往以液层中部的平均压力 p_m 及相应的沸点 t_{Am} 为准，中部的压力为

$$p_m = p' + \frac{\rho g l}{2} \tag{5-7}$$

式中 p_m——液层中部的平均压力，Pa；

p'——液面的压力，即二次蒸汽的压力，Pa；

g——重力加速度，m/s^2；

ρ——液体密度，kg/m^3；

l——液层深度，m。

为了简便，常根据平均压力 p_m 查出纯水的相应沸点 t_{p_m}，故因静压力而引起的温度差损失为

$$\Delta'' = t_{p_m} - t_p' \tag{5-8}$$

式中 t_{p_m}——与平均压力 p_m 相对应的纯水的沸点，℃；

t_p'——与二次蒸汽压力 p' 相对应的水的沸点，即二次蒸汽的温度，℃。

由于溶液沸腾时液层内混有气泡，故液层的实际密度较式(5-7)采用的纯液体密度要

小，因此用式(5-8)算出的Δ''值偏大。此外，当溶液在加热管内的循环速度较大时，就会因流体阻力使平均压力增高，而式(5-7)中并没有考虑这项影响，但可以抵消前述的部分误差。可见，由式(5-8)求出的Δ''值仅为估计值。

【例5-2】 在中央循环管式蒸发器内，蒸发25% $CaCl_2$ 水溶液，已测得二次蒸汽的绝对压力为40 kPa。加热管内液层深度为2.3 m，溶液平均密度为1 200 kg/m³。试求因溶液静压力引起的温度差损失Δ''及溶液沸点。已知操作条件下因溶液蒸气压下降引起的温度差损失为6.25 ℃。

解：先由式(5-7)算出液层中部的平均压力，即

$$p_m = p' + \frac{\rho g l}{2} = 40 \times 10^3 + \frac{1\ 200 \times 9.81 \times 2.3}{2} = 53\ 540\ \text{Pa} = 53.54\ \text{kPa}$$

由附录查出40 kPa及53.54 kPa压力下，蒸汽的饱和温度分别为75 ℃及82.76 ℃，故由静压力引起的温度差损失为

$$\Delta'' = t_{p_m} - t_p{}' = 82.76 - 75 = 7.76\ ℃$$

溶液的沸点为

$$t = T' + \Delta' + \Delta'' = 75 + 7.76 + 6.25 = 89.01\ ℃$$

讨论：由本题计算结果可知，在循环型蒸发器中，由加热室内液层高度引起的温度差损失占有相当的比例。

3）由于管路流动阻力而引起的温度差损失Δ'''

多效蒸发中二次蒸汽由前效经管路送至下效作为加热蒸汽，因管道流动阻力使二次蒸汽的压力稍有降低，温度也相应下降，一般约降1 ℃。例如前效二次蒸汽离开液面时为95 ℃，经管路送到后效时降为94 ℃，致使后效的有效温度差损失1 ℃，这种损失即为因管路流动阻力而引起的温度差损失Δ'''。Δ'''的计算相当烦琐，一般取效间二次蒸汽温度下降1 ℃，末效或单效蒸发器至冷凝器间下降1～1.5 ℃。

应予指出，在蒸发的计算中，溶液的沸点是基本数据。溶液的温度差损失不仅是计算沸点所必需的，而且对选择加热蒸汽的压力（或其他加热介质的种类和温度）也是很重要的。例如，若温度差损失很大时，沸点就很高，因而必须相应地提高加热蒸汽的压力，以保证具有必要的传热温度差。

5.2.2 单效蒸发的计算

单效蒸发的计算项目有：①单位时间内蒸出的水分量，即蒸发量；②加热蒸汽的消耗量；③蒸发器的传热面积。

通常，生产任务中已知的项目有：①原料液流量、组成与温度；②完成液组成；③加热蒸汽的压力或温度；④冷凝器的压力或温度。

1. 蒸发量 W

围绕图5-13的单效蒸发器作溶质的衡算，得

$$Fx_0 = (F - W)x_1$$

或

$$W = F\left(1 - \frac{x_0}{x_1}\right) \tag{5-9}$$

式中 F——原料液的流量,kg/h;

W——单位时间内蒸发的水分量,即蒸发量,kg/h;

x_0——原料液的质量分数;

x_1——完成液的质量分数。

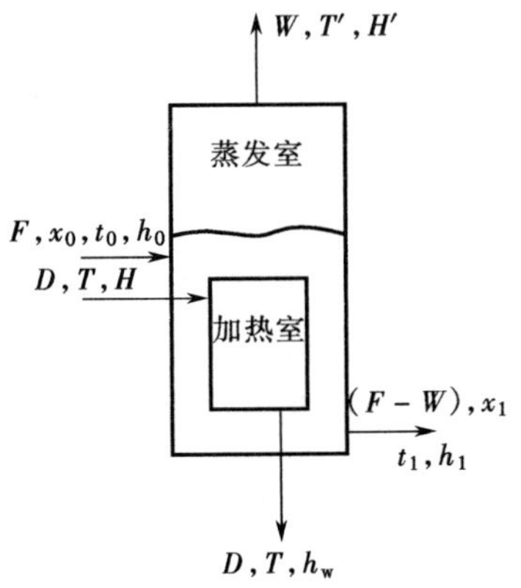

图 5-13 单效蒸发衡算示意图

2. 加热蒸汽消耗量 D

围绕图 5-13 的蒸发器作热量衡算,得

$$DH + Fh_0 = WH' + (F-W)h_1 + Dh_w + Q_L \tag{5-10}$$

或

$$D = \frac{WH' + (F-W)h_1 - Fh_0 + Q_L}{H - h_w} \tag{5-11}$$

式中 D——加热蒸汽的消耗量,kg/h;

H——加热蒸汽的焓,kJ/kg;

h_0——原料液的焓,kJ/kg;

H'——二次蒸汽的焓,kJ/kg;

h_1——完成液的焓,kJ/kg;

h_w——冷凝水的焓,kJ/kg;

Q_L——热损失,kJ/h。

若加热蒸汽全部冷凝且冷凝液在蒸汽的饱和温度下排出,则

$$H - h_w = r$$

式(5-11)变为

$$D = \frac{WH' + (F-W)h_1 - Fh_0 + Q_L}{r} \tag{5-11a}$$

式中 r——加热蒸汽的汽化热,kJ/kg。

也可将式(5-11a)整理为

$$Q = Dr = WH' + (F-W)h_1 - Fh_0 + Q_L \tag{5-11b}$$

式中 Q——蒸发器的热负荷,kJ/h。

从式(5-11b)中看出,加热蒸汽的热量用于蒸发水分、将溶液加热至沸腾以及热损失。计算加热蒸汽用量或蒸发器热负荷时,分以下两种情况讨论。

1)溶液稀释热不可忽略时

某些溶液,如 CaCl、NaOH 水溶液等,稀释时显著放热,因此在蒸发时要考虑供给与稀释热相当的浓缩热。这种溶液的焓值是其组成和温度的函数,通常用焓浓图给出,图 5-14 为以 0 ℃为基准温度的 NaOH 水溶液的焓浓图。

有时对稀释热不可忽略的溶液,也可先按忽略稀释热的方法计算,然后再修正计算结果。

2)溶液稀释热可以忽略时

当溶液的稀释热可以忽略时,溶液的焓可由比热容算出,即

$$h_0 = c_{p0}(t_0 - 0) = c_{p0}t_0 \tag{5-12}$$

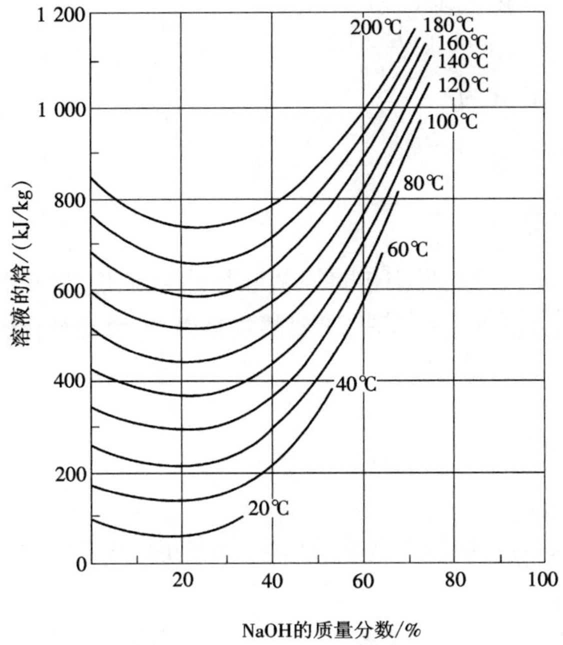

图 5-14 NaOH 水溶液的焓浓图

$$h_1 = c_{p1}(t_1 - 0) = c_{p1}t_1 \tag{5-13}$$

$$h_w = c_{pw}(T - 0) = c_{pw}T \tag{5-14}$$

将以上 3 式代入式(5-10),并整理得

$$D(H - c_{pw}T) = WH' + (F - W)c_{p1}t_1 - Fc_{p0}t_0 + Q_L \tag{5-15}$$

为了避免上式中使用 2 个不同组成下的比热容,故将完成液的比热容 c_{p1} 用原料液的比热容 c_{p0} 表示。溶液的比热容可按下面的经验公式计算

$$c_p = c_{pw}(1 - x) + c_{pB}x \tag{5-16}$$

当 $x<20\%$ 时,式(5-16)可以简化为

$$c_p = c_{pw}(1 - x) \tag{5-16a}$$

式中 c_p——溶液的比热容,kJ/(kg·℃);

c_{pw}——纯水的比热容,kJ/(kg·℃);

c_{pB}——溶质的比热容,kJ/(kg·℃)。

将式(5-15)中的 c_{p0} 及 c_{p1} 均写成式(5-16)的形式,并与式(5-9)相联立,即可得到原料液比热容 c_{p0} 与完成液比热容 c_{p1} 间的关系为

$$(F - W)c_{p1} = Fc_{p0} - Wc_{pw} \tag{5-17}$$

将式(5-17)代入式(5-15),并整理得

$$D(H - c_{pw}T) = W(H' - c_{pw}t_1) + Fc_{p0}(t_1 - t_0) + Q_L \tag{5-18}$$

当冷凝液在蒸汽饱和温度下排出时,则有

$$H - c_{pw}T = r \tag{5-19}$$

$$H' - c_{pw}t_1 \approx r' \tag{5-20}$$

式中 r——加热蒸汽的汽化热,kJ/kg;

r'——二次蒸汽的汽化热,kJ/kg。

于是,式(5-18)可以简化为

$$Dr = Wr' + Fc_{p0}(t_1 - t_0) + Q_L$$

或 $$D = \frac{Wr' + Fc_{p0}(t_1 - t_0) + Q_L}{r} \tag{5-21}$$

式(5-21)说明加热蒸汽的热量用于将原料液加热到沸点、蒸发水分以及向周围的热损失。若原料液预热至沸点再进入蒸发器,且忽略热损失,上式可简化为

$$D = \frac{Wr'}{r} \tag{5-21a}$$

或 $$e = \frac{D}{W} = \frac{r'}{r} \tag{5-22}$$

式中 e——蒸发 1 kg 水分时加热蒸汽的消耗量,称为单位蒸汽耗量,kg/kg。

由于蒸汽的汽化热随压力变化不大,即 $r \approx r'$,故单效蒸发操作中 $e \approx 1$,即每蒸发 1 kg 的水分约消耗 1 kg 的加热蒸汽。但实际蒸发操作中因有热损失等的影响,e 值约为 1.1 或更大。

e 值是衡量蒸发装置经济性的指标。

3. 传热面积 S_o

蒸发器的传热面积由传热速率公式计算,即

$$Q = S_o K_o \Delta t_m$$

或 $$S_o = \frac{Q}{K_o \Delta t_m} \tag{5-23}$$

式中 S_o——蒸发器的传热面积,m^2;

K_o——蒸发器的总传热系数;W/(m^2·℃);

Δt_m——平均温度差,℃;

Q——蒸发器的热负荷,即蒸发器的传热速率,W。

若加热蒸汽的冷凝水在饱和温度下排除,则 S_o 可根据式(5-23)直接算出,否则应分段计算。下面按前者情况进行讨论。

1) 平均温度差 Δt_m

在蒸发过程中,加热面两侧流体均处于恒温、变相状态下,故

$$\Delta t_m = T - t \tag{5-24}$$

式中 T——加热蒸汽的温度,℃;

t——操作条件下溶液的沸点,℃。

2) 蒸发器的总传热系数 K_o

总传热系数 K_o 按下式计算:

$$K_o = \frac{1}{\frac{1}{\alpha_i}\frac{d_o}{d_i} + R_{si}\frac{d_o}{d_i} + \frac{b}{\lambda}\frac{d_o}{d_m} + R_{so} + \frac{1}{\alpha_o}} \tag{5-25}$$

式中 α——对流传热系数，W/(m^2·℃)；

d——管径，m；

R_s——垢层热阻，m^2·℃/W；

b——管壁厚度，m；

λ——管材的导热系数，W/(m·℃)；

下标 i 表示管内侧、o 表示外侧、m 表示平均。

垢层热阻值可按经验数值估算。管外侧的蒸汽冷凝传热系数可按膜状冷凝传热系数公式计算。管内侧溶液沸腾传热系数则难于精确计算，因它受多方面因素的控制，如溶液的性质、蒸发器的类型、沸腾传热形式以及操作条件等因素，本节将介绍几个常用的关联式。一般可以参考实验数据或经验数据选择 K_o 值，但应选与操作条件相近的数值，尽量使选用的 K_o 值合理。表 5-2 列出不同类型蒸发器的 K_o 值范围，供选用时参考。

表 5-2 蒸发器的总传热系数 K_o 的经验值

蒸发器的类型	总传热系数 [W/(m^2·℃)]
水平沉浸加热式	600～2 300
标准式(自然循环)	600～3 000
标准式(强制循环)	1 200～6 000
悬筐式	600～3 000
外加热式(自然循环)	1 200～6 000
外加热式(强制循环)	1 200～7 000
升膜式	1 200～6 000
降膜式	1 200～3 500
蛇管式	350～2 300

3) 蒸发器的热负荷 Q

若加热蒸汽的冷凝水在饱和温度下排除，且忽略热损失，则蒸发器的热负荷为

$$Q = Dr \tag{5-26}$$

上面算出的传热面积，应视具体情况选用适当的安全系数加以校正。

【例 5-3】 在单效蒸发器中每小时将 5 400 kg 20% NaOH 水溶液浓缩至 50%。原料液温度为 60 ℃，平均比热容为 3.4 kJ/(kg·℃)，加热蒸汽与二次蒸汽的绝对压力分别为 400 kPa 及 50 kPa。操作条件下溶液的沸点为 126 ℃，总传热系数 K_o 为 1 560 W/(m^2·℃)。加热蒸汽的冷凝水在饱和温度下排除。热损失可以忽略不计。试求：(1) 考虑浓缩热时，①加热蒸汽消耗量及单位蒸汽耗量，②传热面积；(2) 忽略浓缩热时，①加热蒸汽消耗量及单位蒸汽耗量，②若原料液的温度改为 30 ℃及 126 ℃，分别求①项。

解：从附录分别查出加热蒸汽、二次蒸汽及冷凝水的有关参数如下。

400 kPa：蒸汽的焓 H = 2 742.1 kJ/kg，汽化热 r = 2 138.5 kJ/kg

冷凝水的焓 h_w = 603.61 kJ/kg，温度 T = 143.4 ℃

50 kPa：蒸汽的焓 H' = 2 644.3 kJ/kg，汽化热 r' = 2 304.5 kJ/kg，温度 T' = 81.2 ℃

(1) 考虑浓缩热时

①加热蒸汽消耗量及单位蒸汽耗量

$$\text{蒸发量 } W = F\left(1 - \frac{x_0}{x_1}\right) = 5\,400\left(1 - \frac{0.2}{0.5}\right) = 3\,240 \text{ kg/h}$$

由图5-14查出60 ℃时20% NaOH水溶液的焓、126 ℃时50% NaOH水溶液的焓分别为 $h_0 = 210$ kJ/kg, $h_1 = 620$ kJ/kg。

用式(5-11a)求加热蒸汽消耗量，即

$$D = \frac{WH' + (F - W)h_1 - Fh_0}{r} = \frac{3\,240 \times 2\,644.3 + (5\,400 - 3\,240) \times 620 - 5\,400 \times 210}{2\,138.5}$$

$$= 4\,102 \text{ kg/h}$$

$$e = \frac{D}{W} = \frac{4\,102}{3\,240} = 1.266$$

②传热面积

$$S_o = \frac{Q}{K_o \Delta t_m}$$

$$Q = Dr = 4\,102 \times 2\,138.5 = 8\,772 \times 10^3 \text{kJ/h} = 2\,437 \text{ kW}$$

$$K_o = 1\,560 \text{ W/(m}^2 \cdot ℃) = 1.56 \text{ kW/(m}^2 \cdot ℃)$$

$$\Delta t_m = 143.4 - 126 = 17.4 \text{ ℃}$$

所以

$$S_o = \frac{2\,437}{1.56 \times 17.4} = 89.78 \text{ m}^2$$

取20%的安全系数，则

$$S_o = 1.2 \times 89.78 = 107.7 \text{ m}^2$$

(2)忽略浓缩热时

①忽略浓缩热时按式(5-21)计算加热蒸汽消耗量。因忽略热损失，故式(5-21)改为

$$D = \frac{Wr' + Fc_{p0}(t_1 - t_0)}{r} = \frac{3\,240 \times 2\,304.5 + 5\,400 \times 3.4(126 - 60)}{2\,138.5} = 4\,058 \text{ kg/h}$$

$$e = \frac{4\,058}{3\,240} = 1.252$$

由此看出不考虑浓缩热时约少消耗1%的加热蒸汽。计算时如果缺乏溶液的焓浓数据，可先按不考虑浓缩热的式(5-21)计算，最后用适当的安全系数加以校正。

②改变原料液温度时的情况

原料液为30 ℃时：

$$D = \frac{3\,240 \times 2\,304.5 + 5\,400 \times 3.4(126 - 30)}{2\,138.5} = 4\,316 \text{ kg/h}$$

$$e = \frac{4\,316}{3\,240} = 1.332$$

原料液为126 ℃时：

$$D = \frac{3\,240 \times 2\,304.5 + 5\,400 \times 3.4(126 - 126)}{2\,138.5} = 3\,492 \text{ kg/h}$$

$$e = \frac{3\,492}{3\,240} = 1.078$$

由以上计算结果看出，原料液温度越高，蒸发1 kg水分消耗的加热蒸汽越少。

4. 管内沸腾传热系数 α_i 的关联式

下面介绍几种常见蒸发器的管内沸腾传热系数的关联式。

1）标准型蒸发器

在标准型蒸发器中，当溶液在加热管进口处的速度较低（0.2 m/s 左右）时，α_i 可用下式计算，即

$$Nu = 0.008(Re_L)^{0.8}(Pr_L)^{0.6}\left(\frac{\sigma_w}{\sigma_L}\right)^{0.38} \tag{5-27}$$

或

$$\alpha_i = 0.008\frac{\lambda_L}{d_i}\left(\frac{d_i u_m \rho_L}{\mu_L}\right)^{0.8}\left(\frac{c_{pL}\mu_L}{\lambda_L}\right)^{0.6}\left(\frac{\sigma_w}{\sigma_L}\right)^{0.38} \tag{5-27a}$$

式中 λ_L——溶液的导热系数，W/(m·℃)；

d_i——加热管的内径，m；

u_m——溶液的平均流速，即溶液在加热管进、出口处速度的对数平均值，m/s；

ρ_L——溶液的密度，kg/m^3；

μ_L——溶液的黏度，Pa·s；

c_{pL}——溶液的比热容，kJ/(kg·℃)；

σ_w——水的表面张力，N/m；

σ_L——溶液的表面张力，N/m。

式中下标 L 表示溶液。

式（5-27）适用于常压操作，应用于高压或高真度时则误差较大。

2）强制循环蒸发器

由于在强制循环蒸发器中，溶液在传热面上的沸腾受抑制，因此可以使用无相变化时管内强制湍流的计算公式，即

$$\alpha_i = 0.023\frac{\lambda_L}{d_i}Re_L^{0.8}Pr_L^{0.4} \tag{5-28}$$

与无相变化传热时相比，由于传热面附近溶液的温度较沸点略高，且所产生的气泡促进了湍动，因此，传热系数增大，实验也证明其传热系数比按上式求得的结果约大 25%。

3）升膜蒸发器

①热负荷较低（表面蒸发）的情况

$$\alpha_i = (1.3 + 128d_i)\frac{\lambda_L}{d_i}Re_L^{0.23}Re_V^{0.34}Pr_L^{0.9}\left(\frac{\rho_L}{\rho_V}\right)^{0.25}\left(\frac{\mu_V}{\mu_L}\right) \tag{5-29}$$

式中 Re_V——气膜雷诺数，量纲为 1，$Re_V = \dfrac{d_i u_V \rho_V}{\mu_V} = \dfrac{d_i q}{r\mu_V}$；

Re_L——液膜雷诺数，量纲为 1，$Re_L = \dfrac{d_i u_l \rho_L}{\mu_L} = \dfrac{4W'}{n\pi d_i \mu_L}$

其中 W'——单位时间内溶液通过沸腾管的总质量，kg/s；

q——热通量，W/m^2。

②热负荷较高（泡核沸腾）的情况

$$\alpha_i = 0.225\Phi_s \frac{\lambda_L}{d_i}(Pr_L)^{0.69}(Re_V)^{0.69}\left(\frac{pd_i}{\sigma_L}\right)^{0.31}\left(\frac{\rho_L}{\rho_V}-1\right)^{0.23} \tag{5-30}$$

式中 Φ_s——沸腾管材质的校正系数，钢、铜为1，不锈钢、铬、镍为0.7，磨光表面为0.4；

p——绝对压力，Pa。

应注意式(5-29)及式(5-30)中的 Re_L 均按入口的液体流量计算，Re_V 按出口气体的流量计算。

4）降膜蒸发器

降膜蒸发器的操作与整个加热面上是否布满液膜有密切关系，因此这种蒸发器的传热系数计算式随单位时间内液体在单位管子周边上流过的质量 M 而变，即

当 $\frac{M}{\mu_L} \leqslant 0.61\left(\frac{\mu_L^4 g}{\rho_L \sigma^3}\right)^{-1/11}$ 时，

$$\alpha_i = 1.163\left(\frac{\lambda_L^3 g \rho_L^2}{3\mu_L^2}\right)^{1/3}\left(\frac{M}{\mu_L}\right)^{-1/3} \tag{5-31}$$

当 $0.61\left(\frac{\mu_L^4 g}{\rho_L \sigma^3}\right)^{-1/11} < \frac{M}{\mu_L} \leqslant 1\ 450\left(\frac{c_{pL}\mu_L}{\lambda_L}\right)^{-1.06}$ 时，

$$\alpha_i = 0.705\left(\frac{\lambda_L^3 g \rho_L^2}{\mu_L^2}\right)^{1/3}\left(\frac{M}{\mu_L}\right)^{-0.24} \tag{5-32}$$

当 $\frac{M}{\mu_L} > 1\ 450\left(\frac{c_{pL}\mu_L}{\lambda_L}\right)^{-1.06}$ 时，

$$\alpha_i = 7.69\times 10^{-3}\left(\frac{\lambda_L^3 g \rho_L}{\mu_L^2}\right)^{1/3}\left(\frac{c_{pL}\mu_L}{\lambda_L}\right)^{0.65}\left(\frac{M}{\mu_L}\right)^{0.4} \tag{5-33}$$

$$M = \frac{W'}{\pi d_i n} \tag{5-34}$$

式中 α_i——溶液沸腾传热系数，W/(m^2·℃)；

μ_L——溶液的黏度，Pa·s；

g——重力加速度，m/s^2；

ρ_L——溶液的密度，kg/m^3；

σ——表面张力，N/m；

λ_L——溶液的导热系数，W/(m·℃)；

c_{pL}——溶液的比热容，kJ/(kg·℃)；

M——单位时间内单位管子周边上流过的溶液质量，kg/(m·s)；

n——管数。

此外，降膜蒸发器的 α_i 还可用图5-15进行计算。

5.2.3 蒸发器的生产能力和生产强度

1. 蒸发器的生产能力

蒸发器的生产能力用单位时间内蒸发的水分量，即蒸发量表示，其单位为kg/h。

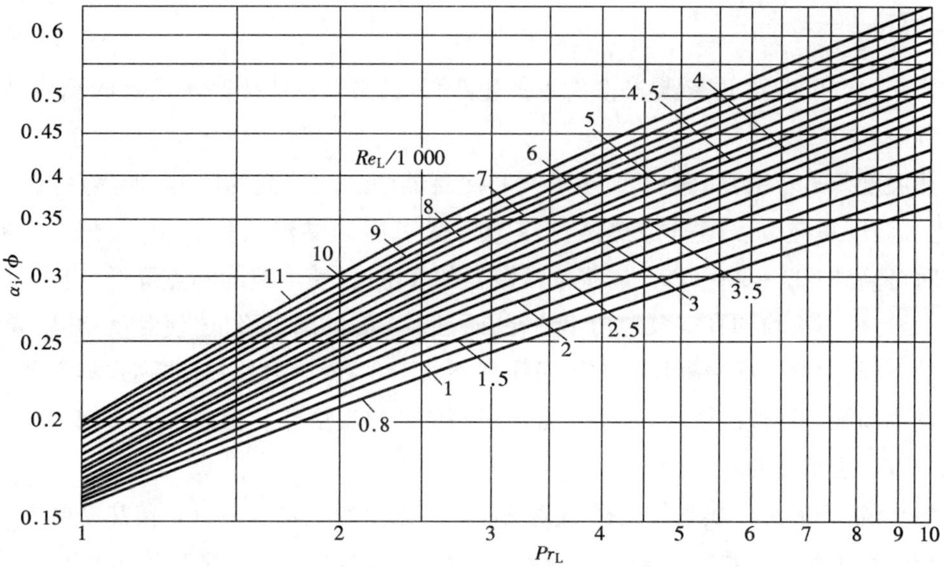

图中 ϕ——数群，$\phi=\left(\dfrac{\rho_L^2\lambda_L^3 g}{\mu_L^2}\right)^{1/3}$，W/(m² · ℃)

图 5-15 降膜蒸发器沸腾传热系数关联图

蒸发器生产能力的大小取决于通过传热面的传热速率 Q。将式(5-11b)和式(5-21)整理得，溶液稀释热不可忽略时，蒸发器的生产能力为

$$W=\frac{Q-(F-W)h_1+Fh_0-Q_L}{H'} \tag{5-11c}$$

溶液稀释热可忽略时，蒸发器的生产能力为

$$W=\frac{Q-Fc_{p0}(t_1-t_0)-Q_L}{r'} \tag{5-21b}$$

由上两式可以看出，若蒸发器的热损失可忽略，且原料液在沸点下进入蒸发器，则传热量全部用于蒸发水分；若原料液在低于沸点下进入蒸发器，则需要消耗部分热量将原料液加热至沸点，从而降低了蒸发器的生产能力；若原料液在高于沸点下进入蒸发器，则会出现闪蒸，部分溶剂在进入蒸发器时自动蒸发，使蒸发器的生产能力增加。

2. 蒸发器的生产强度

蒸发器的生产强度 U 是指单位传热面积上单位时间内蒸发的水量，单位为 kg/(m² · h)，即

$$U=\frac{W}{S_o}$$

蒸发强度是评价蒸发器优劣的重要指标。对于给定的蒸发量而言，蒸发强度越大，则所需的传热面积越小，因而蒸发设备的投资越省。

若为沸点进料，且忽略蒸发器的热损失，则

$$Q=Wr'=K_oS_o\Delta t_m$$

将以上二式整理得

$$U=\frac{Q}{S_o r'}=\frac{K_o \Delta t_m}{r'} \tag{5-35}$$

由式(5-35)可以看出，欲提高蒸发器的生产强度，必须设法提高蒸发器的总传热系数和传热温度差。

传热温度差 Δt_m 主要取决于加热蒸汽和冷凝器中二次蒸汽的压力，加热蒸汽的压力越高，其饱和温度也越高。但是加热蒸汽压力常受工厂的供汽条件所限，一般为 300 ~ 500 kPa，有时可高到 600 ~ 800 kPa。若提高冷凝器的真空度，使溶液的沸点降低，也可以加大温度差，但是这样不仅增加真空泵的功率消耗，而且因溶液的沸点降低，使黏度增高，导致沸腾传热系数下降，因此一般冷凝器中的绝对压强不低于 8 kPa。另外，对非膜式蒸发器，为了控制沸腾操作局限于泡核沸腾区，也不宜采用过高的传热温度差。由以上分析知，传热温度差的提高是有一定限度的。

一般来说，增大总传热系数是提高蒸发器生产强度的主要途径。总传热系数 K_o 值取决于对流传热系数和污垢热阻。蒸汽冷凝传热系数 α_o 通常总比溶液沸腾传热系数 α_i 大，即传热总热阻中，蒸汽冷凝侧的热阻较小。不过在蒸发器的设计和操作中，必须考虑及时排除蒸汽中的不凝气，否则，其热阻将大大地增加，使总传热系数下降。管内溶液侧的污垢热阻往往是影响总传热系数的重要因素。尤其在处理易结垢和有结晶析出的溶液时，在传热面上很快形成垢层，使 K 值急剧下降。为了减小垢层热阻，蒸发器必须定期清洗。此外，还可采用 5.1.1 节介绍的防除垢技术。管内溶液沸腾传热系数 α_i 是影响总传热系数的主要因素。前已述及，影响沸腾传热系数的因素很多，如溶液的性质、蒸发器的操作条件及蒸发器的类型等。从前述的沸腾传热系数的关联式可以了解影响 α_i 的一些因素，以便根据实际的蒸发任务，选择适宜的操作条件和蒸发器的类型。

5.3 多效蒸发

演示文稿

蒸发过程是一个能耗较大的单元操作，因此能耗是蒸发过程优劣的另一个重要评价指标，通常以加热蒸汽的经济性表示。加热蒸汽的经济性是指 1 kg 生蒸汽可蒸发的水分量，即

$$E=\frac{W}{D}=\frac{1}{e}$$

在单效蒸发器中，每蒸发 1 kg 的水要消耗比 1 kg 多一些的加热蒸汽。在工业生产中，蒸发大量的水分必须消耗大量的加热蒸汽。为了减少加热蒸汽消耗量，可采用多效蒸发操作。多效蒸发时要求后效的操作压力和溶液的沸点均较前效的低，因此可引入前效的二次蒸汽作为后效的加热介质，即后效的加热室成为前效二次蒸汽的冷凝器，仅第一效需要消耗生蒸汽，这就是多效蒸发的操作原理。一般多效蒸发装置的末效或后几效总是在真空下操作。由于各效（末效除外）的二次蒸汽都作为下一效蒸发器的加热蒸汽，故提高了生蒸汽的利用率，即提高了经济效益。假若单效蒸发或多效蒸发装置中所蒸发的水量相等，则前者需要的生蒸汽量远大于后者。例如，当原料液在沸点下进入蒸发器，并忽略热损失、各种温度

差损失以及不同压强下汽化热的差别时，则理论上，单效的 $D/W\approx1$，双效的 $D/W\approx1/2$，三效的 $D/W\approx1/3$，……n 效的 $D/W\approx1/n$。若考虑实际上存在的各种温度差损失和蒸发器的热损失等，则多效蒸发时便达不到上述的经济性。表 5-3 列出实际蒸发操作中最小的 $(D/W)_{\min}$ 值。

表 5-3 单位蒸汽消耗量

效　数	单　效	双　效	三　效	四　效	五　效
$(D/W)_{\min}$	1.1	0.57	0.4	0.3	0.27

5.3.1 多效蒸发的操作流程

在多效蒸发中，各效的操作压力依次降低，相应地，各效的加热蒸汽温度及溶液的沸点亦依次降低。因此，只有当提供的新鲜加热蒸汽的压力较高或末效采用真空的条件下，多效蒸发才是可行的。

按溶液与蒸汽相对流向的不同，常见的多效蒸发操作流程（以三效为例）有以下几种。

1. 并流（顺流）加料蒸发流程

并流加料是最常见的蒸发操作流程。图 5-16 所示是由 3 个蒸发器组成的三效并流加料流程。溶液和蒸汽的流向相同，即都由第一效顺序流至末效，故称为并流加料。生蒸汽通入第一效加热室，蒸发出的二次蒸汽进入第二效的加热室作为加热蒸汽，第二效的二次蒸汽又进入第三效的加热室作为加热蒸汽，第三效（末效）的二次蒸汽则送至冷凝器全部冷凝。原料液进入第一效，浓缩后由底部排出，依次流过后面各效时即被连续不断地浓缩，完成液由末效底部取出。

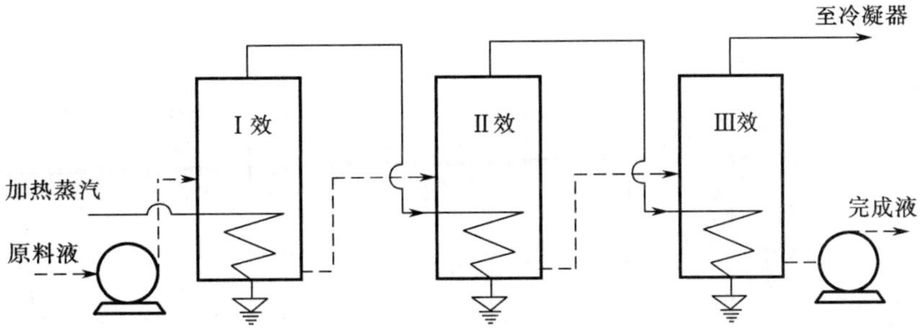

图 5-16 并流加料的三效蒸发装置流程示意图

并流加料的优点为：后效蒸发室的压力要比前效的低，故溶液在效间的输送可以利用效间的压力差，而不必另外用泵；此外，由于后效溶液的沸点较前效的低，故前效的溶液进入后效时，会因过热而自动蒸发（称为自蒸发或闪蒸），因而可以多产生一部分二次蒸汽。

并流加料的缺点为：由于后效溶液的组成较前效的高，且温度又较低，所以沿溶液流动方向的组成逐渐增高，致使传热系数逐渐下降，这种情况在后二效中尤为严重。

2. 逆流加料蒸发流程

图 5-17 为三效逆流加料流程。原料液由末效进入，用泵依次输送至前效，完成液由第一效底部取出。加热蒸汽的流向仍是由第一效顺序至末效。因蒸汽和溶液的流动方向相反，故称为逆流加料。

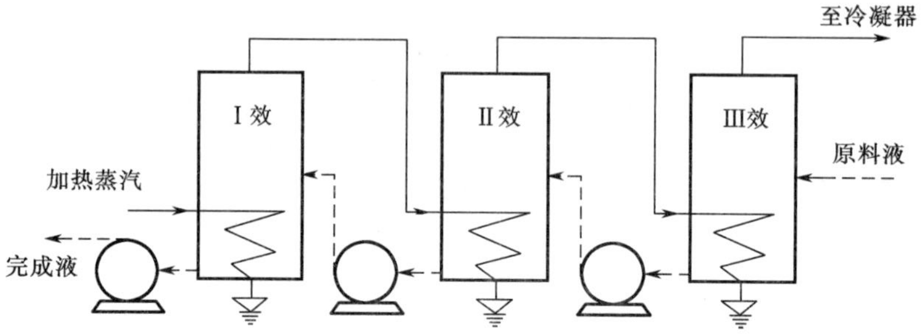

图 5-17　逆流加料的三效蒸发装置流程示意图

逆流加料蒸发流程的主要优点是：溶液的组成沿着流动方向不断提高，同时温度也逐渐上升，因此各效溶液的黏度较为接近，使各效的传热系数也大致相同。其缺点是，效间的溶液需用泵输送，能量消耗较大，且因各效的进料温度均低于沸点，与并流加料相比较，产生的二次蒸汽量也较少。

一般来说，逆流加料宜于处理黏度随温度和组成变化较大的溶液，而不宜于处理热敏性的溶液。

3. 平流加料蒸发流程

平流加料的三效蒸发装置流程如图 5-18 所示。原料液分别加入各效中，完成液也分别自各效底部取出，蒸汽的流向仍是由第一效流至末效。此种流程适用于处理蒸发过程中伴有结晶析出的溶液。例如，某些盐溶液的浓缩，因为有结晶析出，不便于在效间输送，则宜采用平流加料。

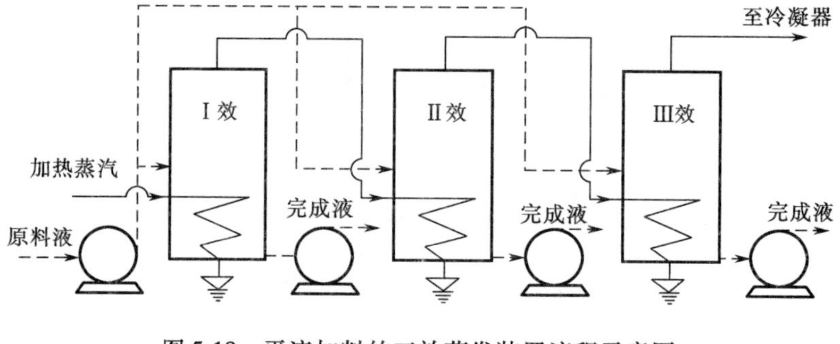

图 5-18　平流加料的三效蒸发装置流程示意图

多效蒸发装置除以上 3 种流程外，生产中还可根据具体情况采用上述基本流程的变形。例如，NaOH 水溶液的蒸发，有时采用并流和逆流相结合的流程，即混流流程。

此外，在多效蒸发中，有时并不将每一效所产生的二次蒸汽全部引入后一效作为加热蒸汽用，而是将其中一部分引出用于预热原料液或用于其他与蒸发操作无关的传热过程。引出的蒸汽称为额外蒸汽。但末效的二次蒸汽因其压力较低，一般不再引出作为他用，而是全部送入冷凝器。

5.3.2 多效蒸发的计算

多效蒸发计算中，已知条件是：原料液的流量、组成和温度，加热蒸汽（生蒸汽）的压力或温度，冷凝器的真空度或温度，末效完成液的组成等。

需要设计的项目是：生蒸汽的消耗量、各效的蒸发量、各效的传热面积。

解决上述问题的方法仍然是采用蒸发系统的物料衡算、焓衡算和传热速率 3 个基本方程式。

多效蒸发中，效数越多，变量（未知量）的数目也就越多。多效蒸发的计算比单效的要复杂得多。若将描述多效蒸发过程的方程用手算联立求解，则是很烦琐和困难的。为此，经常先作一些简化和假定，然后用试差法进行计算，需要时可参考有关手册和教材，这里从略。

5.3.3 多效蒸发和单效蒸发的比较

1. 溶液的温度差损失

若多效和单效蒸发的操作条件相同，即第一效（或单效）的加热蒸汽压力和冷凝器的操作压力各自相同，则多效蒸发的温度差因经过多次的损失，使总温度差损失较单效蒸发时大。

单效、双效和三效蒸发装置中温度差损失如图 5-19 所示，3 种情况均具有相同的操作条件。图形总高度代表加热蒸汽（生蒸汽）温度和冷凝器中蒸汽温度间的总温度差（即 130 − 50 = 80 ℃），阴影部分代表由于各种原因所引起的温度差损失，空白部分代表有效温度差，即传热推动力。由图可见，多效蒸发较单效蒸发的温度差损失要大，且效数越多，温度差损失也越大。

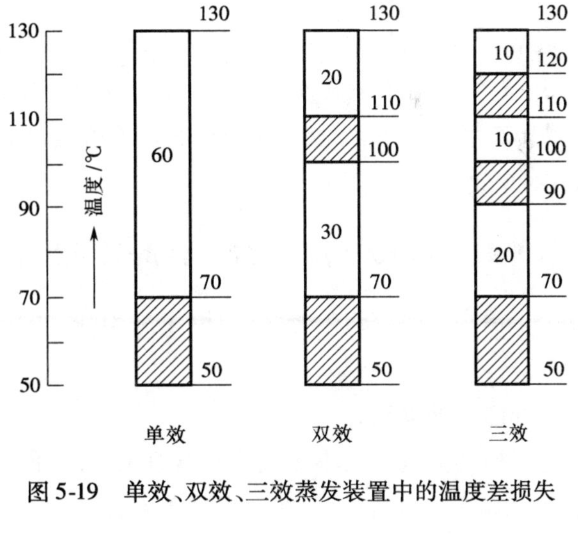

图 5-19 单效、双效、三效蒸发装置中的温度差损失

2. 经济效益

前已述及，多效蒸发提高了加热蒸汽的利用率，即经济效益。对于蒸发等量的水分而言，采用多效时所需的加热蒸汽较单效时少。不同效数的单位蒸汽耗量已列于表 5-3 中。

在工业生产中，若需蒸发大量的水分，宜采用多效蒸发。

3. 蒸发器的生产能力和生产强度

通常可认为蒸发器的生产能力即蒸发量是与蒸发器的传热速率成正比。由传热速率方

程式知

单效 $Q=K_oS_o\Delta t$

三效 $Q_1=K_{o1}S_{o1}\Delta t_1, Q_2=K_{o2}S_{o2}\Delta t_2, Q_3=K_{o3}S_{o3}\Delta t_3$

若各效的总传热系数取平均值 K，且各效的传热面积相等，则三效的总传热速率为

$$Q=Q_1+Q_2+Q_3\approx K_oS_o(\Delta t_1+\Delta t_2+\Delta t_3)=K_oS_o\sum\Delta t_i$$

当蒸发操作中没有温度差损失时，由上式可知，三效蒸发和单效蒸发的传热速率基本上相同，因此生产能力也大致相同。显然，两者的生产强度是不相同的，即三效蒸发时的生产强度（单位传热面积的蒸发量）约为单效蒸发时的三分之一。实际上，由于多效蒸发时的温度差损失较单效蒸发时的大，因此多效蒸发时的生产能力和生产强度均较单效时为小。可见，采用多效蒸发虽然可提高加热蒸汽的利用率，但降低了生产强度，设备投资将增大。

4. 多效蒸发中效数的限制及最佳效数

蒸发装置中效数越多，温度差损失越大，而且某些浓溶液的蒸发还可能发生总温度差损失等于或大于总温度差，此时蒸发操作就无法进行，所以多效蒸发的效数应有一定的限制。

多效蒸发中，随着效数的增加，单位蒸汽的耗量减小，使操作费用降低；另一方面，效数越多，装置的投资费用也越大。而且，由表5-3可看出，随着效数的增加，虽然 $(D/W)_{\min}$ 不断减小，但所节省的蒸汽消耗量也越来越少。例如，由单效增至双效，可节省的生蒸汽量约为50%，而由四效增至五效，可节省的生蒸汽量约为10%。同时，随着效数的增多，生产能力和强度也不断降低。由上面分析可知，最佳效数要通过经济权衡决定，单位生产能力的总费用最低时的效数即为最佳效数。

通常，工业中的多效蒸发操作的效数并不是很多，应保证各效蒸发器中传热有效温差不小于5～7 ℃。对于电解质溶液，例如，NaOH、NH_4NO_3 等水溶液，由于其沸点升高（即温度差损失）较大，故取2～3效；对于非电解质溶液，如有机溶液等，其沸点升高较小，所用效数可取4～6效。

5.3.4 提高加热蒸汽经济性的其他措施

为了提高加热蒸汽的经济性，除了采用前述的多效蒸发操作之外，工业上还常常采用其他措施。

1. 抽出额外蒸汽

抽出额外蒸汽是指将多效蒸发器蒸出的部分二次蒸汽用做其他加热设备的热源。由于用饱和水蒸气作为加热介质时，主要是利用蒸汽的冷凝热，因此就整个工厂而言，将二次蒸汽引出作为它用，蒸发器只是将高品位（高温）加热蒸汽转化为较低品位（低温）的二次蒸汽，其冷凝热仍可完全利用。这样不仅大大降低了能耗，而且使进入冷凝器的二次蒸汽量降低，从而减少了冷凝器的负荷。

2. 冷凝水显热的利用

蒸发器的加热室排出大量冷凝水，如果这些具有较高温度的冷凝水直接排走，则会造成大量的能源和水源的浪费。为了充分利用这些冷凝水，可以将其用于预热料液或加热其他

物料,也可以用减压闪蒸的方法使产生的部分蒸汽与二次蒸汽一起作为下一效蒸发器的加热蒸汽。有时,还可根据生产需要,作为其他工艺用水。

3. 热泵蒸发

利用MVR(Mechanical Vapor Recompression)技术,将蒸发器蒸出的二次蒸汽用压缩机压缩,提高其压力,使其饱和温度超过溶液的沸点,然后送回蒸发器的加热室作为加热蒸汽,此种方法称为热泵蒸发。采用热泵蒸发只需在蒸发器开工阶段供应加热蒸汽,当操作达到稳定后,不再需要加热蒸汽,只需提供使二次蒸汽升压所需要的功,因而节省了大量的生蒸汽。通常,在单效蒸发和多效蒸发的末效中,二次蒸汽的潜热全部由冷凝水带走,而在热泵蒸发中,不但没有此项热损失,而且不消耗冷却水,这是热泵蒸发节能的原因所在。所以,这种方法尤其适用于缺水地区。

应予指出,热泵蒸发不适用于溶液沸点升高过高的操作,因此时二次蒸汽势必要被压缩到相应的较高压力,在经济上变得不合理,实际上热泵节能是以消耗机械功为代价的,而且压缩机的投资和维护费用都较高,所以,应该根据蒸发过程的工艺要求,通过经济核算来决定是否采用热泵系统。

5.4 蒸发器的工艺设计

演示文稿

设计任务中往往只给出溶液性质、要求达到的完成液组成及可提供的加热蒸汽压力等。设计者首先应根据溶液性质选定蒸发器形式、冷凝器压力、加料方式及最佳效数(最佳效数由设备投资费、折旧费与经常操作费间的经济衡算确定),再根据经验数据选出或算出总传热系数后,算出传热面积,最后再选定或算出蒸发器的主要工艺尺寸,它们是:加热管尺寸及管数、循环管尺寸、加热室外壳直径、分离室尺寸及附属设备。

下面介绍自然循环型蒸发器的几种主要工艺尺寸。

1. 加热室

由计算得到的传热面积,可按设计管壳式换热器的方法进行设计。一般取管径为25~75 mm、管长为2~4 m、管心距为(1.25~1.35)d_o,加热管的排列方式采用正三角形或同心圆排列。管数可由作图法或计算法求得,但应扣除中央循环管所占据面积的相应管数。

2. 循环管

(1)中央循环管式蒸发器　循环管截面积取加热管总截面积的40%~100%。对加热面积较小的蒸发器应取较大的百分数。

(2)悬筐式蒸发器　取循环流道截面为加热管总截面积的100%~150%。

(3)外热式自然循环蒸发器　循环管的大小可参考中央循环管式蒸发器来决定。

3. 分离室

(1)分离室的高度 H　一般根据经验决定分离室的高度,常采用高径比 $H/D=1\sim2$;对中央循环管式和悬筐式蒸发器,分离室的高度不应小于1.8 m,才能基本保证液沫不被蒸汽带出。

(2)分离室直径D 可按蒸发体积强度法计算。蒸发体积强度是指单位时间从单位体积分离室中排出的二次蒸汽体积。一般允许的蒸发体积强度V_s'为1.1～1.5 $m^3/(s \cdot m^3)$。因此由选定的允许蒸发体积强度值和每秒蒸发出的二次蒸汽体积即可求得分离室的体积。若分离室的高度或高径比已定,则可求得分离室的直径。

下面通过例5-4具体介绍。

【例5-4】 试设计一蒸发NaOH水溶液的单效蒸发器。已知条件如下:(1)原料液流量为10 000 kg/h、温度为80 ℃;(2)原料液组成为0.3(质量分数,下同)、完成液组成为0.45;(3)蒸发器中溶液的沸点为102.8 ℃;(4)加热蒸汽的绝对压力为450 kPa,蒸发室的绝对压力为20 kPa;(5)蒸发器的平均总传热系数为1 200 $W/(m^2 \cdot ℃)$,热损失可以忽略。

解:因NaOH水溶液组成较大,故选用外热式自然循环蒸发器。

(1)蒸发量

$$W = F\left(1 - \frac{x_0}{x_1}\right) = 10\ 000\left(1 - \frac{0.3}{0.45}\right) = 3\ 333\ \text{kg/h}$$

(2)加热蒸汽消耗量

因NaOH水溶液组成较高时,稀释热不能忽略,应用溶液的焓衡算求加热蒸汽消耗量,即

$$DH + Fh_0 = WH' + (F - W)h_1 + Dh_w$$

由附录查得压力为450 kPa时饱和蒸汽的参数为

温度 $T = 147.7$ ℃

蒸汽焓 $H = 2\ 747.8$ kJ/kg

液体焓 $h_w = 622.42$ kJ/kg

由附录查得压力为20 kPa时饱和蒸汽的参数为

温度 $T' = 60.1$ ℃

蒸汽焓 $H' = 2\ 606.4$ kJ/kg

由图5-14查得

原料液的焓 $h_0 \approx 305$ kJ/kg,完成液的焓 $h_1 \approx 570$ kJ/kg

将已知值代入焓衡算式:

$$2\ 747.8D + 10\ 000 \times 305 = 3\ 333 \times 2\ 606.4 + (10\ 000 - 3\ 333) \times 570 + 622.42D$$

解得 $D = 4\ 440$ kg/h

而 $Q = D(H - h_w) = 4\ 440(2\ 747.8 - 622.42) = 9\ 437 \times 10^6\ \text{kJ/h} = 2.621 \times 10^6\ \text{W}$

(3)蒸发器的传热面积

$$\Delta t = 147.7 - 102.8 = 44.9\ ℃$$

所以 $S_o = \frac{Q}{K_o \Delta t} = \frac{2.621 \times 10^6}{1\ 200 \times 44.9} = 48.65\ \text{m}^2$

为了安全,取$S_o = 1.2 \times 48.65 = 58.38\ \text{m}^2$。

(4)加热室

选用直径为 $\phi38\ \text{mm}\times3\ \text{mm}$、长为 3 m 的无缝管为加热管。

管数 $n=\dfrac{S}{\pi d_{o}L}=\dfrac{58.38}{\pi\times0.038\times3}=163$

加热管按正三角形排列，取管中心距为 70 mm。

用前章式(4-119)求管束中心线上的管数，即

$$n_{c}=1.1\sqrt{n}=1.1\sqrt{163}=14$$

由式(4-118)计算加热室内径，即

$$D_{i}=t(n_{c}-1)+2b'$$

取 $b'=1.5d_{o}$，故

$$D_{i}=70(14-1)+2\times1.5\times38=1\ 024\ \text{mm}$$

取 $D_{i}\approx1\ 100\ \text{mm}$

加热室壳径也可由作图法求得。

(5)循环管

根据经验值，取循环管的截面积为加热管总截面积的 80%，故循环管的截面积为

$$0.8\times\frac{\pi}{4}d_{i}^{2}n=0.8\times\frac{\pi}{4}(0.032)^{2}\times163=0.104\ 8\ \text{m}^{2}$$

故循环管直径为

$$d_{i}=\sqrt{\frac{0.104\ 8}{\frac{\pi}{4}}}=0.365\ 4\ \text{m}$$

选用 $\phi377\ \text{mm}\times9\ \text{mm}$ 的无缝钢管为循环管。

(6)分离室

取分离室高度为 2.5 m。

由附录查得 20 kPa 压力蒸汽的密度为 0.130 68 kg/m³，所以二次蒸汽的体积流量为

$$V_{s}=\frac{3\ 333}{0.130\ 68\times3\ 600}=7.085\ \text{m}^{3}/\text{s}$$

取允许的蒸发体积强度 V_{s}' 为 $1.5\ \text{m}^{3}/(\text{s}\cdot\text{m}^{3})$。

因为 $\dfrac{\pi}{4}D_{i}^{2}H=\dfrac{V_{s}}{V_{s}'}$，故分离室直径为

$$D_{i}=\sqrt{\frac{V_{s}}{\frac{\pi}{4}HV_{s}'}}=\sqrt{\frac{7.085}{\frac{\pi}{4}\times2.5\times1.5}}=1.551\ \text{m}\approx1.6\ \text{m}$$

【例 5-5】 试设计一蒸发氯化钠水溶液的单效立式降膜蒸发器。已知条件如下。

(1)原料液流量为 10 000 kg/h，沸点进料。

(2)原料液组成为 0.04(质量分数，下同)，完成液组成为 0.08。

(3)加热蒸汽绝对压力为 150 kPa，分离室在常压下操作。

(4)氯化钠水溶液的物性为(为简化起见，物性是按进口条件查取的)：

黏度 $\mu_L = 3.17 \times 10^{-4}\ \text{Pa} \cdot \text{s}$

导热系数 $\lambda_L = 0.675\ \text{W/(m} \cdot ℃)$

密度 $\rho_L = 1\ 020\ \text{kg/m}^3$

普朗特数 $Pr = 1.84$

表面张力 $\sigma = 0.074\ \text{N/m}$

(5)管外侧蒸汽冷凝传热系数为7 000 W/(m² · ℃)。

(6)忽略蒸发器的热损失。

解:(1)蒸发量

$$W = F\left(1 - \frac{x_0}{x_1}\right) = 10\ 000\left(1 - \frac{0.04}{0.08}\right) = 5\ 000\ \text{kg/h}$$

(2)传热量

由附录查得150 kPa饱和蒸汽温度为111.1 ℃;常压时饱和蒸汽温度为100 ℃、汽化热为2 258.4 kJ/kg。

因沸点进料,热损失可以忽略,则焓衡算可以简化为

$$Q = Wr' = 5\ 000 \times 2\ 258.4 = 1.129 \times 10^7\ \text{kJ/h} = 3.136 \times 10^6\ \text{W}$$

(3)初估传热面积

参考表5-2,取总传热系数 $K_o = 2\ 000\ \text{W/(m}^2 \cdot ℃)$,由附录查得8%氯化钠水溶液沸点升高约为1.5℃,故

沸点 $t = 100 + 1.5 = 101.5\ ℃$

$$\Delta t = 111.1 - 101.5 = 9.6\ ℃$$

$$S_o = \frac{Q}{K_o \Delta t} = \frac{3.136 \times 10^6}{2\ 000 \times 9.6} = 163.3\ \text{m}^2$$

取20%安全因数,故

$$S_o = 1.2 \times 163.3 \approx 196\ \text{m}^2$$

采用 $\phi 25\ \text{mm} \times 2\ \text{mm}$、长为5 m的黄铜管为加热管,则管数为

$$n = \frac{S_o}{\pi d_o L} = \frac{196}{\pi \times 0.025 \times 5} = 499$$

(4)复核总传热系数

按进口条件计算管内沸腾传热系数 α_i:

$$\frac{M}{\mu_L} = \frac{W'}{\pi d_i n \mu_L} = \frac{10\ 000}{\pi \times 0.021 \times 499 \times 3.17 \times 10^{-4} \times 3\ 600} = 266.2$$

$$1\ 450 Pr^{-1.06} = 1\ 450 \times 1.84^{-1.06} = 759.7$$

$$0.61\left(\frac{\mu_L^4 g}{\rho_L \sigma^3}\right)^{-1/11} = 0.61\left[\frac{(3.17 \times 10^{-4})^4 \times 9.81}{1\ 020 \times 0.074^3}\right]^{-1/11} = 8.563$$

即

$$0.61\left(\frac{\mu_L^4 g}{\rho_L \sigma^3}\right)^{-1/11} < \frac{M}{\mu_L} < 1\ 450 Pr^{-1.06}$$

所以 $\alpha_i = 0.705\left[\frac{\lambda_L^3 g\rho_L^2}{\mu_L^2}\right]^{1/3}\left(\frac{M}{\mu_L}\right)^{-0.24} = 0.705\left[\frac{0.675^3 \times 9.81 \times 1\ 020^2}{(3.17\times10^{-4})^2}\right]^{1/3}(266.2)^{-0.24}$

$= 5\ 812\ \text{W/(m}^2\cdot℃)$

取管内侧污垢热阻 $R_{si} = 0.000\ 1\ \text{m}^2\cdot℃/\text{W}$，忽略管壁热阻，则总传热系数为

$$K_o = \frac{1}{\frac{1}{\alpha_o} + R_{si}\frac{d_o}{d_i} + \frac{d_o}{\alpha_i d_i}} = \frac{1}{\frac{1}{7\ 000} + 0.000\ 1 \times \frac{25}{21} + \frac{1}{5\ 812}\times\frac{25}{21}} = 2\ 143\ \text{W/(m}^2\cdot℃)$$

选用的 K_o 值较计算的小，故上述计算结果表明所求的立式降膜蒸发器基本适合，不需重复计算。加热室的具体设计可按管壳式换热器进行，分离室的高度通常大于 1 m。

习 题

综合性练习题解析

1. 在单效中央循环管式蒸发器内，将 10%（质量分数，下同）NaOH 水溶液浓缩到 25%，分离室内绝对压力为 15 kPa，试求因溶液蒸气压下降而引起的沸点升高及相应的沸点。〔答：$\Delta' = 9.55$ ℃，$t = 63.05$ ℃〕

2. 上题的 NaOH 水溶液在蒸发器加热管内的液层高度为 1.6 m，操作条件下溶液的密度约为 1 230 kg/m³。试求因液柱静压力引起的沸点升高及溶液的沸点。〔答：$\Delta'' = 9.6$ ℃，$t = 72.65$ ℃〕

3. 前两题的溶液在传热面积为 40 m² 的蒸发器内，用绝对压力为 120 kPa 的饱和蒸汽加热。原料液于 40 ℃时进入蒸发器，测得总传热系数为 1 300 W/(m² · ℃)，热损失为总传热量的 20%，冷凝水在蒸汽温度下排除，试求：(1) 加热蒸汽消耗量；(2) 每小时能处理原料液的质量。〔答：(1) $D = 3\ 184$ kg/h；(2) $F = 3\ 914$ kg/h〕

4. 在单效蒸发器中，每小时将 10 000 kg 的 $NaNO_3$ 水溶液从 5% 浓缩到 25%（均为质量分数）。原料液温度为 40℃。分离室的真空度为 60 kPa，加热蒸汽表压为 30 kPa。蒸发器的总传热系数为 2 000 W/(m² · ℃)，热损失很小，可以略去不计。试求蒸发器的传热面积及加热蒸汽消耗量。设液柱静压力引起的温度差损失可以忽略。当地大气压为 101.33 kPa。〔答：$S = 98.3$ m²，$D = 8\ 929$ kg/h〕

5. 临时需要将 850 kg/h 的某种水溶液从 15% 连续浓缩到 35%（均为质量分数）。现有一传热面积为 10 m² 的小型蒸发器可供使用。原料液在沸点下加入蒸发器，估计在操作条件下溶液的各种温度差损失之和为 18 ℃。蒸发室的真空度为 80 kPa。假设蒸发器的总传热系数为 1 000 W/(m² · ℃)，热损失可以忽略，试求加热蒸汽压力。当地大气压为 100 kPa。忽略溶液的稀释热效应。〔答：$p = 143.3$ kPa〕

6. 在双效并流蒸发设备中，每小时蒸发 1 000 kg 的 10% 某种水溶液。第一效完成液的组成为 15%，第二效的为 30%（均为质量分数）。两效中溶液的沸点分别为 108 ℃和 95 ℃。试求溶液自第一效进入第二效时因温度降低而自蒸发的水量及自蒸发量占第二效中总蒸发量的百分数。〔答：自蒸发量为 13.59 kg/h，自蒸发量占第二效蒸发量的百分数为 4.08%〕

7*. 在生产中，拟采用单效蒸发浓缩某水溶液，水溶液黏度大，蒸发过程中会结晶，且容易结垢。蒸发器进料的流量为 1 000 kg/h，组成为 10%（溶质的质量分数，下同），进料温度为 25 ℃，比热容为 3.4 kJ/(kg · ℃)，浓缩液组成为 20%。生蒸汽的压力为 60 kPa（表压），冷凝器的操作压力为 60 kPa。试确定以下问题：

(1)若现有中央循环管式蒸发器、外热式蒸发器和强制循环蒸发器各一套可供选用,传热面积均可以达到要求,请结合料液的性质,选择合适的蒸发器。

(2)若蒸发器的热损失为10%,溶液的稀释热可忽略,所需生蒸汽的耗量,kg/h。

(3)若蒸发器中因溶液的蒸气压下降和液柱的静压力而导致的温度差损失分别为8.6 ℃和6.3 ℃,总传热系数为1200 W/(m^2·℃),则蒸发器所需的传热面积。

(4)在(3)的基础上,进一步计算该蒸发过程的生产能力、生产强度、单位蒸汽耗量和加热蒸汽的经济性等指标,并分析提高生产强度的主要途径。

(5)针对上述蒸发过程,试提出一些可能的提高加热蒸汽经济性的措施。若采用多效蒸发代替单效蒸发,则何种流程较为适宜?

〔答:(1)强制循环蒸发器;(2)727.2 kg/h;(3)29.3 m^2;(4)$W=500$ kg/h,$U=17.06$ kg/(m^2·h),$e=1.454$,$E=0.6876$;(5)略〕

思考题

1. 并流加料的多效蒸发装置中,一般各效的总传热系数逐效减小,而蒸发量却逐效略有增加,试分析原因。

2. 欲设计多效蒸发装置将NaOH水溶液自10%浓缩到60%,宜采用何种加料方式。料液温度为30℃。

3. 在上题的条件下,可供使用的加热蒸汽压力为400 kPa(绝压),末效蒸发器内真空度为80 kPa。为提高加热蒸汽的经济效果,如采用5效蒸发装置,是否适宜?

4. 溶液的哪些性质对确定多效蒸发的效数有影响?并简略分析。

5. 蒸发过程的节能措施有哪些,各自的适用场合是什么?

Appendix

附录

1. 常用物理量单位的换算

1) 质量

kg	T	lb
1	0. 001	2. 204 62
1 000	1	2 204. 62
0. 453 6	4.536×10^{-4}	1

2) 长度

m	in	ft	yd
1	39. 370 1	3. 280 8	1. 093 61
0. 025 400	1	0. 073 333	0. 027 78
0. 304 80	12	1	0. 333 33
0. 914 4	36	3	1

3) 力

N	kgf	lbf	dyn
1	0. 102	0. 224 8	1×10^{5}
9. 806 65	1	2. 204 6	9.80665×10^{5}
4. 448	0. 453 6	1	4.448×10^{3}
1×10^{-5}	1.02×10^{-6}	2.248×10^{-6}	1

4) 流量

L/s	m^3/s	gl(美)/min	ft^3/s
1	0. 001	15. 850	0. 035 31
0. 277 8	2.778×10^{-4}	4. 403	9.810×10^{-3}
1 000	1	1.5850×10^{4}	35. 31
0. 063 09	6.309×10^{-5}	1	0. 002 228
7.866×10^{-3}	7.866×10^{-6}	0. 124 68	2.778×10^{-4}
28. 32	0. 028 32	448. 8	1

5)压力(压强)和应力

Pa	bar	kgf/cm^2	atm	mmH_2O	mmHg	lbf/in^2
1	1×10^{-5}	1.02×10^{-5}	0.99×10^{-5}	0.102	0.007 5	14.5×10^{-5}
1×10^{5}	1	1.02	0.986 9	10 197	750.1	14.5
98.07×10^{3}	0.980 7	1	0.967 8	1×10^{4}	735.56	14.2
$1.013\ 25\times10^{5}$	1.013	1.033 2	1	$1.033\ 2\times10^{4}$	760	14.697
9.807	98.07	0.000 1	$0.967\ 8\times10^{-4}$	1	0.073 6	1.423×10^{-3}
133.32	1.333×10^{-3}	0.136×10^{-2}	0.001 32	13.6	1	0.019 34
6 894.8	0.068 95	0.070 3	0.068	703	51.71	1

6)动力黏度(简称黏度)

Pa·s	P	cP	lb/ft·s	$kgf\cdot s/m^2$
1	10	1×10^{3}	0.672	0.102
1×10^{-1}	1	1×10^{2}	0.067 20	0.010 2
1×10^{-3}	0.01	1	6.720×10^{-4}	0.102×10^{-3}
1.488 1	14.881	1 488.1	1	0.151 9
9.81	98.1	9 810	6.59	1

7)运动黏度

m^2/s	cm^2/s	ft^2/s
1	1×10^{4}	10.76
10^{-4}	1	1.076×10^{-3}
92.9×10^{-3}	929	1

8)功、能和热

J(即N·m)	kgf·m	kW·h	hp·h	kcal	Btu	ft·lbf
1	0.102	2.778×10^{-7}	3.725×10^{-7}	2.39×10^{-4}	9.485×10^{-4}	0.737 7
9.806 7	1	2.724×10^{-6}	3.653×10^{-6}	2.342×10^{-3}	9.296×10^{-3}	7.233
3.6×10^{6}	3.671×10^{5}	1	1.341 0	860.0	3 413	$2\ 655\times10^{3}$
2.685×10^{6}	273.8×10^{3}	0.745 7	1	641.33	2 544	$1\ 980\times10^{3}$
$4.186\ 8\times10^{3}$	426.9	$1.162\ 2\times10^{-3}$	$1.557\ 6\times10^{-3}$	1	3.963	3 087
1.055×10^{3}	107.58	2.930×10^{-4}	3.926×10^{-4}	0.252 0	1	778.1
1.355 8	0.138 3	$0.376\ 6\times10^{-6}$	$0.505\ 1\times10^{-6}$	3.239×10^{-4}	1.285×10^{-3}	1

9)功率

W	kgf·m/s	lbf·ft/s	hp	kcal/s	Btu/s
1	0.101 97	0.737 6	1.341×10^{-3}	$0.238\ 9\times10^{-3}$	$0.948\ 6\times10^{-3}$
9.806 7	1	7.233 14	0.013 15	$0.234\ 2\times10^{-2}$	$0.929\ 3\times10^{-2}$
1.355 8	0.138 25	1	0.001 818 2	$0.323\ 8\times10^{-3}$	$0.128\ 51\times10^{-2}$
745.69	76.037 5	550	1	0.178 03	0.706 75
4 186.8	426.85	3 087.44	5.613 5	1	3.968 3
1 055	107.58	778.168	1.414 8	0.251 996	1

10)比热容

kJ/(kg·℃)	kcal/(kg·℃)	Btu/(lb·℉)
1	0.238 9	0.238 9
4.186 8	1	1

11)导热系数(热导率)

W/(m·℃)	J/(cm·s·℃)	cal/(cm·s·℃)	kcal/(m·h·℃)	Btu/(ft·h·℉)
1	1×10^{-3}	2.389×10^{-3}	0.859 8	0.578
1×10^{2}	1	0.238 9	86.0	57.79
418.6	4.186	1	360	241.9
1.163	0.011 6	$0.277\ 8\times10^{-2}$	1	0.672 0
1.73	0.017 30	$0.413\ 4\times10^{-2}$	1.488	1

12)传热系数

W/(m²·℃)	kcal/(m²·h·℃)	cal/(cm²·s·℃)	Btu/(ft²·h·℉)
1	0.86	2.389×10^{-5}	0.176
1.163	1	2.778×10^{-5}	0.204 8
4.186×10^{4}	3.6×10^{4}	1	7 374
5.678	4.882	1.356×10^{-4}	1

13)温度

温标$[℉]=[℃]\times\frac{9}{5}+32$,$[K]=273.3+[℃]$,$[°R]=460+[℉]$,$[K]=[°R]\times\frac{5}{9}$

温度差

$1℃=\frac{9}{5}\times℉$, $1K=\frac{9}{5}\times°R$, $1\ ℃=1\ K$

14)表面张力

N/m	kgf/m	dyn/cm	lbf/ft
1	0.102	10^{3}	6.854×10^{-2}
9.81	1	9 807	0.672 0
10^{-3}	1.02×10^{-4}	1	6.854×10^{-5}
14.59	1.488	1.459×10^{4}	1

15)扩散系数

m²/s	cm²/s	m²/h	ft²/h	in²/s
1	10^{4}	3 600	3.875×10^{4}	1 550
10^{-4}	1	0.360	3.875	0.155 0
2.778×10^{-4}	2.778	1	10.764	0.430 6
$0.258\ 1\times10^{-4}$	0.258 1	0.092 90	1	0.040
6.452×10^{-4}	6.452	2.323	25.0	1

2. 某些气体的重要物理性质

名称	分子式	密度(0℃,101.33 kPa)/kg/m³	比热容/kJ/(kg·℃)	黏度 $\mu\times10^5$/Pa·s	沸点(101.33 kPa)/℃	汽化热/kJ/kg	临界点 温度/℃	临界点 压力/kPa	导热系数/W/(m·℃)
空气	—	1.293	1.009	1.73	−193	197	−140.7	3 768.4	0.024 4
氧	O_2	1.429	0.653	2.03	−183	213	−118.82	5 036.6	0.024 0
氮	N_2	1.251	0.745	1.70	−195.78	199.2	−147.13	3 392.5	0.022 8
氢	H_2	0.089 9	10.13	0.842	−252.75	454.2	−239.9	1 296.6	0.163
氦	He	0.178 5	3.18	1.88	−268.95	19.5	−267.96	228.94	0.144
氩	Ar	1.782 0	0.322	2.09	−185.87	163	−122.44	4 862.4	0.017 3
氯	Cl_2	3.217	0.355	1.29 (16℃)	−33.8	305	144.0	7 708.9	0.007 2
氨	NH_3	0.771	0.67	0.918	−33.4	1 373	132.4	11 295	0.021 5
一氧化碳	CO	1.250	0.754	1.66	−191.48	211	−140.2	3 497.9	0.022 6
二氧化碳	CO_2	1.976	0.653	1.37	−78.2(升华)	—	31.1	7 384.8	0.013 7
二氧化硫	SO_2	2.927	0.502	1.17	−10.8	394	157.5	7 879.1	0.007 7
二氧化氮	NO_2	—	0.615	—	−21.2	712	158.2	10 130	0.040 0
硫化氢	H_2S	1.539	0.804	1.166	−60.2	548	100.4	9 136	0.013 1
甲烷	CH_4	0.717	1.70	1.03	−161.58	511	−82.15	4 619.3	0.030 0
乙烷	C_2H_6	1.357	1.44	0.850	−88.50	486	32.1	4 948.5	0.018 0
丙烷	C_3H_8	2.020	1.65	0.795 (18℃)	−42.1	427	95.6	4 355.9	0.014 8
正丁烷	C_4H_{10}	2.673	1.73	0.810	−0.5	386	152	3 798.8	0.013 5
正戊烷	C_5H_{12}	—	1.57	0.874	36.08	357.4	197.1	3 342.9	0.012 8
乙烯	C_2H_4	1.261	1.222	0.985	−103.7	481	9.7	5 135.9	0.016 4
丙烯	C_3H_6	1.914	1.436	0.835 (20℃)	−47.7	440	91.4	4 599.0	—
乙炔	C_2H_2	1.171	1.352	0.935	−83.66(升华)	—	35.7	6 240.0	0.018 4
氯甲烷	CH_3Cl	2.308	0.582	0.989	−24.1	406	148	6 685.8	0.008 5
苯	C_6H_6	—	1.139	0.72	80.2	394	288.5	4 832.0	0.008 8

3. 某些液体的重要物理性质

名称	分子式	密度(20℃)/kg/m³	沸点(101.33 kPa)/℃	汽化热/kJ/kg	比热容(20℃)/kJ/(kg·℃)	黏度(20℃)/mPa·s	导热系数(20℃)/W/(m·℃)	体积膨胀系数 $\beta\times10^4$(20℃)/1/℃	表面张力 $\sigma\times10^3$(20℃)/N/m
水	H_2O	998	100	2 258	4.183	1.005	0.599	1.82	72.8

续表

名　称	分子式	密　度（20℃）/ kg/m^3	沸　点（101.33 kPa）/ ℃	汽化热/ kJ/kg	比热容（20 ℃）/ kJ/(kg·℃)	黏度（20 ℃）/ mPa·s	导热系数（20 ℃）/ W/(m·℃)	体积膨胀系数 $\beta\times10^4$（20 ℃）/ 1/℃	表面张力 $\sigma\times10^3$（20 ℃）/ N/m
氯化钠盐水（25%）	—	1 186（25℃）	107	—	3. 39	2. 3	0. 57（30℃）	(4. 4)	—
氯化钙盐水（25%）	—	1 228	107	—	2. 89	2. 5	0. 57	(3. 4)	—
硫　酸	H_2SO_4	1 831	340（分解）	—	1. 47（98%）	—	0. 38	5. 7	—
硝　酸	HNO_3	1 513	86	481. 1	—	1. 17（10 ℃）	—	—	—
盐酸（30%）	HCl	1 149	—	—	2. 55	2（31. 5%）	0. 42	—	—
二硫化碳	CS_2	1 262	46. 3	352	1. 005	0. 38	0. 16	12. 1	32
戊　烷	C_5H_{12}	626	36. 07	357. 4	2. 24（15. 6 ℃）	0. 229	0. 113	15. 9	16. 2
己　烷	C_6H_{14}	659	68. 74	335. 1	2. 31（15. 6 ℃）	0. 313	0. 119	—	18. 2
庚　烷	C_7H_{16}	684	98. 43	316. 5	2. 21（15. 6 ℃）	0. 411	0. 123	—	20. 1
辛　烷	C_8H_{18}	763	125. 67	306. 4	2. 19（15. 6 ℃）	0. 540	0. 131	—	21. 8
三氯甲烷	$CHCl_3$	1 489	61. 2	253. 7	0. 992	0. 58	0. 138（30℃）	12. 6	28. 5（10℃）
四氯化碳	CCl_4	1 594	76. 8	195	0. 850	1. 0	0. 12	—	26. 8
1,2-二氯乙烷	$C_2H_4Cl_2$	1 253	83. 6	324	1. 260	0. 83	0. 14（50℃）	—	30. 8
苯	C_6H_6	879	80. 10	393. 9	1. 704	0. 737	0. 148	12. 4	28. 6
甲苯	C_7H_8	867	110. 63	363	1. 70	0. 675	0. 138	10. 9	27. 9
邻二甲苯	C_8H_{10}	880	144. 42	347	1. 74	0. 811	0. 142	—	30. 2
间二甲苯	C_8H_{10}	864	139. 10	343	1. 70	0. 611	0. 167	10. 1	29. 0
对二甲苯	C_8H_{10}	861	138. 35	340	1. 704	0. 643	0. 129	—	28. 0
苯乙烯	C_8H_8	911（15. 6 ℃）	145. 2	(352)	1. 733	0. 72	—	—	—
氯　苯	C_6H_5Cl	1 106	131. 8	325	1. 298	0. 85	0. 14（30 ℃）	—	32
硝基苯	$C_6H_5NO_2$	1 203	210. 9	396	1. 47	2. 1	0. 15	—	41
苯　胺	$C_6H_5NH_2$	1 022	184. 4	448	2. 07	4. 3	0. 17	8. 5	42. 9
苯　酚	C_6H_5OH	1 050（50 ℃）	181. 8（熔点 40. 9）	511	—	3. 4（50 ℃）	—	—	—

续表

名称	分子式	密度(20℃)/kg/m³	沸点(101.33 kPa)/℃	汽化热/kJ/kg	比热容(20 ℃)/kJ/(kg·℃)	黏度(20 ℃)/mPa·s	导热系数(20 ℃)/W/(m·℃)	体积膨胀系数 $\beta\times10^4$ (20 ℃)/1/℃	表面张力 $\sigma\times10^3$ (20 ℃)/N/m
萘	$C_{16}H_8$	1 145(固体)	217.9(熔点 80.2)	314	1.80(100 ℃)	0.59(100 ℃)	—	—	—
甲醇	CH_3OH	791	64.7	1 101	2.48	0.6	0.212	12.2	22.6
乙醇	C_2H_5OH	789	78.3	846	2.39	1.15	0.172	11.6	22.8
乙醇(95%)	—	804	78.2	—	—	1.4	—	—	—
乙二醇	$C_2H_4(OH)_2$	1 113	197.6	780	2.35	23	—	—	47.7
甘油	$C_3H_5(OH)_3$	1 261	290(分解)	—	—	1 499	0.59	5.3	63
乙醚	$(C_2H_5)_2O$	714	34.6	360	2.34	0.24	0.14	16.3	18
乙醛	CH_3CHO	783(18 ℃)	20.2	574	1.9	1.3(18 ℃)	—	—	21.2
糠醛	$C_5H_4O_2$	1 168	161.7	452	1.6	1.15(50 ℃)	—	—	43.5
丙酮	CH_3COCH_3	792	56.2	523	2.35	0.32	0.17	—	23.7
甲酸	$HCOOH$	1 220	100.7	494	2.17	1.9	0.26	—	27.8
醋酸	CH_3COOH	1 049	118.1	406	1.99	1.3	0.17	10.7	23.9
醋酸乙酯	$CH_3COOC_2H_5$	901	77.1	368	1.92	0.48	0.14(10 ℃)	—	—
煤油	—	780~820	—	—	—	3	0.15	10.0	—
汽油	—	680~800	—	—	—	0.7~0.8	0.19(30 ℃)	12.5	—

4. 某些固体材料的重要物理性质

名称	密度/kg/m³	导热系数/W/(m·℃)	比热容/kJ/(kg·℃)
(1)金属			
钢	7 850	45.3	0.46
不锈钢	7 900	17	0.50
铸铁	7 220	62.8	0.50
铜	8 800	383.8	0.41
青铜	8 000	64.0	0.38
黄铜	8 600	85.5	0.38
铝	2 670	203.5	0.92
镍	9 000	58.2	0.46
铝	11 400	34.9	0.13
(2)塑料			
酚醛	1 250~1 300	0.13~0.26	1.3~1.7
尿醛	1 400~1 500	0.30	1.3~1.7
聚氯乙烯	1 380~1 400	0.16	1.8

续表

名称	密　度/ kg/m^3	导热系数/ W/(m·℃)	比热容/ kJ/(kg·℃)
聚苯乙烯	1 050~1 070	0.08	1.3
低压聚乙烯	940	0.29	2.6
高压聚乙烯	920	0.26	2.2
有机玻璃	1 180~1 190	0.14~0.20	—
(3)建筑、绝热、耐酸材料及其他			
干沙	1 500~1 700	0.45~0.48	0.8
黏土	1 600~1 800	0.47~0.53	0.75(-20~20℃)
锅炉炉渣	700~1 100	0.19~0.30	—
黏土砖	1 600~1 900	0.47~0.67	0.92
耐火砖	1 840	1.05(800~1 100℃)	0.88~1.0
绝缘砖(多孔)	600~1 400	0.16~0.37	—
混凝土	2 000~2 400	1.3~1.55	0.84
松木	500~600	0.07~0.10	2.7(0~100℃)
软木	100~300	0.041~0.064	0.96
石棉板	770	0.11	0.816
石棉水泥板	1 600~1 900	0.35	—
玻璃	2 500	0.74	0.67
耐酸陶瓷制品	2 200~2 300	0.90~1.0	0.75~0.80
耐酸砖和板	2 100~2 400	—	—
耐酸搪瓷	2 300~2 700	0.99~1.04	0.84~1.26
橡胶	1 200	0.16	1.38
冰	900	2.3	2.11

5. 干空气的物理性质(101.33 kPa)

温度 t/ ℃	密度 ρ/ kg/m^3	比热容 c_p/ kJ/(kg·℃)	导热系数 $\lambda\times10^2$/ W/(m·℃)	黏度 $\mu\times10^5$/ Pa·s	普朗特数 Pr
-50	1.584	1.013	2.035	1.46	0.728
-40	1.515	1.013	2.117	1.52	0.728
-30	1.453	1.013	2.198	1.57	0.723
-20	1.395	1.009	2.279	1.62	0.716
-10	1.342	1.009	2.360	1.67	0.712
0	1.293	1.005	2.442	1.72	0.707
10	1.247	1.005	2.512	1.77	0.705
20	1.205	1.005	2.593	1.81	0.703
30	1.165	1.005	2.675	1.86	0.701
40	1.128	1.005	2.756	1.91	0.699
50	1.093	1.005	2.826	1.96	0.698
60	1.060	1.005	2.896	2.01	0.696
70	1.029	1.009	2.966	2.06	0.694
80	1.000	1.009	3.047	2.11	0.692
90	0.972	1.009	3.128	2.15	0.690
100	0.946	1.009	3.210	2.19	0.688
120	0.898	1.009	3.338	2.29	0.686
140	0.854	1.013	3.489	2.37	0.684

续表

温度 t/℃	密度 ρ/ kg/m^3	比热容 c_p/ kJ/(kg·℃)	导热系数 $\lambda\times10^2$/ W/(m·℃)	黏度 $\mu\times10^5$/ Pa·s	普朗特数 Pr
160	0.815	1.017	3.640	2.45	0.682
180	0.779	1.022	3.780	2.53	0.681
200	0.746	1.026	3.931	2.60	0.680
250	0.674	1.038	4.288	2.74	0.677
300	0.615	1.048	4.605	2.97	0.674
350	0.566	1.059	4.908	3.14	0.676
400	0.524	1.068	5.210	3.31	0.678
500	0.456	1.093	5.745	3.62	0.687
600	0.404	1.114	6.222	3.91	0.699
700	0.362	1.135	6.711	4.18	0.706
800	0.329	1.156	7.176	4.43	0.713
900	0.301	1.172	7.630	4.67	0.717
1000	0.277	1.185	8.041	4.90	0.719
1100	0.257	1.197	8.502	5.12	0.722
1200	0.239	1.206	9.153	5.35	0.724

6. 水的物理性质

温度/℃	饱和蒸汽压/kPa	密度/ kg/m^3	焓/ kJ/kg	比热容/ kJ/(kg·℃)	导热系数 $\lambda\times10^2$/ W/(m·℃)	黏度 $\mu\times10^5$/ Pa·s	体积膨胀系数 $\beta\times10^4$/ 1/℃	表面张力 $\sigma\times10^3$/ N/m	普朗特数 Pr
0	0.608 2	999.9	0	4.212	55.13	179.21	-0.63	75.6	13.66
10	1.226 2	999.7	42.04	4.191	57.45	130.77	0.70	74.1	9.52
20	2.334 6	998.2	83.90	4.183	59.89	100.50	1.82	72.6	7.01
30	4.247 4	995.7	125.69	4.174	61.76	80.07	3.21	71.2	5.42
40	7.376 6	992.2	167.51	4.174	63.38	65.60	3.87	69.6	4.32
50	12.34	988.1	209.30	4.174	64.78	54.94	4.49	67.7	3.54
60	19.923	983.2	251.12	4.178	65.94	46.88	5.11	66.2	2.98
70	31.164	977.8	292.99	4.187	66.76	40.61	5.70	64.3	2.54
80	47.379	971.8	334.94	4.195	67.45	35.65	6.32	62.6	2.22
90	70.136	965.3	376.98	4.208	68.04	31.65	6.95	60.7	1.96
100	101.33	958.4	419.10	4.220	68.27	28.38	7.52	58.8	1.76
110	143.31	951.0	461.34	4.238	68.50	25.89	8.08	56.9	1.61
120	198.64	943.1	503.67	4.260	68.62	23.73	8.64	54.8	1.47
130	270.25	934.8	546.38	4.266	68.62	21.77	9.17	52.8	1.36
140	361.47	926.1	589.08	4.287	68.50	20.10	9.72	50.7	1.26
150	476.24	917.0	632.20	4.312	68.38	18.63	10.3	48.6	1.18
160	618.28	907.4	675.33	4.346	68.27	17.36	10.7	46.6	1.11
170	792.59	897.3	719.29	4.379	67.92	16.28	11.3	45.3	1.05
180	1 003.5	886.9	763.25	4.417	67.45	15.30	11.9	42.3	1.00
190	1 255.6	876.0	807.63	4.460	66.99	14.42	12.6	40.0	0.96
200	1 554.77	863.0	852.43	4.505	66.29	13.63	13.3	37.7	0.93
210	1 917.72	852.8	897.65	4.555	65.48	13.04	14.1	35.4	0.91
220	2 320.88	840.3	943.70	4.614	64.55	12.46	14.8	33.1	0.89
230	2 798.59	827.3	990.18	4.681	63.73	11.97	15.9	31	0.88

续表

温度/℃	饱和蒸汽压/kPa	密度/kg/m³	焓/kJ/kg	比热容/kJ/(kg·℃)	导热系数 $\lambda\times10^2$/W/(m·℃)	黏度 $\mu\times10^5$/Pa·s	体积膨胀系数 $\beta\times10^4$/1/℃	表面张力 $\sigma\times10^3$/N/m	普朗特数 Pr
240	3 347.91	813.6	1 037.49	4.756	62.80	11.47	16.8	28.5	0.87
250	3 977.67	799.0	1 085.64	4.844	61.76	10.98	18.1	26.2	0.86
260	4 693.75	784.0	1 135.04	4.949	60.48	10.59	19.7	23.8	0.87
270	5 503.99	767.9	1 185.28	5.070	59.96	10.20	21.6	21.5	0.88
280	6 417.24	750.7	1 236.28	5.229	57.45	9.81	23.7	19.1	0.89
290	7 443.29	732.3	1 289.95	5.485	55.82	9.42	26.2	16.9	0.93
300	8 592.94	712.5	1 344.80	5.736	53.96	9.12	29.2	14.4	0.97
310	9 877.6	691.1	1 402.16	6.071	52.34	8.83	32.9	12.1	1.02
320	11 300.3	667.1	1 462.03	6.573	50.59	8.3	38.2	9.81	1.11
330	12 879.6	640.2	1 526.19	7.243	48.73	8.14	43.3	7.67	1.22
340	14 615.8	610.1	1 594.75	8.164	45.71	7.75	53.4	5.67	1.38
350	16 538.5	574.4	1 671.37	9.504	43.03	7.26	66.8	3.81	1.60
360	18 667.1	528.0	1 761.39	13.984	39.54	6.67	109	2.02	2.36
370	21 040.9	450.5	1 892.43	40.319	33.73	5.69	264	0.471	6.80

7. 饱和水蒸气表(按温度顺序排列)

温度/℃	绝对压力/		蒸汽的密度/kg/m³	焓				汽化热/	
				液体/		蒸汽/			
	kgf/cm²	kPa		kcal/kg	kJ/kg	kcal/kg	kJ/kg	kcal/kg	kJ/kg
0	0.006 2	0.608 2	0.004 84	0	0	595	2 491.1	595	2 491.1
5	0.008 9	0.873 0	0.006 80	5.0	20.94	597.3	2 500.8	592.3	2 479.89
10	0.012 5	1.226 2	0.009 40	10.0	41.87	599.6	2 510.4	589.6	2 468.5
15	0.017 4	1.706 8	0.012 83	15.0	62.80	602.0	2 520.5	587.0	2 457.7
20	0.023 8	2.334 6	0.017 19	20.0	83.74	604.3	2 530.1	584.3	2 446.3
25	0.032 3	3.168 4	0.023 04	25.0	104.67	606.6	2 539.7	581.6	2 435.0
30	0.043 3	4.247 4	0.030 36	30.0	125.60	608.9	2 549.3	578.9	2 423.7
35	0.057 3	5.620 7	0.039 60	35.0	146.54	611.2	2 559.0	576.2	2 412.4
40	0.075 2	7.376 6	0.051 14	40.0	167.47	613.5	2 568.6	573.5	2 401.1
45	0.097 7	9.583 7	0.065 43	45.0	188.41	615.7	2 577.8	570.7	2 389.4
50	0.125 8	12.340	0.083 0	50.0	209.34	618.0	2 587.4	568.0	2 378.1
55	0.160 5	15.743	0.104 3	55.0	230.27	620.2	2 596.7	565.2	2 366.4
60	0.203 1	19.923	0.130 1	60.0	251.21	622.5	2 606.3	562.0	2 355.1
65	0.255 0	25.014	0.161 1	65.0	272.14	624.7	2 615.5	559.7	2 343.4
70	0.317 7	31.164	0.197 9	70.0	293.08	626.8	2 624.3	556.8	2 331.2
75	0.393	38.551	0.241 6	75.0	314.01	629.0	2 633.5	554.0	2 319.5
80	0.483	47.379	0.292 9	80.0	334.94	631.1	2 642.3	551.2	2 307.8
85	0.590	57.875	0.353 1	85.0	355.88	633.2	2 651.1	548.2	2 295.2

续表

温度/℃	绝对压力/		蒸汽的密度/kg/m^3	焓				汽化热/	
	kgf/cm^2	kPa		液体/		蒸汽/		kcal/kg	kJ/kg
				kcal/kg	kJ/kg	kcal/kg	kJ/kg		
90	0.715	70.136	0.422 9	90.0	376.81	635.3	2 659.9	545.3	2 283.1
95	0.862	84.556	0.503 9	95.0	397.75	637.4	2 668.7	542.4	2 270.9
100	1.033	101.33	0.597 0	100.0	418.68	639.4	2 677.0	539.4	2 258.4
105	1.232	120.85	0.703 6	105.1	440.03	641.3	2 685.0	536.3	2 245.4
110	1.461	143.31	0.825 4	110.1	460.97	643.3	2 693.4	533.1	2 232.0
115	1.724	169.11	0.963 5	115.2	482.32	645.2	2 701.3	530.0	2 219.0
120	2.025	198.64	1.119 9	120.3	503.67	647.0	2 708.9	526.7	2 205.2
125	2.367	232.19	1.296	125.4	525.02	648.8	2 716.4	523.5	2 191.8
130	2.755	270.25	1.494	130.5	546.38	650.6	2 723.9	520.1	2 177.6
135	3.192	313.11	1.715	135.6	567.73	652.3	2 731.0	516.7	2 163.3
140	3.685	361.47	1.962	140.7	589.08	653.9	2 737.7	513.2	2 148.7
145	4.238	415.72	2.238	145.9	610.85	655.5	2 744.4	509.7	2 134.0
150	4.855	476.24	2.543	151.0	632.21	657.0	2 750.7	506.0	2 118.5
160	6.303	618.28	3.252	161.4	675.75	659.9	2 762.9	498.5	2 087.1
170	8.080	792.59	4.113	171.8	719.29	662.4	2 773.3	490.6	2 054.0
180	10.23	1 003.5	5.145	182.3	763.25	664.6	2 782.5	482.3	2 019.3
190	12.80	1 255.6	6.378	192.9	807.64	666.4	2 790.1	473.5	1 982.4
200	15.85	1 554.77	7.840	203.5	852.01	667.7	2 795.5	464.2	1 943.5
210	19.55	1 917.72	9.567	214.3	897.23	668.6	2 799.3	454.4	1 902.5
220	23.66	2 320.88	11.60	225.1	942.45	669.0	2 801.0	443.9	1 858.5
230	28.53	2 798.59	13.98	236.1	988.50	668.8	2 800.1	432.7	1 811.6
240	34.13	3 347.91	16.76	247.1	1 034.56	668.0	2 796.8	420.8	1 761.8
250	40.55	3 977.67	20.01	258.3	1 081.45	664.0	2 790.1	408.1	1 708.6
260	47.85	4 693.75	23.82	269.6	1 128.76	664.2	2 780.9	394.5	1 651.7
270	56.11	5 503.99	28.27	281.1	1 176.91	661.2	2 768.3	380.1	1 591.4
280	65.42	6 417.24	33.47	292.7	1 225.48	657.3	2 752.0	364.6	1 526.5
290	75.88	7 443.29	39.60	304.4	1 274.46	652.6	2 732.3	348.1	1 457.4
300	87.6	8 592.94	46.93	316.6	1 325.54	646.8	2 708.0	330.2	1 382.5
310	100.7	9 877.96	55.59	329.3	1 378.71	640.1	2 680.0	310.8	1 301.3
320	115.2	11 300.3	65.95	343.0	1 436.07	632.5	2 648.2	289.5	1 212.1
330	131.3	12 879.6	78.53	357.5	1 446.78	623.5	2 610.5	266.6	1 116.2
340	149.0	14 615.8	93.98	373.3	1 562.93	613.5	2 568.6	240.2	1 005.7
350	168.6	16 538.5	113.2	390.8	1 636.20	601.1	2 516.7	210.3	880.5
360	190.3	18 667.1	139.6	413.0	1 729.15	583.4	2 442.6	170.3	713.0
370	214.5	21 040.9	171.0	451.0	1 888.25	549.8	2 301.9	98.2	411.1

续表

温度/℃	绝对压力/		蒸汽的密度/kg/m^3	焓				汽化热/	
				液　体/		蒸　汽/			
	kgf/cm^2	kPa		kcal/kg	kJ/kg	kcal/kg	kJ/kg	kcal/kg	kJ/kg
374	225	22 070.9	322.6	501.1	2 098.0	501.1	2 098.0	0	0

8. 饱和水蒸气表（按饱和蒸汽压排序）

绝对压力/kPa	温　度/℃	蒸汽的密度/kg/m^3	焓/kJ/kg		汽化热/kJ/kg
			液　体	蒸　汽	
1.0	6.3	0.007 73	26.48	2 503.1	2 476.8
1.5	12.5	0.011 33	52.26	2 515.3	2 463.0
2.0	17.0	0.014 86	71.21	2 524.2	2 452.9
2.5	20.9	0.018 36	87.45	2 531.8	2 444.3
3.0	23.5	0.021 79	98.38	2 536.8	2 438.4
3.5	26.1	0.025 23	109.30	2 541.8	2 432.5
4.0	28.7	0.028 67	120.23	2 546.8	2 426.6
4.5	30.8	0.032 05	129.00	2 550.9	2 421.9
5.0	32.4	0.035 37	135.69	2 554.0	2 418.3
6.0	35.6	0.042 00	149.06	2 560.1	2 411.0
7.0	38.8	0.048 64	162.44	2 566.3	2 403.8
8.0	41.3	0.055 14	172.73	2 571.0	2 398.2
9.0	43.3	0.061 56	181.16	2 574.8	2 393.6
10.0	45.3	0.067 98	189.59	2 578.5	2 388.9
15.0	53.5	0.099 56	224.03	2 594.0	2 370.0
20.0	60.1	0.130 68	251.51	2 606.4	2 354.9
30.0	66.5	0.190 93	288.77	2 622.4	2 333.7
40.0	75.0	0.249 75	315.93	2 634.1	2 312.2
50.0	81.2	0.307 99	339.80	2 644.3	2 304.5
60.0	85.6	0.365 14	358.21	2 652.1	2 293.9
70.0	89.9	0.422 29	376.61	2 659.8	2 283.2
80.0	93.2	0.478 07	390.08	2 665.3	2 275.3
90.0	96.4	0.533 84	403.49	2 670.8	2 267.4
100.0	99.6	0.589 61	416.90	2 676.3	2 259.5
120.0	104.5	0.698 68	437.51	2 684.3	2 246.8
140.0	109.2	0.807 58	457.67	2 692.1	2 234.4
160.0	113.0	0.829 81	473.88	2 698.1	2 224.2
180.0	116.6	1.020 9	489.32	2 703.7	2 214.3
200.0	120.2	1.127 3	493.71	2 709.2	2 204.6
250.0	127.2	1.390 4	534.39	2 719.7	2 185.4
300.0	133.3	1.650 1	560.38	2 728.5	2 168.1
350.0	138.8	1.907 4	583.76	2 736.1	2 152.3
400.0	143.4	2.161 8	603.61	2 742.1	2 138.5
450.0	147.7	2.415 2	622.42	2 747.8	2 125.4
500.0	151.7	2.667 3	639.59	2 752.8	2 113.2
600.0	158.7	3.168 6	670.22	2 761.4	2 091.1
700	164.7	3.665 7	696.27	2 767.8	2 071.5
800	170.4	4.161 4	720.96	277 3.7	2 052.7
900	175.1	4.652 5	741.82	2 778.1	2 036.2
1×10^3	179.9	5.143 2	762.68	2 782.5	2 019.7

续表

绝对压力/kPa	温 度/℃	蒸汽的密度/kg/m³	焓/kJ/kg		汽化热/kJ/kg
			液 体	蒸 汽	
1.1×10^3	180.2	5.633 9	780.34	2 785.5	2 005.1
1.2×10^3	187.8	6.124 1	797.92	2 788.5	1 990.6
1.3×10^3	191.5	6.614 1	814.25	2 790.9	1 976.7
1.4×10^3	194.8	7.103 8	829.06	2 792.4	1 963.7
1.5×10^3	198.2	7.593 5	843.86	2 794.5	1 950.7
1.6×10^3	201.3	8.081 4	857.77	2 796.0	1 938.2
1.7×10^3	204.1	8.567 4	870.58	2 797.1	1 926.5
1.8×10^3	206.9	9.053 3	883.39	2 798.1	1 914.8
1.9×10^3	209.8	9.539 2	896.21	2 799.2	1 903.0
2×10^3	212.2	10.033 8	907.32	2 799.7	1 892.4
3×10^3	233.7	15.007 5	1 005.4	2 798.9	1 793.5
4×10^3	250.3	20.096 9	1 082.9	2 789.8	1 706.8
5×10^3	263.8	25.366 3	1 146.9	2 776.2	1 629.2
6×10^3	275.4	30.849 4	1 203.2	2 759.5	1 556.3
7×10^3	285.7	36.574 4	1 253.2	2 740.8	1 487.6
8×10^3	294.8	42.576 8	1 299.2	2 720.5	1 403.7
9×10^3	303.2	48.894 5	1 343.5	2 699.1	1 356.6
10×10^3	310.9	55.540 7	1 384.0	2 677.1	1 293.1
12×10^3	324.5	70.307 5	1 463.4	2 631.2	1 167.7
14×10^3	336.5	87.302 0	1 567.9	2 583.2	1 043.4
16×10^3	347.2	107.801 0	1 615.8	2 531.1	915.4
18×10^3	356.9	134.481 3	1 699.8	2 466.0	766.1
20×10^3	365.6	176.596 1	1 817.8	2 364.2	544.9

9. 某些液体的导热系数与温度的关系

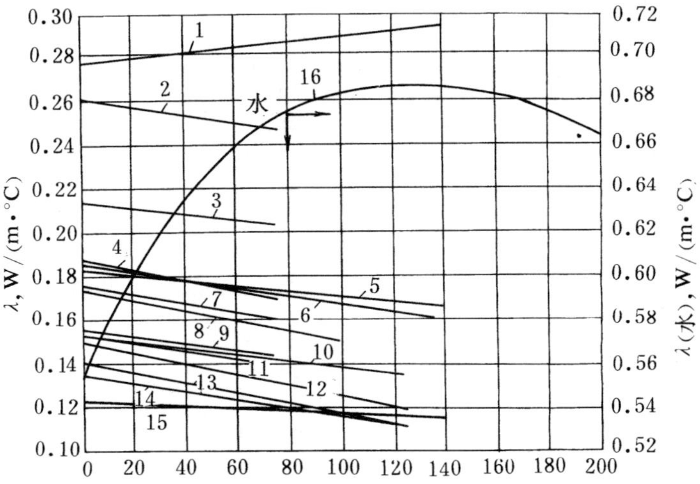

附录图 1 液体的导热系数

1—无水甘油 2—甲酸 3—甲醇 4—乙醇 5—篦麻油 6—苯胺 7—乙酸 8—丙酮 9—丁醇 10—硝基苯 11—异丙醇 12—苯 13—甲苯 14—二甲苯 15—凡士林油 16—水(用右边的坐标)

10. 某些气体和蒸汽的导热系数与温度的关系

下表中所列出的极限温度数值是实验范围的数值。若外推到其他温度时，建议将所列出的数据按 lg λ 对 lg T（λ 为导热系数，W/(m · ℃)；T 为温度，K）作图，或者假定 Pr 与温度（或压力，在适当范围内）无关。

物　质	温　度/℃	导热系数/W/(m · ℃)	物　质	温　度/℃	导热系数/W/(m · ℃)
丙酮	0	0.009 8		46	0.008 5
	46	0.012 8		100	0.010 9
	100	0.017 1		212	0.016 4
	184	0.025 4	乙烷	−70	0.011 4
空气	0	0.024 2		−34	0.014 9
	100	0.031 7		0	0.018 3
	200	0.039 1		100	0.030 3
	300	0.045 9	乙醇	20	0.015 4
氨	−60	0.016 4		100	0.021 5
	0	0.022 2	乙醚	0	0.013 3
	50	0.027 2		46	0.017 1
	100	0.032 0		100	0.022 7
苯	0	0.009 0		184	0.032 7
	46	0.012 6		212	0.036 2
	100	0.017 8	乙烯	−71	0.011 1
	184	0.026 3		0	0.017 5
	212	0.030 5		50	0.026 7
正丁烷	0	0.013 5		100	0.027 9
	100	0.023 4	正庚烷	200	0.019 4
异丁烷	0	0.013 8		100	0.017 8
	100	0.024 1	正己烷	0	0.012 5
二氧化碳	−50	0.011 8		20	0.013 8
	0	0.014 7	氢	−100	0.011 3
二氧化碳	100	0.023 0		−50	0.014 4
	200	0.031 3		0	0.017 3
	300	0.039 6		50	0.019 9
二硫化物	0	0.006 9		100	0.022 3
	−73	0.007 3		300	0.030 8
一氧化碳	−189	0.007 1	氮	−100	0.016 4
	−179	0.008 0		0	0.024 2
	−60	0.023 4		50	0.027 7
四氯化碳	46	0.007 1		100	0.031 2
	100	0.009 0	氧	−100	0.016 4
	184	0.011 12		−50	0.020 6
氯	0	0.007 4		0	0.024 6
三氯甲烷	0	0.006 6		50	0.028 4
	46	0.008 0		100	0.032 1
	100	0.010 0	丙烷	0	0.015 1
	184	0.013 3		100	0.026 1
硫化氢	0	0.013 2	二氧化硫	0	0.008 7
水银	200	0.034 1		100	0.011 9
甲烷	−100	0.017 3	水蒸气	46	0.020 8
	−50	0.025 1		100	0.023 7
	0	0.030 2		200	0.032 4
	50	0.037 2		300	0.042 9
甲醇	0	0.014 4		400	0.054 5
	100	0.022 2		500	0.076 3
氯甲烷	0	0.006 7			

11. 某些金属的导热系数与温度的关系

导热系数 W/(m·℃) \ 温度/℃	0	100	200	300	400
铝	227.95	227.95	227.95	227.95	227.95
铜	383.79	379.14	372.16	367.51	362.86
铁	73.27	67.45	61.64	54.66	48.85
铅	35.12	33.38	31.40	29.77	—
镁	172.12	167.47	162.82	158.17	—
镍	93.04	82.57	73.27	63.97	59.31
银	414.03	409.38	373.32	361.69	359.37
锌	112.81	109.90	105.83	101.18	93.04
碳钢	52.34	48.85	44.19	41.87	34.89
不锈钢	16.28	17.45	17.45	18.49	—

12. 管子规格

流体输送用普通钢管(摘自 GB/T 17385—2008)

外径/mm	壁厚/mm		外径/mm	壁厚/mm		外径/mm	壁厚/mm		外径/mm	壁厚/mm	
	从	到		从	到		从	到		从	到
6	0.25	2.0	51	1.0	12	152	3.0	40	450	9.0	100
7	0.25	2.5	54	1.0	14	159	3.5	45	457	9.0	100
8	0.25	2.5	57	1.0	14	168	3.5	45	473	9.0	100
9	0.25	2.8	60	1.0	16	180	3.5	50	480	9.0	100
10	0.25	3.5	63	1.0	16	194	3.5	50	500	9.0	110
11	0.25	3.5	65	1.0	16	203	3.5	55	508	9.0	110
12	0.25	4.0	68	1.0	16	219	6.0	55	530	9.0	120
14	0.25	4.0	70	1.0	17	232	6.0	65	560	9.0	120
16	0.25	5.0	73	1.0	19	245	6.0	65	610	9.0	120
18	0.25	5.0	76	1.0	20	267	6.0	65	630	9.0	120
19	0.25	6.0	77	1.4	20	273	6.5	85	660	9.0	120
20	0.25	6.0	80	1.4	20	299	7.5	100	699	12	120
22	0.40	6.0	83	1.4	22	302	7.5	100	711	12	120
25	0.40	7.0	85	1.4	22	318.5	7.5	100	720	12	120
27	0.40	7.0	89	1.4	24	325	7.5	100	762	20	120
28	0.40	7.0	95	1.4	24	340	8.0	100	788.5	20	120
30	0.40	8.0	102	1.4	28	351	8.0	100	813	20	120
32	0.40	8.0	108	1.4	30	356	9.0	100	864	20	120
34	0.40	8.0	114	1.5	30	368	9.0	100	914	25	120
35	0.40	9.0	121	1.5	32	377	9.0	100	965	25	120
38	0.40	10.0	127	1.8	32	402	9.0	100	1 016	25	120
40	0.40	10.0	133	2.5	36	406	9.0	100			
45	1.0	12	140	3.0	36	419	9.0	100			
48	1.0	12	142	3.0	36	426	9.0	100			

注:壁厚/mm:0.25,0.30,0.40,0.50,0.60,0.80,1.0,1.2,1.4,1.5,1.6,1.8,2.0,2.2,2.5,2.8,3.0,3.2,3.5,4.0,4.5,5.0,5.5,6.0,6.5,7.0,7.5,8.0,8.5,9.0,9.5,10,11,12,13,14,15,16,17,18,19,20,22,24,25,26,28,30,32,34,36,38,40,42,45,48,50,55,60,65,70,75,80,85,90,95,100,110,120。

13. 离心泵规格

1) IS 型单级单吸离心泵性能表(摘录)

型 号	转速 n/ r/min	流量/ m³/h	流量/ L/s	扬程 H/ m	效率 η/ %	功率/kW 轴功率	功率/kW 电机功率	必需气蚀余量 (NPSH)ᵣ /m	质量(泵/底座)/ kg
IS50-32-125	2 900	7.5 12.5 15	2.08 3.47 4.17	22 20 18.5	47 60 60	0.96 1.13 1.26	2.2	2.0 2.0 2.5	32/46
IS50-32-160	2 900	7.5 12.5 15	2.08 3.47 4.17	34.3 32 29.6	44 54 56	1.59 2.02 2.16	3	2.0 2.0 2.5	50/46
IS50-32-200	2 900	7.5 12.5 15	2.08 3.47 4.17	82 80 78.5	38 48 51	2.82 3.54 3.95	5.5	2.0 2.0 2.5	52/66
IS50-32-250	2 900	7.5 12.5 15	2.08 3.47 4.17	21.8 20 18.5	23.5 38 41	5.87 7.16 7.83	11	2.0 2.0 2.5	88/110
IS65-50-125	2 900	7.5 12.5 15	4.17 6.94 8.33	35 32 30	58 69 68	1.54 1.97 2.22	3	2.0 2.0 3.0	50/41
IS65-50-160	2 900	15 25 30	4.17 6.94 8.33	53 50 47	54 65 66	2.65 3.35 3.71	5.5	2.0 2.0 2.5	51/66
IS65-40-200	2 900	15 25 30	4.17 6.94 8.33	53 50 47	49 60 61	4.42 5.67 6.29	7.5	2.0 2.0 2.5	62/66
IS65-40-250	2 900	15 25 30	4.17 6.94 8.33	82 80 78	37 50 53	9.05 10.89 12.02	15	2.0 2.0 2.5	82/110
IS65-40-315	2 900	15 25 30	4.17 6.94 8.33	127 125 123	28 40 44	18.5 21.3 22.8	30	2.5 2.5 3.0	152/110
IS80-65-125	2 900	30 50 60	8.33 13.9 16.7	22.5 20 18	64 75 74	2.87 3.63 3.98	5.5	3.0 3.0 3.5	44/46
IS80-65-160	2 900	30 50 60	8.33 13.9 16.7	36 32 29	61 73 72	4.82 5.97 6.59	7.5	2.5 2.5 3.0	48/66
IS80-50-200	2 900	30 50 60	8.33 13.9 16.7	53 50 47	55 69 71	7.87 9.87 10.8	15	2.5 2.5 3.0	64/124
IS80-50-250	2 900	30 50 60	8.33 13.9 16.7	84 80 75	52 63 64	13.2 17.3 19.2	22	2.5 2.5 3.0	90/110
IS80-50-315	2 900	30 50 60	8.33 13.9 16.7	128 125 123	41 54 57	25.5 31.5 35.3	37	2.5 2.5 3.0	125/160

续表

型号	转速 n/ r/min	流量/ m^3/h	流量/ L/s	扬程 H/ m	效率 η/ %	功率/kW 轴功率	功率/kW 电机功率	必需气蚀余量 $(NPSH)_r$ /m	质量(泵/底座)/ kg
IS100-80-125	2 900	60 100 120	16.7 27.8 33.3	24 20 16.5	67 78 74	5.86 7.00 7.28	11	4.0 4.5 5.0	49/64
IS100-80-160	2 900	60 100 120	16.7 27.8 33.3	36 32 28	70 78 75	8.42 11.2 12.2	15	3.5 4.0 5.0	69/110
IS100-65-200	2 900	60 100 120	16.7 27.8 33.3	54 50 47	65 76 77	13.6 17.9 19.9	22	3.0 3.6 4.8	81/110
IS100-65-250	2 900	60 100 120	16.7 27.8 33.3	87 80 74.5	61 72 73	23.4 30.0 33.3	37	3.5 3.8 4.8	90/160
IS100-65-315	2 900	60 100 120	16.7 27.8 33.3	133 125 118	55 66 67	39.6 51.6 57.5	75	3.0 3.6 4.2	180/295
IS125-100-200	2 900	120 200 240	33.3 55.6 66.7	57.5 50 44.5	67 81 80	28.0 33.6 36.4	45	4.5 4.5 5.0	108/160
IS125-100-250	2 900	120 200 240	33.3 55.6 66.7	87 80 72	66 78 75	43.0 55.9 62.8	75	3.8 4.2 5.0	166/295
IS125-100-315	2 900	120 200 240	33.3 55.6 66.7	132.5 125 120	60 75 77	72.1 90.8 101.9	110	4.0 4.5 5.0	189/330
IS125-100-400	1 450	60 100 120	16.7 27.8 33.3	52 50 48.5	53 65 67	16.1 21.0 23.6	30	2.5 2.5 3.0	205/233
IS150-125-250	1 450	120 200 240	33.3 55.6 66.7	22.5 20 17.5	71 81 78	10.4 13.5 14.7	18.5	3.0 3.0 3.5	188/158
IS150-125-315	1 450	120 200 240	33.3 55.6 66.7	34 32 29	70 79 80	15.9 22.1 23.7	30	2.5 2.5 3.0	192/233
IS150-125-400	1 450	120 200 240	33.3 55.6 66.7	53 50 46	62 75 74	27.9 36.3 40.6	45	2.0 2.8 3.5	223/233

2)AY 型离心油泵性能表(摘录)

型号	流量/ m^3/h	扬程/ m	转速/ r/min	气蚀余量/ m	效率/ %	功率/kW 轴功率	功率/kW 配带功率	质量/ kg	外形尺寸(长/mm)×(宽/mm)×(高/mm)	口径/mm 吸入	口径/mm 排出
32AY40	3	40	2 950	2.5	20	1.63	2.2		1 225×660×642	32	25
32AY40×2	3	80	2 950	2.7	18	3.63	5.5		1 364×610×588	32	25

续表

型　号	流量/ m^3/h	扬程/ m	转速/ r/min	气蚀余量/ m	效率/ %	功率/kW		质量/ kg	外形尺寸(长/mm)×(宽/mm)×(高/mm)	口径/ mm	
						轴功率	配带功率			吸入	排出
40AY40	6	40	2 950	2.5	32	2.04	3		1 265×660×648	40	25
50AY80	12.5	80	2 950	3.1	32	8.17	11		1 475×670×668	50	40
50AY80×2	12.5	160	2 950	2.8	30	17.4	22		1 490×610×638	50	40
65AY60	25	60	2 950	3	52	7.9	11	150	670×525×578	50	40
80AY60	50	60	2 950	3.2	52	13.2	22	200		65	50
100AY60	100	63	2 950	4	72	23.8	37	220		100	80
150AY150×2	180	300	2 950	3.6	67	219.5	315	1 500		150	125
150AY150×2A	167	258	2 950	3.2	65	180.5	250	1 500		150	125
150AY150×2B	155	222	2 950	3	62	151.5	220	1 500		150	125
150AY150×2C	140	181	2 950	2.9	60	115	160	1 500		150	125
200AYS150	315	150	2 950	6	58.5	220	315			200	100
200AYS150A	285	130	2 950	6	57	177	250			200	100
200AYS150B	265	115	2 950	6	56	148	220			200	100
200AYS320	960	320	2 950	12	72.3	1 157	1 600			300	250
350AY$_R$S76	1 280	76	1 480	5	85	311.7	400			350	300

3)FM型耐腐蚀离心泵性能表(摘录)

型　号	流量/ m^3/h	扬程/ m	转速/ r/min	气蚀余量/ m	效率/ %	配带功率/ kW	质量/ kg	外形尺寸(长/mm)×(宽/mm)×(高/mm)	口径/ mm	
									吸入	排出
25FMG-16	3.6	16	2 960	2.3	30	1.1	24	310×240×225	25	25
25FMG-25	3.6	25	2 960	2.3	27	1.5	27	355×260×265	25	25
25FMG-41	3.6	41	2 960	2.3	20	3	35	310×240×225	25	25
40FMG-16	7.2	16	2 960	2.3	49	1.5	24	310×125×240	40	25
40FMG-26	7.2	25.5	2 960	2.3	44	2.2	30	345×270×285	40	25
40FMG-40	7.2	39.5	2 960	2.3	35	3	35	425×275×317	40	25
40FMG-65	7.2	65	2 960	2.8	24	7.5	60	440×260×390	40	25
50FMG-16	14.4	16	2 960	2.8	62	1.5	27	325×285×312	50	40
50FMG-25	14.4	25	2 960	2.8	52	3	35	410×340×350	50	40
50FMG-40	14.4	39.5	2 960	2.8	46	5.5	38	415×340×360	50	40
50FMG-63	14.4	63	2 960	2.8	35	11	60	455×290×440	50	40
50FMG-103	14.4	103	2 960	2.5	25	22	65	620×450×420	50	40
65FMG-16	28.8	16	2 960	2.5	70	3	30	350×295×315	65	50
65FMG-25	28.8	25	2 960	2.5	62	5.5	50	420×340×355	65	50

续表

型　号	流量/m^3/h	扬程/m	转速/r/min	气蚀余量/m	效率/%	配带功率/kW	质量/kg	外形尺寸(长/mm)×(宽/mm)×(高/mm)	口径/mm	
									吸入	排出
65FMG-40	28.8	40	2 960	2.5	60	7.5	60	440×350×365	65	50
65FMG-64	28.8	64	2 960	2.5	51	15	65	460×430×420	65	50
65FMG-100	28.8	100	2 960	2.5	40	30	103	460×340×465	65	50
80FMG-15	54	15	2 960	2.8	70	5.5	50	420×240×270	80	65
80FMG-24	54	24	2 960	3	70	7.5	55	420×340×355	80	65
80FMG-60	54	60	2 960	3	62	18.5	65	450×370×400	80	65

14. 4－72 型离心通风机规格(摘录)

机号	转速/(r/min)	全压/Pa	风量/(m^3/h)	功率/kW	电动机型号
2.8A	2 900	606～994	1 131～2 356	1.5	Y90S－2
3.2A	2 900	792～1 300	1 688～3 517	2.2	Y90L－2
3.2A	1 450	198～324	844～1 758	1.1	Y90S－4
3.6A	2 900	989～1 758	2 664～5 268	3	Y100L－2
3.6A	1 450	247～393	1 332～2 634	1.1	Y90S－4
4A	2 900	1 320～2 014	4 012～7 419	5.5	Y132S1－2
4A	1 450	329～501	2 006～3 709	1.1	Y90S－4
4.5A	2 900	1 673～2 554	5 730～10 580	7.5	Y132S2－2
4.5A	1 450	5 712～10 562	2 856～5 281	1.1	Y90S－4
5A	2 900	2 019～3 187	7 728～15 455	15	Y160M2－2
5A	1 450	502～790	3 864～7 728	2.2	Y100L1－4
6A	1 450	724～1 139	6 677～13 353	4	Y112M－4
6A	960	317～498	4 420～8 841	1.5	Y100L－6
6D	1 450	724～1 139	6 677～13 353	4	Y112M－4
6D	960	317～498	4 420～8 841	1.5	Y100L－6
8D	1 450	1 490～2 032	15 826～29 344	18.5	Y180M－4
8D	960	651～887	10 478～19 428	5.5	Y132M2－6
8D	730	376～512	7 968～14 773	3	Y132M－8
10D	1 450	2 532～3 202	40 441～56 605	55	Y250M－4
10D	960	1 104～1 395	26 775～37 476	18.5	Y200L1－6
10D	730	637～805	20 360～28 497	7.5	Y160L－8
12D	960	1 593～2 013	46 267～64 759	45	Y280S－6
12D	730	919～1 160	35 182～40 244	18.5	Y225S－8

15. 管壳式换热器系列标准(摘录)

1)固定管板式换热器(摘自 GB/T 28712.2—2012)

(1)换热管 ϕ19 mm 的基本参数(摘录)

公称直径 DN/mm	公称压力 PN/MPa	管程数 N_p	管子根数 n	中心排管数	管程流通面积/m^2	计算换热面积/m^2 换热管长度 L/mm 1 500	2 000	3 000	4 500	6 000	9 000	12 000
159	1.60 2.50 4.00 6.40	1	15	5	0.002 7	1.3	1.7	2.6	—	—	—	—
219			33	7	0.005 8	2.8	3.7	5.7	—	—	—	—
273		1	65	9	0.011 5	5.4	7.4	11.3	17.1	22.9	—	—
		2	56	8	0.004 9	4.7	6.4	9.7	14.7	17.7	—	—
325		1	99	11	0.017 5	8.3	11.2	17.1	26.0	34.9	—	—
		2	88	10	0.007 8	7.4	10.0	15.2	23.1	31.0	—	—
		4	68	11	0.003 0	5.7	7.7	11.8	17.9	23.9	—	—
400	0.60 1.00 1.60 2.50 4.00	1	174	14	0.030 7	14.5	19.7	30.1	45.7	61.3	—	—
		2	164	15	0.014 5	13.7	18.6	28.4	43.1	57.8	—	—
		4	146	14	0.006 5	12.2	16.6	25.3	38.3	51.4	—	—
450		1	237	17	0.041 9	19.8	26.9	41.0	62.2	83.5	—	—
		2	220	16	0.019 4	18.4	25.0	38.1	57.8	77.5	—	—
		4	200	16	0.008 8	16.7	22.7	34.6	52.5	70.4	—	—
500		1	275	19	0.048 6	—	31.2	47.6	72.2	96.8	—	—
		2	256	18	0.022 6	—	29.0	44.3	67.2	90.2	—	—
		4	222	18	0.009 8	—	25.2	38.4	58.3	78.2	—	—
600		1	430	22	0.076 0	—	48.8	74.4	112.9	151.4	—	—
		2	416	23	0.036 8	—	47.2	72.0	109.3	146.5	—	—
		4	370	22	0.016 3	—	42.0	64.0	97.2	130.3	—	—
		6	360	20	0.010 6	—	40.8	62.3	94.5	126.8	—	—
700		1	607	27	0.107 3	—	—	105.1	159.4	213.8	—	—
		2	574	27	0.050 7	—	—	99.4	150.8	202.1	—	—
		4	542	27	0.023 9	—	—	93.8	142.3	190.9	—	—
		6	518	24	0.015 3	—	—	89.7	136.0	182.4	—	—
800	0.60 1.00 1.60 2.50 4.00	1	797	31	0.140 8	—	—	138.0	209.3	280.7	—	—
		2	776	31	0.068 6	—	—	134.3	203.8	273.3	—	—
		4	722	31	0.031 9	—	—	125.0	189.8	254.3	—	—
		6	710	30	0.020 9	—	—	122.9	186.5	250.0	—	—
900		1	1 009	35	0.178 3	—	—	174.7	265.0	355.3	536.0	—
		2	988	35	0.087 3	—	—	171.0	259.5	347.9	524.9	—
		4	938	35	0.041 4	—	—	162.4	246.4	330.3	498.3	—
		6	914	34	0.026 9	—	—	158.2	240.0	321.9	485.6	—

(2)换热管 ϕ25 mm 的基本参数(摘录)

公称直径 DN/mm	公称压力 PN/MPa	管程数 N_p	管子根数 n	中心排管数	管程流通面积/m²	计算换热面积/m²						
						换热管长度 L/mm						
						1 500	2 000	3 000	4 500	6 000	9 000	12 000
159	1.60 2.50 4.00 6.40	1	11	3	0.003 5	1.2	1.6	2.5	—	—	—	—
219			25	5	0.007 9	2.7	3.7	5.7	—	—	—	—
273		1	38	6	0.011 9	4.2	5.7	8.7	13.1	17.6	—	—
		2	32	7	0.005 0	3.5	4.8	7.3	11.1	14.8	—	—
325		1	57	9	0.017 9	6.3	8.5	13.0	19.7	26.4	—	—
		2	56	9	0.008 8	6.2	8.4	12.7	19.3	25.9	—	—
		4	40	9	0.003 1	4.4	6.0	9.1	13.8	18.5	—	—
400	0.60 1.00 1.60 2.50 4.00	1	98	12	0.030 8	10.8	14.6	22.3	33.8	45.4	—	—
		2	94	11	0.014 8	10.3	14.0	21.4	32.5	43.5	—	—
		4	76	11	0.006 0	8.4	11.3	17.3	26.3	35.2	—	—
450		1	135	13	0.042 4	14.8	20.1	30.7	46.6	62.5	—	—
		2	126	12	0.019 8	13.9	18.8	28.7	43.5	58.4	—	—
		4	106	13	0.008 3	11.7	15.8	24.1	36.6	49.1	—	—
500		1	174	14	0.054 6	—	26.0	39.6	60.1	80.6	—	—
		2	164	15	0.025 7	—	24.5	37.3	56.6	76.0	—	—
		4	144	15	0.011 3	—	21.4	32.8	49.7	66.7	—	—
600		1	245	17	0.076 9	—	36.5	55.8	84.6	113.5	—	—
		2	232	16	0.036 4	—	34.6	52.8	80.1	107.5	—	—
		4	222	17	0.017 4	—	33.1	50.5	76.7	102.8	—	—
		6	216	16	0.011 3	—	32.2	49.2	74.6	100.0	—	—
700		1	355	21	0.111 5	—	—	80.0	122.6	164.4	—	—
		2	342	21	0.053 7	—	—	77.9	118.1	158.4	—	—
		4	322	21	0.025 3	—	—	73.3	111.2	149.1	—	—
		6	304	20	0.015 9	—	—	69.2	105.0	140.8	—	—
800	0.60 1.00 1.60 2.50 4.00	1	467	23	0.146 6	—	—	106.3	161.3	216.3	—	—
		2	450	23	0.070 7	—	—	102.4	155.4	208.5	—	—
		4	442	23	0.034 7	—	—	100.6	152.7	204.7	—	—
		6	430	24	0.022 5	—	—	97.9	148.5	119.2	—	—
900		1	605	27	0.190 0	—	—	137.8	209.0	280.2	422.7	—
		2	588	27	0.092 3	—	—	133.9	203.1	272.3	410.8	—
		4	554	27	0.043 5	—	—	126.1	191.4	256.6	387.1	—
		6	538	26	0.028 2	—	—	122.5	185.8	249.2	375.9	—
1 000		1	749	30	0.235 2	—	—	170.5	258.7	346.8	523.3	—
		2	742	29	0.116 5	—	—	168.9	256.3	343.7	518.4	—
		4	710	29	0.055 7	—	—	161.6	245.2	328.8	496.0	—
		6	698	30	0.036 5	—	—	158.9	241.1	323.3	487.7	—

2）浮头式换热器（摘自 GB/T 28712.1—2012）

（1）内导流浮头式换热器的基本参数（摘录）

DN/mm	N_p	n①		中心排管数		管程流通面积/m^2			A②/m^2							
		d/mm				(d/mm)×(δ_t/mm)			L=3 000 mm		L=4 500 m		L=6 000 mm		L=9 000 mm	
		19	25	19	25	19×2	25×2	25×2.5	19	25	19	25	19	25	19	25
325	2	60	32	7	5	0.005 3	0.005 5	0.005 0	10.5	7.4	15.8	11.1	—	—		
	4	52	28	6	4	0.002 3	0.002 4	0.002 2	9.1	6.4	13.7	9.7	—	—		
426	2	120	74	8	7	0.010 6	0.012 6	0.011 6	20.9	16.9	31.6	25.6	42.3	34.4		
400	4	108	68	9	6	0.004 8	0.005 9	0.005 3	18.8	15.6	28.4	23.6	38.1	31.6		
500	2	206	124	11	8	0.018 2	0.021 5	0.019 4	35.7	28.3	54.1	42.8	72.5	57.4		
	4	192	116	10	9	0.008 5	0.010 0	0.009 1	33.2	26.4	50.4	40.1	67.6	53.7		
600	2	324	198	14	11	0.028 6	0.034 3	0.031 1	55.8	44.9	84.8	68.2	113.9	91.5		
	4	308	188	14	10	0.013 6	0.016 3	0.014 8	53.1	42.6	80.7	64.8	108.2	86.9		
	6	284	158	14	10	0.008 3	0.009 1	0.008 3	48.9	35.8	74.4	54.4	99.8	73.1		
700	2	468	268	16	13	0.041 4	0.046 4	0.042 1	80.4	60.6	122.2	92.1	164.1	123.7		
	4	448	256	17	12	0.019 8	0.022 2	0.020 1	76.9	57.8	117.0	87.9	157.1	118.1		
	6	382	224	15	10	0.011 2	0.012 9	0.011 6	65.6	50.6	99.8	76.9	133.9	103.4		
800	2	610	366	19	15	0.053 9	0.063 4	0.057 5	—	—	158.9	125.4	213.5	168.5		
	4	588	352	18	14	0.026 0	0.030 5	0.027 6	—	—	153.2	120.6	205.8	162.1		
	6	518	316	16	14	0.015 2	0.018 2	0.016 5	—	—	134.9	108.3	181.3	145.5		
900	2	800	472	22	17	0.070 7	0.081 7	0.074 1	—	—	207.6	161.2	279.2	216.8		
	4	776	456	21	16	0.034 3	0.039 5	0.035 3	—	—	201.4	155.7	270.8	209.4		
	6	720	426	21	16	0.021 2	0.024 6	0.022 3	—	—	186.9	145.5	251.3	195.6		
1 000	2	1 006	606	24	19	0.089 0	0.105 0	0.095 2	—	—	260.6	206.6	350.6	277.9		
	4	980	588	23	18	0.043 3	0.050 9	0.046 2	—	—	253.9	200.4	341.6	269.7		
	6	892	564	21	18	0.026 2	0.032 6	0.029 5			231.1	192.2	311.0	258.7		

（2）外导流浮头式换热器的基本参数（摘录）

DN/mm	N_p	n①		中心排管数		管程流通面积/m^2			A②/m^2	
		d/mm				(d/mm)×(δ_t/mm)			L=6 m	
		19	25	19	25	19×2	25×2	25×2.5	19	25
500	2	224	132	13	10	0.019 8	0.022 9	0.020 7	78.8	61.1
	4	218	124	12	10	0.009 2	0.010 7	0.016 1	73.2	57.4
600	2	338	206	16	12	0.029 8	0.035 7	0.032 4	118.8	95.2
	4	320	196	15	12	0.014 1	0.017 0	0.015 4	112.4	90.6
700	2	480	280	18	15	0.042 5	0.048 5	0.044 0	168.3	129.2
	4	460	268	17	14	0.020 3	0.023 2	0.021 0	161.3	123.6
800	2	636	378	21	16	0.056 2	0.065 5	0.059 4	222.6	174.0
	4	612	364	20	16	0.027 1	0.031 5	0.028 5	214.2	167.6
900	2	822	490	24	19	0.072 6	0.084 8	0.076 9	286.9	225.1
	4	796	472	23	18	0.035 7	0.040 9	0.036 5	277.8	216.7
	6	742	452	23	16	0.021 7	0.026 1	0.023 7	259.0	207.5

续表

DN/mm	N_p	n①		中心排管数		管程流通面积/m^2			A②/m^2	
		d/mm				(d/mm)×(δ_t/mm)			L=6 m	
		19	25	19	25	19×2	25×2	25×2.5	19	25
1 000	2	1 050	628	26	21	0.092 9	0.109 0	0.098 7	365.9	288.0
	4	1 020	608	27	20	0.045 1	0.052 6	0.047 8	355.5	278.9
	6	938	580	25	20	0.027 6	0.033 5	0.030 1	327.0	266.0

注:①排管数按转角正方形排列计算。

②计算换热面积按光管及公称压力 2.5 MPa 管板厚度确定。

16. 管壳式换热器总传热系数 K_o 的推荐值

1)管壳式换热器用作冷却器时的 K_o 值范围

高温流体	低温流体	总传热系数范围/W/(m^2·K)	备注
水	水	1 400~2 840	污垢系数 0.52 m^2·K/kW
甲醇、氢	水	1 400~2 840	
有机物黏度 0.5×10^{-3} Pa·s 以下①	水	430~850	
有机物黏度 0.5×10^{-3} Pa·s 以下①	冷冻盐水	220~570	
有机物黏度 $(0.5\sim1)\times10^{-3}$ Pa·s②	水	280~710	
有机物黏度 1×10^{-3} Pa·s 以上③	水	28~430	
气体	水	12~280	
水	冷冻盐水	570~1 200	
水	冷冻盐水	230~580	传热面为塑料衬里
硫酸	水	870	传热面为不透性石墨,两侧对流传热系数均为 2 440 W/(m^2·K)
四氯化碳	氯化钙溶液	76	管内流速 0.005 2~0.011 m/s
氯化氢气(冷却除水)	盐水	35~175	传热面为不透性石墨
氯气(冷却除水)	水	35~175	传热面为不透性石墨
焙烧 SO_2 气体	水	230~465	传热面为不透性石墨
氮	水	66	计算值
水	水	410~1 160	传热面为塑料衬里
20%~40%硫酸	水 t=30~60 ℃	465~1 050	
20%盐酸	水 t=25~110 ℃	580~1 160	
有机溶剂	盐水	175~510	

注:①为苯、甲苯、丙酮、乙醇、丁酮、汽油、轻煤油、石脑油等有机物;

②为煤油、热柴油、热吸收油、原油馏分等有机物;

③为冷柴油、燃料油、原油、焦油、沥青等有机物。

2)管壳式换热器用作冷凝器时的 K_o 值范围

高温流体	低温流体	总传热系数范围/W/(m^2·K)	备注
有机质蒸气	水	230~930	传热面为塑料衬里
有机质蒸气	水	290~1 160	传热面为不透性石墨
饱和有机质蒸气(大气压下)	盐水	570~1 140	
饱和有机质蒸气(减压下且含有少量不凝性气体)	盐水	280~570	
低沸点碳氢化合物(大气压下)	水	450~1 140	
高沸点碳氢化合物(减压下)	水	60~175	
21%盐酸蒸气	水	110~1 750	传热面为不透性石墨
氨蒸气	水	870~2 330	水流速1~1.5 m/s
有机溶剂蒸气和水蒸气混合物	水	350~1 160	传热面为塑料衬里
有机质蒸气(减压下且含有大量不凝性气体)	水	60~280	
有机质蒸气(大气压下且含有大量不凝性气体)	盐水	115~450	
氟里昂液蒸气	水	870~990	水流速1.2 m/s
汽油蒸气	水	520	水流速1.5 m/s
汽油蒸气	原油	115~175	原油流速0.6 m/s
煤油蒸气	水	290	水流速1 m/s
水蒸气(加压下)	水	1 990~4 260	
水蒸气(减压下)	水	1 700~3 440	
氯乙醛(管外)	水	165	直立式,传热面为搪瓷玻璃
甲醇(管内)	水	640	直立式
四氯化碳(管内)	水	360	直立式
缩醛(管内)	水	460	直立式
糠醛(管外)(有不凝性气体)	水	220	直立式
水蒸气(管外)	水	610	卧式

17. 壁面污垢热阻(污垢系数)

1)冷却水

加热流体的温度/℃	115以下		115~205	
水的温度/℃	25以下		25以上	
水的流速/(m/s)	1以下	1以上	1以下	1以上
	污垢热阻/(m^2·℃)/W			
海水	$0.859\ 8\times10^{-4}$	$0.859\ 8\times10^{-4}$	$1.719\ 7\times10^{-4}$	$1.719\ 7\times10^{-4}$
自来水、井水、湖水、软化锅炉水	$1.719\ 7\times10^{-4}$	$1.719\ 7\times10^{-4}$	$3.439\ 4\times10^{-4}$	$3.439\ 4\times10^{-4}$
蒸馏水	$0.859\ 8\times10^{-4}$	$0.859\ 8\times10^{-4}$	$0.859\ 8\times10^{-4}$	$0.859\ 8\times10^{-4}$
硬水	$5.159\ 0\times10^{-4}$	$5.159\ 0\times10^{-4}$	8.598×10^{-4}	8.598×10^{-4}
河水	$5.159\ 0\times10^{-4}$	$3.439\ 4\times10^{-4}$	$6.878\ 8\times10^{-4}$	$5.159\ 0\times10^{-4}$

2)工业用气体

气体名称	污垢热阻/($m^2 \cdot ℃$)/W	气体名称	污垢热阻/($m^2 \cdot ℃$)/W
有机化合物	$0.859\,8 \times 10^{-4}$	溶剂蒸气	$1.719\,7 \times 10^{-4}$
水蒸气	$0.859\,8 \times 10^{-4}$	天然气	$1.719\,7 \times 10^{-4}$
空　气	$3.439\,4 \times 10^{-4}$	焦炉气	$1.719\,7 \times 10^{-4}$

3)工业用液体

液体名称	污垢热阻/($m^2 \cdot ℃$)/W	液体名称	污垢热阻/($m^2 \cdot ℃$)/W
有机化合物	$1.719\,7 \times 10^{-4}$	熔盐	$0.859\,8 \times 10^{-4}$
盐水	$1.719\,7 \times 10^{-4}$	植物油	$5.159\,0 \times 10^{-4}$

4)石油分馏物

馏出物名称	污垢热阻/($m^2 \cdot ℃$)/W	馏出物名称	污垢热阻/($m^2 \cdot ℃$)/W
原油	$3.439\,4 \times 10^{-4} \sim 12.098 \times 10^{-4}$	柴油	$3.439\,4 \times 10^{-4} \sim 5.159\,0 \times 10^{-4}$
汽油	$1.719\,7 \times 10^{-4}$	重油	8.598×10^{-4}
石脑油	$1.719\,7 \times 10^{-4}$	沥青油	17.197×10^{-4}
煤油	$1.719\,7 \times 10^{-4}$		

18. 无机盐水溶液的沸点(101.33 kPa)

温度/℃ \ 水溶液	101	102	103	104	105	107	110	115	120	125	140	160	180	200	220	240	260	280	300	340
	溶液的质量百分数/%																			
$CaCl_2$	5.66	10.31	14.16	17.36	20.00	24.24	29.33	35.68	40.83	45.80	57.89	68.94	75.86							
KOH	4.49	8.51	11.97	14.82	17.01	20.88	25.65	31.97	36.51	40.23	48.05	54.89	60.41	64.91	68.73	72.46	75.76	78.95	81.63	86.18
KCl	8.42	14.31	18.96	23.02	26.57	32.02	(近于 108.5 ℃)													
K_2CO_3	10.31	18.37	24.24	28.57	32.24	37.69	43.97	50.86	56.04	60.40	66.94	(近于 133.5 ℃)								
KNO_3	13.19	23.66	32.23	39.20	45.10	54.65	65.34	79.53												
$MgCl_2$	4.67	8.42	11.66	14.31	16.59	20.32	24.41	29.48	33.07	36.02	38.61									
$MgSO_4$	14.31	22.78	28.31	32.23	35.32	42.86	(近于 108 ℃)													
NaOH	4.12	7.40	10.15	12.51	14.53	18.32	23.08	26.21	33.77	37.58	48.32	60.13	69.97	77.53	84.03	88.89	93.02	95.92	98.47	(近于 314 ℃)
NaCl	6.19	11.03	14.67	17.69	20.32	25.09	28.92													
$NaNO_3$	8.26	15.61	21.87	27.53	32.43	40.47	49.87	60.94	68.94											
Na_2SO_4	15.26	24.81	30.73	31.83	(近于 103.2 ℃)															
Na_2CO_3	9.42	17.22	23.72	29.18	33.86															
$CuSO_4$	26.95	39.98	40.83	44.47	45.12	(近于 104.2 ℃)														
$ZnSO_4$	20.00	31.22	37.89	42.92	46.15															
NH_4NO_2	9.09	16.66	23.08	29.08	34.21	42.53	51.92	63.24	71.26	77.11	87.09	93.20	96.00	97.61	98.84	100				
NH_4Cl	6.10	11.35	15.96	19.80	22.89	28.37	35.98	46.95												
$(NH_4)_2SO_4$	13.34	23.14	30.65	36.71	41.79	49.73	49.77	53.55	(近于 108.2 ℃)											

注:括号内的温度指饱和溶液的沸点。

Reference

参考书目

[1] 柴诚敬，贾绍义. 化工原理(上册)[M]. 4 版. 北京：高等教育出版社，2022.

[2] 柴诚敬，张国亮. 化工原理——化工流体流动和传热[M].3 版. 北京：化学工业出版社，2020.

[3] GREEN D W，SOUTHARD M Z. Perry's chemical engineerings' handbook[M]. 9th ed. New York：McGraw Hill Inc.，2018.

[4] MCCABE W L，SMITH J C，HARRIOTT P. Unit operations of chemical engineering[M]. 7th ed. New York：McGraw Hill Inc.，2004.

[5] 陈敏恒，丛德滋，齐鸣斋，等. 化工原理[M].5 版. 北京：化学工业出版社，2020.

[6] 谭天恩，窦梅. 化工原理[M]. 4 版. 北京：化学工业出版社，2013.

[7] 袁渭康，王静康，费维扬，等. 化学工程手册(第 1，2 卷)[M].3 版. 北京：化学工业出版社，2019.

[8] 柴诚敬，王军，陈常贵，等. 化工原理学习指导[M]. 天津：天津大学出版社，2022.

[9] BASAVARAI M G，CHHABRA R. Coulson and Richardson's chemical engineering. Volume 2A. Particulate systems and particle technology，Oxford：Butterworth – Heinemann，2019.

[10] CHHABRA R，SHANKAR V. Coulson and Richardson's chemical engineering. Volume 1A. Fluid flow：fundamentals and applications. Oxford：Butterworth – Heinemann，2018.

[11] BERGMAN T L，LAVINE A S，INCROPERA F P，et al. Introduction to heat transfer [M]. 6th ed. John Wiley & Sons，Inc.，2011.

[12] CENGEL Y A. Heat transfer：a practical approach[M]. 2nd ed. New York：McGraw Hill Inc.，2003.

[13] LIENHARD J H Ⅳ，LIENHARD J H Ⅴ. A heat transfer textbook[M]. 5th ed. Cambridge，Massachusetts：Phlogiston Press，2019.

[14] HOLMAN J P. Heat transfer[M]. 10th ed. New York：McGraw Hill Inc.，2010.

[15] 刘殿宇. 蒸发器工艺设计计算及应用[M]. 北京：化学工业出版社，2020.

[16] RATHORE M M，RAUL R A，KAPUNO J. Engineering heat transfer[M]. Burlington：Jones & Bartlett Learning，2010.